先進材料連接技術及應用

李亞江 等著

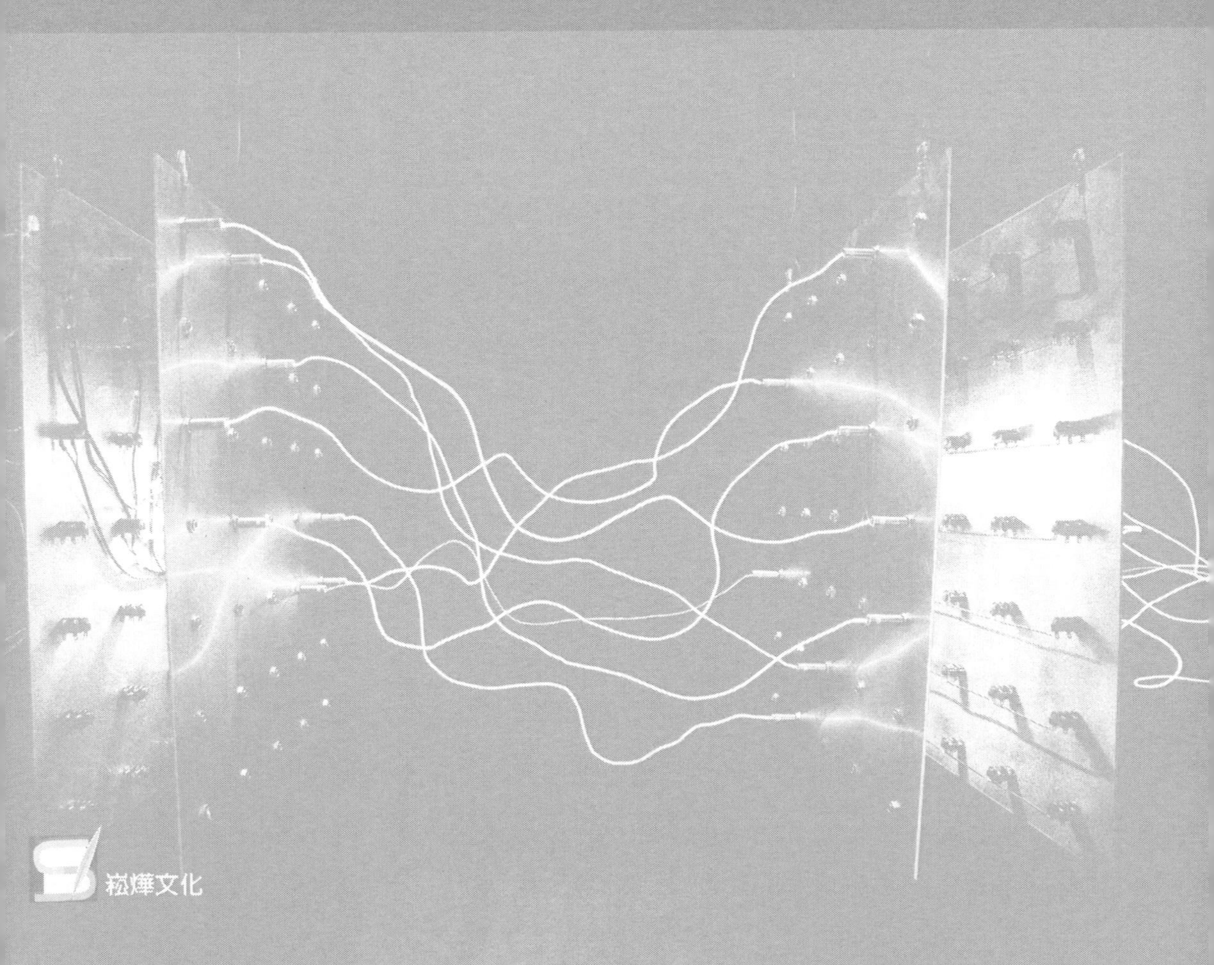

前言

歷史上每一種新材料的出現，都伴隨著新的連接工藝的出現並推動了科學技術的發展。 先進材料的研究開發是多學科相互滲透的結果，連接技術對其推廣應用起著至關重要的作用，並在電子、能源、汽車、航空航天、核工業等部門中得到了應用。

先進材料的開發是發展高新技術的重要物質基礎，先進材料的連接在工程結構中是經常遇到的，而且在實踐中出現的問題較多，有時甚至阻礙了整個工程的進展。 特別是許多先進材料的連接，採用常規的焊接方法難以完成，先進焊接技術的優越性日益突現。

為配合「中國製造 2025」國家製造強國戰略，適應先進材料的發展，本書從理論與實踐相結合的角度，針對近年來受到人們關注的先進材料（如高科技陶瓷、金屬間化合物、複合材料、功能材料等）的連接問題，對其連接原理、焊接性特點、技術要點及應用等做了系統的闡述，力求突出科學性、先進性和新穎性等特色。 本書內容反映出近年來先進材料連接技術的發展，特別是一些高新技術的發展，對推動先進材料的焊接應用有重要的意義。 書中給出一些先進材料結構連接的應用示例，可以指導新產品研究開發。

本書供從事與材料開發和焊接技術相關的工程技術人員使用，也可供高等院校師生、科研院（所）和企事業單位的科研人員參考。

參加本書撰寫的其他人員還有：王娟、馬海軍、夏春智、陳茂愛、劉鵬、沈孝芹、黃萬群、吳娜、李嘉寧、劉如偉、馬群雙、劉坤、蔣慶磊、魏守征。

由於筆者水準所限，書中不足之處在所難免，敬請讀者批評指正。

著　者

目錄

1 第1章 概述

13 第2章 先進陶瓷材料的焊接

316 第 8 章 功能材料的連接

第1章

概　述

先進材料是指具有比傳統鋼鐵和有色金屬材料更加優異的性能，能夠滿足高新技術發展需求的一類工程材料，如高科技陶瓷、金屬間化合物、疊層材料、複合材料等。先進材料的焊接是經常遇到的，而且出現問題較多，有時甚至阻礙了整個研究開發和工程（或焊接結構）的進展。先進材料的主要特點是高性能、高硬度、焊接難度大。

1.1 先進材料的分類和性能特點

現代科學技術的發展，對焊接接頭品質及結構性能的要求越來越高，鋼鐵材料和常規有色金屬材料的焊接已難以滿足高新技術發展的要求，各種先進及特殊材料的焊接近年來不斷涌現。先進材料受到人們的關注，極大地推動了科學技術進步和社會發展，並在電子、能源、汽車、航空航天、核工業等部門中得到了應用。

1.1.1 先進材料的分類

先進材料是指除普通鋼鐵材料和有色金屬之外已經開發或正在開發的具有特殊性能和用途的工程材料，如高科技陶瓷、金屬間化合物、複合材料等。先進材料具有比傳統材料更為優異的性能，與高新技術的發展密切相關。先進材料技術是按照人的意志，通過物理化學、材料設計、材料加工、試驗評價等一系列研究開發過程，創造出能滿足各種需要的新型材料的技術。先進材料按材料的屬性劃分，有先進金屬材料、無機非金屬材料（如陶瓷材料等）、有機高分子材料、先進複合材料四大類。

按材料的使用性能劃分，有結構材料和功能材料。結構材料主要是利用材料的力學和理化性能，以滿足高強度、高剛度、高硬度、耐高溫、耐磨、耐蝕、抗輻照等性能要求；功能材料主要是利用材料具有的電、磁、聲、光、熱等效應，以實現某種功能，如超導材料、磁性材料、光敏材料、熱敏材料、隱身材料和製造原子彈、氫彈的核材料等。先進材料在國防建設上作用重大。例如，超純硅、砷化鎵的成功研製促進大規模和超大規模集成電路的誕生，使電腦運算速度從每秒幾十萬次提高到每秒百億次以上；航空發動機材料的工作溫度每提高 100℃，推力可增大 24%；隱身材料能吸收電磁波或降低武器裝備的紅外輻射，使敵方探測系統難以發現。

先進材料的開發與應用是現代科學技術發展的重要組成部分。隨著航空航天、新能源、電力等工業的發展，人們對材料的性能提出了越來越高的要求。開發在特殊條件下使用的先進材料是科學技術發展的趨勢之一，而先進結構材料的發展是其中重要的組成部分。

先進材料涉及面很廣，並且處於不斷的開發和應用中。工程中經常涉及的先進材料主要包括：高科技陶瓷、金屬間化合物、疊層材料、複合材料、功能材料等。這些材料的一個突出特點是硬度和強度高、塑性和韌性差，焊接難度很大，採用常規的熔焊方法很難對這類材料進行焊接。

先進材料的發展及應用與高新技術的發展密切相關，而且有獨特的和難以替代的作用。例如先進陶瓷材料、金屬間化合物和難熔材料的開發與應用，為開發能源、開發太空和海洋、探索航空航天等領域提供了重要的物質基礎。先進材料是高新技術發展必要的物質基礎，常成為新技術革命的先導。

1.1.2 先進材料的性能特點

從先進材料的合成和製造工藝來看，先進陶瓷、金屬間化合物、疊層材料、複合材料等，常將一些高科技手段獲得的極端條件（如超高壓、超高溫、超高速冷卻速度等）作為必要的製備方法；其次，先進陶瓷、金屬間化合物和複合材料等的研究開發與電腦技術和自動控製技術的發展和應用密切相關，對材料的品質控製要求非常嚴格。先進材料是正在發展的、具有高強度、耐高溫、耐腐蝕、抗氧化等優異性能和特殊用途的材料。

（1）先進陶瓷材料

又稱高科技陶瓷、新型陶瓷或高性能陶瓷，是以精製的高純、超細人工合成的無機化合物為原料，採用精密控製的製備工藝獲得的具有優異性能的新一代陶瓷。

陶瓷是指以各種金屬的氧化物、氮化物、碳化物、硅化物為原料，經適當配料、成形和高溫燒結等合成的無機非金屬材料。先進陶瓷在組成、性能、製造工藝及應用等方面都與傳統的陶瓷截然不同，組成已由原來的 SiO_2、Al_2O_3、MgO 等發展到了 Si_3N_4、SiC 和 ZrO_2 等。採用先進的物理、化學方法能夠製備出超細粉末。燒結方法也由普通的大氣燒結發展到控製氣氛的熱壓燒結、真空燒結和微波燒結等先進的燒結方法。先進陶瓷具有特定的精細組織結構和性能，在現代工程和高新技術發展中起著重要的作用。

廣義的先進陶瓷包括人工單晶、非晶態（玻璃）陶瓷及其複合材料、半導體、耐火材料等，屬於無機非金屬材料。陶瓷材料一般分為功能陶瓷和結構陶瓷兩大類，生物陶瓷可以歸入功能陶瓷（也可以單獨列出）。與焊接技術相關的主要是結構陶瓷。

先進陶瓷具有優異的物理和力學性能，如高強度、高硬度、耐磨、耐腐蝕、耐高溫和抗熱震性等，而且在電、磁、熱、光、聲等方面具有獨特的功能。

與金屬材料相比，陶瓷材料的線脹係數比較低，一般在 $10^{-5} \sim 10^{-6} K^{-1}$ 的範圍內；熔點（或昇華、分解溫度）高很多，有些陶瓷可在 2000～3000℃的高溫下工作且保持室溫時的強度，而大多數金屬在 1000℃以上就基本上喪失了強度性能。因此，陶瓷作為高溫結構材料用於航空發動機、切削刀具和耐高溫部件等，具有廣闊的前景。

先進陶瓷的發展趨勢有三個方面。

① 由單相、高純材料向多相複合陶瓷方向發展，包括纖維（或晶須）補強的陶瓷基複合材料、異相顆粒彌散強化復相陶瓷、兩種或兩種以上主晶相組合的自補強材料、梯度功能陶瓷材料以及奈米-微米陶瓷複合材料等。

② 從微米級尺度（從粉體到顯微結構）向奈米級方向（1 至數百奈米）發展，即向介於原子或分子與常規的微米結構之間的過渡性結構區發展，將出現與以往的微米級陶瓷材料不同的化學和物理性質，如超塑性和電、磁性質的變化等。

③ 陶瓷材料的加工，如剪裁、形狀設計和連接（焊接）等。

(2) 金屬間化合物

金屬間化合物簡稱 IMC（Intermetallics Compounds），是指由兩種或者更多種金屬組元按比例組成的、具有不同於其組成元素的長程有序晶體結構和金屬特性（有金屬光澤、導電性和導熱性）的化合物。特點是各元素間既有化學計量的組分，而其成分又可以在一定範圍內變化從而形成以化合物為基體的固溶體。

金屬間化合物的金屬元素之間通過共價鍵和金屬鍵共存的混合鍵結合，性能介於陶瓷和金屬之間（也被譽為半陶瓷材料）：塑性和韌性低於一般金屬而高於陶瓷材料；高溫性能高於一般金屬而低於陶瓷材料。兩種金屬以整數比（或在接近整數比的一定範圍內）形成化合物時，其結構與構成它的兩金屬的結構不同，從而形成長程有序的超點陣結構。

金屬間化合物分為結構用和功能用兩類，前者是作為承載結構使用，具有良好的室溫和高溫力學性能，後者具有某種特殊的物理或化學性能，作為功能材料使用。

金屬在高溫下會失去原有的強度。金屬間化合物卻不存在這樣的問題，可以說在高溫下方顯出金屬間化合物的「英雄本色」。在一定溫度範圍內，金屬間化合物的強度隨溫度升高而增強，這就使這類材料在高溫結構應用方面具有潛在的優勢。但是，伴隨著金屬間化合物的高溫強度性能的，是其較大的室溫脆性。1930 年代金屬間化合物剛被發現時，它們的室溫延性幾乎為零。因此，有人預言，金屬間化合物在結構上沒有實用價值。

1980 年代中期，美國科學家們在金屬間化合物室溫脆性研究上取得了突破性進展，使它的室溫伸長率大幅度提高，甚至與純鋁的延性相當。這一重要發現及其所蘊含的發展前景，吸引了各國材料科學家對金屬間化合物的關注，在世界範圍內掀起一股研究熱潮，在不同層次上開展研究開發工作，先後突破了 Ti_3Al、Ni_3Al、TiAl、NiAl 等金屬間化合物的脆性問題，使這些材料向工程實用跨出了關鍵性的一步。

金屬間化合物的脆性問題基本解決後，要使這些合金成為實用的工程材料，還需解決一系列問題，如進一步提高強度和高溫強度、改善加工性能（特別是壓延性、焊接性）和保證組織穩定性等。

以金屬間化合物為基體的合金或材料是一種全新的材料。常規的金屬材料都是以相圖中端際固溶體為基體，而金屬間化合物則以相圖中間部分的有序金屬間化合物為基體。許多金屬間化合物具有反常的強度與溫度之間的關係特性，這些金屬間化合物的屈服強度隨著溫度的提高而升高，在達到峰值後又隨著溫度的提高而下降。

金屬間化合物具有獨特的物理化學特性，如獨特的電學性能、磁學性能、光學性能、聲學性能、化學穩定性、熱穩定性和高溫強度等。此外，金屬間化合物還具有良好的抗氧化性、耐腐蝕性能、超導性、半導體性能及其他功能特性等。正是由於金屬間化合物具有這些突出特性，因此這是一類極具發展潛力的高溫結構材料。

金屬間化合物的種類繁多，包括所有金屬與金屬之間的化合物，而且不遵循傳統的化合價規律。目前用於工程結構的金屬間化合物集中於 Ni-Al、Ti-Al 和 Fe-Al 三大合金係。Ni-Al 係金屬間化合物是研究較早的一類材料，研究比較深入，取得了許多成果，也有很多實際應用。Ti-Al 係金屬間化合物由於密度小、性能好，是潛在的航空航天材料，極具發展前景，國外已開始用於軍事領域。Ni-Al 和 Ti-Al 係金屬間化合物性能優異但價格高，主要用於航空航天等高科技領域。Fe-Al 係金屬間化合物除具有高強度、耐腐蝕等優點外，還具有成本低和密度小等優勢，具有廣闊的應用前景。

金屬間化合物這一「高溫材料」最大的用武之地是在航空航天領域，由輕金屬（如 Ti、Al）組成的金屬間化合物密度小、熔點高、高溫性能好等，具有極誘人的應用前景。

(3) 疊層材料

疊層材料（也稱疊層複合材料）是將兩種或兩種以上具有不同物理、化學性能的材料按一定的層間距及層厚比交互重疊形成的「三明治」型結構或多層材料（微疊層材料），材料組分可以是金屬、金屬間化合物、聚合物或陶瓷等。疊層材料的性質取決於每一組分的結構和特性、各自體積含量、層間距、它們的互溶度以及在兩組分之間形成的金屬間化合物。由於更能滿足高性能產品的結構需求，因此這種材料得到高度重視。

疊層材料旨在利用韌性金屬克服金屬間化合物的脆性，層間界面對內部載荷傳遞、應力分布、增強機製和斷裂過程有重要影響，使其在性能上優於相應的單體材料，具有更為優異的高溫韌性、抗蠕變能力、低溫斷裂強度、高溫時的微結構熱力學穩定性，在航空航天領域有良好的應用前景。在深入了解疊層材料性能特點、製備工藝的基礎上，分析疊層材料的焊接性問題，對推動疊層材料的發展及應用具有重要意義。

Ni-Al、Ti-Al 等金屬間化合物因其具有良好的比強度、比剛度、抗氧化性和耐腐蝕性等優異性能，是一類極具發展潛力的高溫結構材料，在航空航天領域中具有廣闊的應用前景。但是，金屬間化合物較高的室溫脆性嚴重限製了它的實際應用。莫斯科鮑曼技術大學、美國 GE 公司（在美國空軍實驗室材料指導部資助下）開展了將金屬間化合物與韌性金屬製成疊層複合材料的研究開發，依靠韌性金屬克服金屬間化合物的脆性，為航空航天材料提供了發展前景。

微疊層複合材料通過在脆性金屬間化合物層間交替加入韌性金屬層製成，其性質取決於各組分的特性、體積分數、層間距及層厚比。層間界面對微疊層複合材料內部載荷的傳遞、殘餘應力、微區應力及應變分布、增強機製和斷裂機製有重要影響。交替界面對微疊層複合材料有三種強化作用：Orowan 型強化，界面對層內位錯運動的阻礙作用；Koehler 強化，由於界面兩側模量差異形成作用於位錯上的像力，使位錯運動的阻力增大；Hall-Patch 型強化，晶粒邊界對位錯運動的阻礙作用。疊層複合材料的應力場是一種能量耗散結構，能克服脆性材料突發性斷裂的致命弱點，當微疊層材料受到衝擊或彎曲時，微裂紋多次在層界面處受到阻礙而偏折或者鈍化，這樣可以有效減弱裂紋尖端的應力集中效應，改善材料韌性，結合良好的界面具有阻滯裂紋擴展、緩解應力集中的作用。

（4）複合材料

複合材料是指由兩種或兩種以上物理和化學性質不同的物質，按一定方式、比例及分布方式合成的一種多相固體材料。通過良好的增強相/基體組配及適當的製造工藝，充分發揮各組分的長處，得到的複合材料具有單一材料無法達到的優異綜合性能。複合材料保持各組分材料的優點及其相對獨立性，但卻不是各組分材料性能的簡單疊加。

複合材料的發展可以分為兩個階段，即早期複合材料和現代複合材料。「複合材料」（composite materials）一詞出現於 1940 年代，當時出現了玻璃纖維增強不飽和聚酯樹脂，1960 年代以後陸續開發出多種高性能纖維；1980 年代以後，各類作為複合材料基體的材料（如樹脂基、金屬基、陶瓷基、碳/碳基）和增強相的使用和改進使複合材料的發展達到了更高的水準，進入高性能現代複合材料的發展階段。

複合材料製造技術實質上就是用原有的金屬材料、無機非金屬材料和高分子材料等作為組分，通過一定的工藝方法將增強相與基體複合在一起，製成既保留原有材料的特性又能呈現出某些新性能的材料。

複合材料一般有兩個基本相：一個是連續相（稱為基體）；另一個是分散相（稱為增強相）。複合材料的性能取決於各相的性能、比例，而且與兩相界面性質和增強相的幾何特徵有密切的關係。分散相是以獨立的形態分布在整個連續相中，分散相可以是纖維、晶須、顆粒（分別以下標 f、w、p 表示）等彌散分布的填料。

金屬基複合材料包括晶須、顆粒和短纖維增強的金屬基複合材料等幾種。增強相包括單質元素（如石墨、硼、硅等）、氧化物（如 Al_2O_3、TiO_2、SiO_2、ZrO_2 等）、碳化物（SiC、B_4C、TiC、VC、ZrC 等）、氮化物（Si_3N_4、BN、AlN 等）的顆粒、晶須及短纖維。

連續纖維增強金屬基複合材料由基體金屬及增強纖維組成，基體通常是一些塑性、韌性好的金屬，其焊接性一般較好；而增強相是高強度、高模量、高熔點、低密度和低線脹係數的非金屬，其焊接性都很差。這類材料的焊接不但涉及金屬基複合材料之間的焊接，還涉及金屬與非金屬增強相之間的焊接以及增強相之間的焊接。

（5）功能材料

材料可分為結構材料和功能材料兩大類。功能材料的概念是美國 J. A. Morton 於 1965 年首先提出的。功能材料是指具有特定功能的材料，在物件中起著「功能」的作用。許多新功能材料已經批量生產和得到應用，推動了現代科學技術的進一步發展。

功能材料是指那些具有優良的電學、磁學、光學、熱學、聲學、力學、化學、生物醫學功能，特殊的物理、化學、生物學效應，能完成功能相互轉化，主要用來製造各種功能元器件而被廣泛應用於各類高科技領域的高新技術材料。

世界各國功能材料的研究極為活躍，充滿了機遇和挑戰，新技術、新專利層出不窮。發達國家企圖通過知識產權的形式在特種功能材料領域形成技術壟斷，並試圖占領中國廣闊的市場，這種態勢已引起中國的高度重視。功能材料不但是發展資訊技術、生物技術、能源技術等高科技領域和國防建設的重要基礎材料，而且是改造與提升中國基礎工業和傳統產業的基礎，直接關係到中國資源、環境及社會的可持續發展。

功能材料在國民經濟、社會發展及國防建設中起著獨特的作用，它涉及資訊技術、生物工程技術、能源技術、奈米技術、環保技術、空間技術等現代高新技術及其產業。功能材料不僅對高新技術的發展起著重要的推動和支撐作用，還對中國相關傳統產業的改造和升級、實現跨越式發展起著重要的促進作用。

功能材料種類繁多，用途非常廣泛，正在形成一個規模宏大的高科技產業群，有著廣闊的市場前景和極為重要的戰略意義。世界各國均十分重視功能材料的研究開發與應用，它已成為世界各國新材料研究發展的焦點，也是世界各國高科技發展中戰略競爭的焦點。

在適當的條件下，結構材料和功能材料可以相互轉化。因為結構材料和功能材料有著共同的科學基礎，很難截然分開。有時，一種材料同時具有結構材料和功能材料兩種屬性，例如機體隱身材料就兼有承載、氣動力學、隱身三種功能。

當前國際功能材料及其應用技術正面臨新的突破，如超導材料、微電子材料、光子材料、資訊材料、能源轉換及儲能材料、生態環境材料、生物醫用材料等正處於日新月異的發展之中，發展功能材料技術正成為一些發達國家強化其經濟及軍事優勢的重要手段。

1.2 先進材料的應用及發展前景

對於現代材料而言，材料是物質，製造是途徑（或手段），應用是目的。在先進材料的應用條件下，必須考慮環境的特殊要求，如高溫、低溫、腐蝕介質等。結構件均有一定的形狀配合和精度要求，因此先進材料還需有良好的可加工性能，如鑄造性、冷（或熱）成形性、焊接性、切削加工性等。遺憾的是，先進材料由於固有的特殊性能，焊接難度很大，有時甚至阻礙了先進材料的發展和應用。

1.2.1 先進陶瓷

先進陶瓷原料豐富、產品附加值高，應用領域廣闊。但由於陶瓷塑性和韌性差，加工困難，不易製成大型或形狀複雜的構件，單獨使用又受到一定的限製。先進陶瓷是隨著現代電器、電子、航空、原子能、冶金、機械、化學等工業以及電腦、空間技術、新能源開發等科學技術的飛躍發展而發展起來的。在實際應用中，常採用連接技術製成陶瓷-金屬複合構件，這樣既能發揮陶瓷與金屬各自的性能優勢，又能降低生產成本，具有很好的應用前景。

陶瓷與金屬焊接已獲得廣泛的應用，例如用於汽車發動機增壓器轉子（可以減少尾氣排放）、陶瓷/鋼搖杆、陶瓷/金屬挺柱、火花塞、高壓絕緣子、電子元器件（如真空管外殼、整流器外殼）等。

研究開發高效陶瓷發動機，是世界各國高科技競爭的焦點之一。使用陶瓷發動機，可以把發動機的工作溫度從1000℃提高到1300℃，熱效率從30%提高到50%，重量減輕20%，燃料節省30%～50%。英國是最早從事結構陶瓷應用開發的國家，英國政府專門撥款數千萬英鎊，對陶瓷燃氣輪機和往復式陶瓷發動機進行研究開發，已經製造出了活塞式陶瓷發動機。據美國福特汽車公司的專家估計，如果全美國的汽車都採用陶瓷發動機，那麼每年至少可節約石油5億桶。

對於陶瓷發動機，美、俄、法、德等國家製定了龐大的研究開發計畫，投入了巨大的人力和資金。美國投資數十億美元，組織幾十家公司從事陶瓷發動機的研究開發，其中通用汽車公司、福特汽車公司、諾爾頓公司等大型企業相繼建立了新型陶瓷發動機專業化研究開發中心。

日本把結構陶瓷看作是繼微電子之後又一個可帶來巨大效益的新領域，他們在同美國人的競爭中不惜代價，開發新產品的能力甚至超過了美國。日本213kW陶瓷發動機已經形成規模生產，並已裝備了上百萬輛小汽車。德國對陶瓷內燃機的研究開發也走在世界前列，德國賓士汽車公司研製的「2000年轎車」就是由陶瓷燃氣輪機驅動的。

在歐洲共同體的「尤里卡計畫」中，法國、德國和瑞典三個國家從1980年代開始聯合進行陶瓷燃氣輪機的開發，已經研製出功率為147kW的陶瓷渦輪噴氣發動機，其工作溫度可達1600℃，比普通發動機高出600℃以上。

1.2.2 金屬間化合物

近二十年來，人們開始重視對金屬間化合物的開發應用，這是材料領域一個根本性的轉變，也是今後材料發展的重要方向之一。金屬間化合物由於它的特殊晶體結構，使其具有其他固溶體材料所沒有的性能。特別是固溶體材料通常隨著溫度的升高而強度降低，但某些金屬間化合物的強度在一定範圍內隨著溫度的升高而增大，這就使它有可能作為新型高溫結構材料的基礎。另外，金屬間化合物還有一些性能是固溶體材料的數倍乃至幾十倍。

Ni-Al、Ti-Al金屬間化合物適合用於航空航天材料，具有很好的應用潛力，已受到歐、美等發達國家的重視。一些NiAl合金已獲得應用或試用，如用於柴油機部件、電熱元器件、航空航天飛機緊固件等。TiAl合金可替代鎳基合金製成航空發動機高壓渦輪定子支承環、高壓壓氣機匣、發動機燃燒室擴張噴管噴口等；中國宇航工業正試用這類合金製造發動機熱端部件，應用前景廣闊。

例如，1990年代美國GE發動機公司將TiAl合金（Ti-47Al-2Cr-2Nb）低壓氣機葉片安裝在CF6-80C2戰機上並做了1000個模擬飛行周次的考核，結果

TiAl 合金葉片完整無損。其後美國國家航空航天總署（NASA）的「AITP」計劃，將 TiAl 合金用作 GE-90 發動機 5 級和 6 級低壓氣機葉片，目標是取代原來的 Rene77 葉片，以減少重量 80kg。在壓氣機葉片臺架試車取得進展的同時，TiAl 合金作為機匣、渦輪盤、支撐架、導梁等應用也在逐步展開。

Fe_3Al 金屬間化合物由於具有高的抗氧化性和耐磨性，可以在許多場合代替不銹鋼、耐熱鋼或高溫合金，用於製造耐腐蝕件、耐熱件和耐磨件，其良好的抗硫化性能適合於惡劣條件下（如高溫腐蝕環境）的應用。例如，可用於火力發電廠結構件、滲碳爐氣氛工作的結構件、化工器件、汽車尾氣排氣管、石化催化裂化裝置、加熱爐導軌、高溫爐箅等。此外，由於 Fe_3Al 金屬間化合物具有優異的高溫抗氧化性和很高的電阻率，有可能開發成新型電熱材料。Fe_3Al 還可以和 WC、TiC、TiB、ZrB 等陶瓷材料製成複合結構，具有更加廣闊的應用前景。

1.2.3 疊層材料

目前對疊層複合材料的研究主要集中在製備工藝、界面性能、增強機製等方面，對其焊接應用研究較少。美國加利福尼亞大學採用 Ag-Cu-In 釺料通過真空釺焊對 Ti-6Al-4V/$TiAl_3$ 微疊層複合材料進行焊接，Ti-Al 微疊層複合材料的抗拉強度為 200MPa，而得到釺焊對接接頭的抗拉強度僅為 20MPa，需要進一步改善工藝參數和尋求更可靠的焊接方法。

純鎳復層＋Ti_3Al 基層的疊層材料在高溫下的整體性能較好，其焊接的主要問題是室溫脆性不足引起結合界面微裂紋。控製熱輸入和採用合適的焊前預熱工藝可以降低微裂紋傾向。經預熱處理後，焊縫區的結晶層消失，整個焊縫區的顯微硬度分布趨於一致。但是焊接過程冷卻速度較快，是非平衡過程，有序化進程進行不充分，對焊接區的組織性能產生影響，這也是在金屬/金屬間化合物疊層複合材料焊接中必須考慮的問題。

疊層複合材料由於其特殊的疊層結構，韌性層與金屬間化合物層的組織結構、熔化溫度、熱膨脹係數、熱導率等一系列物理化學性能不同，導致疊層複合材料的焊接比單獨塊體材料更加複雜、困難。焊接熱循環對疊層複合材料的界面產生影響，使界面反應充分、反應層增厚等；界面存在的一些潛在缺陷，受焊接冶金過程的影響，可能轉變為氣孔、裂紋等。

航空航天飛行器發動機推重比、燃料效率的提高，使渦輪氣體通道的溫度越來越高（一般在 1100℃以上），要求發動機葉片具有較好的耐高溫性能和損傷斷裂韌性。而傳統的鎳基合金在 1000℃以上韌性下降很快、易被氧化已難以滿足要求。採用 Ni、Ti、Nb、V 等高溫金屬及其金屬間化合物（如 Ni-Al、Ti-Al、Nb-Al、Nb-Ti-Al）為原材料製備疊層複合材料，利用高溫金屬作為韌化元素克服金屬間化合物的脆性，使這種材料具有更優異的高溫韌性和抗蠕變能力、低溫斷裂韌性以及在熱循環過程中的抗氧化能力，在溫度較高時具有微結構的熱力學穩定性及具有競爭力的成本。

採用高溫金屬箔片（如 Ti、Ni、V）與 Al 箔交替層疊，通過軋製或自蔓延高溫合成方法使箔片之間發生反應形成金屬間化合物製得的微疊層複合材料中可能存在未完全反應的 Al 層，限製其在高溫條件下的應用。但是由於金屬間化合物具有良好的比強度、比剛度，Al 作為韌化元素能夠改變金屬間化合物的脆性，使這種微疊層複合材料能夠作為輕質結構材料，在機體結構製造中有應用前景。

疊層材料具有良好的高溫性能和熱力學穩定性，在航空航天發動機製造中有良好的應用前景。通過真空軋製或自蔓延高溫合成製備的微疊層複合材料限製其在高溫條件下的應用，但是可用作機體輕質結構材料。焊接技術是實現多種航空航天構件連接的重要途徑，但目前仍缺乏對疊層材料焊接應用的系統研究開發。焊接熱輸入可能促使層間界面潛在缺陷擴展、復層與基層的熱膨脹係數不同易引起裂紋等問題是疊層複合材料的焊接中需要考慮的關鍵問題。

1.2.4 複合材料

複合材料是 1960 年代初應航天、航空發展的需要而產生的。複合材料具有可設計性，即可根據人們的需要，選擇不同的基體與增強相，確定材料的組合形式、增強相的比例與分布等。

複合材料的應用優勢在於通過不同材料的組合，形成各種性能優異的新材料，結構-功能一體化是複合材料的發展趨勢。過去 30 年間，複合材料在戰鬥機中的應用持續增長，取代了相當大一部分的傳統結構材料。用複合材料代替金屬顯示出明顯的減重效果，例如對於受載荷小的結構（如前機身），因金屬結構較薄，直接代替減重效果明顯；對於承受載荷大的結構，由於鋪層複雜（如機翼翼根處），減重效果不明顯。但飛機大部分結構是在這兩種極端情況之間，減重效果居中。一般說複合材料占結構重量的 20％～25％時，飛機機體的減重效果有大幅度增加。

複合材料在民用飛機、直升機上的應用也逐漸增加。在人造地球衛星、太空戰、天地往返運輸系統、運載火箭箭體、戰略導彈彈頭材料等結構中，複合材料的應用起著關鍵性的作用。例如，許多國家研製的遠程及洲際戰略導彈端頭帽幾乎都採用了碳/碳複合材料。

碳/碳複合材料，特別適於遠程導彈和返地衛星前沿的頭帽，它的優勢在於：

① 耐高溫、密度小；對於洲際導彈來說，每減重 1kg，可增加 300km 射程；對宇宙飛船和航天飛機來說，每減重 1kg，可減少 2kN 的推力，大大節省火箭燃料。

② 碳纖維複合材料在超高溫和高氣流的衝擊下燒蝕速度慢，燒結後結成一層堅固而疏鬆的「海綿體」，可防止進一步燒蝕，又可起隔熱作用。

「長征二號」捆綁式運載火箭的衛星接頭支架，是大型複合材料結構件首次在中國的運載火箭上的應用，採用了碳/環氧複合材料半硬殼加肋鋁蜂窩夾芯結構。「長征三號」系列運載火箭的關鍵部件「共底」，是大型鋁蒙皮玻璃鋼蜂窩夾芯膠接真空絕熱結構件，採用了先進複合材料成形工藝，實現了大型運載火箭低溫推進劑儲箱結構的先進設計和製造，為提高火箭運載能力起了關鍵作用。

連續纖維增強金屬基複合材料由於製造工藝複雜、成本高，其應用限於航空航天、軍工等少數領域。非連續增強金屬基複合材料保持了連續纖維增強 MCM 的大部分優良性能，而且製造工藝簡單、原材料成本低、便於二次加工，近年來發展極為迅速。這類材料的焊接性雖然比連續纖維增強金屬基複合材料好，但與單一金屬及合金的焊接相比仍是非常困難的。非連續增強金屬基複合材料主要有 SiC_p/Al、SiC_w/Al、Al_2O_{3p}/Al、Al_2O_{3sf}/Al 及 B_4C_p/Al 等，應用範圍正日益擴大。

1.2.5 功能材料

中國非常重視功能材料的發展，在國家科技攻關、「863」、「973」、國家自然科學基金等計畫中，功能材料都占有很大比例。在「十五」、「十一五」國防科技計畫中還將特種功能材料列為「國防尖端」材料。這些科技計畫的實施，使中國在功能材料領域取得了豐碩的成果。在「863 計劃」支持下，開闢了超導材料、平板顯示材料、稀土功能材料、生物醫用材料、儲氫等新能源材料；在金剛石薄膜、紅外隱身材料等功能材料新領域，取得了一批接近或達到國際先進水準的研究成果，在國際上占有了一席之地。功能材料還在「兩彈一星」「四大裝備四顆星」等國防工程中作出了舉足輕重的貢獻。

近年來功能材料迅速發展，已有幾十大類、數萬個品種。功能材料的應用範圍也迅速擴大，在電子資訊、電腦、光電、航空航天、兵器、能源、醫學等領域得到廣泛應用。雖然在產量和產值上還不如結構材料，但功能材料對各行業的發展有很大的影響，特別是在高新技術發展中有時起著關鍵的作用。

例如，以 NbTi、Nb_3Sn 為代表的超導材料已實現了商品化，在核磁共振人體成像（NMRI）、超導磁體及大型加速器磁體等多個領域獲得了應用。由於常規低溫超導體的臨界溫度太低，須在昂貴複雜的液氦（4.2K）系統中使用，因而限製了低溫超導材料的進一步應用。

高溫氧化物超導體的出現，突破了溫度壁壘，把超導應用溫度從液氦（4.2K）提高到液氮（77K）溫區。同液氦相比，液氮是一種非常經濟的冷媒，並且具有較高的熱容量，給工程應用帶來了極大的方便。高溫氧化物超導體是複雜的多元體系，在研究過程中涉及多個領域，這些領域包括凝聚態物理、晶體化學、工藝技術及微結構分析等。一些材料科學研究領域最新的技術手段，如非晶技術、奈米技術、磁光技術、隧道顯微技術及場離子顯微技術等都被用來研究高溫超導體，其中許多研究工作涉及材料科學的前沿。高溫超導材料的研究已在單晶、薄膜、體材料、線材和應用等方面取得了重要進展。

形狀記憶合金（SMA）是一種新型功能材料，它具有特殊的形狀記憶效應，在航空航天、原子能、海洋開發、儀器儀表、醫療器械等領域具有廣闊的應用前景。採用傳統的焊接方法難以實現 TiNi 形狀記憶合金的連接，難以控製焊縫的化學成分、局部組織和相變溫度與母材一致以獲得與母材等同的形狀記憶效應。固相連接方法是很有潛力的，瞬間液相擴散焊和採用特殊釬料及熱源的釬焊也有利於對形狀記憶合金的焊接。

美國、歐洲、日本等發達國家和地區十分重視先進材料的發展，都把發展先進材料作為科技發展戰略的重要組成部分，在製定國家科技與產業發展規劃時，將先進材料加工技術列為優先發展的關鍵技術之一，以保持其經濟和科技的領先地位。中國先進材料研究開發及產業化也取得了重大的進展，為經濟和社會發展提供了強有力的支撐。

先進材料的發展推動了科技進步、產業結構的變化。高性能結構材料的研究開發和產業化使一些機械、裝備的大型化、高效化、高參數化、多功能化有了物質基礎，先進材料焊接技術的迅速發展將推進社會不斷進步和向前發展。

參考文獻

[1] 史耀武. 中國材料工程大典：第 23 卷　材料焊接工程. 北京：化學工業出版社，2006.

[2] 技術預測與國家關鍵技術選擇研究組. 中國技術前瞻報告：資訊、生物和材料. 北京：科學技術文獻出版社，2004.

[3] 仲增墉，葉恆強. 金屬間化合物（全國首屆高溫結構金屬間化合物學術討論會文集）. 北京：機械工業出版社，1992.

[4] 任家烈，吳愛萍. 先進材料的連接. 北京：機械工業出版社，2000.

[5] Li Yajiang, Wang Juan, Yin Yansheng, et al. Phase constitution near the interface zone of diffusion bonding for Fe_3Al/Q235 dissimilar materials. Scripta Materials, 2002, 47 (12): 851-856.

[6] 沈真，仇仲翼. 複合材料原理及其應用. 北京：科學出版社，1992.

[7] 王輝，陳再良. 形狀記憶合金材料的應用. 機械工程材料，2002，26（3）：5-8.

第2章

先進陶瓷材料的焊接

高科技陶瓷正處在快速發展中，已經成為重要的工程材料。從整體上看，陶瓷是硬而脆的高熔點材料，具有低的導熱性、良好的化學穩定性和熱穩定性，以及較高的壓縮強度和獨特的性能，如絕緣和電、磁、聲、光、熱及生物相容性等，可用於機械、電子、宇航、醫學、能源等各個領域，成為現代高科技材料的重要組成部分。先進陶瓷材料的焊接應用也日益受到人們的重視。

2.1 陶瓷材料的性能特點及連接問題

陶瓷是指以各種金屬的氧化物、氮化物、碳化物、硅化物為原料，經適當配料、成形和高溫燒結等合成的無機非金屬材料。陶瓷具有許多獨特的性能，這類材料一般是由共價鍵、離子鍵或混合鍵結合而成，鍵合力強，具有很高的彈性模量和硬度。

陶瓷材料按其應用特性分為功能陶瓷和工程結構陶瓷兩大類。功能陶瓷是指具有電、磁、光、聲、熱等功能以及耦合功能的陶瓷材料，從性能上分有鐵電、壓電、光電、聲光、磁光、生物等功能陶瓷。工程結構陶瓷強調材料的力學性能，以其具有的耐高溫、高強度、超硬度、高絕緣性、高耐磨性、抗腐蝕性等性能，在工程領域得到廣泛應用。常見的工程結構陶瓷見表 2.1。

表 2.1　常見的工程結構陶瓷

種類		組成材料
氧化物陶瓷		Al_2O_3,MgO,ZrO_2,SiO_2,UO_2,BeO 等
非氧化物陶瓷	碳化物	SiC,TiC,B_4C,WC,UC,ZrC 等
	氮化物	Si_3N_4,AlN,BN,TiN,ZrN 等
	硼化物	ZrB_2,WB,TiB_2,LaB_6 等
	硅化物	$MoSi_2$ 等
	氟化物	CaF_2,BaF_2,MgF_2 等
	硫化物	ZnS,TiS_2,$M_xMo_6S_8$($M=Pb$,Cu,Cd)等
	碳和石墨	C

2.1.1 結構陶瓷的性能特點

2.1.1.1 物理和化學性能

陶瓷材料的物理性能與金屬材料有較大的區別，主要表現在以下幾個方面：陶瓷的線脹係數比金屬低，一般在 $10^{-5}\sim10^{-6}K^{-1}$ 的範圍內；陶瓷的熔點（或昇華、分解溫度）比金屬的高得多，有些陶瓷可在 2000～3000℃的高溫下工作且保持室溫時的強度，而大多數金屬在 1000℃以上就基本上喪失了強度。一些新型的特殊陶瓷具有特定條件下的導電性能，如導電陶瓷、半導體陶瓷、壓電陶瓷等。還有一些陶瓷具有特殊的光學性能，如透明陶瓷、光導纖維等，但它們主要是功能陶瓷而不是結構陶瓷。

陶瓷的組織結構十分穩定，具有良好的化學性能。在它的離子晶體中，金屬原子被非金屬（氧）原子所包圍，受到非金屬原子的屏蔽，因而形成極為穩定的化學結構。一般情況下不再與介質中的氧發生作用，甚至在 1000℃的高溫下也不會氧化。由於化學結構穩定，大多數陶瓷具有較強的抵抗酸、碱、鹽類的腐蝕以及抵抗熔融金屬腐蝕的能力。

2.1.1.2 力學性能

陶瓷材料多為離子鍵構成的晶體（如 Al_2O_3）或共價鍵組成的共價晶體（如 Si_3N_4、SiC)，這類晶體結構具有明顯的方向性。多晶體陶瓷的滑移係很少，受到外力時幾乎不能產生塑性變形，常常發生脆性斷裂，抗衝擊能力較差。由於離子晶體結構的關係，陶瓷的硬度和室溫彈性模量也都較高。陶瓷內部存在大量的氣孔，緻密度比金屬差很多，因此抗拉強度不高，但因為氣孔在受壓時不會導致裂紋擴展，所以陶瓷的抗壓強度還是比較高的。脆性材料鑄鐵的抗拉強度與抗壓強度之比一般為 1/3，而陶瓷則為 1/10 左右。

陶瓷是非常堅固的離子/共價結合（比金屬鍵更強）組織，這種結合使陶瓷具有相關的特性：高硬度，高壓縮強度，低導熱、導電性及化學不活潑性。這種堅固的結合也表現出一些不好的特性，如低延伸性。通過控製顯微組織可以克服陶瓷固有的高硬度並製出陶瓷彈簧。已經開發應用的複合陶瓷，其斷裂韌性可達鋼的一半。

陶瓷更廣泛的特性可能並沒有被認識到。人們一般認為陶瓷是電/熱絕緣體，而陶瓷氧化物（以 Y-Ba-Cu-O 為基）卻具有高溫超導性。金剛石、氧化鈹和碳化硅比鋁或銅有著更高的導熱性。

2.1.1.3 幾種常用的結構陶瓷

（1）氧化物陶瓷

常用的氧化物陶瓷有氧化鋁陶瓷、氧化鈹陶瓷和部分穩定氧化鋯陶瓷等。

表 2.2 所示是常用的幾種氧化物陶瓷的物理性能。

1）氧化鋁陶瓷

氧化鋁陶瓷是工程中廣泛應用的陶瓷材料，氧化鋁陶瓷主要成分是 Al_2O_3 和 SiO_2。Al_2O_3 含量越高性能越好，但工藝更複雜，成本也更高。幾種氧化物陶瓷的化學組成見表 2.3。

氧化鋁有十多種同素異構體，常見的主要有三種：α-Al_2O_3，β-Al_2O_3 和 γ-Al_2O_3。

γ-Al_2O_3 屬於尖晶石型立方結構，高溫下不穩定。在 1600℃ 轉變為 α-Al_2O_3。α-Al_2O_3 在高溫下十分穩定，在達到熔點 2050℃之前沒有晶型轉變。

氧化鋁陶瓷的主要性能特點是硬度高（760℃時硬度為 87HRA，1200℃仍可保持 82HRA 的硬度），有很好的耐磨性、耐腐蝕性、耐高溫性能，可在 1600℃高溫下長期使用。氧化鋁陶瓷還具有良好的電氣絕緣性能，在高頻下的電絕緣性能尤為突出，每公釐厚度可耐壓 8000V 以上。氧化鋁陶瓷的缺點是韌性低，抗熱振性能差，不能承受溫度的急劇變化。這類陶瓷主要用於製造刀具、模具、軸承、熔化金屬的坩堝、高溫熱電偶套管，以及化工行業中的一些特殊零部件，如化工泵的密封滑環、軸套和葉輪等。

表 2.2　幾種氧化物陶瓷的物理性能

材料名稱		氧化鋁			氧化鈹 (BeO)	氧化鋯 (ZrO_2)	氧化鎂 (MgO)	鎂橄欖石 ($2MgO \cdot SiO_2$)
		75%Al_2O_3	95%Al_2O_3	99%Al_2O_3				
熔點(分解點)/℃		—	—	2025	2570	2550	2800	1885
密度/(g/cm^3)		3.2～3.4	3.5	3.9	2.8	3.5	3.56	2.8
彈性模量/GPa		304	304	382	294	205	345	—
抗壓強度/MPa		1200	2000	2500	1472	2060	850	579
抗彎強度/MPa		250～300	280～350	370～450	172	650	140	137
線脹係數 /$10^{-6}K^{-1}$	25～300℃	6.6	6.7	6.8	6.8	≥10	≥10	10
	25～700℃	7.6	7.7	8.0	8.4	—	—	12
導熱率 /[W/(cm·K)]	25℃	—	0.218	0.314	1.592	0.0195	0.419	0.034
	300℃	—	0.126	0.159	0.838	0.0205	—	—
電阻率/Ω·cm		$>10^{13}$	$>10^{13}$	$>10^{14}$	$>10^{14}$	$>10^{14}$	$>10^{14}$	$>10^{14}$
相對介電常數(1MHz)		8.5	9.5	9.35	6.5	—	8.9	6.0
介電強度/(kV/mm)		25～30	15～18	25～30	15	—	14	13

表 2.3 幾種氧化物陶瓷的化學組成 %

材料	75%氧化鋁陶瓷	95%氧化鋁陶瓷	99%氧化鋁陶瓷	滑石陶瓷	鎂橄欖石陶瓷
SiO_2	15.30	2.50	0.30	55.80	44.50
Al_2O_3	75.80	94.70	99.10	3.90	5.10
TiO_2	0.25	微量	微量	微量	0.10
Fe_2O_3	0.40	0.10	0.14	0.45	0.20
CaO	2.30	2.50	微量	0.05	—
MgO	1.85	微量	0.25	28.90	49.70
R_2O	0.60	0.20	0.20	0.07	0.20
BaO	3.20	—	—	6.60	—
ZrO_2	微量	—	—	3.80	微量

2）部分穩定氧化鋯（ZrO_2）陶瓷

氧化鋯陶瓷有三種晶型：四方結構（t 相）、立方結構（c 相）和單斜結構（m 相）。加入適量的穩定劑後，四方結構（t 相）在室溫以亞穩定狀態存在，稱為部分穩定氧化鋯（簡稱 PSZ）。部分穩定氧化鋯陶瓷可應用於發動機的結構件，其抗彎強度在 600℃時可達 981MPa。

在應力作用下發生的四方結構（t 相）向單斜結構（m 相）的馬氏體轉變稱為「應力誘發相變」，在相變過程中吸收能量，使陶瓷內裂紋尖端的應力場鬆弛，增加了裂紋的擴展阻力，實現氧化鋯陶瓷的增韌。部分穩定氧化鋯陶瓷的斷裂韌性遠高於其他的結構陶瓷。目前發展起來的幾種氧化鋯陶瓷中，常用的穩定劑包括 MgO、Y_2O_3、CaO、CeO_2 等。

① 高強度氧化鋯陶瓷（MG-PSZ） 抗彎強度為 800MPa，斷裂韌性為 $10MPa \cdot m^{1/2}$。抗振型 MG-PSZ 的抗彎強度為 600MPa，斷裂韌性為 $8 \sim 15MPa \cdot m^{1/2}$。

② 四方多晶氧化鋯陶瓷（Y-TZP） 以 Y_2O_3 為穩定劑，抗彎強度可達 800MPa，最高可達 1200MPa，斷裂韌性可達 $10MPa \cdot m^{1/2}$ 以上。

③ 四方多晶 ZrO_2-Al_2O_3 複合陶瓷 利用 Al_2O_3 的高彈性模量可使多晶氧化鋯陶瓷晶粒細化，硬度提高，四方結構的 t 相含量增加，可以提高陶瓷的強度和韌性。用熱壓燒結方法製造的 ZrO_2-Al_2O_3 複合陶瓷的抗彎強度可高達 2400MPa，斷裂韌性可達 $17MPa \cdot m^{1/2}$。

(2) 非氧化物陶瓷

包括氮化硅（Si_3N_4）、碳化硅（SiC）、氮化硼（BN）與氮化鈦（TiN）等。碳化硼（B_4C）在工程材料中的硬度僅次於金剛石和立方氮化硼，用於需要高耐磨性能的部件。由於非氧化物陶瓷在高溫下仍具有高強度、超硬度、抗磨損、耐腐蝕等性能，已成為機械製造、冶金和宇航等高科技領域中的關鍵材料。

幾種非氧化物陶瓷的物理性能和力學性能見表 2.4。

表 2.4 幾種非氧化物陶瓷的物理性能和力學性能

性能	氮化硅 (Si_3N_4)		碳化硅 (SiC)		氮化硼 (BN)		氮化鋁 (AlN)	賽隆 (Sialon)	
	熱壓燒結	反應燒結	熱壓燒結	常壓燒結	六方	立方	—	常壓燒結	熱壓燒結
熔點(分解點)/℃	1900 (昇華)	1900 (昇華)	2600 (分解)	2600 (分解)	3000 (分解)	3000 (分解)	2450 (分解)	—	—
密度/(g/cm^3)	3～3.2	2.2～2.6	3.2	3.09	2.27	—	3.32	3.18	3.29
硬度(HRA)	91～93	80～85	93	90－92	2 (莫氏)	4.8 (莫氏)	1400 (HV)	92～93	95
彈性模量/GPa	320	160～180	450	405	—	—	279	290	31.5
抗彎強度/MPa	65	20～100	78～90	45	—	—	40～50	70～80	97～116
線脹係數/$10^{-6}K^{-1}$	3	2.7	4.6～4.8	4	7.5	—	4.5～5.7	—	—
熱導率/[W/(cm・K)]	0.30	0.14	0.81	0.43	—	—	0.7～2.7	—	—
電阻率/Ω・cm	$>10^{13}$	$>10^{13}$	$10～10^{3}$	$10～10^{3}$	$>10^{14}$	$>10^{14}$	$>10^{14}$	$>10^{12}$	$>10^{12}$
介電常數	9.4～9.5	9.4～9.5	45	45	3.4～5.3	3.4～5.3	8.8	—	—

① 氮化硅陶瓷 六方晶係，以 Si_3N_4 為結構單元，具有極強的共價鍵性，有 α-Si_3N_4 和 β-Si_3N_4 兩種晶體。氮化硅陶瓷的特點是強度高，反應燒結氮化硅陶瓷的室溫抗彎強度達 200MPa，在 1200～1350℃高溫下可保證強度不衰減。熱壓燒結氮化硅陶瓷室溫抗彎強度可高達 800～1000MPa，加入某些添加劑後抗彎強度可達到 1500MPa。氮化硅陶瓷的硬度很高，僅次於金剛石、立方氮化硼和碳化硼等。用氮化硅陶瓷製造的發動機可以在更高的溫度下工作，使發動機的燃料充分燃燒，提高熱效率，減少能耗與環境污染。

② 碳化硅陶瓷 具有高的熱傳導性、高耐蝕性和高硬度，是一種鍵能很高的共價鍵化合物，具有金剛石的結構類型。常見的碳化硅晶型為 2100℃以下穩定存在的立方結構 β-SiC 和 2100℃以上穩定存在的六方結構 α-SiC。在壓力為 101.33MPa 時，碳化硅在 2830℃左右分解。碳化硅陶瓷的特點是高溫強度高，在 1400℃時抗彎強度仍保持在 500～600MPa 的較高水準。碳化硅陶瓷具有很好的耐磨損、耐腐蝕、抗蠕變性能。由於碳化硅陶瓷具有高溫強度高的特點，可用於製造火箭尾噴管的噴嘴、澆注金屬用的喉嘴、熱電偶套管、加熱爐管以及燃氣輪機的葉片、軸承等，還可用於熱交換器、耐火材料等。

③ 賽隆陶瓷 (Sialon) 由 Si_3N_4 和 Al_2O_3 構成的陶瓷稱為賽隆陶瓷，其成形和燒結性能優於純 Si_3N_4 陶瓷，物理性能與 β-Si_3N_4 相近，化學性能接近 Al_2O_3。這種陶瓷可以採用熱擠壓、模壓、澆注等技術成形，在 1600℃常壓無活

性氣氛中燒結即可達到熱壓氮化硅陶瓷的性能，是目前常壓燒結強度最高的陶瓷材料。近年來賽隆陶瓷得到了較快的發展。

(3) 陶瓷複合材料

提高陶瓷材料性能的方法之一是製作陶瓷基複合材料。加入其他化合物或金屬元素形成的複合 Al_2O_3 陶瓷，可改善氧化物陶瓷的韌性和抗熱震性。幾種氧化鋁復相陶瓷與熱壓氧化鋁陶瓷的力學性能見表 2.5。由於分散的第二相可阻止 Al_2O_3 晶粒長大，又可阻礙微裂紋擴展，因此復相陶瓷的抗彎強度明顯提高。含 5%（體積含量）SiC 的 Al_2O_3 復相陶瓷的抗彎強度可達 1000MPa 以上，斷裂韌性提高到 $4.7MPa \cdot m^{1/2}$。

表 2.5　熱壓 Al_2O_3 陶瓷及其復相陶瓷的力學性能

主要性能	熱壓燒結 Al_2O_3	熱壓燒結 Al_2O_3＋金屬	熱壓燒結 Al_2O_3＋TiC	熱壓燒結 Al_2O_3＋ZrO_2	熱壓燒結 Al_2O_3＋SiC(w)
密度/(g/cm^3)	3.4～3.99	5.0	4.6	4.5	3.75
熔點/℃	2050	—	—	—	—
抗彎強度/MPa	280～420	900	800	850	900
硬度(HRA)	91	91	94	93	94.5
熱導率/[W/(cm・K)]	0.04～0.045	0.33	0.17	0.21	0.33
平均晶粒尺寸/μm	3.0	3.0	1.5	1.5	3.0

陶瓷可作為複合物系統（如玻璃鋼 GRP）和金屬基複合材料（如氧化鋁強化的 Al/Al_2O_3）的增強劑，即將陶瓷纖維、晶須或顆粒混入陶瓷基體材料中。使基體和加入的材料保持固有的性能，而陶瓷複合材料的綜合性能遠遠超過單一材料本身的性能。

陶瓷複合材料主要分為纖維增強和晶須或顆粒增強複合材料兩大類。

① 纖維增強陶瓷複合材料　纖維是連續的或接近連續的細絲，在保持或提高強度的同時能增強韌性和抗高溫性能。可以做成纖維的材料有 Al_2O_3、SiC、Si_3N_4 等。但是，陶瓷基體加入纖維後很難進行加工，許多靠纖維增強的陶瓷複合材料就因為纖維分布不均勻、加工（焊接）後纖維性能下降或基體密實性不足等原因而達不到提高性能的目的。

② 晶須或顆粒增強陶瓷複合材料　晶須是短小的單晶體纖維，無論是棒狀或針狀，其縱橫比約為 100，直徑小於 3μm。以 SiC 晶須增強的 Al_2O_3 陶瓷複合材料已經引起廣泛地關注。將 SiC 晶須加入單一的 Al_2O_3 陶瓷或多元基體中，能使材料的強度和斷裂韌性提高很多，而且還具有優異的抗熱震性、耐磨性和抗氧化性。以 ZrO_2 韌化的 Al_2O_3 系列陶瓷複合材料是以彌散分布的部分穩定的 ZrO_2 顆粒來提高 Al_2O_3 陶瓷基體的強度和韌性。

陶瓷由於具有良好的介電性、耐熱性、真空緻密性、耐腐蝕性等，在工程技術中得到廣泛應用。它具有持久的熱穩定性，耐各種介質的浸蝕性，具有嚴格的電絕緣性能和絕磁性能，具有很廣闊的應用前景。

2.1.1.4 複合陶瓷的製備方法

可採用多種方法製備複合陶瓷。複合陶瓷的製備工藝過程為：配料→混粉→壓製成形→燒結。以 Al_2O_3-TiC 複合陶瓷為例，在燒結過程中，由於 Al_2O_3 和 TiC 之間會發生反應並有氣體發生，因此燒結比較困難。一般需添加燒結助劑、表面處理或熱壓燒結（hot-pressing sintering，HP）、熱等靜壓燒結（hot-iso-static-pressing sintering，HIP）工藝。燒結是使材料獲得預期的顯微結構，賦予材料各種性能的關鍵工序。可將 Al_2O_3-TiC 複合陶瓷按燒結方式的不同進行分類。

(1) 無壓燒結（pressureless sintering，PS）

無壓（常壓）燒結是指燒結過程中燒結坯體無外加壓力、只在常壓下燒結。由於 Al_2O_3 和 TiC 在高溫下會發生反應產生氣體，用常規燒結方法難以致密化（相對密度＜94%），為了促進燒結，常在 Al_2O_3-TiC 體系中添加各種助燒劑，如 TiH_2、MgO、CaO、Y_2O_3、Cr_2O_3 等，並採取快速升溫、埋粉等方法，可使燒結體的相對密度達到 98%。這種燒結方法可在燒結過程中形成有利於緻密化的液相，抑製晶粒異常長大，使材料顯微結構均勻。無壓燒結可連續作業，生產成本低，產品形狀和尺寸不受限製。燒結助劑對 Al_2O_3-TiC 複合陶瓷性能的影響見表 2.6。

表 2.6 燒結助劑對 Al_2O_3-TiC 基複合陶瓷性能的影響

助燒劑	方 法	相對密度 /%	抗彎強度 /MPa	維氏硬度 /GPa	斷裂韌性 /MPa・$m^{1/2}$
TiH_2	PS	94.9	386～574	18.1～19.3	4.2～4.6
MgO	PS(埋粉燒結)	96.7	504～746	—	3.7～4.7
CaO	PS(埋粉燒結)	＞97.0	—	—	—
Y_2O_3	PS(埋粉燒結)	97.0	—	—	4.6

(2) 熱壓燒結（hot-pressing sintering，HP）

熱壓燒結是在加熱燒結的同時施加足夠大的壓力來促進燒結。由於同時加溫、加壓，有利於粉末顆粒的接觸、擴散和流動等傳質過程，可降低燒結溫度、縮短燒結時間和抑製晶粒長大；不需添加助燒劑，容易獲得接近理論密度、氣孔率接近零的燒結體。由於熱壓燒結對粉體的推動力比常壓燒結推動力大 20～100 倍，用常壓燒結可以燒結的材料，若用熱壓燒結，其燒結溫度可以降低 100～150℃。但熱壓燒結時材料的形狀和尺寸受到限製，不能批量生產，成本也較高。

熱壓工藝對 Al_2O_3-TiC 複合陶瓷性能的影響見表 2.7。

表 2.7 熱壓 Al_2O_3-TiC 基複合陶瓷的性能

成分（溶質質量分數）/%	熱壓工藝			相對密度/%	抗彎強度/MPa	維氏硬度/GPa	斷裂韌性/MPa·$m^{1/2}$
	溫度/℃	壓力/MPa	時間/min				
Al_2O_3	1700	30	60	99.5	401～471	18.1～19.3	3.0～3.4
Al_2O_3-30TiC	1750	25	30	99.5	500	—	5.1
Al_2O_3-29TiC	1600	20	60	—	516	20.9	5.2
Al_2O_3-30TiC	1620	25	60	99.0		20.9	5.2
Al_2O_3-30TiC	1650	40	30	99.9	637～805	—	4.0～4.6
Al_2O_3-30TiC	1700	—	30	99.5	704～866	19.8～21.6	4.0～4.6
Al_2O_3-25TiC	1750	30	—	—	762	—	5.7
Al_2O_3-25TiC	1750	25	20	100	450	21.0	5.7

（3）自蔓延高溫合成法（self-propagating high temperature synthesis，SHS）

利用反應物之間化學反應熱的自加熱和自傳導作用來合成材料的技術。自蔓延高溫合成法製備複合陶瓷是以石墨、TiO_2 粉、Al 粉為原料，按反應式 $3TiO_2+4Al+3C = 3TiC+2Al_2O_3$ 的配比混合，燃燒的粉末間發生反應時放出大量的熱，來維持反應的進行直至蔓延完畢。該方法工藝簡單，節能省時，而且可合成傳統工藝難以合成的非平衡相、中間產物。該方法反應不易控製，產物疏鬆多孔，但若同時加壓可一步合成緻密陶瓷，是未來合成複合材料的一種重要工藝。

（4）放電等離子燒結（spark plasma sintering，SPS）

放電等離子燒結是一種新的燒結技術，具有升溫速度快、燒結時間短、晶粒均勻、有利於控製燒結體的結構、獲得的材料緻密度高等特點。燒結時將 Al_2O_3 與 TiC 粉末按一定配比混合後放在容器內，在高壓下，利用直流脈衝電流直接通過模具進行加熱，使粉末瞬間處於高溫狀態，只需幾分鐘就能完成製備過程。由於製備時間短，可降低生產成本。

（5）其他製備方法

製備複合陶瓷的其他燒結方法還有：熱等靜壓燒結（hot-isostatic-pressing sintering，HIP）、氣壓燒結（gas pressure sintering，GPS）、多步燒結法（multi-step sintering，MS）等。熱等靜壓燒結是將粉末壓坯放入高壓容器中，使粉料在加熱過程中經受各向均衡的氣體壓力，使材料緻密化。利用該技術製備的 Al_2O_3-TiC 複合陶瓷緻密度高，性能優異，但其設備比較複雜昂貴。氣壓燒結法可以抑製反應物的揮發、分解，燒結溫度較高。TiC 的含量不能太高，當超過 30%時，Al_2O_3-TiC 複合陶瓷的緻密度和性能都較低。用該法可製備形狀較複雜的部件，製得的材料性能較熱壓法和熱等靜壓法略低。多步燒結即先無壓燒結或自蔓延高溫合成粉末再經熱等靜壓或熱壓燒結等，該方法使用的助燒劑較少，所製備的材料性能可接近熱壓法製備的，但工藝時間較長。以上幾種方法成本都較高。

製備方法對複合陶瓷的力學性能有很大的影響。例如，用不同方法製備的 Al_2O_3-TiC 複合陶瓷的常溫力學性能見表 2.8。可見，無壓燒結法製得的材料性能較差；熱等靜壓燒結的材料強度好於其他製備方法；自蔓延高溫合成法燒結的材料強度不如熱壓燒結和氣壓燒結材料；自蔓延高溫合成法＋熱壓燒結（或熱等靜壓燒結）製備的 Al_2O_3-TiC 陶瓷綜合性能較好，材料強度、硬度和韌性比單種製備方法製得的材料要好。

表 2.8　不同工藝製備的 Al_2O_3-TiC 基複合陶瓷的性能

成分（溶質質量分數）/%	製備方法	密度 /(g/cm³)	抗彎強度 /MPa	維氏硬度 /GPa	斷裂韌性 /MPa・$m^{1/2}$
Al_2O_3-26TiC	PS	—	386～574	18.1～19.3	4.2～4.6
	SHS＋HIP	—	511～765	20.9～23.1	4.2～4.6
Al_2O_3-28TiC	HP	4.16	516	20.9	5.2
Al_2O_3-30TiC	GPS	—	563～639	18.3～19.1	3.6～3.8
	HIP	4.30	780	20.0	—
	SHS＋PS	4.23	307～467	20.7～21.3	4.1～4.7
	SHS＋PS＋HIP	4.25	435～661	21.9～23.7	4.1～5.7
	SHS＋HP	4.23	416～832	22.2～24.6	3.6～3.8
Al_2O_3-37TiC	SHS	—	587	18.4	4.5
Al_2O_3-40TiC	SHS＋HP	4.47	658～824	21.4～23.8	5.1～5.9
Al_2O_3-47TiC	SHS＋HP	4.54	571～941	20.8～22.0	5.5～5.9
	SHS＋HP	4.27	537～597	22.8～23.0	5.5～6.1

注：PS 為無壓燒結；HP 為熱壓燒結；SHS 為自蔓延高溫合成；GPS 為氣壓燒結；HIP 為熱等靜壓燒結。

Al_2O_3-TiC 複合陶瓷常被用作高速切削刀具或高溫發熱體，所以其熱穩定性能至關重要。對 Al_2O_3-TiC 陶瓷高溫抗氧化性能的研究表明，Al_2O_3-TiC 複合陶瓷在 400℃時發生微量氧化。當溫度 $T<900$℃時，氧化過程中相界面反應生成了脆性 TiO_2，氧化增量與時間的關係式為：$1-(1-\alpha)^{2/3}=Kt$。當溫度為 900～1100℃ 時，氧化機製轉變為拋物線型，氧化增量與時間的關係式為：$\alpha^2=Kt$。

2.1.2 陶瓷與金屬連接的基本要求

工程陶瓷材料由於具有高強度、耐腐蝕、低導熱及高耐磨等優良性能，在航空航天、機械、冶金、化工、電子等方面有廣闊的應用前景。但陶瓷材料固有的硬脆性使其難以加工、難以製成形狀複雜的構件，在工程應用上受到很大限製。推進陶瓷實用化的方法之一是將其與塑韌性高的金屬材料連接製成複合構件，發揮兩種材料的性能優勢，彌補各自的不足。因此焊接是陶瓷推廣應用的關鍵技術之一。

(1) 陶瓷連接的形式

陶瓷材料的加工性能差，塑性和衝擊韌性低，耐熱衝擊能力弱，製造尺寸大而形狀複雜的零件較為困難，因此陶瓷通常都是與金屬材料一起組成複合結構來應用。當陶瓷與金屬材料成功連接時，陶瓷將給部件提供附加功能並改善其應用性能。所以陶瓷與金屬材料之間的可靠連接是推進陶瓷材料應用的關鍵。

焊接是陶瓷在生產中應用的一種重要的加工形式。例如，在核工業和電真空器件生產中，陶瓷與金屬的焊接占有非常重要的地位。陶瓷材料的連接有如下幾種形式：

① 陶瓷與金屬材料的連接；

② 陶瓷與非金屬材料（如玻璃、石墨等）的連接；

③ 陶瓷與半導體材料的連接。

(2) 對接頭性能的要求

應用較多的是陶瓷與金屬材料的焊接，這種焊接結構在電器、電子器件、核能工業、航空航天等領域的應用逐漸擴大，對陶瓷與金屬接頭性能的要求也越來越高。對陶瓷與金屬接頭性能的總體要求如下：

① 陶瓷與金屬的焊接接頭必須具有較高的強度，這是焊接結構件的基本性能要求；

② 焊接接頭必須具有真空的氣密性；

③ 接頭的殘餘應力應最小，在使用過程中應具有耐熱性、耐腐蝕性和熱穩定性；

④ 焊接工藝應盡可能簡化，工藝過程穩定，生產成本低。

2.1.3 陶瓷與金屬連接存在的問題

由於陶瓷材料與金屬原子結構之間存在本質上的差別，加上陶瓷材料本身特殊的物理化學性能，因此，無論是與金屬連接還是陶瓷本身的連接都存在不少問題。當陶瓷與金屬連接時，為了實現兩者的可靠結合，需要在連接材料之間做一個界面。這個界面材料應符合以下幾點要求：

① 界面材料與被焊材料有相近的線脹係數；

② 合理的結合類型，也就是離子/共價鍵結合；

③ 陶瓷與金屬間晶格的錯配。

陶瓷與金屬材料焊接中出現的主要問題如下：

(1) 陶瓷與金屬焊接中的熱膨脹與熱應力

陶瓷的線脹係數比較小，與金屬的線脹係數相差較大，通過加熱連接陶瓷與金屬時，熱脹冷縮使接頭區產生很大的殘餘應力，削弱接頭的力學性能；熱應力較大時還會產生裂紋，導致連接陶瓷接頭的斷裂破壞。

控製應力的方法之一是在焊接時盡可能地減少焊接部位及其附近的溫度梯度，控製加熱和冷卻速度，降低冷卻速度有利於應力鬆弛而使應力減小。另一個減小應力的辦法是採用金屬中間層，使用塑性材料或線脹係數接近陶瓷線脹係數的金屬材料。

(2) 陶瓷與金屬很難潤溼

陶瓷材料潤溼性很差，或者根本就不潤溼。採用釬焊或擴散焊的方法連接陶瓷與金屬材料，由於熔化的金屬在陶瓷表面很難潤溼，因此難以選擇合適的釬料與基體結合。為了使陶瓷與金屬達到釬焊連接的目的，最基本條件之一是使釬料對陶瓷表面產生潤溼，或提高對陶瓷的潤溼性，最後達到釬焊連接。例如，採用活性金屬 Ti 在界面反應形成 Ti 的化合物，可獲得良好的潤溼性。

在陶瓷連接過程中，也可在陶瓷表面進行金屬化處理（用物理或化學的方法覆上一層金屬），然後再進行陶瓷與陶瓷或陶瓷與金屬的連接。這種方法實際上就是把陶瓷與陶瓷或陶瓷與金屬的連接變成了金屬之間的連接，但是這種方法的結合強度不高，主要用於密封的焊縫。

(3) 易生成脆性化合物

由於陶瓷和金屬的物理化學性能差別很大，連接時界面處除存在鍵型轉換以外，還容易發生各種化學反應，在結合界面生成各種碳化物、氮化物、硅化物、氧化物以及多元化合物等。這些化合物硬度高、脆性大，是產生裂紋和造成接頭脆性斷裂的主要原因。

確定界面脆性化合物相時，由於一些輕元素（C、N、B 等）的定量分析誤差很大，需製備多種試樣進行標定。多元化合物的相結構確定一般通過 X 射線衍射方法和標準衍射圖譜進行對比，但有些化合物沒有標準圖譜，使物相確定有一定的難度。

(4) 陶瓷與金屬的結合界面

陶瓷與金屬接頭在界面間存在著原子結構能級的差異，陶瓷與金屬之間是通過過渡層（擴散層或反應層）而結合的。兩種材料間的界面反應對接頭的形成和組織性能有很大的影響。接頭界面反應和局部結構是陶瓷與金屬焊接研究中的重要課題。

陶瓷材料主要含有離子鍵或共價鍵，表現出非常穩定的電子配位，很難被金屬鍵的金屬釬料潤溼，所以用通常的熔焊方法使金屬與陶瓷產生熔合是很困難的。用金屬釬料釬焊陶瓷材料時，要麼對陶瓷表面先進行金屬化處理，對被焊陶瓷的表面改性，或是在釬料中加入活性元素，使釬料與陶瓷之間有化學反應發生，通過反應使陶瓷的表面分解形成新相，產生化學吸附機製，這樣才能形成牢固的陶瓷與金屬結合的界面。

2.1.4 陶瓷與金屬的連接方法

陶瓷與金屬之間的連接方法，包括機械連接、黏接和焊接。常用的焊接方法主要有釬焊連接、擴散連接、電子束焊、激光焊等，見表 2.9。

表 2.9 陶瓷與金屬的連接方法

<table>
<tr><td rowspan="14">陶瓷與金屬的連接方法</td><td rowspan="9">釬焊連接</td><td rowspan="5">陶瓷表面金屬化法</td><td rowspan="2">燒結粉末金屬法</td><td>Mo-Mn 法</td></tr>
<tr><td>Mo-Fe 法</td></tr>
<tr><td rowspan="3">其他金屬化法</td><td>蒸塗金屬化法</td></tr>
<tr><td>濺射金屬化法</td></tr>
<tr><td>離子塗覆法</td></tr>
<tr><td rowspan="2">活性金屬化法</td><td colspan="2">Ti-Ag-Cu 法</td></tr>
<tr><td colspan="2">Ti-Ni 法、Ti-Cu 法、Ti-Ag 法</td></tr>
<tr><td colspan="3">氧化物釬料法</td></tr>
<tr><td colspan="3">氟化物釬焊法</td></tr>
<tr><td rowspan="2">擴散連接</td><td colspan="3">直接擴散連接</td></tr>
<tr><td colspan="3">間接擴散連接(加中間層的擴散連接)</td></tr>
<tr><td rowspan="3">其他連接方法</td><td colspan="3">電子束焊(EBW)</td></tr>
<tr><td colspan="3">激光焊(LW)</td></tr>
<tr><td colspan="3">超聲波壓焊(UPW)</td></tr>
</table>

陶瓷與金屬直接進行焊接的難度很大，採用一般的熔焊方法很難實現，甚至不能進行直接焊接。因此，陶瓷與金屬焊接須採取特殊的工藝措施，使金屬能潤溼陶瓷或與之發生化學反應。金屬對陶瓷的潤溼與金屬和陶瓷之間的化學反應，

以及連接過程中兩者熱脹冷縮的差異和所造成的熱應力，甚至引起開裂等，是陶瓷與金屬連接時的主要問題。

(1) 陶瓷與金屬釺焊連接

陶瓷-金屬連接中應用最多的是釺焊連接，一般分為間接釺焊和直接釺焊。陶瓷與金屬釺焊方法的分類、原理及適用材料見表 2.10。

表 2.10 陶瓷-金屬釺焊方法的分類、原理及適用材料

分類	原理	適用材料	說明
Mo-Mn 法	以 Mo 或 Mo-Mn 粉末(粒度為 3～5μm)同有機溶劑混合成膏劑作釺料，塗於陶瓷表面，在水蒸氣氣氛中加熱進行釺焊	陶瓷-金屬連接	用於 Al_2O_3 等氧化物陶瓷與金屬的連接，如各種電子管和電氣機械中陶瓷與金屬連接部位的密封
活性金屬化法	對氧化性的金屬(Ti、Zr、Nb、Ta 等)添加某些金屬(如 Ag、Cu、Ni 等)配置成低熔點合金作釺料(這種釺料熔融金屬的表面張力和黏度小、潤溼性好)，加到被連接的陶瓷與金屬的間隙中，在真空或 Ar 等惰性氣氛爐內加熱釺焊	陶瓷-金屬連接	適用於產量大的場合，工件形狀可任意。Al_2O_3 與金屬連接時，可用 Ti-Cu、Ti-Ni、Ti-Ni-Cu、Ti-Ag-Cu、Ti-Au-Cu 等釺料；要求高溫強度的場合，可用 Ti-V 係和 Ti-Zr 係添加 Ta、Cr、Mo、Nb 等釺料，釺焊溫度為 1300～1650℃
陶瓷熔接法	採用熔點比所連接的陶瓷和金屬低的混合型氧化物玻璃質釺料，用有機黏結劑調成膏狀，嵌入接頭中，在氫氣中加熱熔接	陶瓷-金屬連接	Al_2O_3-CaO-MgO-SiO_2 釺料用於陶瓷與耐熱金屬的連接，加熱溫度在 1200℃以上。Al_2O_3-MnO-SiO_2 釺料用於陶瓷與鐵係合金、耐熱金屬的連接，加熱溫度在 1400℃以上
一氧化銅法	用一氧化銅(CuO)粉末(粒度為 2～5μm)作中間材料，在真空或氧化性氣氛中加熱，借熔融銅在 Al_2O_3 陶瓷面上的良好潤溼性與氧化物反應進行釺焊	氧化物陶瓷(Al_2O_3、MgO、ZrO_2)之間以及與金屬的連接	通常的釺接條件是：在真空度為 6.67×10^{-5}Pa 的真空爐中，約 600℃溫度下加熱 20min
非晶體合金法	用厚約 40～50μm、寬約 10μm 的非晶二元合金(Ti-Cu、Ti-Ni 或 Zr-Cu、Zr-Ni)箔作釺料，置於結合面中，然後在真空或 Ar 氣氛爐中加熱釺焊	Si_3N_4、SiC 等陶瓷-陶瓷連接，Si_3N_4 或 SiC 與金屬連接	活性金屬化法的變種。用 Cu-Ti 合金箔作釺料連接 Si_3N_4-Si_3N_4 或 SiC-SiC 等非氧化物陶瓷，可獲得較高的接頭強度
超聲波釺焊法	利用超聲波振動的表面摩擦功能和攪拌作用，同時用 Sn-Pb 合金軟釺料(通常添加 Zn、Sb 等)進行浸漬釺焊	玻璃、Al_2O_3 陶瓷等的連接	純度(溶質質量分數)為 96%的 Al_2O_3 用 Sn-Pb 釺料加 Zn 進行釺焊，可大大提高接頭強度。純度(溶質質量分數)為 99.6%的 Al_2O_3 難以用本法釺接

續表

分類	原理	適用材料	說明
激光活化釺焊法	用氫氧化物係耐熱玻璃作中間層置於接頭中，在 Ar 或 N_2 氣氛下邊加熱邊用激光照射，使之活化，進行釺焊	玻璃、Al_2O_3 陶瓷等的連接	—

間接釺焊（也稱為兩步法）是先在陶瓷表面進行金屬化，再用普通釺料進行釺焊。陶瓷表面金屬化的方法最常用的是 Mo-Mn 法，此外還有物理氣相沉積（PVD）、化學氣相沉積（CVD）、熱噴塗法以及離子注入法等。間接釺焊工藝複雜，應用受到一定限製。

直接釺焊法（也稱為一步法）又叫活性金屬化釺焊法，是在釺料中加入活性元素，如過渡金屬 Ti、Zr、Hf、Nb、Ta 等，通過化學反應使陶瓷表面發生分解，形成反應層。反應層主要由金屬與陶瓷的化合物組成，這些產物大多表現出與金屬相同的結構，因此可以被熔化的金屬潤溼。直接釺焊法可使陶瓷結構件的製造工藝變得簡單，成為近年來研究的焦點之一。直接釺焊陶瓷的關鍵是使用活性釺料，在釺料能夠潤溼陶瓷的前提下，還要考慮高溫釺焊時陶瓷與金屬線脹係數的差異是否會引起裂紋。在陶瓷和金屬之間插入中間緩衝層可有效降低應力，提高接頭強度。直接釺焊的局限性在於接頭的高溫強度較低以及大面積釺焊時釺料的鋪展問題。

（2）固態擴散連接

固態擴散連接一般分為直接和間接兩種形式，主要是採用真空擴散焊，也有採用熱等靜壓法擴散連接的。陶瓷與金屬固相連接方法的分類、原理及適用材料見表 2.11。

表 2.11　陶瓷-金屬固相連接方法的分類、原理及適用材料

分類	原理	適用材料	說明
氣體-金屬共晶法	在陶瓷與金屬的連接面處覆以金屬箔，在稍具氧化性氣氛（氧或磷、硫等）的爐中加熱至低於金屬熔點（對於 Cu 為 1065℃），利用氣體與金屬反應後的共晶作用實現連接	陶瓷與 Cu、Fe、Ni、Co、Ag、Cr 等的連接，尤其適用於 Al_2O_3 與 Cu 的連接	—
各向同時加壓法（HIP 法）	連接表面加工成近似網狀，連接件組裝後放入真空室（真空度為 133×10^{-3}Pa），適當溫度下於各個方向同時施加靜壓（壓力為 50～250MPa），較短時間內即形成連接（為促進界面連接，有時在界面上放置金屬粉末或 TiN 等陶瓷粉末作中間層）	陶瓷-陶瓷連接，陶瓷-金屬連接，尤其適合於 Al_2O_3、Zr_2O、SiC 等與金屬的連接	由於各向同時加壓，在連接區塑性變形小的情況下使界面密接，接頭強度較高。陶瓷粉末覆蓋於金屬表面，能形成較厚且緻密的表面層

續表

分類	原理	適用材料	說明
附加電壓連接法	將接頭區加熱至高溫的同時，通以直流電壓使結合界面極化，通過金屬向陶瓷擴散進行直接連接。通常在連接區附加 0.1～1.0kV 直流電壓，於 500～600℃ 溫度下持續 40～50min	玻璃與金屬、Al_2O_3 與 Cu、Fe、Ti、Al 等連接，也適用於陶瓷與半導體的連接	如同時施加外壓力，在較低的電壓和溫度下就能實現連接
反應連接法	藉助陶瓷與金屬接觸後進行反應而直接連接的方法。又分為非加壓方式和加壓方式兩種	氧化物陶瓷與貴金屬（Pt、Pd、Au 等）和過渡族金屬（如 Ni）的連接，陶瓷-金屬連接	非加壓方式：在大氣（Ar 或真空）中加熱至金屬熔點的 90%，施加使結合面產生物理接觸的壓力進行連接； 加壓方式：在氫氣氛中加熱（溫度為金屬熔點的 90%）的同時施加外壓力使金屬產生變形並形成連接
擴散連接法	在接頭的間隙中夾以中間層（釬料），於真空爐中加熱並加壓，通過界面原子的擴散實現連接的一種擴散釬焊法	陶瓷-金屬連接	在柴油機排氣閥中用於鎳基耐熱合金與 Si_3N_4 的連接

固態擴散連接是陶瓷-金屬連接常用的方法，是指在一定的溫度和壓力下，被連接表面相互接觸，通過使接觸面局部發生塑性變形，或通過被連接表面產生的瞬態液相而擴大被連接表面的物理接觸，然後結合層原子間相互擴散而形成整體可靠連接的過程。其顯著特點是接頭品質穩定、連接強度高、接頭高溫性能和耐腐蝕性能好。

固相擴散焊中，連接溫度、壓力、時間及焊件表面狀態是影響擴散焊接品質的主要因素。固相擴散連接中界面的結合是靠塑性變形、擴散和蠕變機製實現的，其連接溫度較高，陶瓷-金屬固相擴散連接溫度通常為金屬熔點的 90%。由於陶瓷和金屬的線脹係數和彈性模量不匹配，易在界面附近產生很大的應力，很難實現直接固相擴散連接。為緩解陶瓷與金屬接頭殘餘應力以及控製界面反應，抑製或改變界面反應產物以提高接頭性能，常採用加中間層的擴散焊。

(3) 陶瓷與金屬的熔化焊

高熔點和陶瓷高溫分解使陶瓷和金屬的連接採用一般的熔化焊方法較困難。採用熔化焊方法雖然速度快，效率高，可以形成高溫下性能穩定的連接接頭，但是為了降低焊接應力，防止裂紋的產生，必須採用輔助熱源進行預熱和緩冷，而且工藝參數難以控製，設備投資昂貴。

陶瓷與金屬的熔化焊方法主要包括電子束焊、激光焊、電弧焊等。因為陶瓷材料極脆，塑、韌性很低，使其熔化焊受到很大限製。陶瓷與金屬熔化焊的方法、原理及適用材料見表 2.12。

表 2.12 陶瓷-金屬熔化焊方法、原理及適用材料

分類	原理	適用材料	說明
激光焊	用高能量密度的激光束照射陶瓷接頭進行熔化焊的方法。激光器採用輸出功率大的脈衝振盪方式。焊前工件需預熱以防止因激光集中加熱的熱衝擊而產生裂紋	氧化物陶瓷(Al_2O_3、莫來石等)、Si_3N_4、SiC 與陶瓷之間的連接	對 Al_2O_3 預熱溫度為 1030℃。不採用中間層,可獲得與陶瓷強度接近的接頭強度。預熱時可利用非聚焦的激光束。為增大熔深,焊接速度宜慢,但過慢會使晶粒粗大
電子束焊	利用高能量密度的電子束照射接頭區進行熔化連接	與激光焊法相同。此外還可連接 Al_2O_3 與 Ta、石墨與 W	同激光焊法。還須在真空室內進行焊接
電弧焊接	用氣體火焰加熱接頭區,到溫度升至陶瓷具有導電性時,通過氣體火焰炬中的特殊電極在接頭處加電壓,使結合面間電弧放電產生高熱以進行熔化連接	某些陶瓷-陶瓷連接,陶瓷與某些金屬連接(如 ZrB_2 與 Mo、Nb、Ta,ZrB_2、SiC 與 Ta)	具有導電性的碳化物陶瓷和硼陶瓷可直接焊接。焊接時需控製電流上升速度和最大電流值

陶瓷與金屬連接的釬焊法、擴散連接方法比較成熟，應用也較為廣泛；電子束焊和激光焊也正在擴大其應用。此外，陶瓷與金屬的連接還可採用超聲波壓接焊、摩擦壓接焊等方法。

2.2 陶瓷材料的焊接性分析

陶瓷材料與金屬之間存在本質上的差別，加上陶瓷本身特殊的物理化學性能，因此陶瓷與金屬焊接存在不少問題。陶瓷的線脹係數比較小，與金屬的線脹係數相差較大，焊接接頭區會產生殘餘應力，應力較大時會導致接頭處產生裂紋，甚至引起斷裂。陶瓷與金屬焊接中的主要問題包括應力和裂紋、界面反應、結合強度低等。

2.2.1 焊接應力和裂紋

陶瓷與金屬的化學成分和熱物理性能有很大差別，特別是線脹係數差異很大(見圖 2.1)。例如 SiC 和 Si_3N_4 的線脹係數分別只有 $4\times10^{-6}K^{-1}$ 和 $3\times10^{-6}K^{-1}$，而鋁和鐵的線脹係數分別高達 $23.6\times10^{-6}K^{-1}$ 和 $11.7\times10^{-6}K^{-1}$。此外，陶瓷的彈性模量也很高。在焊接加熱和冷卻過程中陶瓷、金屬產生差異很大的膨脹和收縮，在接頭附近產生較大的熱應力。由於熱應力的分布極不均勻，使接合界面產生應力集中，以致造成接頭區產生裂紋。當集中加熱時，尤其是用高能密束熱源進行熔焊時，靠近焊接接頭的陶瓷一側產生高應力區，陶瓷本身屬

硬脆性材料，很容易在焊接過程或焊後產生裂紋。

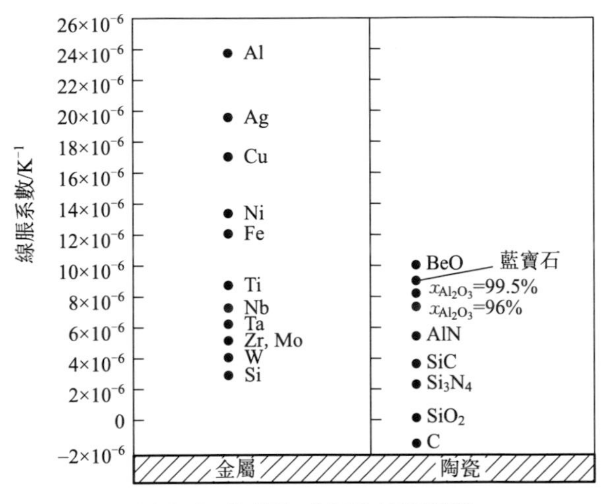

圖 2.1　陶瓷和金屬的線脹係數

陶瓷與金屬的焊接一般是在高溫下進行，焊接溫度與室溫之差也是增大接頭區殘餘應力的重要因素。為了減小陶瓷與金屬焊接接頭的應力集中，在陶瓷與金屬之間加入塑性材料或線脹係數接近陶瓷線脹係數的金屬作為中間層是有效的。例如在陶瓷與 Fe-Ni-Co 合金之間，加入厚度 20mm 的 Cu 箔作為過渡層，在加熱溫度為 1050℃、保溫時間為 10min、壓力為 15MPa 的條件下可得到抗拉強度為 72MPa 的擴散焊接頭。

擴散焊時採用中間層可以降低擴散溫度、減小壓力和減少保溫時間，以促進界面擴散和去除雜質元素，同時也是為了降低接頭區產生的殘餘應力。Al_2O_3 陶瓷與 0Cr13 鐵素體不銹鋼擴散焊時，中間層厚度對減小殘餘應力的影響如圖 2.2 所示。

中間層多選擇彈性模量和屈服強度較低、塑性好的材料，通過中間層金屬或合金的塑性變形減小陶瓷/金屬接頭的應力。採用彈性模量和屈服強度較低的金屬作為中間層是將陶瓷中的應力轉移到中間層中。使用兩種不同的金屬作為複合中間層也是降低陶瓷/金屬焊接應力的有效辦法。一般是以 Ni 作為塑性金屬，W 作為低線脹係數材料使用。

陶瓷與金屬擴散焊常用作中間層的金屬主要有 Cu、Ni、Nb、Ti、W、Mo、銅鎳合金、鋼等。對這些金屬的要求是線脹係數與陶瓷相近，並且在構件製造和工作過程中不發生同素異構轉變，以免引起線脹係數的突變，破壞陶瓷與金屬的匹配而導致焊接結構失效。中間層可以直接使用金屬箔片，也可以採用真空蒸發、離子濺射、化學氣相沉積（CVD）、噴塗、電鍍等方法將金屬粉末預先置於陶瓷表面，然後再與金屬進行焊接。

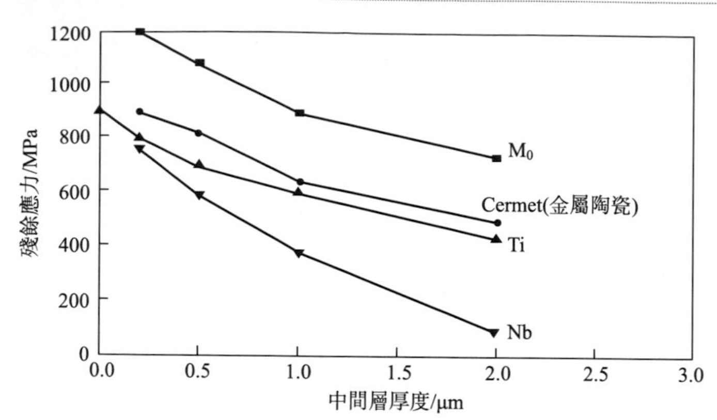

圖 2.2 中間層厚度對 Al_2O_3/不銹鋼接頭殘餘應力的影響
（加熱溫度為 1300℃，保溫時間為 30min，壓力為 100MPa）

中間層厚度增大，殘餘應力降低，Nb 與氧化鋁陶瓷的線脹係數接近，作用最明顯。但是，中間層的影響有時比較複雜，如果界面有化學反應，中間層的作用會因反應物類型與厚度的不同而有所變化。中間層選擇不當甚至會導致接頭性能惡化。如由於化學反應形成脆性相或由於線脹係數不匹配而增大應力，使接頭區出現裂紋等。

陶瓷與金屬釺焊時，為了最大限度地釋放釺焊接頭的應力，可選用一些塑性好、屈服強度低的釺料，如純 Ag、Au 或 Ag-Cu 釺料等；有時還選用低熔點活性釺料，例如，用 Ag52-Cu20-In25-Ti3 和 In85-Ti15 銦基釺料真空釺焊 AlN 和 Cu。銦基釺料對 AlN 陶瓷有很好的潤溼性，控製釺焊溫度和時間可以形成組織性能較好的釺焊接頭，如圖 2.3 所示。

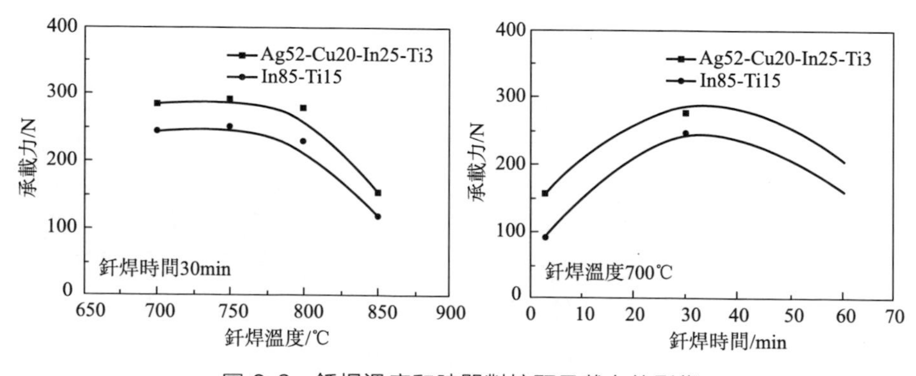

圖 2.3 釺焊溫度和時間對接頭承載力的影響

為避免陶瓷與金屬接頭出現焊接裂紋，除添加中間層或合理選用釬料外，還可採用以下工藝措施：

① 合理選擇被焊陶瓷與金屬，在不影響接頭使用性能的條件下，盡可能使兩者的線脹係數相差最小。

② 應盡可能地減小焊接部位及其附近的溫度梯度，控製加熱速度，降低冷卻速度，有利於應力鬆弛而使焊接應力減小。

③ 採取缺口、突起和端部變薄等措施合理設計陶瓷與金屬的接頭結構。

陶瓷與鋼擴散連接時在接頭處產生殘餘應力。應力產生的原因是：陶瓷與鋼之間的熱膨脹不匹配，彈性模量差異大。另外，應變硬化係數、屈服應力、中間層厚度也會對應力的形成及分布產生影響。當應力達到一定強度時，可能在接頭不同區域產生裂紋。當陶瓷的熱膨脹係數低於鋼時（$\alpha_c < \alpha_m$），陶瓷與鋼擴散接頭應力及裂紋分布如圖 2.4(a) 所示，當陶瓷的熱膨脹係數高於鋼時（$\alpha_c > \alpha_m$），陶瓷與鋼擴散接頭應力及裂紋分布如圖 2.4(b) 所示。兩種情況下，裂紋均產生於陶瓷側的最大拉應力區，因為陶瓷側在拉應力作用下易弱化。

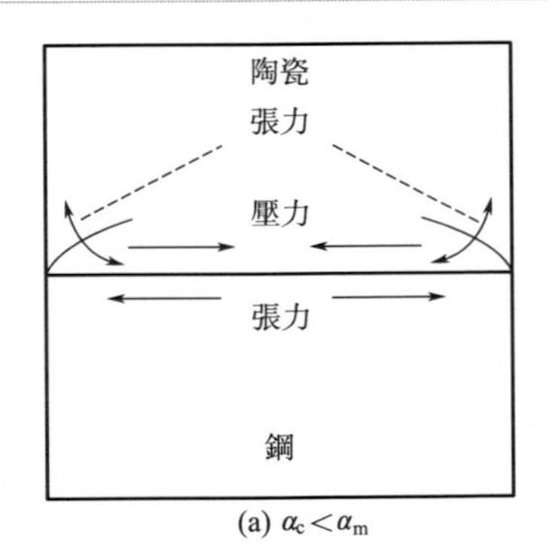

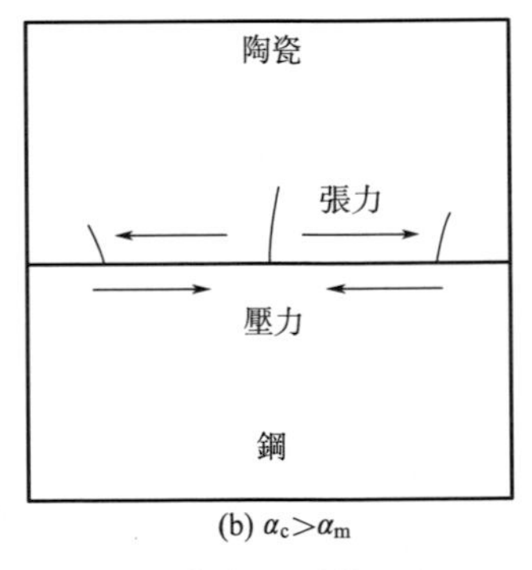

圖 2.4　熱膨脹係數不匹配引起的接頭熱應力及裂紋示意

例如，在 Al_2O_3-TiC/18-8 鋼擴散焊接頭試樣界面附近也觀察到微裂紋的存在，裂紋存在於界面附近的 Al_2O_3-TiC 陶瓷一則，形成與界面大致平行的縱向裂紋，如圖 2.5 所示。

Al_2O_3-TiC/18-8 鋼擴散界面附近的 Al_2O_3-TiC 陶瓷內縱向裂紋的形成，是由於 Al_2O_3-TiC 陶瓷的熱膨脹係數（$7.6\times10^{-6}K^{-1}$）低於 18-8 不銹鋼（$16.7\times10^{-6}K^{-1}$）及界面過渡區反應產物的熱膨脹係數，在 Al_2O_3-TiC 陶瓷近界面附近形成平行於界面的縱向裂紋。在 Al_2O_3-TiC/18-8 鋼擴散焊接頭試樣中間層反應區內也觀察到微裂紋，如圖 2.5 所示。該類裂紋位於中間層反應區內，與界面垂直的橫向裂紋，如圖 2.5(b) 所示。橫向裂紋是陶瓷與金屬焊接（擴散焊、釬焊）接頭中常見的缺陷，因為在多數情況下擴散反應層的熱膨脹係數高於陶瓷基體。

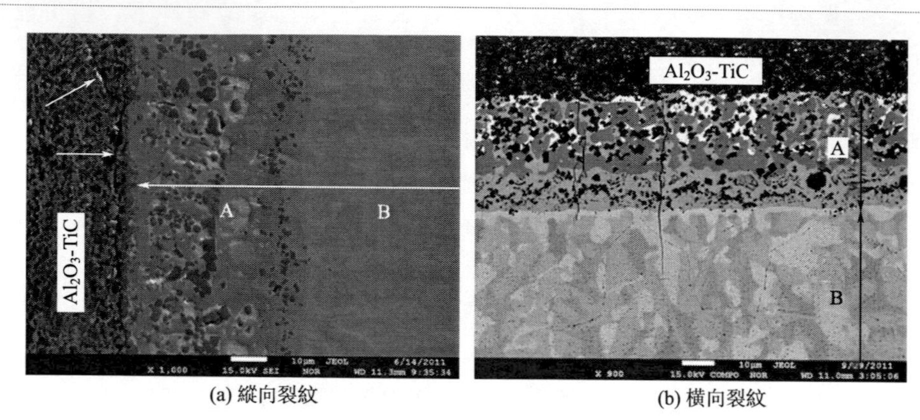

(a) 縱向裂紋　　(b) 橫向裂紋

圖 2.5　擴散焊界面附近 Al_2O_3-TiC 陶瓷一側的裂紋形貌

對中間層反應區橫向裂紋仔細觀察發現，中間層反應區的橫向裂紋始於中間層反應區並向中間層反應區與鋼側擴散反應區的交界面擴展，或越過兩者的交界面進入鋼側反應區的析出相內而終止擴展，不再越過析出相邊界繼續擴展。

對於 Al_2O_3-TiC/鋼擴散焊接頭，縱向裂紋和橫向裂紋的產生都與擴散焊過程中元素的界面反應及接頭的殘餘應力有關。上述縱向裂紋和橫向裂紋是在 Al_2O_3-TiC/18-8 鋼擴散焊試驗中發現的。

裂紋的形成的兩大主要因素是冶金因素和力學因素，對於 Al_2O_3-TiC/18-8 鋼擴散焊接頭，根據 Ti-Fe 相圖，Ti 與 Fe 在液態時完全互溶，固態時有限溶解，Ti 與 Fe 易形成 TiFe 和 $TiFe_2$ 金屬間化合物。擴散焊過程中，複合中間層熔化形成 Cu-Ti 液相，熔化的 Cu-Ti 液相向 18-8 鋼中擴散，同時 18-8 鋼中的元素（Fe、Cr、Ni）也向 Cu-Ti 液相溶解擴散，這樣液/固界面前沿將出現 Ti、Cu、Fe、Cr、Ni 的富集，Ti 是活性元素，易於與 Cu、Fe、Cr、Ni 反應，形成的 Fe_xTi_y、Fe（Ti），TiFe 和 $TiFe_2$ 金屬間化合物都是硬脆化合物，均具有高硬度、低塑性特點，這樣接頭的塑性降低，易出現裂紋，這就是中間層反應區裂紋形成的冶金因素。雖然 Ti-Cu、Ti-Ni 化合物也可能在 Al_2O_3-TiC/18-8 鋼界面生成，但這些化合物不是很脆，並具有一定的塑性，由於脆硬 Ti-Fe 化合物層的存在，因此 Al_2O_3-TiC/18-8 鋼擴散焊接頭更易於在 Ti-Fe 化合物層撕裂。

Al_2O_3-TiC/Q235 鋼擴散焊接頭的界面過渡區也可能形成 Ti-Fe、Ti-Cu、Ti-Ni 等的化合物，但 Al_2O_3-TiC/Q235 鋼接頭斷裂時裂紋始於 CuTi 化合物層，表明 Al_2O_3-TiC/Q235 鋼界面過渡區內所生成的 Ti-Fe 化合物層較薄，且界面過渡區內存在高塑性殘餘 Cu，使接頭具有一定的塑性，Ti-Fe 化合物層較薄時不足以引起破壞；而 CuTi 化合物層較厚時，界面過渡區內 Cu 的塑性也不足以抵製較厚的 CuTi 層所帶來的脆性破壞。但由於 Cu-Ti 化合物的塑性優於 Ti-Fe 化合物，Al_2O_3-TiC/18-8 鋼接頭的剪切強度低於 Al_2O_3-TiC/Q235 鋼接頭。

Al_2O_3-TiC 陶瓷與鋼之間熱物理性能不同，特別是線脹係數不同，這些差異可能引起殘餘熱應力，這是裂紋形成的力學因素。

2.2.2 界面反應及界面形成過程

(1) 界面反應產物

陶瓷與金屬之間的連接是通過過渡層（擴散層或反應層）而結合的。陶瓷/過渡層/金屬材料之間的界面反應對接頭的形成和性能有很大的影響。接頭界面反應的物相結構是影響陶瓷與金屬結合的關鍵。

在陶瓷與金屬擴散焊時，陶瓷與金屬界面發生反應形成化合物，所形成的物相結構取決於陶瓷與金屬（包括中間層）的種類，也與焊接條件（如加熱溫度、表面狀態、中間合金及厚度等）有關。SiC 陶瓷與金屬的界面反應一般生成該金屬的碳化物、硅化物或三元化合物，有時還生成四元等多元化合物或非晶相，反應式為：

$$Me+SiC \longrightarrow MeC+MeSi$$

$$Me+SiC \longrightarrow MeSi_xC_y$$

例如，SiC 與 Zr 界面反應生成 ZrC、Zr_2Si 和三元化合物 $Zr_5Si_3C_x$。SiC 陶瓷與金屬接頭中可能出現的界面反應產物見表 2.13。

表 2.13 SiC 陶瓷與金屬連接接頭的界面反應產物

接頭組合	溫度 /K	時間 /min	壓力 /MPa	氣氛 /mPa	反應產物
SiC/Ni	1223	90	0	Ar	Ni_2Si+C, Ni_5Si+C, Ni_3Si
SiC/Fe-16Cr	1223	960	0	Ar	$(Ni,Cr)_2Si+C$, $(Ni,Cr)_5Si_2+C$, (Cr3Ni5Si1.8)C
SiC/Fe-17Cr	1223	960	0	Ar	$(Fe,Cr)_7C_3$, $(Fe,Cr)_4SiC$, $\alpha+C$
SiC/Fe-26Ni	1223	240	0	Ar	$(Fe,Ni)_2Si+C$, $(Fe,Ni)_5Si_2+C$, $\alpha+C$
SiC/Ti-25Al-10Nb	973	6000	0	—	(Ti,Nb)C, $(Ti,Nb)_3(Si,Al)$, $(Ti,Nb)_5(Si,Al)_3$, $(Ti,Nb)_5(Si,Al)_3C$
SiC/Zr/SiC	1573	60	7.3	1.33	$Zr_5Si_3C_x$, Zr_2Si, ZrC_x
SiC/Mo	1973	60	20	20000	Mo_5Si_3C, Mo_5Si_3, Mo_2C
SiC/Al-Mg/SiC	834	120	50	4000	Mg_2Si, MgO, Al_2MgO_4, Al_8Mg_5
SiC/Ti/SiC	1673	60	7.3	1.33	Ti_3SiC_2, $Ti_5Si_3C_x$, TiC, $TiSi_2$, Ti_5Si_3
SiC/Ta/SiC	1773	480	7.3	1.33	TaC, $Ta_5Si_3C_x$, Ta_2C

續表

接頭組合	溫度/K	時間/min	壓力/MPa	氣氛/mPa	反應產物
SiC/Nb/SiC	1790	120	7.3	1.33	$NbC, Nb_2C, Nb_5Si_3C_x, NbSi_2$
SiC/Cr/SiC	1573	30	7.3	1.33	$Cr_5Si_3C_x, Cr_3SiC_x, Cr_7C_3, Cr_{23}C_6$
SiC/V/SiC	1573	120	7.3	1.33	$V_5Si_3C_x, V_5Si_3, V_3Si, V_2C$
SiC/Al/SiC	873	120	50	4000	Al-Si-C-O 非晶相

Si_3N_4 陶瓷與金屬的界面反應一般生成該金屬的氮化物、硅化物或三元化合物，例如 Si_3N_4 與 Ni-20Cr 合金界面反應生成 Cr_2N、CrN 和 Ni_5Si_2，但與 Fe、Ni 及 Fe-Ni 合金則不生成化合物。Si_3N_4 陶瓷與金屬接頭中可能出現的界面反應產物見表 2.14。Si_3N_4 陶瓷與金屬 Ti、Mo、Nb 界面反應中，當分别用 N_2 和 Ar 作保護氣氛時，即使採用相同的加熱溫度和時間，所得到的界面反應產物也不相同。

表 2.14 Si_3N_4 陶瓷與金屬連接接頭的界面反應產物

接頭組合	溫度/K	時間/min	壓力/MPa	氣氛/mPa	反應產物
Si_3N_4/Incoloy909	1200	240	200	Ar	$TiN, Ni_{16}Nb_6Si_7$
Si_3N_4/Ni-20Cr/Si_3N_4	1473	60	50	0.14	CrN, Cr_2N, Ni_5Si_2
Si_3N_4/Ti	1073	120	0	N_2	$TiN+Ti_2N$
	1323	120	0	Ar	$TiN+Ti_2N+Ti_5Si_3$
Si_3N_4/Mo	1473	60	0	N_2	Mo_3Si, Mo_5Si_3
	1473	60	0	Ar	$Mo_3Si, Mo_5Si_3, MoSi_2$
Si_3N_4/Cr	1473	60	—	—	CrN, Cr_2N, Cr_3Si
Si_3N_4/Nb	1473	60	0	N_2	$Nb_5N, Nb_4N_3, Nb_{4.62}N_{2.14}$
	1673	60	7.3	Ar	$Nb_5Si_3, NbSi_2, Nb_2N, Nb_{4.62}N_{2.14}$
Si_3N_4/V/Mo	1523	90	20	5	V_3Si, V_5Si_3
Si_3N_4/AISI316	1273	1440	7	1	α-Fe, γ-Fe
Si_3N_4/Ni-Cr	1073～1473	95	0	Ar	$Ni_2Si, Ni_3Si_2, Cr_3Si, Cr_5Si_3$, $(Cr,Si)_3Ni_2Si$
Si_3N_4/Ni-Nb-Fe-36Ni/MA6000	1473	60	100	—	$NbN, Ni_8Nb_6, Ni_6Nb_7, Ni_3Nb$

Al_2O_3 陶瓷與金屬的界面反應一般生成該金屬的氧化物、鋁化物或三元化合物，例如 Al_2O_3 與 Ti 的反應生成 TiO 和 $TiAl_x$。Al_2O_3 陶瓷與金屬接頭中可能出現的界面反應產物見表 2.15。ZrO_2 與金屬的反應一般生成該金屬的氧化物和鋯化物，例如 ZrO_2 與 Ni 的反應生成 NiO_{1-x}、Ni_5Zr 和 Ni_7Zr_2。

(2) 擴散界面的形成

用複合中間層擴散連接陶瓷和金屬的過程中，由於陶瓷和金屬的局部組織、成分、物化性能和力學性能差異很大，中間層元素在兩種母材中的擴散能力不同，造成中間層與兩側母材發生反應的程度也不同，因此產生擴散連接界面形成過程的非對稱性。

表 2.15 Al_2O_3 陶瓷與金屬連接接頭的界面反應產物

接頭組合	溫度/K	時間/min	壓力/MPa	氣氛/MPa	反應產物
Al_2O_3/Cu/Al	803	30	6	1.33	Al+$CuAlO_2$,Cu+$CuAl_2O_4$
Al_2O_3/Ti/1Cr18Ni9Ti	1143	30	15	1.33	TiO,$TiAl_x$
Al_2O_3/Cu/AISI1015	1273	30	3	O_2	Cu_2O,$CuAlO_2$,$CuAl_2O_4$
Al_2O_3/Cu/Al_2O_3	1313	1440	5	0.13	Cu_2O,$CuAlO_2$
Al_2O_3/Ta-33Ti	1373	30	3	0.13	TiAl,Ti_3Al,Ta_3Al
Al_2O_3/Ni	—	—	—	—	NiO,Al_2O_3,NiO・Al_2O_3
Ni/ZrO_2/Zr	1273	60	2	1	Ni_5Zr,Ni_7Zr_2
ZrO_2/Ni-Cr-(O)/ZrO_2	1373	180	10	100	$NiO_{1-x}Cr_2O_{3-y}ZrO_{2-z}$,$0<x,y,z<1$

以 Al_2O_3-TiC 複合陶瓷與 W18Cr4V 高速鋼擴散焊為例，界面組織結構和元素分布存在明顯的不對稱現象。為了闡明 Al_2O_3-TiC/W18Cr4V 擴散焊過程，圖 2.6 示意了 Al_2O_3-TiC 陶瓷與 W18Cr4V 鋼擴散焊界面形成過程的非對稱性。Al_2O_3-TiC/W18Cr4V 擴散焊過程分為四個階段。

第一階段：Ti-Cu-Ti 中間層熔化階段。

圖 2.6(a) 所示為擴散連接之前，Ti-Cu-Ti 複合中間層放置在 Al_2O_3-TiC 陶瓷和 W18Cr4V 鋼中間。擴散連接過程開始後，壓力逐漸施加在試樣的上表面，中間層中的 Cu 較軟發生塑性變形，加快了界面的接觸，為原子擴散和界面反應提供了通道。隨著加熱溫度的升高，Al_2O_3-TiC/W18Cr4V 界面之間開始發生固相擴散，由於固態時元素的擴散係數較小，因此元素擴散距離很短。

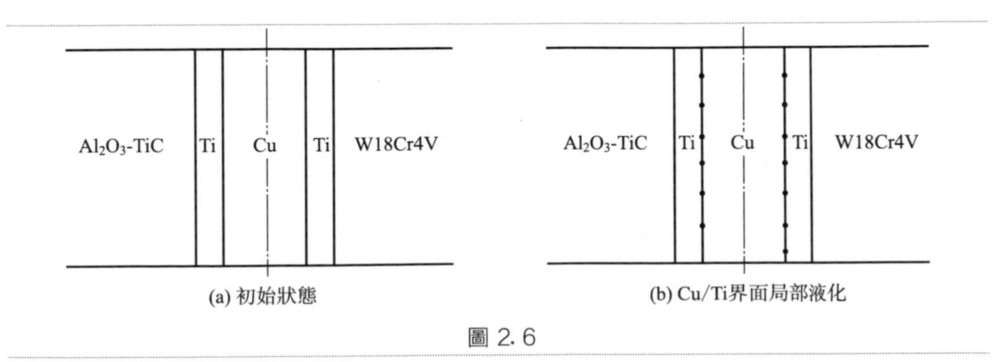

圖 2.6

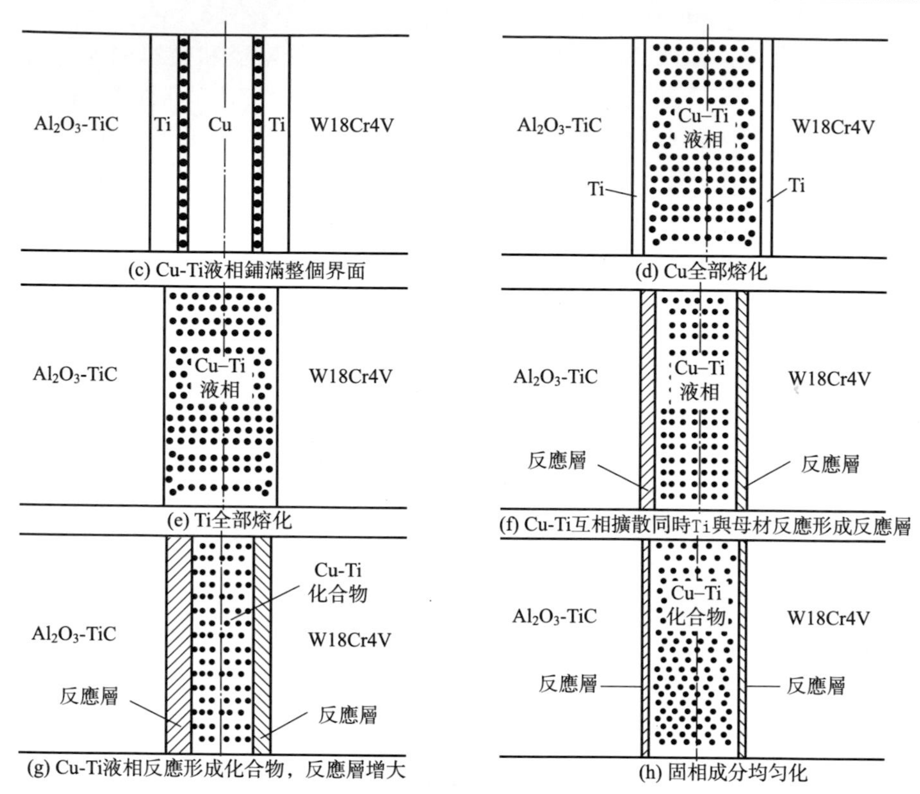

圖 2.6　Al_2O_3-TiC/W18Cr4V 擴散連接界面形成示意

根據 Cu-Ti 二元合金相圖（圖 2.7），在 Cu/Ti 界面上，首先生成 CuTi 相而不是 Cu_3Ti_2。當溫度升高到 985℃時，Cu/Ti 界面局部接觸部位開始出現濃度梯度很大的液相區［圖 2.6(b)］，隨後液相向整個界面蔓延並向 Cu 和 Ti 兩側擴展［圖 2.6(c)］。由於 Cu 的擴散係數（$D_{Cu}=3\times10^{-9}m^2/s$）大於 Ti 的擴散係數（$D_{Ti}=5.5\times10^{-14}m^2/s$），所以 Cu 比 Ti 擴散得快，Cu 先全部熔化［圖 2.6(d)］，然後 Ti 也全部熔化［圖 2.6(e)］。熔化的 Ti 和 Cu 形成有濃度梯度的 Cu-Ti 液相填充 Al_2O_3-TiC 和 W18Cr4V 的整個界面。由於試樣表面施加了壓力，在壓力的作用下部分液相被擠出界面，Cu-Ti 液相區變窄。

由於存在液相擴散和濃度梯度，Ti-Cu-Ti 中間層的熔化非常迅速，中間層熔化完成時間與整個連接時間相比非常短（瞬間液相），此階段 Ti 向兩側母材的擴散有限。中間層熔化結束後，液相區的中心線仍為原始中間層中心線［圖 2.6(e)］。

第二階段：液相成分均勻化。

剛熔化的 Cu-Ti 液相濃度分布不均勻，所以 Cu 和 Ti 之間進一步相互擴散。

Ti是活性元素，Cu-Ti液相填充金屬對Al_2O_3-TiC/W18Cr4V鋼界面有潤溼性。施加的壓力促進了Cu-Ti液態合金的擴展。在此過程中，Cu-Ti液相填充金屬中的Ti向Al_2O_3-TiC/W18Cr4V界面兩側擴散並發生反應［圖2.6(f)］，母材中的元素也向Cu-Ti液相擴散，使液相區成分均勻化。由於Al_2O_3-TiC陶瓷的晶粒間有微小的空隙，有利於Ti在Al_2O_3-TiC陶瓷中擴散。W18Cr4V鋼中的C原子很小，擴散速度很快，易於向Cu-Ti液相擴散，在液/固界面與Ti反應生成TiC，阻礙了Ti向W18Cr4V的擴散，所以Ti向Al_2O_3-TiC中擴散的距離大於向W18Cr4V側擴散的距離。該階段結束時，液相中心線向Al_2O_3-TiC側偏移。

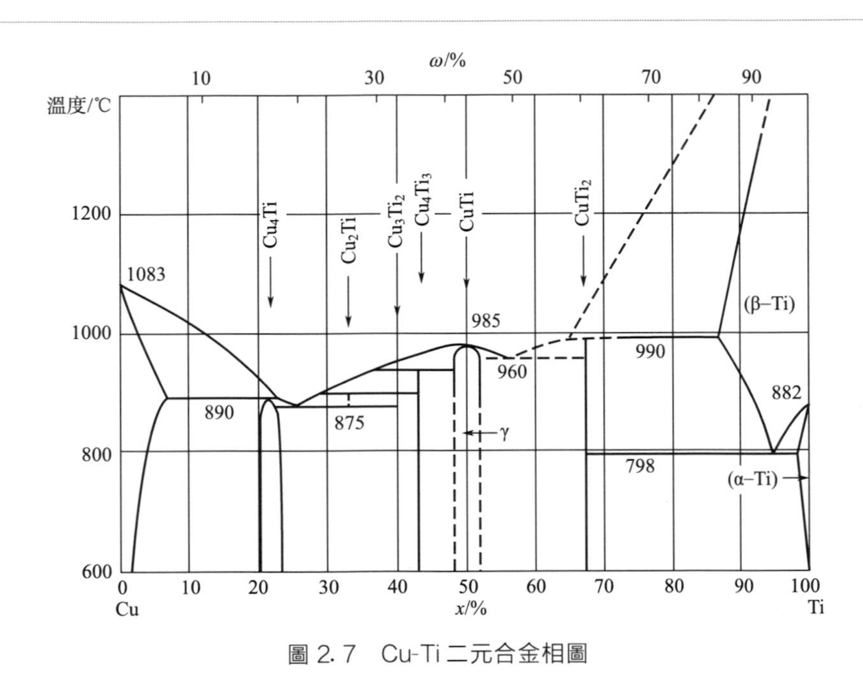

圖2.7　Cu-Ti二元合金相圖

第三階段：液相凝固過程。

隨著液-固界面上Ti原子的擴散，在Al_2O_3-TiC與液相界面，Ti與Al_2O_3-TiC中的Al、O等發生反應，生成Ti-Al、Ti-O化合物反應層；在液相與W18Cr4V界面，Ti與W18Cr4V鋼中的Fe、C等反應生成TiC、FeTi等反應層。液相區中的溶質原子逐漸減少，當溶質原子的濃度小於固相線濃度時，液相開始凝固（液-固界面向液相中推進），界面反應層繼續長大，Cu-Ti液相逐漸減少，最終液相區全部消失，如圖2.6(g)所示。由於Ti向Al_2O_3-TiC側的擴散速度大於向W18Cr4V側的速度，液相凝固結束時，Al_2O_3-TiC側反應層的厚度大於W18Cr4V側反應層的厚度，界面中心線偏移原中間層中心線的位置。

第四階段：固相成分均勻化。

液相區完全凝固後，隨著擴散連接過程的進行，Al_2O_3-TiC/W18Cr4V 界面過渡區元素仍有很大的濃度梯度。通過保溫階段，界面元素之間相互擴散，各反應層中的成分進一步均勻化，形成成分相對均勻的界面層見圖 2.6(h)。固相成分均勻化需要很長時間，界面一般不能達到完全均勻化。因此，Al_2O_3-TiC/W18Cr4V 界面過渡區組織形態和元素分布呈現出不對稱性。

(3) 擴散連接界面反應機理

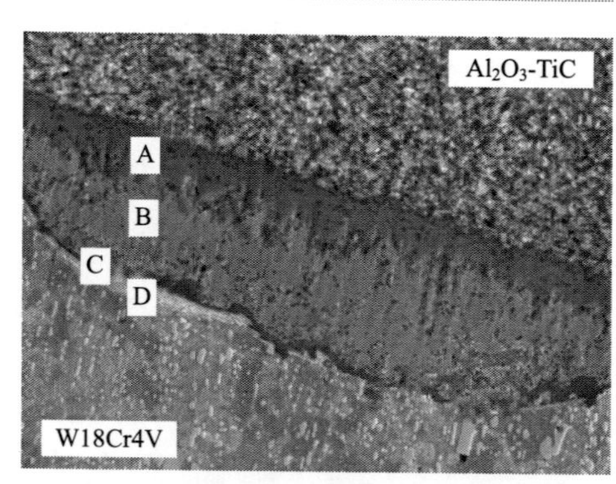

圖 2.8 Al_2O_3-TiC/W18Cr4V 擴散連接界面過渡區組織結構

Al_2O_3-TiC/W18Cr4V 擴散接頭剪切斷口 X 射線衍射（XRD）分析表明，Al_2O_3-TiC/W18Cr4V 界面過渡區中存在著 TiC、TiO、Ti_3Al、Cu、CuTi、$CuTi_2$、FeTi、Fe_3W_3C 等多種反應產物。這些反應產物位於 Al_2O_3-TiC/W18Cr4V 界面過渡區不同的反應層中，見圖 2.8。從 Al_2O_3-TiC 陶瓷側到 W18Cr4V 鋼側分析界面過渡區各反應層發生的界面反應如下。

① Al_2O_3-TiC/Ti 界面（反應層 A）

Al_2O_3-TiC 複合陶瓷的 Al_2O_3 相和 TiC 相之間，只有在溫度大於 1650℃時，才有較劇烈的反應。試驗中的擴散連接溫度為 1160℃，遠低於 1650℃。TiC 是 NaCl 結構的離子鍵化合物，吉布斯自由能為ΔG^0（TiC）$=-190.97+0.016T$，受溫度變化的影響很小。

Ti 是過渡金屬，活性很大，在陶瓷和金屬的連接中被用作活性元素，與陶瓷反應形成反應層。在 Al_2O_3-TiC/Ti 界面，主要是 Ti-Cu-Ti 中間層中的 Ti 和 Al_2O_3 陶瓷之間的反應。

Al_2O_3-TiC/W18Cr4V 擴散連接過程中，Ti 與 Al_2O_3 發生反應：

$$3Ti+Al_2O_3 = 3TiO+2Al \quad (2.1)$$

生成 TiO 和 Al 原子。

根據 Ti-Al 二元相圖，在擴散連接溫度下，Ti 和 Al 之間可能發生反應：

$$Ti+3Al = TiAl_3 \quad (2.2)$$

$$Ti+Al = TiAl \quad (2.3)$$

$$3Ti+Al = Ti_3Al \quad (2.4)$$

由於最後只生成 Ti_3Al 相，因此還存在著：

$$TiAl_3+2Ti = 3TiAl \quad (2.5)$$

$$TiAl+2Ti = Ti_3Al \quad (2.6)$$

在擴散反應開始時，Ti、Al 相互擴散。因 Al 的擴散速度快，在 Ti、Al 的界面上首先形成 $TiAl_3$，隨後在 $TiAl_3$ 和 Ti 的界面上形成 TiAl，最後 TiAl 和 Ti 反應生成 Ti_3Al。

Ti 是強碳化物形成元素，所以中間層中的自由 Ti 與 Al_2O_3-TiC 陶瓷中的 C 反應生成 TiC：

$$Ti + C = TiC \tag{2.7}$$

與 Al_2O_3-TiC 中的 TiC 共存聚集於 Al_2O_3-TiC/Ti 界面。通過上述分析可知，反應層 A 主要生成了 TiO、Ti_3Al 和 TiC 相。

② Ti-Cu-Ti 中間層內（反應層 B） 用 Ti-Cu-Ti 中間層擴散連接 Al_2O_3-TiC 陶瓷和 W18Cr4V 鋼的過程中，反應層 B 中主要是 Ti 和 Cu 之間的反應。由於 Ti 在 Cu 中的溶解度很小，Ti 主要以金屬間化合物的形式存在。根據 Cu-Ti 二元合金相圖，在 Cu/Ti 界面上，當加熱溫度達到 985℃時開始形成 Cu-Ti 液相。在 Cu-Ti 液相區內，Ti 和 Cu 的擴散速度很快，能夠進行充分的擴散。

該系統中 CuTi 的生成自由能最低，最易生成。反應產物還與 Cu-Ti 的相對濃度有關，Cu 與 Ti 除了生成 CuTi 外，還生成了 $CuTi_2$。由於擴散連接中施加了壓力，Cu-Ti 液相中多餘的 Cu 會在壓力的作用下擠出界面。

由於 C 原子擴散速度很快，Al_2O_3-TiC 陶瓷和 W18Cr4V 鋼中的 C 很快向 Cu-Ti 液相內部擴散，與 Ti 反應生成 TiC，彌散分布在 Cu-Ti 液相中，凝固後以 TiC 顆粒存在於 Cu-Ti 固溶體中，增強了界面過渡區的性能。反應層 B 中的相主要是 CuTi、$CuTi_2$ 和 TiC。

③ Ti/W18Cr4V 界面 Ti 側（反應層 C） Ti-Cu-Ti 中間層形成 Cu-Ti 瞬間液相後，W18Cr4V 鋼中的 C 原子會迅速地向 Ti/W18Cr4V 界面擴散。由於 Ti 是強碳化物形成元素，在 Ti/W18Cr4V 界面上 Ti 和 C 形成 TiC 相。隨著保溫時間的延長，TiC 聚集於 Ti/W18Cr4V 界面，生成連續的 TiC 層。

Fe 和 Ti 的互溶性很小，主要以 Fe-Ti 金屬間化合物形式存在。Cu-Ti 液相中的 Ti 向 W18Cr4V 鋼中擴散，同時 W18Cr4V 鋼向 Cu-Ti 液相溶解、擴散。Ti 和 Fe 發生反應：

$$2Fe + Ti = Fe_2Ti \tag{2.8}$$

$$Fe + Ti = FeTi \tag{2.9}$$

形成 FeTi、Fe_2Ti，隨著反應的進行，Fe_2Ti 轉化為 FeTi。

在 Ti/W18Cr4V 界面上 Ti 優先與 C 反應生成 TiC，阻礙了 Ti 向 W18Cr4V 鋼中的擴散，所以 FeTi 只在 Ti/W18Cr4V 界面很小的範圍內存在。Ti/W18Cr4V 界面 Ti 側的反應層 C 主要是 TiC 相和少量的 FeTi 相。

④ Ti/W18Cr4V 界面近 W18Cr4V 鋼側（反應層 D） W18Cr4V 高速鋼中的碳化物數量多，對鋼的性能影響很大。擴散連接過程中，W18Cr4V 高速鋼中的

C 向 Ti/W18Cr4V 界面擴散，與 Ti 反應生成 TiC，在 W18Cr4V 側形成了一個脫碳層，C 濃度降低，該區域主要含 Fe、W 及少量 C，生成 Fe_3W_3C，使得 W18Cr4V 鋼中的碳化物顆粒變得細小，未發生反應的 Fe 以 α-Fe 的形式保存下來。所以反應層 D 主要是 Fe_3W_3C 等碳化物和 α-Fe。

Al_2O_3-TiC/W18Cr4V 接頭從 Al_2O_3-TiC 一側到 W18Cr4V 側，界面結構依次為：Al_2O_3-TiC/TiC＋Ti_3Al＋TiO/CuTi＋$CuTi_2$＋TiC/TiC＋FeTi/Fe_3W_3C＋α-Fe/W18Cr4V，如圖 2.9 所示。界面過渡區相結構的形成與擴散連接參數密切相關。界面過渡區各反應層界限並不明顯，有時交叉在一起。由圖 2.7 可見，Ti 幾乎出現在所有的界面反應產物中，表明 Ti 參與界面反應的各個過程。在 Al_2O_3-TiC/W18Cr4V 擴散連接過程中，Ti 是界面反應的主控元素。

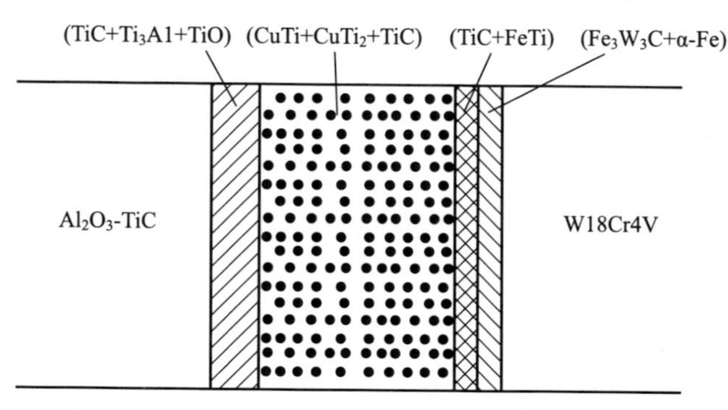

圖 2.9　Al_2O_3-TiC/W18Cr4V 界面過渡區的相結構

2.2.3 擴散界面的結合強度

擴散條件不同，界面反應產物不同，擴散焊接頭性能有很大差別。加熱溫度提高，界面擴散反應充分，使接頭強度提高。用厚度為 0.5mm 的鋁箔作中間層對氧化鋁與鋼進行擴散焊時，加熱溫度對接頭抗拉強度的影響如圖 2.10 所示。

溫度過高可能使陶瓷的性能發生變化，或出現脆性相而使接頭性能降低。此外，陶瓷與金屬擴散焊接頭的抗拉強度與金屬的熔點有關，在氧化鋁與金屬擴散焊接頭中，金屬熔點提高，接頭抗拉強度增大。

陶瓷與金屬擴散焊接頭抗拉強度（σ_b）與保溫時間（t）的關係為：

$$\sigma_b = B_0 t^{1/2} \tag{2.10}$$

其中 B_0 為常數。但是，在一定加熱溫度下，保溫時間存在一個最佳值。

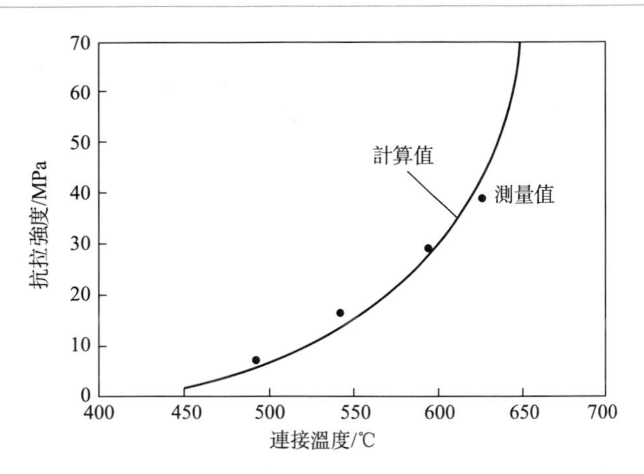

圖 2.10 加熱溫度對氧化鋁/鋼擴散焊接頭強度的影響

Al_2O_3/Al 擴散焊接頭中，保溫時間對接頭抗拉強度的影響如圖 2.11(a) 所示。用 Nb 作中間層擴散連接 SiC 和不銹鋼時，時間過長時出現了強度較低、線脹係數與 SiC 相差很大的 $NbSi_2$ 相，而使接頭抗剪強度降低，如圖 2.11(b) 所示。用 V 作中間層擴散連接 AlN 時，保溫時間過長也由於 V_5Al_8 脆性相的出現而使接頭抗剪強度降低。

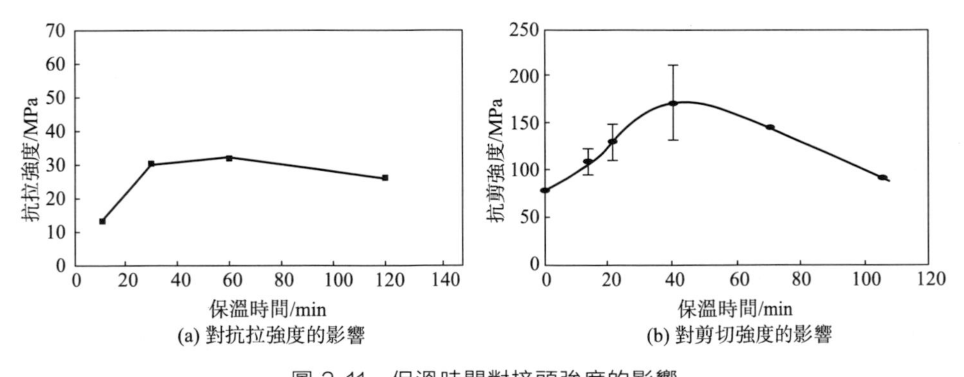

圖 2.11 保溫時間對接頭強度的影響

擴散焊中施加壓力是為了使接觸面處產生局部塑性變形，減小表面不平整和破壞表面氧化膜，增加表面接觸面積，為原子擴散提供條件。為了防止陶瓷與金屬結構件發生較大的變形，擴散焊時所施加的壓力一般較小（<100MPa），這一壓力範圍足以減小表面局部不平整和破壞表面氧化膜。壓力較小時，增大壓力可以使接頭強度提高，如 Cu 或 Ag 與 Al_2O_3 陶瓷、Al 與 SiC 陶瓷擴散焊時，施加壓力對接頭抗剪強度的影響如圖 2.12(a) 所示。與加熱溫度和保溫時間的影響

一樣，壓力也存在一個獲得最佳強度的值，如 Al 與 Si_3N_4 陶瓷、Ni 與 Al_2O_3 陶瓷擴散焊時，壓力分別為 4MPa 和 15MPa～20MPa。

壓力的影響與材料的類型、厚度以及表面氧化狀態有關。用貴金屬（如金、鉑）連接 Al_2O_3 陶瓷時，金屬表面的氧化膜非常薄，隨著壓力的提高，接頭強度提高直到一個穩定值。Al_2O_3 與 Pt 擴散連接時壓力對接頭抗彎強度的影響如圖 2.12(b) 所示。

表面粗糙度對擴散焊接頭強度的影響十分顯著。因為表面粗糙會在陶瓷中產生局部應力集中而容易引起脆性破壞。Si_3N_4/Al 接頭表面粗糙度對接頭抗彎強度的影響如圖 2.13 所示，表面粗糙度由 0.1μm 改變為 0.3μm 時，接頭抗彎強度從 470MPa 降低到 270MPa。

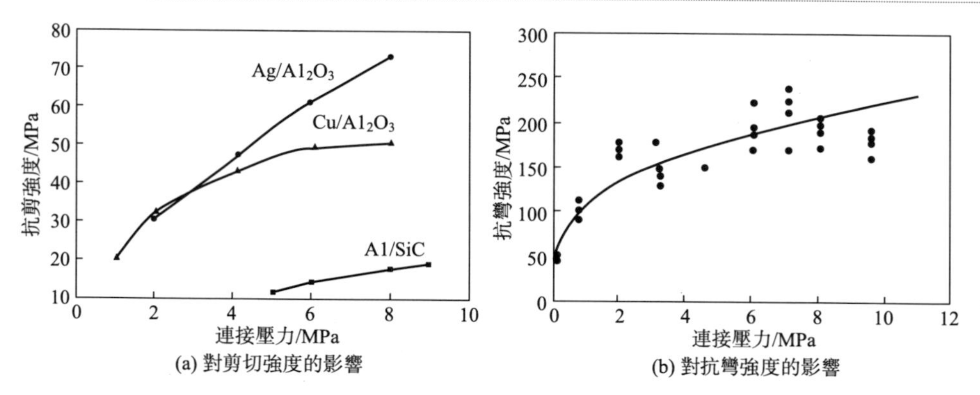

圖 2.12　壓力對擴散焊接頭強度的影響

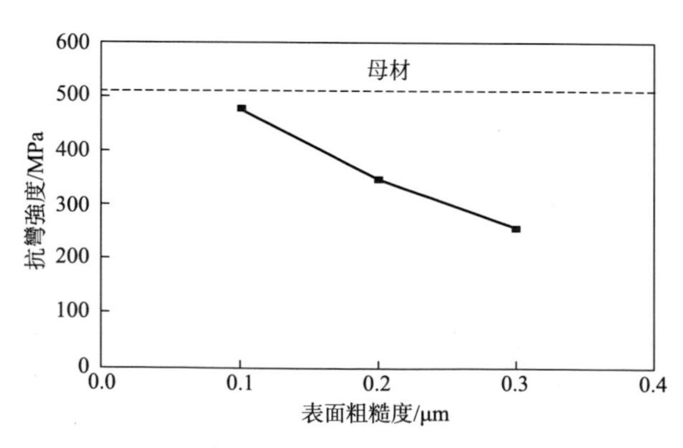

圖 2.13　表面粗糙度對接頭抗彎強度的影響

界面反應與焊接環境條件有關。在真空擴散焊中，避免 O、N、H 等參與界面反應有利於提高接頭的強度。圖 2.14 示出用 Al 作中間層連接 Si_3N_4 時，環境條件對接頭抗彎強度的影響。氬氣保護下焊接接頭強度最高，抗彎強度超過 500MPa。

空氣中焊接時接頭強度低，界面處由於氧化產生 Al_2O_3，沿 Al/Si_3N_4 界面產生脆性斷裂。雖然加壓能破壞氧化膜，但當氧分壓較高時會形成新的氧化物層，使接頭強度降低。在高溫（1500℃）下直接擴散連接 Si_3N_4 陶瓷時，由於高溫下 Si_3N_4 陶瓷容易分解形成孔洞，在 N_2 氣氛中焊接可以限製 Si_3N_4 陶瓷的分解，N_2 壓力高時接頭抗彎強度較高。在 1MPa 氮氣中焊接的接頭抗彎強度比在 0.1MPa 氮氣中焊接的接頭抗彎強度高 30%左右。

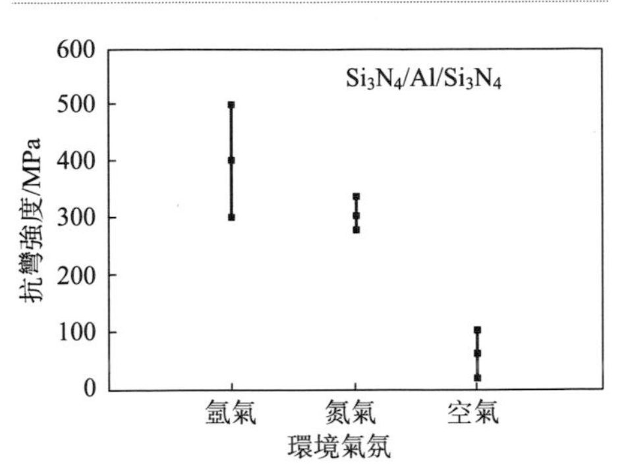

圖 2.14 環境條件對接頭抗彎強度的影響

對陶瓷/金屬連接接頭強度評估的方式有拉伸、剪切、彎曲和剝離等多種方式，根據試樣的尺寸，多採用剪切強度進行評估。

擴散焊加熱溫度從 1080℃ 上升到 1130℃，連接壓力從 10MPa 提高到 15MPa，Al_2O_3-TiC/W18Cr4V 擴散連接界面剪切強度從 95MPa 增加到 154MPa（圖 2.15）。隨著加熱溫度提高，界面附近形成良好的冶金結合。但是當加熱溫度升高到 1160℃時，Al_2O_3-TiC/W18Cr4V 界面剪切強度反而降低，剪切強度為 141MPa。因為溫度過高時界面形成了較厚的 TiC 反應層，從而降低了接頭的強度。

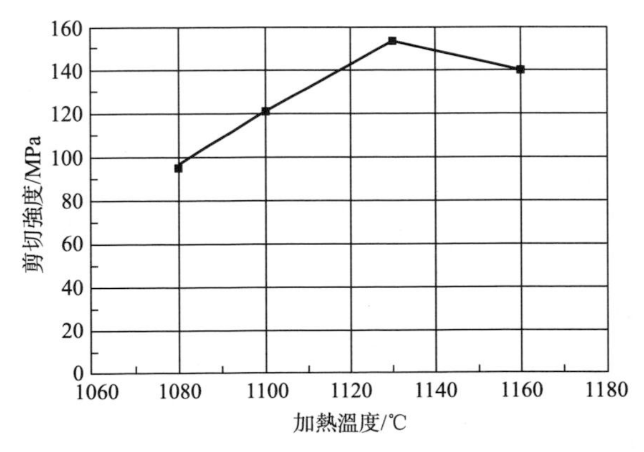

圖 2.15 加熱溫度對 Al_2O_3-TiC/W18Cr4V 擴散界面剪切強度的影響

例如，Al_2O_3-TiC/W18Cr4V 擴散連接時，接觸界面處容易形成應力集中，使得擴散連接界面在冷卻階段產生較大的收縮，引發微裂紋。這些微裂紋在外部載荷的作用下繼續擴展，最終導致 Al_2O_3-TiC/W18Cr4V 擴散界面的斷裂。

Al_2O_3-TiC/W18Cr4V 擴散界面 Al_2O_3-TiC 陶瓷側易造成應力集中，成為微裂紋源。微裂紋的形成並非一定能夠引發解理斷裂，加於裂紋尖端的局部應力超過臨界應力時，微裂紋才能擴展。

圖 2.16 為 Al_2O_3-TiC/W18Cr4V 擴散連接界面剪切斷裂過程的示意圖。施加剪切力前，Al_2O_3-TiC 側存在空洞、微裂紋等缺陷，缺陷周圍存在高應力區[圖 2.16(a)]。在剪切力作用下，空洞聚集、微裂紋開始擴展如圖 2.16(b) 所示。隨著剪切力的進一步增大，微裂紋不斷擴展、長大，當彈性釋放能遠大於表面能時，裂紋把剩餘能量積累為動能，裂紋可持續擴展，如圖 2.16(c) 所示。解理裂紋的擴展是高速進行的，當微裂紋與剪切直接造成的主裂紋匯合後，沿 Al_2O_3-TiC/W18Cr4V 擴散界面或 Al_2O_3-TiC 陶瓷基體發生斷裂。

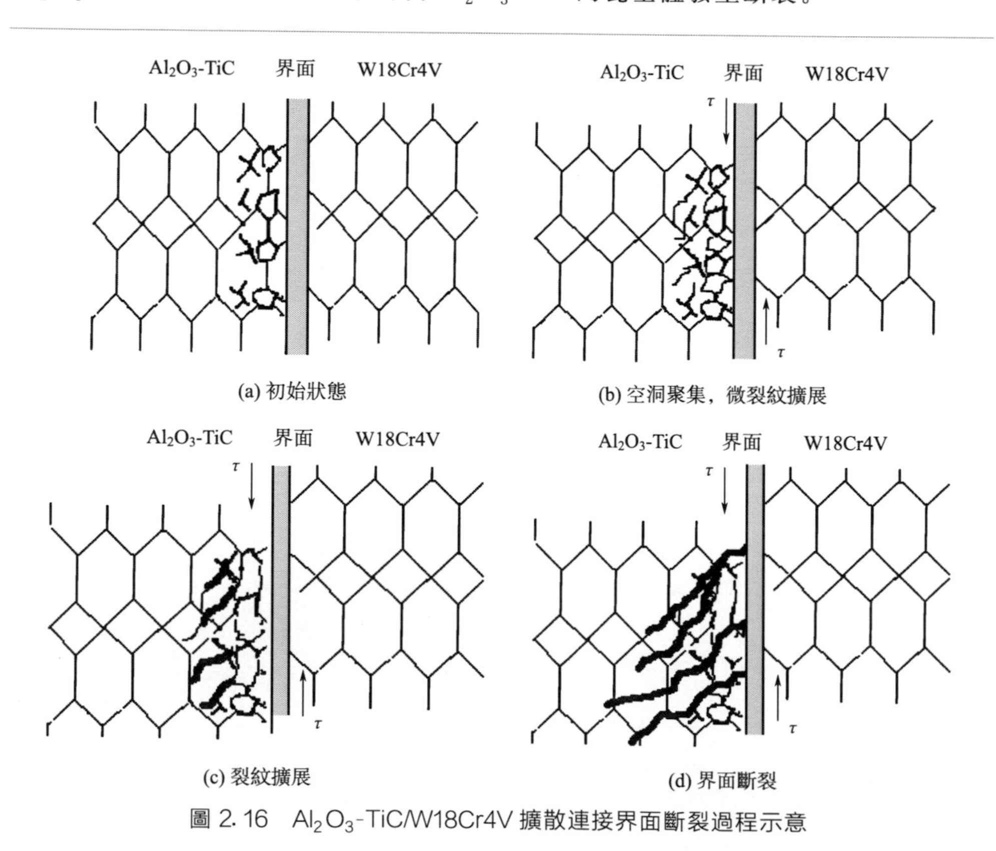

圖 2.16 Al_2O_3-TiC/W18Cr4V 擴散連接界面斷裂過程示意

2.3 陶瓷與金屬的釺焊連接

2.3.1 陶瓷與金屬釺焊連接的特點

釺焊連接是利用陶瓷與金屬之間的釺料在高溫下熔化，其中的活性組元與陶瓷發生化學反應，形成穩定的反應梯度層使兩種材料結合在一起的。

陶瓷材料含有離子鍵或共價鍵，表現出非常穩定的電子配位，很難被金屬鍵的熔融金屬潤溼，所以用通常的熔焊或釺焊方法使金屬與陶瓷產生熔合或釺合是很困難的。為了使陶瓷與金屬達到釺焊的目的，應使釺料對陶瓷表面產生潤溼，或提高對陶瓷的潤溼性。例如，採用活性金屬 Ti 在界面形成 Ti 的化合物，可促使陶瓷表面潤溼。

陶瓷與金屬的釺焊比金屬之間的釺焊複雜很多，多數情況下要對陶瓷表面金屬化處理或採用活性釺料才能進行釺焊。為了改善陶瓷表面的潤溼性，陶瓷與金屬常用的釺焊工藝有如下兩種：

（1）陶瓷-金屬化法（也稱為兩步法）

先在陶瓷表面進行金屬化後，再用普通釺料與金屬釺焊；陶瓷表面金屬化最常用的是 Mo-Mn 法，此外還有蒸發金屬化法、濺射金屬化法、離子注入法等。

① Mo-Mn 法　在 Mo 粉中加入溶質質量分數為 10%～25%的 Mn 以改善金屬鍍層與陶瓷的潤溼性。Mo-Mn 法由陶瓷表面處理、金屬膏劑化、配製與塗敷、金屬化燒結、鍍鎳等工序組成，是最常用的一種陶瓷表面金屬化法。

② 蒸發金屬化法　利用真空鍍膜機在陶瓷上蒸鍍金屬膜，如先蒸鍍 Ti、Mo，再在 Ti-Mo 金屬化層上電鍍一層 Ni。這種方法的特點是蒸鍍溫度低（300～400℃），能適應各種不同的陶瓷，獲得良好的氣密性。

③ 濺射金屬化法　在真空容器中利用氣體放電產生的正離子轟擊靶面，將靶面材料濺射到陶瓷表面上以實現金屬化。這種方法能在較低的沉積溫度下形成高熔點的金屬層，適用於各種陶瓷，特別是 BeO 陶瓷的表面金屬化。

④ 離子注入法　將 Ti 等活性元素的離子直接注入陶瓷中，在陶瓷上形成可以被一般釺料潤溼的表面。以 Al_2O_3 陶瓷為例，離子注入劑量範圍為 2×10^{16}～3.1×10^{17} 個/cm^2 時，Ti 的注入深度可達 50～100nm，陶瓷表面潤溼性得到大大改善。

（2）活性金屬化法（也稱為一步法）

採用活性釺料直接對陶瓷與金屬進行釺焊。在釺料中加入活性元素，使釺料與陶瓷之間發生化學反應，形成反應層和結合牢固的陶瓷與金屬結合界面。反應層主要由金屬與陶瓷的化合物組成，可以被熔化的金屬潤溼。

活性金屬化法常用的活性金屬是過渡族金屬，如 Ti、Zr、Hf、Nb、Ta 等。這些金屬元素對氧化物、硅酸鹽等有較大的親和力，可以在陶瓷表面形成反應層。反應層主要由金屬與陶瓷的複合物組成，這些複合物可以被熔化的金屬潤溼，達到與金屬釬接的目的。

陶瓷與金屬釬焊用釬料含有活性元素 Ti、Zr 或 Ti、Zr 的氧化物和碳化物，它們對氧化物陶瓷具有一定的活性，在一定的溫度下能夠直接發生反應。

採用 Ag-Cu-1.75Ti 釬料在氬氣中釬焊 Si_3N_4 陶瓷和 Cu 的研究表明，金屬 Cu 表面越光滑，Si_3N_4/Cu 釬焊接頭的抗剪強度越高。釬焊時稍施加壓力(2.5kPa)，使先熔化的富 Ag 釬料被擠出，剩餘的釬料中富 Cu 相增多，減緩接頭應力，可以提高接頭的抗剪強度。但壓力進一步增大後，釬料擠出太多，Ti 不足以與陶瓷反應並潤溼陶瓷，會降低接頭強度。

2.3.2 陶瓷與金屬的表面金屬化法釬焊

(1) 陶瓷表面的金屬化

陶瓷表面的金屬化不僅可以用於改善非活性釬料對陶瓷的潤溼性，還可以在高溫釬焊時保護陶瓷不發生分解和產生孔洞。如 Si_3N_4 陶瓷在真空（10^{-3}Pa）中，達到 1100℃以上時 Si_3N_4 陶瓷就要發生分解，產生孔洞。

① Mo-Mn 法陶瓷金屬化法　是將純金屬粉末（Mo、Mn）與金屬氧化物粉末組成的膏狀混合物塗於陶瓷表面，再在爐中高溫加熱，形成金屬層。在 Mo 粉中加入 10%～25%Mn 是為了改善金屬鍍層與陶瓷的結合。不同組分的陶瓷要選用相應地金屬化膏劑，才能達到陶瓷表面金屬化的最佳效果。表 2.16 給出 Mo-Mn 法燒結金屬粉末的配方和燒結參數示例。

表 2.16　Mo-Mn 法金屬化配方和燒結參數示例

序號	配方組成/%								適用陶瓷	塗層厚度/μm	金屬化溫度/℃	保溫時間/min
	Mo	Mn	MnO	Al_2O_3	SiO_2	CaO	MgO	Fe_2O_3				
1	80	20	—	—	—	—	—	—	75%Al_2O_3	30～40	1350	30～60
2	45	—	18.2	20.9	12.1	2.2	1.1	0.5	95%Al_2O_3	60～70	1470	60
3	65	17.5	95%Al_2O_3 粉　17.5						95%Al_2O_3	35～45	1550	60
4	59.5	—	17.9	12.9	7.9	1.8 ($CaCO_3$)	—	—	95%Al_2O_3 (Mg-Al-Si)	60～80	1510	50
5	50	—	17.5	19.5	11.5	1.5	—	—	透明剛玉	50～60	1400～1500	40
6	70	9	—	12	8	1	—	—	99%BeO	40～50	1400	30
									95%Al_2O_3		1500	60

一般釺料（如 Ag-Cu 釺料）對陶瓷金屬化層的潤溼性還不能達到釺焊的要求，所以通常要在 Mo-Mn 金屬化層上再鍍一層鎳來增加金屬化層對釺料的潤溼性。鍍鎳層的厚度約為 4～6μm，鍍鎳後的陶瓷還需在氫氣爐中在 1000℃的溫度下燒結 15～25min，這道工序稱之為二次金屬化。

② 蒸發金屬化法　是在陶瓷件上蒸鍍金屬膜，實現陶瓷表面金屬化的一種方法。將清洗好的陶瓷件包上鋁箔，只露出需要金屬化的部位，放入鍍膜機的真空室內。當真空度達 4×10^{-3} Pa 後，將陶瓷件預熱到 300～400℃，保溫 10min。先開始蒸鍍 Ti，然後再蒸鍍 Mo，形成金屬化層。蒸鍍後還需要在 Ti、Mo 金屬化層上再電鍍一層 Ni（厚度約 2～5μm），然後在真空爐中進行釺焊。這種方法較 Mo-Mn 法、活性法有更高的封接強度。其缺點是蒸鍍高熔點金屬比較困難。

③ 濺射金屬化法　將陶瓷放入真空容器中並充以氬氣，在電極之間加上直流電壓，形成氣體輝光放電，利用氣體放電產生的正離子轟擊靶面，把靶面材料濺射到陶瓷表面上形成金屬化膜。濺射沉積時，工件可以旋轉，使陶瓷金屬化面對準不同的濺射金屬，依次沉積所需要的金屬膜。沉積到陶瓷表面的第一層金屬化材料是 Mo、W、Ti、Ta 或 Cr，第二層金屬化材料為 Cu、Ni、Au 或 Ag。在濺射過程中，陶瓷的沉積溫度應保持在 150～200℃。這種方法塗層厚度均勻、與陶瓷結合牢固，能在較低的沉積溫度下製備高熔點的金屬塗層。

④ 離子注入法　塗覆裝置的陰極為安放陶瓷工件的支架，陽極是作為蒸發源的熱絲，熱絲材料為待塗覆的金屬材料，真空容器內通入氬氣。當陰、陽極之間接上直流高壓電（2～5kV）後，在陰、陽極之間形成氬的等離子體。在直流電場的作用下，氬的正離子轟擊陶瓷工件的表面達到净化陶瓷表面的目的。濺射清洗完後移開活動擋板，開始加熱熱絲，使金屬蒸發。金屬蒸氣在電場作用下被電離成正離子並被加速向作為陰極的陶瓷表面移動，在轟擊陶瓷表面的過程中形成結合牢固的金屬塗層。這種金屬化方法溫度低（工件沉積溫度小於 300℃），沉積速率高，塗層結合牢固。其缺點是只適宜沉積一些比較容易蒸發的金屬材料，對熔點比較高的金屬沉積比較困難。

⑤ 熱噴塗法　利用等離子弧噴塗技術在 Si_3N_4 陶瓷表面噴塗兩層 Al。噴塗第一層前，先將陶瓷預熱到略高於 Al 的熔點溫度以增強 Al 對 Si_3N_4 陶瓷的吸附。第一層噴塗的 Al 不能太厚，一般不超過 2μm。在第一層的基礎上再噴塗第二層厚度 200μm 的 Al，熱噴塗後的 Si_3N_4 陶瓷直接以 Al 塗層為釺料在 700℃×15min、加壓 0.5MPa 的條件下釺焊，接頭的抗彎強度達到 340MPa，比直接用 Al 釺料在同樣的條件下釺焊的接頭強度（230MPa）高許多。

(2) 陶瓷釺焊的釺料

陶瓷金屬化後再進行釺焊，使用廣泛的一種釺料是 BAg72Cu。也可以根據需要，選用其他的釺料。陶瓷與金屬連接常用的釺料見表 2.17。在釺料能夠潤潤陶瓷的前提下，還要考慮高溫釺焊時陶瓷與金屬線脹係數差異會引起的裂紋，以及夾具定位等問題。

表 2.17 陶瓷與金屬連接常用的釺料

釺料	成分/%	熔點/℃	流點/℃
Cu	100	1083	1083
Ag	>99.99	960.5	960.5
Au-Ni	Au 82.5,Ni 17.5	950	950
Cu-Ge	Ge 12,Ni 0.25,Cu 餘量	850	965
Ag-Cu-Pd	Ag 65,Cu 20,Pd 15	852	898
Au-Cu	Au 80,Cu 20	889	889
Ag-Cu	Ag 50,Cu 50	779	850
Ag-Cu-Pd	Ag 58,Cu 32,Pd 10	824	852
Au-Ag-Cu	Au 60,Ag 20,Cu 20	835	845
Ag-Cu	Ag 72,Cu 28	779	779
Ag-Cu-In	Ag 63,Cu 27,In 10	685	710

由於陶瓷與金屬連接多是在惰性氣氛或真空爐中進行，當用陶瓷金屬化法對真空電子器件釺焊時，對釺料的要求是：

① 釺料中不含有飽和蒸氣壓高的化學元素，如 Zn、Cd、Mg 等，以免在釺焊過程中這些化學元素污染電子器件或造成電介質漏電；

② 釺料的含氧量不能超過 0.001%，以免在惰性氣氛中釺焊時生成水汽；

③ 釺焊接頭要有良好的鬆弛性，能最大限度地減小由陶瓷與金屬線脹係數差異而引起的熱應力。

在選擇陶瓷與金屬連接的釺料時，為了最大限度地減小焊接應力，有時不得不選用一些塑性好、屈服強度低的釺料，如純 Ag、Au 或 Ag-Cu 共晶釺料等。

玻璃化法是利用毛細作用實現連接，這種方法不加金屬釺料而加無機釺料(玻璃體)，如氧化物、氟化物的釺料。氧化物釺料熔化後形成的玻璃相能向陶瓷滲透，浸潤金屬表面，最後形成連接。典型的玻璃化法氧化物釺料配方見表 2.18。

表 2.18 典型的玻璃化法氧化物釺料配方

系列	配方組成/%	熔製溫度/℃	線脹係數/$10^{-6}K^{-1}$
Al-Y-Si	Al_2O_3 15,Y_2O_3 65,SiO_2 20	—	7.6～8.2
Al-Ca-Mg-Ba	Al_2O_3 49,CaO 3,MgO 11,BaO 4 Al_2O_3 45,CaO 36.4,MgO 4.7,BaO 13.9	1550 1410	— 8.8
Al-Ca-Ba-B	Al_2O_3 46,CaO 36,BaO 16,B_2O_3 2	(1320)	9.4～9.8
Al-Ca-Ba-Sr	Al_2O_3 44～50,CaO 35～40,BaO 12～16,SrO 1.5～5,Al_2O_3 40,CaO 33,BaO 15,SrO 10	1500(1310) 1500	7.7～9.1 9.5
Al-Ca-Ta-Y	Al_2O_3 45,CaO 49,Ta_2O_3 3,Y_2O_3 3	(1380)	7.5～8.5

續表

系列	配方組成/%	熔製溫度/℃	線脹係數/$10^{-6}K^{-1}$
Al-Ca-Mg-Ba-Y	Al_2O_3 40～50，CaO 30～40，MgO 10～20 BaO 3～8，Y_2O_3 0.5～5	1480～1560	6.7～7.6
Zn-B-Si-Al-Li	ZnO 29～57，B_2O_3 19～56，SiO_2 4～26，Li_2O 3～5，Al_2O_3 0～6	(1000)	4.9
Si-Ba-Al-Li-Co-P	SiO_2 55～65，BaO 25～32，Al_2O_3 0～5，Li_2O 6～11，CaO 0.5～1，P_2O_5 1.5～3.5	(950～1100)	10.4
Si-Al-K-Na-Ba-Sr-Ca	SiO_2 43～68，Al_2O_3 3～6，K_2O 8～9，Na_2O 5～6，BaO 2～4，SrO 5～7，CaO 2～4，另含少量 Li_2O、MgO、TiO_2、B_2O_3	(1000)	8.5～9.3

注：括號中的數據為參考溫度。

玻璃體固化後沒有韌性，無法承受陶瓷的收縮，只能靠配製成分使其線脹係數盡量與陶瓷的線脹係數接近。這種方法的實際應用也是相當嚴格的。

調整釺料配方可以獲得不同熔點和線脹係數的釺料，以便適用於不同的陶瓷和金屬的連接。這種玻璃體中間材料實際上是 Si_3N_4 陶瓷晶粒間的黏接相（如 Al_2O_3、Y_2O_3、MgO 等）以及雜質 SiO_2，是燒結時就有的。連接在超過1530℃的高溫下（相當於 Y-Si-Al-O-N 的共晶點）進行，不需加壓，通常用氮氣保護。

(3) 陶瓷金屬化釺焊工藝

以 Mo-Mn 金屬化法為例，陶瓷金屬化釺焊連接的工藝流程見圖 2.17。陶瓷金屬化釺焊工藝要點為：

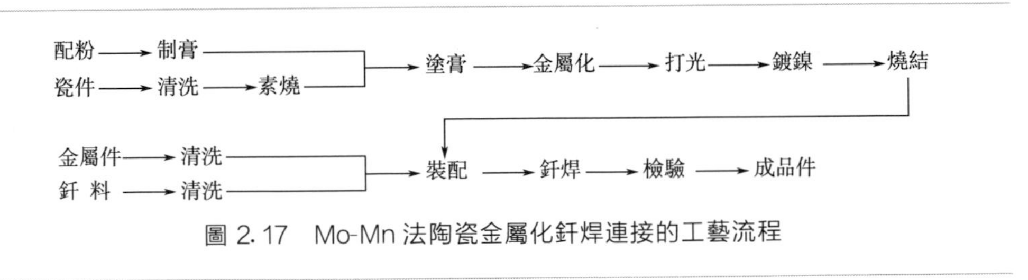

圖 2.17 Mo-Mn 法陶瓷金屬化釺焊連接的工藝流程

金屬化膏劑的製備和塗覆工藝如下：

① 零件的清洗　陶瓷件可以在超聲波清洗機中用清洗劑清洗，然後用去離子水清洗並烘乾。金屬件則要透過碱洗、酸洗的辦法去除金屬表面的油污、氧化膜等，並用流動水清洗、烘乾。清洗過的零件應立即進入下一道工序，中間不得用裸手接觸。

② 塗膏劑　將各種原料的粉末按比例稱好，加入適量的硝棉溶液、醋酸丁酯、草酸二乙酯等。這是陶瓷金屬化的重要工序，膏劑多由純金屬粉末加適量的金屬氧化物組成，粉末粒度在 1～5μm 之間，用有機黏結劑調成糊狀，均勻地塗

刷在需要金屬化的陶瓷表面上。塗層厚度大約為 30～60μm。

③ 陶瓷金屬化　將塗好的陶瓷件放入氫氣爐中，在 1300～1500℃溫度下保溫 0.5～1h。

④ 鍍鎳　金屬化層多為 Mo-Mn 層，難與釬料浸潤，須再鍍上一層厚度 4～5μm 的鎳。

⑤ 裝架　將處理好的金屬件和陶瓷件裝配在一起，在接縫處裝上釬料。

⑥ 釬焊　在惰性氣氛或真空爐中進行，釬焊溫度由釬料而定。在釬焊過程中加熱和冷卻速度都不能過快，以防止陶瓷件炸裂。

⑦ 檢驗　對一些特殊要求的陶瓷封接件，如真空器件或電器件，要進行泄漏、熱衝擊、熱烘烤和絕緣強度等檢驗。

陶瓷金屬化法釬焊的應用示例如下。

圖 2.18 所示是某石油檢測儀器中使用的探針元件，材料為紫銅與不銹鋼，元件之間用 Al_2O_3 陶瓷隔離，陶瓷起絕緣作用，要求釬焊後密封無泄漏。

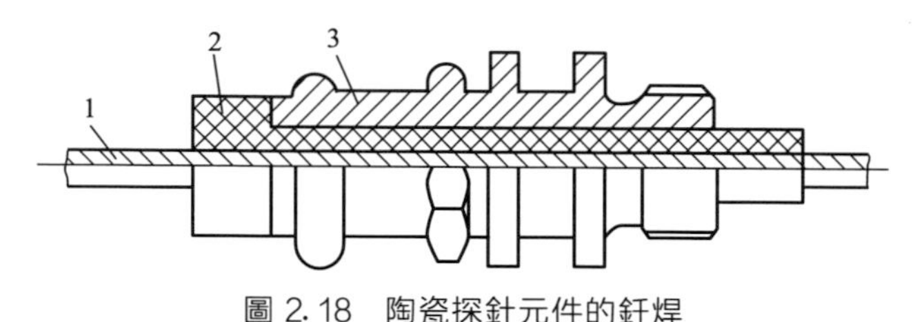

圖 2.18　陶瓷探針元件的釬焊

1—紫銅；2—陶瓷；3—不銹鋼

釬焊工藝採用 Mo-Mn 法使 Al_2O_3 陶瓷管一端的孔內和管的外表面待焊部位金屬化，然後在金屬化層的外面再鍍上厚度為 35μm 的鎳層。使用 BAg72Cu 釬料，在真空度為 1.33×10^{-2}Pa、釬焊溫度為 850℃的條件下，保溫 5min 即可獲得光潔緻密的接頭。

2.3.3 陶瓷與金屬的活性金屬化法釬焊

過渡族金屬（如 Ti、Zr、Nb 等）具有很強的化學活性，這些元素對氧化物、硅酸鹽等有較大的親和力，可通過化學反應在陶瓷表面形成反應層。在 Au、Ag、Cu、Ni 等系統的釬料中加入這類活性金屬後，形成所謂活性釬料。活性釬料在液態下極易與陶瓷發生化學反應而形成陶瓷與金屬的連接。

反應層主要由金屬與陶瓷的複合物組成（表現出與金屬相同的局部結構，可被熔化金屬潤溼），達到與金屬連接的目的。活性金屬的化學活性很強，釬焊時活性元素的保護是很重要的，這些元素一旦被氧化後就不能再與陶瓷發生反應。

因此活性金屬化法釬焊一般是在 10^{-2}Pa 以上的真空或惰性保護氣氛中進行的，一次完成釬焊連接。

（1）活性釬料

活性釬料通常以 Ti 作為活性元素，可適用於釬焊氧化物陶瓷、非氧化物陶瓷以及各種無機介質材料。由於是用活性金屬與陶瓷直接釬接，工序簡單，因此發展很快。表 2.19 所示是幾種常用的活性金屬化法釬焊的比較。

表 2.19　幾種常用的活性金屬化法釬焊的比較

釬料	釬料加入方式	釬焊溫度/℃	保溫時間/min	陶瓷材料	金屬材料	特點及應用
Ag-Cu-Ti	在陶瓷表面預塗厚度為 20～40μm 的 Ti 粉，然後用厚度為 0.2mm 的 Ag69Cu26Ti5 釬料施焊	850～880	3～5	高氧化鋁、藍寶石、透明氧化鋁、鎂橄欖石、微晶玻璃、雲母、石墨以及非氧化物陶瓷	Cu，Ti，Nb	對陶瓷潤溼性良好，接頭氣密性好，應用廣泛。常用於大件匹配性釬接和軟金屬與高強度陶瓷釬接。缺點是釬料含 Ag 量大，蒸氣壓高易沉積陶瓷表面，使絕緣性能下降
Ti-Ni	用厚度為 10～20μm 的 Ti71.5Ni28.5 箔作釬料施焊	990±10	3～5	高氧化鋁、鎂橄欖石陶瓷	Ti	釬焊溫度較高，蒸氣壓較低，對陶瓷潤溼性良好，特別適用於 Ti 與鎂橄欖石陶瓷的匹配釬接。缺點是釬焊溫度範圍窄，零件表面清理嚴格
Cu-Ti	Ti 25%～30%，Cu 餘量。用符合上述匹配的 Ti(Cu)箔或粉做釬料施焊	900～1000	2～5	高氧化鋁、鎂橄欖石以及非氧化物陶瓷	Cu，Ti，Ta，Nb，Ni-Cu	釬焊溫度較高，蒸氣壓低，對陶瓷潤溼性良好，合金脆硬，適用於匹配釬接或高強度陶瓷釬接

用於直接釬焊陶瓷與金屬的高溫活性釬料見表 2.20。其中二元係釬料以 Ti-Cu、Ti-Ni 為主，這類釬料蒸氣壓較低，700℃時小於 1.33×10^{-3}Pa，可在 1200～1800℃範圍內使用。三元係釬料為 Ti-Cu-Be 或 Ti-V-Cr，其中 49Ti-49Cu-2Be 具有與不銹鋼相近的耐腐蝕性，並且蒸氣壓較低，在防洩露、防氧化的真空密封接頭中使用。不含 Cr 的 Ti-Zr-Ta 係釬料，也可以直接釬焊 MgO 和 Al_2O_3 陶瓷，這種釬料獲得的接頭能夠在溫度高於 1000℃的條件下工作。中國研製的 Ag-Cu-Ti 係釬料，能夠直接釬焊陶瓷與無氧銅，接頭抗剪強度可達 70MPa。

表 2.20　用於直接釬焊陶瓷與金屬的高溫活性釬料

釬料	熔化溫度/℃	釬焊溫度/℃	用途及接頭性能
92Ti-8Cu	790	820～900	陶瓷-金屬的連接
75Ti-25Cu	870	900～950	陶瓷-金屬

續表

釺料	熔化溫度/℃	釺焊溫度/℃	用途及接頭性能
72Ti-28Ni	942	1140	陶瓷-陶瓷,陶瓷-石墨,陶瓷-金屬
68Ti-28Ag-4Be	—	1040	陶瓷-金屬
54Ti-25Cr-21V	—	1550～1650	陶瓷-陶瓷,陶瓷-石墨,陶瓷-金屬
50Ti-50Cu	960	980～1050	陶瓷-金屬
50Ti-50Cu(原子比)	1210～1310	1300～1500	陶瓷與藍寶石,陶瓷與鋰
49Ti-49Cu-2Be	—	980	陶瓷-金屬
48Ti-48Zr-4Be	—	1050	陶瓷-金屬
47.5Ti-47.5Zr-5Ta	—	1650～2100	陶瓷-鉭
7Ti-93(BAg72Cu)	779	820～850	陶瓷-鈦
5Ti-68Cu-26Ag	779	820～850	陶瓷-鈦
100Ge	937	1180	自黏接碳化硅-金屬(σ_b=400MPa)
85Nb-15Ni	—	1500～1675	陶瓷-鈮(σ_b=145MPa)
75Zr-19Nb-6Be	—	1050	陶瓷-金屬
56Zr-28V-16Ti	—	1250	陶瓷-金屬
83Ni-17Fe	—	1500～1675	陶瓷-鉭(σ_b=140MPa)
66Ag-27Cu-7Ti	779	820～850	陶瓷-鈦

(2) 活性釺焊連接工藝

以活性金屬 Ti-Ag-Cu 法為例，陶瓷與金屬的活性釺焊連接的工藝流程見圖 2.19。

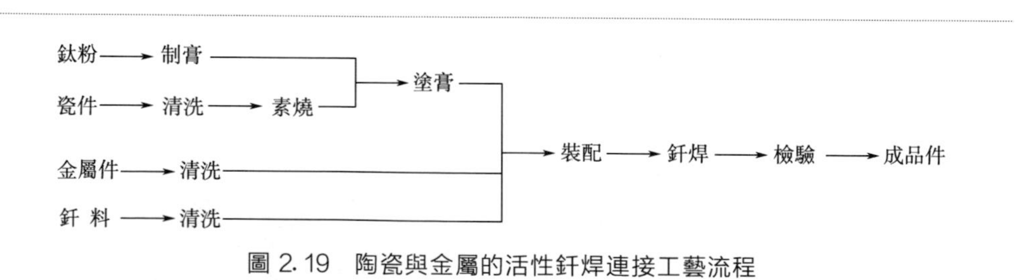

圖 2.19 陶瓷與金屬的活性釺焊連接工藝流程

活性金屬化法釺焊工藝要點：

① 零件清洗　陶瓷件可在超聲波清洗機中清洗，金屬件通過鹼洗、酸洗去除金屬表面的油污、氧化膜等。清洗過的零件立即進入下一道工序。

② 製膏劑　製膏所用的鈦粉純度應在 99.7%以上，粒度在 270～360 目範圍內。製膏劑時取重量為鈦粉之半的硝棉溶液，加上少量的草酸二乙酯稀釋，調成膏狀。

③ 塗膏劑　用毛筆或其他噴塗的方法將活性釬料膏劑均勻地塗覆在陶瓷的釬接面上。塗層要均勻，厚度一般在 25～40μm 左右。

④ 裝配　陶瓷表面的膏劑晾乾後與金屬件及 BAg72Cu 釬料裝配在一起。

⑤ 釬接　在真空或惰性氣氛中進行釬接連接。當真空度達到 5×10^{-3}Pa 時，逐漸升溫到 779℃使釬料熔化，然後再升溫至 820～840℃，保溫 3～5min 後（溫度過高或保溫時間過長都會使得活性元素與陶瓷件反應強烈，引起釬縫組織疏鬆，形成漏氣）降溫冷卻。在加熱或冷卻過程中，注意加熱、冷卻速度，以避免因加熱、冷卻過快而造成陶瓷開裂。

⑥ 檢驗　對釬接件要進行耐烘烤性能檢驗和氣密性檢驗。對真空器件或電器件，要進行漏氣、熱衝擊、熱烘烤和電絕緣強度等檢驗。

2.3.4 陶瓷與金屬釬焊的示例

(1) 幾個應用示例

陶瓷與金屬連接結構在電子工業中應用廣泛，在機械、冶金、能源等領域的應用也正在發展。一些應用實例如圖 2. 20 所示。

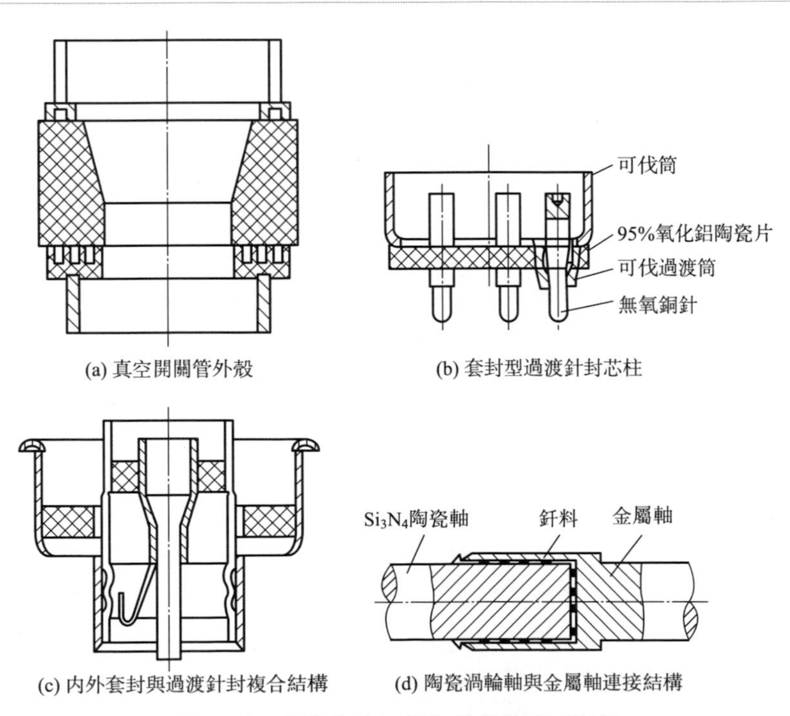

(a) 真空開關管外殼　(b) 套封型過渡針封芯柱

(c) 內外套封與過渡針封複合結構　(d) 陶瓷渦輪軸與金屬軸連接結構

圖 2. 20　陶瓷與金屬釬焊結構的應用實例

1）汽車發動機增壓器轉子

為了提高汽車發動機性能和節約燃料，陶瓷與金屬的複合零件受到人們的重視。Si_3N_4 陶瓷由於密度小、高溫強度好以及不需潤滑而耐磨損，用於製造汽車發動機增壓器轉子有很好的前景。這種陶瓷與鋼複合的轉子比傳統的全金屬轉子質量輕 40%左右，耐溫達到 1000℃，這些特性提高了渦輪的加速性能和燃燒效率，減少了尾氣排放。這類複合轉子在重載柴油發動機上也有所應用。

這種汽車發動機增壓器轉子結構如圖 2.21(a) 所示，其結構為 Si_3N_4 陶瓷渦輪與金屬軸複合體，通過加中間層的活性釬料和套筒連接成整體。形成這種陶瓷與金屬複合結構的關鍵有兩點：

① 採用厚度為 2～4mm 的 Ni-W 合金與 Ni 組成多層緩衝層，它能使陶瓷中的最大應力從直接連接時的 1250MPa 降低到 210MPa；

② 選用活性釬料，無需對 Si_3N_4 陶瓷進行金屬化就能很好地潤溼其表面，實現釬焊。釬焊的真空度為 3×10^{-2}Pa。

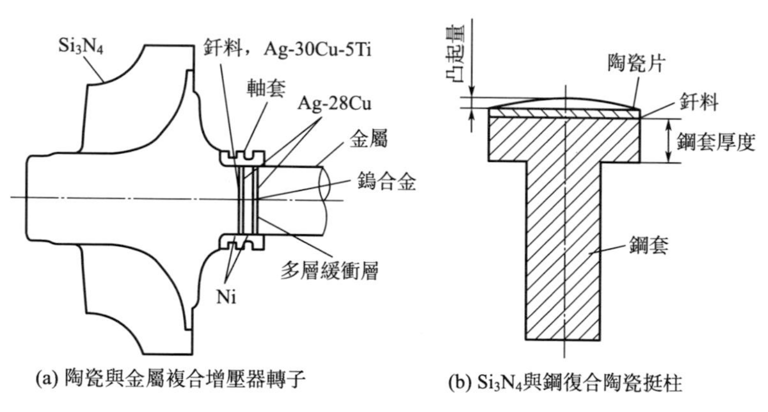

(a) 陶瓷與金屬複合增壓器轉子　(b) Si_3N_4與鋼復合陶瓷挺柱

圖 2.21　陶瓷與金屬複合結構的實例

2）陶瓷與金屬搖杆

某汽車公司推出了一種陶瓷與金屬複合搖杆。這種搖杆局部採用 Si_3N_4 陶瓷，可使磨損比全金屬件減少 5～10 倍，從而延長了維修保養的期限。這種搖杆是將 Si_3N_4 陶瓷鑲片通過中間層與鋼製基體連接而成的。Si_3N_4 陶瓷鑲片表面事先塗覆鈦層，然後在惰性氣氛中 850℃溫度下用 BAg72Cu 釬料釬焊到鋼製基體上。由於使用溫度不高（主要是耐磨損），中間層採用厚度為 0.5mm 的 Cu 片就可滿足工藝要求。

3）陶瓷與金屬挺柱

挺柱和凸輪是發動機配氣機構中一對重要的摩擦副，在工作過程中挺柱的接觸面受到激烈的摩擦。用 Si_3N_4 陶瓷製成的複合陶瓷挺柱與目前常用的冷激鑄鐵和硬質緻密鑄鐵挺柱相比，耐磨性能更為優越。

Si_3N_4 與鋼複合陶瓷挺柱結構示意如圖 2.21(b) 所示。Si_3N_4 陶瓷與鋼套採用釺焊技術連接。這種 Si_3N_4 陶瓷與鋼的複合挺柱可用於重載柴油發動機，具有很好的應用前景。

(2) 釺焊接頭設計注意事項

① 合理選擇釺接匹配材料　選擇線脹係數相近的陶瓷與金屬相互匹配，如 Ti 和鎂橄欖石陶瓷與 Ni 和 95%Al_2O_3 陶瓷，在室溫至 800℃範圍內，線脹係數基本一致。利用金屬的塑性減小釺接應力，如用無氧銅與 95%Al_2O_3 陶瓷釺接，雖然金屬與陶瓷的線脹係數差別很大，但由於充分利用了軟金屬的塑性與延展性，仍能獲得良好的連接。

選擇高強度、高熱導率陶瓷，如 BeO、AlN 等，可以減小釺焊接頭處的熱應力，提高釺縫結合強度。

② 利用金屬件的彈性變形減小應力　利用金屬零件的非釺接部位薄壁彈性變形，設計成「撓性釺接結構」以釋放應力。典型的撓性釺接接頭形式見圖 2.22。

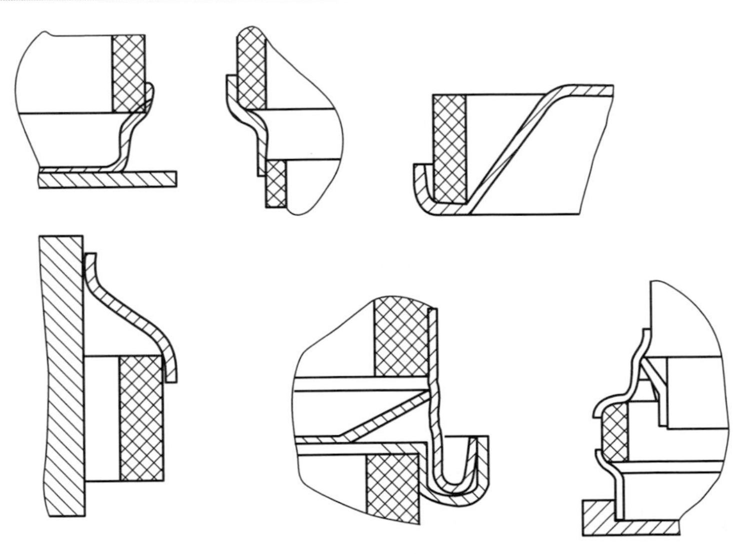

圖 2.22　典型的撓性釺接接頭形式

③ 避免應力集中　陶瓷件設計應避免尖角或厚薄相差懸殊，盡量採用圓弧過渡。套封時改變金屬件端部形狀，使封口處金屬端減薄，可增加塑性，減小應力集中。

控製釬焊件加熱溫度，防止產生焊瘤。釬料的線脹係數一般都比較大，如果釬料堆積，會造成局部應力集中，導致陶瓷炸裂。

④ 重視釬料的影響　盡量選用強度低、塑性好的釬料，如 Ag-Cu 共晶、純 Ag、Cu、Au 等，以最大限度地釋放應力。在保證密封的前提下，釬料層盡可能薄。選擇適宜的焊腳長度，套封時焊腳長度對接頭強度影響很大，一般以 0.3～0.6mm 為宜。

2.4 陶瓷與金屬的擴散連接

2.4.1 陶瓷與金屬擴散連接的特點

擴散焊是陶瓷/金屬連接常用的方法，是在一定的溫度和壓力下，被連接表面相互接觸，通過使接觸面局部發生塑性變形，或通過被連接表面產生的瞬態液相而擴大被連接表面的物理接觸，然後結合界面原子間相互擴散而形成整體可靠連接的過程。這種連接方法的特點是接頭品質穩定、連接強度高、接頭高溫性能和耐腐蝕性能好。

(1) 直接擴散連接

這種方法要求被連接件的表面非常平整和潔净，在高溫及壓力作用下達到原子接觸，實現連接界面原子的擴散遷移。

(2) 間接擴散連接

該方法是在陶瓷焊接中最常用的擴散連接方法。通過在被連接件間加入塑性好的金屬中間層，在一定的溫度和壓力下完成連接。間接擴散焊可以使連接溫度降低，避免被連接件組織粗大，減少了不同材料連接時熱物理性能不匹配所引起的問題，是陶瓷與金屬連接的有效手段。間接擴散連接分為如下兩種方式。

① 陶瓷、金屬和中間層三者都保持固態不熔融狀態，只是通過加熱加壓，使陶瓷與金屬之間的接觸面積逐漸擴大，某些成分發生表面擴散和體積擴散，消除界面孔穴，使界面發生移動，最終形成可靠連接。

② 中間層瞬間熔化，在擴散連接過程中接縫區瞬時出現微量液相，也稱為瞬間液相擴散焊 (TLP)。這種方法結合了釬焊和固相擴散焊的優點，利用在某一溫度下待焊母材與中間層之間形成低熔點共晶，通過溶質原子的擴散發生等溫凝固和加速擴散過程，形成組織均勻的擴散焊接頭。

瞬間液相擴散連接可應用到陶瓷與陶瓷或陶瓷與金屬的連接，並可對瞬間液相擴散連接接頭形成過程、中間層設計、連接溫度和壓力等對接頭性能的影響、連接機理等進行深入的研究。

微量液相有助於改善界面接觸狀態，能降低連接溫度，允許使用較低的擴散壓力。獲得微量液相的方法主要有兩種：

a. 利用共晶反應。利用某些異種材料之間可能形成低熔點共晶的特點進行液相擴散連接（稱為共晶反應擴散連接）。這種方法要求一旦液相形成應立即降溫使之凝固，以免繼續生成過量液相，所以要嚴格控製溫度和保溫時間。

將共晶反應擴散連接原理應用於加中間層擴散連接時，液相總量可通過中間層厚度來控製，這種方法稱為瞬間液相擴散連接（或過渡液相擴散連接）。

b. 添加特殊釬料。採用與母材成分接近但含有少量能降低熔點又能在母材中快速擴散的元素（如 B、Si、Be 等），用這種釬料作為中間層，以箔片或塗層方式加入。與常規釬焊相比，這種釬料層厚度較薄，釬料凝固是在等溫狀態下完成的，而常規釬焊時釬料是在冷卻過程中凝固的。

在陶瓷與金屬的焊接中，擴散焊具有廣泛的應用和可靠的品質控製。陶瓷材料擴散焊工藝主要有：

① 同種陶瓷材料直接擴散連接；

② 用另一種薄層材料擴散連接同種陶瓷材料；

③ 異種陶瓷材料直接擴散連接；

④ 用第三種薄層材料擴散連接異種陶瓷材料。

陶瓷與金屬焊接時，常採用填加中間層的擴散焊以及共晶反應擴散焊等。陶瓷材料擴散焊的主要優點是：連接強度高，尺寸容易控製，適合於連接異種材料。主要不足是擴散溫度高、時間長且在真空下連接、設備一次投入大、試件尺寸和形狀受到限製。

陶瓷與金屬的擴散焊既可在真空中，也可在惰性氣氛中進行。金屬表面有活性膜時更易產生相互間的化學作用。因此在焊接真空室中充以還原性的活性介質（使金屬表面保持一層薄的活性膜）會使擴散焊接頭具有更牢固的結合和更高的強度。

氧化鋁陶瓷與無氧銅之間的擴散焊接溫度達到 900℃可得到合格的接頭強度。更高的強度指標要在 1030～1050℃焊接溫度下才能獲得，因為銅具有很大的塑性，易在壓力下產生變形，使實際接觸面增大。影響擴散焊接頭強度的因素是加熱溫度、保溫時間、壓力、環境介質、被連接面的表面狀態以及被連接材料之間的化學反應和物理性能（如線脹係數等）的匹配。

2.4.2 擴散連接的工藝參數

固相擴散焊中，連接溫度、壓力、時間及焊件表面狀態是影響擴散焊接品質的主要因素。固相擴散連接中界面的結合是靠塑性變形、擴散和蠕變機製實現的，其連接溫度較高，陶瓷/金屬擴散連接溫度通常為金屬熔點的 0.8～0.9 倍。由於陶瓷和金屬的線脹係數和彈性模量不匹配，易在界面附近產生很大的應力，很難實現直接擴散連接。為緩解陶瓷與金屬接頭殘餘應力以及控製界面反應，抑製或改變界面反應產物以提高接頭性能，常採用加中間層的擴散焊。

(1) 加熱溫度

加熱溫度對擴散過程的影響最顯著，連接金屬與陶瓷時溫度有時達到金屬熔點的 90％以上。固相擴散焊時，元素之間相互擴散引起的化學反應，可以形成足夠的界面結合。反應層的厚度（X）可通過下式估算：

$$X=K_0 t^n \exp(-Q/RT) \tag{2.11}$$

式中，K_0 是常數；t 是連接時間，s；n 是時間指數；Q 是擴散激活能，J/mol，取決於擴散機製；T 是熱力學溫度，K；R 是氣體常數，$R=8.314\text{J}/(\text{K}\cdot\text{mol})$。

加熱溫度對接頭強度的影響也有同樣的趨勢，根據拉伸試驗得到的溫度對接頭抗拉強度（σ_b）的影響可用下式表示：

$$\sigma_b=B_0\exp(-Q_{app}/RT) \tag{2.12}$$

式中，B_0 是常數；Q_{app} 是表觀激活能，可以是各種激活能的總和。

加熱溫度提高使接頭強度提高，但是溫度提高可能使陶瓷的性能發生變化，或出現脆性相而使接頭性能降低。

陶瓷與金屬擴散焊接頭的抗拉強度與金屬的熔點有關，在氧化鋁與金屬的擴散焊接頭中，金屬熔點提高，接頭抗拉強度增大。

例如，用鋁作中間層連接 Si_3N_4 陶瓷，在不同的加熱溫度時擴散接頭的界面結構和抗彎強度有很大的差別。圖 2.23 所示是加熱溫度對 $Si_3N_4/Al/Si_3N_4$ 擴散接頭抗彎強度的影響。可以看出，低溫連接時，由於在接頭界面殘留有中間層

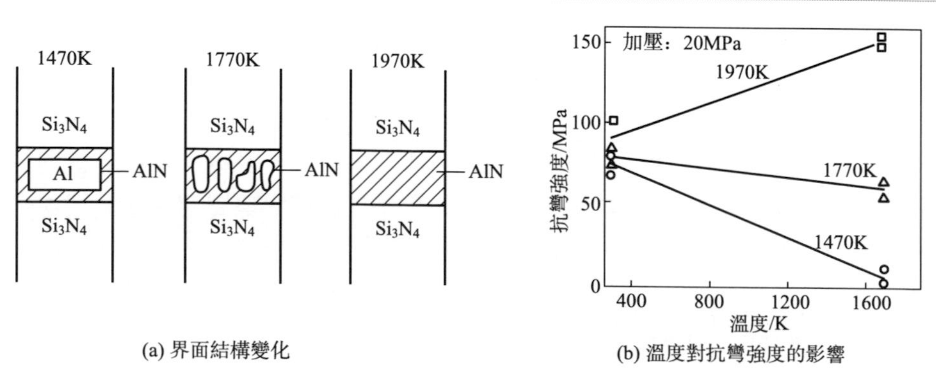

(a) 界面結構變化　　(b) 溫度對抗彎強度的影響

圖 2.23　$Si_3N_4/Al/Si_3N_4$ 擴散接頭組織和抗彎強度

鋁，擴散接頭的抗彎強度隨著溫度的提高而急劇下降，主要是鋁的性能影響了接頭強度。經過 1970K 溫度處理的接頭，抗彎強度隨著加熱溫度的提高而增加［圖 2.23(b)］，這是由於殘留的 Al 在高溫下形成了 AlN 陶瓷，AlN 的強度比鋁高，而且 AlN 與 AlSi 聚合帶比較緻密，從而提高了接頭強度。

(2) 保溫時間

SiC/Nb 擴散焊接頭反應層厚度與保溫時間的關係如圖 2.24 所示。

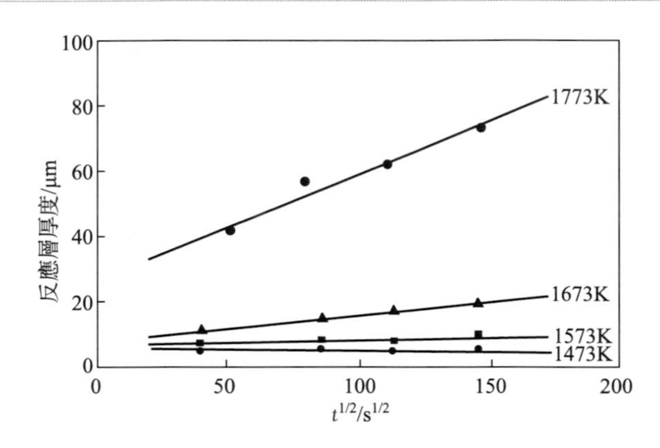

圖 2.24　SiC/Nb 擴散焊接頭反應層厚度與保溫時間 t 的關係

保溫時間對擴散焊接頭強度的影響也有同樣的趨勢，抗拉強度（σ_b）與保溫時間（t）的關係為：$\sigma_b = B_0 t^{1/2}$，其中 B_0 為常數。

在其他條件相同時，隨著加熱溫度和連接時間的增加，擴散焊反應層厚度也增加，如圖 2.25 所示。

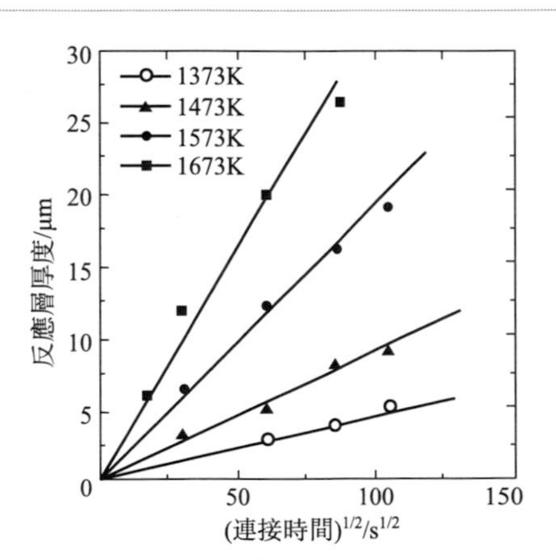

圖 2.25　SiC/Ti 反應層厚度與加熱溫度和時間的關係

(3) 壓力

為了防止構件變形，陶瓷與金屬擴散焊所加的壓力一般小於 100MPa。固相擴散連接陶瓷與金屬時，陶瓷與金屬界面會發生反應形成化合物，所形成的化合物種類與連接條件（如溫度、表面狀態、雜質類型與含量等）有關。不同類型陶瓷與金屬接頭中可能出現的界面反應產物見表 2.21。

表 2.21 不同類型陶瓷與金屬接頭中的界面反應產物

接頭組合	界面反應產物	接頭組合	界面反應產物
Al_2O_3/Cu	$CuAlO_2$, $CuAl_2O_4$	Si_3N_4/Al	AlN
Al_2O_3/Ti	$NiO \cdot Al_2O_3$, $NiO \cdot SiAl_2O_3$	Si_3N_4/Ni	Ni_3Si, Ni(Si)
SiC/Nb	Nb_5Si_3, $NbSi_2$, Nb_2C, $Nb_5Si_3C_x$, NbC	Si_3N_4/Fe-Cr 合金	Fe_3Si, Fe_4N, Cr_2N, CrN, Fe_xN
SiC-Ni	Ni_2Si	AlN/V	V(Al), V_2N, V_5Al_8, V_3Al
SiC/Ti	Ti_5Si_3, Ti_3SiC_2, TiC	ZrO_2/N-Cr-(O)/ZrO_2	$NiO_{1-x}Cr_2O_{3-y}ZrO_{2-z}$, $0<x,y,z<1$

擴散條件不同，界面反應產物不同，接頭性能有很大差别。一般情況下，真空擴散焊的接頭強度高於在氬氣和空氣中連接的接頭強度。陶瓷與金屬擴散焊時採用中間層，不僅降低了接頭產生的殘餘應力，還可以降低加熱溫度，減小壓力和縮短保溫時間，促進擴散和去除雜質元素。

中間層的選擇很關鍵，選擇不當會引起接頭性能的惡化。如由於化學反應激烈形成脆性反應物而使接頭抗彎強度降低，或由於線脹係數不匹配而增大殘餘應力，或使接頭耐腐蝕性能降低，甚至導致產生裂紋和斷裂。中間層可以不同的形式加入，通常以粉末、箔狀或通過金屬化加入。各種陶瓷材料組合擴散焊的工藝參數及其性能見表 2.22。

表 2.22 各種陶瓷材料組合擴散焊的工藝參數及其性能

連接材料	加熱溫度 /℃	保溫時間 /min	壓力 /MPa	中間層及厚度	環境氣氛	強度 /MPa
Al_2O_3+Ni	1350	20	100	—	H_2	200^b(A)
Al_2O_3+Nb	1600	60	8.8	—	真空	120(B)
Al_2O_3+Pt	1550	1.7～20	0.03～10	—	H_2	200～250(A)
Al_2O_3+Al	600	1.7～5	7.5～15	—	H_2	95(A)
Al_2O_3+Cu	1025～1050	155	1.5～5	—	H_2	153^b(A)
94%Al_2O_3+Cu	1050	50～60	10～12	—	真空	230(B)
Al_2O_3+Cu_4Ti	800	20	50	—	真空	45^b(T)
Al_2O_3+Fe	1375	1.7～6	0.7～10	—	H_2	220～231(A)
Al_2O_3+低碳鋼	1450	120	<1	Co	真空	3～4(S)
	1450	240	<1	Ni	真空	0(S)
Al_2O_3+高合金鋼	625	30	50	0.5mm Al	真空	41.5^b(T)
Al_2O_3+Cr	1100	15	120	—	真空	$57～90^b$(S)
Al_2O_3/Pt/Al_2O_3	1650	240	0.8	—	空氣	220(A)
Al_2O_3/Cu/Al_2O_3	1025	15	50	—	真空	177(B)
	1000	120	6	—	真空	50(S)

續表

連接材料	加熱溫度/℃	保溫時間/min	壓力/MPa	中間層及厚度	環境氣氛	強度/MPa
$Al_2O_3/Ni/Al_2O_3$	1350	30	50	—	真空	149(B)
	1250	60	15～20	—	真空	75～80(T)
$Al_2O_3/Fe/Al_2O_3$	1375	2	50	—	真空	50(B)
$Al_2O_3/Ag/Al_2O_3$	900	120	6	—	真空	68(S)
Si_3N_4+Invar	727～877	7	0～0.15	0.5mm Al	空氣	110～200(A)
Si_3N_4+Nimonic80A	1100	6～60	0～50	—	真空	—
	1200	—	—	Cu,Ni,Kovar	—	—
$Si_3N_4+Si_3N_4$	770～986	10	0～0.15	10～20μm Al	空氣	320～490(B)
	1550	40～60	0～1.5	ZrO_2	真空	175(B)
	1500	60	21	無	1MPa 氮氣	380(A)室溫，230(A)1000℃
	1500	60	21	無	0.1MPa 氮氣	220(A)室溫，135(A)1000℃
Si_3N_4-WC/Co	610	30	5	Al	真空	208^b(A)
	610	30	5	Al-Si	真空	50^b(A)
	1050～1100	180～360	3～5	Fe-Ni-Cr	真空	>90(A)
$Si_3N_4/Al/Si_3N_4$	630	300	4	—	真空	100(S)
$Si_3N_4/Ni/Si_3N_4$	1150	0～300	6～10	—	真空	20(S)
Si_3N_4-Invar+AISI316	1000～1100	90～1440	7～20	—	真空	95(S)
Si_3N_4+鋼	610	30	10	Al-Si/Al/Al-Si	真空	200(B)
SiC+Nb	1400	30	1.96	—	真空	87(S)
SiC/Nb/SiC	1400	600	—	—	真空	187 室溫，>100(800℃)
SiC/Nb/SUS304	1400	60	—	—	真空	125
SiC+SUS304	800～1517	30～180	—	—	真空	0～40
AlN+AlN	1300	90	—	25μm V	真空	120(S)
$ZrO_2+Si_3N_4$	1000～1100	90	>14	>0.2mm Ni	真空	57(S)
$ZrO_2/Cu/ZrO_2$	1000	120	6	—	真空	97(T)
ZrO_2+ZrO_2	1100	60	10	0.1mm Ni	真空	150(A)
	900	60	10	0.1mm Cu	真空	240(A)
BeO+Cu	250～450	10	10～15	Ag25μm	真空	—

注：強度值後面括號中的字母代表各種性能試驗方法，A代表四點彎曲試驗，B代表三點彎曲試驗，T代表拉伸試驗，S代表剪切試驗；上標b代表最大值。

Al_2O_3、SiC、Si_3N_4 及 WC 等陶瓷研究和開發較早，發展比較成熟。而 AlN、ZrO_2 陶瓷發展得相對較晚。陶瓷的硬度與強度較高，不易發生變形，所以陶瓷與金屬的擴散連接除了要求被連接的表面平整和清潔外，擴散連接時還須壓力大（壓力 0.1～15MPa)、溫度高（通常為金屬熔點 T_m 的 0.8～0.9)，焊接時間也比其他焊接方法長得多。陶瓷與金屬的擴散連接中，常用的陶瓷材料為氧化鋁陶瓷和氧化鋯陶瓷。與此類陶瓷焊接的金屬有銅（無氧銅)、鈦（TA1)、鈦鉭合金（Ti-5Ta）等。

例如，氧化鋁陶瓷具有硬度高、塑性低的特性，在擴散焊時仍將保持這種特性。即使氧化鋁陶瓷內存在玻璃相（多半分布在剛玉晶粒的周圍)，陶瓷也要加熱到 1100～1300℃以上才會出現蠕性，陶瓷與大多數金屬擴散焊時的實際接觸是在金屬的局部塑性變形過程中形成的。表 2.23 列出 Al_2O_3 陶瓷與不同金屬相匹配的組合、擴散焊條件及接頭強度。

表 2.23　各種 Al_2O_3 陶瓷與不同金屬擴散焊條件及接頭強度

陶瓷-金屬組合		氣氛	加熱溫度/℃	抗彎強度/MPa
95%氧化鋁瓷（含 MnO)	Fe-Ni-Co	H_2(真空)	1200	100(120)
	不銹鋼	H_2(真空)	1200	100(200)
	Ti	真空	1100	140
	Ti-Mo	真空	1100	100
72%氧化鋁瓷	Fe-Ni-Co	H_2	1200	100
	不銹鋼	H_2(真空)	1200	115
	Ti	真空	1100	125
	Ni	真空	1200	130
99.7%氧化鋁瓷	不銹鋼	真空	1250～1300	180～200
	Ni	真空	1250～1300	150～180
	Ti	真空	1250～1300	160
	Fe-Ni-Co	真空	1250～1300	110～130
	Fe-Ni 合金	真空	1250～1300	50～80
	Nb	真空	1250～1300	70
	Ni-Cr	H_2(真空)	1250～1300	100
	Pd	H_2(真空)	1250～1300	160
	3 號鋼	H_2(真空)	1250～1300	50
94%氧化鋁瓷	不銹鋼	H_2	1250～1300	30

注：1. 真空度為 10^{-2}～10^{-3}Pa。
2. 保溫時間為 15～20min。

陶瓷與金屬直接用擴散焊連接有困難時，可以採用加中間層的方法，而且金屬中間層的塑性變形可以降低對陶瓷表面的加工精度。例如在陶瓷與 Fe-Ni-Co 合金之間，加入厚度為 20μm 的 Cu 箔作為過渡層，在加熱溫度為 1050℃、保溫時間為 10min、壓力為 15MPa 的工藝條件下可得到抗拉強度為 72MPa 的擴散焊接頭。

中間過渡層可以直接使用金屬箔片，也可以採用真空蒸發、離子濺射、化學氣相沉積（CVD）、噴塗、電鍍等。還可以採用前面介紹的燒結金屬化法、活性金屬化法、金屬粉末或釺料等實現擴散焊接。擴散焊工藝不僅用於金屬與陶瓷的焊接，也可用於微晶玻璃、半導體陶瓷、石英、石墨等與金屬的焊接。

無機非金屬材料與金屬擴散焊的工藝參數見表 2.24。表 2.25 列出了無氧銅與 Al_2O_3 陶瓷在 H_2 氣氛中的擴散焊工藝參數。

表 2.24 無機非金屬材料與金屬擴散焊的工藝參數

材料組合	過渡層	焊接溫度/℃	壓力/MPa	保溫時間/min	真空度/Pa	備註
硅硼玻璃＋可伐合金	Cu 箔 0.05mm	590	5	20	5×10^{-2}	抗拉強度 10MPa
硅鋁玻璃＋Nb	—	840	50～100	15	$(2\sim5)\times10^{-2}$	抗拉強度 18MPa，耐 Cs，650℃，800h
石英玻璃＋Cu	鍍 Cu5～10μm	950	10	30	$10^{-1}\sim5\times10^{-2}$	抗拉強度 29MPa，耐 700℃熱衝擊
微晶玻璃＋Cu	—	850～900	5～8	15～20	$10^{-2}\sim10^{-3}$	抗拉強度 139MPa，600℃熱衝擊 16 次
	Al 箔	420	5	45	10^{-2}	—
微晶玻璃＋Al	—	620	8	60	10^{-2}	—
94%Al_2O_3 陶瓷＋Cu	—	1050	10～12	50～60	—	H_2 中，抗彎 230MPa
94%Al_2O_3 陶瓷＋Ni、Mo、可伐合金	Cu 箔	1050	18	15	—	H_2 中
95%Al_2O_3 陶瓷＋Cu	—	1000～1020	20～22	20～25	—	H_2 中，φ135mm 陶瓷件
95%Al_2O_3 陶瓷＋4J42	—	1150～1250	15～18	8～10	10^{-1}	—
藍寶石＋(Fe-Ni 合金)	—	1000～1100	2	10	5×10^{-2}	合金中含 Ni 46%
BeO 陶瓷＋Cu	Ag 箔 25μm	250～450	10～15	10	—	—
ZnS 光學陶瓷＋Cu、可伐合金	—	850	8～10	40	—	Ar 中
(ZnO-TiO)陶瓷＋Ti	CVD 沉積 Ni	750	15	15	10^{-2}	—
(Al_2O_3-SiC-Si)陶瓷＋(Ni-Cr)	沉積 Ni	650	15	15	10^{-2}	(Ni-Cr)合金中 Ni 80%，Cr 20%
ZrO_2 陶瓷＋Pt	Ni 箔	1150～1300	2～3	5～20	10^{-2}	—
硅晶體＋Cu	鍍 Au、(Ni)	370	20	60	10^{-1}	—

續表

材料組合	過渡層	焊接溫度/℃	壓力/MPa	保溫時間/min	真空度/Pa	備註
硅晶體＋Mo	鍍 Ag 6～8μm，夾 Ag 箔 10～30μm	400	5～300	50～60	—	300～－196℃熱循環 5 次
硅晶體＋W	—	1100～1150	17	30	10^{-1}	—
	Al 箔 0.1mm	500	23	60	10^{-1}	—
(釔-釓)石榴石鐵氧體＋Cu	Cu 箔 0.6mm	1000～1050	16～20	15～20	10^{-1}	抗拉強度 68MPa
Mn(Ni)＋Zn 鐵氧體磁頭	Al-Mg 玻璃 1～10μm	550～750	10～50	15～90	10^{-1}	焊後不影響鐵氧體電磁性能
石墨＋Ti	化學鍍 Ni 10～30μm	850	3	35	10^{-1}	—
	Ni 箔 1μm	850	1	35	10^{-1}	—
		1100	7	45	10^{-1}	—
石墨＋不銹鋼	—	1250～1300	1～2	5	5×10^{-4}	—
石墨＋Mo、Nb	Cr、Ni 粉	1650～1750	1	5	—	惰性氣體，Cr 粉 80%，Ni 粉 20%

表 2.25　Al_2O_3 陶瓷與無氧銅在 H_2 氣氛中擴散焊的工藝參數

陶瓷與金屬	厚度/mm	工藝參數						
		焊接溫度/℃	保溫時間/min	壓力/MPa	加熱速度/(℃/min)	冷卻速度/(℃/min)	總加熱時間/min	總冷卻時間/min
Al_2O_3 陶瓷＋無氧銅	7＋0.4	1000	20	19.6	10	3	60～70	120
Al_2O_3 陶瓷＋無氧銅	7＋0.4	1000	20	21.56	15	10	70	120
Al_2O_3 陶瓷＋Cu	7＋0.5	1000	20	21.56	10	3	70	120
Al_2O_3 陶瓷＋Cu	7＋0.5	1000	20	19.6	10	10	60	120

陶瓷與金屬擴散連接的接頭強度，除了與材料本身的性能有關外，連接工藝對陶瓷/金屬擴散焊接頭的力學性能起決定性作用。擴散連接的工藝參數直接影響結合界面的物相結構和強度性能，另一組陶瓷與金屬擴散連接的工藝參數和接頭強度見表 2.26。

表 2.26　陶瓷與金屬擴散連接的工藝參數和接頭強度

材料組合		中間層厚度/μm	截面尺寸/mm	溫度/K	時間/min	壓力/MPa	氣氛/MPa	接頭強度/MPa
SiC 組合	SiC/Ta/SiC	20	$\phi6$	1773	480	7.3	1.33	72(剪切)
	SiC/Nb/SiC	12	$\phi6$	1790	600	7.3	1.33	187(剪切)
	SiC/V/SiC	25	$\phi6$	1373～1673	30～180	30	1.33	130(剪切)

續表

材料組合		中間層厚度/μm	截面尺寸/mm	溫度/K	時間/min	壓力/MPa	氣氛/MPa	接頭強度/MPa
SiC組合	SiC/Ti/SiC	20	$\phi 6$	1773	60	7.3	1.33	250(剪切)
	SiC/Cr/SiC	25	$\phi 6$	1473	30	7.3	1.33	89(剪切)
	SiC/Al-Si/Kovar	600	8×8	873	30	4.9	30	113(彎曲)
	SiC/Ni/SiC	—	—	1200	—	15	—	90(—)
	SiC/Cu/SiC	—	—	1020	—	20	—	80(—)
	SiC/Co-50Ti/SiC	100	$\phi 6$	1723	30	20	1.33	60(剪切)
	SiC/Fe-50Ti/SiC	100	$\phi 6$	1623	45	20	1.33	133(剪切)
Si_3N_4組合	Si_3N_4/Ni-20Cr/Si_3N_4	125	15×15	1473	60	100	0.14	100(彎曲)
		125	15×15	1423	60	100	Ar	300(彎曲)
	Si_3N_4/V/Mo	25	$\phi 10$	1328	90	20	5	118(剪切)
	Si_3N_4/Invar/AISI316	250	$\phi 10$	1323	90	7	2	95(剪切)
	Si_3N_4/AISI316	—	$\phi 10$	1373	180	7	1	37(剪切)
	Si_3N_4/Fe-36Ni+Ni/MA6000	2000+1000	3.5×2.5	1473	120	100	—	75(彎曲)
	Si_3N_4/Ni	—	$\phi 10$	1273	60	5	6.65	32(拉伸)
	Si_3N_4/Ni-Cr/Si_3N_4	200	15×15	1423	60	22	Ar	160(彎曲)
	Si_3N_4/Ni+Ni-Cr+Ni+Ni-Cr+Ni/Si_3N_4	10+60+60+60+10	15×15	1423	60	22	Ar	391(彎曲)
	Si_3N_4/Cu-Ti-B+Mo+Ni/40Cr	50+100+1000	$\phi 14$	1173	40	30	6	180(剪切)
Al_2O_3組合	Al_2O_3/Ti/1Cr18Ni9Ti	200	$\phi 10$	1143	30	15	1.33	32(拉伸)
	Al_2O_3/1Cr18Ni9Ti	—	$\phi 10$	1273	60	7	1.33	18(拉伸)
	Al_2O_3/Cu/Al	200	20×20	773	20	6	1.33	108(拉伸) 55(剪切)
	Al_2O_3/Cu/AISI1015	100	$\phi 10$	1273	30	3	O_2	100(彎曲)
	Al_2O_3/Al-Si/低碳鋼	2200	$\phi 32$	873	30	5	30	23(拉伸)
	Al_2O_3/Ti-5Ta/Al_2O_3	700	$\phi 16$	1423	20	0.2	0.13	56(拉伸)
	Al_2O_3/Ag	—	$\phi 8$	1173	0	3	Ar	70(拉伸)
	Al_2O_3/SUS321	—	$\phi 13$	1300	10	25	1.33	60(拉伸)
	Al_2O_3/AA7075	—	$\phi 10$	633	600	6	665	60(剪切)
ZrO_2組合	ZrO_2/Ni-Cr/ZrO_2	125	$\phi 15$	1373	120	10	100	574(彎曲)
	ZrO_2/Ni-Cr-(O)/ZrO_2	126	$\phi 15$	1373	120	10	100	620(彎曲)
	ZrO_2/AISI316/ZrO_2	100	$\phi 15$	1473	60	10	100	720(彎曲)

2.4.3 Al_2O_3 複合陶瓷/金屬擴散界面特徵

(1) 界面結合特點

加熱溫度為 1130℃、連接時間為 45min、連接壓力為 20MPa 時，Al_2O_3-TiC 複合陶瓷與 W18Cr4V 鋼擴散連接界面結合緊密，未出現結合不良、顯微空洞等缺陷。用線切割切取 Al_2O_3-TiC 複合陶瓷與 W18Cr4V 鋼擴散連接接頭試樣，製備成金相試樣進行分析。

掃描電鏡觀察 Al_2O_3-TiC/W18Cr4V 擴散界面附近的組織（圖 2.26）可見，Al_2O_3-TiC/W18Cr4V 擴散界面中間反應層上彌散分布有白色的塊狀組織和黑色顆粒。通過對圖中灰色基體組織①、白色塊狀組織②、黑色顆粒③和白色點狀物④進行能譜分析（表 2.27）表明，灰色基體①主要成分是 Cu 和少量的 Ti，白色塊狀組織②的主要成分為 Cu 和 Ti，而黑色顆粒③主要是 Ti，白色點狀物④含有 W。判定灰色基體是 Cu-Ti 固溶體、白色塊狀組織是 CuTi，黑色顆粒為 TiC，白色點狀物為 WC。反應層中 Cu、Ti 來自 Ti-Cu-Ti 中間層連接過程中的溶解擴散。白色點狀物中的 W 是 W18Cr4V 高速鋼中 W 元素擴散的結果，這些擴散的 W 與 W18Cr4V 中的 C 在連接過程中形成 WC，彌散分布在反應層中。

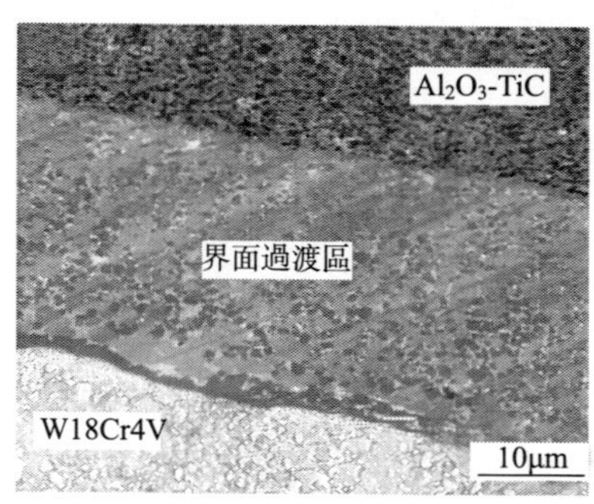

(a) 擴散連接界面

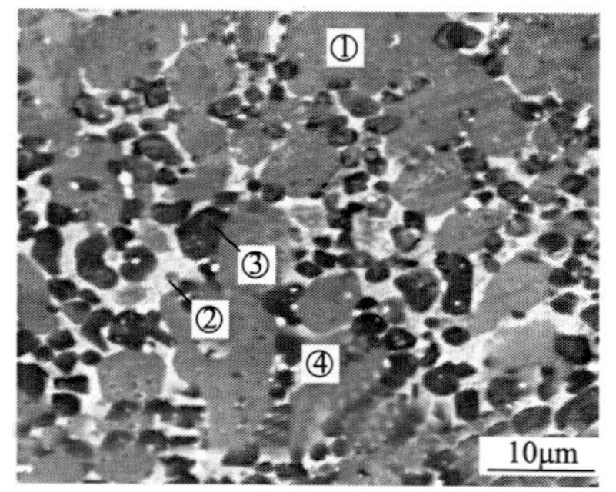

(b) 界面過渡區

圖 2.26 Al_2O_3-TiC/W18Cr4V 擴散接頭的組織特徵（SEM）

表 2.27 反應層內不同形態組織的能譜分析（溶質質量分數） %

測試位置	Al	O	Ti	W	Cr	Fe	Cu
①	3.16	4.63	14.56	1.11	3.88	2.04	70.62
②	1.24	0.66	34.66	3.27	1.87	2.74	55.56
③	1.55	0.12	87.81	5.08	2.75	1.08	1.61
④	0.68	0.07	2.15	92.22	2.12	1.55	1.21

(2) 界面過渡區的劃分

Al_2O_3-TiC 與 W18Cr4V 擴散連接時，由於 Ti-Cu-Ti 中間層界面處存在濃度梯度，Ti 和 Cu 之間發生擴散，加熱溫度高於 Cu-Ti 共晶溫度時，Cu-Ti 液相向兩側的 Al_2O_3-TiC 陶瓷與 W18Cr4V 鋼中擴散並發生反應。母材中的元素也向中間層擴散，在 Al_2O_3-TiC 陶瓷與 W18Cr4V 界面附近形成不同組織結構的擴散反應層（或稱為界面過渡區）。

圖 2.27 所示是 Al_2O_3-TiC/W18Cr4V 擴散界面附近的背散射電子像和元素線掃描結果。

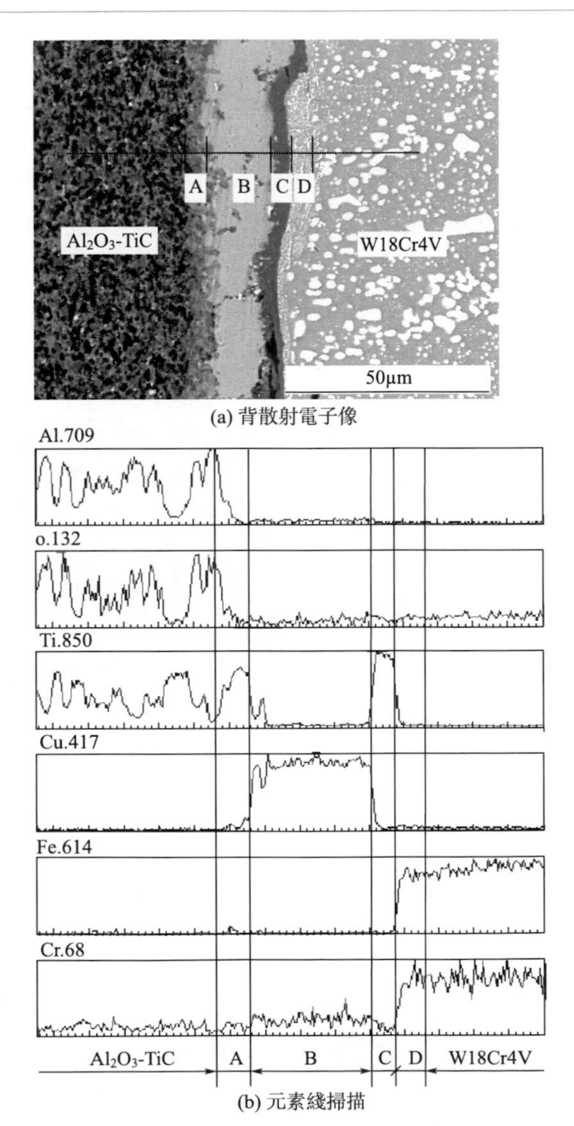

圖 2.27　Al_2O_3-TiC/W18Cr4V 擴散界面附近的背散射電子像和元素線掃描

由圖 2.27(a) 可見，Al_2O_3-TiC 陶瓷與 W18Cr4V 鋼之間存在明顯的界面過渡區，根據其位置可分為四個反應層，分別為 Al_2O_3-TiC/Ti 界面反應層 A、Cu-Ti 固溶體層 B、Ti/W18Cr4V 界面 Ti 側反應層 C 和 W18Cr4V 鋼側反應層 D。

由圖 2.27(b) 所示元素線掃描可見，A 層含有 Ti、Al 和 O，主要來自 Al_2O_3-TiC 陶瓷和中間層中的 Ti；B 層含有 Cu 和少量的 Ti，來自 Ti-Cu-Ti 中間層；C 層主要含 Ti，來自 Ti-Cu-Ti 中間層；D 層為 Fe 和 Cr，來自 W18Cr4V 鋼。各層中元素分布與連接初始狀態的元素分布一致。加熱溫度為 1100℃、連接時間為 30min 時，元素擴散不充分，擴散距離較短。隨著加熱溫度提高和保溫時間延長，元素擴散進一步加劇，界面反應更充分。改變擴散連接工藝參數，界面過渡區各反應層的組織也將發生變化。

Al_2O_3-TiC/W18Cr4V 界面過渡區中存在 Al、Ti、Cu、Fe、W、Cr、V 等多種元素，在擴散連接過程中，元素擴散和相互反應使界面過渡區的組織很複雜，形成 A、B、C、D 幾個特徵區。靠近 Al_2O_3-TiC 陶瓷側反應層 A 的組織是深灰色基體內有大量的 TiC 黑色顆粒，TiC 顆粒在 Al_2O_3-TiC/反應層 A、B 界面聚集，如圖 2.28(a)、(b) 所示。

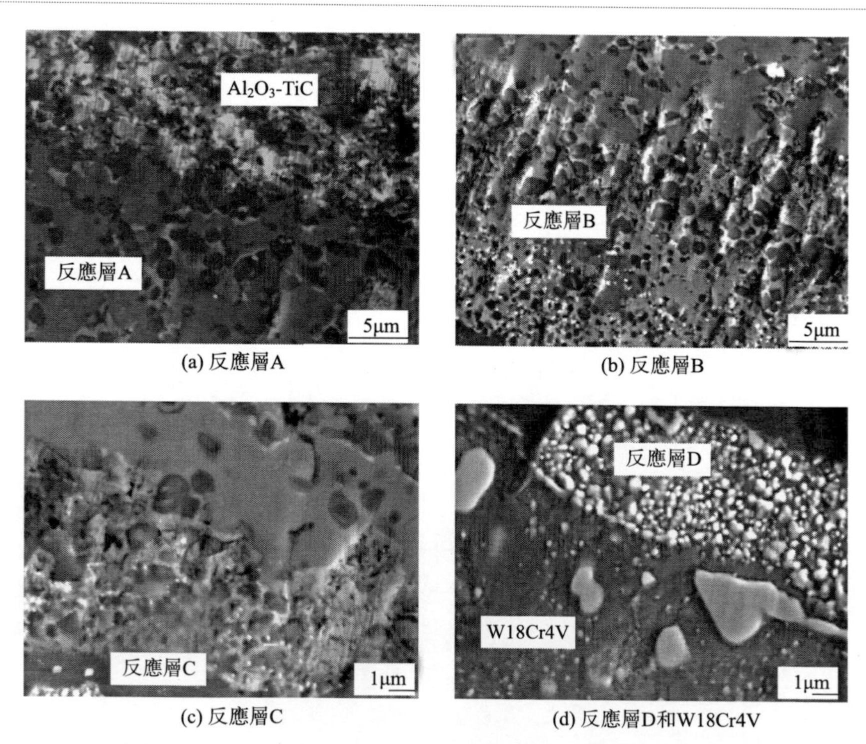

(a) 反應層A　(b) 反應層B
(c) 反應層C　(d) 反應層D和W18Cr4V

圖 2.28 Al_2O_3-TiC/W18Cr4V 擴散界面過渡區的顯微組織

中間層中的 Ti 與 Al_2O_3 反應，未參加反應的 TiC 顆粒聚集在界面附近。反應層 B 基體顏色呈淺灰色，在淺灰色基體內有比反應層 A 中小得多的黑色和白色顆粒，反應層 A 和反應層 B 的邊界不很明顯，相互交叉在一起。反應層 C 呈黑色帶狀，如圖 2.28(c) 所示；反應層 D 中存在一些白色點狀顆粒［圖 2.28(d)］，可能是微區成分偏析的結果。

擴散連接溫度決定著界面附近元素的擴散和界面反應的程度。

保溫時間 t 是決定擴散連接界面附近元素擴散均勻性的主要因素。連接壓力 p 的作用是使接觸界面發生局部塑性變形，促進連接表面緊密接觸。加熱溫度為 1130℃，不同保溫時間和連接壓力時，Al_2O_3-TiC/W18Cr4V 界面過渡區的組織見圖 2.29。

由圖 2.29 可見，保溫時間為 30min、連接壓力為 10MPa 時，Al_2O_3-TiC/W18Cr4V 界面過渡區的寬度只有約 25μm，組織不均勻，界面過渡區與 W18Cr4V 界面處有少量顯微空洞，界面結合不緊密。保溫時間為 60min、連接壓力為 15MPa 時，界面過渡區組織形態基本一致，在灰色基體上分布著一些白色的塊狀組織和黑色顆粒。

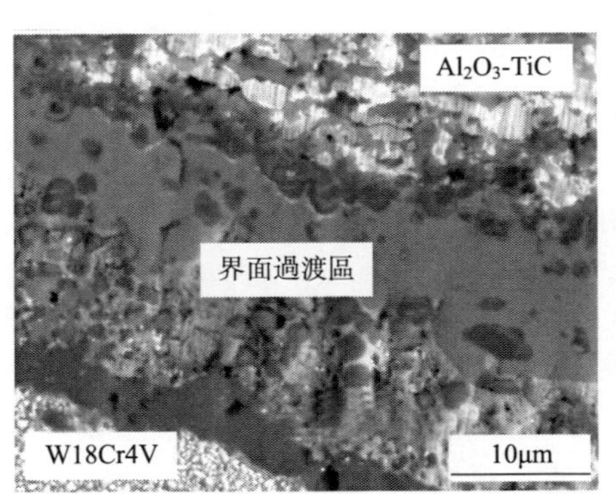

(a) 1130℃×30min, p=10MPa

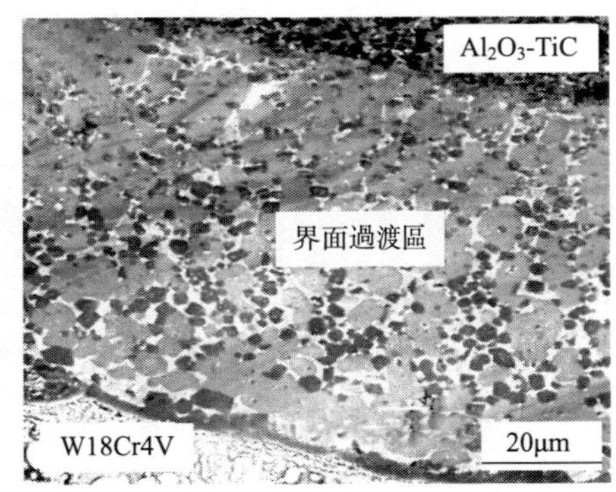

(b) 1130℃×60min, p=15MPa

圖 2.29 不同保溫時間和壓力下 Al_2O_3-TiC/W18Cr4V 界面過渡區的顯微組織

壓力對陶瓷/金屬擴散界面組織的影響，表現為促進界面間的緊密接觸，為中間層與兩側母材的擴散反應提供必要條件。陶瓷/金屬擴散焊過程中，加熱溫度、保溫時間和連接壓力相互作用，共同影響陶瓷/金屬界面過渡區的組織性能。

(3) 界面過渡區的顯微硬度

陶瓷/金屬界面過渡區的顯微硬度反映了該區域組織的變化。用顯微硬度計對 Al_2O_3-TiC/W18Cr4V 界面過渡區及附近兩側母材的顯微硬度進行測定，試驗載荷為 100g，加載時間為 10s。不同加熱溫度和保溫時間下 Al_2O_3-TiC/

W18Cr4V 界面附近的顯微硬度分布如圖 2.30、圖 2.31 所示。

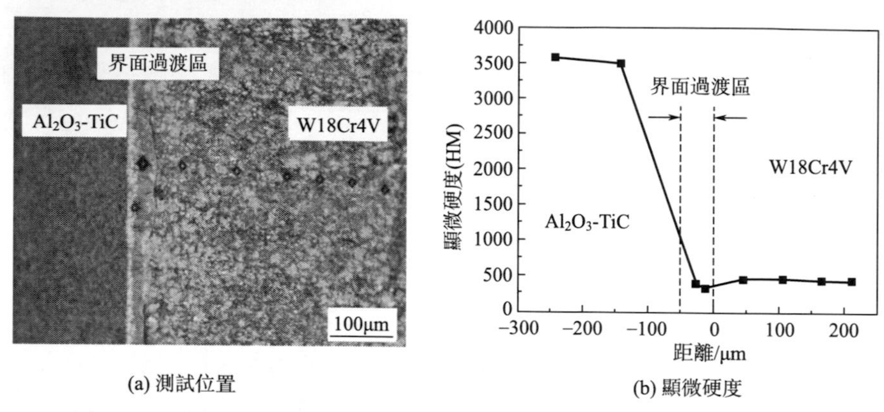

(a) 測試位置　(b) 顯微硬度

圖 2.30　Al_2O_3-TiC/W18Cr4V 界面附近的顯微硬度（1110℃ × 45min）

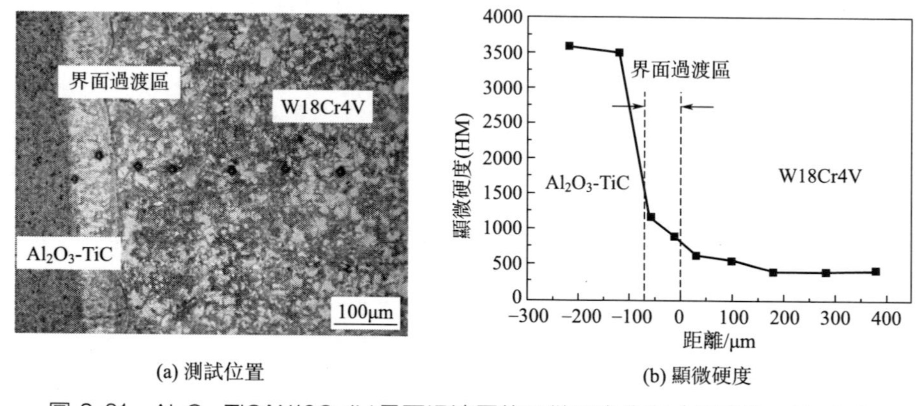

(a) 測試位置　(b) 顯微硬度

圖 2.31　Al_2O_3-TiC/W18Cr4V 界面過渡區的顯微硬度分布（1130℃ × 60min）

由圖 2.30 可見，加熱溫度為 1110℃、保溫時間為 45min 時，從 Al_2O_3-TiC 一側經界面過渡區到 W18Cr4V 側，界面過渡區的顯微硬度約為 350HM，W18Cr4V 高速鋼的顯微硬度約為 470HM。Al_2O_3-TiC 陶瓷的顯微硬度遠遠高於 W18Cr4V 鋼，也進一步說明 Al_2O_3-TiC 與 W18Cr4V 的組織性能相差很大。界面過渡區的顯微硬度低於兩側母材，這主要是因為加熱溫度低、保溫時間短，Ti-Cu-Ti 中間層中的 Cu 和 Ti 擴散不充分，只有少量 Ti 擴散到 Cu 中。從圖中可以看出，界面過渡區較窄，顯微硬度點位於界面過渡區的中間部位，即 Cu 層所在的位置，所以顯微硬度較低。

加熱溫度 1130℃×60min 條件下，Al_2O_3-TiC/W18Cr4V 界面過渡區顯微硬度分布如圖 2.31 所示，顯微硬度從 Al_2O_3-TiC 側到 W18Cr4V 側逐漸降低。靠近 Al_2O_3-TiC 側界面過渡區的顯微硬度約為 1200HM，高於靠近 W18Cr4V 側界面過渡區的顯微硬度約為 800HM。

工藝參數為 1130℃ × 60min 時界面過渡區的顯微硬度高於工藝參數為 1110℃×45min 時界面過渡區的顯微硬度。這是由於提高加熱溫度和延長保溫時間使 Ti-Cu-Ti 中間層中的 Ti 可以擴散到 Cu 中提高了界面過渡區的硬度；Ti 是活性元素，與來自 Al_2O_3-TiC 和 W18Cr4V 中的元素發生反應形成化合物也提高了界面過渡區的顯微硬度。

從圖 2.30 和圖 2.31 中可見，Al_2O_3-TiC/W18Cr4V 界面過渡區的顯微硬度低於 Al_2O_3-TiC 陶瓷，表明在 Al_2O_3-TiC/W18Cr4V 擴散連接過程中沒有硬度高於 Al_2O_3-TiC 陶瓷的高硬度脆性相生成。

(4) 界面過渡區的相結構

用 Ti-Cu-Ti 中間層擴散連接 Al_2O_3-TiC 陶瓷和 W18Cr4V 鋼時，中間層和兩側母材之間存在很大的元素濃度梯度。擴散連接高溫下，中間層中的 Ti 和 Cu 發生相互擴散和化學反應，Ti 的活性使得 Ti 與 Al_2O_3-TiC 中的 Al、O、C 之間以及 W18Cr4V 鋼中的 Fe、W、Cr、C 等之間發生反應形成新的化合物，Al_2O_3-TiC 陶瓷和 W18Cr4V 鋼的各種元素之間也可能發生反應，在 Al_2O_3-TiC 與 W18Cr4V 的界面過渡區將產生多種生成相。

用線切割機從 Al_2O_3-TiC/W18Cr4V 擴散接頭處切取試樣，通過 D/MAX-RC 型 X 射線衍射儀（XRD）分析界面過渡區相組成。在試驗前，通過施加剪切力從 Al_2O_3-TiC/W18Cr4V 擴散界面處將接頭試樣分成 Al_2O_3-TiC 側和 W18Cr4V 側兩部分，見圖 2.32(a)。試樣尺寸為 10mm×10mm×7mm，X 射線衍射試驗的分析面見圖 2.32(b)。X 射線衍射試驗採用 Cu-K_α 靶，工作電壓為 60kV，工作電流為 40mA，掃描速度為 8°/min。Al_2O_3-TiC/W18Cr4V 擴散界面兩側的 X 射線衍射圖見圖 2.33。

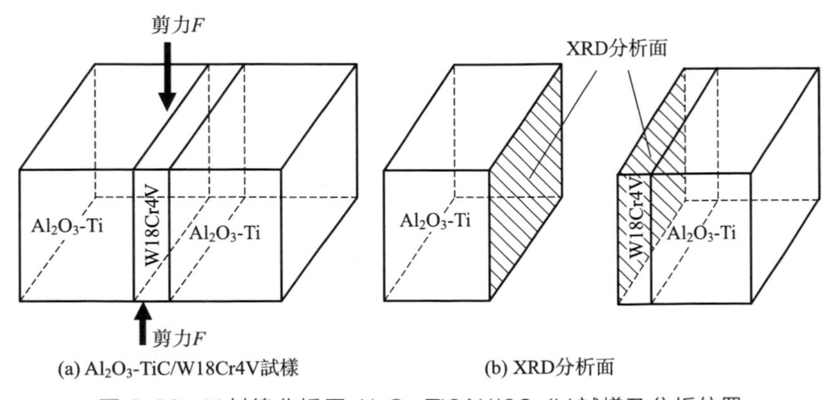

圖 2.32 X 射線分析用 Al_2O_3-TiC/W18Cr4V 試樣及分析位置

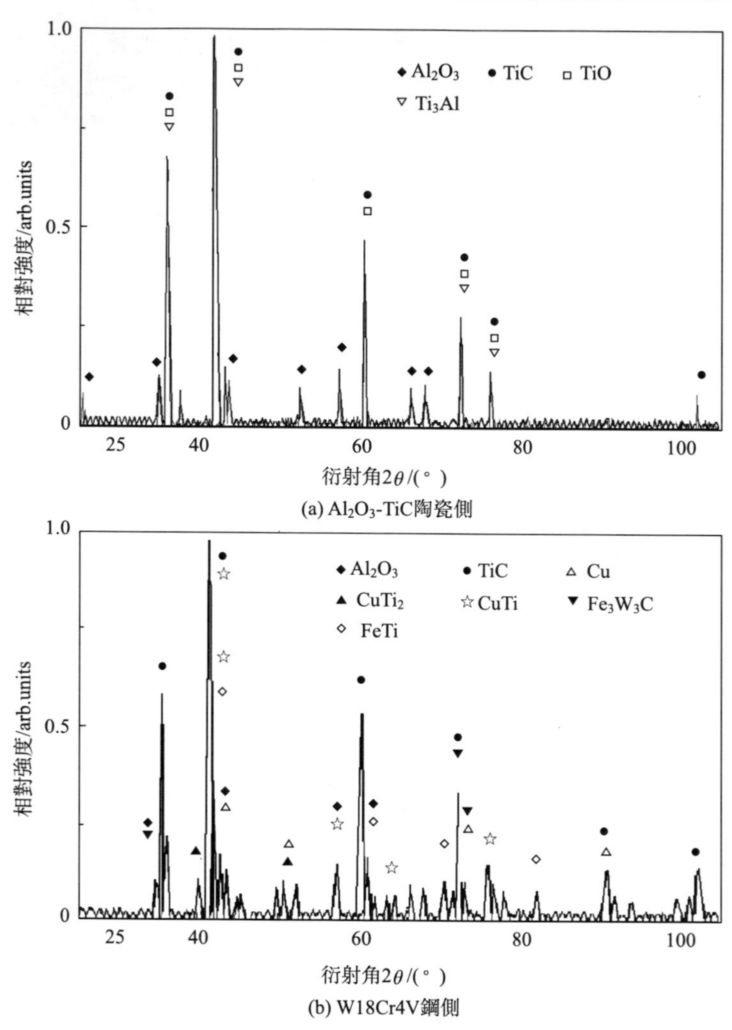

圖 2.33 Al_2O_3-TiC/W18Cr4V 擴散界面的 X 射線衍射圖

將 Al_2O_3-TiC 與 W18Cr4V 擴散界面 X 射線衍射分析（XRD）數據與粉末衍射標準聯合委員會（JCPDS）公布的標準粉末衍射卡進行對比表明，在擴散連接的 Al_2O_3-TiC 陶瓷側，主要存在 Al_2O_3、TiC、TiO 和 Ti_3Al 四種相。在 W18Cr4V 側，相的種類比較複雜，有 Al_2O_3、TiC、Cu、CuTi、$CuTi_2$、Fe_3W_3C、FeTi 等。

Al_2O_3-TiC 複合陶瓷與 W18Cr4V 鋼擴散連接過程中，在連接溫度 1130℃下，Al_2O_3-TiC 複合陶瓷的 Al_2O_3 基體和 TiC 增強相之間不發生相互反應。在 Al_2O_3-TiC/Ti 界面處，由於 Ti 是活性元素且 Ti 箔的厚度較小，Ti 與 Al_2O_3 反

應生成 Ti_3Al 及 TiO。Ti_3Al 相的脆性較大，含較多 Ti_3Al 相的 Al_2O_3-TiC 陶瓷一側界面是擴散接頭性能較薄弱的部位。

X 射線衍射試驗在 W18Cr4V 側測到的 Al_2O_3 相和 TiC 相來自 Al_2O_3-TiC/W18Cr4V 擴散接頭剪切斷裂後殘留在 W18Cr4V 表面的 Al_2O_3-TiC 陶瓷，表明剪切試樣斷裂在擴散界面靠近 Al_2O_3-TiC 陶瓷側。Ti-Cu-Ti 中間層在擴散連接過程中生成 Cu-Ti 固溶體或 Cu-Ti 化合物如 CuTi、$CuTi_2$ 等。未發生反應的部分 Cu 以單質的形式殘存下來。

在 W18Cr4V/Ti 界面處，Ti 是碳化物形成元素，極易與鋼中的 C 形成 TiC，這會阻止 Ti 向 Fe 中的擴散。由於 Ti 在 Fe 中的溶解度極小，因此 Ti 向 Fe 中擴散除形成固溶體外，還將形成 FeTi 或 Fe_2Ti 金屬間化合物。W18Cr4V 高速鋼中含有 Fe、W、Cr、V、C 等元素，在擴散連接溫度 1130℃下，這些元素之間也可能發生反應形成新的化合物，XRD 分析發現了 Fe_3W_3C 相。

2.4.4 SiC/Ti/SiC 陶瓷的擴散連接

用 Ti 作為中間層，在擴散焊條件下可實現 SiC 陶瓷的可靠連接。在連接溫度為 1373～1773K、保溫時間為 5～600min 的範圍內研究 SiC/Ti/SiC 界面反應。最佳連接參數 1773K×60min 時可獲得最高的抗剪強度。

(1) SiC/Ti/SiC 界面反應

圖 2.34 是 SiC/Ti/SiC 擴散界面的反應過程示意圖。反應的前期階段，SiC 與 Ti 發生反應生成 TiC 和 $Ti_5Si_3C_x$，因 C 的擴散速度快，TiC 在 Ti 側有限成長，而 $Ti_5Si_3C_x$ 則在 SiC 側形成。隨著 SiC 側的 Si 和 C 通過 $Ti_5Si_3C_x$ 層向中間擴散，中間部分的 Ti 也向 $Ti_5Si_3C_x$ 中擴散。由於 Si 的擴散較慢，$Ti_5Si_3C_x$ 中難以達到元素的平衡，因此 TiC 相以塊狀在 $Ti_5Si_3C_x$ 中析出。此時的界面結構如圖 2.34(b) 所示，呈現出 SiC/$Ti_5Si_3C_x$+TiC/TiC+Ti/Ti 的層狀排列。

連接時間延長到 0.9ks 時，層狀的 $Ti_5Si_3C_x$ 相在 SiC/$Ti_5Si_3C_x$+TiC 的界面上生成，界面結構成為 SiC/$Ti_5Si_3C_x$/$Ti_5Si_3C_x$+TiC/TiC+Ti/Ti，如圖 2.34(c) 所示。該反應係的相形成順序與 Ti 中間層的厚度無關，但各反應相出現的時間隨連接溫度的上升而縮短。關於 $Ti_5Si_3C_x$ 單相層的出現，分析發現主要是由於各元素的擴散速度不同而產生的，Ti 元素向陶瓷方向的擴散速度比 Si 和 C 元素向 Ti 金屬中的擴散速度慢，使靠近陶瓷側的界面 Ti 含量低，以至於不能形成 TiC。

反應的中期階段，由於 Si 和 C 元素在 SiC/$Ti_5Si_3C_x$ 界面上聚集，反應無法平衡，界面上又形成了六方晶係的 Ti_3SiC_2 相，如圖 2.34(d)、(e) 所示，界面層排列變為 SiC/Ti_3SiC_2/$Ti_5Si_3C_x$/$Ti_5Si_3C_x$+TiC/TiC/Ti。

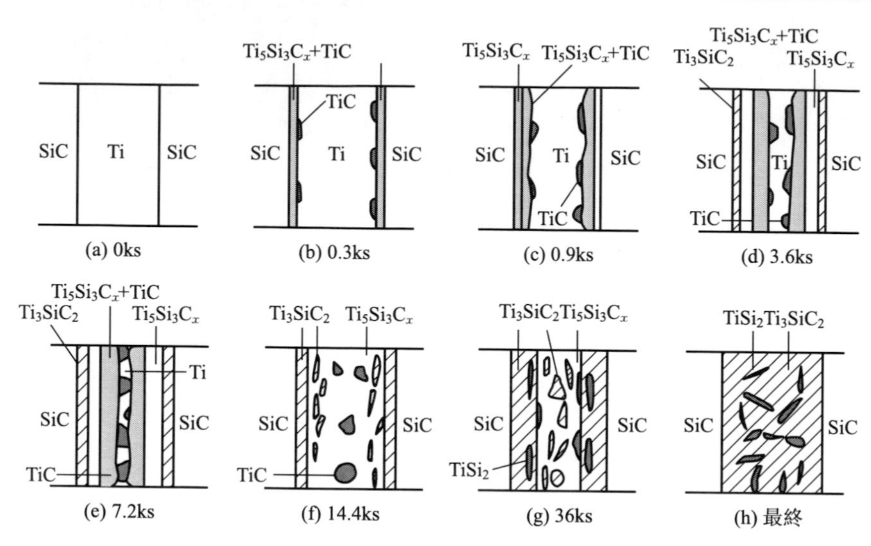

圖 2.34 SiC/Ti/SiC 界面結構隨擴散連接時間的變化

為了研究 SiC 和 Ti 的平衡過程，進一步延長連接時間，反應進入後期階段，Ti 全部參與反應並在界面上消失掉。由於兩側的 Si 和 C 的擴散，$Ti_5Si_3C_x$ + TiC 混合相也全部消失，此時界面層的排列順序變化為：$SiC/Ti_3SiC_2/Ti_5Si_3C_x+Ti_3SiC_2/Ti_3SiC_2/SiC$。

連接時間超過 36ks 以後，TiC 單相全部參加了反應，微細的 Ti_3SiC_2 相在 $Ti_5Si_3C_x$ 相中被觀察到，同時 Ti_3SiC_2 層中及 $Ti_3SiC_2/Ti_5Si_3C_x$ 界面形成了斜方晶體的 $TiSi_2$ 化合物，如圖 2.34(g) 所示。進一步延長連接時間到 108ks，界面組織如圖 2.34(h) 所示，$Ti_5Si_3C_x$ 相也消失了，接合界面成為由 Ti_3SiC_2 和 $TiSi_2$ 組成的混合組織，基本達到了 Ti-Si-C 三元相圖中的相平衡。

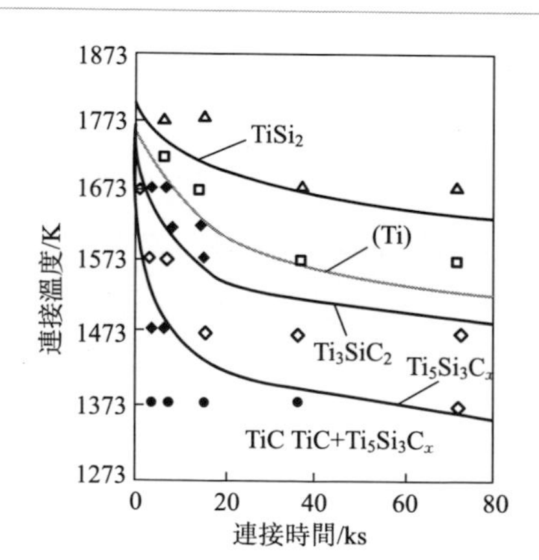

圖 2.35 反應產物隨溫度及時間的變化

（2）界面反應相的形成條件

SiC/Ti 界面的反應生成物隨連接溫度和時間變化的關係如圖 2.35 所示，圖中各符號為試驗數據點。該圖給出了各反應物形成的條件（連接溫度和時間），作用是根據連接條件可以預測界面產生化合物的種類，也可以根據想要獲得的化合物種類確定連接條件。試驗用 Ti 中間層的厚度為 50μm。

從低溫側開始的第一條線是單相 $Ti_5Si_3C_x$ 的產生曲線，在該曲線以下的區域，界面反應產物是 TiC 和 $Ti_5Si_3C_x$，形成塊狀的 TiC 和 TiC+$Ti_5Si_3C_x$ 的混合組織，達到該線所需的連接溫度及時間時形成層狀的 $Ti_5Si_3C_x$。

隨著溫度升高或連接時間的延長，界面出現了 Ti_3SiC_2 相，此時 SiC 和 Ti 界面反應的擴散路徑完全形成，界面結構呈現為 SiC/Ti_3SiC_2/$Ti_5Si_3C_x$/$Ti_5Si_3C_x$+TiC/TiC+Ti/Ti。進一步增加連接溫度或延長時間，比較穩定的硅化物 $TiSi_2$ 在界面出現。

(3) 擴散接頭的力學性能

對 SiC/Ti/SiC 擴散焊接頭的剪切試驗結果表明，連接溫度為 1100℃時擴散焊接頭剪切強度約為 44MPa，連接溫度為 1200℃時接頭剪切強度上升到 153MPa。當連接溫度進一步提高到 1500℃時接頭剪切強度達到了最大值 250MPa。

從斷裂發生的部位可知，1200℃以下的溫度區間，斷裂發生在 SiC/$Ti_5Si_3C_x$+TiC 的界面上；1400℃以上的接頭，斷裂發生在靠近結合層的 SiC 陶瓷母材上，並在 SiC 內沿接合面方向發展。從斷面組織分析可知，1100℃時的斷面很平坦，1200℃時的斷面凹凸較多，SiC 斷面上有較多的塊狀反應相 $Ti_5Si_3C_x$+TiC。所有 Ti 的化合物中 TiC 硬度最高，而且 TiC 和 SiC 的線脹係數之差最小，兩者在結晶學上也有很好的對應關係，故可推測出 SiC/TiC 的界面強度較高。

連接溫度為 1500℃時接頭具有最大的剪切強度，界面上 SiC 和 Ti_3SiC_2 直接相連，兩者之間也有很好的結晶對應關係，雖然也有脆性相 $TiSi_2$ 存在，但彌散分布於 Ti_3SiC_2 中，故接頭表現出高的結合強度。

選取最佳連接參數（1500℃×3.6ks）的擴散焊接頭，測定 SiC/Ti/SiC 擴散接頭的高溫剪切強度。試驗結果表明，接頭的高溫剪切強度可保持到 800℃左右，其剪切強度比室溫時稍高，顯示出良好的耐高溫特性。高溫破斷位置和室溫時相同，也是發生在擴散界面附近的 SiC 陶瓷母材上。

2.5 陶瓷與金屬的電子束焊接

2.5.1 陶瓷與金屬電子束焊的特點

1960 年代以來，國外已開始將電子束焊應用到金屬與陶瓷的焊接工藝中，這種方法擴大了工程材料的應用範圍，也提高了陶瓷焊接件的氣密性和力學性能，滿足了多方面的需要。

電子束焊是一種用高能密度的電子束轟擊焊件使其局部加熱和熔化的焊接方法。陶瓷與金屬的電子束焊是一種很有效的方法，由於是在真空條件下進行焊接，能防止空氣中的氧、氮等污染，有利於陶瓷與金屬的焊接，焊後的氣密性良好。

電子束經聚焦能形成很細小的直徑，可小到0.1～1.0mm，其功率密度可提高到10^6～10^8W/cm^2的程度。因而電子束穿透力很強，加熱面積很小，焊縫熔寬小、熔深很大，熔寬與熔深之比可達到（1∶10）～(1∶50)。這樣不但焊接熱影響區小，而且應力也很小。這對於陶瓷精加工件作為最後一道工序，可以保證焊後結構的精度。

這種方法的缺點是設備複雜，對焊接工藝要求較嚴，生產成本較高。陶瓷與金屬的真空電子束焊接，焊件的接頭形式有多種，比較合適的接頭形式以平焊為最好。也可以採用搭接或套接，工件之間的裝配間隙應控製在0.02～0.05mm，不能過大，否則可能產生未焊透等缺陷。

陶瓷與金屬真空電子束焊機，由電子光學系統（包括電子槍和磁聚焦、偏轉系統）、真空系統（包括真空室、擴散泵、機械泵）、工作檯及傳動機構、電源及控製系統四部分組成。電子束焊機的主要部件是電子光學系統，它是獲得高能量密度電子束的關鍵，在配以穩定、調節方便的電源系統後，能保證電子束焊接的工藝穩定性。電子束焊槍的加速電壓有高壓型（110kV以上)、中壓型（40～60kV）和低壓型（15～30kV)，對於陶瓷與金屬的焊接，最合適的是採用高真空度低壓型電子束焊槍。

2.5.2 陶瓷與金屬電子束焊的工藝過程

① 把焊件表面處理乾净，將裝配好的工件放在預熱爐內；

② 當真空室的真空度達到1.33×10^{-2}Pa之後，開始用鎢絲熱阻爐對工件進行預熱；

③ 在預熱恆溫條件下，讓電子束掃射被焊工件的金屬一側，開始焊接；

④ 焊後降溫退火，預熱爐要在10min之內使電壓降到零值，然後使焊件在真空爐內自然冷卻1h，緩冷以後才能出爐。

電子束焊的焊接參數主要是：加速電壓、電子束電流、工作距離（被焊工件至聚焦筒底的距離)、聚焦電流和焊接速度。陶瓷與金屬真空電子束焊的工藝參數對接頭品質影響很大，尤其對焊縫熔深和熔寬的影響更加敏感，這也是衡量電子束焊接品質的重要指標。選擇合適的焊接參數可以使焊縫形狀、強度、氣密性等達到設計要求。

氧化鋁陶瓷（85%、95%Al_2O_3）、高純度Al_2O_3、半透明的Al_2O_3陶瓷之間的電子束焊接時，可選擇如下工藝參數：功率為3kW，加速電壓為150kV，最大的電子束電流為20mA，用電子束聚焦直徑為0.25～0.27mm的高壓電子束焊機進行直接焊接，可獲得良好的焊接品質。

高純度Al_2O_3陶瓷與難熔金屬（W、Mo、Nb、Fe-Co-Ni合金）電子束焊接時，也可採用上述工藝參數用高壓電子束焊機進行焊接。同時還可用厚度為0.5mm的Nb片作為中間過渡層，進行兩個半透明的Al_2O_3陶瓷對接接頭的電子束焊接。還可以用直徑為1.0mm的金屬鉬針與氧化鋁陶瓷實行電子束焊接。

真空電子束焊接目前多用於難熔金屬（W、Mo、Ta、Nb等）與陶瓷的焊接，而且要使陶瓷的線脹係數與金屬的線脹係數相近，達到匹配性的連接。由於電子束的加熱斑點很小，可以集中在一個非常小的面積上加熱，這時只要採取焊前預熱、焊後緩慢冷卻以及接頭形式合理設計等措施，就可以獲得合格的焊接接頭。

2.5.3 陶瓷與金屬電子束焊示例

在石油化工等部門使用的一些感測器需要在強烈浸蝕性的介質中工作。這些感測器常常選用氧化鋁系列的陶瓷作為絕緣材料，而導體就選用18-8不銹鋼。不銹鋼與陶瓷之間應有可靠的連接，焊縫必須耐熱、耐腐蝕、牢固可靠和緻密不泄漏。

例如陶瓷件是一根長度為15mm、外徑為10mm、壁厚為3mm的管子，陶瓷管與金屬管之間採用動配合。陶瓷管兩端各留一個0.3～1.0mm的加熱膨脹間隙，以防止焊接加熱時產生應力使陶瓷管爆裂。採用真空電子束焊方法焊接18-8不銹鋼管與陶瓷管，接頭為搭接焊縫，電子束焊的工藝參數見表2.28。

表2.28 18-8不銹鋼與陶瓷真空電子束焊的工藝參數

材料	母材厚度/mm	工藝參數				
		電子束電流/mA	加速電壓/kV	焊接速度/(m/min)	預熱溫度/℃	冷卻速度/(℃/min)
18-8鋼/陶瓷	4+4	8	10	62	1250	20
18-8鋼/陶瓷	5+5	8	11	62	1200	22
18-8鋼/陶瓷	6+6	8	12	60	1200	22
18-8鋼/陶瓷	8+8	10	13	58	1200	23
18-8鋼/陶瓷	10+10	12	14	55	1200	25

首先對陶瓷和金屬焊件表面進行清理，採取酸洗法除去油脂及污垢。電子束

焊接前先以 40～50℃/min 的加熱速度分級將工件加熱到 1200℃，保溫 4～5min，然後關掉預熱電源，以使陶瓷件預熱均勻。

當接頭溫度降低時，對工件的其中一端進行焊接，焊接時加熱要均勻。第一道焊縫焊好後，要重新將工件加熱到 1200℃，然後才能進行第二道焊縫的焊接。

接頭焊完之後，以 20～25℃/min 的冷卻速度隨爐冷卻，不可過快。焊後冷卻過程中，由於收縮力的作用，陶瓷中首先產生軸向擠壓力。所以工件要緩慢冷卻到 300℃以下時才可以從加熱爐中取出，以防擠壓力過大，擠裂陶瓷。

相對於金屬和塑料，陶瓷材料的硬度高，不易燃，不活潑。因此陶瓷可用在高溫、腐蝕性強、高摩擦性的環境中，包括：高溫條件下各種物理性質的持久穩定性、低的摩擦係數（尤其在重載荷、低潤滑條件下）、低線脹係數、抗腐蝕性、熱絕緣性、電絕緣性、低密度的場合。

很多工業部門應用工程陶瓷製造部件，包括電子裝置的陶瓷基片，渦輪增壓器的轉子和汽車發動機中的挺杆頭。現代陶瓷應用的其他例子有：食品加工設備中使用的無油潤滑軸承、航空渦輪葉片、原子核燃料棒、輕質裝甲板、切削工具、磨料、熱隔板及熔爐和窑爐耐熱部件等。

未來的發展很可能來自提高陶瓷-金屬材料的加工製造技術，以降低元件成本和改善性能，對高性能材料提出更高標準的要求並需要使用更多的陶瓷-金屬複合材料。陶瓷與金屬材料的連接將是一個備受關注的發展領域。

參考文獻

[1] 任家烈，吳愛萍. 先進材料的連接. 北京：機械工業出版社，2000.

[2] Sindo Kou. Welding Metallurgy. America：A Wiley-Interscience Publication，2002.

[3] 吳愛萍，鄒貴生，任家烈. 先進結構陶瓷的發展及其釺焊連接技術的進展. 材料科學與工程，2002，20（1）：104-106.

[4] 李志遠，錢乙余，張九海，等. 先進連接方法. 北京：機械工業出版社，2000.

[5] 方洪淵，馮吉才. 材料連接過程中的界面行為，哈爾濱：哈爾濱工業大學出版社，2005.

[6] 中國機械工程學會焊接學會. 焊接手冊：第 2 卷 材料的焊接. 第 3 版. 北京：機械工業出版社，2008.

[7] 張啓運，莊鴻壽. 釺焊手冊. 北京：機械工業出版社，1999.

[8] J. D. Cawley. Introduction to Ceramic-Metal Joining. The Minerals，Metals and Materials Society，1991：3-11.

[9] T. Tanaka，H. Morimoto，H. Homma. Joining of Ceramics to Metals. Nippon Steel Technical Report，1988，37：31-38.

[10] 馮吉才，靖向盟，張麗霞，等. TiC 金屬陶瓷/鋼釺焊接頭的界面結構和連接強度. 焊接學報，2006，27(1)：5-8.

[11] 王素梅，孫康寧，盧志華，等. Ti-Al/TiC 陶瓷基複合材料燒結過程的研究. 材料科學與工程學報，2003，21(4)：565-568.

[12] Wang Ying，Cao Jian，Feng Jicai，et al. TLP bonding of alumina ceramic and 5A05 aluminum alloy using Ag-Cu-Ti interlayer. China Welding，2009，18(4)：39-42.

[13] 張勇，何志勇，馮滌. 金屬與陶瓷連接用中間層材料. 鋼鐵研究學報，2007，19(2)：1-4，34.

[14] Jose Lemus，Robin A. L. Drew. Joining of silicon nitride with a titanium foil interlayer. Materials Science and Engineering A，2003，352(1-2)：169-178.

第3章

複合陶瓷與鋼的擴散連接

複合陶瓷由於在基體（如 Al_2O_3）上添加了增強顆粒（如 TiC），使其具有更高的硬度、強度和斷裂韌性，可被應用於切削刀具的製備。將 Al_2O_3-TiC 複合陶瓷與碳鋼、不銹鋼或工具鋼（如 W18Cr4V 鋼）用擴散焊方法連接起來製成複合構件，對於改善結構件在受力狀態下內部的應力分布狀態、拓寬 Al_2O_3-TiC 複合陶瓷的使用範圍具有重要意義。複合陶瓷與鋼的擴散連接也受到人們的關注。

3.1 複合陶瓷與鋼的擴散連接工藝

3.1.1 Al_2O_3-TiC 複合陶瓷的基本性能

試驗用 Al_2O_3-TiC 複合陶瓷是通過熱壓燒結工藝（hot press sintering，縮寫為 HPS）製成的圓片狀試樣，試樣尺寸為 ϕ52mm×3.5mm。Al_2O_3-TiC 複合陶瓷的化學成分、熱物理性能和力學性能見表 3.1。Al_2O_3-TiC 複合陶瓷是由 Al_2O_3 基體及分布在其中的 TiC 顆粒組成，TiC 增強顆粒尺寸約為 2.0μm，另有微量黏結相，可以增加陶瓷基體的結合強度，也有利於增加韌性。Al_2O_3-TiC 複合陶瓷的顯微組織形貌如圖 3.1(a) 所示，在掃描電鏡下觀察時，深灰色基體為 Al_2O_3，黑色顆粒為 TiC 增強相，見圖 3.1(b)。

表 3.1 Al_2O_3-TiC 複合陶瓷的化學成分（溶質質量分數） %

元素	C	O	Al	Ti	Cr	Fe	Ni	Mo	W	總計
含量	18.74	29.12	13.51	28.86	0.22	1.34	2.41	3.86	1.95	100

熱物理性能和力學性能

密度 /(g/cm³)	硬度(HV)		橫向斷裂強度 /MPa	斷裂韌性 /MPa·m$^{1/2}$	抗彎強度 /MPa	剪切模量 /GPa	蒲松比	線脹係數 /$10^{-6}K^{-1}$	熱導率 /[W(m·K)]	熱震參數
	298K	1273K								
4.24	2130	770	760	4.3	638	373	0.219	7.6	22.1	11.5

(a) OM (b) SEM

圖 3.1 Al_2O_3-TiC 複合陶瓷的顯微組織

3.1.2 複合陶瓷與鋼擴散連接的工藝特點

(1) 擴散連接設備

Al_2O_3-TiC 陶瓷和 W18Cr4V 鋼進行真空擴散連接時，採用美國真空工業公司生產的 WorkhorseⅡ型真空擴散焊設備，其主要性能指標見表 3.2。

表 3.2 WorkhorseⅡ型真空擴散焊設備主要性能指標

型號	主要性能指標				
	真空室尺寸 /mm	最高加熱溫度 /℃	最大壓力 /t	極限真空度 /Pa	加熱功率 /kV·A
3033-1305-30T	304×304×457	1350	30	1.33×10^{-5}	45

試驗用 WorkhorseⅡ型真空連接設備主要由全自動抽真空系統、真空爐體、加壓系統、加熱系統、水循環系統和控製系統等組成。由於整套設備採用了電腦控製，真空擴散連接過程實現了全部自動運行，並可對各工藝參數獲得相當高的控製精度。真空擴散連接的加熱溫度、連接壓力、保溫時間、真空度等參數可以通過預先編製的程序控製整個連接過程，提高連接過程的可靠性。

(2) 中間層材料

中間層在複合陶瓷和金屬的擴散連接過程中和保證接頭性能上都起著關鍵作用。這是因為陶瓷與金屬擴散連接接頭的最後組織主要取決於中間層，中間層合金元素的擴散性能和擴散方式是決定瞬間液相凝固和成分均勻化的關鍵條件。中間層材料的主要作用有：

① 減緩陶瓷與金屬因熱膨脹係數不同產生的殘餘應力，提高連接強度；

② 通過熔化或與陶瓷的反應促進界面潤溼和擴散，形成牢固的冶金結合；

③ 控製界面反應，改變或抑製界面產物，使界面處於更穩定的熱力學狀態。中間層材料還有助於消除連接界面的孔洞，形成密封性更好的陶瓷/金屬連接等。

Ti 是活性元素，對複合陶瓷具有良好的浸潤能力，與陶瓷反應後能形成穩定的界面連接，可應用於陶瓷/陶瓷或陶瓷/金屬的連接。Cu 材質較軟，是良好的緩衝層材料，可以降低擴散界面的殘餘應力。Ti 與 Cu 在共晶溫度以上會發生共晶反應形成 Cu-Ti 液態合金，起促進潤溼的作用。連接過程中，Cu-Ti 液相合金與兩側的母材相互擴散，發生界面反應，形成界面連接。因此，在進行 Al_2O_3-TiC 複合陶瓷與鋼的擴散連接時設計 Ti-Cu-Ti 複合中間層是合適的。

採用 Ti-Cu-Ti 複合中間層以促進 Al_2O_3-TiC 複合陶瓷與鋼之間的擴散連接，可實現牢固的冶金結合。Ti、Cu 中間層的化學成分及熱物理性能見表 3.3。

表 3.3　Ti、Cu 中間層的化學成分及熱物理性能

化學成分(溶質質量分數)/%										
材料	H	C	O	N	Bi	S	Fe	Sb	As	Pb	Ti 或 Cu
Ti	0.015	0.10	0.25	0.05	—	—	0.30	—	—	—	餘量
Cu	—	—	—	—	0.001	0.005	0.005	0.002	0.002	0.005	餘量

熱物理性能					
材料	熔點/K	密度/(g/cm^3)	晶體結構	線脹係數(20～100℃)/$10^{-6}K^{-1}$	彈性模量/GPa
Ti	1913～1943	4.5	密排六方	8.2	115
Cu	1338～1355	8.92	面心立方	16.92	125

擴散連接試樣表面的清潔度和平整度是影響擴散連接接頭品質的重要因素。擴散連接前，待連接試樣（Al_2O_3-TiC 複合陶瓷、Q235 鋼、18-8 鋼或 W18Cr4V 鋼）表面用金相砂紙打磨光滑，放入丙酮浸泡，然後用酒精擦洗乾净，吹乾後待用。將 Cu 箔和 Ti 粉按 Ti-Cu-Ti 的順序製成複合中間層材料。

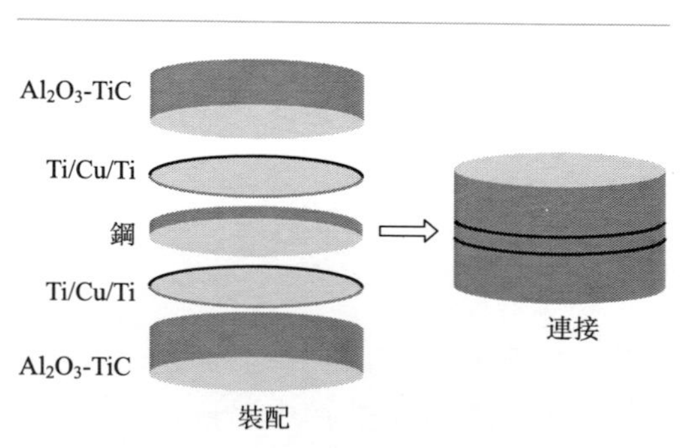

圖 3.2　擴散連接試樣裝配示意

按 Al_2O_3-TiC/Ti-Cu-Ti/鋼（Q235 鋼、18-8 鋼或 W18Cr4V 鋼）/Ti-Cu-Ti/Al_2O_3-TiC 順序將組裝好的試樣疊置放入真空室中，擴散連接試樣疊放順序如圖 3.2 所示。

(3) 加熱和冷卻溫度的控製

擴散連接試樣放入真空室後，先抽真空到 $1.33\times10^{-4}\sim1.33\times10^{-5}$ Pa，然後啓動運行程序，按照設定的程序開始升溫。達到預定的擴散連接溫度後，保溫到所設定的連接時間，使中間層材料與被連接材料充分反應。在整個連接過程中，保持爐膛的真空室處於高真空狀態。為保證材料之間的良好接觸，在擴散連接過程中需要施加壓力。

連接過程中控製加熱和冷卻速度非常重要。由於 Al_2O_3-TiC 陶瓷是脆性材料，耐冷熱衝擊能力差，加熱或冷卻速度過快都可能在陶瓷內部誘發裂紋，影響接頭的最終性能。如果擴散焊設備的真空室尺寸較大，要使溫度均勻就需要一定的時間，因此在加熱和冷卻過程中應設置均溫平臺，以保證爐內溫度均勻。

擴散焊設備的真空室抽真空至 1.33×10^{-4}Pa 後，開始升溫，採用分級加熱的方式，設置幾個保溫平臺：

① 在室溫 20℃時開始加熱，以 15℃/min 的速度加熱到 350℃後保溫 10min；

② 以 15℃/min 的速度加熱到 600～650℃，並保溫 10min；

③ 以 15℃/min 的速度加熱到 900～950℃，並保溫 10min；

④ 以 10℃/min 的速度加熱到 1100～1150℃並保溫 45～60min。

在 1100～1150℃下保溫 45～60min 後，試樣以 10℃/min 的速度冷卻到 950℃並保溫 2min，之後採用循環水冷卻至 100℃，然後隨爐冷卻至室溫。

在加熱至擴散焊溫度（1100～1150℃）之前，液壓系統加壓至 10～15MPa 左右並保持 45～60min，冷卻開始前撤除壓力，進入冷卻階段。擴散連接過程的工藝曲線如圖 3.3 所示。保護氣體：氮氣（N_2）、氬氣（Ar）。

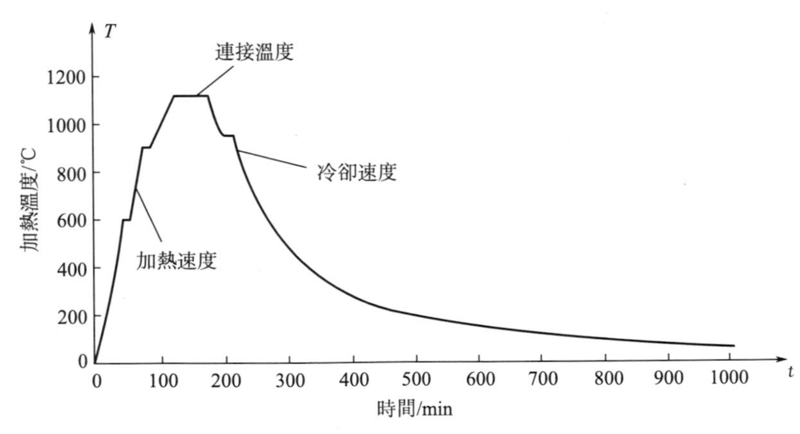

圖 3.3 Al_2O_3-TiC/鋼擴散連接的典型工藝曲線

Al_2O_3-TiC 複合陶瓷與鋼添加中間層（Ti-Cu-Ti）進行擴散連接時，中間層元素與兩側基體（Al_2O_3-TiC 複合陶瓷、Q235、18-8 鋼及 W18Cr4V）元素之間存在擴散反應，形成具有複雜組織結構的擴散焊界面過渡區，過渡區的組織結構決定著 Al_2O_3-TiC/鋼擴散接頭的性能。

3.1.3 擴散接頭試樣製備及測試方法

對 Al_2O_3-TiC 複合陶瓷與鋼（Q235、18-8 鋼或 W18Cr4V）擴散焊接頭組織結構及性能進行分析，先切取試樣。將 Al_2O_3-TiC/鋼擴散焊接頭切割成尺寸約為 10mm×10mm×10mm 的試樣，採用線切割方法垂直於 Al_2O_3-TiC 複合陶瓷與鋼擴散連接界面方向切取試樣。

對於 Al_2O_3-TiC 複合陶瓷與鋼擴散焊接頭顯微組織觀察和顯微硬度測試的試樣，依次採用不同粒度的金相砂紙磨平後，採用顆粒直徑為 2.5μm 的金剛石研磨拋光膏和呢料拋光布在拋光機上進行機械拋光處理，然後進行擴散焊接頭區顯微組織的顯蝕。Al_2O_3-TiC/Q235 鋼和 Al_2O_3-TiC/18-8 鋼擴散接頭所用的顯蝕液及顯蝕時間見表 3.4。

表 3.4 不同擴散焊接頭顯微組織顯蝕所用顯蝕液及顯蝕時間

擴散接頭	顯蝕液	顯蝕時間/s	環境溫度/℃
Al_2O_3-TiC/Q235 鋼	4%硝酸酒精溶液	10	20
Al_2O_3-TiC/18-8 鋼	王水溶液，$HCl:HNO_3=3:1$	8	20

陶瓷與金屬擴散連接接頭的力學性能一般採用拉伸強度、剪切強度和三點或四點彎曲強度來進行評價，目前沒有統一的標準。採用室溫剪切強度來評價 Al_2O_3-TiC 複合陶瓷與鋼擴散連接接頭的性能，具有試驗方法簡便和數據可靠的特點。測試過程中，將待測擴散接頭放入特製夾具內，可採用 WEW-600t 微機屏顯液壓萬能實驗機進行剪切試驗，剪切試驗裝置示意如圖 3.4 所示。

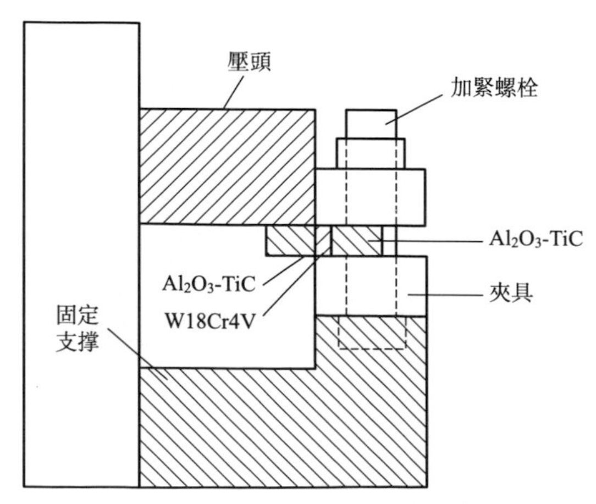

圖 3.4 Al_2O_3-TiC/W18Cr4V 擴散連接接頭剪切強度試驗示意

剪切試驗過程中記録下接頭斷裂時所施加的載荷，按公式(3.1) 計算接頭的剪切強度。

$$\tau=\frac{P}{S} \tag{3.1}$$

式中，τ 為剪切強度，MPa；P 為斷裂載荷，N；S 為横截面積，mm^2。

對 Al_2O_3-TiC 複合陶瓷與 Q235 鋼擴散焊接頭組織結構及性能進行分析，首先是切取系列試樣。將 Al_2O_3-TiC/Q235 鋼擴散焊接頭切割成尺寸為 10mm×10mm×8.5mm（Al_2O_3-TiC/Fe）及 10mm×10mm×8.5mm（Al_2O_3-TiC/18-8）的試樣，採用線切割方法垂直於 Al_2O_3-TiC 複合陶瓷與鋼異種材料擴散焊連接界面方向切取試樣。圖 3.5 為試樣切割示意圖。

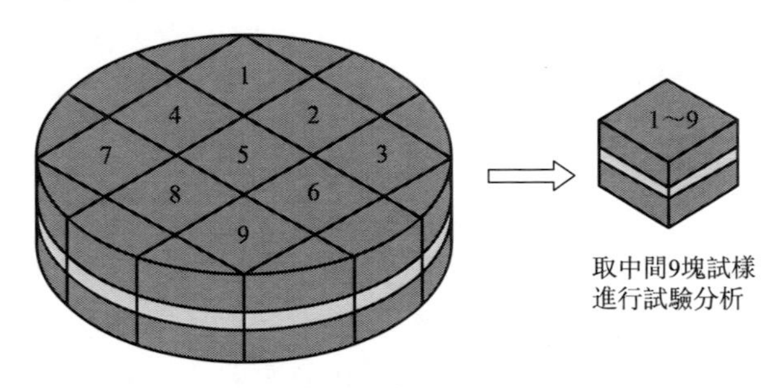

圖 3.5　試樣切割示意

對擴散焊接頭顯微組織觀察分兩種方式：一是觀察接頭横截面的顯微組織，即垂直於界面方向磨製試樣；二是觀察縱截面的顯微組織，即平行於界面方向磨製試樣。採用線切割方法將 Al_2O_3-TiC 複合陶瓷/鋼擴散焊接頭試樣從鋼（Q235、18-8 鋼或 W18Cr4V）中心部位縱向切開，如圖 3.6 所示，沿平行於界面方向磨製試樣。

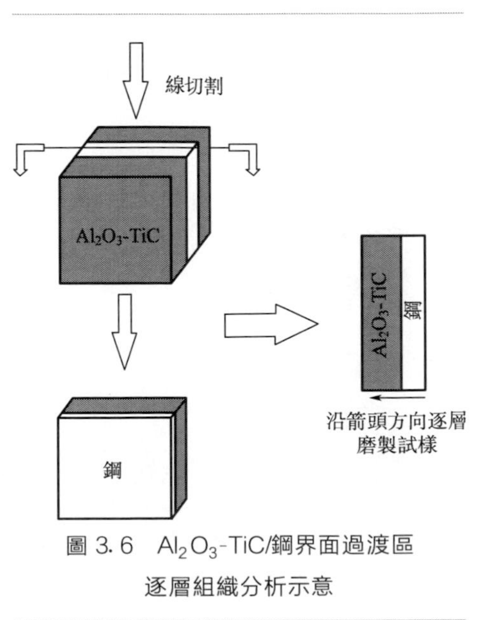

圖 3.6　Al_2O_3-TiC/鋼界面過渡區逐層組織分析示意

為判定 Al_2O_3-TiC 複合陶瓷與鋼擴散接頭組織性能的變化，採用顯微硬度計沿垂直於界面方向對擴散連接界面附近的顯微硬度進行測定，試驗載荷為 100gf（$1gf=9.80665\times10^{-3}$N），載荷時間為 10s。對用於電子探針（EPMA）

成分分析的試樣，不需對試樣進行顯微組織的顯蝕，試樣表面經金相砂紙磨平後拋光處理即可。

對於擴散焊接頭區物相結構分析的試樣，為確定 Al_2O_3-TiC/鋼擴散界面的生成相，選取典型的 Al_2O_3-TiC/鋼擴散接頭試樣，對切割後的 Al_2O_3-TiC/鋼試樣沿界面平行方向進行逐層剝離，以利於分析各層面的組織結構。

對於斷口形貌分析的試樣，Al_2O_3-TiC/鋼（Q235、18-8 鋼或 W18Cr4V）擴散焊接頭剪切破斷後，用吹風機吹去斷口表面的碎削，避免斷口受到污染，在掃描電鏡（SEM）下進行斷口形貌觀察。

3.2 Al_2O_3-TiC 複合陶瓷與 Q235 鋼的擴散連接

Q235 鋼試樣尺寸為 ϕ52mm×1.5mm，複合陶瓷尺寸為 ϕ52mm×3.0mm。試驗中採用添加中間合金的過渡液相擴散焊（TLP）進行複合陶瓷與 Q235 鋼的連接，中間合金為 Ti-Cu-Ti 複合中間層，目的是促進 Al_2O_3-TiC 與 Q235 鋼之間的擴散連接，實現牢固的冶金結合，Ti-Cu-Ti 中間層結構為 10μm Ti/40μm Cu/10μm Ti。

Al_2O_3-TiC 複合陶瓷與 Q235 鋼擴散連接的工藝參數為：加熱溫度為 1130～1160℃，保溫時間為 40～60min，壓力為 10～15MPa，真空度為 1.33×10^{-4}～1.33×10^{-5}Pa。整個加熱、加壓和冷卻過程採用美國 Honeywell DCP-550 儀表數字程序控製。

Q235 鋼具有良好的塑性和韌性，基體顯微組織主要為鐵素體，如圖 3.7 所示。

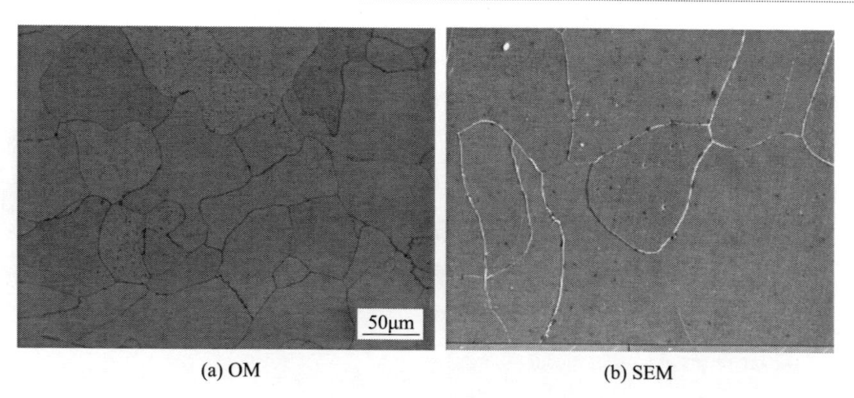

圖 3.7　Q235 鋼的顯微組織

3.2.1 Al_2O_3-TiC/Q235 鋼擴散連接的界面特徵和顯微硬度

用線切割機切取 Al_2O_3-TiC/Q235 鋼擴散焊接頭試樣，製備成系列金相試樣。採用 4%的硝酸酒精溶液進行腐蝕。Al_2O_3-TiC 陶瓷與 Q235 鋼進行過渡液相擴散焊（TLP）時，採用 Al_2O_3-TiC/Ti-Cu-Ti/Q235 鋼/Ti-Cu-Ti/Al_2O_3-TiC 疊置方式，Al_2O_3-TiC/Q235 鋼擴散焊接頭組織如圖 3.8 所示。

Al_2O_3-TiC 複合陶瓷與 Q235 鋼這兩種材料性能差異很大，在擴散連接工藝條件下，採用添加中間層（Ti-Cu-Ti）的方式進行 Al_2O_3-TiC/Q235 鋼的擴散焊接，中間層中的元素與兩側基體（Al_2O_3-TiC 複合陶瓷、Q235 鋼）中的元素發生擴散反應，形成組織特徵不同於兩側基體的擴散焊界面過渡區。

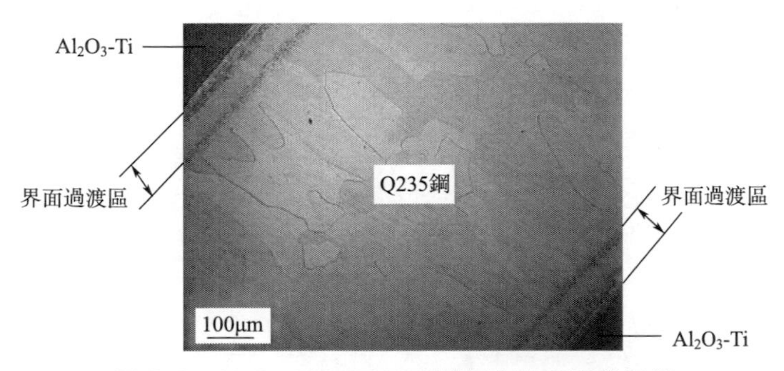

圖 3.8 Al_2O_3-TiC/Q235 鋼擴散焊接頭顯微組織

對保溫時間為 45min、不同加熱溫度（1130℃、1140℃、1160℃）下獲得的 Al_2O_3-TiC/Q235 鋼擴散連接接頭進行顯微硬度測試，顯微硬度測定點位置和顯微硬度測試結果如圖 3.9～圖 3.11 所示。

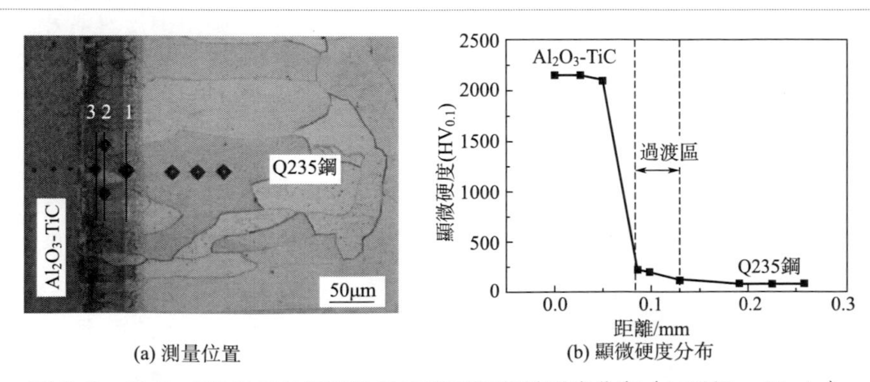

(a) 測量位置　(b) 顯微硬度分布

圖 3.9 Al_2O_3-TiC/Q235 鋼擴散焊接頭區的顯微硬度分布（1130℃ × 45min）

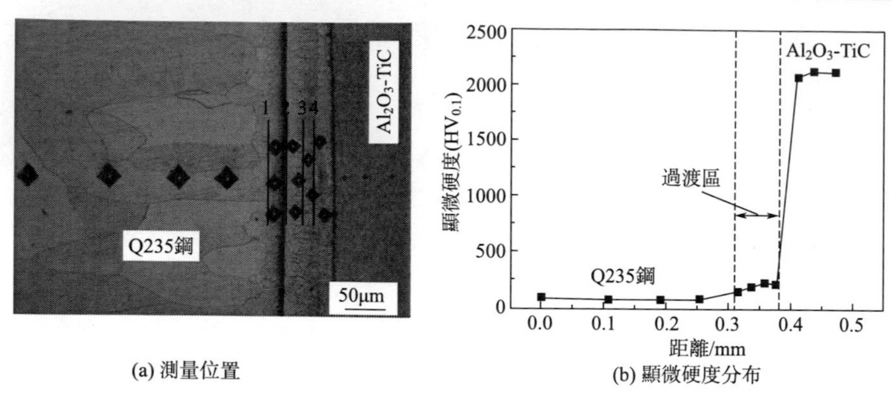

圖 3.10 Al_2O_3-TiC/Q235 鋼擴散焊接頭區的顯微硬度分布（1140℃ × 45min）

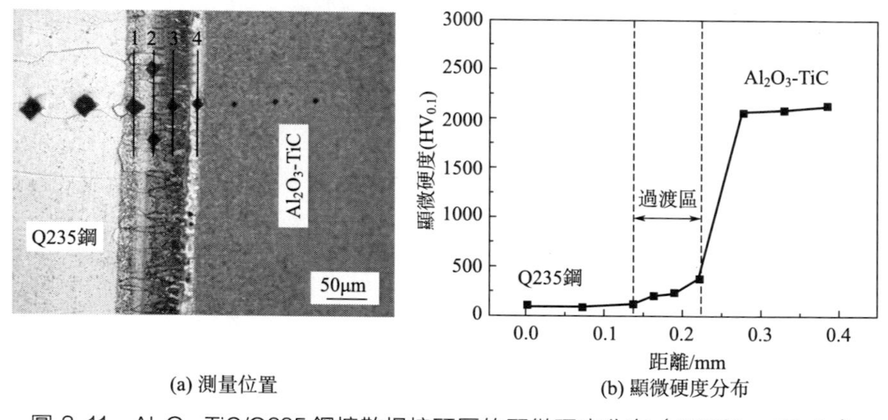

圖 3.11 Al_2O_3-TiC/Q235 鋼擴散焊接頭區的顯微硬度分布（1160℃ × 45min）

顯微硬度測試結果表明，在相同保溫時間（45min），不同加熱溫度 1130℃、1140℃、1160℃下獲得的 Al_2O_3-TiC/Q235 鋼擴散焊接頭顯微硬度具有相似的變化規律，即界面過渡區的顯微硬度遠低於 Al_2O_3-TiC 陶瓷，略高於 Q235 鋼母材，表明界面過渡區內沒有高硬度（高於 Al_2O_3-TiC 陶瓷的硬度）脆性相生成，有利於 Al_2O_3-TiC/Q235 鋼擴散焊接頭性能的改善。

表 3.5 示出 Al_2O_3-TiC/Q235 鋼擴散界面附近的顯微硬度，加熱溫度為 1130℃時，界面過渡區顯微硬度均值為 188$HV_{0.1}$；加熱溫度為 1140℃時，界面過渡區顯微硬度均值為 214$HV_{0.1}$；加熱溫度為 1160℃時，界面過渡區顯微硬度均值為 245$HV_{0.1}$；隨著擴散焊加熱溫度的升高，Al_2O_3-TiC/Q235 鋼界面過渡區顯微硬度也隨之增大。這是由於隨著加熱溫度的升高，元素擴散充分，界面反應程度加劇，Al_2O_3-TiC/Q235 鋼界面過渡區內反應產物硬度值升高。

表 3.5 Al_2O_3-TiC/Q235 鋼擴散焊界面過渡區在不同加熱溫度下的顯微硬度

反應層	不同加熱溫度下的顯微硬度($HV_{0.1}$)		
	1130℃	1140℃	1160℃
1 層	120	165	127
2 層	209	210	213
3 層	236	249	243
4 層	—	233	398
顯微硬度均值	188	214	245

不同加熱溫度下，界面過渡區靠 Q235 鋼側 1 層的顯微硬度低於其他反應層；Al_2O_3-TiC 陶瓷側反應層硬度較高。在 Al_2O_3-TiC/Q235 鋼擴散焊過程中，擴散反應層向 Q235 鋼側生長較深，向 Al_2O_3-TiC 陶瓷側生長較淺。Q235 鋼側 1 層離原始界面（Ti/Cu/Ti 中間層界面）較遠，擴散至 1 層的原子數目少，界面反應較弱，反應產物硬度不高；Al_2O_3-TiC 陶瓷側反應層（3 層、4 層）離原始界面較近，擴散來的原子數目較多，界面反應程度加劇，反應產物硬度值較高。從而形成由 Q235 鋼側到 Al_2O_3-TiC 陶瓷側界面過渡區內顯微硬度升高的結果，形成由軟到硬的良好過渡。

3.2.2 Al_2O_3-TiC/Q235 鋼擴散連接界面的剪切強度

不同工藝參數下獲得的 Al_2O_3-TiC/Q235 鋼擴散焊接頭，採用線切割方法從擴散焊接頭位置切取 10mm×10mm×8.5mm 的試樣（每個工藝參數取 2 個試樣），試樣表面經磨製後在微機屏顯液壓萬能試驗機上進行界面剪切強度試驗，剪切試驗過程中載荷-位移關係曲線如圖 3.12 所示。Al_2O_3-TiC/Q235 鋼接頭剪切強度的測試和計算結果見表 3.6。

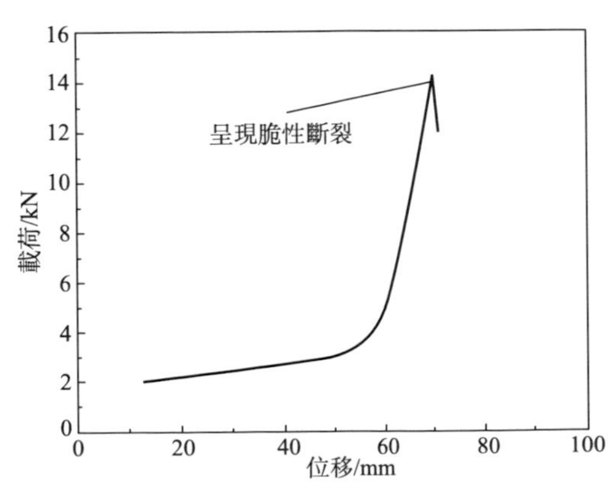

圖 3.12 Al_2O_3-TiC/Q235 鋼接頭剪切過程中載荷與位移的關係

表 3.6 Al_2O_3-TiC/Q235 鋼擴散焊界面剪切強度的試驗和計算結果

編號	工藝參數 ($T\times t,p$)	剪切面尺寸 /mm	最大載荷 F_{max}/kN	剪切強度 σ_τ/MPa	平均剪切強度 $\bar{\sigma}_\tau$/MPa	斷裂位置
1	1100℃×60min,15MPa	10×10	9.0	90	94	界面斷裂
2	1100℃×60min,15MPa	10×10	9.8	98		
3	1120℃×60min,15MPa	10×10	11.2	112	116	Ⅰ型混合斷裂
4	1120℃×60min,15MPa	10×10	12.0	120		
5	1140℃×60min,15MPa	10×10	13.7	137	143	Ⅱ型混合斷裂
6	1140℃×60min,15MPa	10×10	14.9	149		
7	1160℃×45min,15MPa	10×10	12.7	127	131	Ⅰ型混合斷裂
8	1160℃×45min,15MPa	10×10	13.5	135		
9	1180℃×45min,15MPa	10×10	11.4	114	111	陶瓷斷裂
10	1180℃×45min,15MPa	10×10	10.8	108		

由圖 3.12 可以看出，Al_2O_3-TiC/Q235 鋼擴散焊接頭剪切過程中僅發生彈性形變，看不到屈服點，無塑性變形，載荷-位移曲線為典型的陶瓷體脆性斷裂的載荷-位移曲線。斷裂前載荷與位移保持良好的線性關係，斷裂後載荷曲線突然下降。

剪切試驗結果表明（表 3.6），壓力為 15MPa 時，加熱溫度由 1100℃升高至 1140℃，Al_2O_3-TiC/Q235 鋼接頭剪切強度由 94MPa 升高至 143MPa（圖 3.13）。這是由於隨加熱溫度的升高，界面擴散反應更充分，Al_2O_3-TiC 與 Q235 鋼界面之間的冶金結合更緊密，Al_2O_3-TiC/Q235 鋼界面結合強度升高。當加熱溫度升高至 1180℃時，Al_2O_3-TiC/Q235 鋼界面剪切強度反而降低至 111MPa，這是由於加熱溫度過高時，Al_2O_3-TiC/Q235 鋼界面附近組織粗化使結合強度降低，界面附近生成脆性化合物（如 Fe-Ti 相），也使接頭脆性增大。

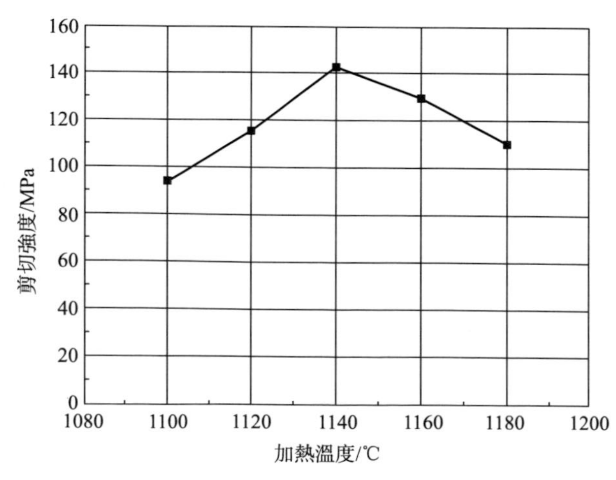

圖 3.13 Al_2O_3-TiC/Q235 鋼擴散焊界面剪切強度隨加熱溫度的變化

Al_2O_3-TiC/Q235 鋼擴散連接界面剪切強度試驗結果表明，加熱溫度控製在 1140～1160℃，保溫時間為 45～60min，焊接壓力為 12MPa～15MPa，對於 Al_2O_3-TiC/Q235 鋼擴散連接能夠獲得剪切強度較高的接頭。

3.2.3 Al_2O_3-TiC/Q235 鋼擴散連接的顯微組織

(1) 界面組織特徵

採用光學顯微鏡（OM）和 JXA-840 掃描電鏡（SEM）對 Al_2O_3-TiC/Q235 鋼擴散焊接頭試樣的顯微組織進行觀察。光學顯微鏡和掃描電鏡下拍攝的 Al_2O_3-TiC/Q235 鋼擴散焊接頭區域的組織特徵如圖 3.14 和圖 3.15 所示。

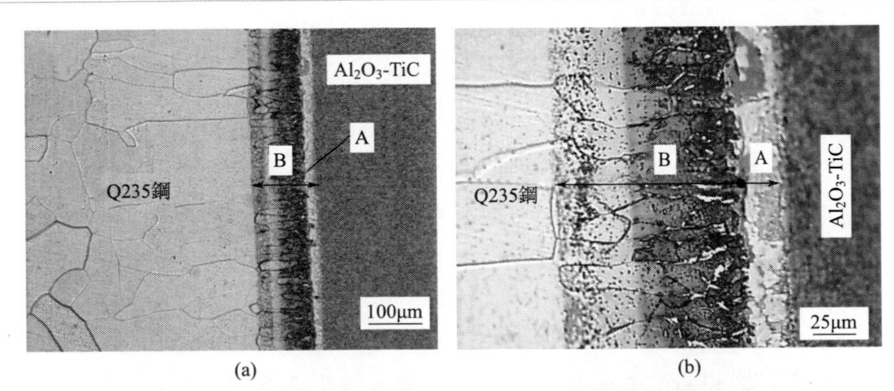

圖 3.14 光學顯微鏡下 Al_2O_3-TiC/Q235 鋼擴散焊接頭的組織特徵

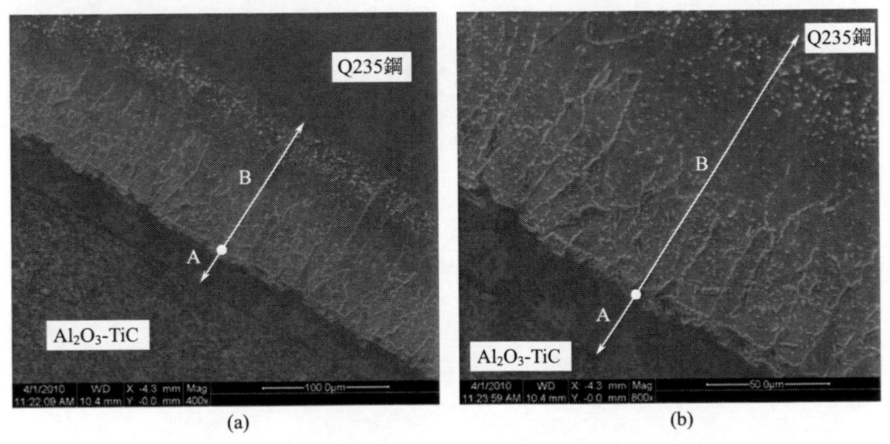

圖 3.15 掃描電鏡下拍攝的 Al_2O_3-TiC/Q235 鋼擴散焊接頭的組織特徵

可以看到，Al_2O_3-TiC 複合陶瓷與 Q235 鋼擴散連接界面存在明顯的擴散特徵，界面過渡區的組織特徵不同於兩側基體。Al_2O_3-TiC 複合陶瓷與 Q235 鋼擴散界面結合緊密，沒有顯微孔洞、裂紋及未連接區域。在 Al_2O_3-TiC 複合陶瓷側，界面過渡區與 Al_2O_3-TiC 複合陶瓷基體之間形成的界面較平直、連續；在 Q235 鋼側，界面過渡區與 Q235 鋼基體之間形成的界面不明顯，主要由細小、不連續分布的顆粒狀析出相構成。

擴散反應層向 Q235 鋼內生長較深，而向 Al_2O_3-TiC 複合陶瓷內生長較淺，因為原子在金屬中比在陶瓷中更容易擴散。中間層擴散反應區 A 較窄，但其對 Al_2O_3-TiC 與 Q235 鋼之間的可靠連接起到重要的作用，中間層擴散反應區 A 與 Al_2O_3-TiC 陶瓷及 Q235 鋼側擴散反應區 B 之間存在明顯的邊界。Q235 鋼側擴散反應區 B 與 Q235 鋼基體之間存在明顯的共同晶粒，界面表現出連生長大與界面互鎖特徵，如圖 3.14 所示。

與熔化焊接不同，在擴散連接的過程中，由於母材不熔化，連接界面處一般不易形成共同的晶粒，只是在中間層（釬料）與母材之間形成有相互原子滲透的冶金擴散結合。Al_2O_3-TiC/Q235 鋼擴散過渡區具有明顯的共同晶粒（與 Q235 鋼），並且過渡區內晶粒形態呈柱狀，貫穿於整個界面過渡區，如圖 3.16 所示。在擴散連接過程中，界面過渡區附近 Q235 鋼基體組織由原來的等軸晶生長為柱狀晶，界面附近的組織結構發生變化，晶粒的生長方向也有所改變。由於擴散連接界面過渡區窄小，冷卻速度緩慢，在連接母材的界面處，晶粒最適宜作為擴散連接界面結晶的現成表面，對晶粒生長最為有利。擴散連接界面組織容易在母相的基礎上形成，即組織的外延生長，並且沿熱傳導方向擇優生長成柱狀晶。

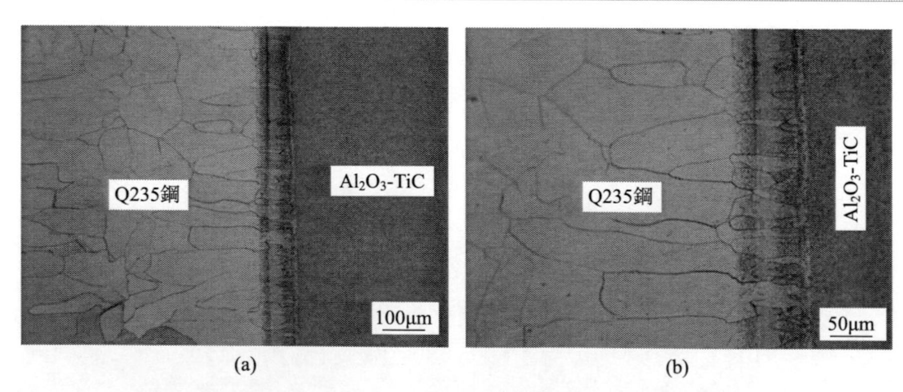

圖 3.16 Al_2O_3-TiC/Q235 鋼擴散過渡區附近的柱狀晶組織

(2) 縱截面顯微組織

將 Al_2O_3-TiC/Q235 鋼擴散焊接頭試樣從 Q235 鋼中心部位縱向切開（圖 3.6），沿平行於界面方向磨製試樣，對 Al_2O_3-TiC/Q235 鋼擴散接頭進行逐層顯微組織分析，用4%的硝酸酒精腐蝕的 Al_2O_3-TiC/Q235 鋼擴散接頭橫截面顯微組織如圖 3.17 所示，其中：A 區為中間層反應區，B 區為 Q235 鋼側擴散反應區，a～d 層的顯微組織如圖 3.18 所示。縱截面顯微組織的觀察分析可以對 Al_2O_3-TiC/Q235 鋼擴散焊界面過渡區的組織分布及特點有直觀立體的認識，可以更好地分析和研究 Al_2O_3-TiC/Q235 鋼擴散焊界面過渡區各層的顯微組織特徵。

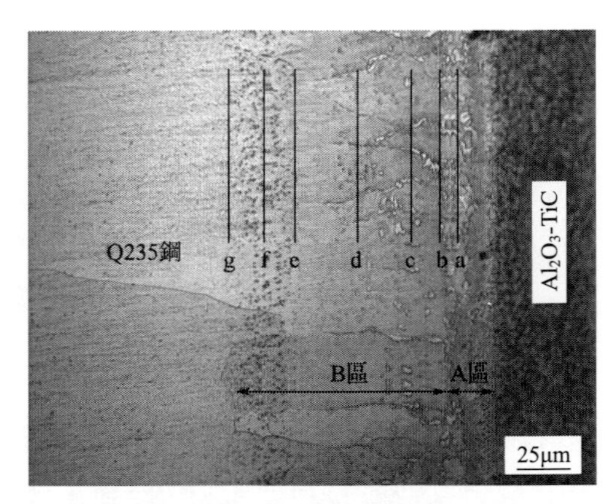

圖 3.17 Al_2O_3-TiC/Q235 鋼界面過渡區逐層組織分析

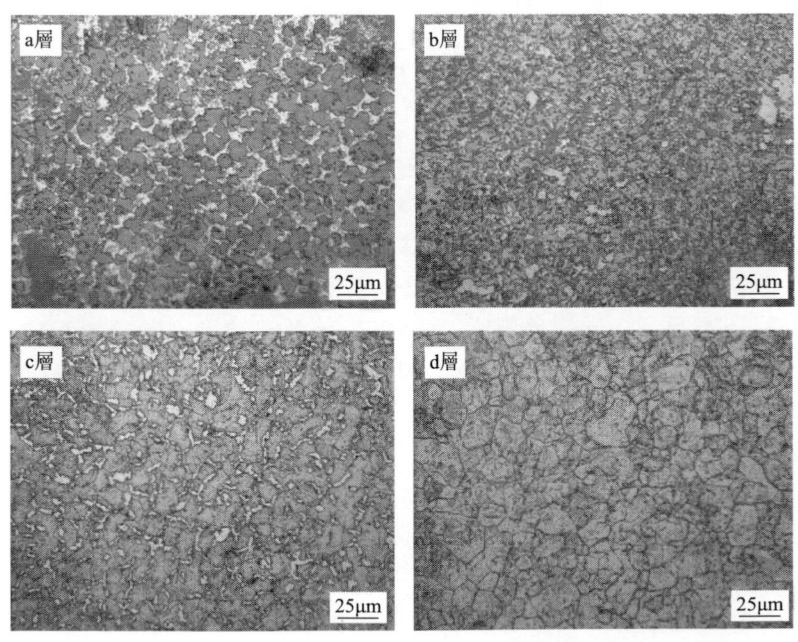

圖 3.18 Al_2O_3-TiC/Q235 鋼界面過渡區逐層組織分析（a~d 層）

a 層位於中間層反應區（A 區）內，邊界圓滑的灰色塊狀組織分布於淺銅色組織上，主要為 Ti-Cu-Ti 中間層中的元素 Ti 與 Cu 擴散反應形成的區域。電子探針（EPMA）分析表明，Q235 鋼中的 Fe 元素擴散進入中間層反應區（A 區）內。

b 層為中間層反應區（A 區）與 Q235 鋼側反應區（B 區）的交界面上，組織形貌主要為 Ti、Cu、Fe 擴散反應的結果。

c 層位於 Q235 鋼側擴散反應區（B 區）內，緊鄰中間層反應區，組織特徵為亮白色塊狀組織沿晶界分布。

d 層也位於 B 區內，呈現均勻細小的等軸晶組織，晶界上分布著細小顆粒狀組織。分析認為 d 層細小的等軸晶組織為元素發生了晶格內面擴散（也稱網格狀擴散）的結果，元素的擴散結果是將 Q235 鋼基體晶粒分割，產生與晶界擴散類似的現象。

e～g 層均位於 Q235 鋼側擴散反應區內，遠離中間層反應區，與未發生元素擴散反應的 Q235 鋼原始組織相鄰，是中間層中的 Ti 元素向 Q235 鋼側擴散的末梢。受擴散焊參數影響，e～g 層仍具有與 d 層相似的等軸晶組織，不同的是：e 層上黑色細小的點狀組織均勻彌散分布於整個反應層內；f 層上黑色點狀組織析出量增多，或發生團簇聚集，或彌散均勻分布；g 層與未發生元素擴散反應的 Q235 鋼原始組織緊鄰，基體組織形貌與 Q235 鋼相似，析出相的形貌及分布特徵與 e 層相似。

3.2.4 界面過渡區析出相分析

通過掃描電鏡（SEM）觀察到，Al_2O_3-TiC/Q235 鋼擴散焊界面過渡區內存在一些形態各異的析出相。通過對界面過渡區微區成分及析出相進行分析，可以得到 Al_2O_3-TiC/Q235 鋼擴散焊界面過渡區的組織組成及其對接頭性能的影響。Al_2O_3-TiC/Q235 鋼擴散焊界面過渡區及析出相的形貌特徵如圖 3.19 所示。

由圖 3.19 可見，中間層反應區 A 為淺灰色及深灰色塊狀組織組成的區域，在淺灰色及深灰色基體上分布著黑色的顆粒狀組織。Q235 鋼側擴散反應區 B 的顯微組織形貌與 A 區不同，可見明顯的晶界特徵，Q235 鋼側擴散反應區 B 進一步細分為 B_1、B_2、B_3 三個小區域［圖 3.19(a)］，A 區與 B_1 區間存在明顯的邊界，B_1 區晶粒以 A 區起伏不平的現成表面為基礎生長。緊鄰 Q235 鋼一側的 B_3 區分布有細小、彌散的顆粒狀析出相，位於 B_1 區與 B_3 區之間的 B_2 區的組織形貌為這兩個區域的自然過渡。

在掃描電鏡（SEM）下利用 X 射線能譜對 Al_2O_3-TiC/Q235 鋼擴散焊界面過渡區各區域的微區成分及析出相進行了分析，相應的取點位置如圖 3.19 所示。Al_2O_3-TiC/Q235 鋼界面過渡區成分測試結果見表 3.7。

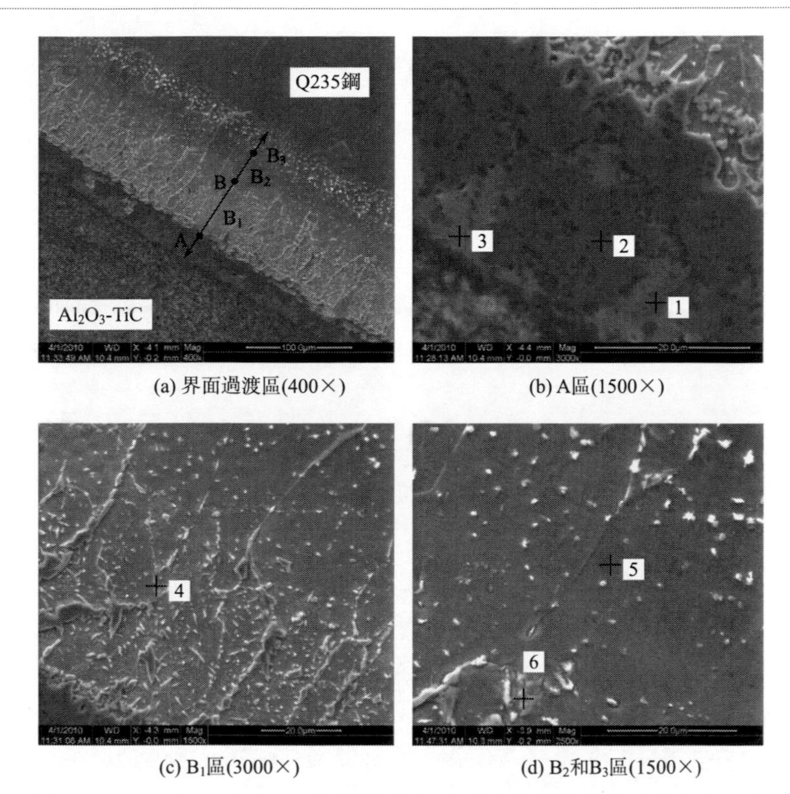

(a) 界面過渡區(400×)　(b) A區(1500×)

(c) B_1區(3000×)　(d) B_2和B_3區(1500×)

圖 3.19　Al_2O_3-TiC/Q235 鋼擴散焊界面過渡區顯微組織及析出相形貌

表 3.7　測定各點的元素百分含量（溶質質量分數）　%

測點	Al	Si	W	Mo	Ti	Fe	Cu	總計
1	0.49	0.60	—	—	27.07	69.04	2.80	100
2	0.43	0.65	—	—	27.49	68.94	2.49	100
3	1.15	—	5.97	8.30	55.03	1.05	28.50	100
4	0.47	0.42	—	—	26.02	67.88	5.21	100
5	0.53	—	—	—	3.81	90.69	4.98	100
6	—	—	—	—	29.83	66.82	3.36	100

由表 3.7 可看出，中間層反應區 A 的淺灰色基體（測點 1）及灰黑色基體（測點 2）主要含有 Fe 和 Ti 及少量的 Cu，並且在兩種形貌不同的組織中 Fe、Ti、Cu 的含量幾乎相同，這兩種組織的相組成主要為 α-Fe、Fe-Ti 及少量的 Cu-Ti 化合物相。

中間層反應區 A 的黑色粒狀組織（測點 3）主要含有 Ti、Cu、Mo、W（來自於 Al_2O_3-TiC 陶瓷）及少量的 Al、Fe，Ti、Cu，易結合成化合物。根據 Ti-Mo、Ti-W 相圖，液態時 Mo、W 與 Ti 無限互溶，固態時 Mo、W 在 β-Ti 中也可以溶解，並使β-Ti相保持到室溫。所以，黑色粒狀組織（測點3）主要組成相為Mo、W在β-Ti中的固溶體、Ti-Cu化合物。

Q235側擴散反應區B_1的析出物（測點4）主要含有Fe、Ti及少量的Cu，並且Fe、Ti的含量與中間層反應區A的淺灰色基體及灰黑色基體Fe、Ti的含量幾乎相同，Cu的含量略有增加。B_1區的析出物（測點4）主要為α-Fe、Fe-Ti及少量的Cu-Ti化合物相。

Q235鋼側擴散反應區B_2（測點5）微區分析結果表明，除了Fe元素外，含有少量的Cu、Ti，主要為α-Fe組織結構。Q235鋼側擴散反應區B_3粒狀組織（測點6）主要含有Fe和Ti及少量的Cu。其主要為α-Fe、Fe-Ti及少量的Cu-Ti化合物相。

3.2.5 工藝參數對Al_2O_3-TiC/Q235鋼擴散界面組織的影響

(1) 加熱溫度的影響

擴散焊的工藝參數最主要的是加熱溫度、保溫時間和焊接壓力，這些因素之間相互影響、相互製約。加熱溫度T是影響Al_2O_3-TiC/鋼擴散焊界面過渡區組織性能的重要參數之一。

不同加熱溫度時的Al_2O_3-TiC/Q235鋼擴散焊界面過渡區的顯微組織特徵如圖3.20所示。由圖可見，保溫時間（$t=60$min）和壓力（$p=15$MPa）相同，加熱溫度由1120℃升高至1180℃，Al_2O_3-TiC/Q235鋼擴散焊界面過渡區寬度逐漸增加，其中中間層反應區的寬度也逐漸增加，且中間層反應區組織形貌變化較大，由於隨著擴散焊溫度升高，反應程度加劇。1120℃和1140℃時，中間層反應區內明顯可見類似金屬銅的顏色，表明中間層中的Cu有剩餘。溫度升高至1160℃時，中間層反應區內Ti、Cu與兩側基體擴散來的元素反應充分，僅析出相周圍可見少量剩餘Cu，中間層反應區內的反應產物分布較均勻。當溫度升高至1180℃時，由於過分反應，反應層加厚。需指出的是，中間層反應區內高塑性殘餘Cu的存在對減緩接頭殘餘應力是有益的。

加熱溫度為1100℃時，Al_2O_3-TiC/Q235鋼擴散焊界面過渡區寬度為94μm，隨著加熱溫度的升高，原子擴散速度增大，界面反應加劇，界面過渡區寬度增加，當加熱溫度升高至1180℃時，Al_2O_3-TiC/Q235鋼擴散焊界面過渡區寬度增加至134μm，如圖3.21所示。根據實測結果可以推斷，繼續升高加熱溫度，Al_2O_3-TiC/Q235鋼及Al_2O_3-TiC/18-8鋼擴散焊界面過渡區寬度將繼續增加。

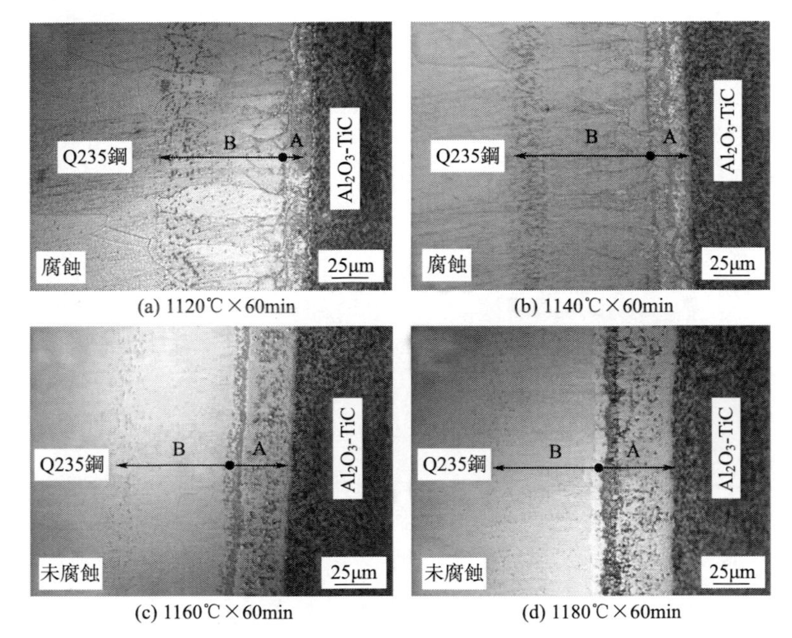

(a) 1120℃×60min (b) 1140℃×60min

(c) 1160℃×60min (d) 1180℃×60min

圖 3. 20 不同加熱溫度時 Al_2O_3-TiC/Q235 鋼擴散焊界面過渡區的顯微組織

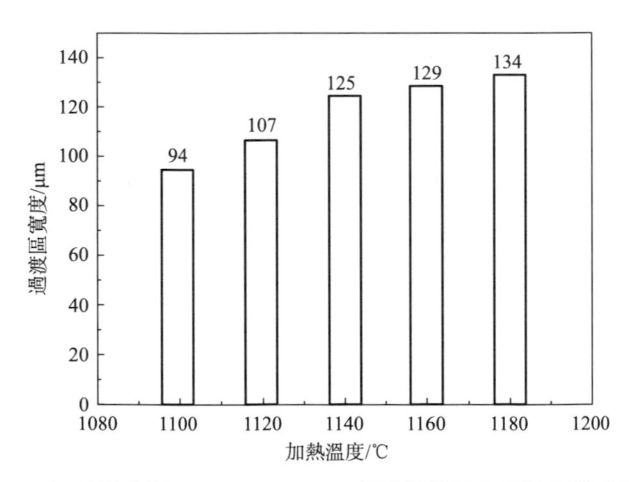

圖 3. 21 加熱溫度對 Al_2O_3-TiC/Q235 鋼擴散焊界面過渡區寬度的影響

但加熱溫度過高，將導致擴散焊界面過渡區附近組織粗化；隨著加熱溫度的升高，界面反應將進一步加劇，擴散焊界面附近易生成脆性的金屬間化合物。而且，加熱溫度直接影響 Al_2O_3-TiC 複合陶瓷與鋼擴散焊接頭的殘餘應力，即較高的加熱溫度會產生較大的殘餘應力。因此，在保證獲得較好的 Al_2O_3-TiC/Q235 鋼擴散焊接頭組織和性能的前提下，對加熱溫度應加以控製。

（2）保溫時間和壓力的影響

保溫時間主要決定擴散焊界面附近元素擴散的均勻性和界面反應的程度。壓力也是擴散連接的重要參數，保證連接表面局部凸起部分產生塑性變形、破碎表面氧化膜和促使元素擴散。

保溫時間較短（45min），加熱溫度為 1140℃時，Al_2O_3-TiC/Q235 鋼擴散焊界面過渡區元素擴散不充分，在中間層反應區內可見大的黑色塊狀組織。隨著保溫時間的延長及壓力的增大，擴散焊界面局部接觸面積增大，界面附近處於熱激活狀態的原子數目增多，原子擴散距離也增加，元素擴散及界面反應更充分，從而形成組織均勻的擴散焊界面過渡區。實測結果匯總得到的保溫時間對 Al_2O_3-TiC/Q235 鋼擴散焊界面過渡區寬度的影響如圖 3.22 所示。

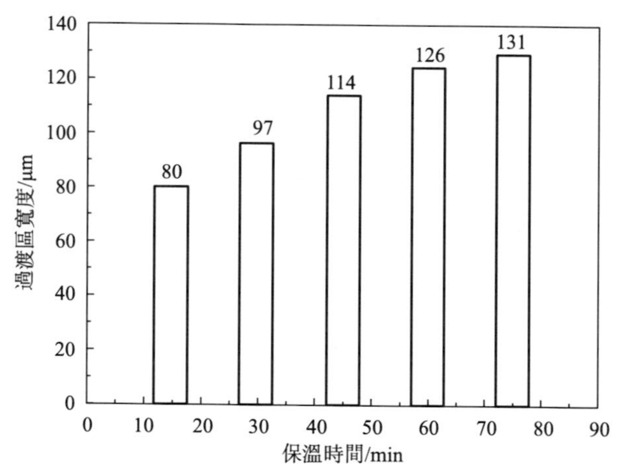

圖 3.22 保溫時間對 Al_2O_3-TiC/Q235 鋼擴散焊界面過渡區寬度的影響

隨著保溫時間的延長，Al_2O_3-TiC/Q235 鋼擴散焊界面過渡區寬度逐漸增加。在保溫的初始階段（保溫時間小於 30min），隨著保溫時間的增加，Al_2O_3-TiC/Q235 鋼擴散焊界面過渡區寬度增加較快；當保溫時間超過 30min 時，界面過渡區寬度增加緩慢。這是由於在保溫初始階段，保溫時間對元素的擴散遷移影響較大，保溫時間越長，元素的擴散遷移越充分。當達到一定時間後，保溫時間對元素的擴散遷移影響減小，元素擴散逐漸達到準平衡狀態，具有穩定組織結構的 Al_2O_3-TiC/Q235 鋼擴散焊界面過渡區逐漸形成。

擴散焊加熱溫度、保溫時間及壓力之間相互作用，共同影響 Al_2O_3-TiC/鋼擴散焊接頭的組織及性能。為了獲得擴散充分、界面結合良好，組織性能優良的 Al_2O_3-TiC/Q235 鋼（或 18-8 鋼）擴散焊接頭，必須協調選擇合適的加熱溫度、保溫時間及壓力。試驗結果表明，Al_2O_3-TiC/Q235 鋼擴散焊合適的工藝參數為：加

熱溫度 T=1140～1160℃，保溫時間 t=45～60min，壓力 p=12～15MPa。

3.3 Al_2O_3-TiC 複合陶瓷與 18-8 奧氏體鋼的擴散連接

試驗用 18-8 鋼是奧氏體不銹鋼（1Cr18Ni9Ti），試樣尺寸為直徑 ϕ52mm×1.2mm，18-8 奧氏體鋼的化學成分及熱物理性能見表 3.8。18-8 鋼的顯微組織是 γ 奧氏體＋少量 δ-鐵素體，如圖 3.23 所示。

表 3.8 18-8 鋼的化學成分及熱物理性能

化學成分(溶質質量分數)/%								
元素	C	Mn	Si	Cr	Ni	Ti	S	P
實測值	0.11	2.0	0.8	18	9.5	0.6	0.03	0.03
GB/T 4237—2007	≤0.12	≤2.0	≤1.0	17.0～19.0	8.0～11.0	5(C−0.02)～0.8	≤0.03	≤0.035

熱物理性能							
密度 /(g/cm^3)	比熱容 /[J/(g·K)]	熱導率 /[W/(m·K)]	線脹係數 /$10^{-6}K^{-1}$	電阻率 /$10^{-6}\Omega \cdot cm$	抗拉強度 σ_b/MPa	伸長率 δ_5/%	硬度 (HRB)
8030	0.50	16.0	16.7	74	520	40	70

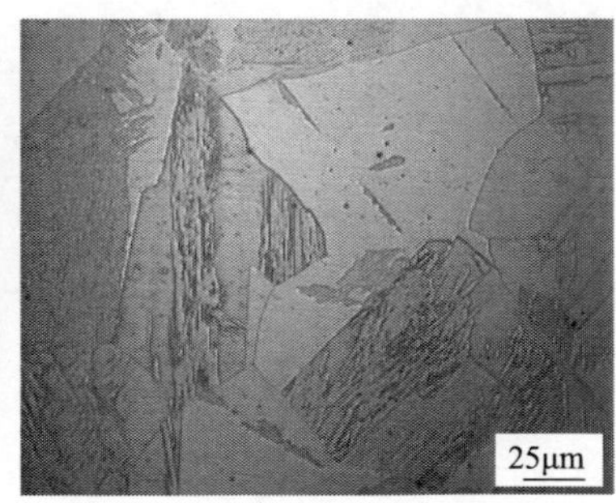

圖 3.23 18-8 奧氏體鋼的顯微組織

Al_2O_3-TiC 複合陶瓷與 18-8 鋼擴散連接的工藝參數為：加熱溫度為 1090～1170℃，保溫時間為 45～60min，壓力為 10～20MPa，真空度為 1.33×10^{-4}～1.33×10^{-5}Pa。

3.3.1 Al_2O_3-TiC/18-8 鋼擴散連接的界面特徵和顯微硬度

從 Al_2O_3-TiC 複合陶瓷與 18-8 鋼擴散連接接頭的組織形貌可以看出，界面

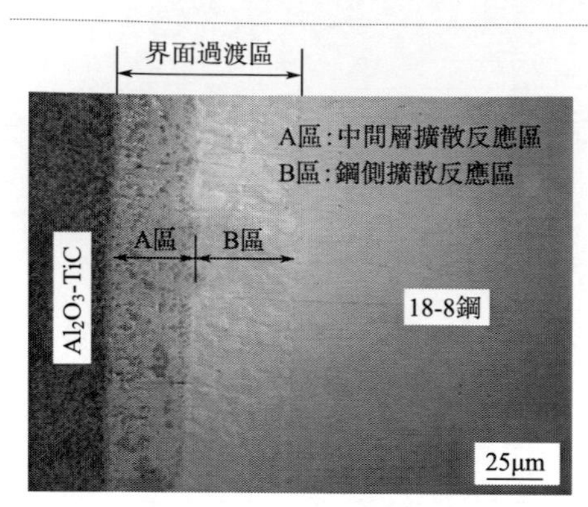

圖 3.24 Al_2O_3-TiC/鋼擴散焊界面過渡區示意

兩側基體 Al_2O_3-TiC 和 18-8 鋼之間存在擴散界面過渡區，如圖 3.24 所示。很明顯的是，Al_2O_3-TiC/18-8 鋼擴散連接接頭存在兩個明顯的界面過渡區，界面過渡區可劃分為 2 個區域：中間層擴散反應區和 18-8 鋼側擴散反應區。

① 中間層擴散反應區：由 Ti-Cu-Ti 中間層中的元素與擴散進入該區的兩側基體元素擴散反應形成（A 區）。

② 18-8 鋼側擴散反應區：位於 18-8 鋼基體內，為中間層中的 Ti 元素擴散進入 18-8 鋼基體內一定距離並與鋼中的元素擴散反應形成的區域（B 區）。

為了判定 Al_2O_3-TiC/18-8 鋼擴散焊接頭的組織與性能，對相同保溫時間（60min），不同加熱溫度 1140℃、1150℃下獲得的 Al_2O_3-TiC/18-8 鋼擴散焊界面附近進行顯微硬度測試，顯微硬度測定點位置和顯微硬度分布如圖 3.25 和圖 3.26 所示，其中橫座標為垂直於界面方向。

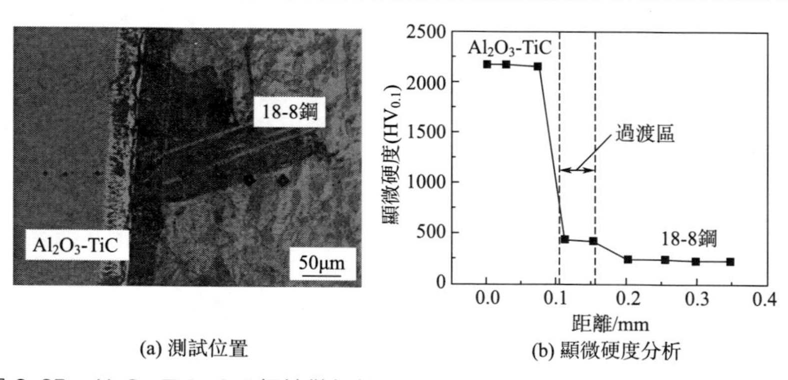

圖 3.25 Al_2O_3-TiC/18-8 鋼擴散焊接頭區的顯微硬度分布（1140℃ × 60min）

顯微硬度測定結果表明，在相同保溫時間（60min），不同加熱溫度 1140℃、1150℃下獲得的 Al_2O_3-TiC/18-8 鋼擴散界面附近區域的顯微硬度具有相似的變化規律，即界面過渡區的顯微硬度遠遠低於 Al_2O_3-TiC 陶瓷，略高於 18-8 不銹鋼的顯微硬度。

表 3.9 示出 Al_2O_3-TiC/18-8 鋼擴散焊界面過渡區在不同加熱溫度下的顯微硬度變化。可見，加熱溫度為 1150℃時，中間層反應區及 18-8 鋼側反應區的顯

微硬度值均高於 1140℃時的顯微硬度值。隨著擴散焊加熱溫度的升高，界面擴散反應加劇，脆性金屬間化合物易於生成。

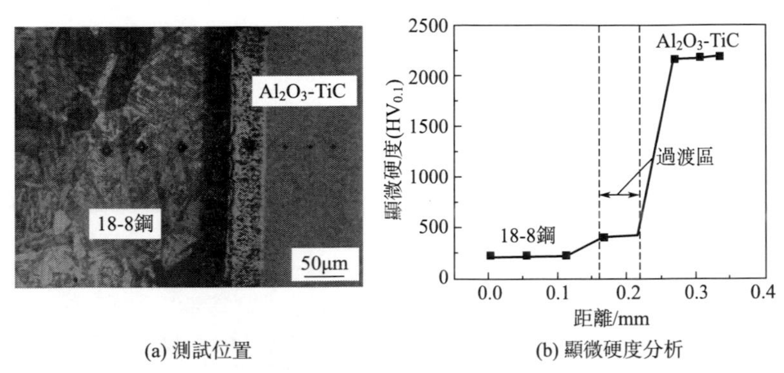

(a) 測試位置 (b) 顯微硬度分析

圖 3.26 Al_2O_3-TiC/18-8 鋼擴散焊接頭區的顯微硬度分布（1150℃ × 60min）

表 3.9 Al_2O_3-TiC/18-8 鋼擴散焊界面過渡區的顯微硬度

反應層	不同加熱溫度下的顯微硬度($HV_{0.1}$)	
	1140℃	1150℃
中間層反應區	441	452
18-8 鋼側反應區	421	428
顯微硬度均值	431	440

3.3.2 Al_2O_3-TiC/18-8 鋼擴散連接界面的剪切強度

採用線切割方法從 Al_2O_3-TiC/18-8 鋼擴散焊接頭位置切取 10mm×10mm×8.2mm 的試樣（每個工藝參數下切取 2 個試樣），切取下的試樣表面經磨製後在微機屏顯液壓萬能試驗機上進行剪切試驗，剪切試驗過程中載荷-位移關係曲線如圖 3.27 所示。Al_2O_3-TiC/18-8 鋼接頭剪切強度的測試和計算結果見表 3.10。

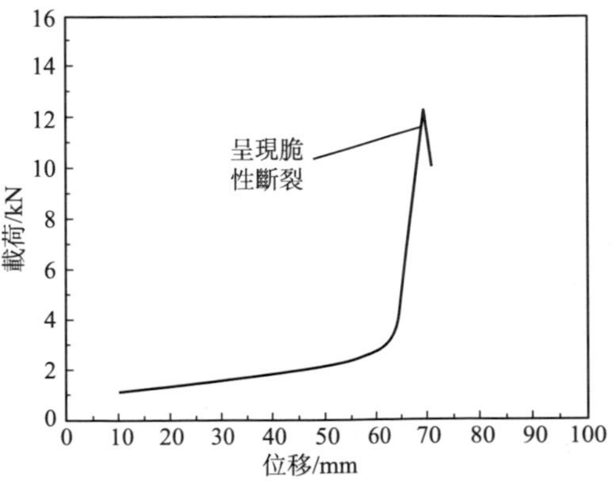

圖 3.27 Al_2O_3-TiC/18-8 鋼接頭剪切過程中載荷與位移的關係

與 Al_2O_3-TiC/Q235 鋼擴散焊接頭剪切試驗過程中的載荷-位移曲線圖相似，Al_2O_3-TiC/18-8 鋼擴散焊接頭剪切過程中的載荷-位移曲線圖也表現為典型的陶瓷體脆性斷裂特徵，斷裂前載荷與位移保持良好的線性關係，斷裂後載荷曲線突然下降。

Al_2O_3-TiC/18-8 鋼擴散焊界面剪切試驗結果表明（表 3.10），加熱溫度由 1090℃升高至 1130℃，Al_2O_3-TiC/18-8 鋼擴散焊接頭剪切強度由 85MPa 升高至 125MPa，如圖 3.28 所示。這是由於隨著加熱溫度的升高，Al_2O_3-TiC/18-8 鋼擴散焊界面元素的擴散反應更為充分，Al_2O_3-TiC 與 18-8 鋼界面之間的冶金擴散結合更緊密，Al_2O_3-TiC/18-8 鋼接頭結合強度升高。而後當加熱溫度由 1130℃繼續升高至 1170℃時，Al_2O_3-TiC/18-8 鋼擴散焊接頭剪切強度反而降低至 88MPa。這是由於加熱溫度過高，Al_2O_3-TiC/18-8 鋼界面過渡區內組織粗化使界面結合強度降低，Al_2O_3-TiC/18-8 鋼擴散界面過渡區內生成脆性化合物（如 Fe-Ti 相）使接頭塑性降低。

表 3.10 Al_2O_3-TiC/18-8 鋼擴散焊界面剪切強度的試驗結果

編號	工藝參數 ($T\times t,p$)	剪切面尺寸 /mm	最大載荷 F_{max}/kN	剪切強度 σ_τ/MPa	平均剪切強度 $\bar{\sigma}_\tau$/MPa	斷裂位置
1	1090℃×60min,15MPa	10×10	8.2	82	85	界面斷裂
2	1090℃×60min,15MPa	10×10	8.8	88		
3	1110℃×60min,15MPa	10×10	9.7	97	101	Ⅰ型混合斷裂
4	1110℃×60min,15MPa	10×10	10.5	105		
5	1130℃×60min,15MPa	10×10	12.2	122	125	Ⅱ型混合斷裂
6	1130℃×60min,15MPa	10×10	12.8	128		
7	1150℃×45min,15MPa	10×10	11.3	113	116	Ⅰ型混合斷裂
8	1150℃×45min,15MPa	10×10	11.9	119		
9	1170℃×45min,15MPa	10×10	8.2	82	88	陶瓷斷裂
10	1170℃×45min,15MPa	10×10	9.4	94		

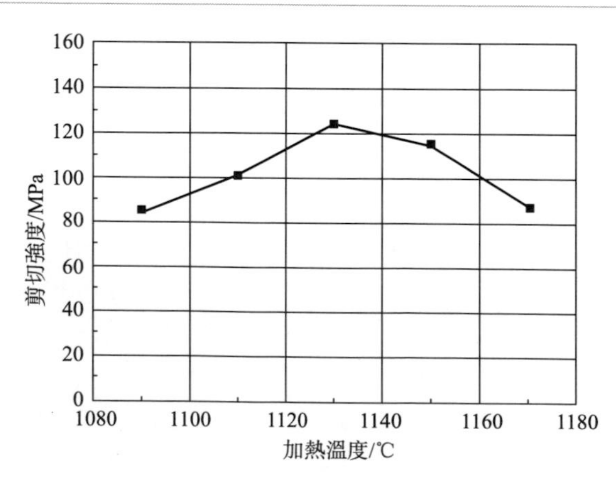

圖 3.28 加熱溫度對 Al_2O_3-TiC/18-8 鋼擴散焊界面剪切強度的影響

Al_2O_3-TiC/18-8 鋼擴散焊接頭剪切強度分析結果表明，加熱溫度控製在

1130～1150℃，保溫時間為45～60min，焊接壓力為12～15MPa，Al_2O_3-TiC複合陶瓷與18-8鋼擴散焊能夠獲得剪切強度較高的連接接頭。

3.3.3 Al_2O_3-TiC/18-8鋼擴散連接的顯微組織

(1) 顯微組織特徵

採用光學顯微鏡（OM）對Al_2O_3-TiC/18-8鋼擴散焊接頭的顯微組織進行觀察。圖3.29示出Al_2O_3-TiC/18-8鋼擴散焊界面過渡區的顯微組織特徵，圖3.29(a)所示是腐蝕前Al_2O_3-TiC/18-8鋼擴散焊接頭區的組織特徵。採用王水溶液（HCl：HNO_3＝3：1）對Al_2O_3-TiC/18-8鋼擴散焊接頭金相試樣進行腐蝕，腐蝕後的Al_2O_3-TiC/18-8鋼擴散焊界面及過渡區的組織形態如圖3.29(b)所示。

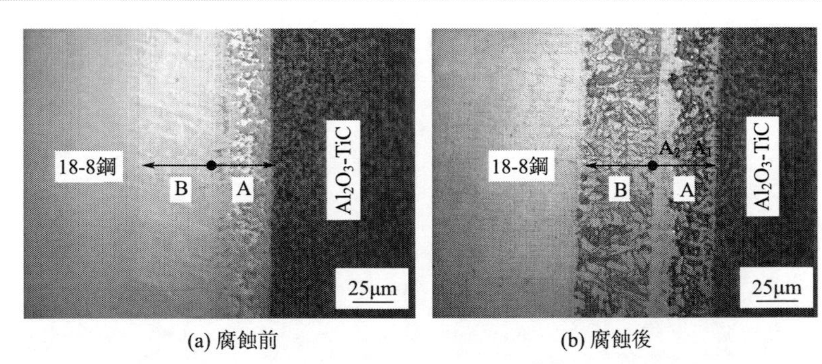

(a) 腐蝕前　(b) 腐蝕後

圖3.29 Al_2O_3-TiC/18-8鋼擴散焊界面過渡區的顯微組織特徵

分析表明，Al_2O_3-TiC/18-8鋼擴散焊過程中，基體中的元素不斷向界面擴散，Ti-Cu-Ti中間層中的元素一邊相互擴散，一邊向兩側基體中擴散。達到一定條件時，元素間發生擴散反應，形成組織特徵不同於兩側基體的界面過渡區。Al_2O_3-TiC複合陶瓷與18-8鋼之間的界面過渡區由兩個區域組成：中間層擴散反應區A（可進一步劃分為A_1、A_2兩小區）和18-8鋼側擴散反應區B，見圖3.29。可以看出，A區與B區之間存在明顯界限，並且與兩側基體之間的界面同樣也平直、連續，未見顯微孔洞、裂紋等缺陷，界面結合良好。

A區為Ti-Cu-Ti中間層中的元素與擴散而來的兩側基體元素擴散反應形成的。A區腐蝕前［圖3.29(a)］的組織中明顯可見類似金屬銅的顏色，可能為反應剩餘的Cu（以α-Cu的形式存在）或是Cu與其他元素形成的化合物。由A區腐蝕後［圖3.29(b)］的顯微組織可以看出，A_1區的大部分區域（類似銅色區域）在王水的腐蝕下顏色發生了變化，而A_1區其他區域（除類似銅色以外的區域）及A_2區在腐蝕前後變化不大。

B區為 Ti-Cu-Ti 中間層中的 Ti 元素擴散進入 18-8 鋼基體中，與 18-8 鋼基體元素擴散反應形成的區域。腐蝕前［圖 3.29(a)］的顯微組織中可見析出相的形貌。腐蝕後的組織可見細小均勻的粒狀組織分布在基體組織中，而不規則的塊狀組織分布在基體組織上。

(2) 縱截面顯微組織

為進一步觀察和分析 Al_2O_3-TiC/18-8 鋼擴散焊界面過渡區的顯微組織特徵，採用圖 3.6 所示的方法對試樣進行切割和打磨，對 Al_2O_3-TiC/18-8 鋼接頭沿平行於界面方向從 18-8 鋼側向 Al_2O_3-TiC 陶瓷側逐層打磨，逐層觀察 Al_2O_3-TiC/18-8 鋼界面過渡區的顯微組織，如圖 3.30 所示（A 區為中間層反應區，B 區為鋼側反應區），a 層緊鄰 Al_2O_3-TiC 陶瓷，f 層緊鄰 18-8 鋼，顯微組織如圖 3.31 所示，其中標注「腐蝕」的為採用王水溶液腐蝕，標注「$HCl+HNO_3+CH_3COOH$ 腐蝕」為採用鹽酸、硝酸和冰醋酸的混合溶液（$HCl:HNO_3:CH_3COOH=1:3:4$）腐蝕的形貌，未標注這些文字的為經拋光處理後的組織形貌。

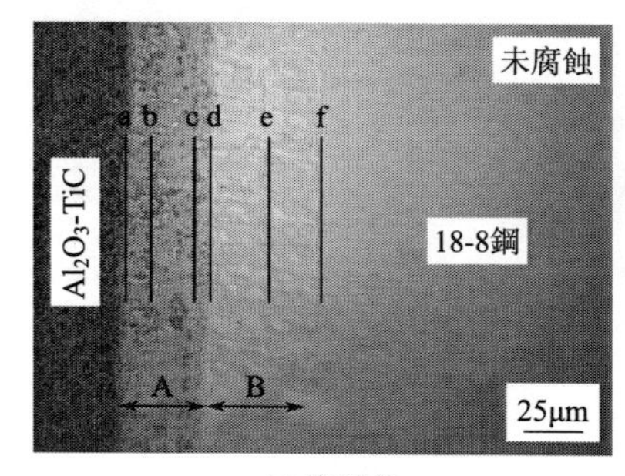

(a) 腐蝕前

(b) 腐蝕後

圖 3.30 Al_2O_3-TiC/18-8 鋼界面過渡區逐層組織分析

a 層緊鄰 Al_2O_3-TiC 陶瓷，淺灰色基體上分布著細小彌散的顆粒狀組織，可能為 Ti 擴散至 Al_2O_3-TiC 表面與 Al_2O_3 反應生成的 Ti 的氧化物，反應產生的 Al 離子溶解在 Cu-Ti 液相中。可見少量點狀淺銅色，表明 Cu 擴散至 Al_2O_3-TiC 陶瓷界面附近。

b 層位於中間層反應區（A 區），b 層顯微組織由形態不同的組織組成：邊界圓滑的灰色組織分布於淺銅色基體組織上，小球狀紫銅色組織分布於灰色及淺銅色組織上。腐蝕後各種組織的周界更清晰。b 層組織的形成主要是中間層中的元素 Ti、Cu 與來自兩側基體的元素（Al_2O_3-TiC 中的少量 Al、O 及 18-8 鋼中的 Fe、Cr、Ni）擴散反應的結果。

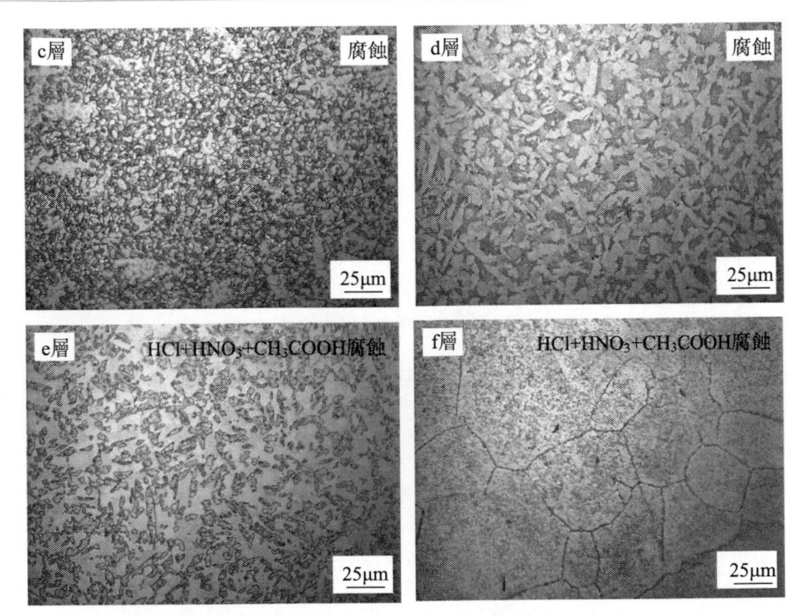

圖 3. 31　Al_2O_3-TiC/18-8 鋼界面過渡區逐層組織分析（c~f 層）

c 層也位於中間層反應區，與 b 層的組織形態明顯不同，為灰色基體上彌散分布著顆粒狀組織。c 層的灰色基體與 b 層邊界圓滑的灰色組織相似，結果表明，兩者的耐蝕性均優於 a 層的其他組織及 18-8 鋼側過渡區（B 區），經王水腐蝕後邊界更清晰。電子探針（EPMA）分析表明，c 層主要是中間層中的元素 Ti 與來自 18-8 鋼的元素 Cr、Ni、Fe 擴散反應的結果。

d 層位於中間層反應區（A 區）與 18-8 鋼側反應區（B 區）的交界面上，即 d 層為 18-8 鋼的原始表面。d 層的細小彌散顆粒狀組織與 c 層相同，但其灰色基體上分布有白色塊狀組織，白色塊狀組織與 B 區相同。也就是說 d 層呈現了 Ti-Cu-Ti 中間層與 18-8 鋼擴散連接的界面特徵。

e 層代表 18-8 鋼側反應區（B 區）的組織形貌，白色小塊狀組織均勻分布於灰色基體中（未腐蝕），經王水腐蝕後，原來的白色小塊狀組織變為黑灰色，同時，原來的灰色基體變為白色，表現為如圖 3. 31 中 e 層所示的組織形貌。經王水腐蝕過的 e 層組織再進行一次王水腐蝕（二次腐蝕），隱約可見晶粒邊界，且有少量晶界析出相。採用鹽酸、硝酸和冰醋酸的混合溶液對 e 層組織進行腐蝕發現，e 層還存在另一種組織呈條狀或塊狀均勻分布於基體中，原來的灰色基體變為淺灰色，白色小塊狀組織變為亮白色，即 e 層的組織形貌為白色小塊狀組織與條塊狀組織均勻分布於基體中。電子探針（EPMA）分析表明，e 層即 18-8 鋼側反應區主要是中間層元素 Ti 擴散至 18-8 鋼中，Ti 作為活性元素與 18-8 鋼中的

Fe、Cr、Ni 表現出強烈的相互作用，元素相互作用的結果形成不同於 18-8 鋼基體的組織形貌。

f 層位於 18-8 鋼側反應區（B 區）前沿與未發生變化的 18-8 鋼組織緊鄰。f 層隱約可見細小點狀組織，並在晶粒邊界聚集。f 層是 Ti 向 18-8 鋼擴散的末梢，由於擴散至 f 層的 Ti 量較少，少量的 Ti 主要在晶粒邊界聚集，因為晶界是快速擴散的通道。

3.3.4 界面過渡區析出相分析

Al_2O_3-TiC/18-8 鋼擴散焊界面過渡區的背散射電子像如圖 3.32 和圖 3.33 所示。界面過渡區與兩側基體具有不同的背散射電子像。對中間層反應區（A 區）進行了點成分分析，波譜（圖 3.32 的測點 1、2、3、4）及能譜（圖 3.33 的 a、b、c、d、e 點）點成分分析位置如圖所示。

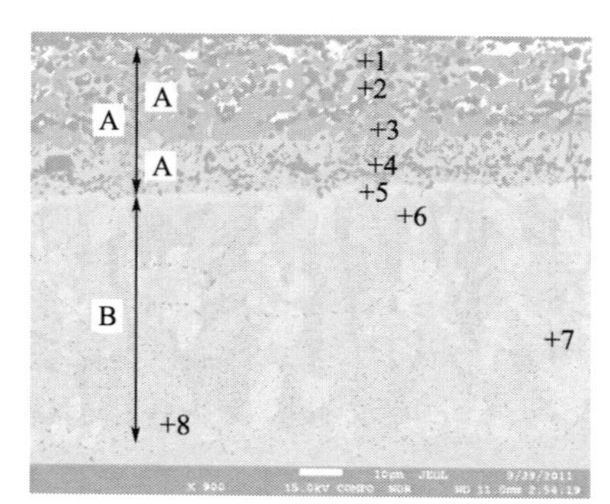

圖 3.32 Al_2O_3-TiC/18-8 鋼擴散焊界面過渡區的背散射電子像（一）

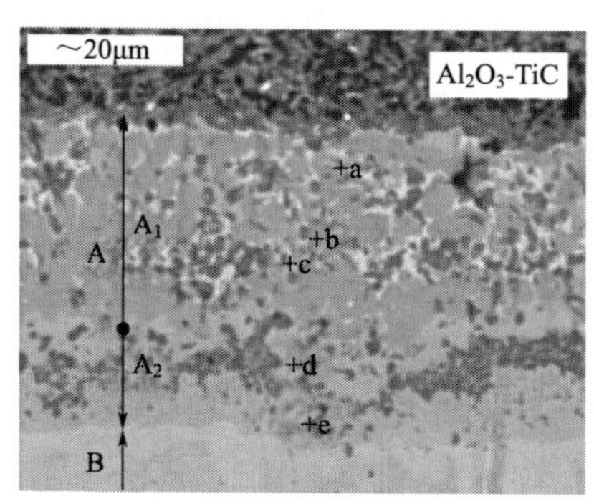

圖 3.33 Al_2O_3-TiC/18-8 鋼擴散焊界面過渡區的背散射電子像（二）

緊鄰 Al_2O_3-TiC 陶瓷的 A_1 區，根據背散射電子像形貌的不同，共由四種組織組成：大面積深灰色組織（圖 3.32 的測點 1），黑色顆粒狀組織（圖 3.32 的測點 2），白色組織（圖 3.33 的 b 點），灰色組織（圖 3.32 的測點 3）。界面相成分的能譜分析結果見表 3.11。

大面積深灰色組織（圖 3.32 的測點 1）主要含有 Ti、Fe、Ni 及少量的 Cr、Cu 等，能譜分析表明，該深灰色組織中含有一定量的 O 元素。其中，Ti 來自於 Ti-Cu-Ti 中間層，Fe、Ni、Cr 來自於 18-8 鋼基體，表明擴散焊過程中 18-8 鋼基體元素發生溶解並擴散進入中間層中的 Cu-Ti 液相內，隨液相擴散至陶瓷基體附近。O 來自於 Al_2O_3-TiC 陶瓷，表明活性元素 Ti「奪取」了 Al_2O_3-TiC 陶瓷中的 O 並與 O 結合形成相應的反應產物保留在中間層反應區內。經分析，A 區內深灰色組織為 Ti 的氧化物、Fe-Ti-O 化合物、Ni-Ti-O 化合物、Ti 與 Ni、Cr、Cu 等的化合物。

表 3.11 界面相成分的能譜分析（原子分數） %

位置	C	O	Al	Ti	Cu	Ni	Cr	Fe	總計
a	—	60.82	0.59	27.90	2.71	4.40	2.91	餘量	100
b	—	14.34	4.95	8.09	68.46	2.34	1.03	餘量	100
c	42.40	—	—	54.88	2.35	—	—	0.37	100
d	46.58	—	—	48.70	1.30	0.40	0.45	2.57	100
e	—	—	0.98	34.31	—	—	7.83	56.88	100

黑色顆粒狀組織（圖 3.32 的測點 2）主要含有 Ti、C，黑色粒狀組織為 TiC。白色組織（圖 3.33 的 b 點）主要含有 Cu、O、Ti 及少量的 Al、Ni、Cr，很可能是以 α-Cu 形式存在的殘餘的 Cu、Cu-Ti 及 Cu-Ti-O 化合物等。灰色組織（圖 3.32 的測點 3）主要含有 Fe、Ti、Cr、Ni 及少量其他元素。可能形成 Cr、Ni 在 Fe 中的 γ 固溶體以及 Ti-Cr、Ti-Ni 等的化合物。

A_2 區與 18-8 鋼表面相鄰，灰色基體組織上分布著黑色顆粒狀組織，A_2 區的大多數黑色粒狀組織比 A_1 區的顆粒小，也可見少數塊狀黑色組織分布其中。能譜分析表明，該細小黑色粒狀組織（圖 3.33 的 d 點）與 A_1 區的黑色粒狀組織相同也主要含有 Ti 和 C，Ti 和 C 的原子含量比值接近為 1∶1，因此黑色粒狀組織為 TiC 相。A_2 區的黑色顆粒狀組織呈帶狀聚集在 A_2 區的灰色基體組織上。分析認為，A_1 區及 A_2 區析出的 TiC 相與 Al_2O_3-TiC 陶瓷中的增強相 TiC 無關，中間層反應區析出的 TiC 相為中間層中的元素 Ti 與 18-8 鋼基體中的 C 擴散進入中間層反應區結合而成，Ti 為強碳化物形成元素，擴散焊加熱條件下，Ti 易於與 C 結合形成 TiC。

A_2 區的灰色基體組織（圖 3.32 的測點 4）與 A_1 區的灰色組織（圖 3.32 的測點 3）的背散射電子像形貌相似。測點 4 與測點 3 比較，其主要元素 Ti、Ni 含量略低，Fe、Cr 含量略高，可能為 Cr、Ni 在 Fe 中的 γ 固溶體以及 Ti-Cr、Ti-Ni 等的化合物，只是各組成相含量略有不同。

可見，中間層反應區內，除 TiC 相外，其他析出相中 Ni 含量較高，接近、甚至超過 18-8 鋼母材的 Ni 含量，而中間層反應區內析出相的 Cr 含量遠低於 18-8 鋼母材。由 Cu-Ni 相圖可知，Cu、Ni 間無論在液態還是在固態中均無限互溶。擴散焊過程中，一旦出現 Cu-Ti 液相，Ni 便易於溶解在 Cu-Ti 液相中，並隨液相擴散至整個中間層反應區。

18-8 鋼側擴散反應區（B 區）實際上是 18-8 鋼基體元素擴散「流失」進入中間層反應區的，中間層中的 Ti 元素擴散進入 18-8 鋼基體內形成的區域。根據背散射電子像形貌的不同（成分像灰度不同），主要含有四種組織（圖 3.32 的測點5、6、7、8)。測點5組織與中間層反應區緊鄰,測點6代表18-8鋼側反應區中灰度較暗的組織,測點7代表18-8鋼側反應區中成分像灰度最暗的組織,測點8代表18-8鋼側反應區中亮白色的組織。

測點5、測點7所含元素種類相同,主要含有Fe、Cr、Ti、Ni,各元素含量相差不大。測點6主要含有Fe、Cr、Ni,與18-8鋼母材成分接近。測點8主要含有Fe、Cr,其Ni含量低於母材。測點5和7的Ti含量高於測點6和8。18-8鋼側反應區背散射電子像不同的各種組織,其Fe含量均較高,接近18-8鋼母材的Fe含量,各種析出相(Fe-Ti、Cr-Ti、Ni-Ti)分布在γ-Fe基體上。

3.3.5 工藝參數對 Al_2O_3-TiC/18-8 鋼擴散界面組織的影響

(1) 加熱溫度的影響

加熱溫度對擴散過程的影響顯著,加熱溫度的微小變化會使擴散速度產生較大的變化。在 Al_2O_3-TiC/鋼擴散焊加熱過程中,伴隨著一系列物理、化學、力學和冶金方面的變化,這些變化直接或間接地影響 Al_2O_3-TiC/鋼擴散焊過程及接頭品質。

不同加熱溫度時的 Al_2O_3-TiC/18-8 鋼擴散焊界面過渡區的顯微組織特徵如圖3.34所示。由圖可見,對於 Al_2O_3-TiC/18-8 鋼擴散焊接頭,保溫時間(45min)

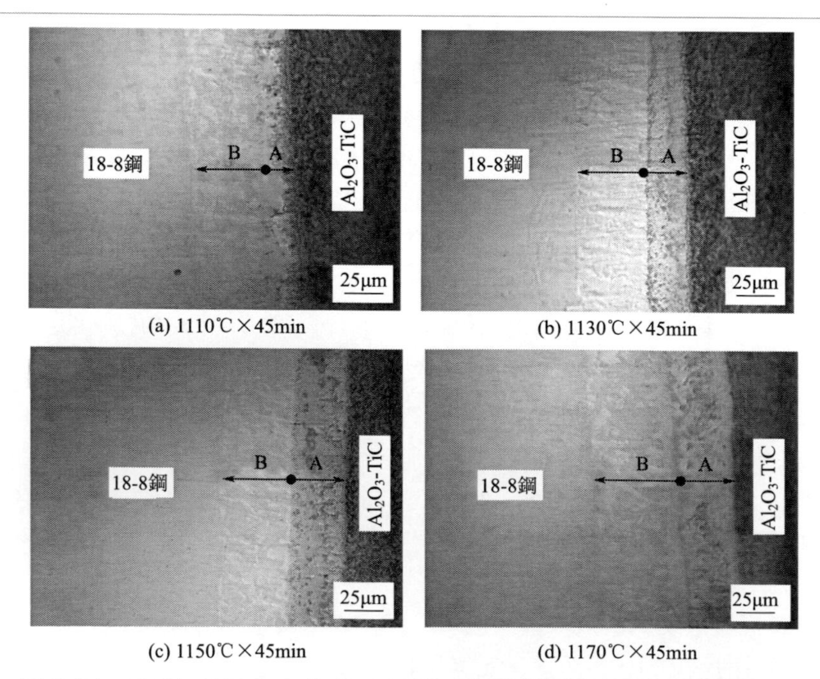

(a) 1110℃×45min (b) 1130℃×45min

(c) 1150℃×45min (d) 1170℃×45min

圖3.34 不同加熱溫度時 Al_2O_3-TiC/18-8 鋼擴散焊界面過渡區的顯微組織

和連接壓力（$p=12$MPa）相同時，隨著加熱溫度的升高，Al_2O_3-TiC/18-8 鋼擴散焊界面過渡區寬度逐漸增加。加熱溫度為 1110℃時，中間層反應區內明顯可見元素擴散不均勻、界面反應不充分，界面過渡區較窄。隨著加熱溫度的升高，元素擴散均勻且反應充分，界面過渡區的寬度增加，特別是中間層反應區的寬度增加較明顯。當加熱溫度升高至 1170℃時，由於溫度較高，元素的擴散速度及反應程度都加劇，使界面過渡區進一步增寬。

根據實測結果得到的加熱溫度對 Al_2O_3-TiC/18-8 鋼擴散連接界面過渡區寬度的影響，如圖 3.35 所示。當加熱溫度為 1090℃時，Al_2O_3-TiC/18-8 鋼擴散連接界面過渡區寬度為 73μm；當加熱溫度升高至 1170℃時，Al_2O_3-TiC/18-8 鋼擴散連接界面過渡區寬度增加至 109μm。

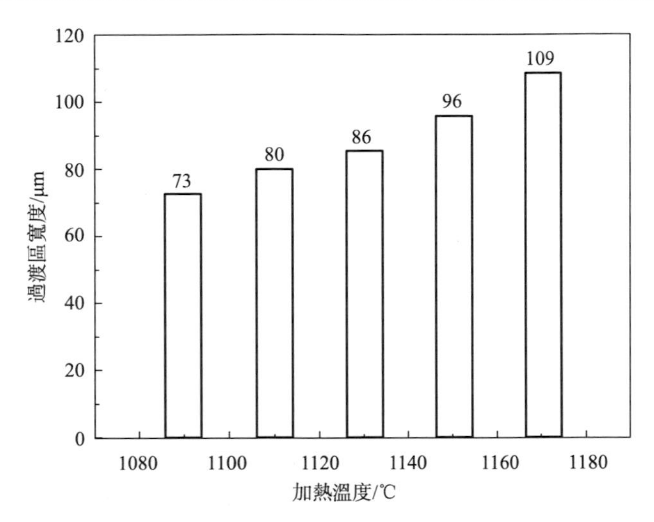

圖 3.35 加熱溫度對 Al_2O_3-TiC/18-8 鋼擴散焊界面過渡區寬度的影響

(2) 保溫時間和壓力的影響

加熱溫度為 1150℃時，在不同保溫時間和焊接壓力下，Al_2O_3-TiC/18-8 鋼擴散焊界面過渡區組織特徵見圖 3.36。加熱溫度為 1150℃，保溫時間較短(30min)時，Al_2O_3-TiC/18-8 鋼中間層反應區內明顯可見元素擴散不均勻，見圖 3.36(a)。這是由於保溫時間較短、壓力較小時，Al_2O_3-TiC/18-8 鋼擴散焊界面局部接觸面積較小，處於熱激活狀態的原子數目少，元素擴散的距離較短，界面反應不充分。

實測結果得到的保溫時間對 Al_2O_3-TiC/18-8 鋼擴散焊界面過渡區寬度的影響如圖 3.37 所示。試驗表明，保溫時間不宜過長，若保溫時間太長，則 Al_2O_3-TiC/18-8 鋼擴散焊界面附近組織容易粗化；且界面反應程度加劇，易生成大量的脆性析出物或化合物，導致接頭脆化。因此，Al_2O_3-TiC/18-8 鋼擴散焊應控製保溫時間，既保證能夠獲得具有一定寬度的擴散焊界面過渡區，又不能使界面過渡區組織析出脆化。

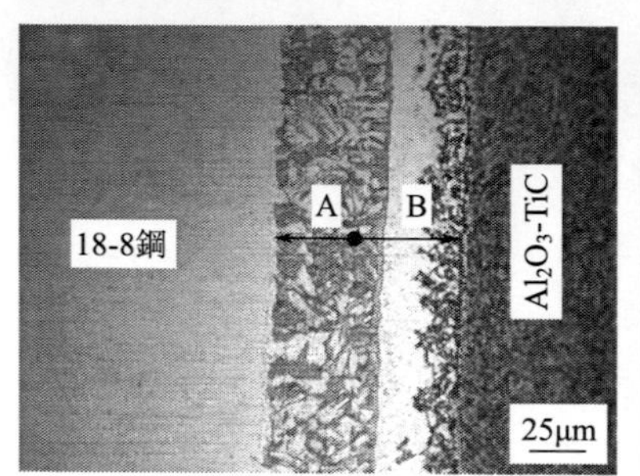

(a) 1150℃×30min, *p*=10MPa

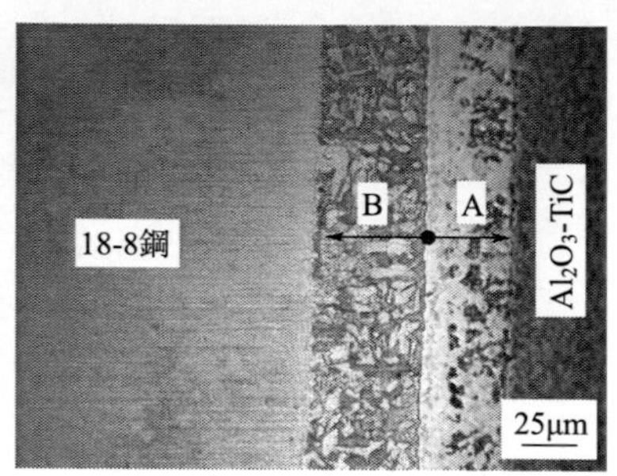

(b) 1150℃×45min, *p*=12MPa

圖 3.36 不同保溫時間和壓力下 Al_2O_3-TiC/18-8 鋼擴散焊界面過渡區的顯微組織

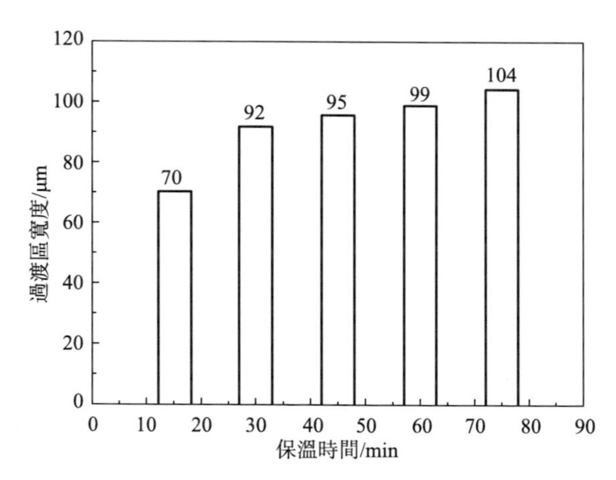

圖 3.37 保溫時間對 Al_2O_3-TiC/18-8 鋼擴散焊界面過渡區寬度的影響

3.4 Al_2O_3-TiC 複合陶瓷與 W18Cr4V 高速鋼的擴散連接

3.4.1 擴散工藝特點及試樣製備

W18Cr4V 屬鎢係通用高速鋼，具有很高的抗彎強度、熱硬性和耐磨性，可用於製造各種切削刀具，例如車刀、刨刀、銑刀等，不適宜製造大截面和熱塑成型刀具。W18Cr4V 高速鋼的化學成分、熱物理性能及力學性能見表 3.12。W18Cr4V 鋼顯微組織由回火馬氏體、少量殘餘奧氏體和白色碳化物顆粒等組成，如圖 3.38 所示。

表 3.12　W18Cr4V 高速鋼的化學成分、熱物理性能及力學性能

化學成分(溶質質量分數)/%								
C	W	Mo	Cr	V	Si	Mn	S	P
0.70～0.80	17.5～19.0	≤0.30	3.80～4.40	1.00～1.40	0.20～0.40	0.10～0.40	≤0.030	≤0.030

熱物理性能和力學性能							
密度 /(g/cm^3)	熱導率 /[W/(m·K)]	線脹係數 /$10^{-6}K^{-1}$	硬度 HRC	衝擊韌性 /(J/cm^2)	蒲松比	抗彎強度 /MPa	彈性模量 /GPa
8.70	27.21	10.4	63～66	30～35	0.3	2500～3500	225～230

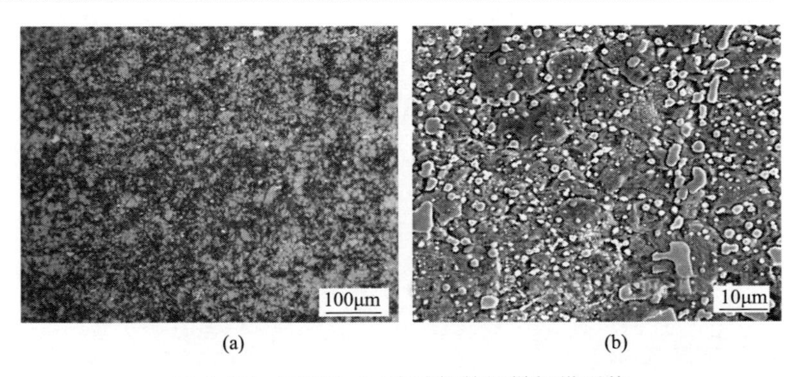

圖 3.38　W18Cr4V 高速鋼的顯微組織形貌

Al_2O_3-TiC 複合陶瓷與 W18Cr4V 鋼的擴散連接中，一個重要的工藝措施就是使用活性中間層，一來潤溼陶瓷、控製界面反應，二來減緩因陶瓷與鋼的物理、力學性能差異而引起的應力。Al_2O_3-TiC/W18Cr4V 擴散連接時，選用 Ti-Cu-Ti 中間層。其中的 Ti 是活性金屬，可以很好地潤溼 Al_2O_3-TiC 陶瓷和 W18Cr4V 鋼，在連接過程中與母材反應形成反應層。中間層中的 Cu 是軟金屬，塑性好，屈服強度較低，可以通過塑性變形和蠕變變形來緩解接頭中的應力。

Ti-Cu-Ti 中間層中 Ti 層和 Cu 層的厚度對擴散焊接頭的性能有很大影響。Ti 層太薄，不能與 Al_2O_3-TiC 陶瓷和 W18Cr4V 鋼充分反應，形成連續的反應層，接頭容易從界面處斷開；Ti 層太厚，會在連接過程中形成過厚的包含 TiC、Ti_3Al、TiO 等反應產物的反應層，硬度高、脆性大，使連接過程界面的應力增大，也會降低接頭的強度。

使用加 Cu 的中間層與單純使用 Ti 中間層相比可以降低接頭的應力。Cu 層厚度越大，應力下降越明顯。但 Cu 層過大時，形成的界面過渡區主要是 Cu 的固溶體組織，強度較低，也會使 Al_2O_3-TiC/W18Cr4V 擴散連接接頭強度降低。

加熱溫度為 1130℃、連接時間為 45min、連接壓力為 15MPa 時，使用 Ti-Cu-Ti 中間層，可獲得剪切強度為 154MPa 的 Al_2O_3-TiC/W18Cr4V 擴散連接接頭，剪切斷裂呈混合斷裂。

採用 Ti-Cu-Ti 中間層進行 Al_2O_3-TiC/W18Cr4V 鋼的擴散連接。中間層材料是 Cu 箔和 Ti 粉，純度均在 99.9%以上，其中 Cu 箔厚 60～100μm，Ti 粉粒度為 200～250 目。根據 Cu-Ti 二元合金相圖，Cu-Ti 二元合金的最低共晶溫度為 875℃，根據擴散連接的特性及 Al_2O_3-TiC 陶瓷和 W18Cr4V 鋼的性質，選擇 1130℃作為基準連接溫度。擴散連接工藝參數範圍：加熱溫度為 1080～1160℃，保溫時間為 30～60min，壓力為 10～20MPa，真空度為 1.33×10^{-4}～1.33×10^{-5}Pa。

對 Al_2O_3-TiC/W18Cr4V 擴散接頭性能和界面組織結構進行試驗分析，先切取和製備試樣。將線切割切取的擴散連接試樣用金剛石砂輪打磨掉尖角和毛刺，從粗到細用不同粒度的金相砂紙打磨。由於 Al_2O_3-TiC 複合陶瓷的硬度遠大於 W18Cr4V 鋼的硬度，試樣磨製過程中易導致試樣兩側高度不平，影響金相組織的觀察。試樣磨平過程中，注意採用合適的力度，垂直界面方向磨製。

試樣在金相砂紙上磨完之後，放到拋光機上用 Cr_2O_3 拋光粉溶液進行拋光處理，直到表面光潔、無劃痕為止。Al_2O_3-TiC/W18Cr4V 鋼擴散連接界面組織的特徵，與中間層材料所含元素及擴散連接工藝有關，影響擴散接頭的性能。用 Ti-Cu-Ti 中間層擴散連接 Al_2O_3-TiC 複合陶瓷與 W18Cr4V 高速鋼時，Ti-Cu-Ti 中間層將熔化形成液相與兩側母材反應，形成組織性能不同於被連接材料的界面結構。

3.4.2 Al_2O_3-TiC/W18Cr4V 鋼擴散連接的界面特徵

用光學顯微鏡和掃描電鏡（SEM）觀察 Al_2O_3-TiC/W18Cr4V 擴散界面附近的顯微組織特徵。圖 3.39 示出金相顯微鏡下觀察到的 Al_2O_3-TiC 與 W18Cr4V 擴散連接接頭組織結構特徵。由圖可見，加熱溫度為 1130℃、連接時間為 45min、連接壓力為 20MPa 時，Al_2O_3-TiC 複合陶瓷與 W18Cr4V 鋼擴散連接界面處結合緊密，未出現結合不良、空洞等缺陷。Al_2O_3-TiC 與 W18Cr4V 之間的 Ti-Cu-Ti 中間層已完全熔化，並形成了組織明顯不同於兩側母材的反應層。靠近 Al_2O_3-TiC 陶瓷側的反應層邊緣比較平直，而靠近 W18Cr4V 鋼側的界面略有起伏，這可能是 W18Cr4V 鋼表面不平整或連接前中間層 Ti 粉鋪得不均勻引起的。

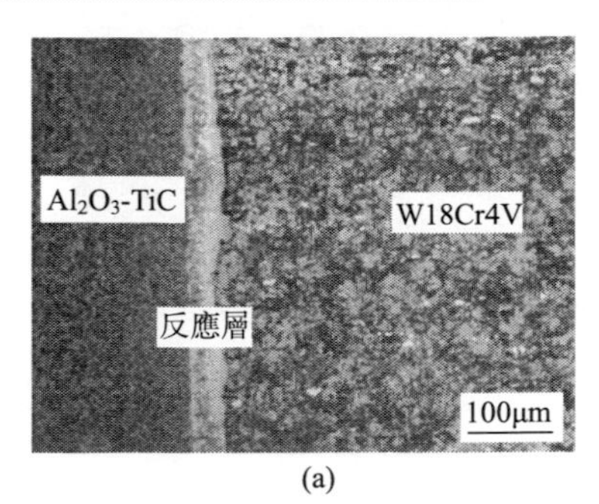

(a)

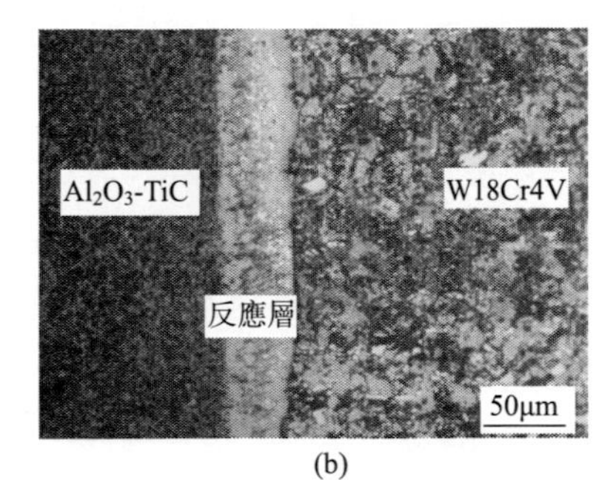

(b)

圖 3.39 Al_2O_3-TiC/W18Cr4V 擴散連接界面附近的組織特徵
(1130℃ × 45min, p= 20MPa)

3.4.3 Al_2O_3-TiC/W18Cr4V 擴散連接界面的剪切強度

對不同工藝參數下獲得的 Al_2O_3-TiC/W18Cr4V 擴散接頭，採用線切割方法從擴散界面位置切取剪切試樣。試樣表面經磨製後用專用夾具夾持在 WEW-600t 微機屏顯液壓萬能實驗機上進行剪切試驗。剪切試驗過程的開始階段，隨著載荷的增大位移呈線性增加，當載荷達到最大值後迅速降低，接頭迅速發生斷裂，表明接頭的塑性變形很小，接頭發生了脆性斷裂。

Al_2O_3-TiC/W18Cr4V 擴散連接界面剪切強度測試結果見表 3.13。加熱溫度從 1080℃ 上升到 1130℃，連接壓力從 10MPa 提高到 15MPa，Al_2O_3-TiC/W18Cr4V 擴散連接界面剪切強度從 95MPa 增加到 154MPa。這是由於隨著加熱溫度的提高，中間層與兩側母材的反應更充分，界面附近形成了良好的冶金結合。壓力增大可以使界面接觸更緊密，為元素擴散提供更多通道。但是當加熱溫度升高到 1160℃ 時，Al_2O_3-TiC/W18Cr4V 擴散連接界面剪切強度反而開始降低，剪切強度為 141MPa。這是由於溫度過高時，界面反應形成了較厚的 TiC 反應層，從而降低了接頭的強度。

表 3.13 Al_2O_3-TiC/W18Cr4V 擴散連接界面剪切強度

連接工藝參數 (T×t,p)	剪切面尺寸 /mm	最大平均載荷 /kN	剪切強度 /MPa
1080℃×45min,10MPa	10×10	9.53	95
1100℃×45min,10MPa	12×10	14.57	121
1130℃×45min,15MPa	10×10	15.40	154
1160℃×45min,15MPa	10×10	14.10	141

3.4.4 工藝參數對界面過渡區組織的影響

擴散連接過程中，工藝參數（連接溫度、保溫時間、連接壓力等）是決定 Al_2O_3-TiC/W18Cr4V 界面過渡區組織性能的關鍵因素。為獲得界面結合良好的 Al_2O_3-TiC/W18Cr4V 擴散連接接頭，採用不同工藝參數對 Al_2O_3-TiC 陶瓷與 W18Cr4V 鋼進行了擴散連接工藝性試驗，用金相顯微鏡和掃描電鏡（SEM）觀察和分析界面組織特徵。

(1) 連接溫度的影響

連接溫度 T 是擴散連接最主要的工藝參數，決定了元素的擴散和界面反應的程度。圖 3.40 示出不同加熱溫度時 Al_2O_3-TiC/W18Cr4V 擴散界面過渡區的顯微組織特徵。由圖可見，加熱溫度越高，界面反應越充分，Al_2O_3-TiC/W18Cr4V 界面過渡區的寬度逐漸增加，界面過渡區組織逐漸粗化。

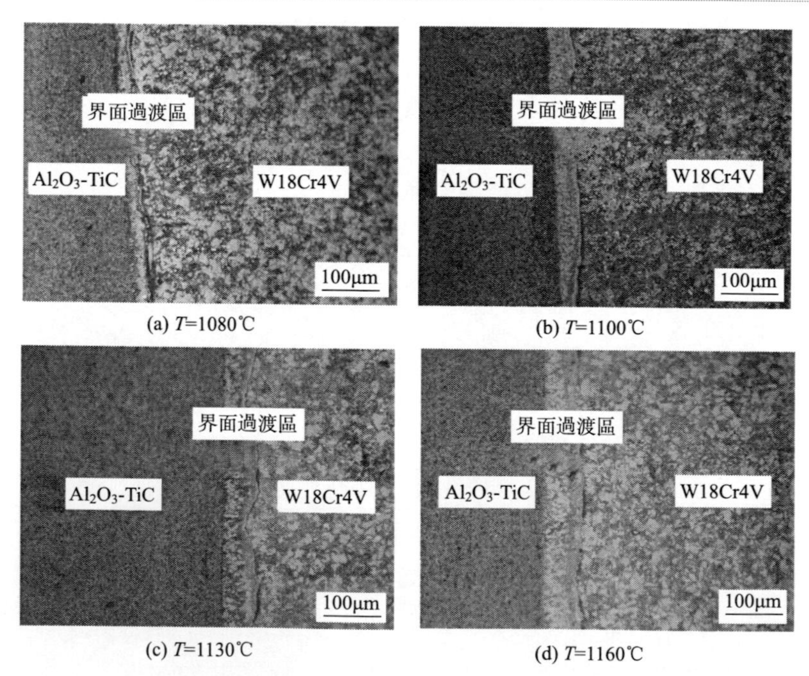

圖 3.40 不同加熱溫度時 Al_2O_3-TiC/W18Cr4V 界面過渡區的顯微組織

保溫時間相同（$t=45$min），不同加熱溫度時 Al_2O_3-TiC/W18Cr4V 界面過渡區寬度的實測值列於表 3.14。由表可見，加熱溫度為 1080℃時，Al_2O_3-TiC/W18Cr4V 擴散連接界面過渡區的寬度約為 32μm，加熱溫度升高到 1160℃時，界面過渡區寬度增加到 72μm。根據實測結果得到的加熱溫度對 Al_2O_3-TiC/W18Cr4V 界面過渡區寬度的影響如圖 3.41 所示。

表 3.14 不同加熱溫度時 Al_2O_3-TiC/W18Cr4V 界面過渡區的寬度（t=45min）

加熱溫度/℃	1080	1100	1130	1160
寬度/μm	32	42	57	72

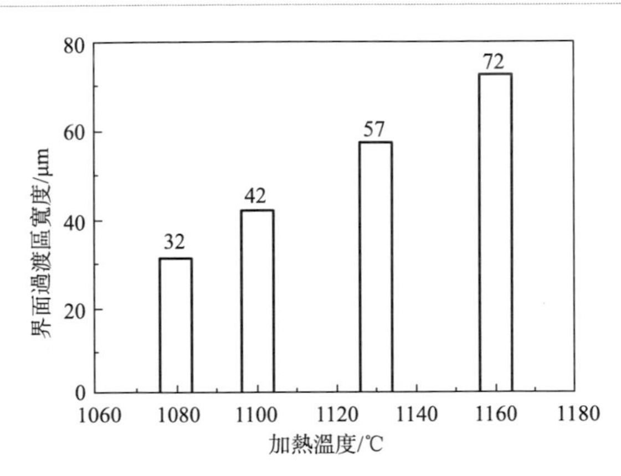

圖 3.41 加熱溫度對 Al_2O_3-TiC/W18Cr4V 界面過渡區寬度的影響

根據實測結果可以預見，繼續提高加熱溫度，Al_2O_3-TiC/W18Cr4V 擴散連接界面過渡區的寬度還會增加（圖 3.41）。但是，加熱溫度過高將導致擴散連接界面附近的組織粗化，對擴散連接接頭的組織和力學性能有不利的影響。因此，對加熱溫度應加以限製。

(2) 保溫時間和連接壓力的影響

元素擴散距離與擴散時間的平方根成正比，即符合拋物線規律。因此，保溫時間越長，元素擴散距離越大。保溫時間為 30min、連接壓力為 10MPa 時，元素的擴散距離很短，擴散反應也不充分，Ti 主要在兩側母材與中間層的界面處發生聚集，在界面過渡區內分布不均勻。保溫時間為 60min、連接壓力為 15MPa 時，元素的擴散距離大大提高，元素反應更充分，在 Al_2O_3-TiC/W18Cr4V 擴散連接界面處形成了組織均勻的界面過渡區，Ti 在母材和界面過渡區界面處的聚集已不明顯。

連接壓力對 Al_2O_3-TiC/W18Cr4V 界面過渡區組織的影響，在擴散連接的初期，主要表現為促進界面間的緊密接觸；在擴散連接 Ti-Cu-Ti 中間層熔化形成液相後，主要是提高 Cu-Ti 液相對 Al_2O_3-TiC 陶瓷和 W18Cr4V 母材的潤溼性和促進界面擴散，使中間層與兩側母材達到原子級接觸，形成大量的擴散通道。因此，為了促進界面擴散應適當增加連接壓力。

3.4.5 Al_2O_3-TiC/W18Cr4V 擴散界面裂紋擴展及斷裂特徵

Al_2O_3-TiC 複合陶瓷與 W18Cr4V 高速鋼之間存在本質上的差別，Al_2O_3-TiC/W18Cr4V 界面附近存在較大的應力，會影響擴散接頭的結合強度，嚴重時會導致接頭產生裂紋或斷裂。接頭的斷裂可能發生在母材與反應層的界面、反應層中、母材中或反應層與反應層的界面等位置。通過對裂紋擴展路徑及斷裂的分析可判明擴散接頭各區之間的結合性能。

(1) 擴散界面的裂紋擴展

通過對 Al_2O_3-TiC/鋼擴散焊接頭剪切斷裂斷口分析發現，Al_2O_3-TiC/鋼擴散連接結構的斷裂以界面斷裂和近界面斷裂為主，斷裂一般是從界面開始萌生裂紋，裂紋沿著界面擴展或擴展到界面附近的基體中而導致結構破壞；或裂紋在近界面部位萌生，沿近界面擴展或向界面擴展導致破斷。

陶瓷與金屬連接接頭的強度由界面強度（反應層對陶瓷的附著強度）和冷卻過程中產生的殘餘應力共同決定。研究發現，擴散焊接頭的剪切強度和剪切斷裂位置與裂紋擴展的路徑有關。按裂紋擴展路徑，Al_2O_3-TiC/W18Cr4V 接頭的斷裂形式大致可分為四類：

① 界面斷裂：接頭斷裂於 Al_2O_3-TiC/W18Cr4V 界面，見圖 3.42(a)。

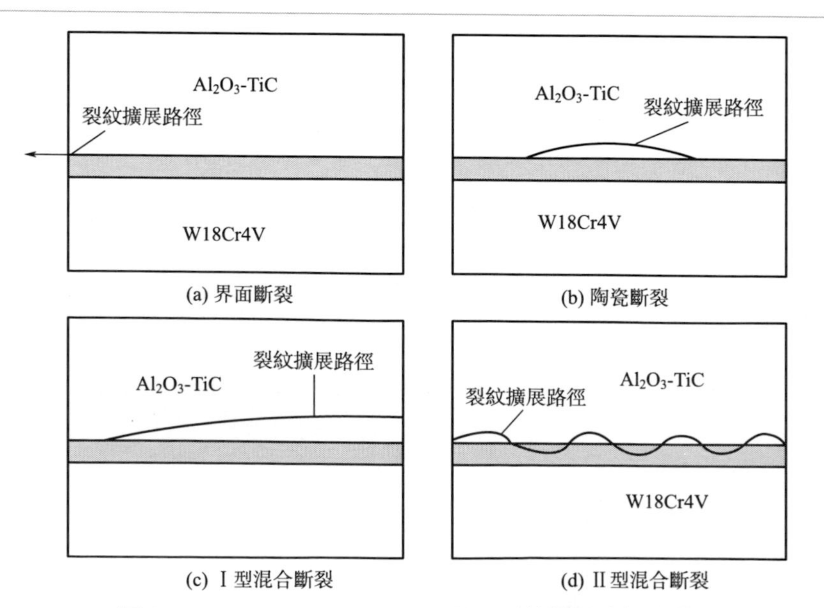

圖 3.42 Al_2O_3-TiC/W18Cr4V 接頭裂紋擴展路徑示意

② 陶瓷（基體）斷裂：斷裂從界面處開始，呈弧線狀向 Al_2O_3-TiC 陶瓷側斷裂，然後又回到 Al_2O_3-TiC/W18Cr4V 界面，見圖 3.42(b)。

③ Ⅰ型混合斷裂（近界面）：斷裂從界面處開始，然後向 Al_2O_3-TiC 側擴展，在 Al_2O_3-TiC 陶瓷中發生斷裂，見圖 3.42(c)。

④ Ⅱ型混合斷裂（近界面）：裂紋在擴展過程中多次發生從界面→Al_2O_3-TiC→界面→Al_2O_3-TiC 的轉折，見圖 3.42(d)。

界面斷裂主要是指 Al_2O_3-TiC 陶瓷與鋼擴散連接接頭沿著反應層與 Al_2O_3-TiC 陶瓷的界面平行斷裂，斷裂面平齊，與其對應的接頭連接強度很低。從斷口形貌可看出 Al_2O_3-TiC 陶瓷與界面反應層間的弱連接特點。當 Al_2O_3-TiC 陶瓷與界面反應層界面結合不良、存在未焊合及弱接合時呈現這種斷裂模式，界面強度低於近界面區域的 Al_2O_3-TiC 陶瓷的強度。

連接溫度低或時間短時發生界面斷裂。因為連接溫度低或時間短時，Ti-Cu-Ti 中間層與 Al_2O_3-TiC 陶瓷反應不充分，反應層很薄，沒有形成很好的結合。連接溫度為 1080℃、時間為 30min 時，Al_2O_3-TiC/W18Cr4V 擴散連接界面斷裂的斷口形貌如圖 3.43(a) 所示，斷裂完全發生於 Al_2O_3-TiC/W18Cr4V 擴散連接界面上，在 Al_2O_3-TiC 複合陶瓷側表面有 Cu 的金屬光澤。

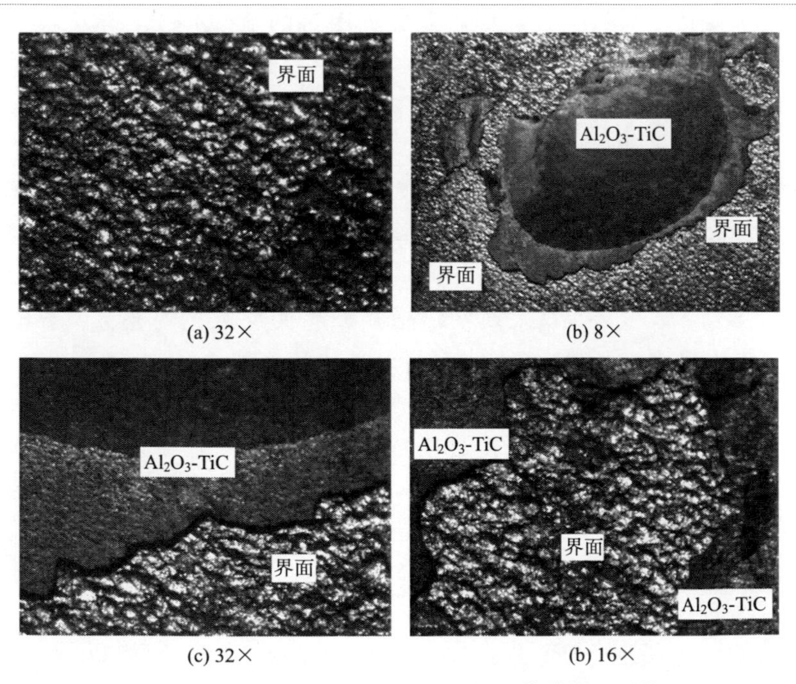

(a) 32× (b) 8×

(c) 32× (b) 16×

圖 3.43 Al_2O_3-TiC/W18Cr4V 界面總體斷口形貌

陶瓷（基體）斷裂是指斷裂發生於界面附近的 Al_2O_3-TiC 陶瓷而非接頭處。這種形式的斷裂表明 Al_2O_3-TiC 陶瓷與界面反應層間形成了強連接，界面強度高於由於應力的作用而弱化的 Al_2O_3-TiC 陶瓷的強度。

陶瓷（基體）斷裂發生時，裂紋從界面端部（界面與試樣外表面的交線）與界面呈一夾角起裂，然後在近界面 Al_2O_3-TiC 陶瓷中擴展，最後又回到 Al_2O_3-TiC/反應層界面，整個斷裂路徑呈弧線狀。這種斷裂大部分出現在 Al_2O_3-TiC 陶瓷中，裂紋擴展路徑與 Al_2O_3-TiC/W18Cr4V 擴散連接接頭的應力分布基本一致。這種現象主要出現在保溫時間過長的情況下。

Al_2O_3-TiC/W18Cr4V 連接溫度為 1160℃、保溫時間為 60min 時，界面斷口形貌如圖 3.43(b) 所示，斷裂從界面處開始，沿界面擴展一段又擴展到 Al_2O_3-TiC 陶瓷中，部分陶瓷發生剝離，最後又回到界面上。這種斷裂雖然部分斷裂於陶瓷中，但接頭強度遠低於陶瓷的強度。

通過對 Al_2O_3-TiC/W18Cr4V 接頭陶瓷斷裂界面剪切斷口微區成分分析可知，剪切斷口上主要含有 Al 和 Ti 元素，這表明 Al_2O_3-TiC/W18Cr4V 接頭界面斷裂主要發生在靠近 Al_2O_3-TiC 陶瓷一側的界面處。這是由於 Al_2O_3-TiC 陶瓷的韌性較差，在剪切力的作用下裂紋從 Al_2O_3-TiC/W18Cr4V 界面開裂後，裂紋極易沿斷裂韌性較差的 Al_2O_3-TiC 陶瓷擴展。

混合斷裂是指斷裂發生在界面上及界面附近的 Al_2O_3-TiC 陶瓷內，混合斷裂接頭的強度高於界面斷裂及陶瓷斷裂，這是由於斷裂路徑曲折，裂紋擴展需要消耗更多的能量。

Ⅰ型混合斷裂是從界面起裂，然後以一定的角度向 Al_2O_3-TiC 陶瓷中擴展，並最終斷裂在 Al_2O_3-TiC 陶瓷中，見圖 3.43(c)。連接工藝接近最佳工藝參數時易發生這種斷裂，接頭的連接強度也較高。當連接溫度 $T=1130$℃、連接時間 $t=30$min 時，Al_2O_3-TiC/W18Cr4V 接頭發生這種斷裂。接頭斷裂後，接頭的 Al_2O_3-TiC 陶瓷碎成很多小塊，表明這種接頭界面反應比較充分，界面形成了較好的連接。

Ⅱ型混合斷裂的裂紋在擴展過程中多次發生從界面→Al_2O_3-TiC→界面→Al_2O_3-TiC 的轉折，即裂紋的擴展路徑是條折線，這時在斷口金屬側表面呈金黃色的基體上黏附著若干分散分布的 Al_2O_3-TiC 小塊。Ⅱ型混合斷裂對應的 Al_2O_3-TiC/W18Cr4V 接頭強度最高，接頭剪切發生斷裂後，部分 Al_2O_3-TiC 陶瓷碎成很多小塊，表明此時 Al_2O_3-TiC/W18Cr4V 界面結合強度較高。連接溫度為 1130℃、連接時間為 45min 時，Al_2O_3-TiC/W18Cr4V 擴散界面斷裂的斷口形貌如圖 3.43(d) 所示，斷裂在 Al_2O_3-TiC 陶瓷和界面間交替發生。

上述四種斷裂類型，除了第一種是界面斷裂外，其他都是混合斷裂，即部分斷於界面，部分斷於陶瓷。界面斷裂的接頭強度小於混合斷裂的接頭強度。

對於 Al_2O_3-TiC/Q235 鋼以及 Al_2O_3-TiC/18-8 鋼擴散焊接頭，當加熱溫度較低時（Al_2O_3-TiC/Q235 鋼為 1100℃，Al_2O_3-TiC/18-8 鋼為 1090℃）為界面斷裂；當加熱溫度較高時（Al_2O_3-TiC/Q235 鋼為 1180℃，Al_2O_3-TiC/18-8 鋼為 1170℃），剪切斷裂在 Al_2O_3-TiC 陶瓷內，為陶瓷斷裂；當加熱溫度適中時，Al_2O_3-TiC/鋼接頭剪切斷裂呈現混合斷裂模式。

(2) 接頭剪切斷口形貌

採用掃描電鏡（SEM）對 Al_2O_3-TiC/W18Cr4V 擴散界面的剪切斷口進行觀察，其斷口形貌特徵如圖 3.44 所示。Al_2O_3-TiC/W18Cr4V 擴散界面的剪切斷口在掃描電鏡低倍下觀察時，斷口平齊，沒有明顯的塑性變形，有明顯的斷裂臺階，見圖 3.44(a)；掃描電鏡高倍下觀察斷口可見，在斷口中有少量發生塑性變形的撕裂稜存在，見圖 3.44(b)。

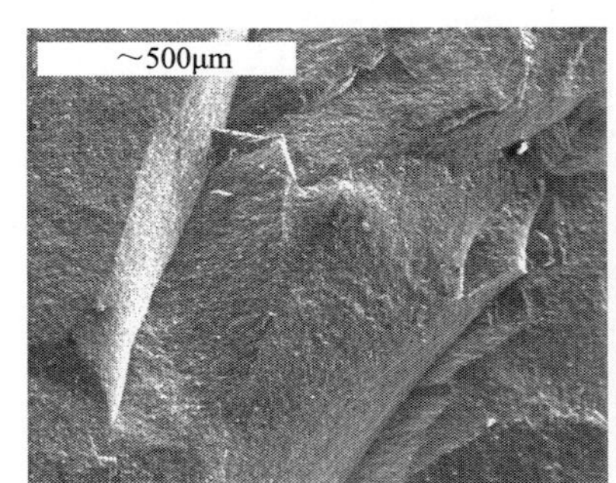

(a) 斷裂臺階

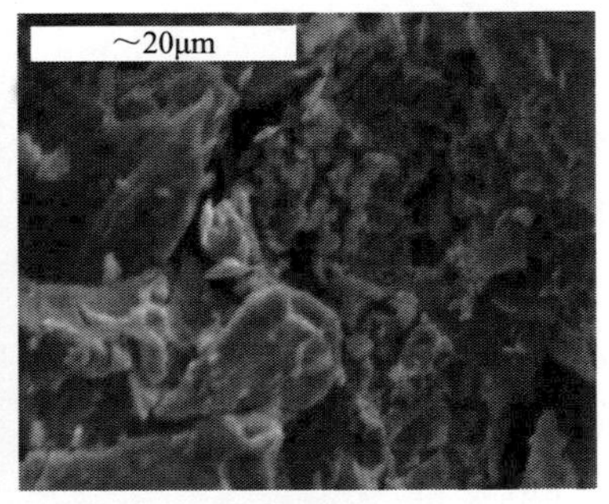

(b) 撕裂形態

圖 3.44 Al_2O_3-TiC/W18Cr4V 擴散連接界面的剪切斷口形貌

通過對 Al_2O_3-TiC/W18Cr4V 擴散界面的剪切斷口形貌分析可見，Al_2O_3-TiC/W18Cr4V 擴散界面斷裂主要發生在靠近 Al_2O_3-TiC 複合陶瓷一側的界面處。由於擴散連接過程中，Ti-Cu-Ti 中間層與 Al_2O_3-TiC 陶瓷反應生成 TiC、Ti_3Al 等脆性較大的化合物，因此斷裂容易在 Al_2O_3-TiC/Ti 界面反應層發生，向 Al_2O_3-TiC 陶瓷擴展。

Al_2O_3-TiC 陶瓷中的 TiC 顆粒增強相可以阻止裂紋的擴展，提高材料的斷裂韌性，Al_2O_3-TiC 陶瓷的斷裂主要是穿晶斷裂，也有少量的沿晶斷裂。Al_2O_3-TiC/W18Cr4V 擴散界面斷口形貌，總體上呈現脆性解理斷裂的特徵（圖 3.44），有明顯的解理臺階。

解理斷裂是沿晶體中解理面斷開原子鍵引起晶體材料的斷裂。解理面非常平坦，因此，晶粒內裂紋具有平直性。當解理裂紋擴展從一晶粒穿過晶界進入相鄰晶粒時，裂紋擴展方向改變，如圖 3.45(a) 所示。一個晶粒內的一條解理裂紋可同時在兩個平行的解理面上擴展，如圖 3.45(b) 所示。兩條平行的解理裂紋通過兩次解理或切應力的作用重疊並形成一個解理臺階，如圖 3.45(c) 所示。當解理裂紋擴展與裂紋面垂直方向的螺形位錯相遇時，解理裂紋分別沿著相距一個原子間距的兩平行解理面上繼續擴展並形成一個解理臺階，如圖 3.45(d) 所示。

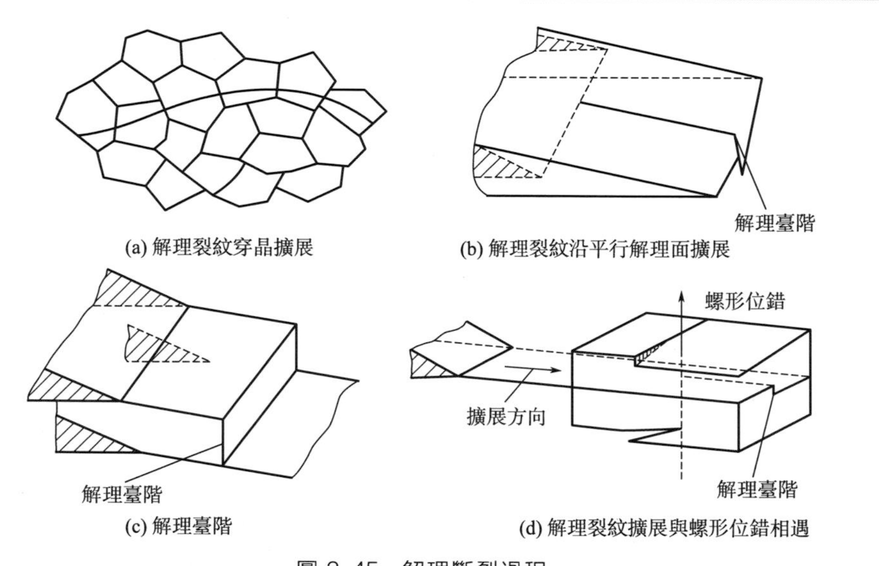

圖 3.45　解理斷裂過程

對 Al_2O_3-TiC/W18Cr4V 擴散界面剪切斷口分析發現，在界面剪切斷口上存在一些顆粒狀的夾雜物。這些顆粒狀的夾雜物，很容易在界面附近引起應力集中。當應力值超過界面斷裂應力的極限值時，就會引起界面處裂紋。

Al_2O_3-TiC 陶瓷與鋼擴散焊接頭剪切測試發生陶瓷斷裂時，呈現鏡面區-霧狀區-鋸齒區的斷口形貌。加熱溫度為 1180℃、保溫時間為 45min、壓力為 15MPa 時的 Al_2O_3-TiC/Q235 鋼擴散焊接頭斷在界面附近的 Al_2O_3-TiC 陶瓷內，剪切強度為 111MPa，為陶瓷斷裂模式，具有典型的脆性材料斷口的特點。

陶瓷斷裂始於缺陷，裂紋形核後進行擴展，剛開始時擴展緩慢，隨著裂紋擴展加速，能量釋放率增大，當達到臨界速度時，產生裂紋分叉，分叉過程繼續重復進行，裂紋族形成。裂紋擴展過程與材料的組織結構、應力及所產生的彈性波相互作用，這樣的相互作用在斷口表面形成獨特的斷口形貌。這些形貌特徵可提供裂紋初始位置，即裂紋源的重要資訊。

(3) 接頭斷裂的局部機製

Al_2O_3-TiC/W18Cr4V 擴散連接接頭斷裂為脆性解理斷裂，解理斷裂過程可分為起裂及失穩擴展兩個階段，且在滿足 Griffith 能量條件下才能發生。Griffith 針對脆性材料的脆斷問題，從能量觀點出發提出裂紋失穩擴展條件，指出裂紋擴展釋放的彈性應變能克服材料阻力所做的功，則裂紋失穩擴展。平面應力狀態下裂紋擴展的條件為：

$$\sigma \geqslant \sigma_c \tag{3.2}$$

$$\sigma_c = \left(\frac{2\gamma E}{\pi a}\right)^{1/2} \tag{3.3}$$

式中 γ——材料的表面能；

a——裂紋半長度；

E——材料的彈性模量；

σ_c——臨界應力。

Al_2O_3-TiC/W18Cr4V 接頭發生解理斷裂時，並不是完全脆性的，還伴有少量的韌性斷裂，因而還必須克服裂紋尖端的塑性變形功 γ_p。Orowan 對 Griffth 能量條件進行了修正，得到平面狀態時解理裂紋擴展的條件為：

平面應力狀態
$$\sigma_c = \left(\frac{2\gamma_p E}{\pi a}\right)^{1/2} \tag{3.4}$$

平面應變狀態
$$\sigma_c = \left(\frac{2\gamma_p E}{\pi a(1-\upsilon^2)}\right)^{1/2} \tag{3.5}$$

式中 γ_p——材料塑性變形功；

υ——蒲松比。

在滿足能量條件的基礎上，一般解理斷裂的引發過程可分成兩步：第一步是微裂紋形核，第二步是微裂紋的擴展，從而引發解理斷裂。

Al_2O_3-TiC/W18Cr4V 擴散連接時，接觸界面處容易形成應力集中，使得擴散連接界面在冷卻階段產生較大的收縮，易引發微裂紋。這些微裂紋在外部載荷的作用下繼續擴展，最終導致 Al_2O_3-TiC/W18Cr4V 擴散界面的斷裂。

圖 3.46(a) 所示為 Al_2O_3-TiC/W18Cr4V 擴散界面 Al_2O_3-TiC 陶瓷側的微裂紋；圖 3.46(b) 所示為反應層中的微裂紋。此外，界面上還有一些雜質，也容易造成應力集中，成為微裂紋源。

微裂紋的形成並不一定能夠引發解理斷裂，只有加於其上的局部應力超過臨界應力時，微裂紋才能再擴展。因為解理是沿著一定晶面發生的原子鍵斷裂，所以引發解理斷裂的微裂紋尖端應當有原子間距量級的尖銳度，如果微裂紋頂端因某種原因鈍化將不能引發解理。在剪切試驗中，剪切應力作用下使 Al_2O_3-TiC 界面微裂紋擴展形成長度足夠大的裂紋時，才能造成 Al_2O_3-TiC 接頭的解理斷裂。

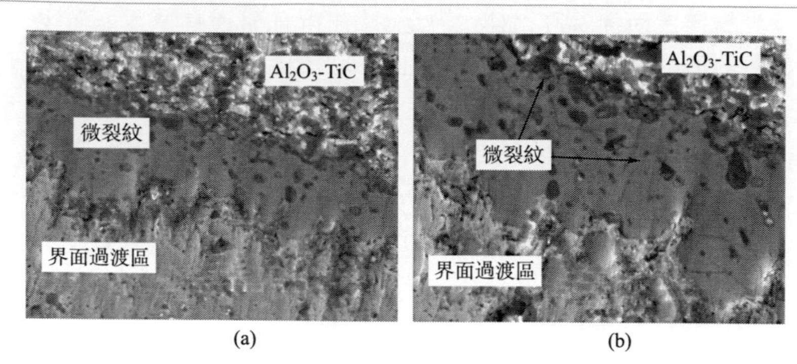

圖 3.46　Al_2O_3-TiC/W18Cr4V 界面附近的微裂紋

(4) 接頭斷裂的影響因素

Al_2O_3-TiC/W18Cr4V 擴散接頭斷裂的影響因素十分複雜，如 Al_2O_3-TiC 陶瓷和 W18Cr4V 鋼之間界面反應形成多種化合物、界面存在很大的應力等。這些影響因素都與母材性質、連接工藝參數和中間層材料有關。在母材一定的情況下，擴散連接工藝參數和中間層材料是影響界面反應和接頭應力分布最重要的因素，從而影響接頭的斷裂性能。

① 加熱溫度　加熱溫度是 Al_2O_3-TiC/W18Cr4V 擴散連接最重要的參數。在熱激活過程中，溫度對過程的動力學影響顯著。擴散連接過程中的加熱溫度有一個最佳範圍，溫度過低，Ti-Cu-Ti 中間層不能充分地熔化，活性元素 Ti 與 Al_2O_3-TiC 陶瓷和 W18Cr4V 之間界面反應不充分，界面反應層過窄，界面之間不能形成良好的結合；溫度過高，界面反應層組織和母材組織都將粗化，同樣會降低接頭的強度。

用 Ti-Cu-Ti 中間層擴散連接 Al_2O_3-TiC/W18Cr4V 時，溫度為 1080℃ 和 1100℃時，界面過渡區偏窄。加熱溫度為 1080℃、保溫時間為 45min 時，界面過渡區只有 32μm，界面剪切斷裂強度較低，接頭易從 Al_2O_3-TiC/W18Cr4V 連接界面處斷開，發生界面斷裂。溫度升高到 1130℃時，界面反應更加充分，界面過渡區寬度達到 57μm，剪切強度達到 154MPa，接頭斷裂時在界面和 Al_2O_3-TiC 陶瓷之間交替進行。溫度升高到 1160℃ 時，界面過渡區寬度增大到了 72μm，但剪切強度反而降低到 141MPa，低於加熱溫度為 1130℃時的剪切強度，接頭容易從界面處開裂向陶瓷側擴展，最後斷在陶瓷側。

溫度過高，還會使接頭軸向拉應力增大，也會降低接頭的強度，引起斷裂。

② 連接時間　連接時間主要決定元素擴散和界面反應的程度，連接時間不同，所形成的界面產物和界面結構也不同。連接時間的選擇必須考慮加熱溫度的高低。在加熱溫度一定的情況下，反應層的厚度隨連接時間的增加呈拋物線性增

大。同時，連接時間對接頭性能的影響也存在最佳值，反應相的強度隨連接時間的增加逐漸降低，而界面強度隨時間的增加在最初時刻呈現上升趨勢，當超過某一連接時間後強度不再增加，接頭呈現出的總體強度是兩者的組合。

Al_2O_3-TiC/W18Cr4V 擴散連接時，若保溫時間太短，則界面反應層太薄，不能形成良好的連接。連接時間小於 30min 時，界面很容易發生界面斷裂。隨著保溫時間的延長，界面過渡區的寬度增大，當保溫時間延長到 45min 時，Al_2O_3-TiC/W18Cr4V 擴散連接界面過渡區達到較合適的寬度，界面強度最高。當加熱溫度為 1130℃時，連接時間為 45min，接頭的剪切強度達到 154MPa，接頭斷裂呈混合斷裂。

當繼續延長連接時間到 60min 時，界面過渡區繼續增寬，但接頭強度開始下降。因為連接時間過長，界面過渡區中 TiC、Ti_3Al 等反應層的厚度增加，反而會使界面應力增大，從而降低接頭的強度。

③ 連接壓力　連接壓力在 Al_2O_3-TiC/W18Cr4V 擴散連接過程中起重要的作用。連接壓力主要有四方面的作用：一是可以促使連接表面緊密接觸，增大接觸面積，減少氣孔缺陷，增加元素的擴散通道，改善接頭的組織；二是可以促進 Cu-Ti 液態合金在 Al_2O_3-TiC 陶瓷表面的鋪展，從而促進界面反應的發生，形成連續緻密的反應層；三是可以排除連接過程中多餘的 Cu-Ti 液相，減小連接溫度下液相區的最大寬度，從而降低等溫凝固所需要的時間，提高連接效率，液態 Cu 的減少也有利於提高接頭的耐高溫性能；四是壓力增大使連接區的 Cu-Ti 液態金屬量減少，可以減小液態金屬凝固時的收縮量，降低凝固過程中產生缺陷的概率，防止由於應力集中的作用而開裂。

連接壓力較小時（小於 10MPa），Al_2O_3-TiC/W18Cr4V 擴散界面存在空洞缺陷，接頭的殘餘應力較大，容易產生界面斷裂，接頭強度較低。隨著連接壓力的增大，Al_2O_3-TiC/W18Cr4V 擴散連接界面缺陷逐漸消失，形成厚度合適的反應層，接頭中殘餘應力減小，接頭強度逐漸增大。但是並不是連接壓力越大越好，過大的壓力會使連接面間液態金屬擠出過多，反而使 Al_2O_3-TiC/W18Cr4V 界面不能形成合適的反應層，也容易使 Al_2O_3-TiC 陶瓷中產生微裂紋。所以當壓力超過最佳值後，繼續增大連接壓力，接頭強度反而降低。

Al_2O_3-TiC/鋼擴散接頭發生Ⅱ型混合斷裂時，不論是 Al_2O_3-TiC/Q235 鋼接頭還是 Al_2O_3-TiC/18-8 鋼接頭，與其他斷裂類型比較，擴散焊接頭的剪切強度都是最高的。Al_2O_3-TiC/Q235 鋼擴散焊接頭發生Ⅱ型混合斷裂時其剪切強度達 143MPa，Al_2O_3-TiC/18-8 鋼擴散焊接頭發生Ⅱ型混合斷裂時剪切強度達 125MPa。

不論發生哪種類型的斷裂時，Al_2O_3-TiC/18-8 鋼擴散焊接頭的剪切強度均低於 Al_2O_3-TiC/Q235 鋼擴散焊接頭，因為 Al_2O_3-TiC 陶瓷與 18-8 鋼擴散焊時接頭區存在較大的殘餘應力，並且界面反應產物的脆性較大。

對 Al_2O_3-TiC/鋼擴散焊接頭剪切斷口形貌的分析表明，Al_2O_3-TiC/鋼擴散焊接頭的薄弱部位：一是界面附近的 Al_2O_3-TiC 陶瓷；二是緊鄰 Al_2O_3-TiC 陶瓷的中間層反應區內 Cu-Ti、Fe-Ti 金屬間化合物層。

參考文獻

[1] Huang Wanqun, Li Yajiang, Wang Juan, et al. Element distribution and phase constitution of Al_2O_3-TiC/W18Cr4V vacuum diffusion bonded joint. Vacuum, 2010, 85 (2): 327-331.

[2] 黄萬群，李亞江，王娟，等. Al_2O_3-TiC 複合陶瓷與 Q235 鋼擴散連接界面組織結構. 焊接學報，2010，31 (8): 101-104.

[3] M. I. Barrena, L. Matesanz, J. M. Gómez de Salazar. Al_2O_3/Ti6Al4V diffusion bonding joints using Ag-Cu interlayer. Materials Characterization, 2009, 60 (11): 1263-1267.

[4] 宋世學，艾興，趙軍，等. Al_2O_3/TiC 奈米複合刀具材料的力學性能與增韌強化機理. 機械工程材料，2003，27 (12): 35-37，41.

[5] Shen Xiaoqin, Li Yajiang, U. A. Putchkov, et al. Finite-element analysis of residual stresses in Al_2O_3-TiC/W18Cr4V diffusion bonded joints. Computational Materials Science, 2009, 45 (2): 407-410.

[6] She Xiaoqin, Li Yajiang, Wang Juan, et al. Diffusion bonding of Al_2O_3-TiC composite ceramic and W18Cr4V high speed steel in vacuum. Vacuum, 2009, 84 (3): 378-381.

[7] 沈孝芹，李亞江，U. A. Puehkov，等. Al_2O_3-TiC/1Crl8Ni9Ti 擴散焊接頭應力分布. 焊接學報，2008，29 (10): 41-44.

[8] 王娟，李亞江，馬海軍，等. Ti/Cu/Ti 複合中間層擴散連接 TiC-Al_2O_3/W18Cr4V 接頭組織分析. 焊接學報，2006，27 (7): 9-12.

[9] Shen Xiaoqin, Li Yajiang, Wang Juan, et al. Numerical simulation of stress distribution in Al_2O_3-TiC/Q235 diffusion bonded joints. China Welding, 2008, 17 (4): 47-51.

第4章

鎳鋁及鈦鋁金屬間化合物的連接

金屬間化合物是指由兩種或多種金屬組元按比例組成的、具有不同於其組成元素的長程有序晶體結構和金屬基本特性的化合物。金屬元素之間通過共價鍵和金屬鍵共存的混合鍵結合，性能介於陶瓷與金屬之間。1980 年代以來，Ni_3Al 韌化研究、Ti_3Al 和 TiAl 基合金韌性的改善以及 Fe_3Al 性能的提高，使金屬間化合物高溫結構材料的研究和開發應用取得重大進展。同時 Ni-Al 和 Ti-Al 金屬間化合物的焊接也日益引起眾多研究者的關注。

4.1 金屬間化合物的發展及特性

4.1.1 結構用金屬間化合物的發展

金屬間化合物具有長程有序的超點陣結構，原子間保持金屬鍵及共價鍵的共存性，使它們能夠同時兼顧金屬的塑性和陶瓷的高溫強度，含有 Al、Si 元素的金屬間化合物還具有良好的抗氧化性能和低密度。金屬間化合物的成分可以在一定範圍內偏離化學計量而仍保持其結構的穩定性，在合金狀態圖上表現為有序固溶體。金屬間化合物的長程有序超點陣結構保持很強的金屬鍵及共價鍵結合，使其具有特殊的物理、化學性能和力學性能，如特殊的電學性能、磁學性能和高溫性能等，是一種很有發展前景的新型高溫結構材料。

金屬間化合物的研究始於 1930 年代，目前用於結構材料的金屬間化合物主要集中於 Ni-Al、Ti-Al 和 Fe-Al 三大合金係。Ni-Al 和 Ti-Al 係金屬間化合物高溫性能優異，但價格昂貴，主要用於航空航天等領域。與 Ni-Al 和 Ti-Al 係金屬間化合物相比，Fe-Al 係金屬間化合物除具有高強度、耐腐蝕等優點外，還具有成本低和密度小等優勢，具有廣闊的應用前景。

鋼鐵材料加熱後會逐漸變紅、變軟（直至熔化成鋼液）。高溫是大多數金屬的大敵，金屬在高溫下會失去原有的強度，變得「不堪一擊」。金屬間化合物卻不存在這樣的問題。在 700℃以上的高溫下，一些金屬間化合物會更硬，強度甚至會升高。可以說在高溫下方顯出金屬間化合物的「英雄本色」。

金屬間化合物具有這種特殊的性能，與其內部原子結構有關。所謂金屬間化合物，是指金屬和金屬之間，類金屬和金屬之間以共價鍵形式結合生成的化合物，其原子的排列具有高度有序化的規律。當它以微小顆粒形式存在於合金的組織中時，會使合金的整體強度得到提高。特別是在一定溫度範圍內，合金的強度隨溫度升高而增強，這就使 Ni-Al 係和 Ti-Al 係金屬間化合物在高溫結構應用方面具有極大的潛在優勢。

但是，伴隨著金屬間化合物的高溫強度而來的，是其較大的室溫脆性。1930年代金屬間化合物剛被發現時，它們的室溫延性大多數為零，也就是說，一折就會斷。因此，許多人預言，金屬間化合物作為一種大塊材料是沒有實用價值的。

1980 年代中期，美國科學家們在金屬間化合物室溫脆性研究上取得了突破性進展。他們往 Ni-Al 係金屬間化合物中加入少量硼（B），可使它的室溫伸長率提高到 50%，與純鋁的延性相當。這一重要發現及其所蘊含的發展前景，吸引了各國材料科學家展開了對金屬間化合物的深入研究，使其開始以一種嶄新的面貌在新材料領域登臺亮相。

近 20 年來，人們開始重視對金屬間化合物的開發應用，這是材料領域一個重要的轉變，也是今後材料發展的重要方向之一。金屬間化合物由於它的特殊晶體結構，使其具有其他固溶體材料所沒有的性能。特別是固溶體材料通常隨著溫度的升高而強度降低，但某些金屬間化合物的強度在一定範圍內反而隨著溫度的上升而升高，這就是它有可能作為新型高溫結構材料的基礎。另外，金屬間化合物還有一些性能是固溶體材料的數倍乃至二三十倍。

目前，除了作為高溫結構材料外，金屬間化合物的其他功能也被相繼開發，稀土化合物永磁材料、儲氫材料、超磁致伸縮材料、功能敏感材料等相繼問世。金屬間化合物的應用，極大地促進了高新技術的進步與發展，促進了結構與元器件的微小型化、輕量化、集成化與智慧化，導致新一代元器件的不斷出現。

金屬間化合物這一「高溫材料」最大的用武之地是在航空航天領域，例如密度小、熔點高、高溫性能好的鈦鋁金屬間化合物等具有極誘人的應用前景。

4.1.2 金屬間化合物的基本特性

金屬間化合物是指金屬與金屬或類金屬之間形成的化合物相，具有長程有序的超點陣晶體結構，原子結合力強，高溫下彈性模量高，抗氧化性好，因此形成一系列新型結構材料，如具有應用前景的鈦、鎳、鐵的鋁化物材料。

金屬間化合物不遵循傳統的化合價規律，具有金屬的特性，但晶體結構與組成它的兩個金屬組元的結構不同，兩個組元的原子各占據一定的點陣位置，呈有序排列。典型的長程有序結構主要形成於金屬的面心立方、體心立方和密排六方三種主要晶體結構的基礎上。例如 Ni_3Al 為面心立方有序超點陣結構，Ti_3Al 為密排六方有序超點陣結構，Fe_3Al 為體心立方有序超點陣結構。許多金屬間化合物可以在一定範圍內保持結構的穩定性，在相圖上表現為有序固溶體。

決定金屬間化合物相結構的主要因素有電負性、尺寸因素和電子濃度。金屬間化合物的晶體結構雖然較複雜或有序，但從原子結合上看仍具有金屬特性，有金屬光澤、導電性及導熱性等。然而其電子雲分布並非完全均勻，存在一定的方向性，具有某種程度的共價鍵特徵，導致熔點升高及原子間鍵出現方向性。

金屬間化合物可以分為結構用和功能用兩類，前者是作為承載結構使用的材料，具有良好的室溫和高溫力學性能，如高溫有序金屬間化合物 Ni_3Al、NiAl、Fe_3Al、FeAl、Ti_3Al、TiAl 等。後者具有某種特殊的物理或化學性能，如磁性材料 YCo_5、形狀記憶合金 NiTi、超導材料 Nb_3Sn、儲氫材料 Mg_2Ni 等。

與無序合金相比，金屬間化合物的長程有序超點陣結構保持很強的金屬鍵結合，具有許多特殊的物理、化學性能，如電學性能、磁學性能和高溫力學性能等。含 Al、Si 的金屬間化合物還具有很高的抗氧化和抗腐蝕的能力。由輕金屬組成的金屬間化合物密度小、比強度高，適合於航空航天工業的應用要求。

金屬間化合物的研究和開發應用一直很受重視。在 A_3B 型金屬間化合物中，Ti_3Al、Ni_3Al 和 Fe_3Al 基合金的研究已日趨成熟，脆性問題已解決，正進入工業應用階段。在 AB 型金屬間化合物中，TiAl 基合金的室溫脆性已有改善，鑄造 TiAl 合金初步進入工業應用，變形 TiAl 合金正在深入研究開發。由於 NiAl 合金的室溫脆性問題仍有待解決，在 500℃以上的強度也偏低，對其的工程應用還需開展大量的研究工作。FeAl 合金的研究已日趨深入，正在探索對其的工業應用。

4.1.3 三種有發展前景的金屬間化合物

以鋁化物為基的金屬間化合物是有應用前景的新型高溫結構材料。近年來在中國國內及國外重點研究並取得重大進展的金屬間化合物主要為 Ti-Al、Ni-Al 和 Fe-Al 三個體系的 A_3B 和 AB 型金屬間化合物，其中 A_3B 型金屬間化合物主要為 Ti_3Al、Ni_3Al 和 Fe_3Al；AB 型金屬間化合物主要為 TiAl、NiAl 和 FeAl。特別是 Ni-Al 和 Ti-Al 係金屬間化合物，由於具有比鎳基合金更高的高溫強度、優異的抗氧化性和抗腐蝕能力、較低的密度和較高的熔點，可以在更高的溫度和惡劣的環境下工作，在航空航天、能源等高科技領域有著廣闊的應用前景。

幾種重要金屬間化合物的物理性能見表 4.1。

表 4.1 幾種重要金屬間化合物的物理性能

金屬間化合物		結構	密度 /(g/cm^3)	熔點 /℃	楊氏模量 /GPa	線脹係數 /10^{-6}℃$^{-1}$	有序臨界溫度 /℃
Ni-Al 係	Ni_3Al	Ll_2	7.40	1397	178	16.0	1390
	NiAl	B_2	5.90	1638	293	14.0	1640
Ti-Al 係	Ti_3Al	DO_{19}	4.50	1680	110～145	12.0	1100
	TiAl	Ll_0	3.80	1480	176	11.0	1460
Fe-Al 係	Fe_3Al	DO_3	6.72	1540	140	—	540
	FeAl	B_2	5.56	1250～1400	259	—	1250～1400

Ni-Al、Ti-Al 金屬間化合物適合用於航空航天材料，具有很好的應用潛力，已受到歐、美等發達國家的普遍重視。一些 Ni-Al 係合金已獲得應用或試用，如用於柴油機部件、電熱元器件、航空航天飛機緊固件等。Ti-Al 係合金可替代鎳基合金製成航空發動機高壓渦輪定子支承環、高壓壓氣機匣、發動機燃燒室擴張噴管噴口等；中國宇航工業正試用這類合金製造發動機熱端部件，前景廣闊。

作為結構材料，最具應用前景的是 Ni-Al、Ti-Al、Fe-Al 係金屬間化合物，如 Ni_3Al、NiAl、Ti_3Al、TiAl、Fe_3Al、FeAl 等。世界各國的研究者針對 Ni-Al、Ti-Al、Fe-Al 係金屬間化合物開展了焊接性研究並取得了可喜的進展。

Fe_3Al 金屬間化合物由於具有高的抗氧化性和耐磨性，可以在許多場合代替不銹鋼、耐熱鋼或高溫合金，用於製造耐腐蝕件、耐熱件和耐磨件，其良好的抗硫化性能，適合於惡劣條件下（如高溫腐蝕環境）的應用。例如，火力發電廠結構件、滲碳爐氣氛工作的結構件、化工器件、汽車尾氣排氣管、石化催化裂化裝置、加熱爐導軌、高溫爐箅等。此外，由於 Fe_3Al 金屬間化合物具有優異的高溫抗氧化性和很高的電阻率，有可能開發成新型電熱材料。Fe_3Al 還可以和 WC、TiC、TiB、ZrB 等陶瓷材料製成複合結構，具有更加廣泛的應用前景。

(1) Ni-Al 係金屬間化合物

Ni-Al 係金屬間化合物主要包括 Ni_3Al 和 NiAl。Ni_3Al 的熔點為 1395℃，在熔點以下具有面心立方有序 $L1_2$ 超點陣結構。

Ni-Al 二元合金相圖如圖 4.1 所示。在 Ni-Al 二元係中，除了 Ni、Al 的固溶體外，還存在 5 種穩定的二元化合物，即 Ni_3Al、NiAl、Ni_5Al_3、Al_3Ni_2、Al_3Ni。其中 Ni_3Al、Al_3Ni_2、Al_3Ni 通過包晶反應形成，Ni_5Al_3 通過包析反應形成，而 NiAl 通過匀晶轉變形成。除了 NiAl 單相區存在一個較寬的成分範圍 45%～60%Ni（摩爾分數）外，其他化合物成分範圍較窄，例如低溫 Ni_3Al 相的成分範圍為 73%～75%Ni（摩爾分數）。

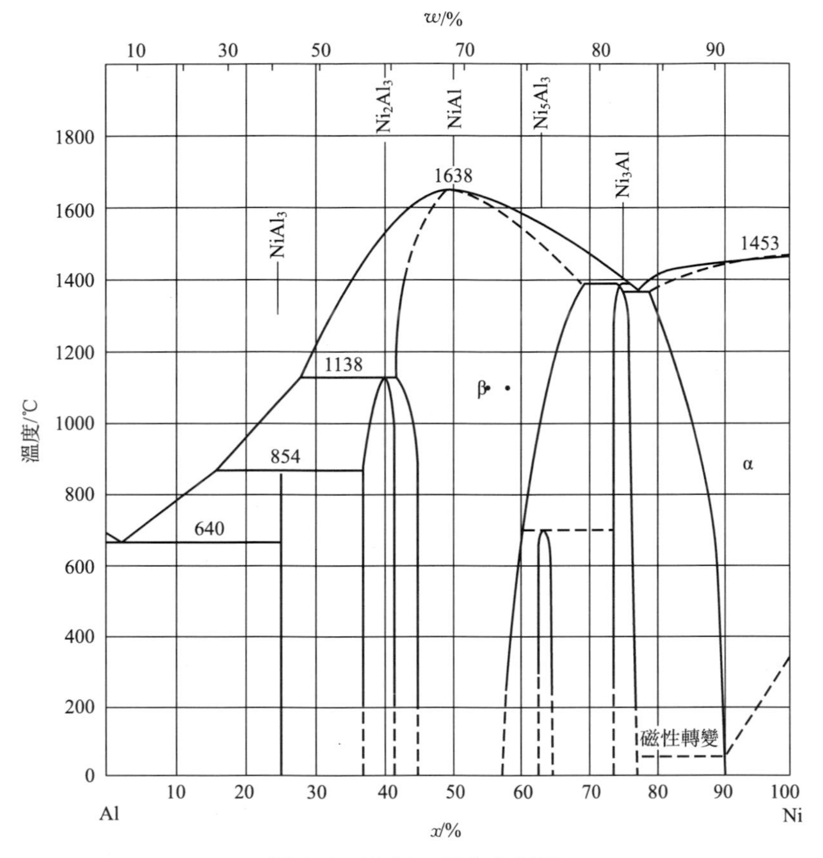

圖 4.1　Ni-Al 二元合金相圖

研究表明，在 Ni-Al 係合金中，只有 Ni_3Al 和 NiAl 基合金有作為結構材料應用的潛力，其他 3 種化合物因熔點很低，難以與高溫合金競爭。

① Ni_3Al 金屬間化合物　Ni_3Al 是在化學成分固定比例兩側 4.5%固溶範圍內的金屬間化合物。Ni_3Al 的熔點為 1397℃，晶格常數為 0.3565～0.3580nm，密度為 7.4g/cm^3，在熔點以下具有面心立方有序 $L1_2$ 型結構。

Ni_3Al 具有獨特的高溫性能，在 800℃以下其屈服強度隨著溫度的升高而增加，但是在室溫下則脆性很大，有明顯的沿晶斷裂傾向。試驗表明，Ni_3Al 的室溫塑性可以通過微合金化得到改善。微量元素 B 對多晶體 Ni_3Al 室溫塑性的提高作用與 Al 含量密切相關。只有在 Al 含量小於摩爾分數 25%時，微量元素 B 才能有效地改善 Ni_3Al 的室溫塑性，抑製沿晶斷裂傾向。

硼（B）含量對 Ni_3Al 的伸長率（δ）和屈服強度（σ_s）的影響如圖 4.2 所示。在 Ni_3Al 中添加 0.02%～0.05%的 B 元素後，室溫伸長率由 0 提高到 40%～50%。

但當 Ni_3Al 基體中 Al 的摩爾分數高於 25%後，隨著 Al 含量的增加，塑性急劇下降，並使斷裂由穿晶斷裂向沿晶斷裂轉變。

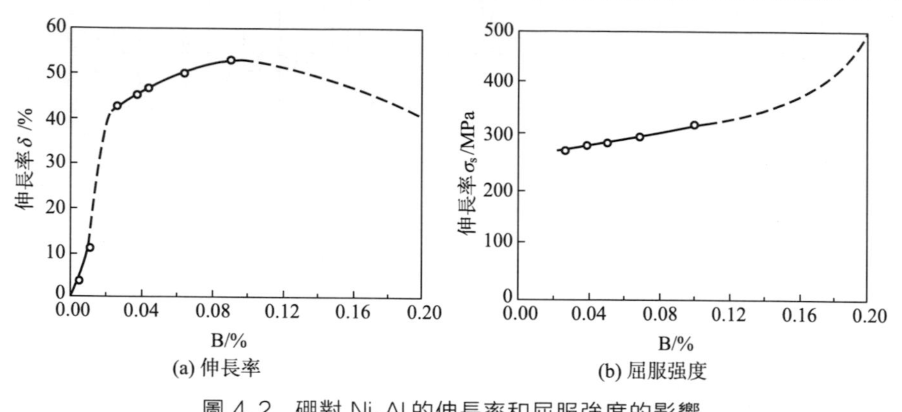

圖 4.2 硼對 Ni_3Al 的伸長率和屈服強度的影響

在 Ni_3Al 基體中加入 Fe 和 Mn，通過置換 Ni 和 Al，改變原子間鍵合狀態和電荷分布，也可以提高合金的室溫塑性。例如，加入溶質質量分數為 15%的 Fe（或 9%的 Mn）效果較好，其室溫斷裂後的伸長率可分別達到 8%和 15%。但是，總體合金化後的比強度下降。

此外，通過固溶強化還可進一步提高 Ni_3Al 的室溫和高溫強度，但通常只有那些置換 Al 亞點陣位置的固溶元素才能產生強化效果。加入合金元素鉿（Hf）也可顯著提高 Ni_3Al 的強度，特別是高溫強度。美國的 5 種 Ni_3Al 合金的化學成分見表 4.2，這些材料已有應用，例如 IC-396 用於柴油機零件，IC-50 已用於電熱元件和航空航天的緊固件。

表 4.2 美國的 5 種 Ni_3Al 合金的化學成分

序號	材料名稱	化學成分(摩爾分數)
1	IC-50	Ni-Al23%±0.5%-Hf(Zr)±0.3%-B0.1%±0.05%
2	IC-218	Ni-Al16.7%±0.3%-Cr8%-Zr0.5%±0.3%-B0.1%±0.05%
3	IC-328	Ni-Al17.0%±0.3%-Cr8%-Zr0.2%±0.1%-Ti0.3%±0.1%-B0.1%±0.05%
4	IC-396	Ni-Al16.1% ± 0.3%-Cr8%-Zr0.25% ± 0.15%-Mo1.7% ± 0.3%-B0.1% ±0.07%
5	IC-405	Ni-Al18%±0.5%-Cr8%-Zr0.2%±0.1%-Fe12.2%±0.5%-B0.1%±0.05%

② NiAl 金屬間化合物　NiAl 金屬間化合物熔點較高（1600℃），密度為 5.9g/cm³，呈體心立方有序 B2 超點陣結構，具有較高的抗氧化性，是一種有應用前景的高溫金屬間化合物。影響 NiAl 金屬間化合物實用化的主要問題是室溫時獨立的滑移係少，塑性低，脆性大，並且在 500℃以上強度低。

由於 NiAl 金屬間化合物能夠在很寬的成分範圍保持穩定，因此有可能通過合金化來改善其力學性能。例如，在 NiAl 中加入 Fe，可以通過形成兩相組織（Ni，Fe）（Fe，Ni）和（Ni，Fe$)_3$（Fe，Ni）來提高強度和改善伸長率，加入 Ta 或 Nb 通過析出第二相粒子強化，提高蠕變強度。此外，還可以通過機械合金化加入 Al_2O_3、Y_2O_3 和 ThO_2 彌散質點，改善其蠕變強度和高溫強度，但室溫強度下降。還可以通過細化晶粒來改善塑性，但明顯改善室溫塑性需要的臨界晶粒尺寸很小（直徑小於 3μm），雖然可以通過快速凝固和粉末冶金等新工藝得到細晶粒組織，但會影響其抗蠕變性能。

(2) Ti-Al 係金屬間化合物

在 Ti-Al 係中有 2 個金屬間化合物（Ti_3Al、TiAl）的研究開發受到重視。以 Ti_3Al 金屬間化合物為基的合金稱為 Ti_3Al 基合金，以 TiAl 金屬間化合物為基的合金稱為 γ-TiAl 基合金（簡稱 TiAl 合金）。Ti-Al 係二元相圖見圖 4.3。

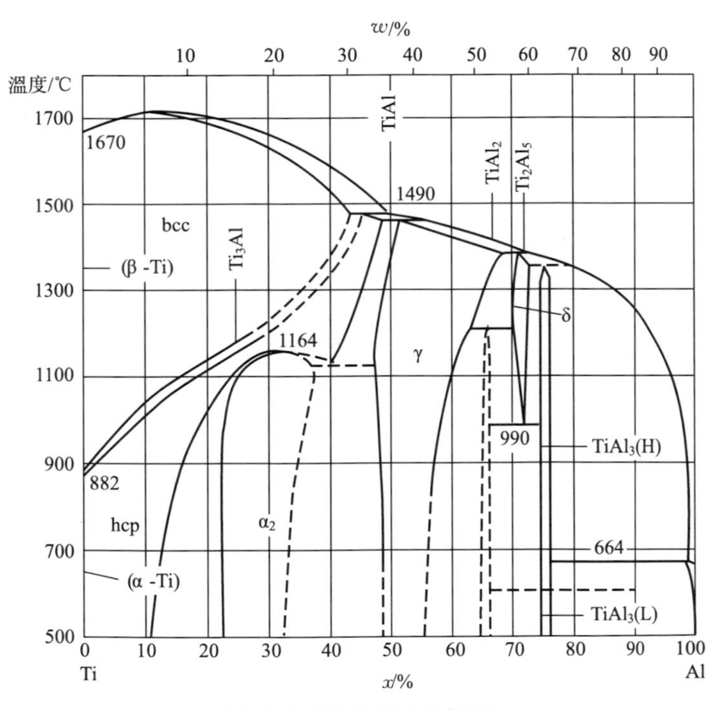

圖 4.3　Ti-Al 係二元相圖

1950 年代初，美國學者對 Ti-50Al 合金的性能進行了研究，結果因為合金塑性太差而放棄。15 年後，美國 M. Blackburn 教授又對約 100 種不同成分的 TiAl 合金進行研究，發現了具有最佳性能的合金 Ti-48Al-1V-0.3C，即第一代

TiAl 合金，室溫塑性可達 2%，但 TiAl 基合金並未作為工程合金而得到發展。直至 80 年代末，美國 GE 公司才發展了第二代 TiAl 合金（Ti-48Al-2Cr-2Nb）並證明了其良好的綜合性能，才引起人們對 TiAl 合金的興趣。又經過大量的研究，現已發展出第三代 TiAl 合金。

Ti_3Al、TiAl 合金與 Ti 基合金、Ni 基合金性能的比較見表 4.3。由表可見，Ti_3Al、TiAl 基合金具有與 Ti 基合金相近的密度；與 Ni 基合金相近的優良的高溫性能，但密度僅為 Ni 基高溫合金的一半，是一種極具應用前景的替代 Ni 基合金的高溫結構材料，可應用於航空發動機的高溫部件（如渦輪盤、葉片和氣門閥等）。

表 4.3　Ti_3Al、TiAl 合金與 Ti 基合金、Ni 基合金性能的比較

性能	Ti 基合金	Ti_3Al 基合金	TiAl 基合金	Ni 基高溫合金
密度/(g/cm^3)	4.5	4.1～4.7	3.7～3.9	7.9～9.5
彈性模量/GPa	95～115	100～145	160～180	206
屈服強度/MPa	380～1150	700～990	350～600	800～1200
抗拉強度/MPa	480～1200	800～1140	440～700	1250～1450
蠕變極限/℃	600	750	750①～950②	800～1090
抗氧化極限/℃	600	650	800③～950④	870～1090
線脹係數/$10^{-6}℃^{-1}$	9.1	12.0	11.0	13.3
室溫塑性/%	10～25	2～10	1～4	3～25
高溫塑性/%	12～50	10～40	10～20	20～80
室溫斷裂韌度/$MPa \cdot m^{1/2}$	12～80	13～35	10～30	30～100
晶體結構	hcp/bcc	$D0_{19}$	$L1_0$	$Fcc/L1_2$

①雙態組織。
②全層片組織。
③無塗層。
④塗層/控製冷卻。

TiAl 基合金的主要應用優勢在於：

① TiAl 基合金較之航空發動機其他常用結構材料的比剛度高約 50%，有利於要求低間隙的部件，如箱體、構件及支撐件等，可將噪聲震動移至較高頻率而延長葉片等部件的壽命；

② TiAl 基金合金在 600～700℃時良好的抗蠕變性能，使其可能替代某些 Ni 基高溫合金部件（重量減輕一半）；

③ 具有良好的阻燃能力，可替換一些昂貴的阻燃設計 Ti 合金。

TiAl 合金部件的缺點是較低的抗損傷能力，其較低的室溫塑性、斷裂韌性和高溫裂紋擴展率增加了失效的可能性。

Ti_3Al 屬於密排六方有序 $D0_{19}$ 超點陣結構，密度較小（4.1～4.7g/cm^3），

彈性模量較高（100～145GPa）。與鎳基高溫合金相比質量可減輕 40%，高溫下（800～850℃）具有良好的高溫性能，但室溫塑性很低，加工成形困難。解決這些問題的辦法是加入 β 相穩定元素，如 Nb、V、Mo 等進行合金化，其中以 Nb 的作用最為顯著。主要是通過降低馬氏體轉變點（M_s），細化 α_2 相，減小滑移長度，另外還能促使形成塑性和強度較好的 $\alpha_2+\beta$ 的兩相組織。

TiAl 具有面心四方有序 $L1_0$ 超點陣結構。除了具有很好的高溫強度和抗蠕變性能外，TiAl 還具有密度小（3.7～3.9g/cm^3）、彈性模量高（160～180GPa）和抗氧化性能好等特點，是一種很有吸引力的航空與航天用高溫結構材料。

中國研究開發的 Ti_3Al 基合金、Ti_2AlNb 基合金的成分見表 4.4。其中，用 TAC-1B 合金製造的零件成功地參加了「神舟號」飛船的飛行，研製的多種航空航天用發動機重要結構件也完成了飛行試驗。用 TD2 合金製作的航空發動機渦輪導風板也經受了發動機試車考驗。一些典型 Ti_3Al 合金的力學性能和高溫持久壽命見表 4.5。中國宇航工業正在試用這類合金部分替代鎳基高溫合金製造發動機熱端部件。

表 4.4 中國研究開發的 Ti_3Al 基合金、Ti_2AlNb 基合金的成分

牌號	合金類別	合金成分(摩爾分數)/%	相組成
24-11 25-11 8-2-2	Ti_3Al 基合金 (屬第一類)	Ti-24Al-11Nb Ti-25Al-11Nb Ti-25Al-8Nb-2Mo-2Ta	α_2 和 B_2/β 兩相組織
TAC-1 TAC-1B TD2 TD3	Ti_3Al 基合金 (屬第二類)	Ti-24Al-14Nb-3V-(0～0.5)Mo Ti-23Al-17Nb Ti-24.5Al-10Nb-3V-1Mo Ti-24Al-15Nb-1.5Mo	固溶態 α_2+B_2 兩相組織 或穩態 α_2+B_2+O 三相組織
TAC-3A TAC-3B TAC-3C TAC-3D	Ti_2AlNb 合金 (屬第三類)	Ti-22Al-25Nb Ti-22Al-27Nb Ti-22Al-24Nb-3Ta Ti-22Al-20Ni-7Ta	O 相合金(正交相) 含少量 B_2/β 相

表 4.5 典型 Ti_3Al 合金的力學性能和高溫持久壽命

合金	屈服強度 /MPa	抗拉強度 /MPa	伸長率 /%	高溫持久壽命① /h
Ti-24Al-11Nb	761	967	4.8	—
Ti-24Al-14Nb	790～831	977	2.1～3.3	59.5～60
Ti-25Al-10Nb-3V-1Mo	825	1042	2.2	—
Ti-24.5Al-17Nb	952	1010	5.8	>360
Ti-24.5Al-17Nb-1Mo	980	1133	3.4	476

①650℃，380MPa。

TiAl 的室溫塑性可以通過合金化和控製局部組織得到改善。含有雙相（α_2＋

γ）層片狀組織的合金，塑性和強度優於單相（γ）組織的合金。對合金元素 V、Cr、Mn、Nb、Ta、W、Mo 等進行試驗表明：在 Ti-Al48 合金中加入 1%～3%的 V、Mn 或 Cr 時，塑性可以得到改善（伸長率≥3%）。提高合金的純度也有助於提高其塑性，例如當含氧量由 0.08%降低至 0.03%時，Ti-Al48 合金拉伸時的伸長率由 1.9%提高到 2.7%。

合金化是塑化和韌化 Ti_3Al 合金的基本途徑。添加 Nb 可以提高 Ti_3Al 合金的強度、塑性和韌性；V 也可使合金的塑性得到改善，但對合金的強度和抗氧化性能不利；增加 Al、Mo、Ta 的含量有利於提高合金的高溫強度和抗蠕變性能等。

（3）Fe-Al 係金屬間化合物

主要包括 Fe_3Al 和 FeAl。Fe_3Al 具有 $D0_3$ 型有序超點陣結構，彈性模量較大，熔點較高，密度小。在室溫下是鐵磁性的，有序 $D0_3$ 超點陣結構的飽和磁化強度比無序 α 相低 10%。由於在很低的氧分壓下，Fe_3Al 能形成緻密的氧化鋁保護膜，因此顯示了優良的抗高溫氧化的能力。Fe-Al 二元合金相圖如圖 4.4 所示。

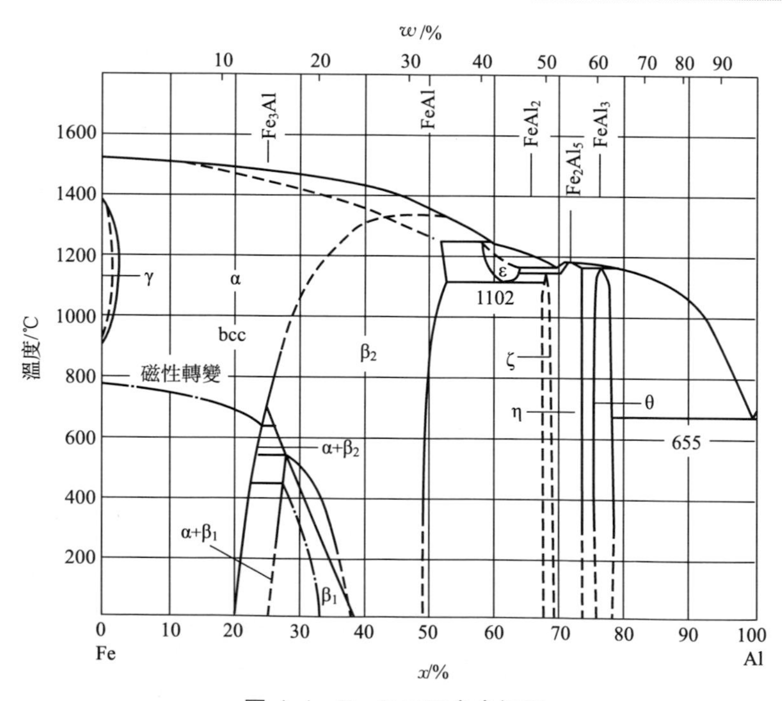

圖 4.4 Fe-Al 二元合金相圖

鋁穩定 α-Fe 相中 Al 原子百分含量在 18%～20%以下，室溫和高溫下為無序 α-Fe（Al）固溶體相。Al 原子百分含量為 25%～35%時，Fe-Al 金屬間化合

物具有 $D0_3$ 型有序結構，點陣常數為 0.578nm，隨著溫度和 Al 含量變化，逐漸向部分有序 B2 結構及無序 α-Fe（Al）結構轉變。$D0_3$ 向 B2 型結構轉變的有序化溫度約為 550℃；B2 與 α-Fe(Al) 結構的轉變溫度約為 750℃。Al 原子百分含量為 36.5%～50%時，室溫下穩定的 FeAl 合金具有 B2 型有序結構，隨 Al 含量及熱處理工藝的不同，點陣常數為 0.289～0.291nm。

在 Fe-Al 二元合金狀態圖中，$FeAl_2$（Al 的溶質質量分數為 49.2%～50%）、Fe_2Al_5（Al 的溶質質量分數為 54.9%～56.2%）、$FeAl_3$（Al 的溶質質量分數為 59.2%～59.6%）這三種脆性金屬間化合物的成分範圍很窄，而 Fe_3Al 以及附近的 α-Fe(Al) 固溶體的成分範圍較寬，有利於 Fe_3Al 基合金性能的穩定。

幾種典型 Fe_3Al 基合金的成分及高溫力學性能見表 4.6。

表 4.6　典型 Fe_3Al 基合金的成分及性能

合金	成分(原子分數)/%	207MPa 持久強度①		室溫拉伸性能		600℃拉伸性能	
		時間/h	伸長率 δ/%	屈服強度 $\sigma_{0.2}$/MPa	伸長率 δ/%	屈服強度 $\sigma_{0.2}$/MPa	伸長率 δ/%
FA-61	Fe-28Al	2	34	393	4.3	345	33.4
FA-122	Fe-28Al-5Cr-0.1Zr-0.05B	13	49	480	16.4	474	31.9
FA-91	Fe-28Al-2Mo-0.1Zr	208	55	698	5.7	567	20.9
FA-130	Fe-28Al-5Cr-0.5 Mo-0.1Zr-0.05B	202	61	554	12.6	527	31.2

①試驗溫度 593℃。

4.1.4 Ni-Al、Ti-Al 係金屬間化合物的超塑性

Ni-Al、Ti-Al 係金屬間化合物是具有廣闊應用前景的一類高溫結構材料，包括 Ni_3Al、NiAl、Ti_3Al、TiAl。由於這類材料具備陶瓷材料（共價鍵）的特徵，又具備金屬材料（金屬鍵）的特徵，因此成為聯繫金屬與無機非金屬（陶瓷）的橋梁。

金屬間化合物的超塑性是由晶界滑動機製及伴有動態再結晶和位錯滑移的協調過程。對於細晶粒組織的塑性的影響與一般合金類似；而對於大晶粒金屬間化合物的超塑性具有一定的普遍性，其超塑性是連續的動態回復與再結晶過程。超塑性變形前原始大晶粒中不存在亞晶，在變形過程中位錯通過滑移或攀移形成不穩定的亞晶界，這些亞晶界通過吸收晶界內滑移位錯在原界內形成，從而發生原位再結晶。這一過程的不斷進行導致材料在總體上的超塑性行為。

(1) Ni-Al 係金屬間化合物的超塑性

① Ni_3Al 金屬間化合物的超塑性　單晶 Ni_3Al 具有良好的韌性，但是多晶 Ni_3Al 的韌性較差，表現為沿晶斷裂。試驗中發現，採用硼（B）合金化，可以

有效地阻止 Ni_3Al 沿晶斷裂和大大地改善塑性。

粉末冶金得到的 IC-218 金屬間化合物 Ni-8.5Al-7.8Cr-0.8Zr-0.02B（溶質質量分數,%），在有序 γ' 相中含有體積分數 10%～15%的無序 γ 相時，晶粒直徑為 6μm，在 950～1100℃及變形速度為 10^{-5}～10^{-2}/s 時就顯示出超塑性；在 1100℃及變形速度為 8.94×10^{-4}/s 時就獲得了 640%的斷後伸長率，其變形機理為晶界滑移。超塑性變形區發現大量空洞，而且為沿晶斷裂。

奈米級（晶粒直徑為 50nm）的 Ni_3Al 金屬間化合物（IC-218）在 650～750℃條件下也具有超塑性，在 650℃和 725℃及變形速度為 10^{-3}/s 時就顯示出超塑性，斷後伸長率分別為 380%和 750%。稍大晶粒（晶粒直徑為 10～30μm）的 Ni_3Al 金屬間化合物也能表現出超塑性。

② NiAl 金屬間化合物的超塑性　雖然 NiAl 金屬間化合物具有許多優異的性能，但是嚴重的室溫脆性阻礙了它的應用。採用向 NiAl 金屬間化合物中加入大量 Fe 元素，以引入塑性的 γ 相，可以改善其塑性和韌性。例如鑄造擠壓狀態的 NiAl-20Fe-YCe 合金溶質質量分數（%）為 Ni-28.5Al-20.4Fe-0.003Y-0.003Ce，在 850～980℃及變形速度為 1.04×10^{-4}～10^{-2}/s 時就顯示出超塑性。

Ni-50Al（摩爾分數,%）的金屬間化合物（晶粒直徑為 200μm）在 900～1100℃及變形速度為 1.67×10^{-4}～10^{-2}/s 時，斷後伸長率可達 210%。NiAl-25Cr（摩爾分數,%）的金屬間化合物（晶粒直徑為 3～5μm）在 850～950℃及變形速度為 2.2×10^{-4}～3.3×10^{-2}/s 時，斷後伸長率可達 480%，顯示出超塑性。

NiAl-9Mo 類型的共晶合金在 1050～1100℃及變形速度為 5.55×10^{-5}～1.11×10^{-4}/s 時也顯示出超塑性。

（2）Ti-Al 係金屬間化合物的超塑性

1）Ti_3Al 金屬間化合物的超塑性

Ti_3Al 金屬間化合物是 $\alpha_2+\beta$ 組織，Ti-24Al-11Nb 合金（溶質質量分數,%）在 980℃時可以獲得 810%斷後伸長率的超塑性；Ti-25Al-10Nb-3V-1Mo 合金（溶質質量分數,%）在 980℃時可以獲得 570%斷後伸長率的超塑性；Ti-24Al-14Nb-3V-0.5Mo 合金（溶質質量分數,%）具有較好的低溫塑性和高溫強度，在 980℃及變形速度為 3.5×10^{-4}/s 時可以獲得 818%斷後伸長率的超塑性。

2）TiAl 金屬間化合物的超塑性

① 試驗溫度對 TiAl 金屬間化合物超塑性的影響　晶粒直徑為 20μm、組織 $\gamma+\alpha_2$ 的 Ti-47.3Al-1.9Nb-1.6Cr-0.5Si-0.4Mn 合金（溶質質量分數,%）在應變速度為 8.0×10^{-5}/s 時，試驗溫度對粗晶 TiAl 金屬間化合物超塑性的影響如圖 4.5(a) 所示。可以看到，雖然斷裂強度隨著試驗溫度的提高，斷裂應力較

低，塑性增大，但是真實應力-變形曲線也由軟化型（隨著變形的增大應力減小）變為硬化型（隨著變形的增大應力也增大）。

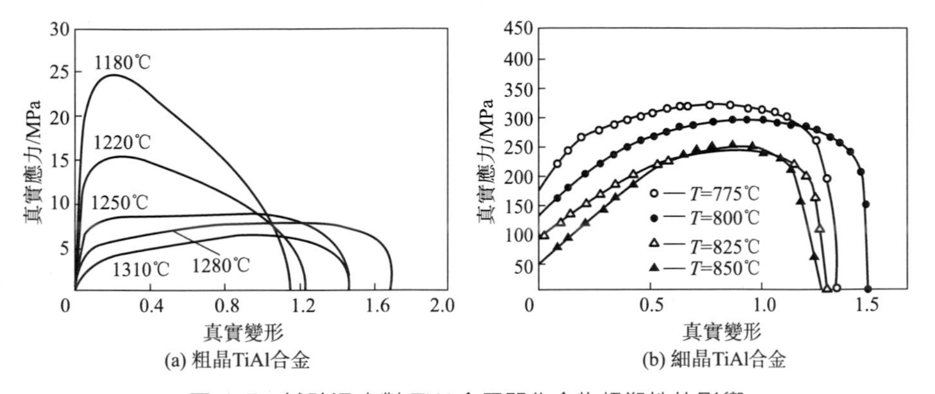

圖 4.5　試驗溫度對 TiAl 金屬間化合物超塑性的影響

② 晶粒尺寸對 TiAl 金屬間化合物超塑性的影響　Ti-Al 係金屬間化合物的超塑性在很大程度上受晶粒尺寸的影響。晶粒直徑為 0.3μm、組織 $\gamma+\alpha_2$ 的 Ti-48Al-2Nb-2Cr 合金（溶質質量分數,%）在應變速率為 $8.3\times10^{-4}s^{-1}$ 時，試驗溫度對細晶 TiAl 金屬間化合物超塑性的影響如圖 4.5(b) 所示。可以看到，晶粒細化以後，其真實應力-變形曲線硬化型溫度降低了，而且隨著試驗溫度的提高，硬化的程度加強了。

③ 合金元素的影響　V、Cr、Mn 元素能夠提高 Ti-Al 係金屬間化合物的塑性，而間隙元素 O、C、N、B 則能夠降低 Ti-Al 係金屬間化合物的塑性。

4.2 Ni-Al 金屬間化合物的焊接

IC 是金屬間化合物「intermetallic compounds」的英文縮寫，美國把以 Ni_3Al 為基的合金稱為 IC 合金。Ni-Al 金屬間化合物焊接時的主要問題是焊接裂紋。Fe、Hf 元素有阻止熱影響區熱裂紋的作用，當合金中含有 10%Fe 和 5%Hf 時能改善焊接裂紋傾向。調整 Ni_3Al 基合金中晶界元素 B 的含量，也有利於消除合金的焊接熱裂紋。

4.2.1 NiAl 合金的擴散連接

NiAl 合金的常溫塑性和韌性差，熔化焊時易在表面形成連續的 Al_2O_3 膜而使其焊接性很差，因此 NiAl 合金常採用擴散釬焊或過渡液相擴散連接。

（1）NiAl 與 Ni 的擴散釬焊

很多情況下將 NiAl 用於以 Ni 基合金為主體的結構中，採用擴散釬焊可實現 NiAl 與 Ni 基合金的連接。Ni-48Al 合金與工業純 Ni（溶質質量分數為 Ni 99.5%）擴散釬焊時，可採用厚度為 51μm 的非晶態釬料 BNi-3 為中間層。BNi-3 釬料的成分為 Ni-Si4.5%-B3.2%（摩爾分數），釬料的固相線溫度為 984℃，液相線溫度為 1054℃。擴散釬焊溫度為 1065℃。

當加熱溫度達到 1065℃後，釬料熔化形成過渡液相，液相與固相基體之間沒有發生擴散（或只有很少的擴散），釬焊接頭中的元素分布如圖 4.6 所示，此時釬焊接頭組織全部由共晶組成。

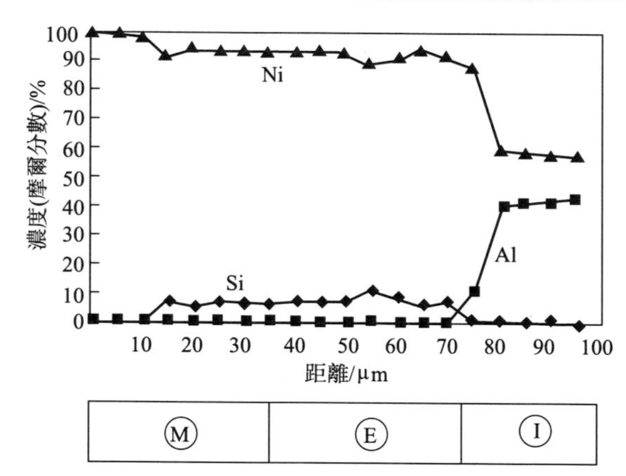

圖 4.6 NiAl 與 Ni 釬焊接頭的成分分布（在 1065℃保溫 0min 後）

M—Ni 基體；E—共晶；I—NiAl 基體

隨著保溫時間的增加，基體 NiAl 開始不斷地向液相中溶解，使原來不含 Al 的 Ni-Si-B 共晶液相中開始含 Al，並不斷提高其 Al 含量。

當保溫時間為 5min 時，NiAl/Ni-Si-B/Ni 釬焊接頭中共晶組織的平均 Al 含量約為 2%（圖 4.7），並由 Ni 基體開始向液相中外延生長，進行等溫凝固。由於保溫時間較短，所得接頭中除部分為 Ni 外延生長的等溫凝固組織外，主要仍是共晶組織。在界面附近的 Ni 基體中由於 B 的擴散形成了一個硼化物區，其寬度相當於 B 在 Ni 基體中的擴散深度。

從圖 4.7 中還能看到，在界面附近 NiAl 中由於 Al 向液相擴散而形成了貧 Al 區。保溫 2h 後 NiAl/Ni 擴散焊接頭的成分分布如圖 4.8 所示，此時接頭中的共晶組織已完全消失（等溫凝固階段已經結束），但界面附近 Ni 基體中的硼化物仍然存在。試驗結果表明，即使經過較長時間的保溫，也很難得到沒有硼化物的接頭，這說明均勻化過程受 B 元素的擴散控製。

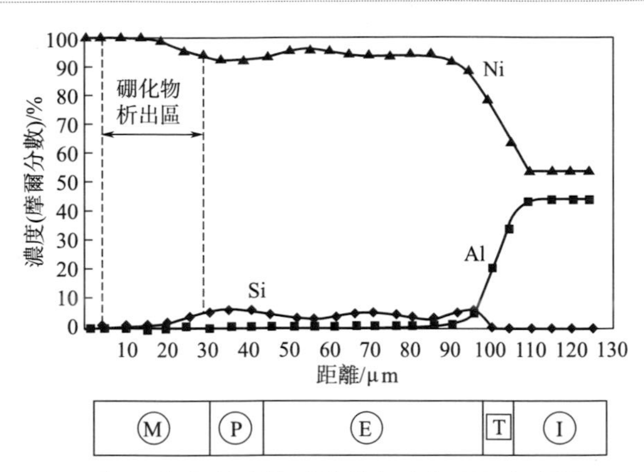

圖 4. 7 NiAl 與 Ni 釬焊接頭的成分分布（在 1065℃保溫 5min 後）

M—Ni 基體；P—外延生長的先共晶；E—共晶；I—NiAl 基體；T—貧 Al 的過渡區

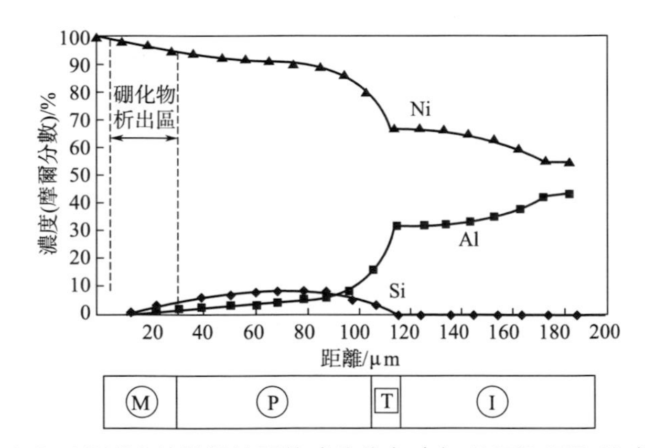

圖 4. 8 NiAl/Ni 擴散焊接頭的成分分布（在 1065℃保溫 2h 後）

M—Ni 基體；P—外延生長的先共晶；I—NiAl 基體；T—貧 Al 的過渡區

B 元素的擴散與基體成分有關，B 在 NiAl 金屬間化合物中的擴散能力遠比在 B 中慢得多，因此 NiAl 基體向液相的外延生長也比在 Ni 中困難很多，如圖 4. 9 所示。另外，由於共晶液相的原始成分中沒有 Al，因此 NiAl 向液相中外延生長時，必須先有足夠量的 Al 進入液相，才能產生 NiAl 向液相中的外延生長。而 Ni 向液相中的外延生長要容易得多，這是由於無需以 Al 進入液相為先決條件，因為液相中已有大量的 Ni 存在。所以用非晶態 BNi-3 釬料來擴散釬焊 NiAl/NiAl 比釬焊 Ni/NiAl 要難，而擴散釬焊 Ni/NiAl 比釬焊 Ni/Ni 要難。

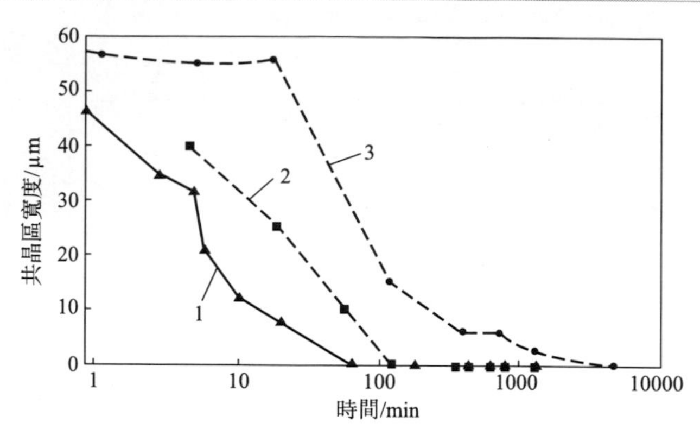

圖 4.9 保溫時間對不同擴散連接接頭中共晶區寬度的影響

1—Ni/Ni-Si-B/Ni; 2—NiAl/Ni-Si-B/Ni; 3—NiAl/Ni-Si-B/NiAl

（2）NiAl 的過渡液相擴散焊

國產 NiAl 金屬間化合物（如 IC-6 合金）過渡液相擴散焊時，中間層成分在母材的基礎上進行了調整，將母材中的 Al 去掉，為提高抗氧化性加入約 7%Cr，還添加了 3.5%～4.5%B，做成 0.1mm 的粉末層。擴散加熱溫度為 1260℃，等溫凝固及成分均勻化時間為 36h，所得到的擴散焊接頭在 980℃、100MPa 拉力的作用下，持久時間可達到 100h。

過渡液相擴散焊方法的典型應用是美國 GE 公司 NiAl 單晶對開葉片的研製，製造過程如圖 4.10 所示。先鑄造實心葉片，用電火花線切割將葉片從中間切成

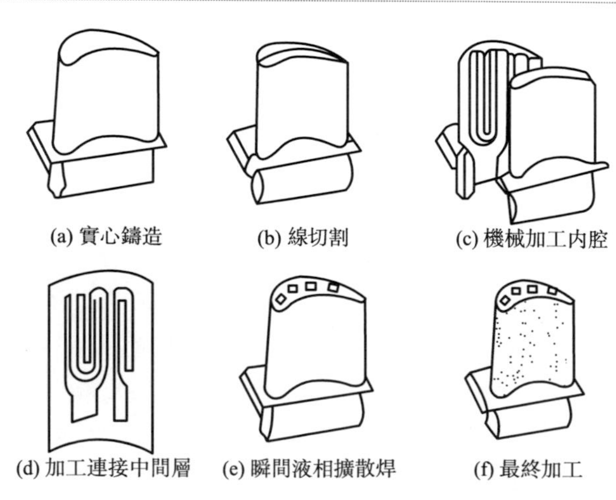

圖 4.10 NiAl 單晶合金葉片的製造過程

兩半，然後加工葉片內部的空腔結構，最後一道工序是將兩半葉片焊接在一起。採用的是過渡液相擴散焊技術，可獲得與 NiAl 單晶力學性能相當的接頭。

4.2.2 Ni_3Al 合金的熔焊

(1) Ni_3Al 的電子束焊

採用可對能量進行控製的電子束焊接 Ni_3Al 基合金時，焊接速度較小時可以獲得沒有裂紋的焊接接頭。試驗中採用的兩種含 Fe 的 Ni_3Al 基合金的化學成分見表 4.7。

表 4.7　含 Fe 的 Ni_3Al 基合金的化學成分

合金	化學成分(摩爾分數)/%				
	Ni	Al	Fe	B	其他
IC-25	69.9	18.9	10.0	0.24(0.05%)	Ti0.5 + Mn0.5
IC-103	70.0	18.9	10.0	0.10(0.02%)	Ti0.5+Mn0.5

注：括號內的數字為溶質質量分數。

焊接裂紋的產生主要與焊接速度和 Ni_3Al 基合金中的 B 含量有關，隨著焊接速度的增加，焊接裂紋率顯著增加。電子束焊接速度對兩種 Ni_3Al 基合金(IC-103、IC-25）裂紋率的影響如圖 4.11 所示，當焊接速度超過 13mm/s 後，IC-25 合金對裂紋很敏感。B 元素對改善 Ni_3Al 的室溫塑性起著有利的作用，加入 B 能改善晶界的結合，但當 B 含量超過一定的限量時會導致合金熱裂紋傾向增大（圖 4.12)，焊接裂紋率最低時的 B 含量約為 0.02%。

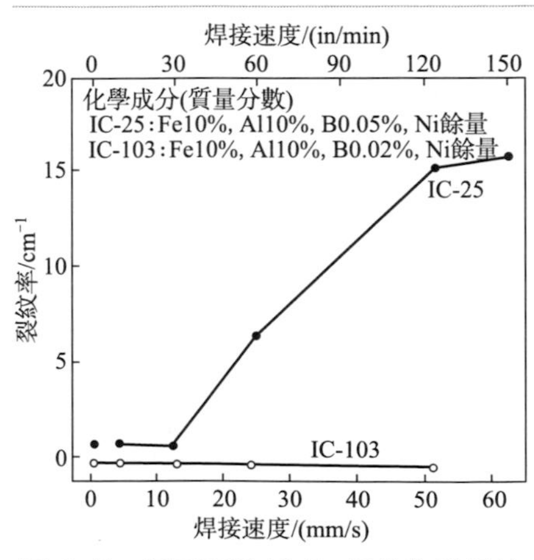

圖 4.11　電子束焊 Ni-Fe 鋁化物時焊接速度對裂紋的影響

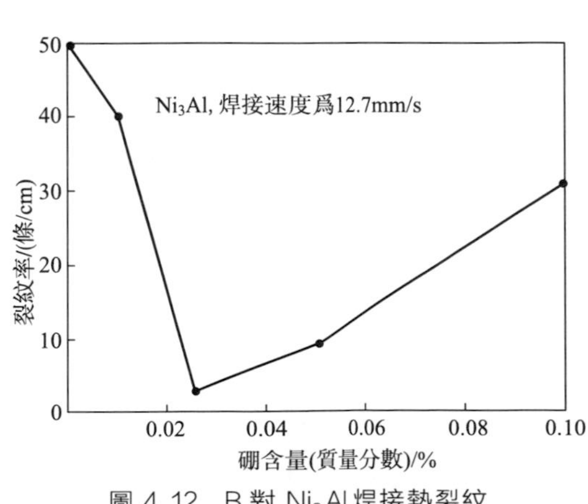

圖 4.12　B 對 Ni_3Al 焊接熱裂紋傾向的影響

由圖 4.11 可見，當 B 含量由 IC-25 合金中的 0.05%降低到 IC-103 合金中的

0.02%時，焊接裂紋完全消除，焊接速度一直達到 50mm/s 時，IC-103 合金始終沒有出現焊接裂紋。

B 在 Ni 基高溫合金中也有類似的作用。在 Ni 基高溫合金中加入微量 B 可強化晶界、提高高溫強度，但過量的 B 易在晶界形成脆性化合物，而且可能是低熔點的，會導致熱影響區的局部熔化和熱塑性降低，並引起熱影響區的液化裂紋。但是，在 Ni_3Al 焊接熱影響區中沒有發現局部熔化現象，在裂紋表面也沒有觀察到有液相存在。因此，適量的降低 B 含量雖然對室溫塑性有一定影響，但對改善 Ni_3Al 合金的焊接性是非常必要的。

根據從 Gleeble-1500 熱模擬試驗機上測得的 IC-25 和 IC-103 兩種合金升溫過程中的熱塑性變化曲線（圖 4.13 和圖 4.14）可以看到，兩者在 1200～1250℃ 之間有很大的差別。1200℃ 時 IC-25 和 IC-103 拉伸時的伸長率分別為 0.5%和 16.1%。IC-25 合金的斷口形貌是脆性的晶間斷裂，但 IC-103 合金的斷口呈塑性斷裂特徵，表現出較高的拉伸延性。

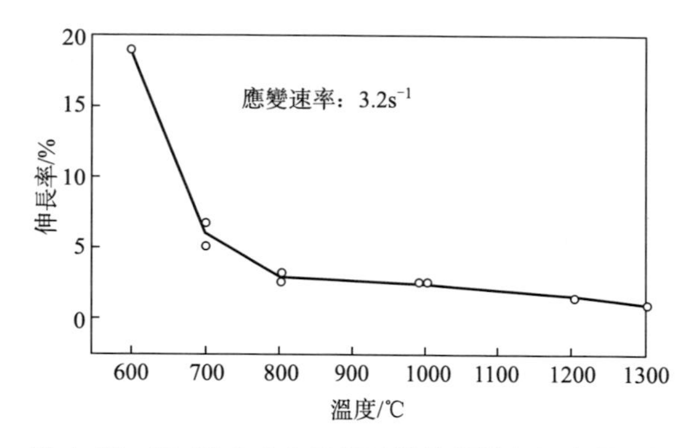

圖 4.13 IC-25 合金在升溫時拉伸塑性與溫度的關係

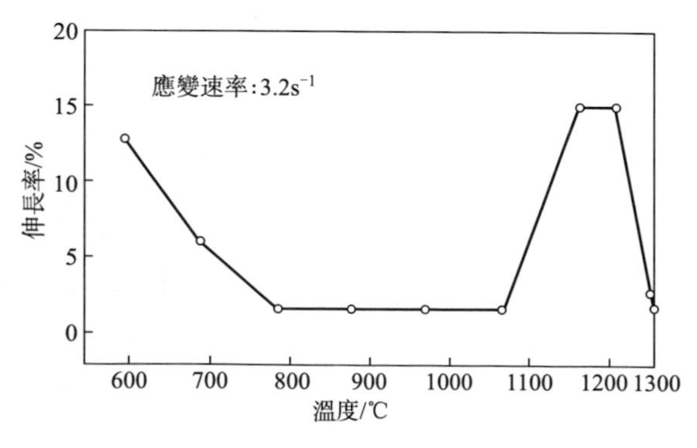

圖 4.14 IC-103 合金升溫時拉伸塑性與溫度的關係

Ni_3Al基合金的斷裂形貌與晶界的結合強度密切相關。晶界結合強度低於材料的屈服強度時，斷口形貌是無延性的晶間斷裂，斷裂應變隨著晶界結合強度的增加而增大。1200℃時IC-103合金的斷裂應變比IC-25合金高很多，此時IC-103合金的晶界結合強度比IC-25合金高很多。這也表明B對含Fe的Ni_3Al基合金高溫塑性的影響與它對室溫塑性的影響並不一致。

硼（B）雖然顯著地提高Ni_3Al的室溫塑性，但在高溫時效果不明顯，特別是在600～800℃中溫範圍內，含硼Ni_3Al基合金存在一個脆性溫度區，這是一種動態脆化現象，與試驗環境氣氛中的氧含量有關。因此，B含量高的IC-25合金在焊接速度超過13mm/s的電子束焊接頭中表現出來的較高的熱影響區裂紋傾向，是由於其高溫下的晶間脆化和熱應力的作用造成的。

(2) Ni_3Al合金的焊條電弧焊

Ni_3Al合金採用焊條電弧焊時，焊材的選擇很重要，選擇合理的焊材可以彌補Ni_3Al合金焊接性差的劣勢，減少或消除焊接裂紋。

Ni_3Al母材不能用作焊接材料，因為焊接時極易出現裂紋。高溫合金中Ni818是比較適宜用於Ni_3Al合金的焊接材料，可以實現Ni_3Al結構件的無裂紋焊接。這種焊材的主要成分是在Ni基的基礎上，添加0.04C-15Cr-7Fe-15Mo-3.5W-1Mn-0.25V。為了保證焊接工藝穩定性，防止出現焊接裂紋，焊前必須清除焊件表面的氧化物、油污等，以避免外來的非金屬夾雜物混入焊接熔池。

在保證焊接冶金要求的前提下，應考慮採用小坡口焊接，盡量減小焊縫尺寸，控製焊接熱影響區盡可能最小。焊接過程中採用小電流低速焊接，控製焊接熱輸入，加強散熱，以防止焊接熔池過熱及焊後接頭區組織粗大。

採用Ni818焊材對NiAl基的IC-218合金進行焊接的工藝參數見表4.8。焊縫表面成形良好，經化學腐蝕後從總體上觀察未發現表面裂紋，將焊縫解剖也未發現有焊接裂紋、內部氣孔或夾渣等缺陷。焊縫的強度達到了450MPa，拉斷在熔合區處，屬韌性斷裂。由於熔合區的合金化很複雜，因此使得焊縫的強度（實質是熔合區的強度）比母材和焊材低。

表4.8 Ni818焊材焊接IC-218鑄造合金的工藝參數

母材	坡口角度/(°)	焊前清理	焊條直徑/mm	預熱溫度/℃	焊接電流/A	焊後處理	工藝特點
IC-218	45	機械打磨	3.2	200	130	750℃×2h退火	多層堆高

4.2.3 Ni_3Al與碳鋼（或不銹鋼）的擴散焊

(1) Ni_3Al與碳鋼的擴散焊

通過加入B、Mn、Cr、Ti、V等合金元素，Ni-Al金屬間化合物具有良好的室溫塑性和高溫強度。Ni_3Al 與鋼進行異種材料焊接時，採用熔焊方法焊縫及熱影響區容易產生裂紋，目前 Ni-Al 金屬間化合物異種材料的焊接大多採用擴散焊和釺焊。

碳鋼中合金元素含量較少，Ni_3Al 與碳鋼可以不加中間層、直接進行真空擴散焊。焊接工藝參數見表 4.9。

表 4.9　Ni_3Al 與碳鋼擴散焊的工藝參數

加熱溫度 /℃	保溫時間 /min	加熱速度 /(℃/min)	冷卻速度 /(℃/min)	焊接壓力 /MPa	真空度 /Pa
1200～1400	30～60	5	10	2	3×10^{-3}

Ni_3Al 與碳鋼之間潤溼性及相容性良好，在擴散界面處能夠結合緊密，形成的擴散過渡區厚度約為 20～40μm。加熱溫度為 1400℃、保溫 30min 與加熱溫度為 1200℃、保溫 60min 時 Ni_3Al 與碳鋼擴散焊接頭的顯微硬度分布如圖 4.15 所示。

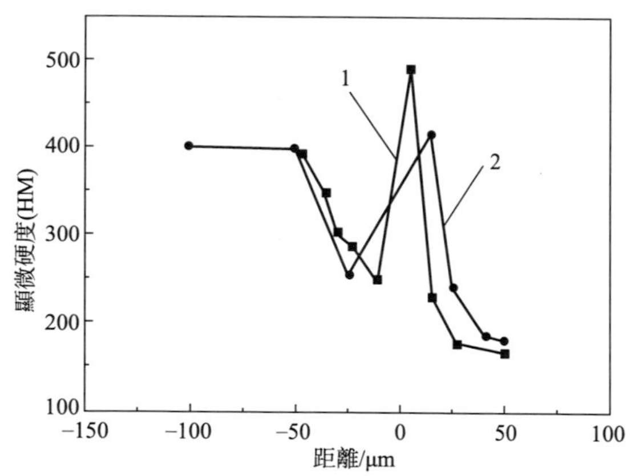

圖 4.15　Ni_3Al 與碳鋼擴散焊接頭的顯微硬度分布

1—1400℃ × 30min；2—1200℃ × 60min

Ni_3Al 金屬間化合物顯微硬度約為 400HM，越接近 Ni_3Al 與碳鋼擴散焊界面，由於擴散顯微空洞的存在以及擴散元素含量不同，導致 Ni_3Al 晶體結構發生了無序化轉變，顯微硬度下降至 230HM。而在 Ni_3Al 與碳鋼擴散焊接頭中間部位，由於擴散焊時經過一定的元素擴散，組織細小緻密，顯微硬度升高至 500HM，隨後顯微硬度下降至擴散焊接後碳鋼母材的顯微硬度 200HM。

Ni_3Al 與碳鋼擴散焊接頭能否滿足在工作條件下的使用性能，主要取決於擴散焊母材中的各種元素在界面附近的分布。在加熱溫度為 1200℃、保溫時間為 60min 與加熱溫度為 1000℃、保溫時間為 60min、焊接壓力為 2MPa 的條件下，

Ni_3Al 與碳鋼擴散焊接頭的元素分布如圖 4.16 所示。

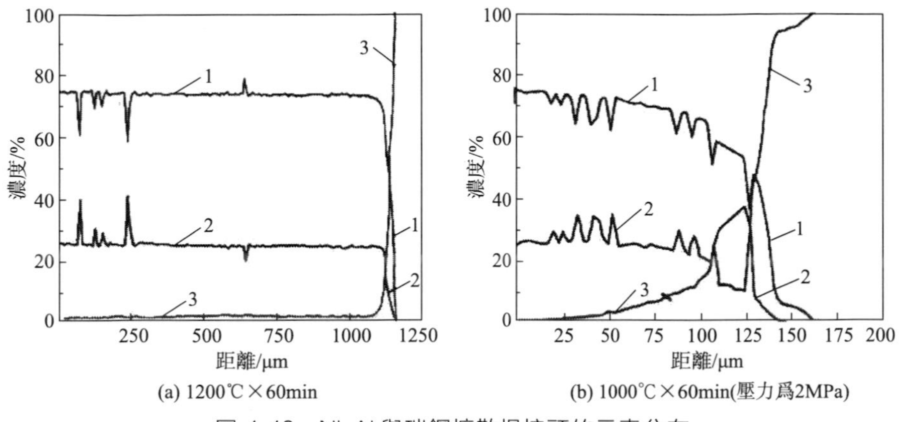

圖 4.16 Ni_3Al 與碳鋼擴散焊接頭的元素分布

1—Ni；2—Al；3—Fe

加熱溫度為 1200℃、保溫時間為 60min 時，Ni_3Al 與碳鋼擴散焊接頭的 Ni、Al、Fe 元素濃度變化主要體現在晶粒邊界處，晶粒邊界的擴散起主要作用。在擴散界面上，重結晶後的晶粒較大，元素濃度波動較小，只是在接頭靠近碳鋼一側的微小區域內，Ni、Al、Fe 元素濃度驟然變化到碳鋼母材中元素的初始濃度值。加熱溫度為 1000℃、保溫時間為 60min、焊接壓力為 2MPa 時，溫度較低，重結晶現象較少發生、晶粒生長較慢，而壓力的作用使 Ni_3Al 與碳鋼晶粒之間的體積擴散占主導，元素濃度變化起伏較大。

(2) Ni_3Al 與不銹鋼的擴散焊

Ni_3Al 金屬間化合物具有比不銹鋼更高的耐高溫和抗腐蝕性能，在一些對零部件抗高溫腐蝕性能要求較高的場合，有時要將 Ni_3Al 金屬間化合物與不銹鋼進行焊接。研究表明 Ni_3Al 與不銹鋼可以不添加中間層而直接進行真空擴散焊，其工藝參數見表 4.10。

表 4.10 Ni_3Al 與不銹鋼擴散焊的工藝參數

加熱溫度 /℃	保溫時間 /min	加熱速度 /(℃/min)	冷卻速度 /(℃/min)	焊接壓力 /MPa	真空度 /Pa
1200～1380	30～60	20	30	0～9	3.4×10^{-3}

加熱溫度為 1380℃、保溫時間為 30min 與加熱溫度為 1200℃、保溫時間為 60min 時 Ni_3Al 與不銹鋼擴散焊接頭的顯微硬度分布見圖 4.17。

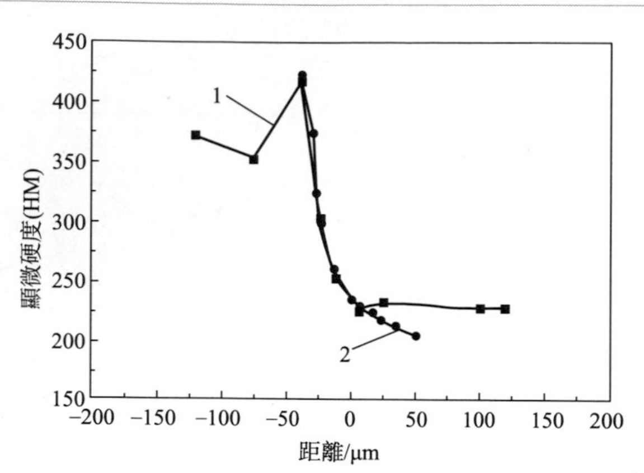

圖 4.17　Ni_3Al 與不銹鋼擴散焊接頭的顯微硬度分布

1—1380℃ × 30min；2—1200℃ × 60min

Ni_3Al 與不銹鋼擴散焊接頭的顯微硬度最大升高至 450HM，靠近不銹鋼母材一側，顯微硬度下降至不銹鋼母材的顯微硬度值 220HM。整個 Ni_3Al 與不銹鋼擴散焊接頭的顯微硬度連續變化，這主要與接頭處局部組織的連續性、晶粒的不斷生長及元素濃度的變化有關。加熱溫度為 1200℃、保溫時間為 60min 的條件下，Ni_3Al 與不銹鋼擴散焊接頭的元素分布如圖 4.18 所示。

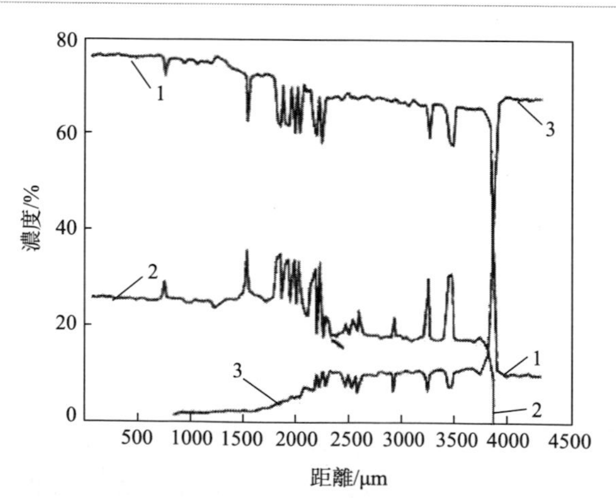

圖 4.18　Ni_3Al 與不銹鋼擴散焊接頭的元素分布（1200℃ × 60min）

1—Ni；2—Al；3—Fe

不銹鋼中合金元素含量較多，Ni_3Al 與不銹鋼擴散焊接過程中，元素的擴散途徑較為複雜，元素之間的相互影響大，因此 Ni_3Al 與不銹鋼擴散焊接頭元素濃度變化起伏較大，形成的中間化合物結構也較為複雜。

4.2.4 Ni_3Al基IC10合金的擴散連接和真空釺焊

Ni_3Al基IC10合金是中國研製的定向凝固多元複合強化高溫合金，主要用於航空發動機的導向葉片，在其製造過程中需要焊接連接。Ni_3Al基IC10合金的化學成分和高溫力學性能見表4.11。

表4.11 Ni_3Al基IC10合金的化學成分和高溫力學性能

化學成分(溶質質量分數)/%								
Co	Cr	Al	W	Mo	Ta	Hf	B	Ni
11.5～12.5	6.5～7.5	5.6～6.2	4.8～5.2	1.5～5.0	6.5～7.5	1.3～1.7	≤0.02	餘量

高溫力學性能				
狀態	980℃持久強度R_{100}/MPa		1100℃持久強度R_{100}/MPa	
	縱向	橫向	縱向	橫向
固溶	160	80	70	40

(1) Ni_3Al基IC10合金的TLP擴散連接

該IC10合金採用定向凝固方法鑄造，組織為$\gamma+\gamma'$雙相，γ'相呈塊狀分布，γ相在γ'相周圍呈網狀分布。在(1260±10)℃下保溫4h然後油冷，或者空冷處理後的組織均勻化處理之後，仍然是γ相在γ'相周圍的網狀組織。γ相約為20%～30%，γ'相約為65%～75%，還有少量的硼化物和碳化物。

擴散連接中採用KNi-3、YL合金作為中間層。

1) 採用KNi-3作為中間層

擴散連接工藝參數：連接溫度為1230～1250℃，保溫時間分別為4h和10h。

① 接頭組織　保溫時間為4h時，擴散焊接頭由γ相基體、大塊γ'相、塊狀硼化物和少量碳化物組成。保溫時間為10h時的接頭組織則是大塊γ'相、塊狀硼化物和少量變得細小的碳化物，均勻分布在γ相基體中，接頭組織與母材基本相似，連接形態良好。

② 接頭力學性能　室溫接頭強度為705～894MPa(平均值為772MPa)；980℃的接頭強度為530～584MPa(平均值為561MPa)，斷後伸長率為1.2%～2.8%(平均值為2.23%)。980℃、100h的高溫持久強度為120MPa，達到母材的80%。

室溫斷口形貌以細小韌窩為主，韌窩中分布有解理面，總體上斷口起伏不大，解理面上存在較多的W、Mo、Co、Hf元素，韌窩中W、Mo、Co、Hf元素較少；高溫斷口形貌以細小韌窩為主，總體上斷口起伏較大。

2) 採用YL合金作為中間層

YL 合金作為 Ni_3Al 基 IC10 合金的過渡液相擴散焊（TLP）專用中間層材料，其化學成分與 IC10 合金相似，去除了 Hf、C，加入了 B，加入 B 是為了降低其熔點。

① 擴散連接工藝　擴散連接工藝參數：連接溫度為 1270℃（母材的固溶溫度），保溫時間分別為 5min、2h、8h 和 24h。

② 接頭組織特徵

a. 擴散焊過程中接頭組織的變化。採用 YL 合金作中間層，在保溫時間很短的條件下就可以形成良好的擴散焊接頭，焊縫較寬，在與 IC10 母材接觸的界面上形成花團狀 $\gamma+\gamma'$ 共晶（焊縫中央的黑色組織），還有魚骨狀化合物（硼化物）和大塊網狀組織（Ni-Hf 共晶）。保溫 2h 後，除了在 $\gamma+\gamma'$ 共晶邊緣還有一些硼化物之外，焊縫組織已經基本與母材一致，焊縫寬度也變窄。保溫 8h 之後，焊縫寬度進一步變窄。保溫 24h 之後，接頭組織已經均勻化，看不出焊縫與母材的交界。

Ni_3Al 基 IC10 合金過渡液相擴散焊接頭的形成過程如下：首先中間層合金熔化，由於中間層合金中含有 Al、Ta 等 γ' 相形成元素，而且 Hf、B 等降低熔點的元素能夠促進共晶的形成，因此在中間層與母材靠近的兩側界面上形成了大量的連續花絮狀 $\gamma+\gamma'$ 共晶，從而排出 Cr、Mo、W 等元素，在共晶的周圍形成了 Cr、Ta 的硼化物。這個過程的時間很短，焊縫寬度已經超過中間層厚度，說明已有部分母材溶解。同時，中間層與母材之間發生元素的相互擴散，中間層中的 B 向母材擴散，使得母材的熔點降低而熔化，冷卻過程中形成大量硼化物。隨著保溫時間的增加，由於 B 原子的直徑小，容易擴散，因此近縫區的 B 含量逐漸減少，組織趨於均勻化。

b. γ' 相形態的變化。在保溫時間較短時，γ' 相形貌近似為球形；保溫時間增加之後逐漸變為四方形，還有一些田字形，而且晶粒也會長大。這是因為 γ' 相的析出受到界面能和共格變形能的控製，保溫時間短還來不及長大，所以呈現為球狀。隨著保溫時間的延長，γ' 相長大，會破壞共格，而形成部分共格界面，形狀趨於方形以減少共格彈性能。

在高溫合金中，Al、Ti、Nb、Ta、V、Zr、Hf 等是 γ' 相形成元素，而 Co、Cr、Mo 是 γ 相形成元素，W 大致分配在 γ' 相和 γ 相中，所以可以用（Al＋Ti＋Nb＋Ta＋V＋Zr＋Hf＋1/2W）的溶質質量分數作為 γ' 相的形成因子。γ' 相的形成因子越大，γ' 相就越多。由於中間層中去除了 Hf，因此 γ' 相的形成因子只有 Al、Ta、W，故 γ' 相的形成因子不大。在保溫 5min 時，焊縫中形成大量硼化物，母材中的 Hf 擴散進入焊縫，形成 Ni-Hf 共晶，所以焊縫中 γ' 相的形成因子較小，γ' 相含量較少，尺寸也小，容易成為球狀。保溫時間增加之後，焊縫成分趨於均勻，基本與母材一致，γ' 相的形成因子增大，γ' 相含量也增加，尺寸變大，成為四方形。

(2) Ni_3Al 基 IC10 合金與鎳基合金的真空釬焊

Ni_3Al 基 IC10 合金與 GH3039 鎳基合金通過真空釬焊進行連接，該 GH3039 鎳基合金的化學成分和高溫力學性能見表 4.12。由於 Ni_3Al 基 IC10 合金採用鑄造法生產，表面不平整，因此要將其大間隙填平，就需要採用 Rene′95 高溫合金粉末，該合金粉末的化學成分見表 4.13。釬料採用 Co50CrNiWB。

表 4.12 GH3039 鎳基合金的化學成分和高溫力學性能

化學成分(溶質質量分數)/%									
Cr	Mo	Al	Ti	Nb	C	Fe	Mn	Si	Ni
19～22	1.80～2.30	0.35～0.75	0.35～0.75	0.90～1.30	≤0.08	≤3.0	≤0.40	≤0.80	餘量

高溫力學性能			
狀態	900℃拉伸性能		900℃持久強度 R_{100}/MPa
	抗拉強度/MPa	伸長率/%	
固溶 1080℃,空冷	161	68	34
固溶 1170℃	—	—	39

表 4.13 Rene′95 高溫合金粉末的化學成分

C	Cr	Co	W	Al	Ti	Mo	Nb	Zr	B	Ni
0.15	14.0	8.0	3.5	3.5	2.5	3.5	3.5	0.15	0.01	餘量

1) 釬焊工藝

Ni_3Al 基 IC10 合金與 GH3039 鎳基合金的釬焊工藝參數為：加熱溫度為 1180℃，保溫時間為 30min，間隙為 0.1mm 和 0.5mm，真空度為 5×10^{-2}Pa。

2) 釬焊接頭組織

① 窄間隙（0.1mm）釬焊　釬縫的固溶體基體與 GH3039 合金母材之間已經沒有明顯的界限了，在釬縫的固溶體基體上連續分布著骨骼狀硼化物。呈連續分布的骨骼狀灰色相為富 Cr 的硼化物相，黑色塊狀相可能是 TiN。

② 大間隙（0.5mm）釬焊　釬縫與 GH3039 合金母材之間已經看不到界線。Rene′95 高溫合金粉末之間的釬縫為固溶體基體上分布著大量的骨骼狀硼化物相，這種骨骼狀硼化物相分為白色和灰色骨骼狀硼化物相，白色骨骼狀硼化物相為富 W 的硼化物相，灰色骨骼狀硼化物相為富 Cr 的硼化物相。Rene′95 高溫合金粉末之間的釬縫為 Ni-Cr 固溶體基體。Ni_3Al 與 GH3039 鎳基合金大間隙釬焊接頭的組織更為複雜些。

3) 釬焊接頭的力學性能

採用 50CoCrNiWB 釬料、預填 Rene′95 高溫合金粉末、在 1180℃×30min

參數條件下釺焊 Ni_3Al 基 IC10 合金與 GH3039 鎳基合金正常間隙（0.1mm）和大間隙（0.5mm）釺焊接頭的拉伸性能和 900℃ 高溫持久性能見表 4.14 和表 4.15。

表 4.14 Ni_3Al 基 IC10 合金與 GH3039 鎳基合金釺焊接頭的拉伸性能

試樣號	間隙 /mm	抗拉強度 /MPa	伸長率 /%	備註
901	0.1	185	31	斷於 GH3039,IC10 伸長極小
902	0.1	173	21	主要是 GH3039 伸長
903	0.1	180	4.7	斷於釺焊焊縫
907	0.5	169	58	斷於 GH3039,IC10 伸長極小
908	0.5	178	55	主要是 GH3039 伸長

表 4.15 Ni_3Al 基 IC10 合金與 GH3039 鎳基合金釺焊接頭的 900℃ 高溫持久性

試樣號	間隙 /mm	試驗應力 /MPa	持久壽命 /h	斷裂部位
904	0.1	40	178.4	GH3039
905	0.1	40	159.8	GH3039
906	0.1	40	199.8	GH3039
909	0.5	40	214.2	GH3039
910	0.5	40	215.5	GH3039

試驗結果表明，正常間隙（0.1mm）和大間隙（0.5mm）的 Ni_3Al 基 IC10 合金與 GH3039 鎳基合金釺焊接頭的拉伸性能中，釺焊接頭的抗拉強度均超過了 GH3039 鎳基合金母材的抗拉強度（161MPa），只有 903 號試樣斷在釺縫上，其餘都斷在 GH3039 鎳基合金母材上。釺焊接頭在 900℃時的高溫持久壽命遠遠超過 100h，也都是斷在 GH3039 鎳基合金母材上，表明釺焊接頭具有良好的高溫持久性能。

4.3 Ti-Al 金屬間化合物的焊接

Ti-Al 係金屬間化合物由於其密度低、比強度高受到人們的重視，特別是對航空航天飛行器有重要的意義，該系列的三種金屬間化合物 Ti_3Al、TiAl 和 $TiAl_3$ 都有發展和應用前景。TiAl 金屬間化合物的密度為 $3.9g/cm^3$，使用溫度可達900℃，用於航空航天領域很有吸引力。Al_3Ti 金屬間化合物是 Ti-Al 係中密度最低（3.45g/cm^3）的一種材料，在較高溫度時有較高的強度和良好的抗氧化性，因此引起人們的關注。

Ti-Al 係金屬間化合物可以採用氬弧焊、電子束焊、擴散焊、釬焊等方法進行連接。

4.3.1 Ti-Al 金屬間化合物的焊接特點

TiAl 和 Ti_3Al 的焊接性和室溫塑性比鈦合金差，為了獲得良好的無缺陷焊接接頭，這類合金焊接應注意以下幾個問題：

① TiAl 和 Ti_3Al 極易吸附氧、氮等間隙元素，導致合金性能明顯下降。因此焊接熔化、凝固結晶和固態冷卻過程須在惰性氣氛或真空中進行；與氬弧焊、激光焊的局部保護相比，電子束焊、擴散焊的高真空室提供了良好的保護環境。

② 為了防止焊接部位的污染，焊接件表面清洗和潔凈化非常重要。

③ 根據焊接件的尺寸和結構的複雜性，採取相應的焊接工藝。例如薄件或中等厚度的零件可採用氬弧焊、激光焊；大截面部件應採用電子束焊、擴散焊，以確保焊接品質。

④ 考慮到焊後殘餘應力，應採用具有高能密度的焊接工藝，達到全穿透、一次焊接完成，避免多道次的氬弧焊工藝。

⑤ 須對影響焊接接頭局部組織結構和性能的焊接冶金過程有全面了解。例如焊縫合金的熔化、凝固結晶、相變的連續冷卻規律、析出物以及焊後熱處理的影響等。適當的焊接工藝及焊後熱處理是獲得牢固焊接部件的關鍵。

(1) 加熱和冷卻過程中 Ti-Al 金屬間化合物的組織轉變

TiAl 金屬間化合物是一種室溫塑性很差的材料，但是通過加入 Cr、Mn、V、Mo 等元素進行合金化和組織調整，使其形成一定比例和形態的（$\gamma+\alpha_2$）兩相組織，可以使其室溫伸長率提高到2%～4%。因此，一些 TiAl 金屬間化合物的合金成分被設計成室溫下具有（$\gamma+\alpha_2$）兩相的層片狀雙相組織，α_2 相呈薄片狀，穿越 γ 相晶粒。這種雙相組織是在冷卻過程中通過 α 相→($\alpha_2+\gamma$) 兩相的共析反應獲得的。

在 Ti-48Al（摩爾分數,%）金屬間化合物中，在1130～1375℃的高溫溫度範圍內 γ 相轉變為 α 相，但是在冷卻過程中 α 相轉變為 γ 相非常快。例如，在加入了 Cr 和 Nb 的 Ti-48Al-2Cr-2Nb（摩爾分數,%）金屬間化合物，由1400℃的 α 相區焠火，導致向 γ 相轉變，得到的是 γ 相的塊狀組織，只有在緩冷時才能獲得層片狀組織。因此，焊接條件下較快的冷卻速度將使 TiAl 金屬間化合物的理想組織狀態受到破壞，使其轉變為脆性組織容易形成固相（冷）裂紋。

在 Ti_3Al 金屬間化合物中，除了有序的 α_2 相外，還有少量的無序體心立方的 β 相，從而改善了 Ti_3Al 金屬間化合物的室溫塑性。分析其斷口的局部形貌，可以看到穿越 α_2 相晶粒的解理斷裂，但是由於在晶界上有 β 相存在而顯示出塑性撕裂形貌。所以，為了改善 Ti_3Al 金屬間化合物的室溫塑性，在晶界上應該保有一定的 β 相。但是，焊接熱循環往往破壞了這種有利的（$\alpha_2+\beta$）兩相結構，使其焊接後接頭的塑性變壞。

也就是說，Ti_3Al 金屬間化合物在高溫下得到的 β 相，在冷卻到低溫時會發生轉變。圖 4.19 為 Ti_3Al 金屬間化合物 CCT（連續冷卻）曲線圖，圖 4.20 為一種簡略的 α_2 相和超級 α_2 相的 CCT（連續冷卻）曲線圖。利用這些連續冷卻曲線可以預測 Ti_3Al 金屬間化合物冷卻之後的組織。

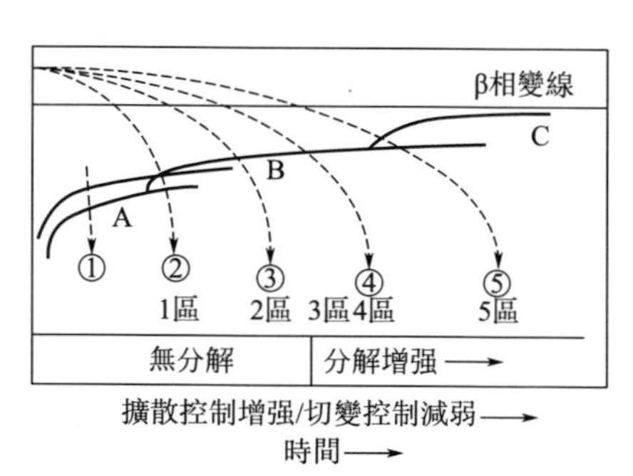

圖 4.19 Ti_3Al 金屬間化合物 CCT（連續冷卻）曲線圖

①—$\beta\rightarrow B_2^P$；②—$\beta\rightarrow\alpha_2'+B_2^P$；③—$\beta\rightarrow\alpha_2'+\alpha_2^P$；④—$\beta\rightarrow\alpha_2'+\alpha_2+\beta/B2$；⑤—$\beta\rightarrow$（$\alpha_2+\beta$）$+\alpha_2'+\alpha_2+\beta$

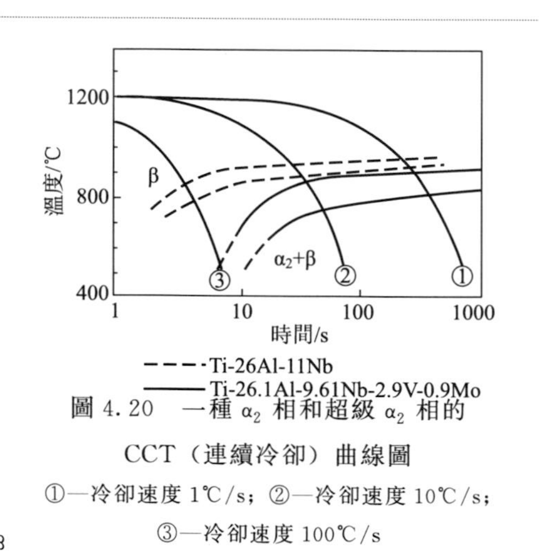

圖 4.20 一種 α_2 相和超級 α_2 相的 CCT（連續冷卻）曲線圖

①—冷卻速度 1℃/s；②—冷卻速度 10℃/s；③—冷卻速度 100℃/s

Ti_3Al 金屬間化合物平衡狀態下的室溫組織應該是（$\alpha_2+\beta$）兩相組織，加熱到高溫成為 β 相組織。在隨後的冷卻過程中，β 相的分解過程是非常緩慢的，來不及進行 β 相→α_2 相的轉變，所得到的組織為亞穩定的體心立方 β 相有序化 B2 結構。這種組織較軟，韌性也較好，但是由於 B2 結構的不穩定性，在一般電弧焊的冷卻速度下可能轉變成硬脆的 α_2 相的馬氏體 α_2' 相，而這種細針狀組織的塑性幾乎為 0。冷卻速度為 100℃/s 時 Ti_3Al 金屬間化合物（Ti-14Al-21Nb）的 TEM 形貌如圖 4.21 所示。

顯然，要想得到較理想的（$\alpha_2+\beta$）兩相組織，焊接中必須較緩慢地冷卻，這就需要對工件進行預熱。例如，對於厚度為 3mm 的薄板需要預熱到 600℃，冷卻速度低於 25℃/s 或進行焊後熱處理。因此，焊後連續冷卻時冷卻速度對 Ti_3Al 金屬間化合物接頭區的組織性能有決定性的影響。

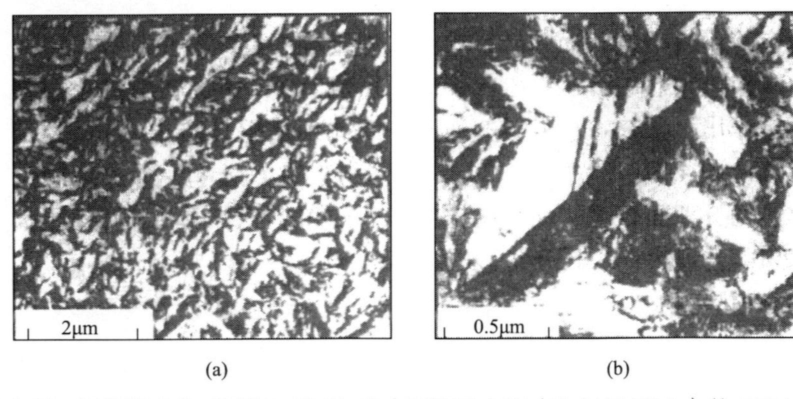

(a) (b)

圖 4.21 冷卻速度為 100℃/s 時 Ti_3Al 金屬間化合物（Ti-14Al-21Nb）的 TEM 形貌

(2) Ti_3Al 金屬間化合物的裂紋傾向

1) Ti_3Al 金屬間化合物的冷裂紋

Ti_3Al 金屬間化合物與 Ni_3Al 金屬間化合物不同，Ti_3Al 金屬間化合物產生熱裂紋的臨界應力範圍很窄，因此熱裂紋傾向很小。而且，Ti_3Al 金屬間化合物在高溫下塑性較好，也不會產生熱影響區液化裂紋。Ti_3Al 金屬間化合物焊接中的主要問題是室溫下塑性較低以及由此引起的冷裂紋。

2) 影響 Ti_3Al 金屬間化合物冷裂紋敏感性的因素

① 母材狀態和焊接方法　母材為 Ti-24Al-14Nb-1Mo（TD3 合金），其固溶溫度為 950℃，三種狀態分別為：

a. 鍛造後 980℃＋1h，空冷處理；

b. 熱軋後 980℃＋1h，空冷處理；

c. 熱軋後 950℃＋1h，空冷處理。

它們的室溫力學性能見表 4.16。

表 4.16 三種狀態 Ti_3Al 基 TD3 合金的室溫力學性能

材料狀態	鍛造後 980℃＋1h,空冷處理	熱軋後 980℃＋1h,空冷處理		熱軋後 950℃＋1h,空冷處理	
方向	—	軋向	垂直軋向	軋向	垂直軋向
抗拉強度/MPa	1052	975	921	984	1064
伸長率/%	5.8	10.1	2.3	9.7	3.8

採用 Nb 含量較高的 Ti-Al-Nb 合金焊絲，分別進行充氬箱中的手工填絲 GTAW 焊接和大氣環境中的自動 GTAW 焊接。

a. 冷裂紋敏感性。手工 GTAW 焊接時，a 狀態沒有出現裂紋，而 c 狀態有時出現伴有響聲的冷裂紋。自動 GTAW 焊接時 a 狀態和 c 狀態都產生了冷裂紋。裂紋起源於熔合區，並且垂直於焊縫向兩側母材擴展，這顯然與母材的塑性有關，a 狀態比 c 狀態的塑性好（母材斷後伸長率分別為 5.8%和 3.8%）。焊接方法的影響與焊後的冷卻速度有關，由於手工 GTAW 焊接是在充氬箱中進行的，冷卻速度比在大氣中的自動 GTAW 焊接的冷卻速度慢，焊接區殘餘應力也比後者小，因此前者的冷裂紋敏感性比後者小。

b. 接頭力學性能。手工 GTAW 接頭的力學性能為：a 狀態抗拉強度為 919MPa，斷後伸長率為 3.1%；c 狀態抗拉強度為 817MPa，斷後伸長率為 1.2%，都是斷裂在熔合區附近的熱影響區。

② 預熱的影響　採用 Ti_3Al 金屬間化合物（Ti-24Al-14Nb-4V）進行手工 GTAW 焊接，經過預熱的焊接接頭沒有出現冷裂紋，而未經過預熱的焊接接頭有冷裂紋產生。經過預熱的焊接接頭的硬度比未經過預熱的焊接接頭的硬度低。氫對 Ti_3Al 金屬間化合物焊接接頭的冷裂紋敏感性有促進作用，預熱將促使氫的逸出。因此預熱也是防止 Ti_3Al 金屬間化合物產生冷裂紋的有效措施。試驗表明，未經過預熱的焊接接頭斷口的解理面較大，河流花樣更加密集和明顯，表明其脆性更大。

(3) 預熱和焊後熱處理對接頭性能的影響

焊前預熱能夠明顯降低 Ti_3Al 金屬間化合物焊接接頭區的裂紋敏感性，預熱焊接後的熱影響區的硬度峰值也得到緩和，接頭強度係數從不預熱的約 30%提高到 78%。母材抗拉強度為 820MPa，屈服強度為 584MPa，斷後伸長率為 17%。不預熱 GTAW 焊接接頭的抗拉強度只有 246MPa，預熱後 GTAW 焊接接頭的抗拉強度可達 638MPa。

對大多數金屬的焊接接頭來說，焊後熱處理能夠降低殘餘應力，提高斷裂韌度。同樣，焊後熱處理也能夠使 Ti_3Al 金屬間化合物焊縫和熱影響區的顯微組織和力學性能得到改善。具體的焊後熱處理參數需根據焊件厚度和焊接結構形狀尺寸確定。

4.3.2 Ti-Al 金屬間化合物的電弧焊

Ti-Al 金屬間化合物可以進行熔焊，但是 Ti-Al 金屬間化合物的電弧焊接頭容易產生結晶裂紋，這種材料淬硬傾向很大，所以電弧焊接頭的力學性能一般較差。

Ti-Al 金屬間化合物電弧焊（常用的是 GTAW 方法）的有利之處是成本低、操作簡便、生產效率高，在工程結構件修復中有應用前景，焊接中的問題主要是避免產生裂紋。採用鎢極氬弧焊（GTAW）方法焊接 Ti-48Al-2Cr-2Nb（摩爾分數,%）金屬間化合物時，焊縫的顯微組織由柱狀和等軸狀組織所組成，還有少量γ相。採用較大的熱輸入焊接時，可以避免產生裂紋；但是採用小電流或較小熱輸入焊接時，極易產生裂紋。

GTAW 焊縫金屬的硬度比母材高，其室溫塑性和強度性能比母材低。採用預熱焊工藝可以避免產生裂紋。若不進行預熱，焊接參數不當時會產生大量的裂紋。

採用 GTAW 方法焊接鑄態 Ti-48Al-2Cr-2Nb（摩爾分數,%）和壓製 Ti-48Al-2Cr-2Nb-0.9Mo（摩爾分數,%）時，通過調整焊接電流的大小（調節焊接熱輸入）控製焊接接頭區的冷卻速度，焊縫中的裂紋傾向可以隨著熱輸入的增大而減少。控製焊接熱輸入也使焊縫的組織更加理想，α_2 脆性組織減少，枝晶偏析傾向也減小，有利於優化接頭的組織性能。

4.3.3 Ti-Al 金屬間化合物的電子束焊

(1) 焊接接頭的裂紋問題

Ti-Al 金屬間化合物電子束焊的主要問題是焊接熱裂紋和接頭力學性能的降低。電子束焊具有熔深大、氛圍好的特點，採用電子束焊接 TiAl 合金時，冷卻速度較快時對焊接裂紋傾向影響很大。對 TiAl 合金電子束焊的焊接裂紋敏感性進行了研究，所用材料為 TiB_2 顆粒強化的 Ti-48Al 合金，所含強化相 TiB_2 的體積分數為 6.5%，組織為層片狀 $\alpha_2+\gamma$ 的晶團、等軸 α_2 和 γ 晶粒以及短而粗的 TiB_2 顆粒。TiAl 合金薄板電子束焊所用的工藝參數和熱影響區冷卻速度見表 4.17。

表 4.17　電子束焊所用的焊接參數及 HAZ 冷卻速度

預熱溫度/℃	加速電壓/kV	電子束流/mA	焊接速度/(mm/s)	HAZ 冷卻速度/(K/s)
27	150	2.2	2	90
27	150	2.5	6	650
27	150	3.5	12	1320
27	150	4.0	12	1015
27	150	6.0	24	1800
170	150	2.5	6	400
300	150	2.2	2	35
335	150	2.5	6	200
335	150	4.0	12	310
470	150	2.0	6	325

電子束焊熱影響區冷卻速度對 TiAl 合金裂紋傾向的影響見表 4.18 和圖 4.22。為了得到沒有裂紋的焊接接頭，與合適的焊接參數所對應的平均冷卻速度（1400～800℃）是很重要的。當熱影響區冷卻速度低於 300K/s 時裂紋不敏感；冷卻速度超過 300K/s 後，裂紋敏感性隨冷卻速度的增加明顯增大。冷卻

速度超過 400K/s 時焊縫中產生橫向裂紋，並可能向兩側母材中擴展。從這類裂紋開裂的斷口形貌看屬固態裂紋，沒有熱裂紋的跡象，屬於冷裂紋。

表 4.18　冷卻速度對熱影響區裂紋傾向的影響

HAZ 冷卻速度/(K/s)	0	300	700	1000	1800	2700
裂紋率/(條/mm)	0	0	0.14	0.23	0.45	0.57

因此，用電子束焊焊接 TiAl 合金時，冷卻速度是影響焊接裂紋的主要因素。當焊接參數選擇合適時，用電子束焊接 TiAl 合金可以獲得無裂紋的接頭。有關研究表明，當焊接速度為 6mm/s 時，電子束焊防止裂紋產生所需的預熱溫度為 250℃（圖 4.23）。

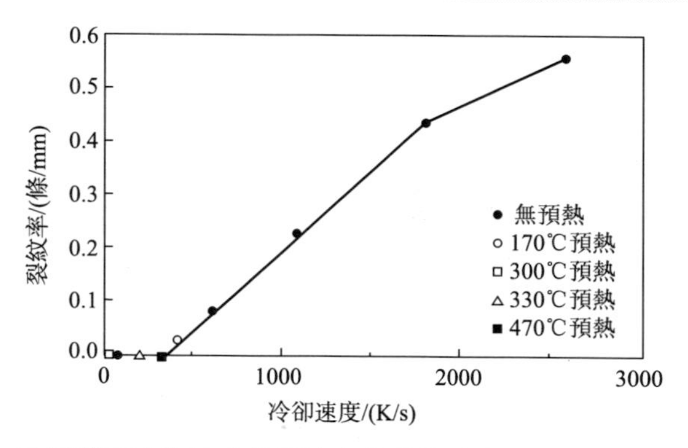

圖 4.22　熱影響區冷卻速度對裂紋率的影響（由 1400℃冷卻至 800℃）

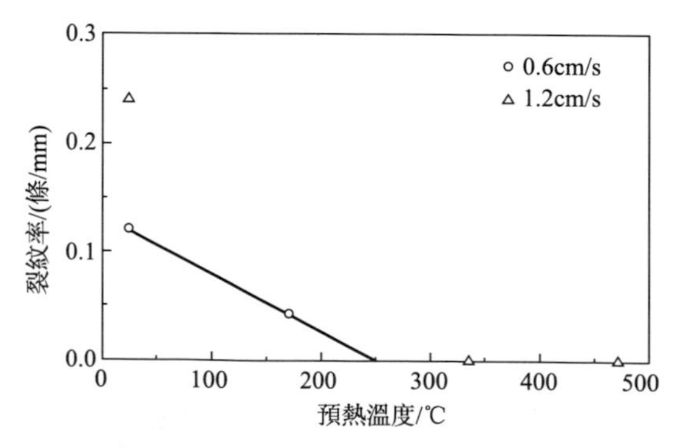

圖 4.23　預熱溫度與裂紋率之間的關係（焊接速度為 0.6cm/s 和 1.2cm/s）

(2) 電子束焊接頭的組織轉變

TiAl 合金電子束焊接頭的組織性能與熱輸入（冷卻速度）有很重要的相關性。冷卻速度較慢時，將按照 Ti-Al 二元合金相圖發生轉變：高溫時首先發生 β

相→α 相的轉變，然後從 α 相中析出 γ 相，形成層狀組織；最後得到（α_2＋γ）雙相層狀組織和等軸 γ 相的雙相組織。從 Ti-Al 二元合金相圖可知，共析反應 α 相→（α_2＋γ）兩相是在 1125℃溫度下發生的。

冷卻速度較快時，會轉變為粒狀的 γ_m 組織。粒狀轉變是從 α 相轉變為成分相同而晶體結構不同的 γ 相，這種粒狀的 γ_m 組織形狀不規則。冷卻速度極快時，焊接熔池中結晶的大部分 β 相會保留下來，轉變成有序的 β_2 相保留到室溫。β_2 相在光鏡下以淺色為主，這是由於冷卻速度太快，使雜質和低熔點共晶來不及向晶界遷移，因此晶界不明顯。

採用電子束焊焊接厚度為 10mm 的 Ti-48Al-2Cr-2Nb 合金時，預熱 750℃可使焊縫轉變為層片狀組織，但在沒有預熱的快速冷卻過程中，焊縫主要是塊狀轉變組織。在這種高冷卻速度的條件下，焊縫極易開裂，因此必須嚴格控製焊接熱過程。TiAl 合金同樣存在氫脆問題，由於目前所用的焊接方法都是低氫的，因此氫並沒有成為影響焊接裂紋的主要問題。

針對 Ti_3Al-Nb（Ti-14Al-21Nb）金屬間化合物的電子束焊，不同焊接參數（不同的冷卻速度）對焊接接頭硬度的影響如圖 4.24 所示。

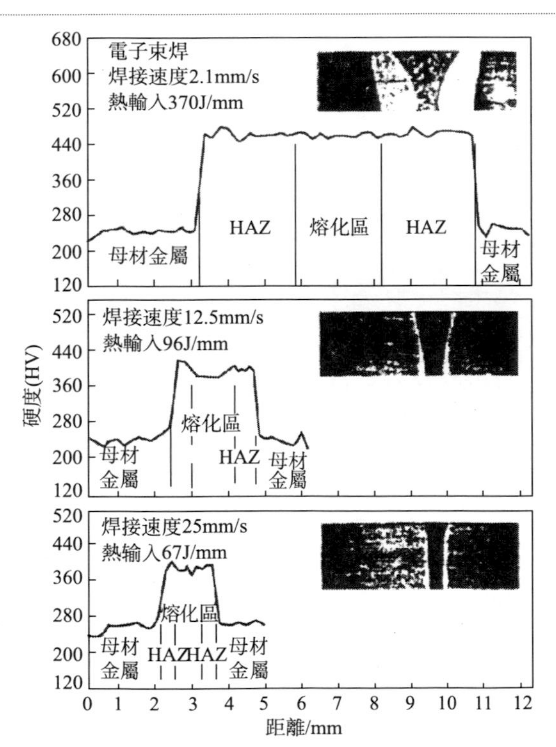

圖 4.24 電子束焊接參數（不同的冷卻速度）對 Ti_3Al-Nb（Ti-14Al-21Nb）金屬間化合物焊接接頭硬度的影響

(3) TiAl 合金的真空電子束焊示例

① 焊縫成形　針對厚度為 3mm 的 Ti-26.5Al-12.4V-0.63Y（溶質質量分數,%）的 TiAl 合金，真空電子束焊的熱輸入為 1.15～2.48kJ/cm。可獲得電子束焊熔透焊縫，焊縫的表面熔寬均勻一致，弧紋均勻細緻，焊縫略微下塌，局部存在總體橫向微裂紋，特別是收尾弧坑處易出現裂紋。焊縫寬度隨著電子束焊束流的增大而增大，隨著焊接速度的增大而減小。

② 焊接接頭力學性能　電子束焊接頭的硬度分布和熱輸入對接頭強度的影響如圖 4.25 和圖 4.26 所示。當加速電壓為 55kV、電子束流為 24mA、焊接速度為 400mm/min 時（焊接熱輸入為 1.98kJ/cm）電子束焊接頭的強度最高，為 221MPa，達到 TiAl 合金母材強度（438MPa）的 50.5%。

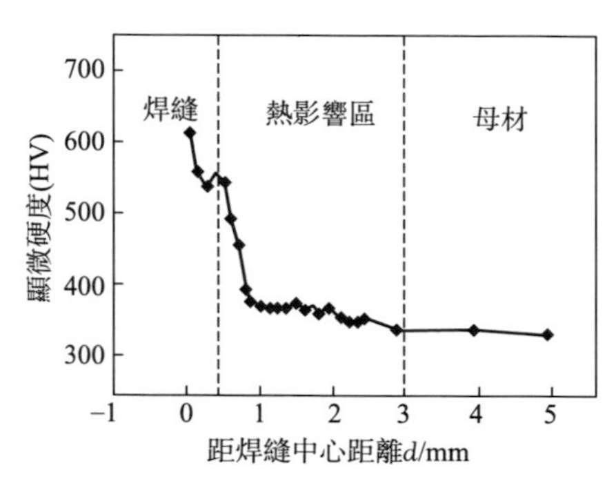

圖 4.25　電子束焊接頭的硬度分布

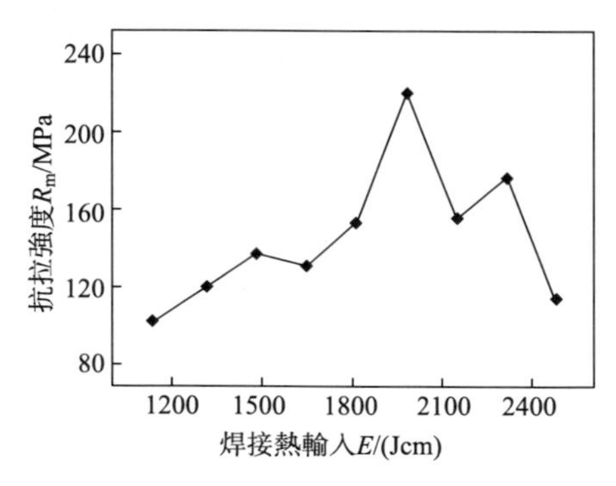

圖 4.26　焊接熱輸入對接頭強度的影響

在熔池中金屬結晶出的主要是 β 相，然後轉變為 β_2 相和韌性良好的 $(\alpha_2+\gamma)$ 組織。焊接熱輸入對焊縫組織有明顯的影響，因此也對接頭強度產生影響。焊接熱輸入減小時，上述轉變不足，塑韌性不好，因此接頭強度不高。隨著焊接熱輸入的提高，冷卻速度下降，β 相轉變為粒狀 γ_m 組織和 $(\alpha_2+\gamma)$ 雙相層狀組織，強度提高。焊接熱輸入進一步提高，由於熔池溫度提高，合金元素燒損和揮發嚴重，造成組織粗大，焊縫下塌過大，導致接頭強度下降。

③ 接頭的斷裂途徑　試驗結果表明，TiAl 合金電子束焊時的微裂紋大多是起始於焊縫表面，然後向焊縫和熱影響區擴展，導致接頭斷裂。焊縫表面出現的微裂紋，加上焊縫下塌形成了應力集中，致使接頭強度不高。

接頭斷口為近似於垂直拉應力方向的脆性斷裂，斷口表面具有金屬光澤，斷裂處無收縮，斷口伸長率幾乎為 0。斷口特徵為解理斷裂和穿晶斷裂。隨著焊後冷卻速度的降低，接頭組織中 $(\alpha_2+\gamma)$ 雙相層狀組織增加，斷口可能出現分層、穿層現象，與單相組織相比斷裂韌度有所提高。

4.3.4 TiAl 和 Ti_3Al 合金的擴散焊

(1) TiAl 合金擴散焊的特點

① 直接擴散焊　工藝參數（溫度、時間、壓力等）對 TiAl 合金擴散焊接頭的性能有很大影響。表 4.19 給出了直接擴散焊的工藝參數和接頭性能。在 Ti-48Al 雙相鑄造合金的擴散連接過程中，隨著加熱溫度、保溫時間和壓力的增加，擴散焊接頭的抗拉強度逐漸增加。在 1200℃、64min 和 15MPa 壓力條件下，得到了沒有界面顯微孔洞和界面結合良好的擴散焊接頭，接頭的室溫抗拉強度達到 225MPa，斷於母材。

表 4.19　Ti-Al 擴散焊的工藝參數、界面反應產物及接頭抗拉強度

被焊材料	工藝參數				界面產物	抗拉強度/MPa
	加熱溫度/℃	保溫時間/min	壓力/MPa	氣氛		
Ti-52Al	1000	60	10	真空	$\gamma, \gamma+\alpha_2$	—
Ti-48Al-2Cr-2Nb	1000	60	10	真空	α_2	—
Ti-48Al	1000	35	10	Ar	TiO_2, Al_2TiO_5, γ	—
Ti-48Al	1200	64	15	Ar	$\gamma+\alpha_2$	225
Ti-47Al	1100	60	30	Ar	$\gamma, \gamma+\alpha_2$	400
Ti-47Al-2Cr	1250	60	30	真空	α_2/γ	530
Ti-48Al-2Mn-Nb	1200～1350	15～45	15	真空	γ, α_2	250

高溫拉伸試驗表明（圖 4.27），擴散焊接頭在 800℃和 1000℃高溫下的抗拉強度有所下降，斷於結合面，抗拉強度約為 180MPa，比母材降低約 40%。原因在於界面擴散遷移較少，斷面平坦。

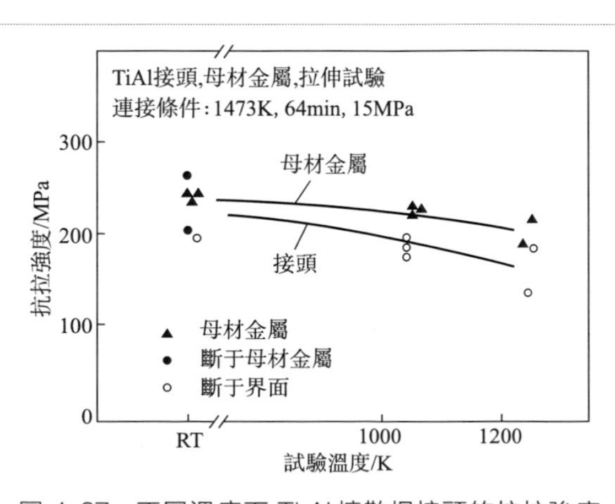

圖 4.27　不同溫度下 Ti-Al 擴散焊接頭的抗拉強度

擴散接合界面的顯微組織對接頭性能影響很大，一般情況下，擴散焊接頭經過真空加熱處理後，晶粒發生長大。例如，在1200℃、64min和10MPa條件下進行TiAl的擴散焊，然後將接頭在1300℃、120min和1.3MPa條件下進行真空熱處理。金相觀察表明，晶粒直徑由擴散焊態的65μm增加到約130μm，接頭抗拉強度也有所下降。

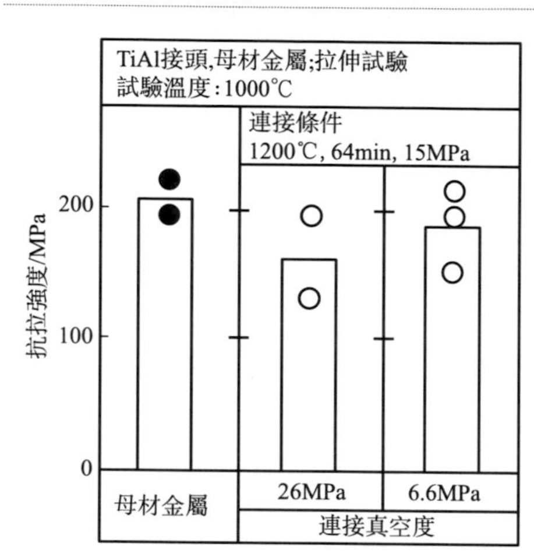

圖4.28 真空度對TiAl合金在1000℃時的接頭抗拉強度的影響

為了促進界面擴散遷移，以改善1000℃的高溫抗拉強度，可以對接頭進行再結晶熱處理。將上述真空擴散焊得到的焊接接頭進行1300℃×120min和1.3×10^{-3}Pa真空度條件下的再結晶熱處理，晶粒直徑可由焊態的65μm提高到130μm。這時1000℃的接頭抗拉強度為210MPa，斷於母材。真空擴散焊時真空度對TiAl合金在1000℃的接頭抗拉強度的影響如圖4.28所示，可以看出提高真空度有利於改善擴散焊接頭的高溫強度性能。

利用超塑性擴散連接TiAl金屬間化合物，可以大大降低擴散焊所需的溫度和時間。對於Ti-47Al-Cr-Mn-Nb-Si-B合金，在加熱溫度為923～1100℃、壓力為20～40MPa和真空度為4.5×10^{-4}Pa的條件下進行超塑性擴散連接，可以獲得性能良好的擴散焊接頭，拉伸試驗斷於母材基體。試驗表明，TiAl金屬間化合物晶粒尺寸在4μm以下、加熱溫度在880℃以上、變形率為10%時，容易實現TiAl的超塑性擴散焊。

② 加中間層的擴散焊　為了提高TiAl擴散焊接頭的性能，可採用加入中間過渡層的方法進行擴散焊。採用中間層可以改善表面接觸、促進塑性流動和擴散過程。中間層的化學成分、添加方式和厚度對接頭性能有重要的影響。中間層可以是純金屬，也可以是含有活性元素或降低熔點元素的合金。表4.20給出了TiAl擴散焊常用中間層及工藝參數。由表可見，採用中間層可以使TiAl在相對低的溫度和壓力下進行擴散焊。

表4.20　TiAl擴散焊用中間層及工藝參數

被焊材料（包括中間層）	工藝參數				界面產物	接頭強度/MPa
	加熱溫度/℃	保溫時間/min	壓力/MPa	氣氛		
Ti-52Al/V/Ti-52Al	1000	30	15	真空	Al_3V	200

續表

被焊材料（包括中間層）	工藝參數				界面產物	接頭強度/MPa
	加熱溫度/℃	保溫時間/min	壓力/MPa	氣氛		
Ti-48Al-2Cr-2Nb/Ti-15Cu-15Ni/Ti-48Al-2Cr-2Nb	1150	5～10	—	真空	β-Ti+α_2	—
Ti-52Al/Al/Ti-52Al	900	64	10～30	真空	$TiAl_3$，$TiAl_2$	200

採用 Ti-18Al 合金和 Ti-45Al 合金作為中間層，在擴散焊接過程中將發生元素的擴散，但是接頭強度不高。若在焊後進行 1150～1350℃的熱處理，進行充分地擴散，連接界面的組織與母材趨於一致，接頭的強度和塑性都得到改善，可達到母材的水準。

此外，採用較低熔點的 Ti-15Cu-15Ni 作中間層，對 Ti-48Al-2Cr-2Nb 合金進行了過渡液相連接，可以很好地改善界面接觸，提高擴散焊接頭的性能。

TiAl 金屬間化合物顯微組織對力學性能非常敏感，含有較多合金元素時，線脹係數較低；與異種材料焊接時，易產生較大的應力；採用熔焊方法時接頭成分複雜，極易生成脆性金屬間化合物，熱裂紋傾向嚴重。因此，TiAl 金屬間化合物異種材料的連接較多採用夾中間層的擴散焊。

(2) Ti_3Al 合金的擴散焊

Ti_3Al 合金可採用擴散焊實現其連接。圖 4.29(a) 所示是在焊接壓力為 9MPa、保溫時間為 30min 的條件下，連接溫度對 Ti_3Al 合金擴散焊接頭剪切強度的影響。在 800～840℃的加熱溫度範圍內，接頭的剪切強度較低而且變化緩慢；連接溫度超過 840℃時，擴散焊接頭的剪切強度迅速提高，在 940℃時達到 751MPa。

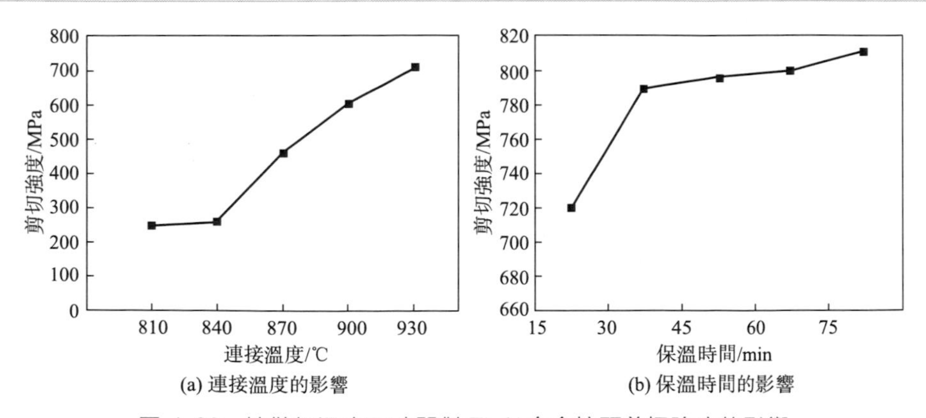

(a) 連接溫度的影響
(b) 保溫時間的影響

圖 4.29　擴散焊溫度和時間對 Ti_3Al 合金接頭剪切強度的影響

圖 4.29(b) 所示是在連接溫度為 990℃、壓力為 12MPa 的條件下保溫時間

對 Ti_3Al 合金擴散焊接頭剪切強度的影響。可見，隨著保溫時間從 15min 延長到 30min，擴散焊接頭的剪切強度迅速提高；當保溫時間超過 30min 之後，接頭剪切強度上升的速度變慢；當保溫時間為 70min 時，接頭的剪切強度接近於母材；保溫時間繼續增加時，由於晶粒粗化和長大，接頭的剪切強度下降。

Ti_3Al 合金擴散焊的加熱溫度通常在 1000℃左右，所需的保溫時間根據加熱溫度和壓力而定。圖 4.30 所示是 Ti_3Al 合金擴散連接溫度與保溫時間的關係曲線，可以看出，在壓力不變的情況下，隨著連接溫度的升高可縮短擴散焊的保溫時間。圖 4.31 所示是 Ti_3Al 合金擴散連接壓力和保溫時間的關係曲線，其連接溫度為 980℃。

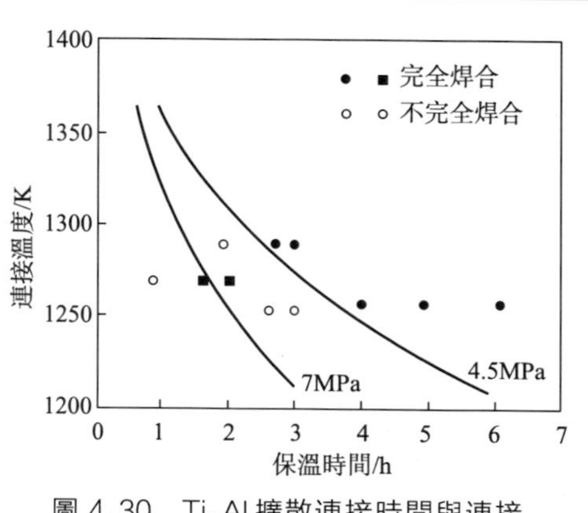

圖 4.30 Ti_3Al 擴散連接時間與連接溫度的關係

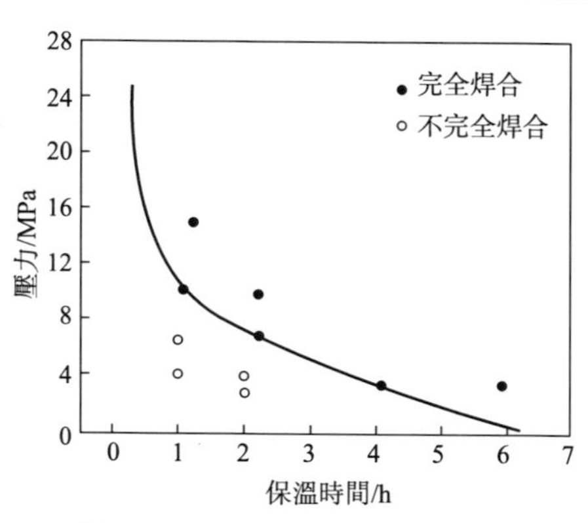

圖 4.31 Ti_3Al 擴散連接時間與壓力的關係

圖中所示曲線的右上方為完全焊合區，左下方區間內的擴散焊參數不能獲得完全焊合的接頭。由圖中所示曲線可以看出，提高擴散焊壓力能加速界面擴散，縮短擴散連接時間。但壓力太大對擴散焊帶來另外一些不利的影響，如變形等，因此在實際應用中應綜合考慮工藝參數的合理配合，一般不採用壓力很大的連接參數。

4.3.5 TiAl 異種材料的擴散焊

TiAl 與結構鋼或陶瓷材料可以進行加中間合金層的擴散連接。接頭的室溫抗拉強度可達 TiAl 金屬間化合物母材的 60%以上。

(1) TiAl 與 40Cr 鋼的擴散焊

① 焊接工藝及參數　TiAl 金屬間化合物與 40Cr 鋼化學成分差別較大，相容性較差，擴散焊時可選用純 Ti 箔、V 箔和 Cu 箔作為中間層。

焊前將 TiAl 金屬間化合物與 40Cr 鋼的待焊面油污、銹蝕採用機械方法或化學方法去除，然後按 TiAl/Ti/V/Cu/40Cr 的順序裝配後立即放入真空爐中。中間層純 Ti 箔、V 箔和 Cu 箔的厚度分別為 30μm、100μm、20μm。

擴散焊工藝參數為：加熱溫度為 950～1000℃，焊接壓力為 20MPa，保溫時間為 20min。

② 擴散焊接頭力學性能　加熱溫度和合金層成分對 TiAl 與 40Cr 鋼擴散焊接頭抗拉強度的影響見圖 4.32。

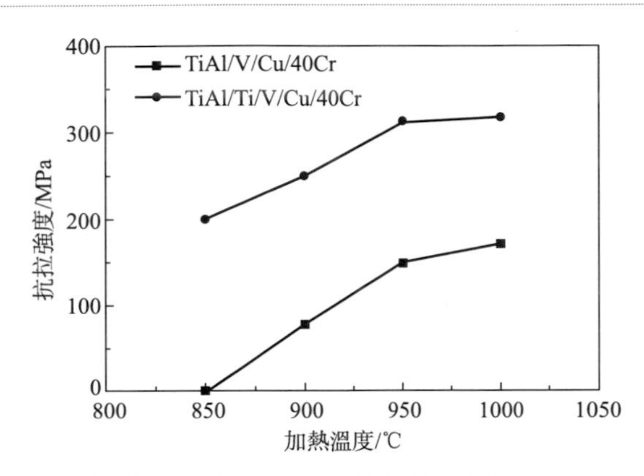

圖 4.32　加熱溫度對 TiAl/40Cr 擴散焊接頭抗拉強度的影響

在相同的擴散焊工藝參數條件下，選用 Ti/V/Cu 中間層獲得的 TiAl/40Cr 鋼擴散焊接頭抗拉強度高於以 V/Cu 作為中間層時接頭的抗拉強度。並且隨著加熱溫度的升高，擴散焊接頭的抗拉強度逐漸升高。因為當溫度較低時，被焊材料基體的強度仍很高，在同等壓力條件下，接觸面塑性變形不足，被焊界面的物理接觸不夠充分，在擴散焊界面處可能存在大量的缺陷，沒有形成很好的冶金結合。隨著溫度的升高，被焊材料的屈服強度急劇下降，被焊表面之間物理接觸的面積迅速增加，焊合率提高。

通過對 TiAl/40Cr 鋼擴散焊接頭的斷口成分分析（表 4.21）可見，以 Ti、V、Cu 作為中間層的 TiAl/40Cr 鋼擴散焊接頭的斷裂位置發生在 TiAl 與中間層 Ti 箔界面處。而以 V、Cu 作為中間層的 TiAl/40Cr 鋼擴散焊接頭的斷裂發生在 TiAl 與中間層 V 箔界面位置。

表 4.21　TiAl/40Cr 鋼擴散焊接頭斷口的成分分析　　%

接頭	Ti	Al	Cr	Nb	V	Cu	Fe
Ti、V、Cu 為中間層	50.19	45.96	2.02	1.83	—	—	餘量
	67.90	25.31	3.19	3.60	—	—	—
V、Cu 為中間層	39.25	38.97	—	2.07	19.71	餘量	—

③ 擴散界面附近的局部組織　以 Ti、V、Cu 作為中間層的 TiAl/40Cr 鋼擴散焊接頭的能譜分析見表 4.22。

表 4.22　TiAl 與 40Cr 鋼擴散焊接頭的能譜分析 %

接頭	位置	Ti	Al	Cr	Nb	V
Ti、V、Cu 為中間層	近 TiAl 側	74.3	25.3	0.33	0.10	—
	近 Ti 側	95.5	0.21	0.09	0.17	—
V、Cu 為中間層	近 TiAl 側	60.94	21.34	0.54	—	17.18
	近 V 側	16.62	68.89	—	—	14.49

X 射線衍射分析表明，採用 Ti、V、Cu 作為中間層進行擴散焊接後，接頭靠近 TiAl 一側生成 Ti_3Al 金屬間化合物，在富 Ti 一側生成 α-Ti 固溶體，這些生成物不隨溫度的變化而發生改變，但隨加熱溫度的升高，元素擴散比較充分，擴散反應層的厚度逐漸增加。

在 Cu 箔與 40Cr 鋼的接觸界面上，沒有明顯的金屬間化合物形成過渡層，元素濃度沒有出現穩定的過渡平臺。這也是以 Ti、V、Cu 作為中間層的 TiAl/40Cr 鋼擴散焊接頭斷裂發生在 TiAl 與 Ti 箔界面上的主要原因。而用 V、Cu 作為中間層時，TiAl/40Cr 鋼擴散焊接頭的能譜分析發現在接頭靠近 TiAl 一側生成 Ti_3Al，在 V 一側生成 Al_3V，增加了 TiAl 與 V 箔界面處的脆性，容易引起 TiAl/40Cr 鋼擴散焊接頭的脆性斷裂。

(2) TiAl 與 SiC 陶瓷的擴散焊

① 焊接工藝及參數　TiAl 與 SiC 陶瓷擴散焊前，將 Al 含量為 53% 的 TiAl 合金與含有 2%～3% Al_2O_3 的燒結 SiC 陶瓷的待焊表面用丙酮擦洗乾凈，再用清水＋酒精沖洗並進行風乾。然後由下至上按照 SiC/TiAl/SiC 的順序將焊接件組裝好，同時在上下兩個 SiC 的不連接表面各放置一片雲母，以防止 SiC 與加壓壓頭連接在一起。

擴散焊接過程中採用電阻輻射加熱方式進行加熱。TiAl 與 SiC 陶瓷擴散焊的工藝參數為：加熱溫度為 1300℃，保溫時間為 30～45min，焊接壓力為 35MPa，真空度為 6.6×10^{-3}Pa。

② 擴散焊接頭的力學性能　擴散焊接後 TiAl/SiC 擴散焊接頭區三個反應層內的化學成分見表 4.23。在反應層內元素的化學成分差別較大，使得 TiAl 與 SiC 擴散焊接頭形成的組織結構有所不同，並且隨著保溫時間的延長，擴散焊接頭中反應層厚度增加，在一定時間內能夠達到穩定狀態，使接頭具有一定的強度。不同保溫時間下 TiAl 與 SiC 擴散焊接頭的剪切強度如圖 4.33 所示。

表 4.23 TiAl 與 SiC 擴散焊接頭反應層的化學成分 %

反應層	Ti	Al	Si	C	Cr
1	33.5	62.4	0.8	2.1	1.2
2	54.2	4.4	28.8	12.3	0.3
3	44.3	10.2	5.3	40.1	0.1

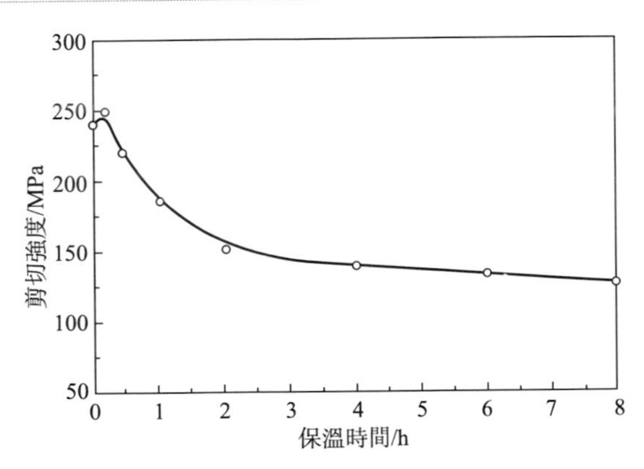

圖 4.33 不同保溫時間下 TiAl 與 SiC 擴散焊接頭的剪切強度

TiAl 與 SiC 擴散焊接頭的剪切強度試驗結果表明，加熱溫度為 1300℃ 時，隨著保溫時間的增加，TiAl 與 SiC 接頭的剪切強度開始迅速降低，而後緩減，並在 4h 後趨於穩定；保溫時間為 30min 時，接頭強度達到 240MPa。通過電子探針分析 TiAl 與 SiC 擴散焊接頭剪切斷口的化學成分見表 4.24。

表 4.24 TiAl 與 SiC 擴散焊接頭剪切斷口的電子探針分析結果 %

保溫時間/h	Ti	Al	C	Si	表面相
0.5	53.6	5.4	11.1	29.9	$Ti_5Si_3C_x$
	53.1	5.8	10.8	30.3	$Ti_5Si_3C_x$
	46.2	47.8	5.6	0.4	TiAl
	54.1	6.2	10.2	29.5	$Ti_5Si_3C_x$
8	43.1	8.2	44.2	4.5	TiC
	43.8	8.7	43.4	4.1	TiC
	44.1	7.9	45.6	2.4	TiC
	44.5	8.1	44.8	2.6	TiC

TiAl 與 SiC 擴散焊接頭的剪切斷裂位置隨著保溫時間的變化而發生改變。保溫時間為 30min 時，形成的 TiC 層很薄（0.58μm），接頭的剪切強度取決於

$TiC+Ti_5Si_3C_x$ 層，斷裂發生在（$TiAl_2+TiAl$）與（$TiC+Ti_5Si_3C_x$）層的界面上。

TiC 雖然屬於高強度相，與 SiC 晶格相容性好，但當 TiC 層厚度較大且溶解了一定數量的 Al 原子後，其強度會降低，並成為容易斷裂層。保溫時間為 8h 時，TiC 層增加到一定的厚度（2.75μm），並且溶解了較多的 Al 原子。接頭的斷裂強度取決於 TiC 層的厚度，因而斷裂發生在相應的 TiC 單相層內。

TiAl 與 SiC 擴散焊接頭如果處於高溫工作環境中，要求接頭須具有一定的高溫強度。隨著試驗溫度的增加，TiAl/SiC 擴散焊接頭剪切強度稍有降低，在 700℃的試驗溫度下，接頭剪切強度仍能夠維持在 230MPa。當試驗溫度高於 700℃時，TiAl 與 SiC 擴散焊接頭的高溫剪切強度對試驗溫度的敏感性會降低。因此，只要 700℃時 TiAl/SiC 擴散焊接頭具有足夠的剪切強度，即能滿足保證強度性能的使用要求。

③ 擴散焊接頭的局部組織　TiAl 與 SiC 擴散焊接頭的強度以及在使用過程中的破壞取決於擴散焊後接頭區形成的組織結構。TiAl/SiC 擴散焊接頭靠近 TiAl 一側的反應層主要形成（$TiAl_2+TiAl$），靠近 SiC 陶瓷一側反應層形成單相 TiC，中間反應層形成（$TiC+Ti_5Si_3C_x$）的混合相。因此 TiAl/SiC 擴散焊接頭的組織結構從 TiAl 到 SiC 陶瓷依次為（$TiAl_2+TiAl$）、（$TiC+Ti_5Si_3C_x$）然後過渡到 TiC。控製工藝參數獲得上述組織結構，即可滿足 TiAl/SiC 擴散焊接頭的使用要求。

參考文獻

[1] 任家烈，吴愛萍. 先進材料的連接. 北京：機械工業出版社，2000.

[2] 馮吉才，李卓然，何鵬，等. TiAl/40Cr 擴散連接接頭的界面結構及相成長. 中國有色金屬學報，2003，13(1)：162-166.

[3] 余啓湛，史春元. 金屬間化合物的焊接，北京：機械工業出版社，2016.

[4] 張永剛，韓雅芳，陳國良，等. 金屬間化合物結構材料. 北京：國防工業出版社，2001.

[5] 仲增墉，葉恆強. 金屬間化合物（全國首屆高溫結構金屬間化合物學術討論會文集）. 北京：機械工業出版社，1992.

[6] 高德春，楊王玥，董敏，等. Fe-Al 基金屬間化合物的焊接性. 金屬學報，2000，36(1)：87～92.

[7] C. G. Mckamey，J. H. Devan，P. F. Tortorelli，et al. A review of recent development in Fe_3Al-based alloy. Journal of Materials Research，1991，6(8)：1779

~1805.

[8] 郭建亭，孫超，譚明暉，等. 合金元素對 Fe_3Al 和 FeAl 合金力學性能的影響. 金屬學報，1990，26A(1)：20-25.

[9] 孫祖慶. Fe_3Al 基金屬間化合物合金的焊接研究進展. 材料導報，2001，15(2)：10.

[10] S. A. David，J. A. Horton，C. G. Mckamey. Welding of iron aluminides. Welding Journal，1989，68(9)：372-381.

[11] S. A. David，T. Zacharia. Weldability of Fe_3Al-Type Aluminide. Welding Journal，1993，72(5)：201-207.

[12] Li Yajiang，Wang Juan，Yin Yansheng，et al. Phase constitution near the interface zone of diffusion bonding for Fe_3Al/Q235 dissimilar materials. Scripta Materials，2002，47(12)：851-856.

[13] 尹衍昇，施忠良，劉俊友. 鐵鋁金屬間化合物-合金化與成分設計. 上海：上海交通大學出版社，1996.

[14] 汪才良，朱定一，盧鈴. 金屬間化合物 Fe_3Al 的研究進展. 材料導報，2007，21(3)：67-69.

[15] 余興泉，孫揚善，黃海波. 軋制加工對 Fe_3Al 基合金組織及性能的影響. 金屬學報，1995，31B(8)：368-373.

[16] Ma Haijun，Li Yajiang，U. A. Puchkov，et al. Microstructural Characterization of Welded Zone for Fe_3Al/Q235 Fusion-Bonded Joint，Materials Chemistry and Physics，2008(112)：810-815.

第5章

鐵鋁金屬間化合物的連接

鐵鋁金屬間化合物獨特的性能使其具有很好的應用前景，焊接是製約鐵鋁金屬間化合物工程應用的主要障礙之一。由於鐵鋁金屬間化合物屬脆硬材料，焊接有很大難度。實現鐵鋁金屬間化合物的焊接，獲得界面結合牢固的焊接接頭，將會推進鐵鋁金屬間化合物在抗氧化、耐磨、耐腐蝕等工程結構中的應用。目前針對鐵鋁金屬間化合物採用的焊接方法主要有熔焊（如電子束焊、鎢極氬弧焊、焊條電弧焊）、固相焊（如擴散焊、摩擦焊）和釺焊等。

5.1 鐵鋁金屬間化合物及焊接性

5.1.1 鐵鋁金屬間化合物的特點

常用的鐵鋁金屬間化合物主要是指以 Fe_3Al 為基的金屬間化合物。Fe_3Al 的力學性能主要受 Al 含量的影響，Al 的原子百分數為 23％～29％的 DO_3 結構 Fe_3Al 的室溫力學性能見圖 5.1。Fe-23.7Al 和 Fe-28.7Al 週期性疲勞性能如圖 5.2 所示。

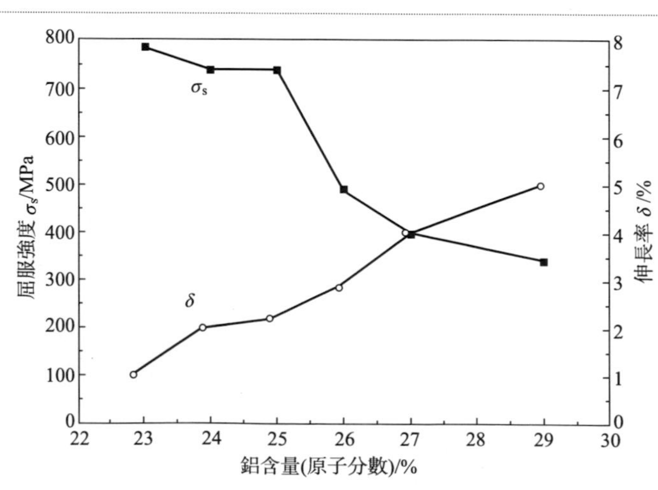

圖 5.1　不同鋁含量對 Fe_3Al 合金屈服強度和伸長率的影響

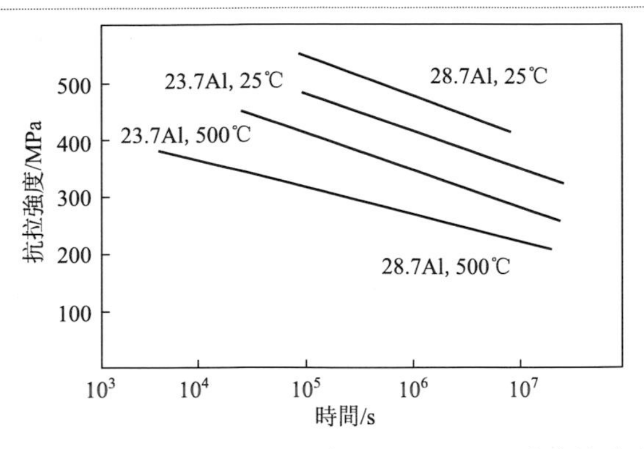

圖 5.2　Fe-23.7Al 和 Fe-28.7Al 在 25℃和 500℃時疲勞強度的比較

Fe_3Al 的屈服強度在 Al 的原子百分數為 24%～26%時最高（750MPa），然後迅速下降到 350MPa，此時 Al 含量高達 30%（原子分數）。Al 的原子百分數為 24%～26%時，Fe_3Al 合金由於從有序 $D0_3$ 相中沉澱出無序 α 相而產生時效強化，因此屈服強度高。更高 Al 含量的合金由於 500℃時的成分在 α＋$D0_3$ 相區之外，因此沒有時效強化。而 Fe_3Al 合金的伸長率隨 Al 含量的增加而增加，由圖 5.1 可以看出 Al 原子百分含量由 23%增加到 29%時，Fe_3Al 的伸長率由 1%提高到 5%。

不同熱處理製度（500～1100℃）對 Fe_3Al 合金室溫力學性能的影響如圖 5.3 所示。在 700～750℃時消除應力退火可顯著提高室溫塑性，也即在一定程度上抑製了環境氫脆。圖 5.3 還表明，隨著熱處理溫度的提高，Fe_3Al 合金的塑性及強度連續下降，退火溫度 1000℃以上的完全再結晶組織的塑性和強度最低。

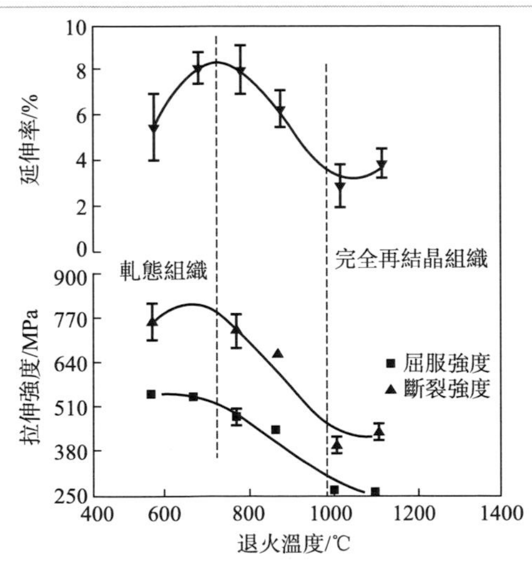

圖 5.3　熱處理溫度對 Fe_3Al 合金力學性能的影響（合金化學成分：Fe-28Al-5Cr-0.1Zr-0.05B）

在室溫同一應力下，由於位錯類型不同，Fe-23.7Al 比 Fe-28.7Al 的疲勞壽命長；而 500℃時則相反，由於 Fe-23.7Al 第二相強化作用，Fe-23.7Al 比 Fe-28.7Al 的疲勞性能好。金屬和合金的屈服強度通常都隨溫度的升高而降低，但 Fe_3Al 的屈服強度從 300℃開始則隨溫度升高而增大，在 550℃左右達到峰值，以後隨溫度升高而急劇下降。Fe_3Al 屈服強度的這種反常溫度關係發生在 Al 的原子百分數為 23%～32%的 Fe_3Al 合金中。

改善 Fe_3Al 室溫塑性的元素有 Cr 和 Nb。Cr 的溶質質量分數為 2%～6%的 Fe-28Al 合金的室溫屈服強度由 279MPa 降低到 230MPa 左右，而伸長率由 4%上升到 8%～10%；600℃時的屈服強度略有上升，塑性稍有改善。斷裂類型從穿晶解理斷裂變為混晶斷裂。

Nb 在 Fe_3Al 中的溶解度低，1300℃時僅為 2%（溶質質量分數）；隨著溫度的降低，溶解度迅速下降，700℃的溶解度為 0.5%（溶質質量分數）。Fe-25Al-2Nb 合金經 1300℃焠火後，在 700℃時效處理 8h，空冷，獲得 L21 結構共晶相。延長時效時間，則獲得固溶 Al 的 C_{14} 結構的 Fe_2Nb 相。從室溫到 600℃，沉澱強化使屈服強度提高了 50%。上述合金再加入 2%（溶質質量分數）的 Ti，明顯改善熱穩定性。B 對 Fe_3Al 晶粒細化很有效，其他元素如 Ce、S、Si、Zr 和稀土也有細化作用，Mo 元素在高溫有阻礙晶粒長大的作用。加入 0.5%（溶質質量分數）的 TiB_2 可以控製晶粒尺寸，提高力學性能。Si、Ta 和 Mo 也可以明顯提高 Fe_3Al 的屈服強度，但會使 Fe_3Al 塑性大大降低。

FeAl 合金的彈性模量較大，熔點高，比強度較大。Al 含量低的 FeAl 合金有嚴重的環境脆性，而 Al 含量較高的 FeAl 合金由於晶界本質弱，在各種試驗條件下都表現出極低的塑性和韌性。即使細化晶粒也很難增加其塑性。

FeAl 力學性能受合金元素的影響較大，含有不同合金元素的 FeAl 合金的力學性能見圖 5.4。FeAl 屈服強度和塑性與溫度有一定的關係。Fe-40Al 合金從室溫升高到 650℃，強度可保持在 270MPa 以上，溫度高於 650℃時強度迅速下降，伸長率由室溫時的 8%提高到 868℃時的 40%以上。室溫下 FeAl 合金的斷裂形式為沿晶斷裂，高溫下為穿晶解理斷裂。粉末冶金壓製 Fe-35Al、Fe-40Al 合金的屈服強度由室溫到 600℃的升高而緩慢降低，其中 Fe-40Al 合金從 650MPa 降至 400MPa，Fe-35Al 合金從 500MPa 降至 400MPa，而伸長率由室溫的 7%上升到 500℃的 25%，但在 600℃時出現了塑性降低，同時又變為沿晶斷裂。

在 B2 結構有序 FeAl 合金中加入 Cr、Mn、Co、Ti 等元素能夠使 FeAl 合金產生固溶強化，而 Nb、Ta、Hf、Zr 等元素也易形成第二相強化。並且，Y、Hf、Ce、La 等親氧元素可以抑製空洞形成，改善 FeAl 合金的緻密性。Hf 的強化作用較大，在 27～427℃範圍內，屈服強度保持在 800MPa，室溫塑性略有降低，高溫塑性大大增加，827℃時 FeAl 合金伸長率高達 50%。

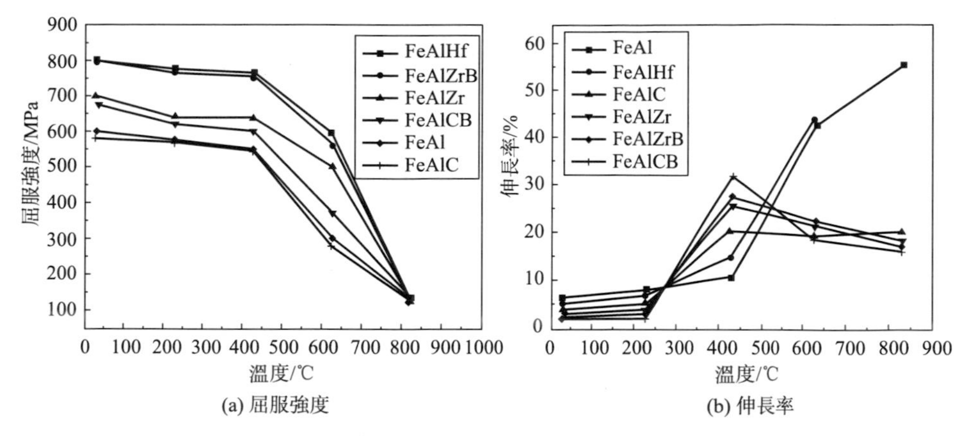

圖 5.4 合金元素對 FeAl 力學性能的影響

採用適當的熱加工工藝（包括鍛造、擠壓、熱軋、溫軋等）也能提高 Fe-Al 金屬間化合物的性能。在熱軋和控溫軋製前採用鍛造和擠壓的中間加工工藝，可達到改善鑄錠中的柱狀晶、細化晶粒的目的，改變後續軋製工藝的加工性能。再結晶溫度以上的熱軋使 Fe_3Al 金屬間化合物的晶粒進一步細化，再結晶溫度以下的溫軋可以使晶粒成為條狀形態，有利於降低氫原子的擴散通道，提高 Fe_3Al 的室溫塑性。不同熱加工和熱處理工藝獲得的 Fe_3Al 的力學性能見表 5.1。

表 5.1 不同熱加工和熱處理獲得的 Fe_3Al 的力學性能

合金係	熱加工工藝	熱處理	抗拉強度/MPa	屈服強度/MPa	伸長率/%
Fe_3Al (5.1%Cr,0.01%Zr,0.05%B)	經鍛造再軋製	再結晶溫度以上退火	461	260	6.3
	經鍛造再軋製	再結晶溫度以下退火	590	310	10.1
	經擠壓再軋製	再結晶溫度以下退火	639	340	12.3
Fe_3Al (4.5%Cr,0.05%Zr)	鑄錠直接軋製	再結晶溫度以下退火	671	380	7.1
	經鍛造再軋製	再結晶溫度以下退火	690	420	12.5
Fe_3Al (2.35%Cr,0.01%Ce)	經鍛造再軋製	再結晶溫度以下退火	705	470	10.3

熱處理工藝對 Fe_3Al 的力學性能有顯著的影響。通過多道控溫軋製後再經過低於再結晶溫度條件下退火，然後進行焠火的熱處理工藝，可使 Fe_3Al 的力學性能有顯著的提高，屈服強度達到 700MPa 左右，室溫伸長率由 2%～3% 提高到 12%。

機械合金化是製備 Fe_3Al 的一種新工藝，它是在高能球磨機中進行球磨，形成細微組織的合金，在固相狀態下達到合金化的目的。利用機械合金化技術合

成的 Fe_3Al 基合金，抗拉強度達到 690MPa，室溫伸長率達到 10%。

5.1.2 鐵鋁金屬間化合物的焊接性特點

採用熔焊方法（如鎢極氬弧焊、電弧焊等）對 Fe_3Al 進行焊接時，焊縫的快速凝固和冷卻造成很大的應力，合金成分及工藝參數對焊接裂紋很敏感。Fe_3Al 中添加 Zr 和 B 元素儘管能細化 Fe_3Al 母材的組織，但難以阻止焊接冷裂紋。板厚 0.5mm 的薄板用含 Cr 5.45%、Nb 0.97%、C 0.05%的 Fe_3Al 基合金焊絲，在嚴格控製焊接速度及熱輸入的條件下才能避免焊接裂紋產生。厚度超過 1mm 的 Fe_3Al 板材，更需嚴格控製熱輸入，或採用焊前預熱和焊後緩冷工藝，才能避免延遲裂紋。預熱溫度通常為 300～350℃，焊後 600～700℃×1h 後熱處理。

可採用 Fe_3AlCr 合金、中低碳 CrMo 鋼、Cr25Ni13 不銹鋼以及 Ni 基合金作為鎢極氬弧焊（GTAW）的填充材料，進行 Fe_3Al 同種及異種材料的焊接。用中低碳 CrMo 鋼焊絲作填充材料，焊縫成分連續變化，性能比較穩定，Fe_3Al 表現出較好的焊接性。雖然 Ni 基合金本身具有較高的韌性，但焊後 Fe_3Al 接頭區的裂紋傾向仍較嚴重，這是由於 Ni 基焊絲的熱膨脹係數大，凝固時收縮量大，產生較大的應力所致。此外，Ni 的加入使得熔合區成分、組織和相結構複雜化，熔池金屬凝固時不能依附母材的半熔化晶粒形成聯生結晶，而在熔合交界處形成組織分離區。同種材料、異種焊絲，在保證焊透的情況下，控製焊接電流和熱輸入，有利於提高 Fe_3Al 的抗裂性能。

Fe_3Al 合金是經過真空熔煉成鑄錠後，採用熱軋-控溫軋製工藝軋製成的板材，熔煉過程中真空度達到 1.33×10^{-2}Pa。試驗用 Fe_3Al 基合金的主要化學成分為：Al 16.0～17.0%，Cr 2.40～2.55%，Nb 0.95～0.98%，Zr 0.05～0.15%，Fe 81.0～82.5%。

Fe_3Al 基合金由於脆性大、熔焊焊接性差，出現微裂紋是其焊接時的主要問題。要求填充合金含有能提高 Fe_3Al 塑、韌性的合金元素，在焊接過程中通過合金過渡提高 Fe_3Al 熔合區的抗裂能力，避免焊接裂紋的產生。Cr 是提高 Fe_3Al 塑性最有效的合金元素，Ni 是常用的合金增韌元素。因此可採用 Fe-Cr-Ni 合金條作為 Fe_3Al 焊接的填充材料，填絲直徑為 2.5～3.0mm。

Fe_3Al 金屬間化合物良好的高溫性能及性價比，使其作為高溫結構材料的應用前景相當廣闊，但由於較高的室溫脆性，焊接性問題是製約其工程應用的主要障礙。焊接區顯微組織決定接頭的性能，通過分析 Fe_3Al 填絲鎢極氬弧焊接頭區的顯微組織及合金元素分布，建立顯微組織與接頭性能的內在聯繫，可為確定最佳焊接參數及應用提供試驗依據。

5.1.3 Fe_3Al焊接接頭區的裂紋問題

(1) 裂紋起源及擴展

焊接熱輸入過小或過大都易使 Fe_3Al 接頭產生裂紋。在焊接接頭兩端易產生縱向裂紋，在接頭內部易產生橫向裂紋，這與焊接應力的分布有關。Fe_3Al/18-8 鋼焊接接頭的裂紋都起源於 Fe_3Al 側熔合區的部分熔化區，這主要是由以下原因造成的：

① 部分熔化區是 Al、Fe、Cr、Ni 等合金元素相互作用最複雜的區域，易導致脆性相生成；

② 原子氫向反相疇界等缺陷處擴散聚集並有可能結合成氫分子，使缺陷處微應力增大，為裂紋的起源提供條件；

③ 部分熔化區是焊接應力最大的區域，有利於裂紋的起裂與擴展。裂紋在部分熔化區起源後，既可沿部分熔化區縱向擴展，也可向 Fe_3Al 熱影響區中橫向擴展。由於不均勻混合區的組織是 $\gamma+\delta$，裂紋很難通過該區域擴展，少量向焊縫方向擴展的裂紋在不均勻混合區處即得到控製。

焊接熱輸入較小時，焊縫的冷卻速度較快，導致接頭的應力較大，裂紋在 Fe_3Al 熱影響區中可以擴展較遠的距離，裂紋數量及擴展距離都大於焊接熱輸入較大的情況；甚至在熱影響區中形成新的裂紋源，擴展方向較雜亂，導致 Fe_3Al 熱影響區成為接頭的薄弱區域。

焊接熱輸入較大時，接頭冷卻速度較慢，有利於 Cr 元素向 Fe_3Al 中過渡，提高 Fe_3Al 熔合區的塑、韌性。此外，Al、Fe、Cr、Ni 等合金元素能充分熔合、擴散，減少了元素偏析和脆性相的生成。焊縫冷卻速度較慢，Al 元素的高溫擴散時間增長，Fe_3Al 熱影響區中 A2 無序結構增加，Fe_3Al 熱影響區的脆、硬性降低，有利於阻止裂紋的擴展。焊接熱輸入 $E=10.8$kJ/cm 時，Fe_3Al/18-8 接頭裂紋擴展距離較小，裂紋長度在 50～150μm 之間。

(2) 產生裂紋的影響因素

採用熔焊方法進行 Fe_3Al 焊接，在焊接熱循環作用下，接頭產生較大的應力，易導致焊接裂紋的產生。Fe_3Al 金屬間化合物的熔焊焊接性較差，主要表現在以下兩個方面：

一是 Fe_3Al 金屬間化合物由於交滑移困難導致高的應力集中，造成室溫脆性大，塑性低，焊接時容易產生冷裂紋；

二是 Fe_3Al 熱導率低，導致焊接熱影響區、熔合區和焊縫之間的溫度梯度大，加之線脹係數較大，冷卻時易產生較大的殘餘應力，導致產生熱裂紋。

Fe_3Al 焊接裂紋起源於 Fe_3Al 側熔合區的部分熔化區，並在部分熔化區及

Fe_3Al 熱影響區中擴展，只有少量裂紋擴展到焊縫中。Fe_3Al 裂紋的產生主要是由 Fe_3Al 的脆性本質、熔合區脆性相以及焊接應力引起的，主要包括以下幾點：

① Fe_3Al 母材的晶粒狀態。Fe_3Al 的晶粒越細，越有利於防止裂紋的產生。

② 焊接熱輸入。焊接熱輸入過小或較大，都容易導致焊接裂紋的產生。

③ 部分熔化區中合金元素的偏析程度和脆性相數量。

④ Fe_3Al 熱影響區的局部組織結構。Fe_3Al 熱影響區中 A2 無序結構及 B2 部分有序結構越多，越有利於防止裂紋的產生和擴展。

⑤ 接頭中擴散氫的含量。接頭中擴散氫的含量越低，其抗裂能力越強。

採取以下措施可防止或減少 Fe_3Al 焊接裂紋的產生：

① 採用細晶粒的 Fe_3Al 母材。

② 適當增加焊接熱輸入。

③ 採用合適的填充材料。

④ 加強對焊接過程的氣體保護。

5.2 Fe_3A 與鋼（Q235、18-8 鋼）的填絲鎢極氬弧焊

5.2.1 Fe_3Al 與鋼的鎢極氬弧焊工藝特點

(1) 焊接方法

在 Fe_3Al 與鋼的鎢極氬弧焊（GTAW）中，熱影響區組織受焊接熱循環的影響晶粒粗大，其高溫抗氧化性也由於焊接過程中 Al 元素的燒損而略低於 Fe_3Al 母材。焊接接頭區的抗拉強度低於母材，且斷在熱影響區過熱區。過熱區在焊接熱循環的作用下，經歷了焊接加熱和隨後冷卻過程，原本較高的有序化程度明顯降低。即使經過焊後熱處理，過熱區的有序度也難以恢復。所以過熱區的強度和硬度有所降低而成為接頭的薄弱環節。與 Fe_3Al 母材相比，熱影響區過熱區的抗拉強度和伸長率有所下降。

試驗母材為 Fe_3Al 金屬間化合物、Q235 鋼和 1Cr18Ni9Ti 奧氏體不銹鋼(18-8 鋼)。其中 Fe_3Al 金屬間化合物是經過真空熔煉成鑄錠後，採用熱軋-控溫軋製工藝軋成的板材，並經過 1000℃ 均勻化退火。為了獲得組織緻密、性能良好的 Fe_3Al 金屬間化合物，熔煉前將原料 Fe 用球磨機滾料除銹，原料 Al 用 NaOH 溶液清洗並進行烘乾。

採用線切割和機械加工方法將 Fe_3Al、Q235 鋼和 18-8 鋼分別加工成厚度為 8mm、5mm 和 2.5mm 的板材。試驗用 Fe_3Al 金屬間化合物的化學成分及熱物理性能見表 5.2。

表 5.2　Fe_3Al 金屬間化合物的化學成分及熱物理性能

化學成分(溶質質量分數)/%						
Fe	Al	Cr	Nb	Zr	B	Ce
81.0～82.5	16.0～17.0	2.40～2.55	0.95～0.98	0.05～0.15	0.01～0.05	0.05～0.15

熱物理性能								
結構	有序臨界溫度/℃	彈性模量/GPa	熔點/℃	線脹係數/$10^{-6}K^{-1}$	密度/(kg/m^3)	抗拉強度/MPa	伸長率/%	硬度(HRC)
$D0_3$	480～570	140	1540	11.5	6720	455	3	≥29

試驗用 Fe_3Al 金屬間化合物母材含有 Cr、Nb、Zr 等合金元素，顯微組織由粗大的塊狀晶粒組成，在晶粒內部和邊界分布有富含 Cr、Nb 的第二相粒子，如圖 5.5(a) 所示。這些第二相粒子阻礙位錯沿晶界的運動，提高 Fe_3Al 的壓縮變形速率，改善 Fe_3Al 金屬間化合物的強度和塑、韌性。試驗用 18-8 鋼的顯微組織是 γ 奧氏體＋少量 δ-鐵素體，如圖 5.5(b) 所示。

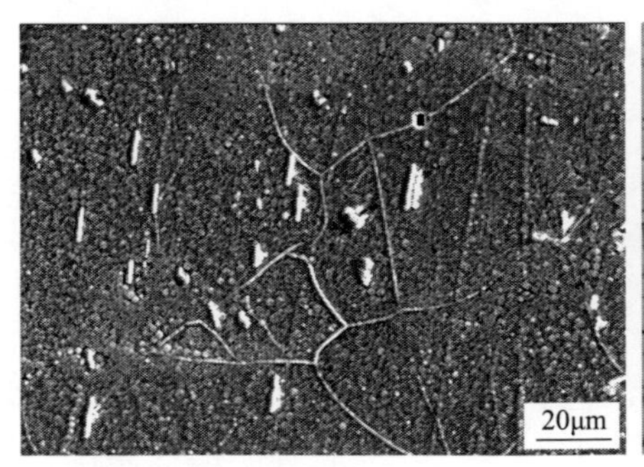

(a) Fe_3Al

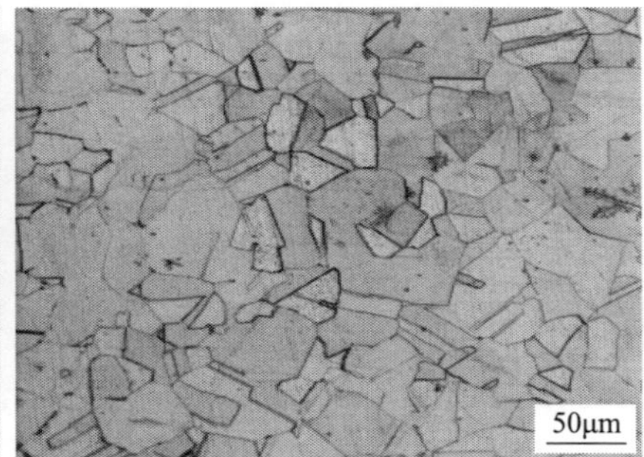

(b) 18-8不銹鋼

圖 5.5　Fe_3Al 金屬間化合物和 18-8 鋼的顯微組織

在不預熱和焊後熱處理條件下，採用填絲鎢極氬弧焊（GTAW）進行 Fe_3Al 與 Q235 鋼（或 18-8 鋼）的焊接。鎢極氬弧焊（GTAW）採用 ZX69-150 型交-直流硅整流氬弧焊機。

(2) 焊接材料的選擇

採用 Fe-Cr-Ni 合金係作為研究 Fe_3Al 焊接行為的填充材料。GTAW 填充合金分別為 Cr19-Ni10、Cr18-Ni12Mo2、Cr23-Ni13 及 Cr26-Ni21，填絲直徑

為 2.5mm。

焊前將待焊試樣（Fe_3Al 金屬間化合物、Q235 鋼和 18-8 不銹鋼）表面經過機械加工，以保證試樣上、下表面平行，表面光潔度為 5 級。用化學方法去除試板和填充材料表面的氧化膜、油污和銹蝕等。試板表面機械和化學處理步驟為：砂紙打磨→丙酮清洗→清水沖洗→酒精清洗→吹乾。

(3) 工藝參數

在不預熱條件下，採用填絲鎢極氬弧焊（GTAW）進行系列 Fe_3Al/Fe_3Al、Fe_3Al/Q235 鋼和 Fe_3Al/18-8 鋼的對接焊試驗。填絲鎢極氬弧焊（GTAW）採用的工藝參數見表 5.3。試驗表明，填絲鎢極氬弧焊（GTAW）熱輸入過大或過小易引起焊接裂紋的產生，焊接熱輸入對 Fe_3Al 接頭裂紋敏感性的影響超過填充材料的影響。

焊接熱輸入過小時，焊縫冷卻速度快，焊後產生明顯的表面裂紋。鎢極氬弧焊（GTAW）時，在流動的氬氣作用下，焊縫的冷卻速度快於焊條電弧焊（SMAW），因此裂紋傾向更為嚴重。焊接熱輸入過大，熔池過熱時間長，導致焊縫組織粗化進而誘發裂紋。不論採用哪種填充材料，Fe_3Al 接頭都易產生開裂。試驗表明，採用合適的焊接熱輸入，鎢極氬弧焊（GTAW）採用 Cr23-Ni13 填充合金，可獲得無裂紋的 Fe_3Al 接頭。

表 5.3　Fe_3Al 填絲 GTAW 採用的工藝參數

焊接方法	工藝參數				
	焊接電流 I /A	焊接電壓 U /V	焊接速度 v /(cm/s)	氬氣流量 L /min	焊接熱輸入 E /(kJ/cm)
鎢極氬弧焊 (GTAW)	100～115	11～12	0.15～0.26	8～12	4.5～8.5

Cr 含量對 Fe_3Al 的裂紋敏感性具有重要影響，焊材中 Cr 含量以 23%～26%為宜，保證有適量的 Cr 過渡到 Fe_3Al 熔合區中，提高接頭的抗裂能力。受 Fe_3Al 熱物理性能和焊縫成形等影響，Fe_3Al 基合金焊接宜採用小電流、低速焊的焊接工藝。根據板厚不同，控製合適的焊接熱輸入。填絲鎢極氬弧焊（GTAW）時，在流動的氬氣作用下，焊縫的冷卻速度快於焊條電弧焊，可適當調整熱輸入。

(4) Fe_3Al 對接接頭試樣的製備

為了滿足 Fe_3Al 熔焊接頭組織和力學性能分析要求，採用線切割方法切取系列 Fe_3Al/Fe_3Al、Fe_3Al/Q235 鋼以及 Fe_3Al/18-8 鋼接頭試樣。Fe_3Al 對接接頭試樣的示意如圖 5.6 所示。

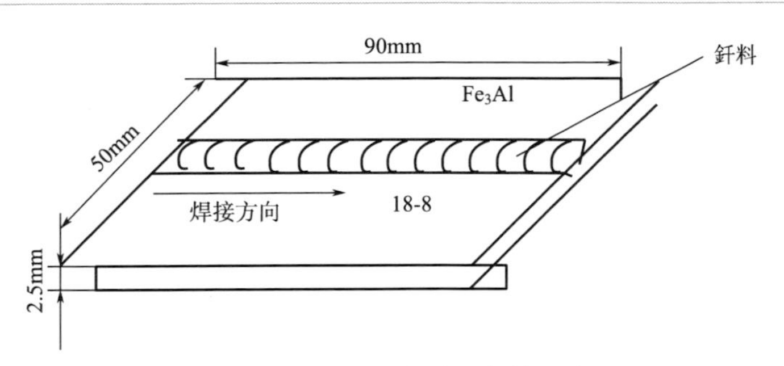

圖 5.6　Fe_3Al 對接接頭試樣示意

對切割好的試樣進行砂紙磨製、機械拋光和腐蝕，採用 Cr_2O_3 水溶液為拋光劑。對於 Fe_3Al/Q235 接頭，由於 Fe_3Al 與 Q235 鋼的耐腐蝕性差別較大，試樣顯蝕時，先在 Q235 鋼一側用 3%的硝酸酒精溶液進行腐蝕，然後用石蠟密封；再對 Fe_3Al 一側用王水溶液（HNO_3：HCl＝1：3）進行腐蝕，最後將 Q235 鋼一側的石蠟拋光去除。由於 Fe_3Al 一側熱影響區組織不易顯蝕，採用王水和鹽酸＋乙酸＋硝酸（HCl：HNO_3：CH_3COOH＝1：3：4）的混合溶液對 Fe_3Al/Fe_3Al 接頭進行腐蝕。Fe_3Al/18-8 接頭直接用王水溶液進行腐蝕。

採用線切割方法分別從 Fe_3Al/Fe_3Al、Fe_3Al/Q235 及 Fe_3Al/18-8 接頭的焊縫、Fe_3Al 側熔合區和 Fe_3Al 熱影響區切取用於透射電鏡（TEM）分析的薄片試樣，將薄片試樣採用機械方法分別磨至 50μm 左右的厚度，再用化學方法和電解雙噴方法減薄成適於透射電鏡試驗的薄膜試樣。然後對一系列薄膜試樣進行透射電鏡和選區電子衍射分析。

5.2.2 Fe_3Al/鋼填絲 GTAW 接頭區的組織特徵

（1）填絲 GTAW 焊縫結晶過程

影響元素間相互作用的因素與元素的固溶度有關，包括無限固溶和有限固溶兩種情況。無限固溶的金屬之間焊接性良好；能有限固溶的金屬之間，焊接性較差。Fe_3Al 填絲 GTAW，主要涉及 Fe、Al、Cr、Ni 元素的相互作用，表 5.4 所示為 Fe、Al、Cr、Ni 四種元素的相互作用特徵。

表 5.4　Fe、Al、Cr、Ni 元素的相互作用特徵

合金元素	熔點/℃	晶型轉變溫度/℃	晶格類型	原子半徑/nm	形成固溶體		形成化合物
					無限	有限	
Fe	1536	910	α-Fe 體心立方 γ-Fe 面心立方	0.1241	α-Cr，γ-Ni	Al，γ-Cr，α-Ni	Cr，Ni，Al
Al	660	—	面心立方	0.1431	—	Ni，Cr，Fe	Cr，Fe，Ni

續表

合金元素	熔點/℃	晶型轉變溫度/℃	晶格類型	原子半徑/nm	形成固溶體		形成化合物
					無限	有限	
Cr	1875	—	體心立方	0.1249	α-Fe	γ-Fe,Ni,Al	Fe,Ni,Al
Ni	1453	—	面心立方	0.1245	γ-Fe	Cr,Al,α-Fe	Cr,Fe,Al

在熔池凝固結晶過程中，Fe、Al、Cr、Ni 元素的擴散遷移及相互作用將生成固溶體或化合物。Fe_3Al/18-8 鋼填絲 GTAW 焊接過程中，在熱源作用下 Fe_3Al 及 18-8 鋼瞬時發生局部熔化，與熔融的 Cr23-Ni13 填充金屬混合而形成熔池，焊接溫度下 Fe_3Al 可以機械混合方式、金屬團方式和擴散混合方式進入焊接熔池。

進入熔池的少量 Al 元素可以提高 Cr-Ni 焊縫的抗氧化性和抗腐蝕性。Al 是素體化元素，限製 γ 奧氏體形成並促進 δ 鐵素體形成，將擴大 δ 和 δ+γ 相區，減小 γ 相區。含 Al 較高的 Cr-Ni 焊縫中需要更多的 Ni 才能形成奧氏體組織。Al 還能提高鋼中碳的活性，促進碳化物的析出。

Cr、Ni 含量對焊縫組織具有重要影響。採用 Cr23-Ni13 合金，Fe_3Al/18-8 鋼焊縫中 Cr 和 Ni 的含量比約為 2：1。熔池凝固時首先從液相 L 中析出一次 δ 鐵素體，隨著溫度的降低，除了從（L+δ+γ）三相區中繼續析出 δ 相外，γ 相也開始析出。熔池完全凝固後，δ 相轉變為 γ 相（δ→γ 轉變），部分 δ 相殘留在焊縫中。由於 Al 是鐵素體化元素，γ 相區的範圍將有所減小，且促使 γ→α 轉變向較低溫度轉移，轉變的 α 相與碳化物結合形成鐵素體、貝氏體及馬氏體等組織。

（2）GTAW 接頭特徵區劃分

焊接接頭由焊縫、熔合區和熱影響區三個區域構成。為了分析 Fe_3Al 填絲鎢極氬弧焊接頭不同區域的組織特徵，可將 Fe_3Al 側焊接區劃分為四個特徵區：均勻混合區（homogeneous mixture zone-HMZ）、不均勻混合區（partial mixture zone-PMZ）、部分熔化區（partially fused zone-PFZ）和熱影響區（heat-affected zone-HAZ）。

均勻混合區和不均勻混合區共同組成焊縫；部分熔化區和緊鄰部分熔化區的不均勻混合區統稱為熔合區。不均勻混合區是焊縫和熔合區的過渡區域，是 Fe_3Al 接頭區組織性能最複雜的區域。

在熔池金屬的對流和攪拌沖刷作用下，少量未熔化的母材顆粒進入到熔池中，被高溫過熱的熔池所熔化，進而實現均勻混合，在熔池中上部形成了成分均勻的液態金屬，凝固相變後形成了 Fe_3Al 接頭的均勻混合區。Fe_3Al 填絲 GTAW 接頭均勻混合區的組織形貌如圖 5.7 所示。

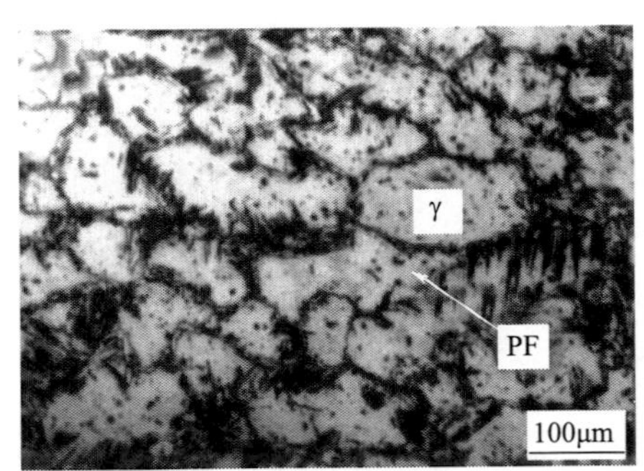

(a) 均勻混合區等軸晶

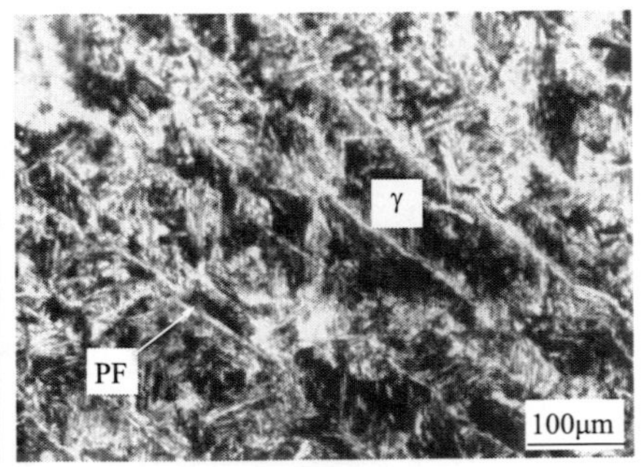

(b) 均勻混合區柱狀晶

圖 5.7 Fe_3Al 填絲 GTAW 接頭均勻混合區組織形貌

均勻混合區組織由柱狀晶和等軸晶構成。Fe_3Al 接頭均勻混合區中部，溫度梯度較小，冷卻時形成等軸的奧氏體晶粒，先共析鐵素體由奧氏體晶界向晶內生長，如圖 5.7(a) 所示。在均勻混合區底部，奧氏體柱狀晶沿最大溫度梯度方向生長，先共析鐵素體沿奧氏體晶界平行生長，在奧氏體晶粒內部存在共晶組織，見圖 5.7(b)。這是由於該區域靠近 Fe_3Al 母材，合金成分複雜。

液態金屬在熔池底部各處對流和沖刷作用程度不同，少量未完全熔化的 Fe_3Al 來不及完全熔化散開，已完全熔化但未散開的 Fe_3Al 來不及擴散均勻化，快速凝固後便形成了接頭的不均勻混合區，加上合金元素的擴散，形成了不均勻混合區的不同形貌。

Fe_3Al 母材晶粒粗大，在焊接熱作用下，從晶界處開始熔化，並與焊縫金屬發生元素擴散、凝固相變後形成部分熔化區。由於 Fe_3Al 和 Cr23-Ni13 填充材料的成分差別較大，部分熔化區易形成夾層結構。Fe_3Al 受到焊接熱作用，冷卻後形成熱影響區，合適的熱輸入條件下 Fe_3Al 熱影響區的晶粒尺寸變化不大。

(3) Fe_3Al/18-8 鋼焊接區組織特徵

Fe_3Al/18-8 鋼填絲鎢極氬弧焊焊縫的顯微組織如圖 5.8 所示。填充焊絲選用 Cr25-Ni13 係奧氏體鋼焊絲，焊縫組織主要由奧氏體和少量板條馬氏體構成，奧氏體晶界有少量鐵素體和側板條鐵素體。

Fe_3Al/18-8 鋼接頭的均勻混合區組織以塊狀 γ 相為基體，在 γ 晶界上有片狀先共析鐵素體（PF）析出，構成先共析鐵素體網。上貝氏體（B_u）在晶界處形核，並向晶內平行生長。在部分 γ 晶內分布有少量針狀鐵素體（AF）和板條馬氏體（LM)。這種 $\gamma+\alpha$ 的焊縫組織，保證焊縫既具有一定的強度又具有一定的塑韌性，增強了接頭的抗裂能力。Al 元素促使貝氏體轉變，所以貝氏體易在含 Al 元素的合金中形成，Fe_3Al/18-8 焊縫中發現較多的貝氏體組織。

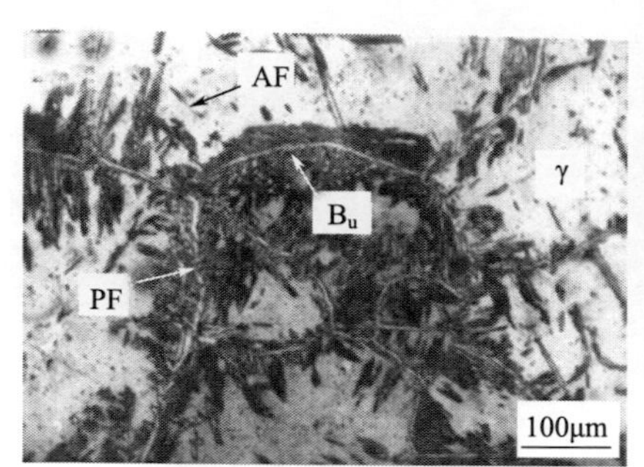

(a) 光鏡, 100×

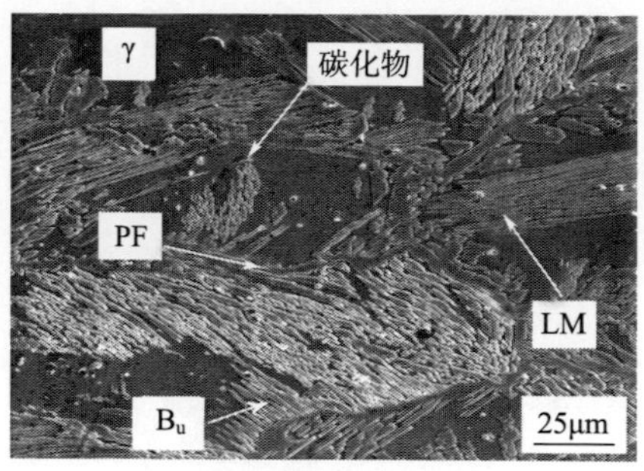

(b) 掃描電鏡, 400×

圖 5.8　Fe_3Al/18-8 鋼填絲 GTAW 焊縫均勻混合區的顯微組織

貝氏體是 α-Fe 與碳化物的機械混合物，其組織形態與形成溫度相關。Fe_3Al/18-8 均勻混合區中上貝氏體形態如圖 5.9(a) 所示；由於 Al 具有延緩滲碳體沉澱的作用，使鐵素體板條之間的奧氏體富碳而趨於穩定，形成條狀鐵素體之間夾有殘餘奧氏體的上貝氏體組織，如圖 5.9(b) 所示。

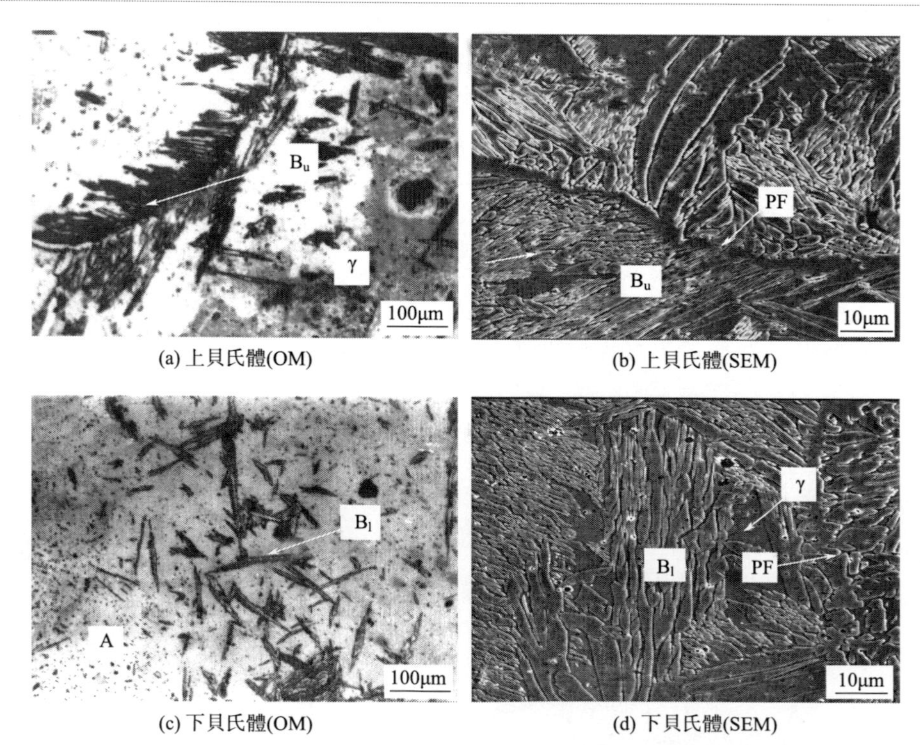

(a) 上貝氏體(OM)　(b) 上貝氏體(SEM)

(c) 下貝氏體(OM)　(d) 下貝氏體(SEM)

圖 5.9　Fe_3Al/18-8 鋼接頭均勻混合區中的貝氏體

下貝氏體中碳化物可以是滲碳體，也可以是ε-碳化物，主要分布在鐵素體板條內部。Fe_3Al/18-8 均勻混合區的下貝氏體在光鏡下為黑色針狀或片狀，針或片之間有一定的交角，如圖 5.9(c) 所示；在 SEM 下觀察時，下貝氏體鐵素體板條中分布著排列成行的細片狀或粒狀碳化物，並以 55°～60°的角度與鐵素體長軸相交，但由於 Al 元素的影響，在下貝氏體鐵素體中並無明顯的碳化物析出，如圖 5.9(d) 所示。隨貝氏體形成溫度的降低，貝氏體中鐵素體的碳含量逐漸升高。Fe_3Al/18-8 鋼接頭不均勻混合區組織以γ奧氏體和少量δ鐵素體為主，γ奧氏體形態主要為粗大的胞狀樹枝晶，靠近部分熔化區的不均勻混合區過冷度大，熔池凝固時有較多晶核形成，進而形成細小的γ奧氏體。由於該處 Al 元素含量較高，δ相區的範圍被擴大，冷卻過程中不經過（L＋δ＋γ）三相區，一次δ鐵素體可以一直長到固相線，生長過程中不再受到（L＋δ＋γ）三相區中析出一次γ奧氏體的影響，隨著冷卻速度的增加，δ→γ轉變受到很大程度的抑製，殘餘δ鐵素體數量明顯增多。

與熔合區的距離不同，Fe_3Al/18-8 鋼焊縫組織具有不同的形態。結晶過程中晶體的形核和長大須具有一定的過冷度，分為正溫度梯度（G＞0）和負溫度梯度（G＜0），如圖 5.10 所示。正溫度梯度條件下易形成等軸晶，負溫度梯度下易形成樹枝晶。

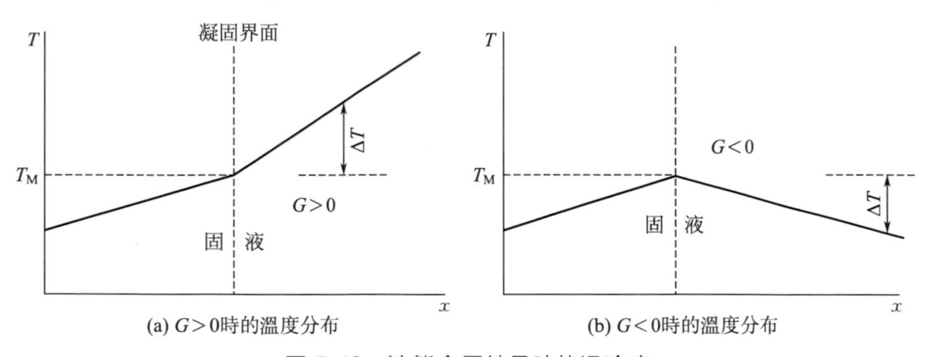

(a) $G>0$時的溫度分布　(b) $G<0$時的溫度分布

圖 5.10　液態金屬結晶時的過冷度

T_M—金屬凝固點；ΔT—過冷度

焊縫金屬凝固時，除了溫度過冷外，還存在由於固-液界面成分起伏而造成的成分過冷。所以焊縫結晶時不必施加很大的過冷就可出現樹枝晶。由於過冷度的不同，Fe_3Al/18-8 鋼接頭不同區域的焊縫組織出現不同的形態。

Fe_3Al/18-8 鋼接頭不均勻混合區兩側的液相成分差較大，一側是富含 Al 的液相，另一側是富含 Cr、Ni 的液相，導致成分過冷較大，結晶面上突起部分能深入液態焊縫內部較長距離，同時突起部分也向周圍排放溶質，在橫向上也產生了成分過冷，從主幹向橫向伸出短小的二次橫枝，如圖 5.11 所示。

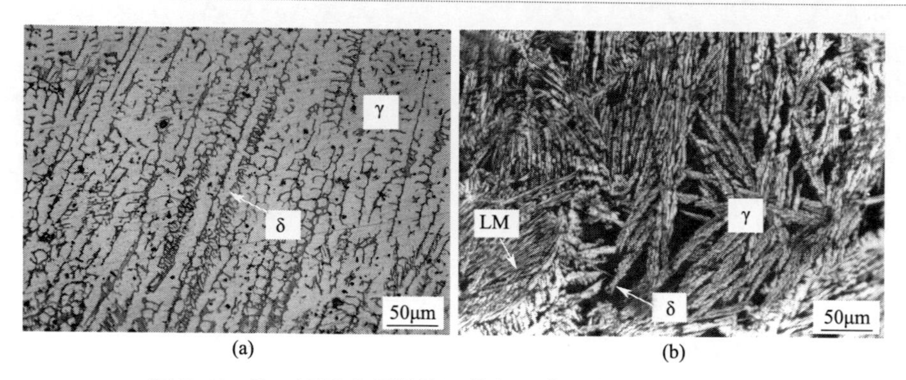

圖 5.11　Fe_3Al/18-8 鋼接頭不均勻混合區中的胞狀樹枝晶

Fe_3Al/18-8 鋼焊接接頭 Fe_3Al 側部分熔化區由白亮及暗色的層狀組織構成，並與 Fe_3Al 熱影響區有明顯的界線。靠近不均勻混合區的層狀組織存在一些黑色相，這可能是焊接過程中合金元素的氧化造成的，如圖 5.12(a) 所示。這種夾層結構對接頭的性能有不利影響，但未發現裂紋。

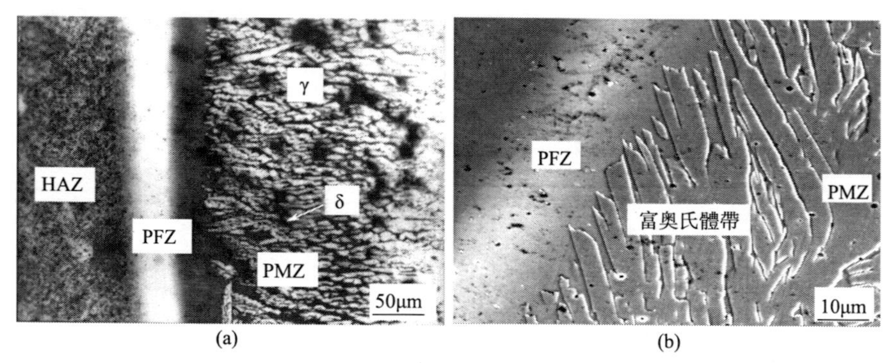

圖 5.12　Fe_3Al/18-8 鋼接頭 Fe_3Al 側熔合區的組織形貌

沿部分熔化區存在一條寬約 30μm 且 δ 鐵素體相對較少的「富奧氏體帶」，奧氏體呈板條狀平行排列，板條寬度為 5μm 左右，與部分熔化區呈 50°～70°角，如圖 5.12(b) 所示。「富奧氏體帶」的存在有兩個作用：一是降低了脆性相對不均勻混合區的危害；二是由於氫在奧氏體中溶解度較大，限製了焊縫中的氫向部分熔化區和熱影響區擴散，防止氫致裂紋的產生。

(4) Fe_3Al/Q235 鋼接頭區組織特徵

Fe_3Al/Q235 鋼填絲 GTAW 接頭均勻混合區組織仍以 γ 奧氏體為基體，在奧氏體晶界上有片狀先共析鐵素體（PF）析出，構成先共析鐵素體網。上貝氏體（B_u）在 γ 晶界處形核，並向晶內平行生長。與 Fe_3Al/18-8 鋼接頭相比，先共析鐵素體（PF）和上貝氏體（B_u）的數量有所減少，如圖 5.13 所示。

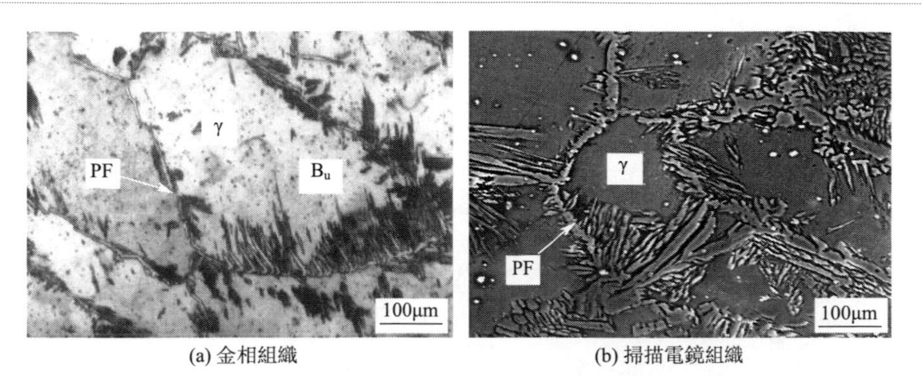

(a) 金相組織 (b) 掃描電鏡組織

圖 5.13 Fe_3Al/Q235 鋼接頭均勻混合區的組織形貌

在 Fe_3Al/Q235 鋼接頭的不均勻混合區，由於冷卻速度較快，沿最大溫度梯度方向形成 γ 柱狀晶，柱狀晶生長方向基本與熔合線垂直，在奧氏體晶粒內部，沿與熔合區平行的方向有較多的上貝氏體（B_u）析出，如圖 5.14(a) 所示，這可能是該處 Al 元素偏析造成的。

在靠近部分熔化區的不均勻混合區出現大量的胞狀結晶，在一定的成分過冷條件下，結晶面處於不穩定的狀態，凝固界面長出許多平行束狀的芽孢伸入過冷的液態焊縫中，形成如圖 5.14(b) 所示的胞狀結晶。這些胞狀奧氏體構成「富奧氏體帶」，與 Fe_3Al/18-8 鋼熔合區相比，奧氏體板條的寬度明顯減小，為 2μm 左右，且基本與部分熔化區垂直。

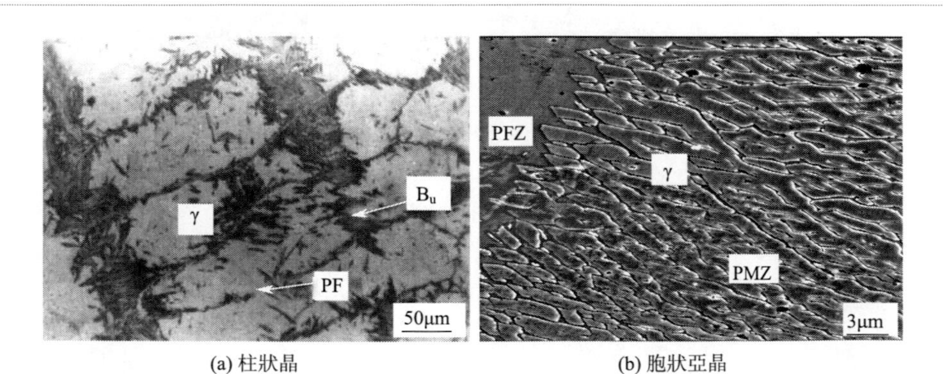

(a) 柱狀晶 (b) 胞狀亞晶

圖 5.14 Fe_3Al/Q235 鋼接頭不均勻混合區組織形貌

Fe_3Al/Q235 鋼接頭均勻混合區和不均勻混合區的合金元素含量對比見表 5.5。與均勻混合區相比，不均勻混合區的 Cr 和 Ni 的含量下降明顯，而 Al 元素的含量增加了一倍。Cr 和 Ni 含量比約為 3：1，不均勻混合區凝固時首先從液相中析出一次 δ 鐵素體，冷卻過程中進一步發生 δ 鐵素體向 γ 奧氏體，以及 γ 奧氏體向 α 鐵素體的轉變，最後形成 γ+α 的混合組織。

表 5.5　Fe_3Al/Q235 鋼均勻混合區和不均勻混合區的成分對比

位置	化學成分(溶質質量分數)/%					
	Al	Si	Cr	Mn	Fe	Ni
均勻混合區	1.65	0.43	16.77	1.22	70.01	9.92
不均勻混合區	3.66	0.77	13.00	1.57	75.23	3.77

Fe_3Al/Q235 鋼 GTAW 部分熔化區與熱影響區沒有明顯的界面，不存在層狀結構。靠近部分熔化區的不均勻混合的組織以 γ+α 為主，受局部散熱條件和合金元素分布的影響，奧氏體和鐵素體呈現不同的形貌特徵。在冷卻速度相對較慢的區域，γ→α 轉變較為充分，γ 相含量相對較少，多為蠕蟲狀。

(5) Fe_3Al/Fe_3Al 接頭區組織特徵

Fe_3Al 與 Fe_3Al 對接焊時，母材對焊縫合金元素的稀釋作用較大，Al 元素的平均含量為 7.2%（溶質質量分數），約為 Fe_3Al 母材中的一半。根據舍夫勒組織圖，焊縫中合金元素的鉻當量為 25.43%，鎳當量為 6.85%，焊縫以 α-Fe (Al) 固溶體為基體。

均勻混合區的組織形態具有 Fe_3Al 母材的某些「遺傳」特性，即整個均勻混合區的組織以粗大的 α-Fe（Al）為基體，晶粒尺寸與 Fe_3Al 母材相當。這些粗大的 α-Fe(Al) 是由許多尺寸較小的塊狀亞晶粒組成的，如圖 5.15(a) 所示。

(a) 金相組織

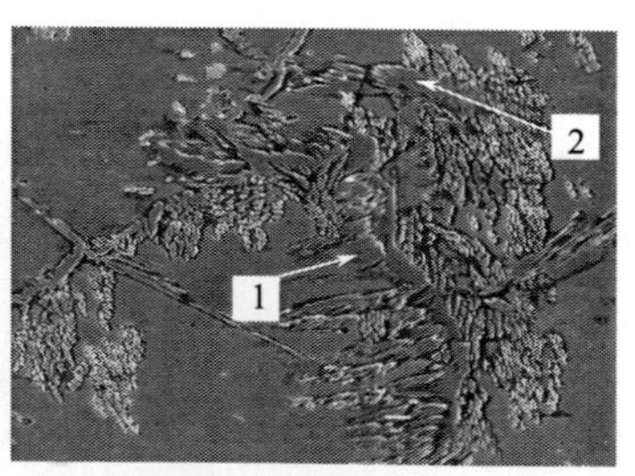

(b) 掃描電鏡組織

圖 5.15　Fe_3Al/Fe_3Al 接頭均勻混合區的奧氏體組織特徵

Fe_3Al 母材的晶粒較粗大，在 Fe_3Al/18-8 鋼及 Fe_3Al/Q235 鋼接頭靠近 Fe_3Al 的不均勻混合區，其組織形貌也有粗化特徵，如 Fe_3Al/18-8 接頭不均勻混合區中粗大的奧氏體胞狀樹枝晶，以及 Fe_3Al/Q235 鋼接頭不均勻混合區中粗大的柱狀晶等。對於 Fe_3Al/Fe_3Al 焊接接頭，不均勻混合區受到聯生結晶的影響而粗化，均勻混合區的組織也粗化，由碎小的亞晶粒組成，可以看作是聯生結晶在焊縫中的延續。

在均勻混合區的局部區域還存在少量等軸樹枝晶，如圖 5.15(b) 所示。這與合金元素的偏析有關，造成該區域較大的成分過冷，導致在焊縫中除產生一個很長的主幹之外，還向四周伸出二次橫枝。為了確定發生偏析的元素種類，對樹枝晶的成分進行判定，測定位置及結果如圖 5.15(b) 和表 5.6 所示。

表 5.6 Fe_3Al/Fe_3Al 均勻混合區中等軸樹枝晶的成分

位置	化學成分(溶質質量分數)/%				
	Al	Cr	Mn	Ni	Fe
測點 1	1.55	20.61	1.48	13.23	其餘
測點 2	1.84	20.67	1.53	12.53	其餘
平均值	1.70	20.64	1.51	12.88	其餘
焊縫	7.83	12.93	0.80	6.45	其餘

與焊縫的平均成分相比，枝晶中 Cr、Ni 含量明顯增加，分別提高 45%和 102%；Al 含量不到焊縫基體的 1/4。等軸樹枝晶的形成是 Cr、Ni 元素偏析造成的，根據成分特點判定，這些等軸樹枝晶為奧氏體組織。

Fe_3Al/Fe_3Al 熔合區的組織形貌如圖 5.16 所示。該區域 α-Fe(Al) 晶粒形態不規則，晶粒內部有第二相析出物，α-Fe(Al) 晶界順著部分熔化區延伸，甚至可延伸到部分熔化區內部，由於受到 Fe_3Al 母材的限製而形成半晶粒形態。部分熔化區的寬度較小，與熱影響區沒有明顯的邊界。由於晶界是結合較薄弱的區域，因此晶界的延伸勢必影響接頭的結合強度。

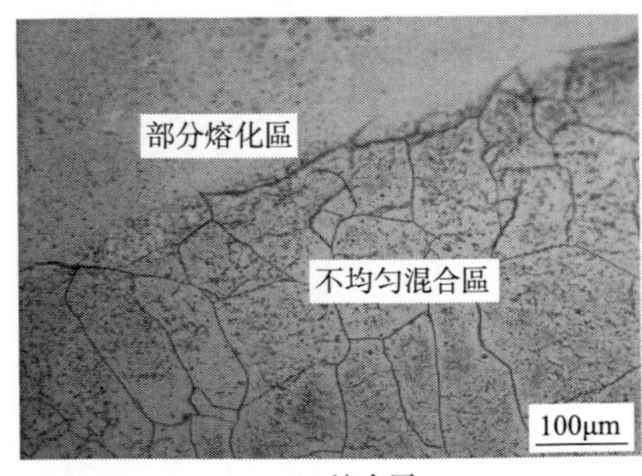

(a) 熔合區

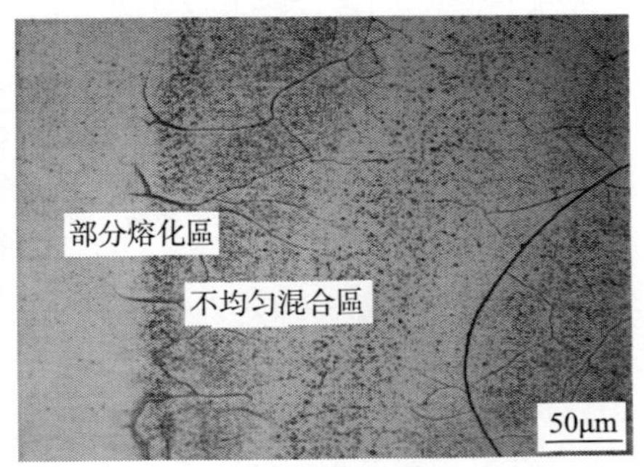

(b) 熔合區和熱影響區

圖 5.16 Fe_3Al/Fe_3Al 接頭熔合區和熱影響區的組織形貌

Fe_3Al 屬於窄結晶溫度範圍的合金，隨著 Al 含量的增加，合金結晶溫度範圍增寬，使固-液兩相區擴大，凝固過程中越容易形成枝晶，故 Fe_3Al 合金液的流動性變差。此外，隨著 Al 含量的增加，氧化生成高熔點 Al_2O_3 的趨勢加劇。Al_2O_3 呈固態，在電弧吹力等作用下被卷入熔池，惡化熔池的流動性。Cr 降低 Fe_3Al 合金液流動性的原因是其提高 Fe_3Al 液相線溫度，這相當於增大了 Fe_3Al 的結晶溫度範圍，但其影響程度小於 Al 元素。

由於 Al 含量大於 28%（溶質質量分數），且填充材料的 Cr 含量較高，導致液態 Fe_3Al 的流動性較差，即液態 Fe_3Al 的表面張力較大，較弱的沖刷作用力難以將部分熔化的 Fe_3Al 與基體分離，所以在 Fe_3Al 接頭中易形成熔化滯留層。熔化滯留層中 Cr、Ni 含量較 Fe_3Al 母材明顯提高。

5.2.3 Fe_3Al/鋼填絲 GTAW 接頭區的顯微硬度

為了判定 Fe_3Al 焊接接頭區組織性能的變化，用顯微硬度計對熔合區附近的顯微硬度進行測定，試驗中加載載荷為 50g，加載時間為 10s。分別對 Fe_3Al/18-8 鋼和 Fe_3Al/Q235 鋼接頭熔合區附近的顯微硬度進行測定，並給出相應的測定位置。

（1）Fe_3Al/18-8 鋼熔合區附近的顯微硬度

Fe_3Al/18-8 鋼 GTAW 接頭區的顯微硬度分布如圖 5.17 和圖 5.18 所示。Fe_3Al/18-8 鋼焊接熔合區兩側顯微硬度有很大差別，與 Fe_3Al 側熔合區相比，18-8 鋼側熔合區的顯微硬度有所降低，這是由於 Fe_3Al 側熔合區附近 Al 含量較高，易形成高硬度的脆性 Fe-Al 相。

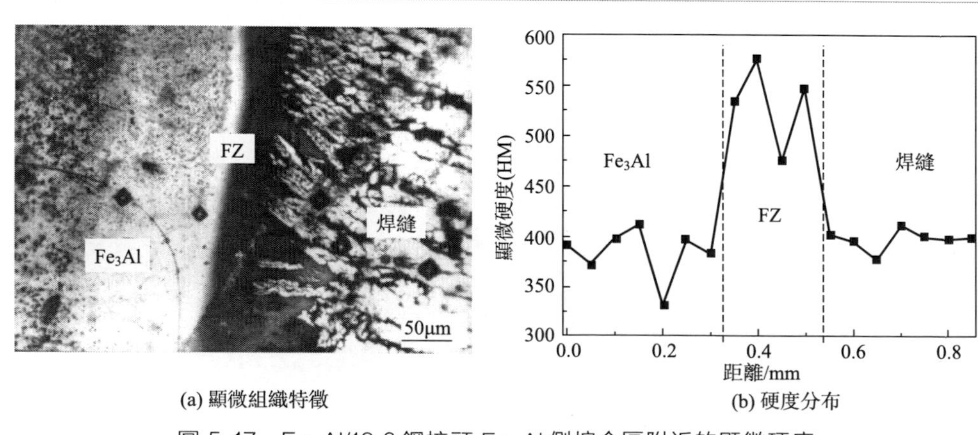

(a) 顯微組織特徵 (b) 硬度分布

圖 5.17 Fe_3Al/18-8 鋼接頭 Fe_3Al 側熔合區附近的顯微硬度

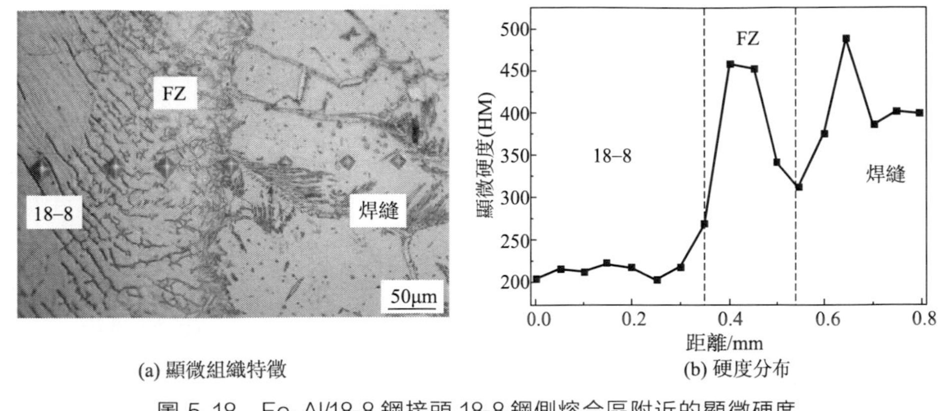

(a) 顯微組織特徵　　(b) 硬度分布

圖 5.18　Fe_3Al/18-8 鋼接頭 18-8 鋼側熔合區附近的顯微硬度

GTAW 焊接接頭 Fe_3Al 側熔合區附近的顯微硬度高於熱影響區及焊縫，最高硬度達 580HM；Fe_3Al 熱影響區的顯微硬度在 330～400HM。Fe_3Al 側熔合區儘管顯微硬度較高，但並未出現 $FeAl_2$、Fe_2Al_5 等高硬度脆性相，焊接中生成的 Fe-Al 相可能是 Fe_3Al 和 FeAl 的混合組織。

（2）Fe_3Al/Q235 鋼熔合區附近的顯微硬度

Fe_3Al/Q235 鋼焊接熔合區附近的顯微硬度分布及測定位置如圖 5.19 和圖 5.20 所示。Fe_3Al 側熔合區及焊縫的硬度稍高於 Q235 鋼側，這主要受 Fe-Al 合金相的影響。

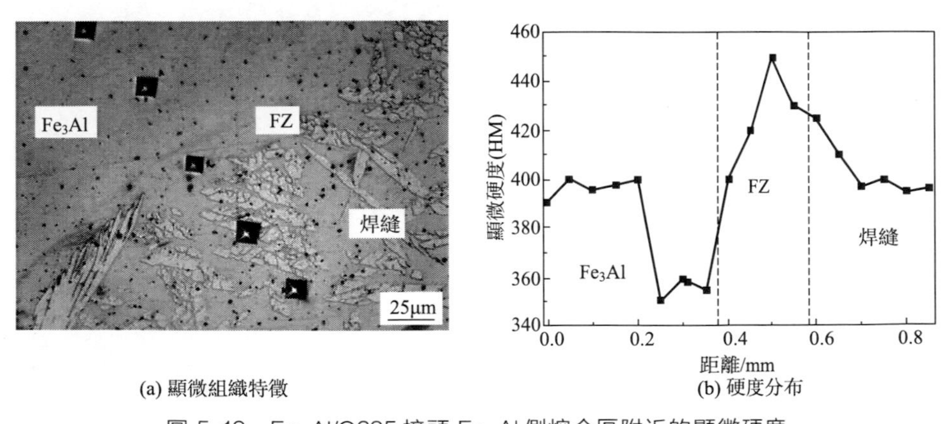

(a) 顯微組織特徵　　(b) 硬度分布

圖 5.19　Fe_3Al/Q235 接頭 Fe_3Al 側熔合區附近的顯微硬度

與 Fe_3Al/18-8 鋼接頭相比，Fe_3Al 側熔合區的硬度有所降低，表明除了受 Fe-Al 相影響外，焊縫中 Cr、Ni 等合金元素也對熔合區的硬度有一定的影響。

Fe_3Al/18-8 鋼焊縫中的 Cr、Ni 含量高於 Fe_3Al/Q235 焊縫，導致焊縫組織硬度偏高。Fe_3Al 熱影響區存在硬度低值區，顯微硬度在 350HM 左右。

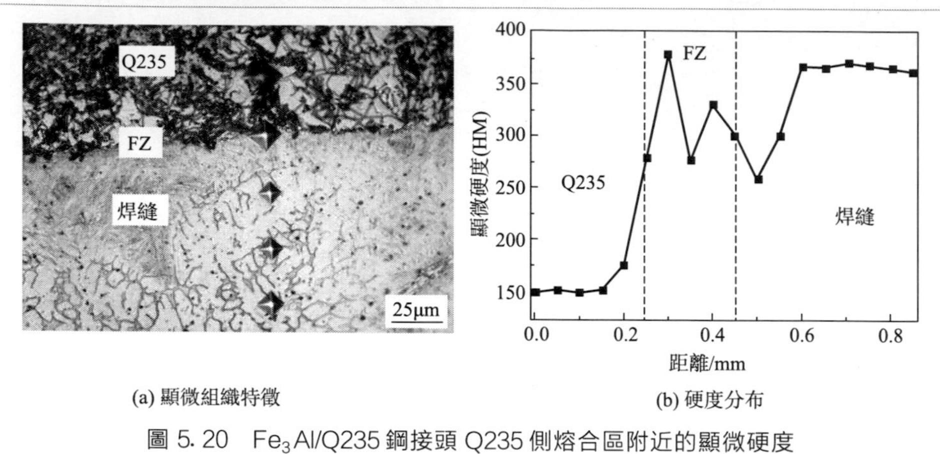

(a) 顯微組織特徵　　(b) 硬度分布

圖 5.20　Fe_3Al/Q235 鋼接頭 Q235 側熔合區附近的顯微硬度

Fe_3Al 焊縫中 Al 含量高於 Fe_3Al/鋼接頭，較多的 Al 元素固溶在 α-Fe(Al) 相中，導致焊縫的硬度偏高，顯微硬度可達 480HM 左右。熔合區的硬度稍高於 Fe_3Al/Q235 鋼接頭 Fe_3Al 側熔合區，稍低於 Fe_3Al/18-8 鋼接頭。與 Fe_3Al/鋼接頭相似，Fe_3Al 熱影響區中也存在低硬度區，顯微硬度約為 325HM。

(3) Fe_3Al/Fe_3Al 接頭的顯微硬度

Fe_3Al/Fe_3Al 焊縫中 Al 含量高於 Fe_3Al/鋼接頭，較多的 Al 元素固溶在 α-Fe 相中，導致焊縫的硬度偏高，最高可達 480HM，見圖 5.21。Fe_3Al/Fe_3Al 熔合區的硬度稍高於 Fe_3Al/Q235 鋼接頭 Fe_3Al 側熔合區，稍低於 Fe_3Al/18-8 鋼接頭。與 Fe_3Al/鋼接頭相似，Fe_3Al 熱影響區中也存在低硬度區，顯微硬度約為 325HM。

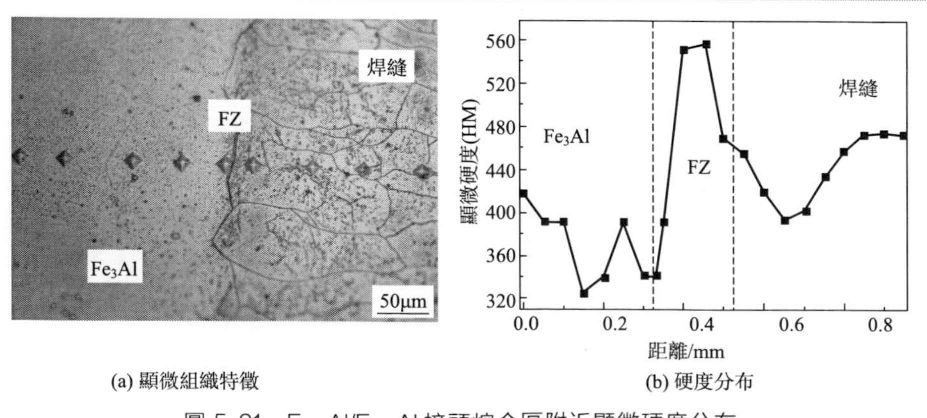

(a) 顯微組織特徵　　(b) 硬度分布

圖 5.21　Fe_3Al/Fe_3Al 接頭熔合區附近顯微硬度分布

(4) Fe_3Al 熱影響區軟化及影響因素

Fe_3Al 熱影響區存在一個硬度低值區，即局部軟化區。在高溫下 Al 從 Fe_3Al 側擴散到焊縫，導致 Fe_3Al 熱影響區組織結構發生變化。由於 Al 元素的缺失，使熱影響區部分區域的組織不再是 $D0_3$ 有序結構，而是無序結構。與 $D0_3$ 結構相比，無序結構的塑性好，但強度和硬度較低。

焊接冷卻過程中，Fe_3Al 熱影響區會發生有序結構轉變，即部分有序的 B2 結構向完全有序的 $D0_3$ 結構的轉變。這一轉變過程是一個放熱過程，放出的相變潛熱能消除 Fe_3Al 中多餘的空位等缺陷，使 Fe_3Al 熱影響區的硬度降低。

焊接熱輸入對 Fe_3Al 熱影響區軟化區的硬度有一定影響，隨著焊接熱輸入的增大，硬度最低值逐漸降低，見表 5.7。隨著焊接熱輸入的增大，熱影響區高溫停留時間增長，Al 元素的擴散量增大，熱影響區中的無序結構增多；此外，焊接冷卻過程中，Fe_3Al 熱影響區會發生有序結構轉變，即部分有序的 B2 結構向完全有序的 $D0_3$ 結構的轉變。這一轉變過程是一個放熱過程，放出的相變潛熱相應增大，能消除 Fe_3Al 中多餘的空位等缺陷。在以上因素的共同影響下，使 Fe_3Al 熱影響區的硬度降低。

表 5.7　焊接熱輸入對 Fe_3Al 熱影響區顯微硬度最低值的影響

接頭	焊接電流 I/A	焊接電壓 U/V	焊接速度 v/(cm/s)	熱輸入 E/(kJ/cm)	顯微硬度最低值 HM
Fe_3Al/18-8	90	10	0.18	5.00	342
Fe_3Al/18-8	95	11	0.18	5.81	330
Fe_3Al/18-8	100	12	0.18	6.67	318

注：電弧有效加熱係數 η 取 0.75。

5.2.4 Fe_3Al/鋼 GTAW 接頭的剪切強度及斷口形態

(1) Fe_3Al/鋼 GTAW 接頭的剪切強度

工藝參數影響 Fe_3Al/鋼填絲 GTAW 接頭的組織結構，決定接頭的結合強度和斷口形態。為了研究 Fe_3Al 填絲 GTAW 接頭的力學性能，採用 CMT5150 型微控電子萬能試驗機對不同焊接參數條件下獲得的 Fe_3Al/鋼接頭的剪切強度進行測定，試驗結果見表 5.8。在相同工藝參數及填充合金（Cr23-Ni13）的條件下，Fe_3Al/Q235 鋼 GTAW 接頭的剪切強度最大，達到 591MPa；Fe_3Al/18-8 鋼 GTAW 接頭次之，為 497MPa；Fe_3Al/Fe_3Al GTAW 接頭的剪切強度最小，僅為 127MPa。

表 5.8 Fe_3Al 填絲 GTAW 接頭剪切強度的試驗結果

對接試樣	焊接參數 /I×U	焊接熱輸入 E/(kJ/cm)	剪切面積 A/mm²	最大載荷 F_m/kN	平均剪切強度 σ_τ/MPa
Fe_3Al/Q235	105A×11V	5.78	26.5	15.5	591
			26.1	15.3	
Fe_3Al/18-8	105A×11V	5.78	26.4	14.1	497
			25.5	12.7	
Fe_3Al/Fe_3Al	105A×11V	5.78	25.4	4.1	127
			26.4	4.5	

顯微組織分析表明，Fe_3Al/Q235 鋼和 Fe_3Al/18-8 鋼填絲 GTAW 焊縫的組織構成相似（填充 CR25-Ni13 焊絲），都以 γ 奧氏體為基體，含有一定含量的 δ 鐵素體組織，但由於 γ 相所占的比例不同，導致焊接接頭的剪切強度存在差別。對於 Fe_3Al/Fe_3Al 接頭，焊縫中固溶有較高含量的 Al 元素，形成脆性相，導致接頭的硬度高、脆性大，甚至在焊縫局部出現沿晶裂紋，造成其較低的剪切強度。

焊接熱輸入對 GTAW 接頭的剪切強度有重要影響，表 5.9 所示是 Fe_3Al/18-8 鋼 GTAW 接頭的剪切強度隨焊接熱輸入的變化情況。隨焊接熱輸入的增加，Fe_3Al/18-8 鋼接頭的剪切強度逐漸增大，當焊接熱輸入約為 5.78kJ/cm 時，剪切強度達到最大值 497MPa，但當焊接熱輸入再增大時，剪切強度開始下降。

表 5.9 焊接熱輸入對 Fe_3Al/18-8 鋼接頭剪切強度的影響

焊接電流 /A	焊接電壓 /V	焊接熱輸入 E/(kJ/cm)	剪切面積 A/mm²	最大載荷 F_m/kN	平均剪切強度 σ_τ/MPa
90	10	4.50	24.3	11.3	469
			24.5	11.6	
105	11	5.78	26.4	14.1	497
			25.5	12.7	
120	12	7.20	28.9	14.9	481
			29.5	14.2	

焊接熱輸入較小時，接頭冷卻速度較快，導致焊接應力增大，並易生成脆性相；隨著焊接熱輸入的增大，接頭冷卻速度變緩，焊接應力得到釋放，焊縫區組織趨於均勻，所以 Fe_3Al/18-8 鋼 GTAW 接頭的剪切強度逐漸增大。但焊接熱輸入過大時，接頭過熱時間長，焊接區組織粗化，導致接頭的剪切強度下降。

(2) Fe_3Al/鋼 GTAW 接頭的斷口形態

① Fe_3Al/18-8 鋼接頭的斷口形貌　焊接接頭的斷口形貌反映了裂紋萌生、

擴展和斷裂過程。Fe_3Al/18-8 鋼接頭斷口不平整，接頭部分熔化區的斷口形貌如圖 5.22 所示。部分熔化區以穿晶解理斷裂為主［圖 5.22(a)］，解理面尺寸較大，表明 Fe_3Al 側熔合區晶粒粗大，解理裂紋易於失穩擴展。解理面上有明顯的河流花樣，河流由許多解理臺階組成［圖 5.22(b)］。

(a) 解理斷口

(b) 河流花樣

圖 5.22 Fe_3Al/18-8 鋼接頭部分熔化區的剪切斷口形貌

由於熔合區中存在位錯、第二相粒子、夾雜物等晶體缺陷，導致在解理面上及晶粒之間引發微裂紋源，降低了接頭的剪切強度，並成為萌生裂紋的起源。在 Fe_3Al/18-8 接頭部分熔化區的脆性斷口區也存在少量的撕裂稜。

Fe_3Al/18-8 鋼 GTAW 焊縫區的斷口呈韌性斷裂。均勻混合區（HMZ）的韌窩撕裂特徵明顯，深度較大，表明該區的韌性較好，韌窩在剪切應力的作用下被拉長，有些韌窩甚至相互貫通，在韌窩中存在少量灰色第二相粒子。部分熔化區中的剪切韌窩具有明顯的拋物線特徵，韌窩撕裂現象不明顯，表明該區的韌性低於均勻混合區。

斷口中的韌窩可大致分為等軸形韌窩與拋物線形韌窩兩類。在切應力作用下易形成拋物線形剪切韌窩，互相匹配的斷口表面上拋物線的方向相反，其形成機理的示意如圖 5.23 所示。可以發現，部分熔化區韌窩內部存在暗灰色的第二相粒子，粒子直徑小於 5μm。

分析表明，剪切韌窩中的第二相粒子的 Al 含量達到 64.54%（溶質質量分數），N、Fe 含量也較高，還含有少量 Cr、Mn、Ni。根據成分判定，這些灰色球狀析出物可能是 AlN 及高 Al 含量的 Fe-Al 化合物。AlN 為共價鍵化合物，具有較好的化學穩定性，在空氣中溫度為 1000℃以及在真空中溫度達到 1400℃時仍可保持穩定。

② Fe_3Al/Q235 鋼接頭的斷口形貌　Fe_3Al/Q235 鋼 GTAW 焊接接頭部分熔化區剪切斷口呈撕裂狀、不平整，斷口上存在許多發亮的小平面，是明顯的脆性斷裂，如圖 5.24 所示。

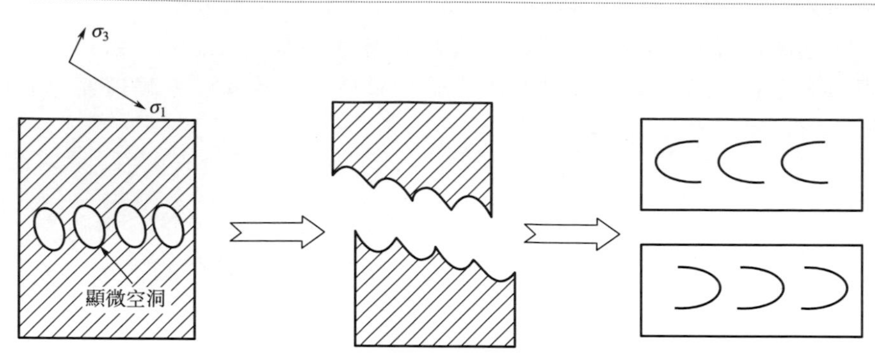

圖 5. 23　Fe_3Al/18-8 鋼接頭斷口中的抛物線剪切韌窩形成示意

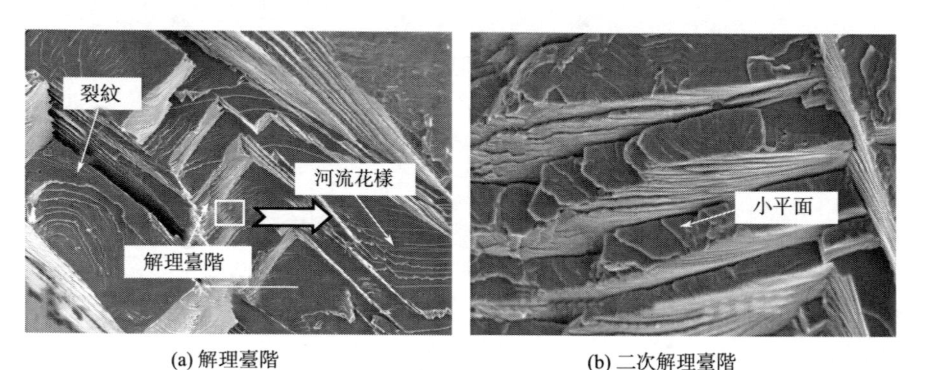

(a) 解理臺階　(b) 二次解理臺階

圖 5. 24　Fe_3Al/Q235 接頭部分熔化區的斷口形貌

該斷口形貌與 Fe_3Al 母材晶粒粗大的特徵相吻合，解理面粗大，解理面上存在明顯的河流花樣，解理面由一系列解理臺階組成，解理臺階連接處斷口較平直，幾乎與解理面垂直，在粗大的晶粒之間存在少量沿晶裂紋。

對圖 5.24(a) 中白色方框所圍區域做進一步分析發現，解理臺階實際上由一系列尺寸更小的微臺階構成［圖 5.24(b)］，使部分熔化區晶界滑移困難，導致其較高的脆性，這是 Fe_3Al 接頭焊接裂紋由部分熔化區起源的原因。

解理面間通過二次解理相連形成解理臺階，兩個平行的主解理面在剪切應力的作用下不斷向前擴展，隨著應力的增加，主解理面發生橫向擴展，產生二次解理，並由二次解理面將主解理面連接起來，形成直角解理臺階。解理臺階一般平行於裂紋擴展方向而垂直於裂紋面，因為這樣形成新的自由表面所需要的能量最小。

Fe_3Al/Q235 接頭焊縫區的剪切斷口形貌如圖 5.25 所示，斷口呈現脆性斷裂和韌性斷裂的混合形貌，這種脆-韌組合可獲得相對較高的剪切強度。部分熔化區中脆性斷裂區所占比例較大，均勻混合區中韌性斷裂區所占比例較大。穿晶解理斷裂區既包含河流花樣，也包括舌狀花樣，見圖 5.25(a)。焊縫的韌性斷裂區由剪切韌窩組成，韌窩區周圍是解理區，韌窩區與解理區之間的過渡區由一些撕裂稜和解理小刻面組成，如圖 5.25(b) 所示。

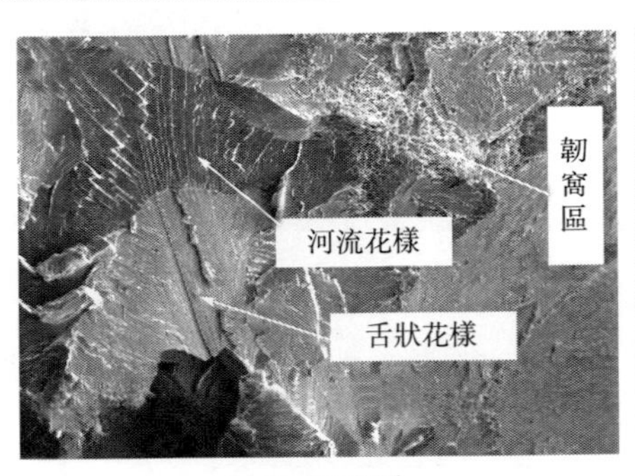

(a) 部分熔化區

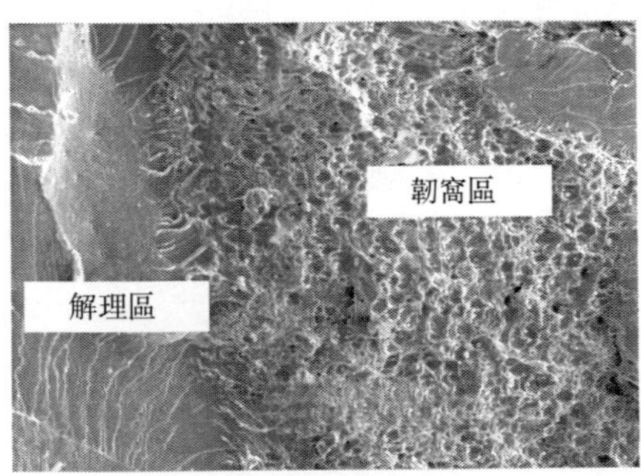

(b) 均勻混合區

圖 5.25　Fe_3Al/Q235 接頭焊縫區的剪切斷口形貌

韌窩中存在白色第二相粒子及少量顯微孔洞，粒子中 Al、O 及 Fe 含量較高，因此這些粒子可能是 Al_2O_3 及少量 Fe-Al 化合物的混合物。在剪切應力作用下，焊縫金屬發生塑性變形，並以第二相粒子為核形成顯微孔洞。隨著應力的增大，孔洞不斷長大、相互連接而發生塑性斷裂，形成剪切韌窩區。

③ Fe_3Al/Fe_3Al 接頭的斷口形貌　Fe_3Al/Fe_3Al 焊接接頭斷口比較平齊，稍呈撕裂狀，有較亮的金屬光澤。試驗結果表明，Fe_3Al/Fe_3Al 焊接接頭的剪切強度遠低於 Fe_3Al 與鋼的焊接接頭，且在焊縫中有沿晶裂紋出現。Fe_3Al/Fe_3Al 焊縫基體為粗大的 α-Fe（Al）固溶體，晶間強度相對較低，受外力作用時容易發生沿晶斷裂。圖 5.26 所示為 Fe_3Al/Fe_3Al 焊接接頭的斷口形貌特徵。可以看到焊縫中亞晶粒之間的結合狀態，一次晶粒之間存在微裂紋［圖 5.26(a)］，這與裂紋分析的結果相一致，亞晶粒之間很少出現微裂紋，表明亞晶之間的結合強度高於一次晶粒。Fe_3Al/Fe_3Al 焊接接頭的剪切斷口中僅存在少量穿晶解理斷口，在晶面上存在河流花樣及二次解理臺階，見圖 5.26(b)。

Fe_3Al/Fe_3Al 焊接接頭部分熔化區的斷口呈明顯粗化的沿晶斷裂形態，晶面較平滑，很少有析出相及撕裂痕跡。剪切斷口平面存在粗大晶粒及一些尺寸較小的亞晶粒，這也與其顯微組織特徵一致。不均勻混合區呈現柱狀晶的斷口形貌特徵，晶粒較長並呈一定的方向性，晶界上有少量撕裂稜存在。

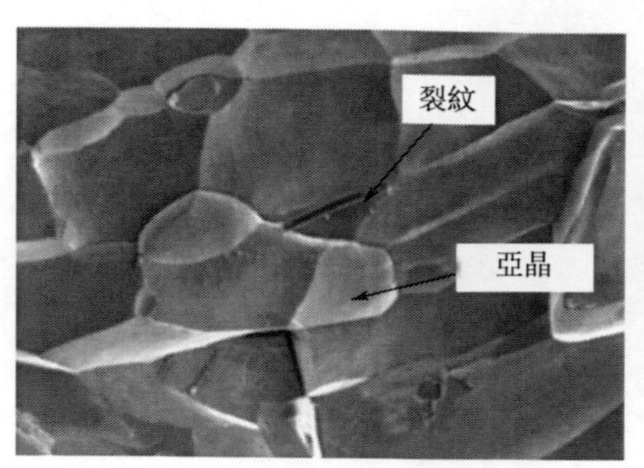

(a) 晶間裂紋和亞晶粒

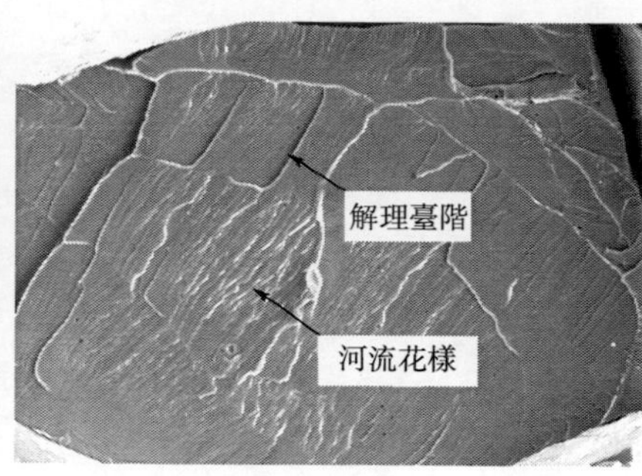

(b) 解理斷裂

圖 5.26 Fe_3Al/Fe_3Al 接頭的剪切斷口形貌

(3) Fe_3Al/鋼 GTAW 接頭斷裂的局部機製

Fe_3Al 填絲 GTAW 接頭的斷裂為脆性斷裂，其中 Fe_3Al/18-8 鋼及 Fe_3Al/Q235 鋼接頭以穿晶解理斷裂為主，Fe_3Al/Fe_3Al 焊接接頭以沿晶斷裂為主。Fe_3Al/18-8 鋼接頭的解理斷裂過程可分為起裂及失穩擴展兩個階段。

解理斷裂的引發及失穩擴展均需滿足一定條件，Griffith 針對脆性材料提出了脆性斷裂的能量理論，指出解理裂紋擴展的條件是解理所釋放的彈性能大於形成裂紋新表面所需的能量。平面應力狀態下裂紋擴展的條件為：

$$\sigma \geqslant \sigma_c$$

$$\sigma_c = \left(\frac{2\gamma E}{\pi a}\right)^{\frac{1}{2}} \tag{5.1}$$

式中 γ——材料表面能；

a——裂紋半長；

E——彈性模量；

σ_c——臨界應力。

Fe_3Al 接頭發生解理斷裂時還伴隨著一定程度的韌性斷裂，因而還必須克服裂紋前端的塑性變形功 γ_P。Orowen 將 Griffith 能量條件進行了修正，得到平面應力狀態及平面應變狀態時解理裂紋擴展的表達式：

平面應力狀態
$$\sigma_c = \left(\frac{2E\gamma_P}{\pi a}\right)^{\frac{1}{2}} \tag{5.2}$$

平面應變狀態
$$\sigma_c = \left(\frac{2E\gamma_P}{\pi a(1-\upsilon^2)}\right)^{\frac{1}{2}} \tag{5.3}$$

式中 γ_P——塑性變形功；

υ——蒲松比。

在滿足上述能量條件的基礎上，解理斷裂可分成兩步，首先是微裂紋形核，其次是微裂紋在基體中擴展。Fe_3Al 接頭微裂紋容易在以下部位形成：

① 脆性第二相粒子處。當 Fe_3Al 接頭受剪切應力作用而發生變形時，脆性第二相粒子不易變形，在形變不協調造成的附加力及位錯力的作用下，第二相粒子與基體脫開或本身開裂形成微裂紋。在 Fe_3Al/18-8 鋼及 Fe_3Al/Q235 鋼接頭斷口中都存在剪切韌窩區，以 AlN 或 Al_2O_3 第二相粒子為核心形成，這些脆性粒子成為剪切微裂紋的起源。

② 滑移帶阻礙處。Fe_3Al 接頭熔合區中存在大量位錯塞積現象，容易成為微裂紋的形核區域。

③ 晶界弱化處。微量合金元素偏析於晶界引起晶界脆化也可能造成微裂紋沿晶界生成，再向晶內擴展。Fe_3Al/Fe_3Al 接頭的剪切斷裂就屬於這種情況。

④ 孿晶交叉處。Fe_3Al 接頭在剪切力作用下形成的形變孿晶與組織孿晶相交截可形成微裂紋，孿晶與母相的交界面處也可能形成微裂紋。

微裂紋形核後，當局部應力超過臨界應力時，裂紋才能在基體中擴展，在剪切試驗中意味著剪切力的持續加載。另外，由於解理是沿著一定晶面發生的原子鍵分離斷裂，因此，引發解理斷裂的裂紋核頂端應當有原子間距的尖銳度，在剪切應力的作用下，微裂紋與主裂紋相連，造成 Fe_3Al 接頭的解理斷裂。

Fe_3Al/18-8 鋼接頭剪切斷裂過程：在施加剪切應力前，Fe_3Al 側熔合區中存在孿晶、位錯等晶體缺陷，缺陷周圍存在高應力應變區，成為潛在裂紋源。剪切面附近受到的剪切應力最大，首先發生晶界及解理面滑移，形成滑移臺階，進而導致主裂紋的形成。隨著剪切力的增大，Fe_3Al 側熔合區中的孿晶亞結構及位錯等缺陷處已經存在的微裂紋開始啓動，並向 Fe_3Al 熱影響區及剪切面擴展。

微裂紋向熱影響區中擴展是由於 Fe_3Al 熱影響區的脆性較大，裂紋擴展所需能量小，擴展阻力小；向剪切面處擴展，是由於剪切應力越大，為微裂紋擴展提供的能量越大，裂紋擴展速度越快。隨著剪切力的進一步增大，這些微裂紋不斷擴展、長大，當與剪切直接造成的主裂紋匯合後，Fe_3Al/18-8 鋼接頭的剪切斷裂發生。由於微裂紋向 Fe_3Al 熱影響區中擴展，導致 Fe_3Al 熔合區和熱影響區發生部分斷裂。

5.3 Fe_3Al 與鋼（Q235、18-8 鋼）的真空擴散連接

Fe_3Al 金屬間化合物脆硬性較大，塑、韌性低，採用常規的熔焊方法焊接 Fe_3Al 金屬間化合物時，接頭成分複雜，有裂紋傾向且易生成脆性相，難以得到

滿足使用要求的焊接接頭。採用先進的真空擴散焊工藝可以抑製 Fe_3Al/鋼接頭附近脆性相的生成。

5.3.1 Fe_3Al/鋼真空擴散連接的工藝特點

(1) 試驗材料

試驗母材為 Fe_3Al 金屬間化合物、Q235 鋼和 18-8 奥氏體鋼。Fe_3Al 金屬間化合物是採用真空感應熔煉方法製備而成的，並經過 1000℃均勻化退火。熔煉前將原料 Fe 用球磨機滾料除銹，原料 Al 用 NaOH 溶液清洗並進行烘干。熔煉過程中抽真空達到 10^{-2}Pa。

採用線切割方法將 Fe_3Al 金屬間化合物加工成厚度為 20mm 的板材。試驗用 18-8 鋼是 1Cr18Ni9Ti 奥氏體不銹鋼，厚度為 8mm，顯微組織是奥氏體＋少量 δ-鐵素體。

Fe_3Al 金屬間化合物具有較強的氫脆敏感性，熔焊過程中在接頭處產生很大的熱應力，易導致產生焊接裂紋，這是 Fe_3Al 作為結構材料應用的主要障礙，也是耐磨、耐蝕脆性材料焊接應用中需解決的難題。

(2) 擴散焊設備

Fe_3Al 金屬間化合物與鋼進行熔焊時，由於熱物理性能和化學性能的差異，接頭處易形成含鋁量較高的脆性金屬間化合物，使焊接接頭的韌性下降。採用擴散焊技術，通過控製工藝參數對 Fe_3Al/鋼擴散焊界面組織性能的影響，可以實現 Fe_3Al/Q235 鋼以及 Fe_3Al/18-8 鋼的焊接。

試驗採用從美國 C/VI 公司引進的 WorkhorseⅡ型真空擴散焊設備，加熱功率 45kW，30T 雙作用液壓加壓。真空擴散焊設備的主要性能參數如表 5.10 所示。

表 5.10 WorkhorseⅡ型真空擴散焊設備的主要性能參數

生產廠家	型號	主要性能參數						
		極限真空度/10^{-5}Pa	最高溫度/K	最大壓力/T	爐膛尺寸/mm	功率/kW	電壓/V	保護氣體
美國 C/VI 公司	3033-1350-30T	1.33	1623	30	304.5×304.5×457	45	380	N_2,Ar

(3) 擴散焊工藝及參數

① 焊前準備　先對待焊試樣（Fe_3Al 金屬間化合物、Q235 鋼和 18-8 鋼）表面進行磨床機械加工，以保證試樣上、下表面平行，表面光潔度為 6 級。焊前採用化學方法去除待焊試板表面的氧化膜、油污和銹蝕等。試樣表面機械和化學處理步驟為：砂紙打磨→丙酮清洗→清水沖洗→酒精清洗→吹乾。

將表面清理過的待焊試樣（Fe_3Al 金屬間化合物與 Q235 以及 Fe_3Al 與 18-8 鋼）疊合在一起放入擴散焊真空室中，在待焊試樣表面與壓頭接觸部位放置雲母片，以防止試樣表面與壓頭之間擴散連接。擴散焊試樣的尺寸為：Fe_3Al 材料 100mm×20mm×20mm；Q235 鋼 100mm×20mm×20mm；18-8 鋼 100mm×20mm×8mm。

② 工藝路線及參數　為了提高焊件在擴散焊過程中受熱的均勻性，採用分級加熱並設置了幾個保溫時間平臺；冷卻過程採用循環水冷卻至 100℃後，隨爐冷卻。擴散焊過程的工藝參數曲線如圖 5.27 所示。

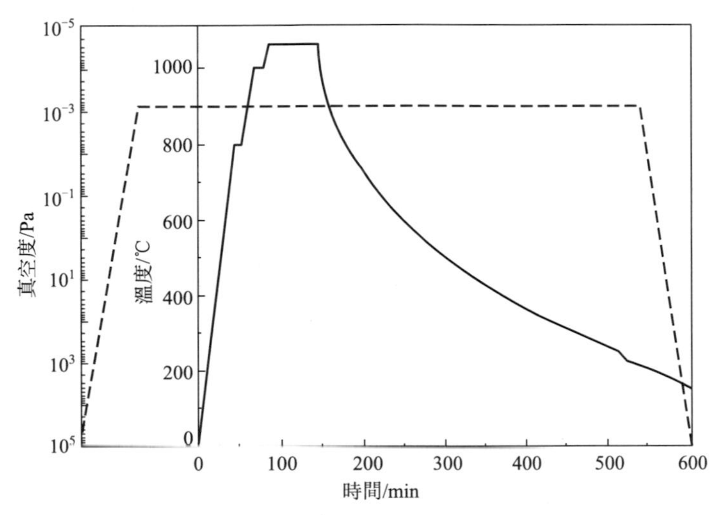

圖 5.27　Fe_3Al/鋼擴散焊的工藝參數曲線

Fe_3Al 與 Q235 鋼擴散焊的工藝參數見表 5.11。

表 5.11　Fe_3Al 與 Q235 鋼擴散焊的工藝參數

加熱溫度 /℃	保溫時間 /min	加熱速度 /(℃/min)	冷卻速度 /(℃/min)	焊接壓力 /MPa	真空度 /Pa
980～1080	30～60	15	30	12～18.5	1.33×10^{-4}

Fe_3Al/Q235 鋼擴散焊接頭的結合強度、斷裂位置和斷口形態取決於擴散焊過程中的加熱溫度、保溫時間、焊接壓力和冷卻速度等。其中加熱溫度決定元素的擴散活性；保溫時間決定 Fe_3Al/Q235 鋼擴散焊接頭處元素擴散的均勻化程度；壓力的作用是使 Fe_3Al/Q235 接觸界面發生局部塑性變形、促進材料間的緊密接觸，防止界面空洞並控製焊接件的變形；冷卻速度的主要作用是維持擴散焊界面附近組織性能的穩定性。

③ 測試試樣製備　在 Fe_3Al/Q235 鋼及 Fe_3Al/18-8 鋼擴散焊界面結構及性

能分析時，要切取試樣和進行腐蝕以滿足不同的試驗要求。Fe_3Al 金屬間化合物硬度較高，採用線切割方法對焊件進行切割，加工成擴散焊接頭試樣。

對於 Fe_3Al/Q235 鋼擴散焊接頭，由於 Fe_3Al 金屬間化合物與 Q235 鋼的耐腐蝕性差別較大，進行顯微組織顯蝕時，首先在擴散焊接頭 Q235 鋼一側用 3% 的硝酸酒精溶液進行腐蝕，然後用石蠟密封；再對擴散焊接頭 Fe_3Al 一側用王水溶液（HNO_3：HCl=1：3）進行腐蝕，最後將 Q235 鋼一側的石蠟拋光去除。Fe_3Al/18-8 擴散焊接頭顯微組織顯蝕時，直接用王水溶液進行腐蝕。

Fe_3Al 與鋼擴散焊時，由於材料的化學成分和熱物理性能差別很大，元素在 Fe_3Al/鋼接觸界面發生擴散，當達到一定濃度時會產生擴散反應，形成組織性能不同於被焊材料的一系列中間相結構，影響 Fe_3Al/鋼擴散焊接頭的組織和性能。這些相結構的形成與母材所含元素有關，而形成條件主要取決於擴散焊工藝參數。

5.3.2 Fe_3Al/鋼擴散焊界面的剪切強度

焊接工藝參數直接影響擴散焊界面的結合特徵，進而決定著擴散焊界面的結合強度、接頭斷裂位置和斷口形態。為了研究 Fe_3Al/鋼擴散焊界面的力學性能，採用數顯式壓力試驗機對不同工藝參數下獲得的 Fe_3Al/Q235 鋼及 Fe_3Al/18-8 鋼擴散焊界面的剪切強度進行了試驗測定，剪切試樣的尺寸如圖 5.28 所示。

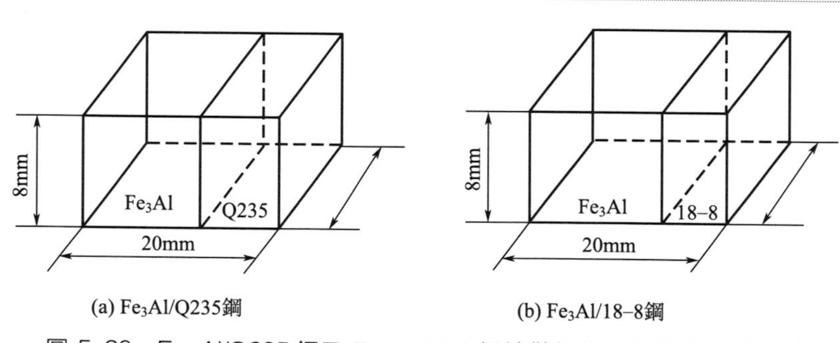

圖 5.28 Fe_3Al/Q235 鋼及 Fe_3Al/18-8 鋼擴散焊界面的剪切試樣尺寸

(1) Fe_3Al/Q235 鋼擴散焊界面的剪切強度

對不同工藝參數下獲得的 Fe_3Al/Q235 鋼擴散焊接頭，採用線切割方法從擴散焊接頭位置切取 20mm×8mm×8mm 的試樣（每個工藝參數取 2 個試樣）。試樣表面經磨製後在數顯式壓力試驗機上進行剪切試驗，Fe_3Al/Q235 鋼擴散焊界面剪切強度的試驗和計算結果見表 5.12。

表 5.12 Fe_3Al/Q235 鋼擴散焊界面剪切強度的試驗和計算結果

編號	工藝參數 ($T \times t, p$)	剪切面尺寸 /mm	最大載荷 F_m/N	剪切強度 σ_τ/MPa	平均剪切強度 σ_τ/MPa
01	1000℃×60min,17.5MPa	9.98×8.02	3346	40.8	39.9
02	1000℃×60min,17.5MPa	9.97×7.99	3115	39.1	
03	1020℃×60min,17.5MPa	9.97×7.98	5370	67.5	67.5
04	1020℃×60min,17.5MPa	9.98×8.00	5395	67.6	
05	1040℃×60min,15.0MPa	9.95×7.96	7072	89.2	90.8
06	1040℃×60min,15.0MPa	9.98×8.02	7408	92.5	
07	1060℃×30min,15.0MPa	9.98×8.00	3377	42.3	43.4
08	1060℃×30min,15.0MPa	10.00×7.98	3551	44.5	
09	1060℃×45min,15.0MPa	9.97×7.96	7901	96.8	97.0
10	1060℃×45min,15.0MPa	9.96×7.98	7941	97.2	
11	1060℃×60min,12.0MPa	9.93×7.96	8960	113.3	112.3
12	1060℃×60min,12.0MPa	10.00×7.93	8834	101.4	
13	1080℃×60min,12.0MPa	9.95×7.98	6392	80.5	82.1
14	1080℃×60min,12.0MPa	10.02×7.96	6668	83.6	

試驗結果表明，保溫時間為 60min，焊接壓力從 17.5MPa 降低到 12MPa（保持接頭不發生總體變形）時，加熱溫度從 1000℃ 升高到 1060℃，Fe_3Al/Q235 鋼擴散焊界面的剪切強度從 39.9MPa 增加到 112.3MPa（圖 5.29）。

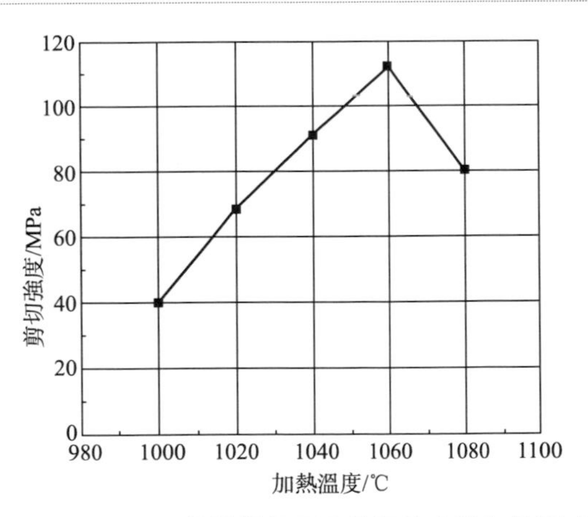

圖 5. 2 Fe_3Al/Q235 鋼擴散焊界面剪切強度隨加熱溫度的變化

這是由於隨著加熱溫度的升高，Fe_3Al/Q235 界面附近原子擴散獲得的能量較高，在界面處擴散較充分，界面附近形成了良好的冶金結合。但是當加熱溫度升高到 1080℃時，Fe_3Al/Q235 鋼擴散焊界面的剪切強度降低到 82.1MPa。這是由於在保持擴散焊接頭不發生總體變形的條件下，加熱溫度過高，Fe_3Al/Q235 鋼擴散焊界面附近的顯微組織逐漸粗化，導致擴散焊界面的剪切強度有所降低。

加熱溫度 1060℃時，隨著保溫時間的增加，擴散界面附近的原子得到充分的相互擴散，發生界面反應，形成緻密的中間擴散反應層，因此 Fe_3Al/Q235 鋼擴散界面的剪切強度明顯提高。因為延長保溫時間能夠促使擴散焊界面附近的原子得到充分的相互擴散，並且發生一定的擴散反應，形成緻密的擴散焊界面過渡區。但在加熱溫度為 1080℃、焊接壓力為 12MPa 的情況下，將保溫時間增加到 80min 時，擴散焊試驗中發現 Fe_3Al/Q235 接頭發生了明顯的總體塑性變形。

因此，在保持擴散焊接頭不變形的條件下，加熱溫度不宜過高，因為溫度過高時，Fe_3Al/Q235 鋼擴散焊接頭的組織會長大，不利於保證接頭的剪切強度。

Fe_3Al/Q235 鋼擴散焊界面剪切強度的分析結果表明，加熱溫度控製在 1060℃左右，保溫時間 45～60min 並保持擴散焊接頭不發生總體變形的情況下（p＝12～15MPa），Fe_3Al/Q235 鋼真空擴散焊能夠獲得無顯微空洞、結合緊密、剪切強度較高的擴散焊接頭。

（2）Fe_3Al/18-8 擴散焊界面的剪切強度

採用線切割方法從 Fe_3Al/18-8 鋼擴散焊接頭部位切取 20mm×8mm×8mm 的試樣（每個工藝參數取 2 個試樣）。試樣表面經磨製後採用數顯式壓力試驗機對 Fe_3Al/18-8 鋼擴散焊界面的剪切強度進行了試驗測定，試驗和計算結果見表 5.13。加熱溫度和保溫時間對 Fe_3Al/18-8 界面剪切強度的影響如圖 5.30 所示。

表 5.13　Fe_3Al/18-8 鋼擴散焊界面剪切強度的試驗和計算結果

編號	工藝參數 ($T \times t, p$)	剪切面尺寸 /mm	最大載荷 F_m/N	剪切強度 σ_τ/MPa	平均剪切強度 σ_τ/MPa
01	980℃×60min,17.5MPa	9.98×8.01	11951	149.5	149.9
02	980℃×60min,17.5MPa	9.97×7.99	11987	150.4	
03	1000℃×60min,17.5MPa	9.98×8.02	17023	201.7	198.6
04	1000℃×60min,17.5MPa	9.97×7.99	18834	196.4	
05	1020℃×60min,17.5MPa	9.97×7.98	18956	218.8	211.5
06	1020℃×60min,17.5MPa	9.98×8.00	16302	194.4	
07	1040℃×60min,15.0MPa	9.95×7.96	19977	229.9	226.2
08	1040℃×60min,15.0MPa	9.98×8.02	19296	222.5	
09	1040℃×45min,15.0MPa	9.98×8.00	14115	176.8	178.5
10	1040℃×45min,15.0MPa	10.00×7.98	14380	180.2	
11	1040℃×30min,15.0MPa	9.98×7.96	13636	170.8	156.9
12	1040℃×30min,15.0MPa	10.08×7.98	11407	143.0	
13	1040℃×15min,15.0MPa	9.99×7.99	4853	60.8	57.0
14	1040℃×15min,15.0MPa	10.00×8.08	4298	53.8	
15	1040℃×80min,15.0MPa	9.99×7.99	13426	168.2	172.4
16	1040℃×80min,15.0MPa	10.00×8.08	14269	176.6	
17	1060℃×60min,12.0MPa	9.98×7.99	15804	198.2	190.6
18	1060℃×60min,12.0MPa	9.90×7.96	14420	182.9	

加熱溫度從 980℃升高到 1040℃時，Fe_3Al/18-8 鋼擴散焊界面的剪切強度從 149.9MPa 增加到 226.2MPa，見圖 5.30(a)。但是加熱溫度低於 1000℃時，Fe_3Al/18-8 鋼擴散焊界面的剪切強度隨加熱溫度的增加升高很快；在 1000～1040℃範圍內，隨著加熱溫度的升高，界面剪切強度的增加較為緩慢。加熱溫度超過 1040℃並不斷升高時，Fe_3Al/18-8 鋼擴散焊界面的剪切強度逐漸下降。這是由於加熱溫度過高時，擴散焊界面過渡區的顯微組織粗化，導致剪切強度降低。

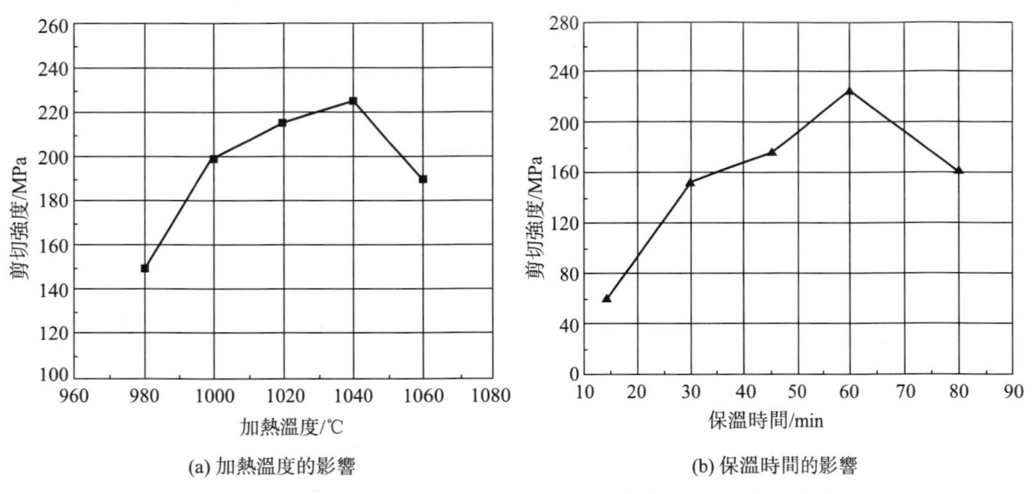

圖 5.30 加熱溫度和保溫時間對 Fe_3Al/18-8 鋼擴散焊界面剪切強度的影響

加熱溫度為 1040℃、焊接壓力為 15MPa 時，隨著保溫時間從 15min 增加至 60min，Fe_3Al/18-8 鋼擴散焊界面附近的原子得到充分的相互擴散，並且發生擴散反應，界面過渡區組織緻密使其剪切強度明顯提高，從 57MPa 增加到 226MPa，見圖 5.25(b)。保溫時間超過 60min 並繼續增加時，Fe_3Al/18-8 鋼擴散焊界面的剪切強度逐漸降低。這是由於過長的保溫時間使界面附近形成的過渡區寬度增加、組織粗化所致。

試驗結果表明，Fe_3Al 與 18-8 鋼擴散焊時，為獲得界面結合良好、剪切強度較高的 Fe_3Al/18-8 鋼擴散焊接頭，合適的擴散焊工藝參數為：加熱溫度控制在 1040℃左右，保溫時間為 45～60min、焊接壓力為 12～15MPa。

5.3.3 Fe_3Al/鋼擴散焊界面的顯微組織特徵

(1) Fe_3Al/鋼擴散焊界面過渡區的劃分

Fe_3Al 與鋼進行擴散焊時，在工藝參數（T，t，p）和濃度梯度的綜合作用下，母材中的元素不斷向接觸界面擴散，當達到一定濃度時，元素之間發生擴散反應，在母材之間的接觸界面附近形成具有不同於母材組織結構的擴散反應層。這些組織結構不同於兩種被焊材料的區域稱為擴散焊界面過渡區，Fe_3Al 和 Q235 界面之間存在明顯的擴散過渡區。

Fe_3Al/鋼擴散焊界面過渡區由混合過渡區與靠近被焊材料兩側的過渡區構成。Fe_3Al 與鋼擴散焊後，原來的接觸界面附近形成的局部區域為混合過渡區；混合過渡區與 Fe_3Al 和 Q235 鋼（或 18-8 鋼）之間的特徵區域為靠近被焊材料兩側的過渡區。Fe_3Al/鋼擴散焊界面過渡區的劃分示意見圖 5.31(a)。

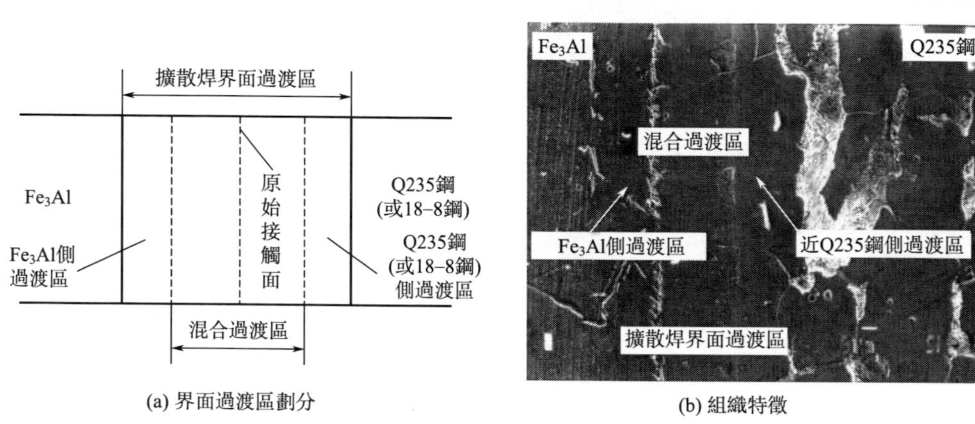

(a) 界面過渡區劃分　(b) 組織特徵

圖 5.31　Fe_3Al/鋼擴散焊界面過渡區劃分示意

擴散焊界面過渡區的寬度取決於 Fe_3Al 與鋼的原始接觸界面狀態及擴散焊工藝參數，原始接觸界面之間距離越小，擴散焊時的加熱溫度越高、保溫時間越長、壓力越大，擴散焊界面過渡區就會越寬。

掃描電鏡觀察 Fe_3Al/Q235 擴散焊界面過渡區的組織特徵見圖 5.31(b)。Fe_3Al/Q235 鋼擴散焊後，由於元素的相互擴散，原來的接觸界面已經消失，而是在 Fe_3Al 與 Q235 鋼之間形成了一個富集白色粒子較多的區域，也就是擴散焊界面過渡區。靠近 Fe_3Al 與 Q235 鋼兩側的區域，由於元素的擴散，顯微組織和結構形態也會發生了一定程度的變化，形成了靠近母材的兩個過渡區。

(2) Fe_3Al/Q235 鋼擴散焊界面過渡區的顯微組織

將 Fe_3Al/Q235 鋼擴散焊接頭試樣製備成系列金相試樣。由於 Fe_3Al 金屬間化合物與 Q235 鋼的耐腐蝕性差異很大，Fe_3Al 金屬間化合物一側用王水溶液（HNO_3：HCl＝1：3）腐蝕，Q235 鋼一側用 3％硝酸酒精溶液腐蝕。採用金相顯微鏡和 JXA-840 掃描電鏡（SEM）對 Fe_3Al/Q235 鋼擴散焊接頭試樣的顯微組織進行觀察。Fe_3Al/Q235 鋼擴散焊接頭區的組織特徵如

圖 5.32 所示。

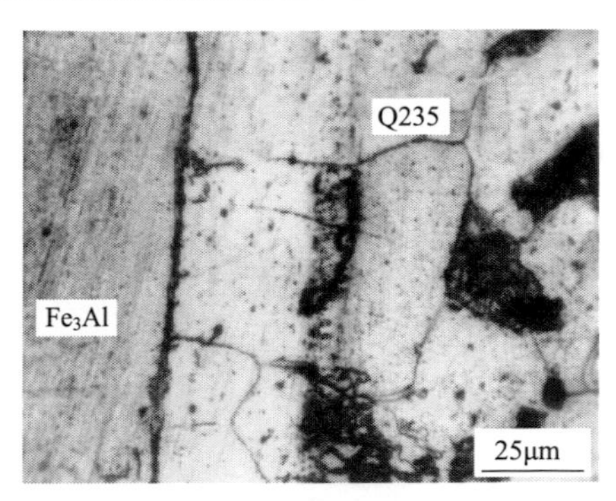

(a) 光鏡組織，100×

(b) 掃描電鏡組織，1000×

圖 5.32 Fe_3Al/Q235 鋼擴散焊接頭區的組織特徵

由圖可見，Fe_3Al/Q235 鋼擴散焊界面具有明顯的擴散特徵，擴散焊界面與靠近兩側母材的過渡區相互交錯。界面過渡區靠近 Fe_3Al 一側的顯微組織越過擴散焊界面向 Q235 鋼一側連續延展，界面呈鑲嵌狀互相咬合。Fe_3Al/Q235 鋼擴散焊界面過渡區靠近 Fe_3Al 一側的顯微組織粗大，在晶界處有不連續分布的析出相；擴散焊界面附近由於 Al、Cr 等元素的擴散，顯微組織細小，並且大多呈等軸晶分布。

在擴散焊過程中，Fe_3Al 一側由於晶粒生長導致組織粗大，見圖 5.32(a)。Fe_3Al 和 Q235 鋼中元素的相互擴散，使擴散焊界面附近的組織結構發生變化，晶粒的生長方向也有所改變。由於擴散焊界面過渡區窄小，冷卻速度緩慢，在連接母材的界面處，晶粒最適宜作為擴散焊界面結晶的現成表面，對結晶最為有利。擴散焊界面組織容易在母材的基礎上形成，並且沿熱傳導方向擇優外延生長。

為研究 Fe_3Al/Q235 鋼擴散焊界面附近組織性能的變化，採用 XQF-2000 型顯微圖像分析儀對一系列 Fe_3Al/Q235 鋼擴散焊界面附近組織的晶粒度進行評級。根據公式 $D^2=1/2^{N+3}$（D 為晶粒直徑，N 為晶粒度等級）進行晶粒直徑的計算，Fe_3Al/Q235 鋼擴散焊界面過渡區的晶粒尺寸和析出相的相對含量測試和計算結果見表 5.14。

由表 5.14 可見，從 Fe_3Al 基體越過界面過渡到 Q235 鋼一側時，顯微組織逐漸細化，晶粒直徑由 250μm 降低到 112μm。因此在 Fe_3Al/Q235 鋼擴散焊界面過渡區的組織比 Fe_3Al 基體細小，界面附近元素的擴散較為均勻，有利於提高 Fe_3Al/Q235 鋼擴散焊接頭的強度性能。

表 5.14　Fe_3Al/Q235 鋼擴散焊界面過渡區的晶粒尺寸和析出相的相對含量

位置	Fe_3Al	靠近 Fe_3Al 側過渡區	混合過渡區	靠近 Q235 側過渡區
晶粒度等級	1.02	1.50	2.05	3.30
晶粒直徑/μm	250	210	173	112
析出相相對含量/%	14.6,12.8,13.0 (13.5)	11.8,13.0,12.1 (12.3)	21.3,26.5,27.8 (25.3)	5.4,5.6,7.0 (6.0)

注：括號內數據為測試平均值。

Fe_3Al/Q235 鋼擴散焊界面過渡區不同部位的組織粗細程度與擴散焊加熱溫度和保溫時間有關。不同加熱溫度和保溫時間時 Fe_3Al/Q235 鋼擴散焊界面過渡區的組織特徵如圖 5.33 所示。

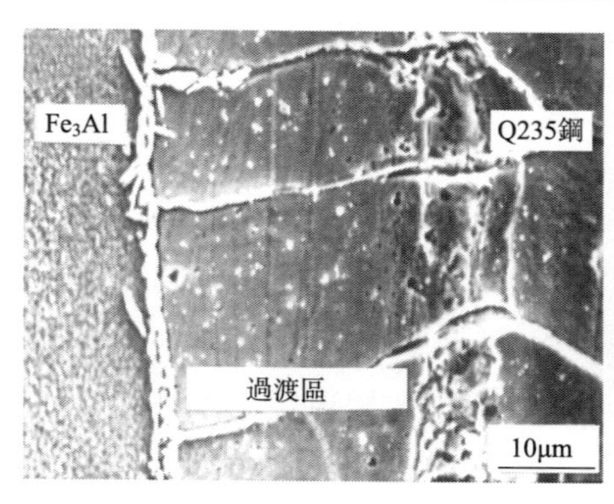

(a) 過渡區特徵

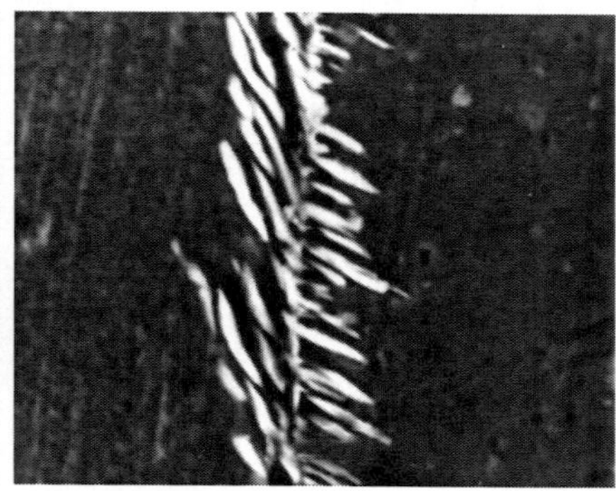

(b) 析出相

圖 5.33　Fe_3Al/Q235 鋼擴散焊界面過渡區特徵及析出相

隨著加熱溫度的升高和保溫時間的延長，由於界面附近元素的充分擴散，Fe_3Al/Q235 鋼擴散焊界面過渡區寬度逐漸增加，組織也逐漸粗化。溫度升高至 1060℃、保溫時間為 60min 時，Fe_3Al/Q235 擴散焊界面過渡區寬度增加到 38μm，顯微組織的晶粒直徑達到 180μm。

在掃描電鏡（SEM）下觀察，Fe_3Al/Q235 鋼擴散焊界面過渡區存在著一些白色析出相，這些析出相聚集在混合過渡區與靠近 Fe_3Al 一側的擴散過渡區交界處，大多沿晶界呈不連續狀分布，析出相的局部形貌特徵如圖 5.33(b) 所示。

通過電子探針（EPMA）對一些析出相進行成分分析表明，Fe_3Al/Q235 鋼擴散焊界面過渡區中析出相粒子中 C、Cr 含量較高，Fe、Al 含量低於基體(表 5.15)。這是由於 Fe_3Al/Q235 鋼在擴散焊過程中，過渡區組織結構中的 C、Cr 元素來不及充分擴散，在晶體內部發生偏聚的結果所致。

表 5.15 Fe_3Al/Q235 鋼擴散焊界面過渡區電子探針（EPMA）分析

位置	測試點	化學成分/%					
		Fe	Al	C	Cr	Nb	Zr
Fe_3Al	1	82.60	16.62	0.14	0.52	0.05	0.07
	2	82.80	16.40	0.13	0.49	0.03	0.05
	3	81.91	17.10	0.13	0.51	0.03	0.02
	4	82.21	16.90	0.13	0.54	0.01	0.01
析出相	5	81.69	16.35	0.55	1.18	0.01	0.02
	6	81.94	15.90	0.51	1.28	0.03	0.04
	7	82.54	15.47	0.40	1.32	0.04	0.03
	8	81.89	16.23	0.22	1.26	0.04	0.06

聚集在擴散焊界面與靠近 Fe_3Al 一側的擴散過渡區交界處的析出相粒子是由於擴散元素的原子分布在界面附近所引起點陣畸變能之差引起的。因為，在擴散焊過程中，元素原子的半徑差越大，點陣畸變能差值越大。Cr 原子半徑（$R_{Cr}=0.185nm$）大於 Fe 原子半徑（$R_{Fe}=0.125nm$），C 原子半徑（$R_C=0.077nm$）又遠小於 Fe 原子半徑。在擴散焊界面與靠近 Fe_3Al 一側的擴散過渡區交界處造成的點陣畸變能之差較大，導致 C、Cr 原子偏聚在晶界及其界面附近區域。同時，溶質原子（C、Cr）的固溶度越小，在 Fe_3Al 基體中產生晶界吸附的傾向越大。因此，在 Fe 元素中固溶度很小的 C、Cr 將偏聚在晶界或界面附近，以析出相的形式存在於 Fe_3Al/Q235 鋼擴散焊界面過渡區中。

（3）Fe_3Al/18-8 擴散焊界面過渡區的顯微組織

18-8 鋼中 Cr、Ni 元素較多，擴散焊過程中元素擴散途徑比較複雜，在 Fe_3Al/18-8 鋼擴散焊界面附近形成了具有多種形態結構的顯微組織。圖 5.34 示出 Fe_3Al/18-8 鋼擴散焊界面過渡區的顯微組織特徵。可以看出，在 Fe_3Al 金屬間化合物與 18-8 鋼接觸界面處具有明顯的擴散特徵，Fe_3Al/18-8 鋼擴散焊界面過渡區中形成了三個擴散反應層 A、B、C，各反應層之間相互交錯。

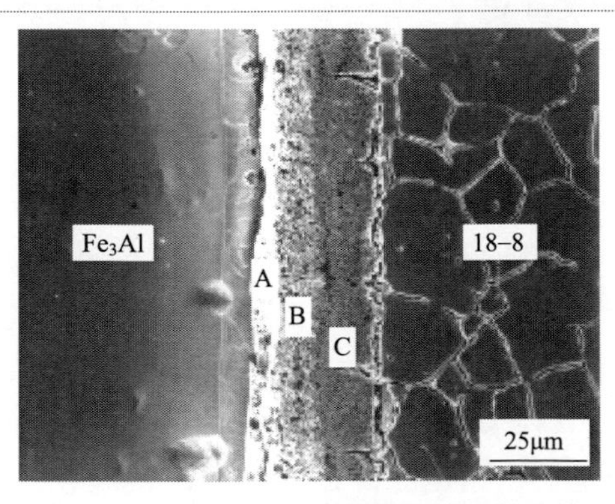

圖 5.34 Fe_3Al/18-8 鋼擴散焊界面過渡區的顯微組織特徵

由於 Fe_3Al/18-8 界面過渡區中 Al、Fe、Cr、Ni 元素的擴散，擴散反應層內組織結構較複雜。在靠近 Fe_3Al 一側擴散反應層 A 內的組織特徵是在基體上分布有一些白色點狀物，靠近 18-8 鋼一側的擴散反應層 C 卻分布有形狀不規則的析出相，中間擴散反應層 B 的組織較為細小，既分布有白色點狀物，又有不規則析出相存在。

為了研究擴散焊界面過渡區中反應層 A、B、C 的組織結構特徵對 Fe_3Al/18-8 鋼擴散焊接頭性能的影響，採用電子探針（EPMA）對每一擴散反應層 A、B、C 的成分進行分析，實際測定結果見表 5.16。

表 5.16 Fe_3Al/18-8 鋼擴散焊界面過渡區中反應層的電子探針分析 %

擴散反應層	Al	Cr	Ni	Fe	Ti
A	12.5	8.9	4.4	73.9	0.3
B	9.5	13.2	4.5	72.3	0.5
C	2.5	17.2	8.0	71.8	0.5

從表 5.16 可見，三個擴散反應層 A、B、C 內 Fe、Ti 元素含量變化不大，而 Al、Cr、Ni 元素含量差别較大。從擴散反應層 A 過渡到擴散反應層 C，Al 元素含量有所降低，而 Cr、Ni 元素含量不斷增加。可以判定擴散反應層 A 的基體組織結構仍然為 Fe_3Al 相，擴散反應層 C 的組織結構為 α-Fe（Al）固溶體。基體上的析出物是富含 Cr、Ni 元素的析出相或反應相，這是由於 Fe_3Al 與 18-8 鋼之間元素的濃度梯度促使 Cr、Ni 元素相互擴散和發生擴散反應的緣故。

5.3.4 Fe_3Al/鋼擴散焊接頭的顯微硬度

為了判定 Fe_3Al/Q235 鋼及 Fe_3Al/18-8 鋼擴散焊接頭組織性能的變化，採用 SHIMADZU 顯微硬度計對 Fe_3Al/Q235 鋼及 Fe_3Al/18-8 鋼擴散焊界面附近不同區域進行顯微硬度測定，試驗中的加載載荷為 25g，加載時間為 10s。

(1) Fe_3Al/Q235 鋼擴散焊接頭的顯微硬度

Fe_3Al/Q235 鋼擴散界面附近的顯微硬度測定結果如圖 5.35 所示，可見：Fe_3Al 母材擴散焊後的顯微硬度約為 490MH，Q235 鋼顯微硬度為 340MH，Fe_3Al/Q235 鋼擴散焊界面過渡區的顯微硬度隨工藝參數的變化有所不同。

加熱溫度為 1020℃、保溫時間為 60min 時，擴散焊界面過渡區由 Fe_3Al 一側越過界面到 Q235 鋼的顯微硬度先降低後升高，在混合過渡區出現顯微硬度峰值（550HM）。這是由於在靠近 Fe_3Al 一側 Al 元素的擴散反應使 Fe_3Al 相結構發生無序化轉變，使靠近 Fe_3Al 一側的界面過渡區顯微硬度有所降低；在 Fe_3Al/Q235 鋼擴散焊界面附近，元素在較低的加熱溫度下（T=1020℃）沒有進行充分的擴散而是有所聚集，形成的物相結構具有較高的顯微硬度，在混合過渡區出現較高的顯微硬度峰值。

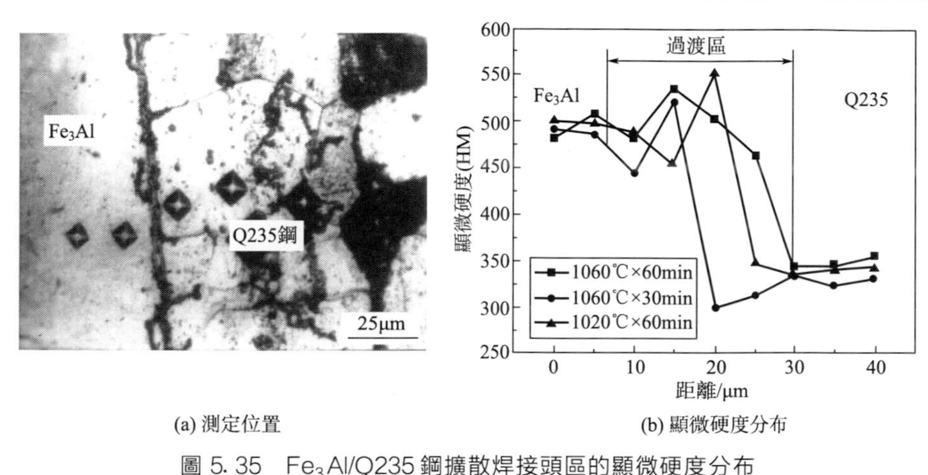

(a) 測定位置　　(b) 顯微硬度分布

圖 5.35　Fe_3Al/Q235 鋼擴散焊接頭區的顯微硬度分布

加熱溫度 1060℃，保溫時間較短時（t=30min），在 Fe_3Al/Q235 鋼擴散焊界面兩側的過渡區都出現了顯微硬度下降的現象。這是由於較短的保溫時間使元素不充分擴散與科肯達爾（Kirkendall）效應形成的擴散顯微空洞沒有完全消失的原因。加熱溫度較高時（T = 1060℃），擴散焊界面的顯微硬度峰值為 520HM，稍低於加熱溫度 1020℃時的顯微硬度峰值（550HM）。這是由於較高溫度下元素擴散充分，發生擴散反應形成不同物相結構的原因。

Fe-Al 合金狀態圖按成分分為富 Fe 和富 Al 兩個相區，每個相區又按溫度大致分為高溫區和低溫區兩個區域。富 Fe 區 Fe-Al 合金在高溫凝固時，出現 γ、α 和 B2（即 FeAl 有序相）三個相；冷卻到低溫時，主要存在 B2、α 和 $D0_3$（即 Fe_3Al 有序相）三個相。

Fe、Al 元素之間既能形成固溶體、金屬間化合物，也可以形成共晶體。Fe 在固態鋁中的溶解度極小，在 225～600℃時，Fe 在 Al 中的溶解度為 0.01%～0.022%；在 655℃的共晶溫度下，Fe 在 Al 中的溶解度為 0.53%。在室溫下 Fe 幾乎完全不溶於 Al，所以含微量 Fe 的鋁合金在冷卻過程中會出現金屬間化合物 $FeAl_3$。

室溫下 Al 含量為 13.9%～20%時形成超點陣結構的 Fe_3Al，Al 含量為 20%～36%時形成 FeAl。隨著 Al 含量的增加，相繼出現 $FeAl_2$、Fe_2Al_5、$FeAl_3$ 等脆性相。Fe-Al 合金可能形成的金屬間化合物的顯微硬度見表 5.17。

表 5.17 Fe-Al 合金可能形成金屬間化合物的顯微硬度

化合物	Al 含量/%		顯微硬度(HM)
	根據狀態圖	化學分析	
Fe_3Al	13.87	14.04	350
FeAl	32.57	33.64	640
$FeAl_2$	49.13	49.32	1030
Fe_2Al_5	54.71	54.92	820
$FeAl_3$	59.18	59.40	990
Fe_2Al_7	62.93	63.32	1080

從 Fe_3Al/Q235 鋼擴散焊接頭區顯微硬度的測定結果看，加熱溫度控製在 1060℃左右，保溫時間控製在 45～60min 時，Fe_3Al/Q235 鋼擴散焊接頭區域未出現明顯的高硬度脆性相（如 $FeAl_2$、Fe_2Al_5、$FeAl_3$、Fe_2Al_7 等）。這種顯微硬度特性決定了 Fe_3Al/Q235 鋼擴散焊接頭具有較好的組織性能，可以提高擴散焊界面區域的韌性，防止微裂紋產生，有利於改善 Fe_3Al/Q235 鋼擴散焊界面過渡區的總體力學性能。

綜上所述，Fe_3Al/Q235 鋼擴散焊接頭主要由 Fe_3Al 相和 α-Fe（Al）固溶體構成，存在少量的 FeAl 相，但不存在含鋁更高的 Fe-Al 脆性相，有利於提高接頭的韌性和抗裂能力，保證焊接接頭的品質。

(2) Fe_3Al/18-8 鋼擴散焊接頭的顯微硬度

為了判定 Fe_3Al/18-8 鋼擴散焊接頭的性能，採用顯微硬度計對 Fe_3Al/18-8 鋼擴散焊接頭區進行顯微硬度測定。在保溫時間為 60min、加熱溫度分別為 1000℃、1040℃和 1060℃的條件下，Fe_3Al/18-8 鋼擴散焊接頭區的顯微硬度實測點位置及顯微硬度分布見圖 5.36 和圖 5.37。

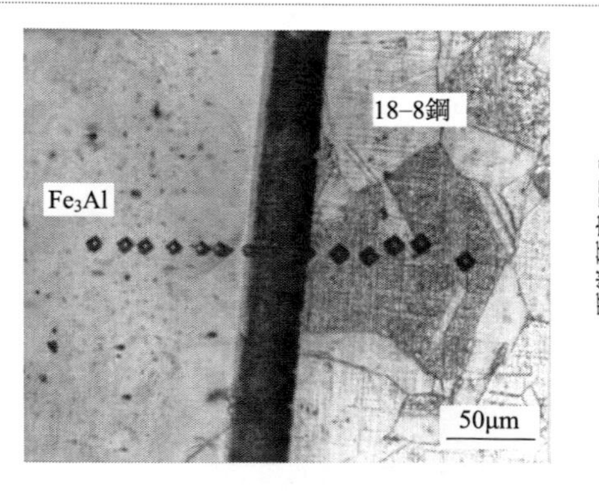

(a) 測試位置

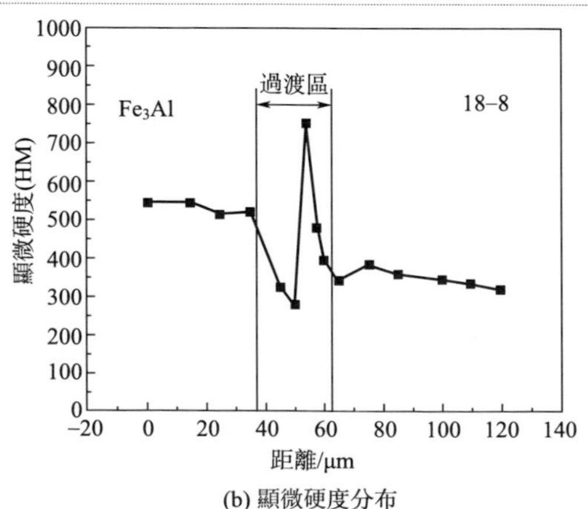

(b) 顯微硬度分布

圖 5.36 Fe_3Al/18-8 鋼擴散焊接頭區的顯微硬度分布（1000℃ × 60min）

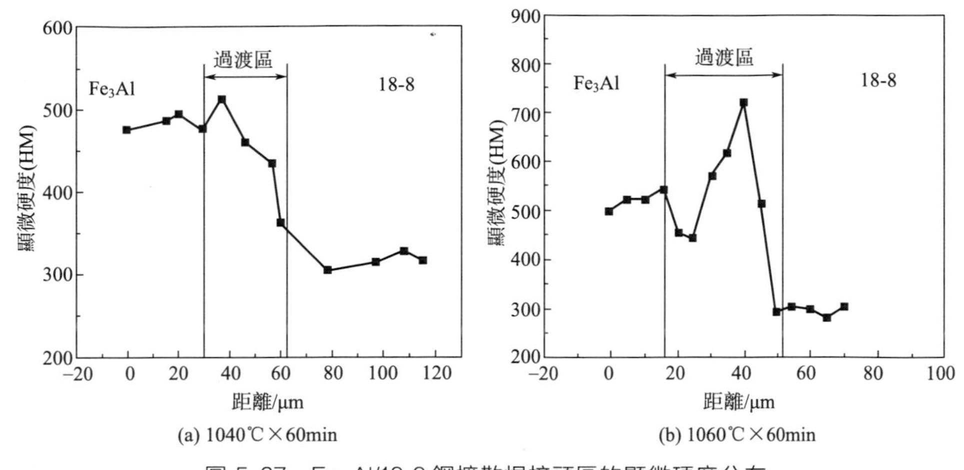

圖 5.37 Fe_3Al/18-8 鋼擴散焊接頭區的顯微硬度分布

加熱溫度為 1000℃時，從 Fe_3Al 一側經過擴散焊界面過渡區到 18-8 鋼，靠近 Fe_3Al 一側的界面過渡區顯微硬度值降低，這是由於存在大量的顯微空洞和 Fe_3Al 的無序化轉變引起的。在擴散焊界面過渡區的狹窄區域內，顯微硬度突然升高到峰值 720HM。加熱溫度為 1040℃時，從 Fe_3Al 一側過渡到 18-8 鋼，顯微硬度幾乎是連續變化，Fe_3Al 一側的界面過渡區顯微硬度值為 500HM，在擴散焊界面過渡區略有增加至 520HM，然後過渡到 18-8 鋼一側，顯微硬度一直降低到 300HM。

加熱溫度為 1060℃時，Fe_3Al/18-8 鋼擴散焊界面過渡區的顯微硬度峰值為 700HM，而 18-8 鋼一側的顯微硬度值比加熱溫度較低時（T＝1000℃）有所降低，顯微硬度只有 280HM 左右，這是由於 18-8 鋼中的奧氏體組織在較高溫度下逐漸長大、粗化的緣故。

總之，加熱溫度越低，元素擴散越不充分，使中間擴散反應層內元素聚集，濃度升高，導致形成顯微硬度高於 Fe_3Al 基體硬度的相結構，在 Fe_3Al/18-8 鋼擴散焊接頭過渡區中存在顯微硬度較高的峰值點。

5.3.5 界面附近的元素擴散及過渡區寬度

（1）Fe_3Al/18-8 界面附近的元素擴散

Fe_3Al 金屬間化合物的抗氧化和耐腐蝕性能優於 18-8 鋼，並且價格便宜，因此 Fe_3Al 與 18-8 鋼的擴散焊在生產中有應用前景。Fe_3Al/Q235 鋼擴散焊接頭的元素分布如圖 5.38 所示。

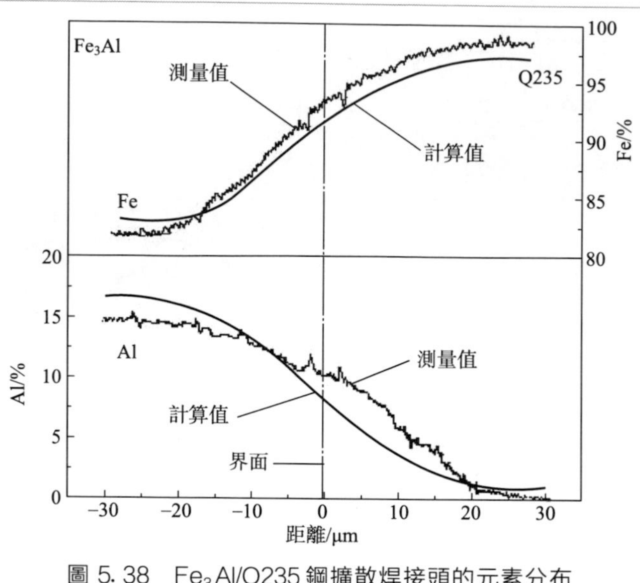

圖 5.38　Fe_3Al/Q235 鋼擴散焊接頭的元素分布

Fe_3Al/18-8 鋼擴散焊界面附近元素的電子探針實測值如圖 5.39 所示。18-8 鋼一側距離界面 10～25μm 處，Cr 元素濃度有所波動，這是由於在擴散過程中受 Al、Ni 元素的影響，導致界面附近 Cr 元素偏析所致。

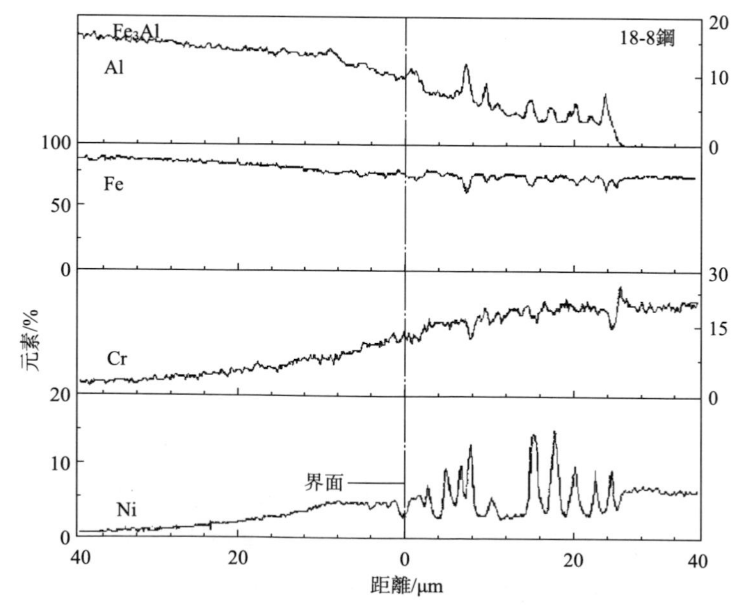

圖 5.39　Fe_3Al/18-8 鋼擴散焊接頭的元素分布

Al、Ni 元素在 Fe_3Al 一側擴散過渡區距離界面 −20～−5μm 區間範圍，分布曲線斜率較小，濃度梯度變化較緩。實測值中 Al、Ni 元素濃度在界面靠近 18-8 鋼一側距離界面 5～25μm 區間起伏較大；Al 元素濃度逐漸降低至 0，Ni 元素分布逐漸上升至 18-8 鋼 Ni 濃度的穩定值 9%。

在 Fe_3Al/18-8 鋼擴散反應層近 Fe_3Al 一側，Al 元素含量較高，主要存在 Fe_3Al 中 Al 的擴散，並與 Fe 元素發生反應，能夠形成不同類型的 Fe-Al 金屬間化合物。X 射線衍射（XRD）分析表明，隨著加熱溫度由 1020℃升高到 1060℃時，Fe_3Al/18-8 鋼擴散反應層近 Fe_3Al 一側形成的化合物逐漸從（$FeAl_2$＋Fe_2Al_5）→（Fe_3Al＋FeAl＋Fe_2Al_5）變化到（Fe_3Al＋FeAl）。

加熱溫度較低時，Al 元素獲得的能量低，擴散活性差，只是聚集在近 Fe_3Al 界面的邊緣區，還沒有來得及向 18-8 鋼中擴散。因此在 Fe_3Al 一側 Al 元素濃度較高，與 Fe_3Al 基體中的 Fe 元素化合形成 $FeAl_2$ 和 Fe_2Al_5 新相。$FeAl_2$ 和 Fe_2Al_5 中由於 Al 含量較高，脆性大，顯微硬度值高達 1000HM，並且這兩種新相在加熱過程中容易引起熱空位，導致點缺陷，具有較低的室溫塑韌性，容易發生解理斷裂。提高擴散焊溫度可促使 $FeAl_2$ 和 Fe_2Al_5 中的 Al 原子擴散，使之形成 Fe_3Al＋FeAl 混合相。

18-8 鋼中含有 Ni、Cr 和 Ti 等合金元素，在擴散焊過程中獲得一定的能量而向 Fe_3Al/18-8 鋼接觸界面擴散，與 Fe_3Al 中的 Fe、Al 元素形成各種化合物。

當加熱溫度為 1020℃時，Fe_3Al/18-8 鋼擴散焊接頭形成的化合物主要有 α-Fe（Al）固溶體；而當溫度升高至 1040℃時，不僅包括 α-Fe（Al）固溶體，還包括 Ni_3Al 金屬間化合物；當溫度高達 1060℃時，擴散層中出現少量的 Cr_2Al 相，影響 Fe_3Al/18-8 鋼擴散焊接頭的韌性。

（2）擴散焊界面過渡區寬度

Fe_3Al 與鋼擴散焊時，元素從一側越過界面向另一側擴散，服從一維擴散規律。界面附近元素的濃度隨距離、時間的變化服從 Fick 第二定律一維無限大介質非穩態條件下的擴散方程，擴散焊界面過渡區寬度與保溫時間符合拋物線規律：

$$x^2=K_p(t-t_0),K_p=K_0\exp\left(-\frac{Q}{RT}\right) \tag{5-4}$$

式中 x——界面過渡區寬度，μm；

K_p——元素的擴散速率，$\mu m^2/s$；

t——保溫時間，s；

t_0——潛伏期時間，s；

K_0——與溫度有關的係數；

Q——擴散激活能，J/mol；

T——加熱溫度，K；

R——氣體常數。

Fe_3Al 與鋼擴散焊界面過渡區的寬度和元素在過渡區中的擴散速率相關。計算 Fe_3Al/Q235 鋼及 Fe_3Al/18-8 鋼擴散焊界面過渡區複雜相結構體系中元素的擴散速率時，將擴散焊界面過渡區視為相結構體積含量較多反應層的疊加，過渡區中其他元素的影響很小；並且界面附近的擴散反應達到準平衡狀態。不同加熱溫度時元素在 Fe_3Al/鋼擴散焊界面的擴散速率見表 5.18。

表 5.18　不同加熱溫度時元素在 Fe_3Al/鋼擴散焊界面的擴散速率

接頭		Fe_3Al/Q235			Fe_3Al/18-8			
加熱溫度/℃		1040	1060	1080	1000	1020	1040	1060
擴散速率(K_p)/($\mu m^2/s$)	Al	1.2	7.7	17.1	0.98	1.0	3.9	9.1
	Fe	1.9	4.9	14.5	0.08	0.44	2	2.4
	Cr	—	—	—	0.34	0.85	0.98	2.5
	Ni	—	—	—	0.78	1.0	1.6	2.1

隨著擴散焊加熱溫度的升高，由於元素獲得的擴散驅動力較大，發生擴散遷移的原子數增多，Fe_3Al 界面過渡區中元素的擴散速率快速增大。根據不同溫度下元素的擴散速率計算得到 Fe_3Al/Q235 鋼擴散焊界面過渡區寬度的表達式為：

$$x^2=4.8\times10^4\exp\left(-\frac{133020}{RT}\right)(t-t_0) \tag{5.5}$$

Fe_3Al/18-8 鋼擴散焊界面過渡區寬度的表達式為：

$$x^2=7.5\times10^2\exp\left(-\frac{75200}{RT}\right)(t-t_0) \tag{5.6}$$

Fe_3Al/Q235 鋼及 Fe_3Al/18-8 鋼擴散焊界面過渡區的寬度主要與加熱溫度 T 和保溫時間 t 有關。隨著加熱溫度的增加和保溫時間的延長，界面過渡區的寬度 x 逐漸增大，有利於促進擴散焊界面的結合。Fe_3Al/18-8 鋼界面過渡區的寬度的計算值與實測值見圖 5.40。可見，在給定的試驗條件下，可以根據 Fe_3Al/Q235 鋼及 Fe_3Al/18-8 鋼擴散焊界面過渡區寬度與加熱溫度和保溫時間的關係，確定加熱溫度和保溫時間，獲得具有一定寬度的擴散焊界面過渡區，提高 Fe_3Al/鋼擴散焊界面的結合性能。

Fe_3Al/鋼擴散焊界面過渡區中反應層的形成有一定的潛伏時間 t_0。界面過渡區寬度一定時，隨著加熱溫度 T 的升高，潛伏時間 t_0 縮短。因此，確定 Fe_3Al/鋼擴散焊工藝參數時，在保證獲得具有合適寬度的界面過渡區條件下，提高加熱溫度 T 的同時可適當縮短保溫時間 t，以提高焊接效率。

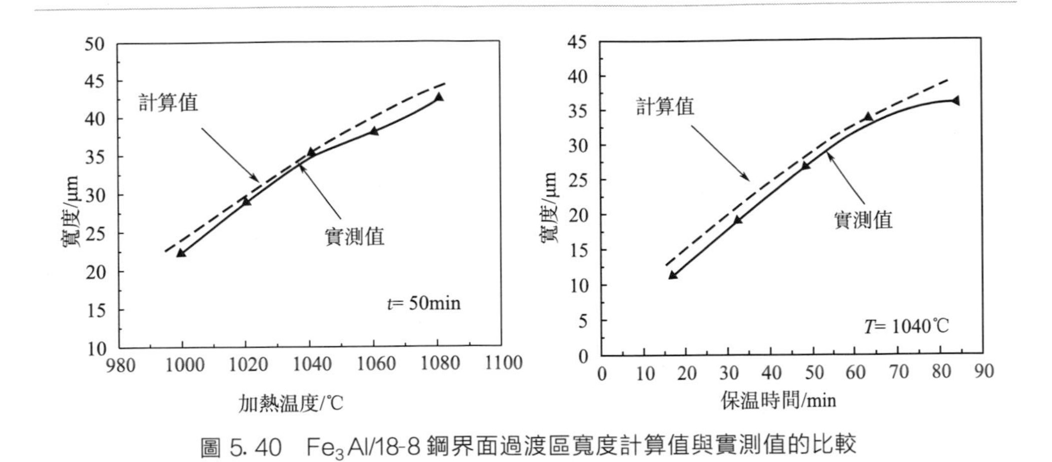

圖 5.40 Fe_3Al/18-8 鋼界面過渡區寬度計算值與實測值的比較

5.3.6 工藝參數對擴散焊界面特徵的影響

(1) 三個重要參數

擴散焊工藝參數（加熱溫度 T、保溫時間 t 和連接壓力 p）對 Fe_3Al/Q235 鋼擴散焊界面的結合狀況有重要的影響。

① 加熱溫度 加熱溫度越高，界面附近元素的原子獲得的能量越高，擴散速率越快。藉助濃度梯度的驅動力，母材中的元素會迅速向界面處擴散。根據不同工藝條件下得到的 Fe_3Al/Q235 鋼及 Fe_3Al/18-8 鋼擴散焊界面的結合特徵和接頭的變形程度分析，隨著加熱溫度的升高，Fe_3Al/Q235 鋼及 Fe_3Al/18-8 鋼擴散焊界面結合逐漸緊密。當加熱到一定溫度時，在 Fe_3Al/Q235 鋼及 Fe_3Al/18-8 鋼擴散焊界面附近形成過渡區。

② 保溫時間 保溫時間決定 Fe_3Al/Q235 鋼及 Fe_3Al/18-8 鋼擴散焊界面附近原子擴散的均勻化程度。隨著保溫時間的增加，擴散焊界面附近的元素不斷向界面擴散，元素的分布越來越均勻，形成的界面過渡區寬度逐漸增加和均勻化。

③ 連接壓力 連接壓力是保證 Fe_3Al/Q235 鋼及 Fe_3Al/18-8 鋼擴散焊界面顯微空洞是否消失以及擴散焊接頭變形程度的主要因素。在加熱溫度和保溫時間恆定條件下，壓力越大，擴散界面處緊密接觸的面積也越大，界面顯微空洞容易消失並逐漸形成緻密的擴散焊界面。壓力減小時，擴散界面接觸面積較小，界面顯微空洞阻礙兩側元素的原子穿越界面進行擴散遷移，形成不致密的擴散焊界面甚至界面結合不充分。但是壓力過大時，會導致擴散焊接頭發生明顯的塑性變形。壓力一般根據焊件的接觸面積確定，以保證擴散焊接頭不發生總體變形為宜。

Fe_3Al 與 Q235 鋼（或 18-8 鋼）擴散焊時，由於母材物理化學性能的差異，不同元素的擴散速率各不相同，通過界面向兩側母材擴散遷移的原子數量不等，產生科肯達爾（Kirkendall）效應並在擴散界面處形成顯微空洞。在一定的加熱溫度和保溫時間下，這些顯微空洞逐漸消失，形成緻密的擴散焊界面，因此是否存在顯微空洞可作為評價擴散焊界面結合性能的重要指標之一。在壓力作用下，擴散焊接頭由於受高溫性能變化的影響，也會產生一定的總體變形，影響接頭的組織性能。

（2）工藝參數對界面結合和接頭變形的影響

① Fe_3Al/Q235 鋼擴散焊　試驗表明，在保溫時間和連接壓力不變的條件下（t=60min，p=17.5MPa），加熱溫度為 1000℃時，Fe_3Al/Q235 鋼界面沒有形成充分的擴散結合，顯微鏡下可以觀察到大量的顯微空洞，見圖 5.41(a)；加熱溫度升高至 1020℃時，Fe_3Al/Q235 鋼接觸界面部分結合，顯微鏡下仍能觀察到界面局部存在顯微空洞。當加熱溫度為 1040℃時，Fe_3Al/Q235 界面顯微空洞完全消失、界面結合良好，在 Fe_3Al/Q235 鋼界面附近形成擴散過渡區，見圖 5.41(b)。加熱溫度繼續升高到 1060℃時，Fe_3Al/Q235 鋼界面未觀察到顯微空洞，界面過渡區寬度增加，但是擴散焊接頭發生輕微的塑性變形。加熱溫度升高到 1080℃時，擴散焊接頭的總體變形程度逐漸增大。

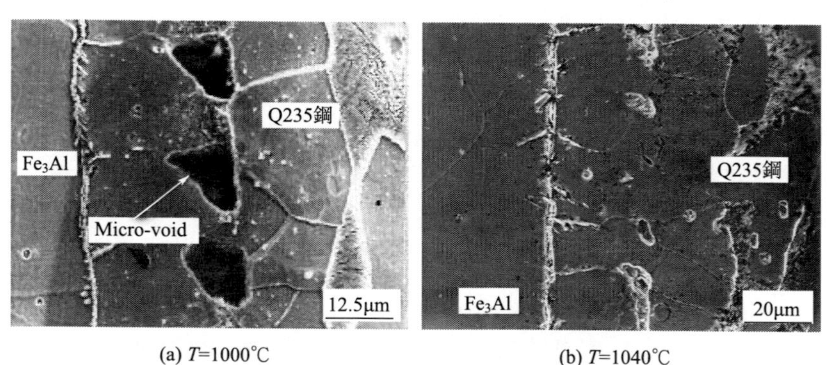

(a) T=1000℃　　(b) T=1040℃

圖 5.41　不同加熱溫度時 Fe_3Al/Q235 鋼擴散焊界面的結合形態

（t=60min，p=17.5MPa）

加熱溫度 T=1040℃、壓力 p=17.5MPa 時，保溫時間在 t=15～60min 範圍內，Fe_3Al/Q235 鋼擴散焊接頭沒有發生總體變形。並且隨著保溫時間 t 的增加，Fe_3Al/Q235 接觸界面結合逐漸緊密。

在加熱溫度和保溫時間不變的條件下（T=1060℃，t=45min），焊接壓力為 10MPa 時，顯微鏡下觀察 Fe_3Al/Q235 接觸界面局部存在顯微空洞。隨著焊接壓力從 12MPa 增加到 17.5MPa，Fe_3Al/Q235 接觸界面結合逐漸緊密。但是焊接壓力 $p=17.5$MPa 時，Fe_3Al/Q235 鋼擴散焊接頭發生輕微的總體變形。因此，Fe_3Al/Q235 鋼擴散焊時，在一定的加熱溫度和保溫時間下，應該控製焊接壓力不宜過大，避免擴散焊接頭發生總體變形。

② Fe_3Al/18-8 鋼擴散焊　為獲得界面結合良好的 Fe_3Al/18-8 鋼擴散焊接頭，採用不同的加熱溫度 T、保溫時間 t 和壓力 p 對 Fe_3Al/18-8 鋼進行系列擴散焊工藝性試驗。試驗結果表明，在保溫時間和接壓力不變的條件下（$t=60$min，$p=17.5$MPa)，加熱溫度較低（980℃）時，Fe_3Al/18-8 界面存在連續分布的顯微空洞，界面處未形成良好的擴散結合，見圖 5.42(a)。

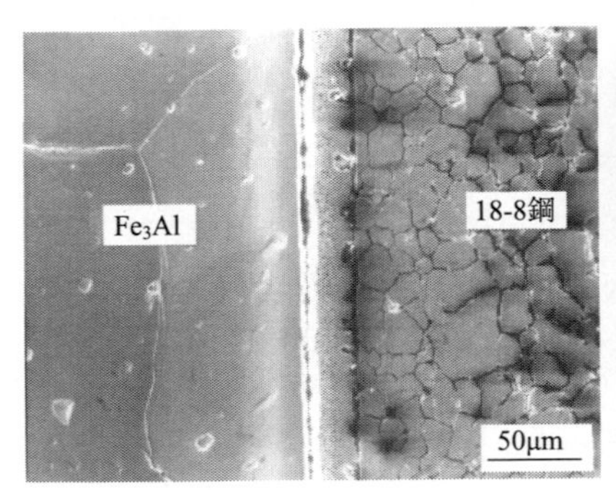

(a) T=980℃

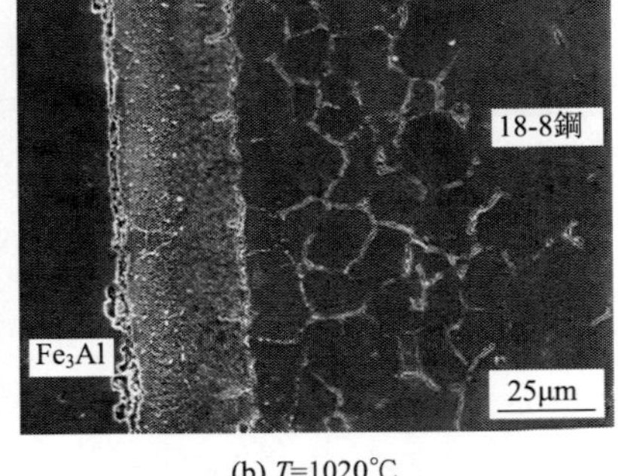

(b) T=1020℃

圖 5.42　不同加熱溫度時 Fe_3Al/18-8 鋼擴散焊界面的結合形態（$t=60$min，$p=17.5$MPa）

加熱溫度升高至 1000℃時，Fe_3Al/18-8 鋼界面處部分結合，顯微鏡下仍能觀察到局部存在顯微空洞。加熱溫度為 1020℃時，Fe_3Al/18-8 鋼界面擴散結合良好，界面附近形成擴散過渡區，見圖 5.42(b)。加熱溫度繼續升高，Fe_3Al/18-8 界面擴散結合更加充分，但是加熱溫度為 1060℃時，擴散焊接頭發生輕微的塑性變形。加熱溫度為 1080℃時，擴散焊接頭發生較明顯的塑性變形。

在加熱溫度和壓力保持不變的條件下（$T=1040$℃，$p=17.5$MPa)，隨著保溫時間的延長，Fe_3Al/18-8 擴散焊界面結合逐漸緊密。當加熱溫度和保溫時間不變（$T=1060$℃，$t=45$min）時，壓力越大，Fe_3Al/18-8 鋼擴散焊界面結合越緊密，界面過渡區的顯微空洞逐漸減少。但是壓力 p 大於 17.5MPa 時，Fe_3Al/18-8 鋼擴散焊接頭發生明顯的塑性變形。

Fe_3Al/Q235 鋼及 Fe_3Al/18-8 鋼擴散焊時，加熱溫度、保溫時間和連接壓力決定著擴散焊接頭的品質。提高加熱溫度時，可以相應地縮短保溫時間、降低焊接壓力；在保證擴散焊接頭不發生總體變形的條件下（壓力控製在一定範圍內），延長保溫時間時，可以相應地降低加熱溫度。因此，Fe_3Al/Q235 鋼及 Fe_3Al/18-8 鋼擴散焊時應綜合考慮工藝參數對擴散焊界面組織性能的影響。為獲得結合良好的 Fe_3Al/鋼擴散焊接頭，應通過試驗決定加熱溫度、保溫時間和壓力的最佳匹配。

(3) 工藝參數對 Fe_3Al/鋼界面過渡區寬度的影響

① 加熱溫度的影響　隨著加熱溫度的升高，元素的擴散越充分，Fe_3Al/Q235 鋼及 Fe_3Al/18-8 鋼擴散焊界面過渡區寬度逐漸增大，擴散過渡區組織逐漸粗化。相同保溫時間（$t=60$min）、不同加熱溫度時 Fe_3Al/Q235 鋼及 Fe_3Al/18-8 鋼擴散焊界面過渡區寬度的實測值列於表 5.19。

表 5.19　不同加熱溫度時 Fe_3Al/Q235 鋼及 Fe_3Al/18-8 鋼界面過渡區的寬度（$t=60$min）

加熱溫度/℃		1000	1020	1040	1060	1080
寬度/μm	Fe_3Al/Q235 鋼	—	22.1	24.5	28.6	32.5
	Fe_3Al/18-8 鋼	22.6	26.3	35.4	38.2	42.6

由表 5.19 可見，加熱溫度為 1020℃時 Fe_3Al/Q235 鋼擴散焊界面過渡區寬度為 22.1μm，Fe_3Al/18-8 鋼界面過渡區寬度為 26.3μm。加熱溫度升高至 1080℃時，Fe_3Al/Q235 鋼擴散焊界面過渡區寬度增加至 32.5μm，Fe_3Al/18-8 界面過渡區寬度增加至 42.6μm。根據實測結果得到的加熱溫度對擴散焊界面過渡區寬度的影響如圖 5.43 所示。

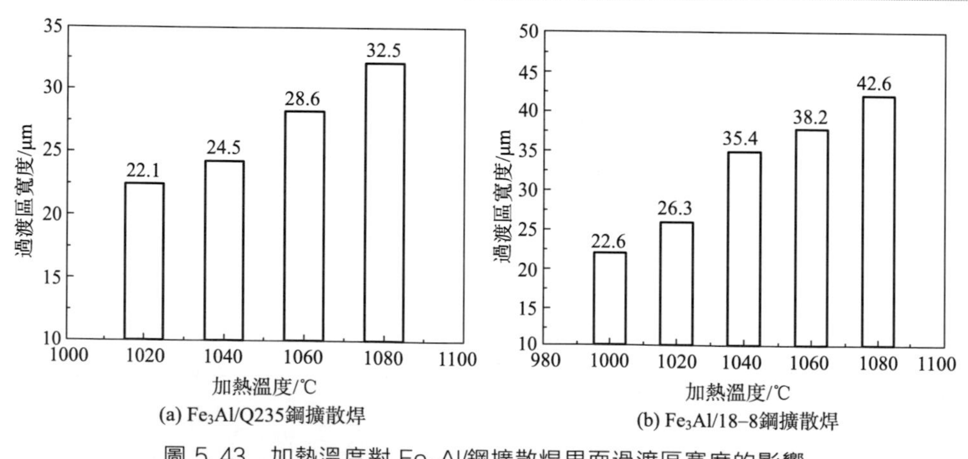

圖 5.43　加熱溫度對 Fe_3Al/鋼擴散焊界面過渡區寬度的影響

根據實測結果可以預見，繼續提高加熱溫度，Fe_3Al/Q235 鋼及 Fe_3Al/18-8 鋼擴散焊界面過渡區的寬度還會增加。但是，由於加熱溫度過高將導致擴散焊界面附近的組織明顯粗化，對擴散焊接頭的組織和力學性能有不利影響。因此，加熱溫度應加以限製。

② 保溫時間和壓力的影響　保溫時間和壓力是決定擴散焊界面附近元素擴散的均勻性以及顯微空洞是否消失的主要因素。加熱溫度為1060℃、不同保溫時間和焊接壓力時，Fe_3Al/Q235鋼擴散焊界面過渡區的寬度如圖5.44所示。

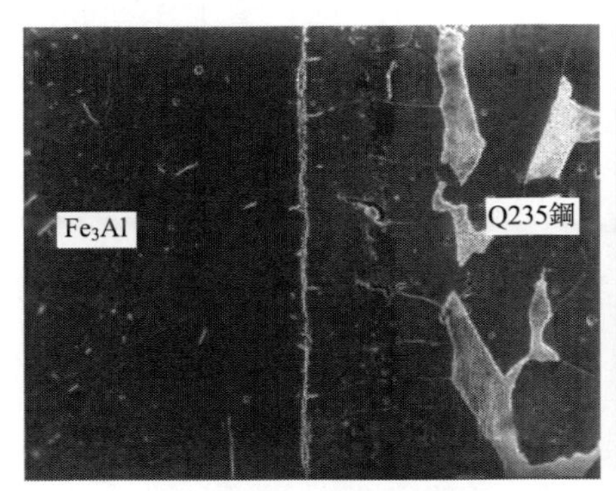

(a) 1060℃×30min, p=10MPa

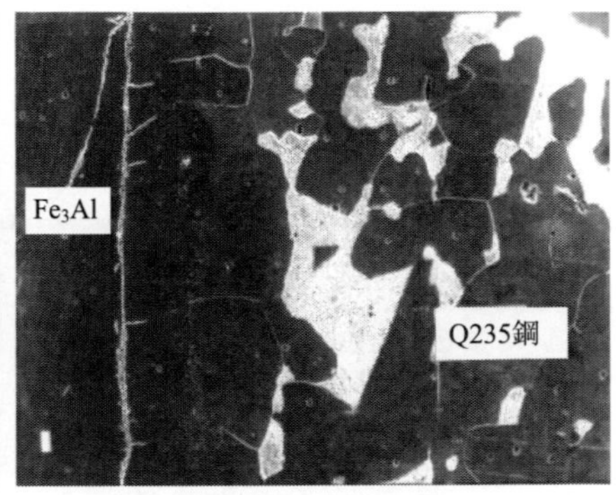

(b) 1060℃×60min, p=12MPa

圖5.44　不同保溫時間時Fe_3Al/Q235擴散焊界面過渡區的顯微組織

保溫時間為30min時，即使在較高溫度（$T=1060$℃）下，Fe_3Al/Q235鋼擴散焊界面過渡區仍能觀察到未消失的顯微空洞；加熱溫度為1040℃、保溫時間較短時（$t=30$min），Fe_3Al/18-8鋼界面混合過渡區與靠近18-8鋼一側的界面過渡區交界處存在明顯的顯微空洞和元素擴散不充分現象。這是由於保溫時間較短、壓力較小時，Fe_3Al/Q235鋼及Fe_3Al/18-8鋼擴散焊界面局部接觸面積較小，界面顯微空洞阻礙晶粒生長和原子穿越界面的擴散遷移，原子來不及擴散或擴散不充分，形成的擴散焊界面過渡區較窄。

保溫時間越長、壓力越大時，擴散焊界面緊密接觸面積也越大，界面附近的顯微空洞會逐漸消失從而形成緻密的擴散焊界面過渡區。由於保溫時間越長，元素擴散也越充分，原子之間的相互擴散遷移越劇烈。不同保溫時間下Fe_3Al/Q235及Fe_3Al/18-8擴散焊界面過渡區寬度的實測值見表5.20。根據實測結果得到的保溫時間對Fe_3Al/Q235鋼及Fe_3Al/18-8鋼擴散焊界面過渡區寬度的影響如圖5.45所示。

表5.20　不同保溫時間下Fe_3Al/Q235鋼及Fe_3Al/18-8鋼擴散焊界面過渡區的寬度

保溫時間/min		15	30	45	60	80
寬度/μm	Fe_3Al/Q235鋼（$T=1060$℃）	—	17.4	25.8	28.6	30.4
	Fe_3Al/18-8鋼（$T=1040$℃）	12.3	20.1	28.2	35.1	38.5

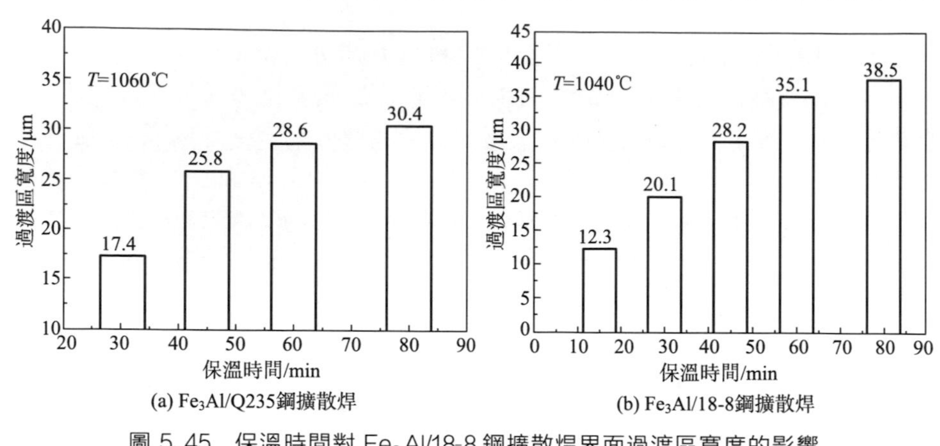

圖 5.45 保溫時間對 Fe_3Al/18-8 鋼擴散焊界面過渡區寬度的影響

隨著保溫時間的延長，Fe_3Al/Q235 鋼及 Fe_3Al/18-8 鋼擴散焊界面過渡區寬度逐漸增加。保溫時間小於 45min 時，界面過渡區寬度增加較快；但超過 45min 時，界面過渡區寬度的增加較為緩慢。這是由於在保溫的初始階段，元素擴散受保溫時間的影響較大，保溫時間越長，元素的擴散遷移越充分。當達到一定時間後，元素的擴散受保溫時間的影響減小，元素擴散遷移逐漸達到準平衡狀態，在 Fe_3Al/Q235 鋼及 Fe_3Al/18-8 鋼界面附近形成具有穩定組織結構的擴散焊界面過渡區。如果保溫時間太長，擴散焊界面附近的組織會隨之長大，顯微組織明顯粗化並影響其總體力學性能。因此 Fe_3Al/Q235 鋼及 Fe_3Al/18-8 鋼擴散焊應嚴格控製保溫時間，既要保證擴散焊界面過渡區具有一定的寬度，又不能使組織明顯粗化。

加熱溫度、保溫時間和壓力在整個擴散焊過程中相互作用，共同影響 Fe_3Al/Q235 鋼及 Fe_3Al/18-8 鋼擴散焊界面過渡區的組織性能。為了獲得界面結合良好、原子擴散充分且具有良好組織性能的 Fe_3Al/Q235 鋼及 Fe_3Al/18-8 鋼擴散焊接頭，必須協調控製加熱溫度、保溫時間和連接壓力。

5.4 Fe_3Al 金屬間化合物的其他焊接方法

5.4.1 Fe_3Al 金屬間化合物的電子束焊

Fe_3Al 金屬間化合物熔化焊的焊接性較差，主要表現在以下兩個方面：

一是 Fe_3Al 金屬間化合物由於交滑移困難導致高的應力集中，造成室溫脆性大，塑性低，熔化焊接時容易產生冷裂紋；

二是 Fe_3Al 熱導率低，導致焊接熱影響區、熔合區和焊縫之間的溫度梯度大，加之線脹係數較大，冷卻時易產生較大的殘餘應力，導致產生熱裂紋。

電子束焊接是利用電子槍產生的電子束聚焦在工件上，使焊件金屬迅速熔化後再重新凝固結晶。化學成分和工藝參數對 Fe_3Al 的焊接性有很大影響。採用真空電子束焊（EBW）對厚度為 0.76mm 的 Fe_3Al 金屬間化合物薄板的焊接研究表明，由於焊接過程是在真空中進行的，抑製了氫的有害作用，焊後不產生延遲裂紋。並且集中的高能量輸入使焊接熔合區組織有所細化，焊縫組織為柱狀晶，寬度窄，沿熱傳導方向生長，熱影響區也十分窄小，在較低的焊速下無裂紋產生，接頭變形也較小。因此富含 Cr、Nb、Mn 的 Fe_3Al 基合金焊後無裂紋出現，獲得的焊接接頭品質較好。

採用電子束焊時，焊接速度控製在 20mm/s 以下，可以獲得良好的 Fe_3Al 焊接接頭。力學性能試驗表明，斷裂發生在熱影響區，拉伸斷口為沿晶和穿晶解理混合斷口，這與焊前母材的斷裂機製相同。可見電子束焊雖然熱輸入集中，但接頭仍受 Fe_3Al 母材本質脆性的影響而呈現脆性斷裂特徵。

用真空電子束焊對厚度為 1～2mm 的 Fe_3Al 基合金進行焊接，採用的工藝參數為：聚焦電流為 800～1200mA，焊接電流為 20～30mA，焊接速度為 8.3～20mm/s，真空度為 1.33×10^{-2}Pa。由於電子束焊能量集中以及在真空氣氛中的 H、O 原子濃度很低，抑製了氫的作用，使焊接接頭氫致延遲裂紋難以發生，因此焊接效果優於鎢極氬弧焊，可以獲得無裂紋和缺陷的焊縫，焊縫很窄（約是氬弧焊的一半），熱影響區也很窄，焊後變形小，應力也較小。

電子束焊接 Fe_3Al 基合金的拉伸和彎曲試驗表明，室溫拉伸和彎曲時，斷裂發生在 Fe_3Al 母材熱影響區，抗拉強度為 289MPa，焊縫並沒有弱化焊接接頭區的力學性能。因此，採用電子束焊，Fe_3Al 基合金表現出良好的焊接性，焊縫外形美觀、性能優異。

Fe_3Al 基合金薄板真空電子束焊的焊接速度快，可控製在 4.2～16.9mm/s 範圍內，焊接效率高，具有很好的應用前景。

5.4.2 Fe_3Al 的焊條電弧焊

(1) 焊條電弧焊工藝參數

在不預熱和焊後熱處理條件下，採用焊條電弧焊（SMAW）進行 Fe_3Al/Fe_3Al、Fe_3Al/Q235 鋼和 Fe_3Al/18-8 鋼的對接焊試驗。焊條電弧焊（SMAW）採用挪威 Master TIG MLS2500 型焊機，可採用的焊接材料為 E308-16、E316-16、E309-16、E310-16 四種型號的焊條，焊條直徑為 2.5mm 和 3.2mm，化學成分及力學性能見表 5.21。

表 5.21 焊接材料的化學成分及力學性能

焊條型號	熔敷金屬的化學成分(溶質質量分數)/%						力學性能	
	C	Cr	Ni	Mn	Mo	Si	抗拉強度 σ_b/MPa	伸長率 δ_5/%
E308-16	≤0.08	18.0～21.0	9.0～11.0	0.5～2.5	≤0.75	≤0.90	≥550	≥35
E316-16	≤0.08	17.0～20.0	11.0～14.0	0.5～2.5	2.0～3.0	≤0.90	≥520	≥30
E309-16	≤0.15	22.0～25.0	12.0～14.0	0.5～2.5	≤0.75	≤0.90	≥550	≥25
E310-16	0.08～0.20	25.0～28.0	20.0～22.5	1.0～2.5	≤0.75	≤0.75	≥550	≥25

焊條電弧焊（SMAW）採用的工藝參數見表 5.22。

表 5.22 Fe_3Al 焊條電弧焊的工藝參數

焊條直徑 ϕ/mm	焊接電流 I/A	焊接電壓 U/V	焊接速度 v/(cm/s)	焊接熱輸入 $E(\eta=0.85)$ /(kJ/cm)
2.5	100～120	24～26	0.20～0.30	8.8～13.3
3.2	125～140	24～27	0.25～0.35	9.2～12.9

焊接熱輸入過大或過小都易引起焊接裂紋。焊接熱輸入過小時，焊縫冷卻速度快，焊後產生明顯的表面裂紋。焊接熱輸入過大時，熔池過熱時間長，導致焊縫組織粗化進而誘發裂紋。尤其是焊條電弧焊的熔渣附著在熔敷金屬上導致散熱緩慢和組織粗化。試驗結果表明，焊條電弧焊（SMAW）採用 E310-16 型焊條作焊接材料，控製焊接熱輸入可獲得無裂紋的 Fe_3Al 接頭。Fe_3Al/Q235 鋼焊條電弧焊焊縫的顯微組織如圖 5.46 所示。

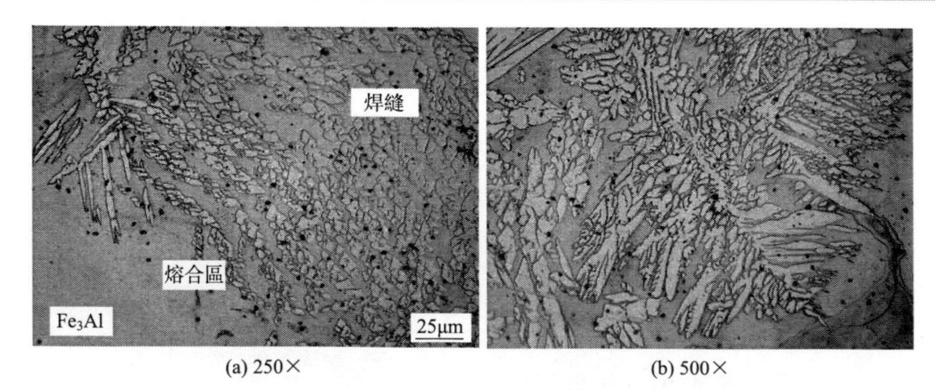

(a) 250×　(b) 500×

圖 5.46 Fe_3Al/Q235 鋼焊條電弧焊焊縫的顯微組織

(2) 焊條電弧堆焊

焊條電弧堆焊可以賦予零件表面耐磨、耐腐蝕、耐熱等特殊性能。在石油化工及熱加工生產中，大量存在用不銹鋼堆焊耐熱鋼的結構，若以 Fe-Al 合金取代不銹鋼作為堆焊層，或在零件表面形成一層 Fe_3Al 堆焊層，如可採用焊條電弧焊（SMAW）將 Fe_3Al 合金堆焊在奧氏體不銹鋼、2.25Cr-1Mo 鋼或其他鋼材基體上，可以發揮其優異的性能。

將經中頻感應爐熔煉的 Fe_3Al 合金澆鑄成鑄錠，經過多道熱軋和熱鍛（溫度控製在 900℃以上），製成直徑為 3.2mm 的棒料，用作焊條的焊芯。藥皮選用低氫鉀型，焊芯成分和堆焊金屬的成分見表 5.23。

表 5.23　Fe_3Al 焊芯成分和堆焊金屬的成分　　%

材料	Al	Cr	Fe	Ni	Ti	Si
Fe_3Al 焊芯	16.00	5.10	78.70	—	—	0.20
堆焊層	11.60	5.95	70.69	0.56	0.20	1.00

為了保證成分穩定，至少應堆焊三層。採用直流弧焊機，堆焊電壓約為 25V，堆焊電流取下限（一般為 90～110A），堆焊焊條移動速度約為 12cm/min。堆焊時的飛濺較小，但脫渣性較差，堆焊下一層時要仔細清除殘渣，可得到無裂紋的 Fe_3Al 堆焊層。

堆焊前將工件預熱到 300～350℃，保溫 30min，堆焊後對焊件進行 700℃×1h 退火處理。堆焊層金屬以粗大的柱狀晶為主，堆焊層的 Al 含量在堆焊過程中損失較大，導致堆焊層組織以 α-Fe（Al）固溶體為主，但不影響堆焊層的抗氧化性能。在空氣爐中經 800℃×70h 氧化後，不銹鋼基體氧化嚴重，而 Fe_3Al 堆焊層氧化輕微，表明其高溫抗氧化性能優於 18-8 不銹鋼。

5.4.3 Fe_3Al 氬弧堆焊工藝及特點

這種堆焊工藝大多是採用填絲鎢極氬弧焊，選用合金填充材料，可自動化操縱，也可手動完成。將尺寸規格為 40mm×20mm×6mm 的 2.25Cr-1Mo 鋼板待堆焊表面的油污和鐵銹清除，採用填絲鎢極氬弧焊（GTAW）方法在 2.25Cr-1Mo 耐熱鋼上堆焊 Fe_3Al 合金（Fe 84%，Al 16%），焊接電流為 75A。填絲氬弧焊堆焊前耐熱鋼工件需經 300℃ 預熱處理，堆焊後進行 600℃×1h 的後熱處理。

技術關鍵是選用堆焊層中可形成大量 Fe_3Al 金屬間化合物的合金焊絲。這種條件下，堆焊層具有很高的硬度和耐磨性、耐蝕性，儘管堆焊層中可能存在微裂紋，但仍能保證堆焊合金具有良好的工作性能。

通過掃描電鏡（SEM）觀察，Fe_3Al 堆焊層與 2.25Cr-1Mo 耐熱鋼基體之間界面結合良好，形成的堆焊層熔合區寬度約為 300μm。堆焊層內組織為粗大的柱狀晶組織，每個柱狀晶內分布有大量的針狀物。通過電子探針分析，這些針狀物含有大量的 Fe 和 Al，構成 α-Fe(Al) 固溶體。熔合區是 Fe_3Al 與 2.25Cr-1Mo 耐熱鋼堆焊接頭組織性能最薄弱的環節，Fe_3Al 與 2.25Cr-1Mo 堆焊接頭熔合區化學成分的能譜分析見表 5.24。

表 5.24　Fe_3Al 與 2.25Cr-1Mo 堆焊接頭熔合區化學成分的能譜分析　　%

位置	Al	Cr	Mo
1	1.07	2.18	1.29
2	1.22	2.42	1.21
3	2.02	2.05	0.85
4	3.04	2.01	0.97
5	3.31	1.85	0.94
堆焊金屬	8.15	1.08	0.43
基體	—	2.43	1.19

注：表中的前 5 個位置分別為從熔合線開始，每隔 100μm 取測定點。

在 Fe_3Al 堆焊層與 2.25Cr-1Mo 基體熔合區附近，合金元素 Cr、Mo、Al 的濃度梯度變化比較顯著，堆焊金屬中的 Al 被大量稀釋，堆焊層相結構中 Al 含量較低，主要形成單相 α-Fe(Al) 固溶體。

參考文獻

[1] Li Yajiang, Ma Haijun, Wang Juan. A study of crack and fracture on the welding joint of Fe_3Al and Cr18-Ni8 stainless steel, Materials Science and Engineering A, 528 (2011): 4343-4347.

[2] Ma Haijun, Li Yajiang, U. A. Puchkov, et al. Microstructural characterization of welded zone for Fe_3Al/Q235 fusion-bonded joint. Materials Chemistry and Physics, 2008 (112): 810-815.

[3] M. A. Mota, A. A. Coelho, J. M. Bejarano, et al. Directional growth and characterization of Fe-Al-Nb eutectic alloys. Journal of Crystal Growth, 1999, 198-199 (1): 850-855.

[4] Y. D. Huang, W. Y. Yang, Z. Q. Sun. Effect of the alloying element chromium on the room temperature ductility of Fe_3Al intermetallics. Intermetallics, 2001, 9: 119-124.

[5] 馬海軍，李亞江，吉拉斯莫夫，等. 焊接條件下 Fe_3Al 金屬間化合物 B2-$D0_3$ 有序結構轉變模式研究. 中國有色金屬學報，2007，17（S1）：25-29.

[6] C. G. McKamey，J. A. Horton. Effect of chromium on properties of Fe_3Al，Journal of Materials Research，1989，4（5）：1156-1163.

[7] 丁成鋼，陳春煥，從國志，等. Fe-Al 合金 TIG 焊接頭組織與性能研究. 應用科學學報，2000，18（1）：368-370.

[8] Ma Haijun，Li Yajiang，Li Jianing，et al. Division of character zones and elements distribution of Fe_3Al/Cr-Ni alloy fusion-bonded joint. Materials Science and Technology，2007，23（7）：799-812.

[9] Ma Haijun，Li Yajiang，Juan Wang，et al. Effect of heat treatment on microstructure near diffusion bonding interface of Fe_3Al/18-8 stainless steel. Materials Science and Technology，2006，22（12）：1499-1502.

[10] Senying，L. J. Albert. Cr impurity effect on antiphase boundary in FeAl alloy. Journal of Applied Physics，1999，38（5）：2806-2811.

[11] D. L. Joslin，D. S. Easton，C. T. Liu，et al. Reaction synthesis of Fe-Al alloys. Materials Science and Engineering，1995，192A（2）：544-548.

[12] 馬海軍，李亞江，王娟，等. 再加熱對 Fe_3Al/18-8 擴散焊界面附近組織結構的影響. 焊接學報，2006，27（5）：35-38.

[13] Wang Juan，Li Yajiang，Ma Haijun. Diffusion bonding of Fe-28Al（Cr）alloy with low-carbon steel in vacuum，Vacuum，2006，80（5）：426-431.

[14] 李亞江，王娟，U. A. Puchkov，等. Cr、Ni 元素對 Fe_3Al/鋼擴散焊界面組織結構的影響. 材料科學與工藝，2007，15（4）：470-475.

[15] Y. Li，S. A. Gerasimov，U. A. Puchkov，et al. Microstructure performance on TIG welding zone of Fe_3Al and 18-8 dissimilar materials. Materials Research Innovations，2007，11（3）：45-47.

[16] Wang Juan，Li Yajiang，Liu Peng. Microstructure and performance in diffusion-welded joints of Fe_3Al/Q235 carbon steel. Journal of Materials Processing and Technology，2004，145（3）：294-298.

[17] 王娟，李亞江，劉鵬. Fe_3Al/Q235 擴散焊接頭的剪切強度及組織性能. 焊接學報，2003，24（5）：81-84.

[18] 李亞江，王娟，尹衍升，等. Fe_3Al/Q235 異種材料擴散焊界面相結構分析，焊接學報，2002，23（2）：25-28.

[19] 閔學剛，余新泉，孫揚善，等. 手弧堆焊 Fe_3Al 堆焊層的組織形貌與抗氧化性能. 焊接學報，2001，22（1）：56-58.

[20] Ma Haijun，Li Yajiang，S. A. Gerasimov，et al. Microstructure and phase constituents near the fusion zone of Fe_3Al/Cr-Ni alloys joints produced by MAW. Materials Chemistry and Physics，2007，103（1）：195-199.

第6章

疊層材料的焊接

疊層材料是近年來發展起來的一種新型材料，因其獨特的抗高溫和耐蝕性能等受到歐美、俄羅斯等國家的關注。較薄的超級鎳（Super-Ni）復層包覆在NiCr基層板表面，能夠抑製NiCr基層的微裂紋擴展，防止結構件存在微裂紋和缺陷時發生瞬間破壞，提高疊層材料的整體承載能力。由於超級鎳疊層材料（Super-Ni/NiCr疊層材料）具有低密度、耐腐蝕、耐高溫等優點，在航空航天、能源動力等領域具有廣闊的應用前景，疊層材料的焊接問題也日益受到人們的關注。

6.1 疊層材料的特點及焊接性

6.1.1 疊層材料的特點

超級鎳疊層複合材料（Super-Ni/NiCr）是近年來發展起來的一種新型結構材料，由兩側的超級鎳（Super-Ni）復層和中間的NiCr（或金屬間化合物）基層複合而成，類似「三明治」結構。所謂超級鎳是指復層純度超出國標規定的Ni含量水準。超級鎳具有較好的抗氧化性、耐腐蝕性和塑韌性，可應用於耐腐蝕的高溫結構件中。

疊層材料的NiCr基層是由Ni80Cr20粉末燒結而成的多孔材料，孔隙率約為30％～35％，能夠減輕結構質量。目前，可通過粉末冶金技術製備多孔、半緻密或全緻密材料。多孔材料具有很多優良性能，如輕質、高比剛度、高比強度、抗衝擊、隔音、隔熱等，但由於存在結構易變形、孔壁和表面存在缺陷等問題，單一多孔金屬很少作為結構件使用，往往與實體材料配合形成複合結構，以發揮其獨特的材料性能。多孔金屬材料可用作剛性夾層複合結構，在航空、航天、導彈、飛行器設計等領域受到關注。

超級鎳疊層材料是由超級鎳（Super-Ni）復層和Ni80Cr20粉末合金基層真空壓製成的疊層板，是一種新型的高溫結構材料。這種疊層材料的復層厚度僅為0.2～0.3mm，Ni＞99.5％，基層是厚度約為2.0～2.6mm的NiCr合金（Ni含量為 80%，Cr 含量為 20%）。

較早的高溫合金是在 80%Ni-20%Cr 合金基礎上發展起來的壓製鎳基高溫合金 Nimonic80A，通過添加少量的 Ti、Al 元素來提高合金的蠕變斷裂強度及高溫抗氧化性能。NiCr 合金常作為其他高溫合金的基體，鎳基高溫合金廣泛用於航空航天領域，特別是渦輪發動機的熱端部件，如燃燒室、渦輪葉片等。

超級鎳（Super-Ni）復層具有較好的耐腐蝕性、抗氧化性和韌性；而 Ni80Cr20 粉末經真空燒結形成多孔材料，具有較低的密度，能夠減輕結構質量，提高零部件的整體性能。Super-Ni/NiCr 疊層複合材料能夠充分發揮 Super-Ni 復層與 NiCr 基層各自的性能優勢，應用於某些特定場合優於單一材料。

（1）NiCr 基層的化學成分及孔隙率

Super-Ni/NiCr 疊層複合材料的物理性能參數與傳統材料有很大不同，採用等離子發射光譜分析 Ni80Cr20 基層中的元素含量，實測結果見表 6.1。

表 6.1　疊層複合材料基層的化學成分

元素	Ni	Cr	Mo	Al	Co	Fe
波長/nm	231.6	284.3	204.5	167.0	231.1	259.9
平均含量/%	64.86	17.44	0.0467	0.0387	0.0133	0.4343

由表 6.1 可知，Ni、Cr 為基層主體元素，Fe、Co、Mo、Al 為存在的微量元素。疊層複合材料的組織特徵如圖 6.1 所示。通過金相顯微鏡觀察，超級鎳疊層材料（Super-Ni/NiCr）基層的骨骼狀結構（白色組織）與造孔劑之間黑白分明，組織結構均勻。

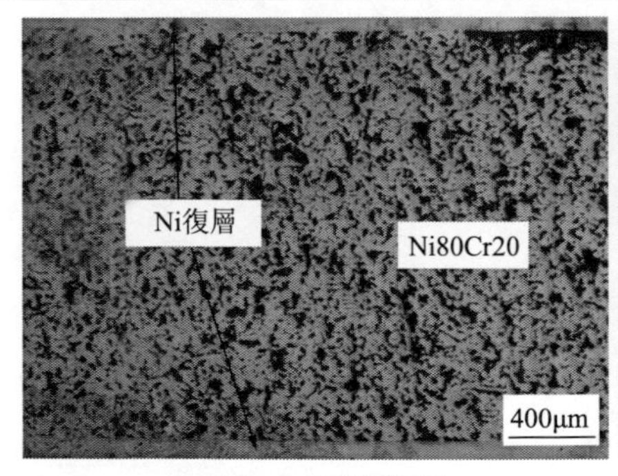

(a) Super-Ni復層/NiCr

(b) NiCr基層

圖 6.1　Super-Ni 疊層複合材料的顯微組織

疊層材料的 Ni80Cr20 基層為粉末燒結合金，其名義孔隙率與名義密度是反映材料性能的重要參數。根據體視學原理，採用面積法對 Ni80Cr20 基層的名義孔隙率及名義密度進行了測算。

測量孔隙部分的截面積 A_P，以及觀測部分的總面積 A，按式(6.1)計算出孔隙部分截面積占總面積的百分數，根據體視學理論（其體積百分比等於截面積百分比），可以計算出多孔材料的名義孔隙率 ε。

$$\varepsilon=\frac{A_P}{A}\times 100\% \tag{6.1}$$

經計算分析，Ni80Cr20 合金基層的名義孔隙率為 35.41%，名義密度為 6.72g/cm^3。

(2) 疊層材料的結構特點

疊層材料由兩種不同性能的材質通過真空壓製或特殊的加工製備方法複合而成，複合了兩種組元各自的優點，可以獲得單一組元所不具有的物理和化學性能。目前美國、俄羅斯、英國、德國等發達國家在疊層材料的研究及應用領域成果顯著。中國相關研究開始於 1960 年代，近年來在其科研及生產應用領域也取得了重要的進展。

圖 6.2 為合金使用溫度與使用溫度占其熔點百分比的函數關係圖。先進的航空發動機用材料常在熔點 85%以上的溫度、高負載條件下工作，對材料的高溫性能提出了更高要求。由圖 6.2 可知，將兩種具有不同耐高溫與力學性能的材料結合，可以充分發揮兩種材料良好的耐高溫與力學性能優勢，更好地滿足特殊服役環境的需求。

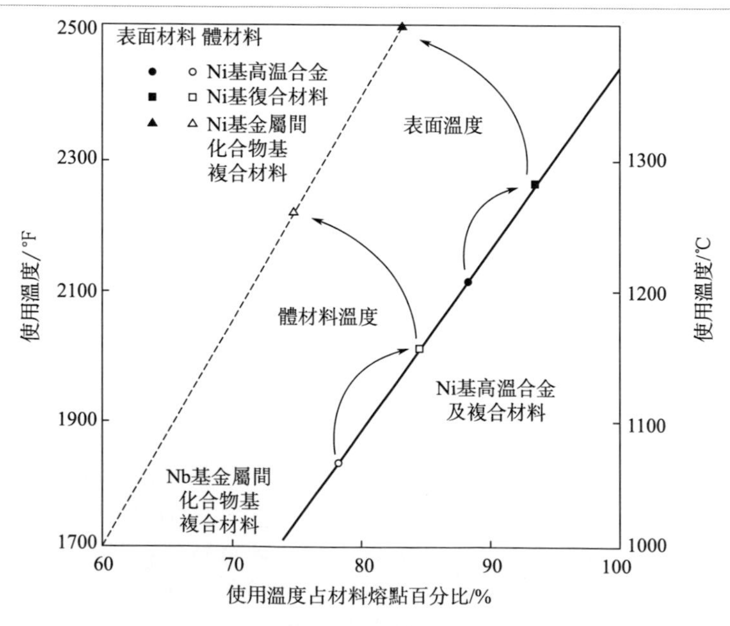

圖 6.2 合金使用溫度與使用溫度占熔點百分比的關係

複合材料可分為層狀複合材料、顆粒增強複合材料和纖維增強複合材料等。

層狀複合材料是由兩種或兩種以上性能不同的材料通過特殊的加工方法得到的，複合了不同組元的優點，得到單一材料所不具備的物理和化學性能。從各組元尺寸角度可把層狀複合材料分為兩種類型：疊層複合材料、微疊層複合材料，見表 6.2。疊層複合材料呈復層＋基層＋復層的「三明治」型結構，復層較薄，一般小於 0.4mm。基層主要滿足結構強度和剛度的要求，復層滿足耐腐蝕、耐磨等特殊性能的要求。而微疊層複合材料是由兩種或三種材料交替層疊而成，這與微疊層材料的製備工藝有關，微疊層材料的層厚為 100～300μm。

表 6.2　層狀複合材料的分類

層狀複合材料	結構形式	層間厚度
疊層複合材料	「三明治」型	(復層)小於 0.4mm
微疊層複合材料	交替層疊	100～300μm

用於航空航天領域的疊層複合材料主要包括 Ni-Cr、Ni-Al 及 Ti-Al 三大體系，Ni-Cr 係疊層材料（例如 Ni80Cr20）是較早研究開發的一種基礎的疊層複合材料，而 Ni-Al 及 Ti-Al 係疊層複合材料是近年發展起來的，其製備工藝、性能及應用研究成為研究開發的焦點。三個體系的疊層複合材料所占比重及使用性能要求有很大差異，可以適用於不同服役環境的特殊需求。

(3) 疊層材料的製備工藝特點

Super-Ni/NiCr 疊層材料是將 Ni80Cr20 粉末置於包套中通過真空壓製而成，兼具復層和基層的性能優勢。Super-Ni 復層包覆在 NiCr 基層表面，能夠抑製 NiCr 基層的裂紋擴展，防止零部件存在裂紋和缺陷時發生瞬間破壞，提高疊層材料的整體強度。Super-Ni/NiCr 疊層材料具有低密度、耐腐蝕、耐高溫等優點，在航空航天、能源動力等領域具有廣闊的應用前景。

微疊層複合材料是將兩種或兩種以上物理化學性能不同的材料按一定的層間距及層厚比交互重疊而成的多層材料，材料組分可以是金屬、金屬間化合物、聚合物或陶瓷。微疊層複合材料旨在利用韌性金屬克服金屬間化合物的脆性，層間界面對內部載荷傳遞、增強機製和斷裂過程有重要影響，使這種複合材料相對於單體材料表現出優異的性能。微疊層複合材料的性質取決於各組分的特性、體積分數、層間距及層厚比。疊層複合材料的應力場是一種能量耗散結構，能克服脆性材料突發性斷裂的致命缺點，當材料受到衝擊或彎曲時，裂紋多次在層間界面處受到阻礙而偏折或鈍化，這樣可以有效減弱裂紋尖端的應力集中，改善材料韌性，使界面阻滯裂紋擴展、緩解應力集中。

疊層材料的研究始於 1960 年代，美國、俄羅斯、英國等有深入的研究；中國的相關研究工作始於 1960～1970 年代，主要研究單位有上海鋼鐵研究所、東北大學、北京科技大學、武漢科技大學等。薄層金屬複合材料的生產總體上可以分為三大類：固-固相複合法、液-固相複合法和液-液相複合法，如圖 6.3 所示。

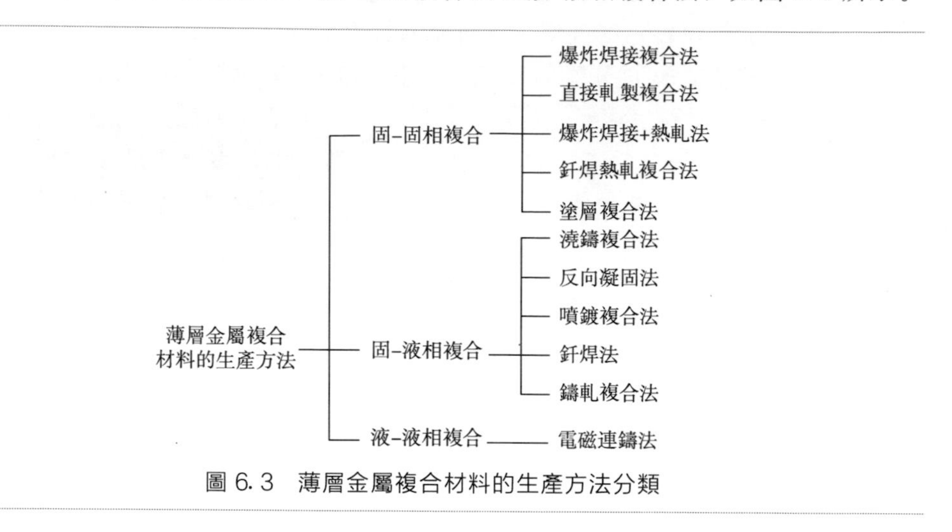

圖 6.3 薄層金屬複合材料的生產方法分類

1960 年代中期，前蘇聯研究者首次提出微疊層材料的概念，他們將亞微米尺度的 Cu 與 Cr 交替沉積形成微疊層材料，得到材料的強度是單體塊狀材料的 2～5 倍。所謂微疊層材料是將兩種不同材料按一定的層間距及層厚比交互重疊形成的多層材料，一般是由軟、硬基體增強材料製備而成的。材料的性質取決於各組分的結構特性、層間距、互溶度以及界面化合物。疊層方向對阻礙疲勞裂紋擴展具有重要意義，垂直於界面方向的抗疲勞性能優於平行於界面方向，這種增強作用主要是因為過渡韌性金屬阻礙裂紋尖端擴展造成的。提高疊層材料的層間距可以改善斷裂韌性和抗疲勞裂紋擴展能力。

通過研究製備工藝對 NiAl/Al 微疊層複合材料反應合成機製的影響，差熱分析（DTA）結果顯示：Ni/Al 界面上首先出現 $NiAl_3$ 的形核與長大，接著 Ni_2Al_3 在 $Ni/NiAl_3$ 界面上擴散生長；經 50MPa～100MPa、900～950℃的焊後熱處理，獲得了 NiAl 與 Ni_3Al 金屬間化合物中間層。

還有的研究者採用 Ni、Al 箔軋製出了 Ni/鋁化物多層複合材料，並進一步研究了 Ni/鋁化物多層複合材料的反應合成機製。結果表明：最終形成的 Ni/Ni_3Al 多層複合材料具有較高的抗拉強度。

6.1.2 疊層材料的焊接性分析

針對這種具有「三明治」結構的 Super-Ni/NiCr 疊層材料，由於其特殊的 Super-Ni 復層包覆 NiCr 合金基層，而且 Super-Ni 復層厚度僅為 0.2～0.3mm，焊接時既要使 Super-Ni 復層和 NiCr 基層與焊縫之間結合良好，又要保證 Super-Ni 復層和 NiCr 基層之間的複合結構完整，因此焊接難度很大。由於基層兩側

Super-Ni 復層的厚度僅為 0.2～0.3mm，Super-Ni/NiCr 疊層複合材料的焊接與傳統的大尺寸複合板（復層厚度＞1mm）的焊接有本質區別。

疊層材料熔焊過程中出現的問題主要有以下幾個方面：焊縫及熔合區微裂紋、Ni 復層燒損、NiCr 基層熔合缺陷（包括未熔合、顯微孔洞及裂紋等）等。

（1）焊接區的微裂紋

疊層材料熔焊中最突出的是裂紋問題。焊縫中主要是產生熱裂紋，以及焊接過程中應力集中導致的開裂。焊接熱循環引起的熱脹冷縮、易使焊接熔合區結合力差的大晶界在應力作用下產生局部裂紋並沿大晶界邊緣擴展，終止於 NiCr 基層的燒結孔洞處，燒結孔洞可起到止裂作用。

Super-Ni 疊層材料熔焊時接頭的應力狀態、焊接物理冶金反應造成的低熔點夾雜物聚集都可能引發裂紋產生。通常焊縫凝固時，S 元素等易與 Fe、Ni 元素形成金屬硫化物（FeS、NiS 等）低熔點共晶，易在大晶界聚集，成為裂紋源。為進一步分析形成低熔點硫化物的可能性，採用碳硫分析儀對焊縫及母材中 C、S 元素的含量進行測試，如圖 6.4 所示。焊縫中的 C、S 元素含量均低於鋼材焊接時的規定含量，其中焊縫中的硫含量遠低於規定值，形成低熔點硫化物而導致裂紋產生的可能性很小。

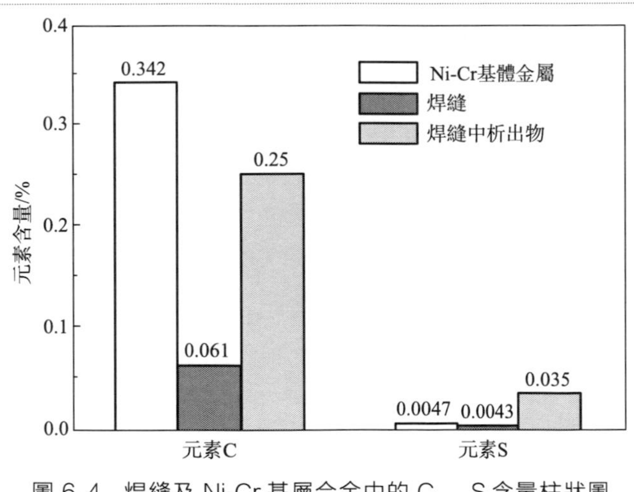

圖 6.4　焊縫及 Ni-Cr 基層合金中的 C、 S 含量柱狀圖

Super-Ni 疊層複合材料與奧氏體鋼（1Cr18Ni9Ti）填絲鎢極氬弧焊（GTAW）焊接試驗中觀察到的裂紋形態如圖 6.5 所示。焊縫組織垂直於熔合區呈柱狀晶形態生長，合金元素以及可能的低熔點雜質相在柱狀晶末端的剩餘液相中聚集，這一區域成為焊縫中的薄弱區域。如果焊接過程中有拘束應力作用，極易在焊接過程中產生凝固裂紋。

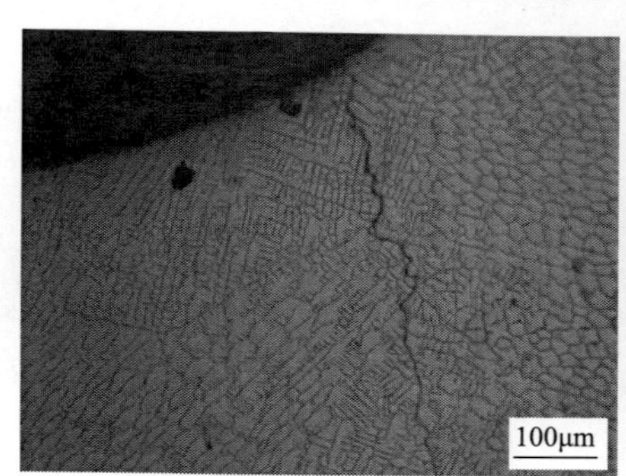

(a) 裂紋起始

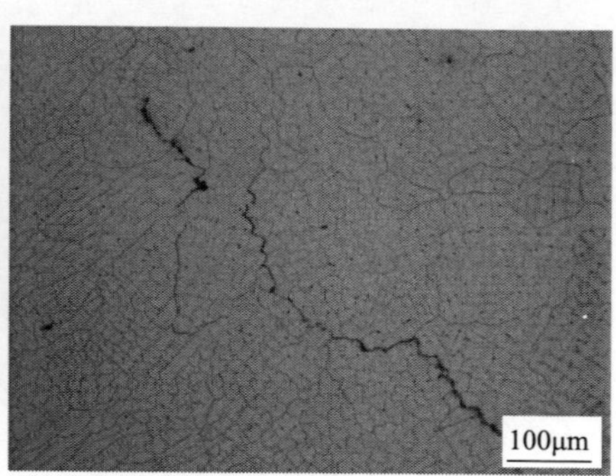

(b) 裂紋擴展

圖 6.5 焊縫中的局部裂紋

圖 6.5(a) 所示為由於焊接應力導致的裂紋，從焊縫表面起裂，擴展到焊縫內部，這類裂紋通常在焊縫冷卻過程中形成。這類顯微裂紋的存在[圖 6.5(a)]，表明 Super-Ni/NiCr 疊層材料熔化焊（GTAW）接頭中有較大的殘餘應力存在，導致焊縫中心萌生裂紋，沿大晶界分布和擴展。圖 6.5(b) 所示為焊縫柱狀晶末端分布的裂紋。裂紋尺寸較大，有明顯的低熔點夾雜物存在疊層。

Super-Ni 疊層材料與奧氏體鋼（18-8 鋼）填絲鎢極氬弧焊（GTAW）時，由於疊層材料本身的復層結構，並且 NiCr 基層、Ni 復層、奧氏體鋼及 0Cr25-Ni13 填充合金焊絲不同材料的熱物性參數不同，焊接後接頭區形成複雜的應力狀態。在焊縫成形後，冷卻至室溫的過程中，焊縫金屬的塑性下降，形成拉伸應力作用，因而在焊接接頭的薄弱區域易產生裂紋。裂紋大多是從焊縫根部或表面形成，並進一步向焊縫中心擴展。同時焊接熱循環和不均勻的焊縫組織形態進一步加劇了殘餘應力的產生。在無復層焊接的情況下（僅焊接 NiCr 基層），因應力而產生熱裂紋的情況將明顯降低，因此在實際焊接疊層材料的操作中，需採取必要的降低焊接應力的措施。

Super-Ni 疊層材料與奧氏體鋼 GTAW 焊接時，在電弧力的攪拌作用下，從 Ni80Cr20 合金基層脫離的燒結填充劑可能進入熔池，焊縫冷卻過程中在柱狀晶末端聚集，可能成為裂紋形成的根源。

能譜儀測試結果表明，引發裂紋的夾雜物中主要含有 B、C、O、Cr、Fe、Ni 等元素（表 6.3），可能形成 Cr 的碳化物及金屬氧化物，包括從 Ni80Cr20 基層中過渡而來的燒結填充劑。隨著焊縫結晶過程中柱狀奧氏體晶粒的生長，雜質元素聚集在奧氏體柱狀晶族的末端，形成焊縫金屬的薄弱區域。因此應控製焊接工藝參數，減小電弧吹力作用，控製基層合金母材的熔合比。

表 6.3　各測點的元素百分含量　%

位置	B	C	O	S	Cl	Cr	Fe	Ni	總量
1	13.16	22.66	5.74	—	—	17.78	18.75	21.90	100
2	—	52.32	28.47	—	0.48	14.80	0.84	3.09	100
3	—	36.18	18.99	—	0.40	15.73	1.78	26.93	100
4	—	52.12	17.57	—	0.78	18.81	3.54	7.18	100
5	—	41.40	28.55	0.28	0.98	15.09	2.81	10.89	100
max	13.16	52.32	28.55	0.28	0.98	18.81	18.75	26.93	—
min	13.16	22.66	5.74	0.28	0.40	14.80	0.84	3.09	—

注：按重量百分比顯示的所有結果。

(2) 超級鎳復層的燒損

超級鎳（Super-Ni）疊層材料熔化焊接時存在超級鎳復層的燒損，因超級鎳覆層很薄（厚度僅為0.2～0.3mm），焊接電弧熱對其影響很大。焊接過程中很薄的超級鎳復層金屬由於優先受熱，並且其熱導率67.4W/（cm・℃）遠高於Ni80Cr20基層的熱導率，因此在焊接時熔化迅速。致使最後焊縫表面成形變寬，如果焊接電弧較長時間作用時，甚至會發生過度燒損（焊接電流較大時），而導致焊接接頭成形不良。

超級鎳疊層材料熔化焊接過程中很薄的鎳基復層的燒損是難以避免的，這主要與超級鎳復層與Ni80Cr20基層不同的熱物理性質有關。因此熔化焊過程中要嚴格控製焊接熱輸入（工藝參數），焊接電弧功率過大、電弧長時間加熱復層、焊接過程中工藝參數不穩定、電弧擺動等都易造成超級鎳復層的燒損。

(3) 基層熔合缺陷

Super-Ni疊層複合材料焊接時，Ni80Cr20基層的焊接行為、基層的熔合狀態對接頭的組織與性能有重要的影響，是Super-Ni疊層材料可焊性分析的重要因素。分析發現，部分熔合、熔合區孔洞、熔合區微裂紋成為NiCr基層焊接過程中的主要熔合缺陷。

對疊層材料與18-8鋼填絲GTAW接頭熔合區的分析發現，NiCr基層存在部分熔合現象，部分熔合的NiCr基層熔合區狀態如圖6.6(a)所示，焊接參數控製不當極易形成不連續的熔合區形態。

NiCr基層熔合區的組織以奧氏體為主，晶界處析出鐵素體。與傳統的鑄造或軋製合金的熔合區不同，NiCr基層中燒結填充材料的存在對其焊接成形也有很大影響。熔合區中有少量從NiCr基層中過渡的燒結填充劑，形成非連續性的熔合區形態。

Super-Ni疊層複合材料GTAW焊接時可能會在焊縫填充金屬與基層合金母

材之間形成一系列的孔洞，在鐵基粉末合金的焊接中也存在類似現象。基層合金中的燒結填充劑降低了母材的熔合性，是形成這種大尺度（長度約為 400μm）孔洞缺陷的主要原因。

對 Super-Ni 疊層複合材料焊接接頭使用性能影響較大的一類缺陷是有可能存在 NiCr 基層熔合區的微裂紋，如圖 6.6（b)所示。NiCr 基層熔合區微裂紋起源於結合力差的大晶粒晶界，沿大晶界邊緣擴展，終止於 NiCr 基層的燒結孔洞處。燒結孔洞起到止裂作用，能夠抑製微裂紋的進一步擴展，對焊接接頭維持其使用性能有利。

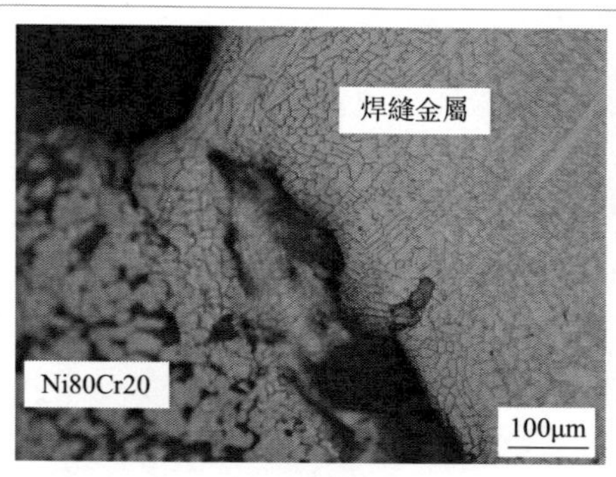

(a) 熔合不良

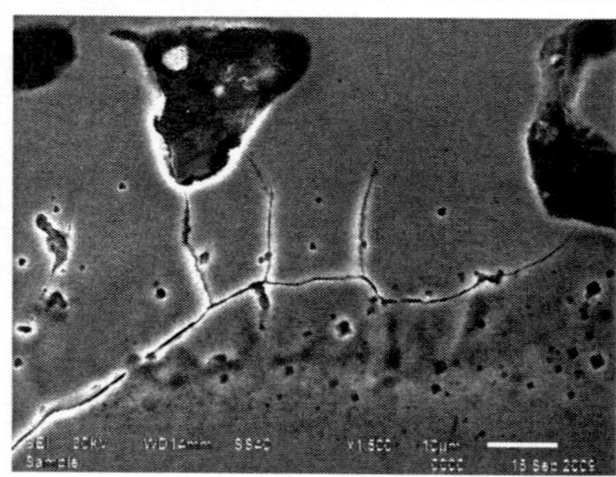
(b) 微裂紋

圖 6.6　Ni80Cr20 基層的部分熔合及微裂紋

（4）應力與液化裂紋

疊層複合材料側焊縫組織 Ni 含量達 40%，$Cr_{eq}/Ni_{eq}<1.52$，焊縫凝固模式為 AF 模式，方向性柱狀晶生長強烈，有熱裂紋敏感性。NiCr 基層的孔隙對焊接性有重要影響，使 NiCr 基層的焊接與傳統軋製材料不同。由於 NiCr 合金基層存在孔隙，焊接熱輸入較大時 NiCr 基層熱影響區（HAZ）的骨骼狀組織在焊接電弧熱作用下發生局部熔化，重新凝固收縮後可能會有大尺寸孔洞出現。NiCr 基層的孔隙使疊層材料與 18-8 鋼的熱脹係數差別較大，影響焊接接頭的應力分布甚至引發液化裂紋。採用 ANSYS 有限元分析對 Super-Ni/NiCr 疊層材料與 18-8 鋼填絲 GTAW 接頭進行應力分布模擬，發現應力集中在疊層材料一側熔合區附近，Super-Ni 復層的應力高於 NiCr 基層，Ni 復層與 NiCr 基層界面為 Super-Ni/NiCr 疊層複合材料焊接時的薄弱區域。

6.1.3 疊層材料的焊接研究現狀

採用先進焊接技術在實現結構設計新構思中具有重要優勢，如減輕結構質量、降低製造成本、提高結構性能等，研究 Super-Ni/NiCr 疊層複合材料的焊接問題將為其推廣應用提供理論與試驗基礎。由於 Super-Ni/NiCr 疊層複合材料化學成分和組織結構的特殊性，它的焊接性研究涉及鎳基高溫合金、粉末高溫合金以及層狀複合材料等的焊接。

疊層材料特殊的「三明治」復層結構形式，是影響其焊接性的重要因素之一。由於疊層複合材料綜合了兩種金屬的優良性能，能滿足許多特殊場合的使用要求，使其焊接行為研究及應用受到關注。中、厚度板疊層材料焊接通常採用開坡口、復層和基層分別焊接及中間加過渡層的方法焊接，例如複合鋼的焊接。亦有研究者對複合板單道焊進行研究。而復層厚度僅為 0.2～0.3mm 的疊層複合材料則不能套用中、厚度板複合鋼焊接的方法，解決疊層複合材料的焊接問題是其推廣應用的關鍵。

中南大學黃伯雲等採用包套軋製技術，在 1050℃ 的條件下製備了厚度為 2.7mm 的 TiAl 基合金板。金相分析表明，薄板具有均勻、細小的等軸晶組織，平均晶粒尺寸約為 3μm。包套軋製技術可以降低 TiAl 基合金變形時的流變應力，延緩流變軟化趨勢，降低局部流變係數，從而提高 TiAl 基合金的塑性變形能力。

疊層材料特殊的復層結構是影響其焊接性的關鍵，由於基層和復層是由兩種或兩種以上化學成分、力學性能差別較大的金屬疊置複合而成的，因此焊接時要兼顧基層和復層兩種材料的性能。山東大學採用填絲鎢極氬弧焊（GTAW）和擴散釬焊等實現了 Super-Ni/NiCr 疊層材料與 18-8 鋼的連接，獲得了熔合區結合良好的接頭。由於 Super-Ni 復層厚度僅為 0.3mm，焊接過程易燒損，需在復層側開坡口並控製電弧偏向 18-8 鋼一側。

對雙面超薄不銹鋼復層材料（復層厚度＜0.5mm）的焊接性進行研究發現，分別採用鎢極氬弧焊、熔化極氬弧焊以及微束等離子弧焊工藝對復層為 18-8 鋼、基層為 Q235 鋼的（0.25mm＋3mm＋0.25mm）的不銹鋼複合板進行焊接，綜合分析各種焊接工藝的優缺點，並對焊接接頭的電化學腐蝕性能、力學性能等進行研究，可推進超薄不銹鋼複合材料的焊接應用。

採用 Nd：YAG 脈衝激光對 0.1mm 不銹鋼＋0.8mm 碳鋼＋0.1mm 不銹鋼的雙面超薄不銹鋼複合板進行對接焊，為了保證焊縫與復層不銹鋼的耐腐蝕性一致，可採用 Cr、Ni 含量高的 Fe 合金粉作為填充金屬。焊縫金屬與復層不銹鋼及基層碳鋼結合良好，接頭的抗拉強度達到母材的 92％，伸長率為母材的 25％。

有的研究者對雙面薄層複合材料的焊接性進行了研究，復層為 18-8 鋼，基層為 Q235A，厚度尺寸為（0.8mm＋5mm＋0.8mm），借鑒焊接中、厚度複合板的方法，採用手工電弧焊焊基層、鎢極氬弧焊（GTAW）焊接復層的方法施焊，能夠獲得滿足使用性能要求的焊接接頭。但因為復層很薄，對於坡口加工及焊接操作的要求高，並且焊接效率較低。

還有的研究者對兩種金屬疊層材料的電阻點焊行為進行了研究，這種金屬疊層材料由三層 0.5mm 厚的鋼板採用純 Zn 及 95%Pb-5%Sn 作為中間層複合軋製而成。研究表明，這兩種疊層材料表現出很好的焊接性，Zn 中間層的疊層材料電阻點焊強度高於 95%Pb-5%Sn 中間層的情況，接頭有 Fe-Zn 及 Fe-Sn 金屬間化合物生成。

美國俄亥俄州立大學製備了 NiAl/V 和 NiAl/Nb-15Al-40Ti 微疊層複合材料，製備過程如下：將 NiAl 粉末與 V 箔或 Nb-15Al-40Ti 箔交替層疊在一起放入不銹鋼套中，然後將不銹鋼套抽真空並用電子束焊密封，之後在 1100℃×270MPa 條件下熱等靜壓 4h。通過預製裂紋後三點彎曲試驗對微疊層複合材料的斷裂韌性進行研究，如圖 6.7 所示。

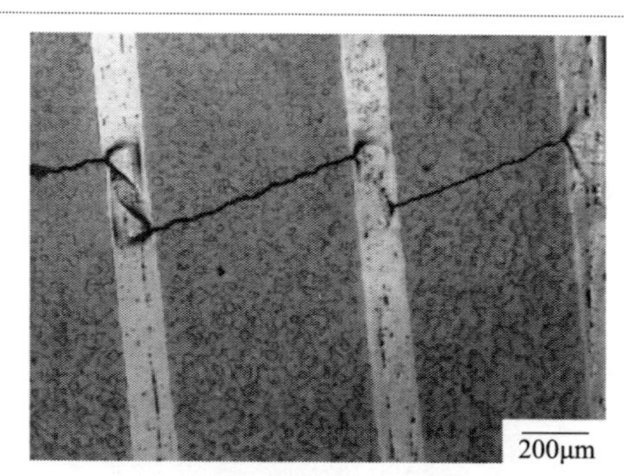

(a) NiAl/V微疊層複合材料

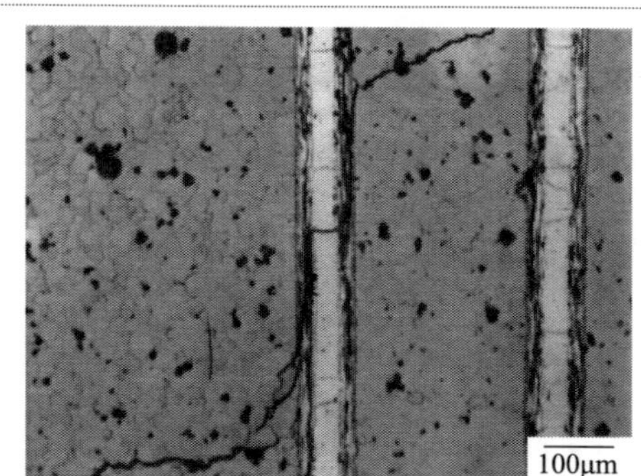

(b) NiAl/Nb-15Al-40Ti微疊層複合材料

圖 6.7 微疊層複合材料的裂紋擴展路徑

對於 NiAl/V 微疊層複合材料，初始裂紋在擴展至韌性層時停止；隨著載荷的增加，在韌性層兩側裂紋沿 45°方向形成滑移帶後進一步擴展，如圖 6.7(a) 所示。韌性層與脆性層之間發生脫黏，NiAl 塊體材料以脆性晶間斷裂為主，而在脫黏區表現出韌窩斷口形貌。NiAl/Nb-15Al-40Ti 微疊層複合材料的裂紋沿晶界擴展，Nb-15Al-40Ti 層間的厚度為 500μm 時形成裂紋橋接，見圖 6.7(b)；而厚度為 1000μm 時沒有裂紋橋接形成，斷口為混合型斷裂形貌。

Super-Ni 疊層複合材料 NiCr 基層的密度約為緻密材料密度的 80%，採用電子束焊、微束等離子弧焊以及激光焊對 Super-Ni/NiCr 疊層材料與 18-8 鋼進行焊接的試驗結果表明，電子束焊及微束等離子弧焊時對 Super-Ni/NiCr 疊層材料的穿透性強，焊接飛濺嚴重，很難控製疊層材料熔合區獲得良好的成形；激光焊接時，當激光焊功率為 500～600W 時，可使復層熔合良好，但對 Super-Ni/NiCr 疊層複合材料的熔透性不夠；激光焊功率為 700～1000W 時，復層出現斷續的微孔；功率增大到 1500W 時，微孔連續出現，有明顯飛濺現象，熔合急劇變差。

由於 Super-Ni/NiCr 疊層複合材料特殊的多層結構及 NiCr 基層為粉末燒結合金，採用高能束流焊接（包括電子束焊、等離子弧焊以及激光焊等）時，對

NiCr 基層的衝擊力大，較難獲得良好的焊縫成形。鎢極氬弧焊方法具有良好的工藝參數可調節性能，在粉末合金焊接中應用較普遍。

Super-Ni 疊層材料在傳統高溫合金的基礎上複合了粉末高溫合金的優良性能，是一種有發展前景的新型高溫結構材料。焊接是製造技術的重要成形手段，實現疊層複合材料的焊接不但能提高這種新型材料的利用率還能使構件性能得到大幅提升。Super-Ni 疊層複合材料的焊接成形與傳統金屬材料有很大不同，傳統複合鋼一般採用開坡口、分層多道焊的辦法，而對於復層厚度僅為 0.3mm 的疊層複合材料則不適用。超級鎳復層及 NiCr 基層的成形特點成為疊層複合材料的焊接性研究重點。研究疊層複合材料特殊的焊縫成形及組織形態，建立顯微組織與接頭性能的內在聯繫，對於闡明疊層複合材料的焊接性及促進其工業應用具有重要的意義。

6.2 疊層材料的填絲鎢極氬弧焊

很多零部件僅有部分結構承受高溫、高應力或腐蝕介質的作用，因此將疊層材料與其他材料通過焊接方法形成複合結構不但能充分發揮不同材質各自的性能優勢，還能節省貴重金屬材料，具有重要的經濟價值。

6.2.1 疊層材料填絲 GTAW 的工藝特點

採用填絲鎢極氬弧焊（GTAW）方法對 Super-Ni 疊層複合材料進行焊接，精確控製焊接工藝參數，使之形成柔和電弧，可以實現焊縫一次焊接成形。填絲鎢極氬弧焊採用逆變氬弧焊機完成（焊接電流調節範圍：15～150A），脈動填絲。首先進行焊接工藝性試驗，焊前對疊層材料加工坡口，如圖 6.8 所示，裝配間隙小於 0.5mm。

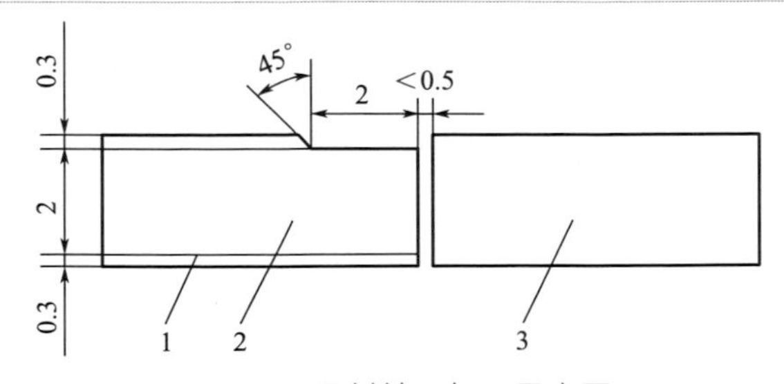

圖 6.8　母材坡口加工示意圖

1—超級鎳覆層；2—Ni80Cr20 基層；3—18-8 鋼

焊接前將待焊試樣（Super-Ni/NiCr 疊層材料、18-8 鋼）表面經機械加工，並採用化學方法去除母材及填充材料（0Cr25-Ni13 合金焊絲）表面的油污、銹蝕、氧化膜及其他污物。焊接試板表面機械和化學處理步驟為：砂紙打磨→丙酮清洗→清水沖洗→酒精清洗→吹干。

焊接過程中採用 0Cr25-Ni13 合金焊絲作為填充金屬，採用填絲鎢極氬弧焊（GTAW），試驗中採用的焊接工藝參數見表 6.4，焊絲直徑為 2.5mm，鎢極直徑為 2.0mm。因超級鎳復層厚度僅為 0.3mm，故焊接時要求採用較小的焊接熱輸入，並嚴格控製電弧方向。焊接得到的總體焊縫形貌如圖 6.9 所示。

表 6.4 試驗中採用的焊接工藝參數

焊接電流 /A	焊接電壓 /V	焊接速度 /(cm/s)	氬氣流量 /(L/min)	焊接熱輸入 /(kJ/cm)	備註
80	10～12	0.08	8	7.5～9.0	電弧偏向疊層
80	10～12	0.12	8	5.0～6.0	電弧居中
80	11～12	0.20	8	3.3～3.6	電弧偏向 18-8 鋼

注：電弧有效加熱係數 η 取 0.75。

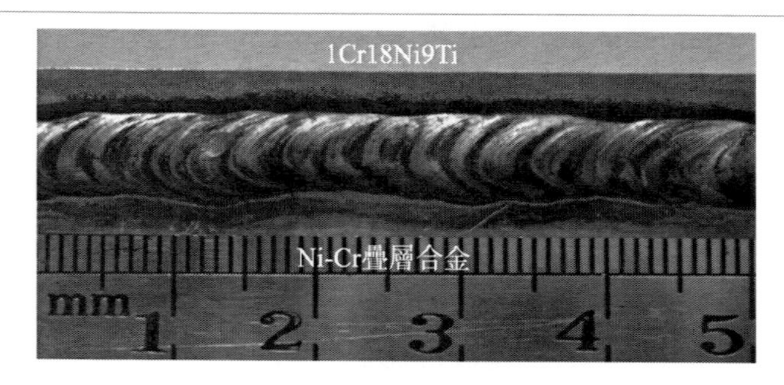

圖 6.9 總體焊縫形貌示意

試驗中發現，應將鎢極電弧稍偏向 18-8 鋼一側。如果鎢極電弧直接指向 Super-Ni 疊層複合材料，則疊層材料表面的 Super-Ni 復層熔化過快，與 NiCr 基層的熔化不同步，難以保證 Super-Ni 復層焊接成形質量的穩定。

對 Super-Ni 疊層材料與 18-8 鋼 GTAW 焊接接頭取樣，對焊接區域的組織結構及性能進行試驗分析。首先應切取、製備試樣，並對焊接區進行表面處理及組織顯蝕。採用電火花線切割方法在 Super-Ni 疊層材料與 18-8 鋼 GTAW 接頭處切取系列試樣。GTAW 對接焊接頭試樣切取示意如圖 6.10 所示。

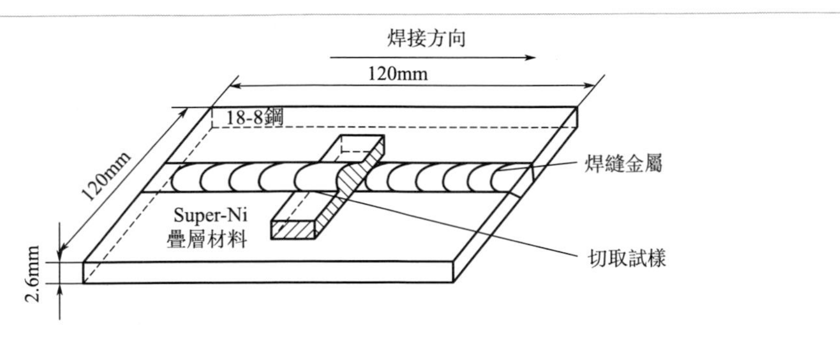

圖 6.10 GTAW 對接焊接頭試樣切取示意

6.2.2 疊層材料焊接區的熔合狀態

(1) 疊層材料焊接冶金及接頭區的劃分

① 疊層材料焊接冶金　Super-Ni 疊層材料與 18-8 鋼填絲 GTAW 焊接時，主要涉及兩方面的焊接冶金過程：一是 Ni、Cr、Fe 元素的相互作用，分析幾種主要元素的相互作用特徵（表 6.5）可知，易於形成無限固溶體的金屬焊接性好；二是疊層材料特殊的壓製結構，使其焊接行為與常規金屬有很大差異，NiCr 基層合金焊接時極易形成鋸齒形的熔合區，焊接熔合區的組織形態對疊層材料接頭的組織與性能有重要的影響。

表 6.5　Fe、Cr、Ni 元素的相互作用

合金元素	熔點/℃	晶型轉變溫度/℃	晶格類型	原子半徑/nm	形成固溶體		形成化合物
					無限	有限	
Fe	1536	910	α-Fe 體心立方 γ-Fe 面心立方	0.1241	α-Cr，γ-Ni	γ-Cr，α-Ni	Cr，Ni
Cr	1875	—	體心立方	0.1249	α-Fe	γ-Fe，Ni	Fe，Ni
Ni	1453	—	面心立方	0.1245	γ-Fe	Cr，α-Fe	Cr，Fe

Super-Ni 疊層材料與 18-8 鋼填絲 GTAW 焊接時（採用 0Cr25-Ni13 焊絲），疊層材料及 18-8 鋼母材與 0Cr25-Ni13 填充焊絲中的 Cr 含量相近，而 Fe、Ni 含量相差很大，因此疊層材料焊接冶金特徵可以藉助於 20% Cr-Fe-Ni 相圖（圖 6.11）進行分析。

由圖 6.11 可見，根據元素過渡程度的不同，20%Cr-Fe-Ni 合金可有四種凝固模式：

合金①，以 δ 相完成凝固過程，凝固模式為 F；

合金②，以 δ 相為初生相，超過 *AC* 面後，依次發生包晶和共晶反應 $L+\delta \rightarrow L+\delta+\gamma \rightarrow \delta+\gamma$，凝固模式為 FA；

合金③，初生相為γ，然後發生以下反應 L＋γ→L＋δ＋γ→δ＋γ，凝固模式為 AF；

合金④，以γ相完成整個凝固過程，凝固模式為 A。

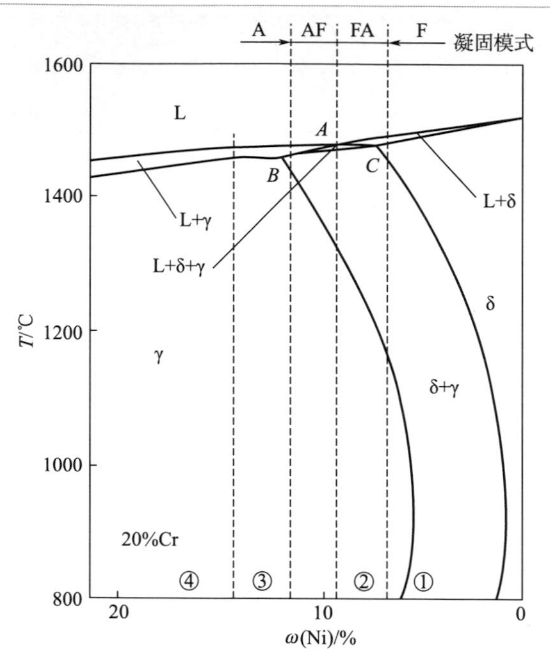

圖 6.11　20%Cr-Fe-Ni 相圖

奧氏體鋼焊接過程中，在焊縫及近縫區產生熱裂紋的可能性大，最常見的是焊縫凝固裂紋。焊縫凝固模式與焊縫中的鐵素體化元素與奧氏體化元素的比值（Cr_{eq}/Ni_{eq}）有關，其中 Cr_{eq} 表示把每一鐵素體化元素按其鐵素體化的強烈程度折合成相當若干 Cr 元素後的總和，Ni_{eq} 表示把每一奧氏體化元素折合成相當若干 Ni 元素後的總和。研究發現：決定焊縫凝固模式的 Cr_{eq}/Ni_{eq} 值是影響熱裂紋的關鍵因素，當 $Cr_{eq}/Ni_{eq}>1.52$ 時，初生相以δ鐵素體相為主，凝固過程中發生δ鐵素體相向γ奧氏體相的轉變，最終形成γ奧氏體＋少量δ鐵素體的焊縫組織，一般不易產生熱裂紋。而當 $Cr_{eq}/Ni_{eq}<1.52$ 時，初生相為γ奧氏體相，冷卻過程中會有少量δ鐵素體析出，焊縫組織韌性明顯下降，熱裂紋傾向明顯。

18-8 鋼採用 0Cr25-Ni13 合金焊絲焊接時，焊縫 Cr_{eq}/Ni_{eq} 處於 1.5～2.0 之間，易於形成含少量δ鐵素體的奧氏體焊縫，焊縫具有良好的綜合力學性能，熱裂紋傾向小；疊層材料與 18-8 鋼焊接時，靠近疊層材料一側，疊層材料以 Ni 元素為主，向焊縫中過渡，當 $Cr_{eq}/Ni_{eq}<1.52$ 時，Ni_{eq} 越高，其比值越小，熱裂傾向明顯。所以合理控製母材熔合比，尤其是 Super-Ni 疊層材料的熔合比，降

低焊縫 Ni 含量，能有效降低焊縫的熱裂紋敏感性。

試驗中採用奧氏體鋼填充材料，選用何種成分的填充合金，可藉助舍夫勒（Schaeffler）焊縫組織圖（圖 6.12）進行分析。

疊層材料基層母材屬於 NiCr 合金，Ni 含量很高，根據異種金屬焊縫組織預測，Super-Ni 復層（圖 6.12 中 a 點）與 1Cr18Ni9Ti 不銹鋼（b 點）採用 0Cr25-Ni13 焊絲（d 點）焊接時，焊縫組織落在 g 點，而 NiCr 基層（c 點）與 1Cr18Ni9Ti 不銹鋼（b 點）採用 0Cr25-Ni13 焊絲（d 點）焊接時，焊縫組織落在 h 點。理想狀態下，焊接時應使得焊縫金屬的成分控製在圖 6.12 所示的 W 區域內，才能保證焊縫具有良好的抗熱裂紋性能。異種金屬接頭中某元素的溶質質量分數計算公式為：

$$\omega_W=(1-\theta)\omega_d+k\theta\omega_{b1}+(1-k)\theta\omega_{b2} \tag{6.2}$$

式中 ω_W——某元素在焊縫金屬中的溶質質量分數；

ω_d——某元素在熔敷金屬中的溶質質量分數；

ω_{b1}，ω_{b2}——某元素在母材 1、2 中的溶質質量分數；

k——兩種母材的相對熔合比；

θ——熔合比。

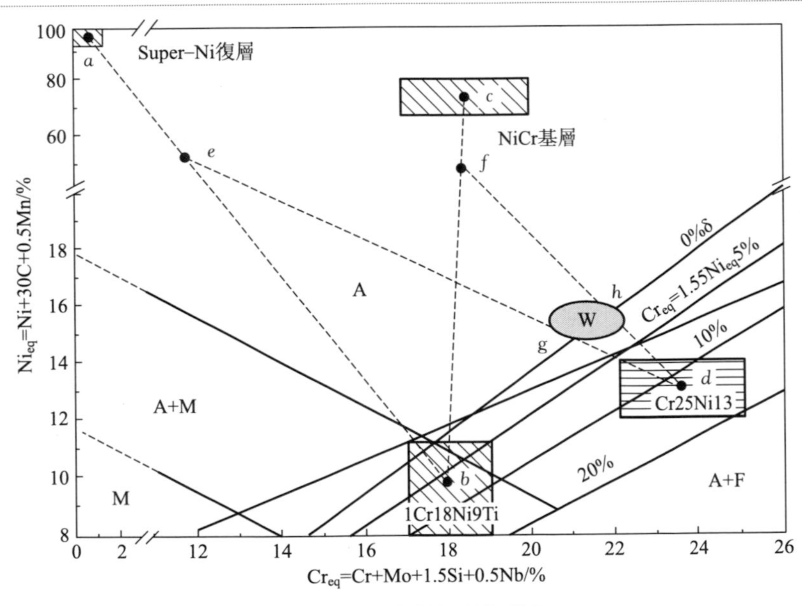

圖 6.12 舍夫勒焊縫組織圖

焊縫中的 Ni 含量與母材熔合比及相對熔合比有關，因此需嚴格控製母材的熔合比（γ）才能保證焊縫金屬組織落在圖 6.12 所示的 W 區。

熔合比的控製與母材成分及焊接工藝參數（熱輸入）有關，為保證焊縫金屬

中 Cr_{eq}/Ni_{eq}＞1.52，疊層材料與 18-8 鋼對接焊時應保證熔合比＜10%。可以採取開坡口及減小焊接熱輸入的方法控製焊縫熔合比。

② 疊層材料焊接接頭區的劃分　為便於分析 Super-Ni/NiCr 疊層材料與 18-8 鋼填絲 GTAW 接頭不同區域的組織特徵，可將疊層複合材料 GTAW 焊接接頭劃分為三個特徵區，劃分示意如圖 6.13 所示。

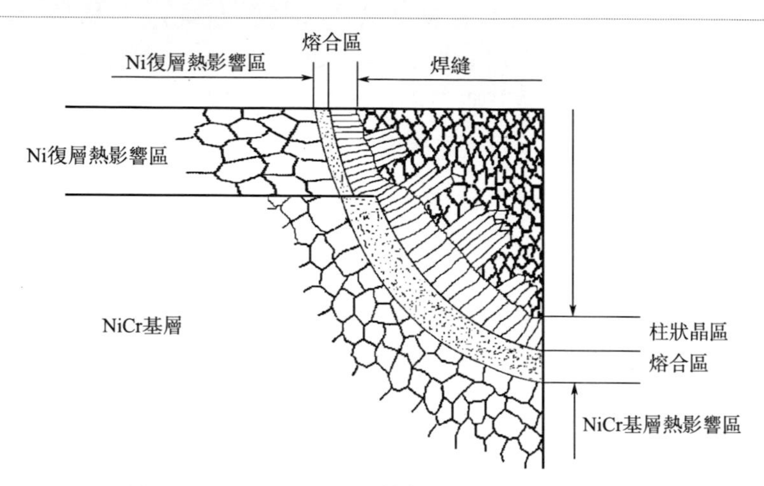

圖 6.13　Super-Ni 疊層材料接頭特徵區劃分示意

a. Ni 復層與焊縫的過渡區，包括 Ni 復層側熔合區及 Ni 復層熱影響區；

b. Ni80Cr20 基層與焊縫的過渡區，包括 NiCr 基層側熔合區及 NiCr 基層熱影響區；

c. 焊縫中心區，包括柱狀晶區和等軸晶區。

Super-Ni 疊層材料與 18-8 鋼 GTAW 焊縫成形複雜，Ni 復層附近焊縫過渡區及 Ni80Cr20 焊縫過渡區對疊層材料的組織性能影響最大，是疊層材料焊接性分析的重點。

Super-Ni/NiCr 疊層複合材料與 18-8 鋼填絲鎢極氬弧焊（GTAW）可形成具有一定熔深、均勻過渡的焊縫。完整的焊接接頭區包括四個典型的區域：

a. Ni 復層與焊縫的過渡區；

b. Ni80Cr20 基層與焊縫的過渡區；

c. 焊縫中心區；

d. 18-8 鋼側過渡區。

Super-Ni 疊層複合材料與 18-8 鋼 GTAW 焊接接頭的顯微組織形貌如圖 6.14(a) 所示。Super-Ni 復層與焊縫熔合良好，焊縫表面成形平整光潔，Ni80Cr20 基層與焊縫金屬形成良好的過渡。Ni80Cr20 合金基層熔合區與傳統鑄造或軋製合金不同，由於 Super-Ni 疊層複合材料基層燒結壓製多孔的存在形成了鋸齒狀熔合區，這與鐵基粉末合金焊接時的成形情況很相似。

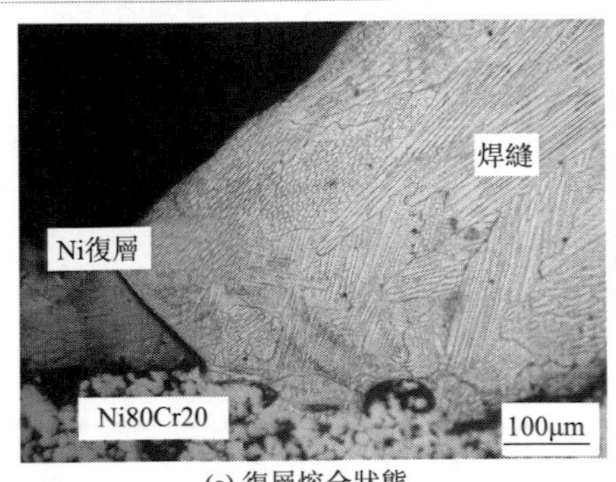

(a) 復層熔合狀態

(b) 基層熔合狀態

圖 6.14　Super-Ni 疊層材料熔合區及焊縫組織

疊層複合材料側焊縫過渡區如圖 6.14（a)所示，Super-Ni 復層與焊縫金屬熔合良好。Super-Ni 復層的良好表面成形有利於保持疊層材料特有的耐熱和耐腐蝕性能。由於焊接電弧溫度梯度的作用，靠近焊縫過渡區的焊縫組織晶粒細小。Ni80Cr20 基層與焊縫的過渡區如圖 6.14(b) 所示。焊縫與 NiCr 基層結合較弱，過渡界面形成部分熔合。與常規的鎳基高溫合金不同，NiCr 基層由於其特殊的骨骼狀結構，其熔合區組織形態也與常規的焊縫過渡區不同。鋸齒狀的熔合區成形特點對焊縫的強度及耐高溫、耐腐蝕等性能有較大影響。

採用較小焊接熱輸入的鎢極氬弧（如小電流柔和電弧）配以相應的合金焊絲進行焊接時，Super-Ni 復層燒損情況大大減少；NiCr 基層在較柔和的電弧吹力作用下，也能熔合得更好，有利於提高焊接接頭區的整體性能。焊縫中奧氏體柱狀晶的生長及低熔點偏析雜質的存在，平行及垂直於焊縫的奧氏體柱狀晶交錯生長，大晶界之間也可能產生組織弱化，增加熱裂紋敏感性。焊縫中心為尺寸均勻的等軸奧氏體組織，如圖 6.15 所示。

（2）疊層材料側接頭區的組織特徵

由於 Super-Ni 疊層材料特殊的復層結構形式，填絲 GTAW 焊接後形成了兩個典型的過渡區：Ni 復層與焊縫的過渡區，Ni80Cr20 基層與焊縫的過渡區。

① Super-Ni 復層與焊縫的過渡區　Super-Ni 復層厚度僅為 0.3mm，焊後形成的焊縫顯微組織形貌如圖 6.16 所示。Ni 復層與焊縫結合良好，熔合過渡區清晰，Ni 復層與焊縫的過渡區形成了明顯的熔合區和熱影響區，如圖 6.16(a) 所示。Ni 復層熱影響區由於焊接熱循環作用，晶粒發生重結晶，由原先的軋製拉長形態的組織演變為塊狀組織。靠近熔合區處，熱影響區晶粒有粗化傾向。

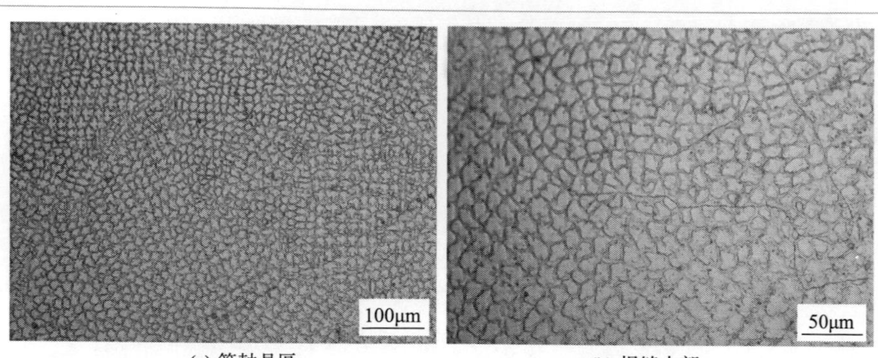

(a) 等軸晶區　　(b) 焊縫中部

圖 6.15　焊縫金屬中心的組織形貌

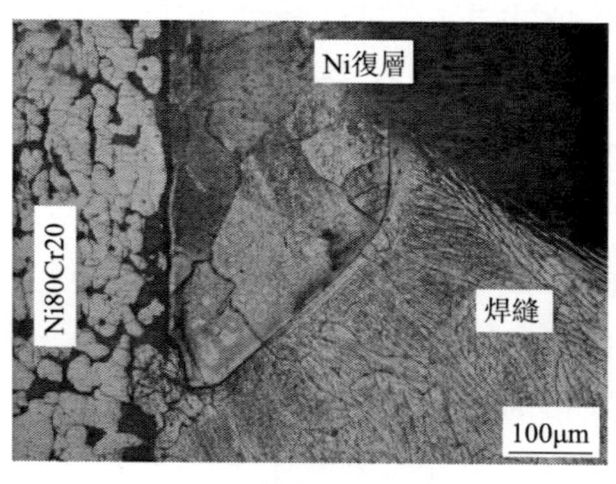

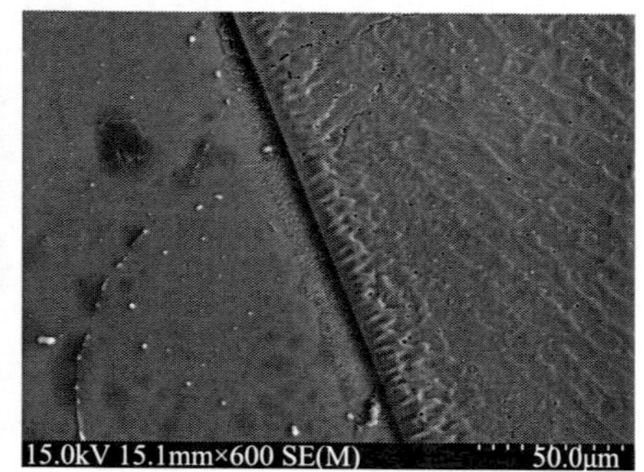

(a) OM　　(b) SEM

圖 6.16　Super-Ni 復層熔合區組織

Super-Ni 復層 GTAW 接頭熔合區與 Ni 復層熱影響區交界線平直，焊縫中柱狀晶組織垂直於交界線生長、晶粒細小。靠近熔合區母材一側形成了組織敏化區，形成了貫穿熔合區的晶界形態，表明母材與焊縫組織形成了良好的冶金結合，有利於提高熔合區附近的結合強度，從而保證整個焊縫的強度。

② Ni80Cr20 基層與焊縫的過渡區　Ni80Cr20 基層原本為粉末燒結合金，其熔合區與常規金屬不同，Ni80Cr20 基層熔合區的形態及成形是影響 Super-Ni 疊層材料焊接接頭性能的重要因素。Super-Ni 疊層材料 Ni80Cr20 基層與焊縫之間的熔合區成形良好，因為燒結粉末合金內部孔隙的存在，熔合區與傳統鑄造或軋製金屬的焊縫組織形態完全不同，粉末合金基層中的 NiCr 金屬顆粒在高溫下熔化後與填充金屬形成冶金結合，熔合區呈現鋸齒狀斷續形態。

熔合區的晶粒尺寸小於 NiCr 合金基體，晶粒呈柱狀晶形態垂直於熔合區與熱影響區交界線生長，不同的柱狀晶族之間形成大晶界，在焊縫冷卻過程中最後凝固。NiCr 合金基層的過渡區比 Super-Ni 復層的過渡區明顯，Super-Ni 復層側的熔合區很小。

Super-Ni 復層的熱導率要遠高於 NiCr 合金基層。焊縫冷卻過程中，NiCr 基層熔合區附近的溫度梯度更大，呈現出強烈的柱狀晶生長形態。靠近 Super-Ni 復層的熔合區，由於 Ni 復層基體的溫度升高，因此焊縫金屬冷卻時溫度梯度較小，柱狀晶形態相對不明顯，有等軸晶形態特徵。但是由於處於焊縫表面，空氣的對流冷卻作用導致溫度梯度增大，柱狀晶生長形態增強。

NiCr 基層與焊縫金屬的熔合區處有大尺寸孔洞出現，這是由於 GTAW 焊接電弧高溫作用下，燒結粉末合金基體對於液態填充金屬的熔合性變差，相互之間的冶金結合比較困難。這種孔洞的存在對於熔合區的結合強度有不利影響，可以調整工藝參數（熱輸入）控製這種大尺寸孔洞的產生。

焊接過程中，NiCr 合金基層熱影響區原來的燒結 NiCr 合金骨骼狀結構發生了變化，出現大尺寸「孔洞」聚集。這種孔洞形態與熔合區形成的孔洞不同，是由於在焊接電弧熱的作用下，NiCr 骨骼狀基體組織間的低溫相發生局部熔化、重新凝固結晶，形成新的相互連接形態，而產生的局部不均勻現象。這是燒結粉末合金焊接時存在的現象，鐵基粉末合金的焊接中也會出現這種孔洞。

③ 焊縫中心的組織特徵　Super-Ni 疊層材料與 18-8 鋼填絲 GTAW 焊縫的顯微組織如圖 6.17 所示。Super-Ni/NiCr 與 18-8 鋼焊接接頭的 18-8 鋼一側焊縫組織為方向性奧氏體柱狀晶，垂直於熔合區向焊縫中心生長［圖 6.17(a)］，18-8 鋼一側熔合區的柱狀晶形態不如疊層複合材料一側平直，組織尺度更細小。

焊縫兩側的柱狀晶向焊縫中心生長，逐漸轉變為焊縫中心部位的等軸狀奧氏體組織［圖 6.17(b)］，少量 δ 鐵素體組織分布於奧氏體基體上。奧氏體不銹鋼焊縫中存在 4%～8%的 δ 鐵素體時，有利於保證焊縫金屬韌性，防止熱裂紋產生。冷卻速度較慢的焊縫中心部位，奧氏體組織主要平行於焊縫生長；靠近焊縫上表面的奧氏體柱狀晶交錯生長。

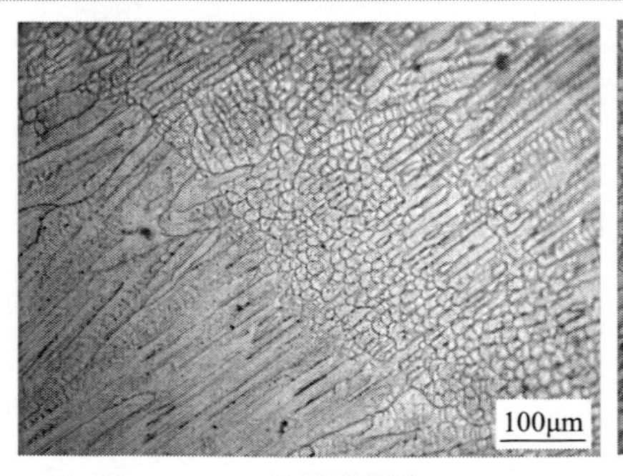

(a) 柱狀晶區

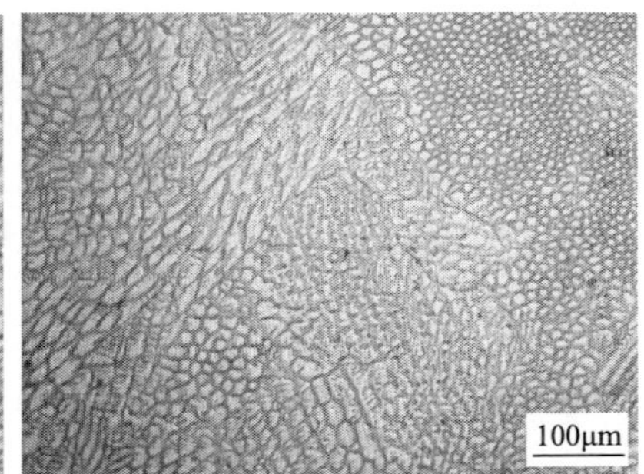

(b) 等軸晶區

圖 6.17　焊縫中的柱狀晶區與等軸晶區

與一般奧氏體鋼的焊縫組織不同，由於有部分 Super-Ni/NiCr 疊層材料 Ni

復層或 NiCr 基層熔化進入焊縫，Ni 為奧氏體化元素，致使焊縫中奧氏體組織含量升高，δ 鐵素體含量降低。靠近 Super-Ni 疊層材料一側由於母材中 Ni 元素的過渡作用，焊縫局部區域 $Cr_{eq}/Ni_{eq}<1.52$，焊縫冷卻過程中發生奧氏體向鐵素體的轉變（AF 凝固模式），而焊縫靠近 18-8 鋼一側 $Cr_{eq}/Ni_{eq}>1.52$，在焊縫冷卻過程中首先形成鐵素體組織，發生鐵素體向奧氏體的轉變（FA 凝固模式）。

焊縫中形成了明顯的柱狀晶向等軸晶過渡的形態，由於焊縫不同部位經受不同的焊接熱循環作用，靠近兩側母材的焊縫組織呈現柱狀晶形態，在焊縫中心區域，受熱均勻而形成等軸晶形態。

6.2.3 疊層材料與 18-8 鋼焊接區的組織性能

（1）熱輸入對疊層材料接頭區組織的影響

焊接熱輸入影響 Super-Ni 疊層材料 GTAW 接頭的局部組織及焊縫成形，可通過改變焊接速度實現不同的焊接熱輸入。試驗中確定的焊接熱輸入分別為 3.3～3.6kJ/cm、5.0～6.0kJ/cm、7.5～9.0kJ/cm。對比不同焊接熱輸入時疊層材料 GTAW 接頭區相同位置的組織特徵，可以發現焊接熱輸入與接頭組織形態之間的規律性。

① 不同焊接熱輸入時的焊縫組織　填絲 GTAW 不同焊接熱輸入時的焊縫組織特徵如圖 6.18 所示，不同的焊接熱輸入條件下均形成了由柱狀晶向等軸晶過渡的焊縫組織。隨著焊接熱輸入的增加（由 3.3～3.6kJ/cm 增大到 5.0～6.0kJ/cm、7.5～9.0kJ/cm），焊接速度變小，焊縫中心的等軸晶由細小變得粗大，焊縫組織的非均勻性降低。焊接速度越快，焊縫組織越不均勻。試驗中還發現較大焊接熱輸入的焊縫組織有部分重熔特徵。

總之，隨著焊接熱輸入增大，焊縫中心等軸晶由細小變得粗大，焊接速度越快焊縫組織越細小，但也越不均勻。隨著焊接速度的降低，焊接熱輸入增大，Super-Ni 疊層材料及 18-8 鋼側組織呈現出柱狀晶長度尺寸變小的趨勢。較大焊接熱輸入時的焊縫成形變差。熱輸入為 3.3～3.6kJ/cm 和 7.5～9.0kJ/cm 時的焊縫組織形貌如圖 6.18(a)、(b) 所示。

② 不同焊接熱輸入時疊層材料一側的組織　不同焊接熱輸入時 Super-Ni 疊層材料一側的組織也有所變化。焊接熱輸入為 3.3～3.6kJ/cm 時，疊層材料與填充合金焊絲形成了良好的熔合，焊縫形成了明顯的柱狀晶形態，柱狀晶細長。焊接熱輸入為 5.0～6.0kJ/cm 時，疊層材料與填充合金焊絲也形成了良好的熔合形態，焊縫組織呈柱狀晶形態生長，然而柱狀晶生長過程中受其他柱狀晶的阻礙，因此柱狀晶的長度尺寸要小於熱輸入為 3.3～3.6kJ/cm 時的柱狀晶。隨著焊接速度的降低，焊縫冷卻速度下降，形成的柱狀晶的長度尺寸

變小。

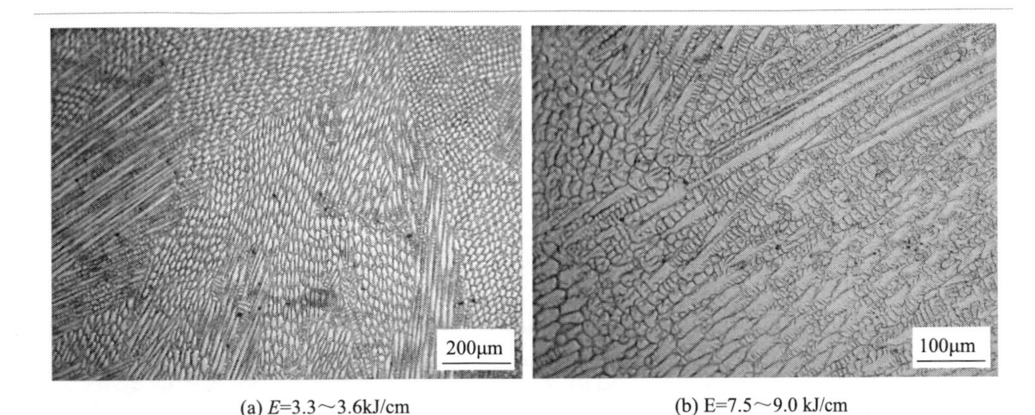

(a) E=3.3～3.6kJ/cm　　(b) E=7.5～9.0 kJ/cm

圖 6.18　不同焊接熱輸入時的焊縫組織

焊接熱輸入為 7.5～9.0kJ/cm 時，靠近焊縫表面與 Ni 復層熔合的焊縫形成了明顯的柱狀晶形態，疊層材料與填充合金焊絲的熔合變差，焊縫組織粗大，疊層材料熱影響區晶粒明顯粗化。

(2) 熱輸入對疊層材料 GTAW 接頭區顯微硬度的影響

為判定 Super-Ni 疊層材料與 18-8 鋼填絲 GTAW 接頭組織性能的變化，對不同焊接熱輸入時 Super-Ni 疊層材料熔合區附近的顯微硬度進行測定，測定儀器為日本 Shimadzu 型顯微硬度計，載荷為 50gf，加載時間為 10s。

焊接熱輸入為 3.3～3.6kJ/cm 時，Super-Ni 疊層材料側熔合區的顯微硬度測試結果如圖 6.19 所示。熔合區附近的顯微硬度高於 Super-Ni 復層以及焊縫金屬，形成了顯微硬度峰值區（190HM）。焊接過程中，熔合區冷卻速度快，首先凝固結晶，而且有淬硬傾向。焊縫中靠近熔合區處的組織化學成分不均勻，隨著柱狀晶組織的生長，成分逐漸均勻化，表現出的顯微硬度值變化很小（均值為 165HM），表明焊縫中沒有明顯脆硬相生成。

Ni80Cr20 合金基層及焊縫中都含有大量的 Cr 元素，而 Ni 復層側由於 Ni 元素熔化向焊縫金屬中過渡，對焊縫金屬中原有的 Cr 元素起到稀釋作用；高 Cr 相的硬度高於低 Cr 相的硬度。Ni80Cr20 基層熔合區附近的顯微硬度值比 Super-Ni 復層熔合區附近偏高。Super-Ni 疊層材料 NiCr 基層熱影響區的顯微硬度（均值為 135HM）高於 Ni 復層熱影響區的顯微硬度（均值為 108HM）。焊接接頭冷卻過程中不同位置的溫度梯度變化很大，也是造成焊縫組織顯微硬度不同的重要原因。

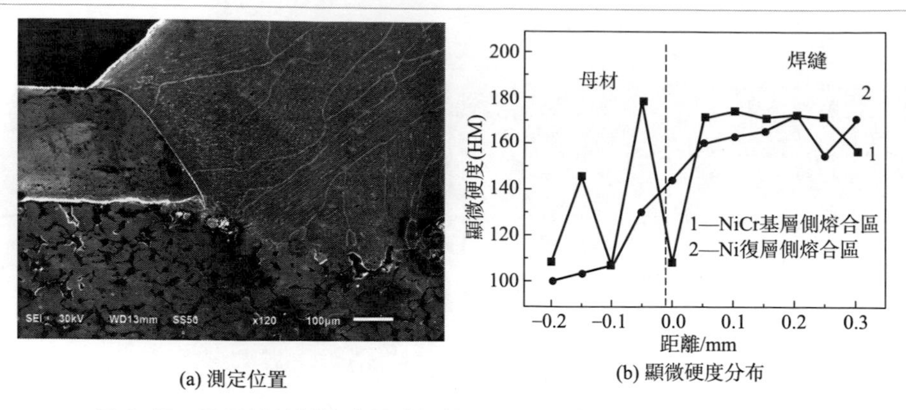

(a) 測定位置　　(b) 顯微硬度分布

圖 6.19　疊層材料側熔合區附近的顯微硬度（E= 3.3~3.6kJ/cm）

焊接熱輸入為 5.0～6.0kJ/cm 時，Super-Ni 疊層材料熔合區附近的顯微硬度測試結果如圖 6.20 所示。焊縫顯微硬度（均值為 199HM）明顯高於 Super-Ni 疊層複合材料基層母材，NiCr 基層熱影響區的顯微硬度均值為 135HM，Super-Ni 復層熱影響區的顯微硬度均值為 163HM。NiCr 基層為粉末合金基體，顯微硬度測定時彈性效應明顯，使顯微硬度值的波動範圍更大一些。

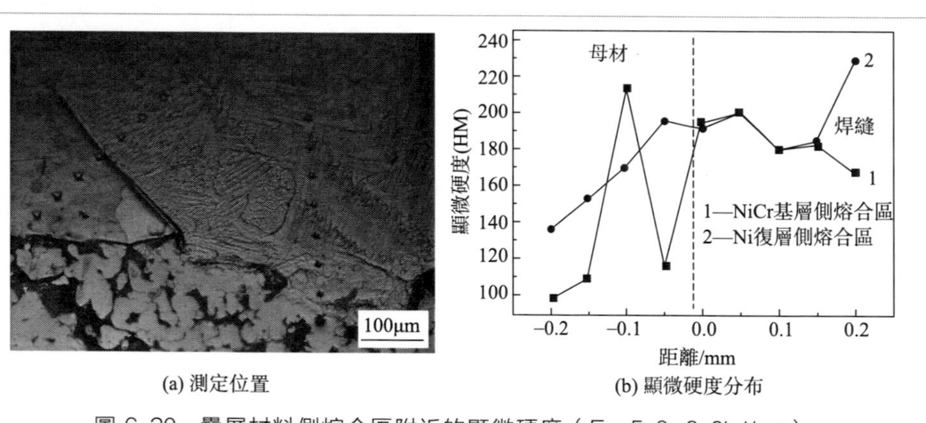

(a) 測定位置　　(b) 顯微硬度分布

圖 6.20　疊層材料側熔合區附近的顯微硬度（E= 5.0~6.0kJ/cm）

焊接熱輸入為 7.5～9.0kJ/cm 時，Super-Ni 疊層材料熔合區附近的顯微硬度測試結果如圖 6.21 所示，焊縫顯微硬度均值為 166HM，而 NiCr 基層熱影響區的顯微硬度均值為 134HM，Super-Ni 復層熱影響區的顯微硬度均值為 128HM，顯微硬度的變化趨勢與熱輸入為 3.3～3.6kJ/cm 和 5.0～6.0kJ/cm 時基本一致。大焊接熱輸入（7.5～9.0kJ/cm）時的焊縫成形相比前兩種較小焊接熱輸入時較差，焊接熱輸入的變化直接影響合金元素的過渡及焊縫的凝固結晶。

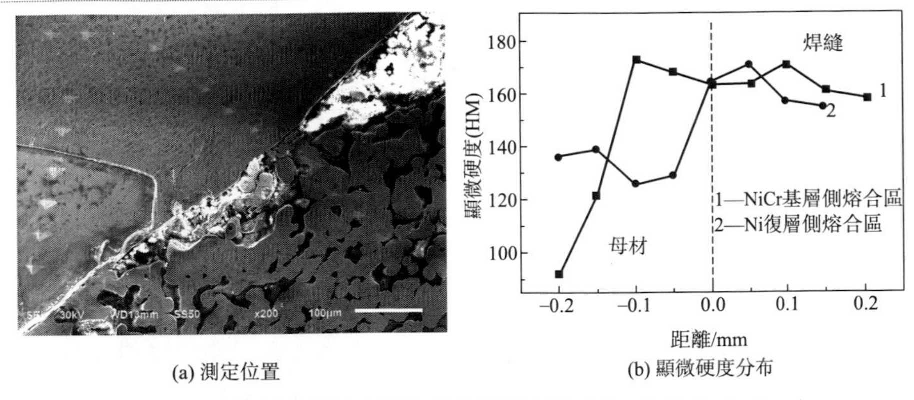

(a) 測定位置 (b) 顯微硬度分布

圖 6.21 疊層材料側熔合區附近的顯微硬度（E= 7.5~9.0kJ/cm）

對三種不同焊接熱輸入（3.3～3.6kJ/cm、5.0～6.0kJ/cm、7.5～9.0kJ/cm）熔合區附近的顯微硬度分析（表 6.6）表明，隨焊接熱輸入的變化，Super-Ni 疊層材料側熔合區附近的顯微硬度先增加後減小；焊縫顯微硬度也是先增加後減小，Super-Ni 復層熱影響區的顯微硬度也表現出先增加後減小的趨勢。由於超級鎳復層僅為 0.3mm，受焊接電弧的熱作用影響較大，顯微硬度也表現出明顯的變化。相比之下，NiCr 基層熱影響區的顯微硬度變化不明顯。18-8 鋼側焊縫顯微硬度逐漸降低，熱影響區的顯微硬度則先升高後降低。

表 6.6 疊層材料側熔合區附近顯微硬度（HM）與焊接熱輸入（E）的關係

焊接熱輸入/(kJ/cm)	顯微硬度均值(HM)		
	Ni80Cr20 基層	Super-Ni 復層	焊縫
3.3～3.6	136	108	165
5.0～6.0	135	163	199
7.5～9.0	134	128	166

總之，從熔合區兩側熱影響區及母材顯微硬度的測定點來看，除熔合區附近顯微硬度略有升高外，其餘部位顯微硬度趨於一致，表明組織均勻性較好。熔合區附近的顯微硬度偏高，而焊縫及 NiCr 基層的顯微硬度低於熔合區。

6.3 疊層材料的擴散釬焊

6.3.1 疊層材料擴散釬焊的工藝特點

採用的 Super-Ni/NiCr 疊層材料由超級鎳（Super-Ni，Ni>99.5%）復層和

Ni80Cr20 粉末合金基層真空壓製而成。Super-Ni/NiCr 疊層材料的厚度為 2.6mm，兩側復層的厚度僅為 0.3mm，NiCr 基層的厚度為 2.0mm。NiCr 基層為骨骼狀 Ni80Cr20 奧氏體組織。NiCr 基層的孔隙率為 35.4%，名義密度為 $6.72g/cm^3$。純 Ni 的密度為 $8.90g/cm^3$，相比之下，疊層材料可減輕結構質量 24.5%。

（1）擴散釬焊設備

真空擴散釬焊的加熱溫度低，對 Super-Ni/NiCr 疊層材料和 18-8 鋼母材的影響較小；能夠避免採用熔焊方法容易導致的復層燒損、基層縮孔等問題。擴散釬焊時被焊接件整體加熱，焊件變形小，能夠減小熱應力、保證焊接件的尺寸精度。真空擴散釬焊不需要加入釬劑，對擴散釬焊接頭無污染。

試驗中採用美國真空工業公司（Centorr Vacuum Industries）生產的 Workhorse Ⅱ 型真空擴散焊設備，對 Super-Ni/NiCr 疊層材料與 18-8 鋼對接和搭接接頭進行真空擴散釬焊。試驗設備的外觀結構如圖 6.22 所示。該設備主要包括真空爐體、全自動抽真空系統、液壓系統、加熱系統、水循環系統和控製系統等。採用真空擴散釬焊有利於母材表面氧化膜分解和防止釬料氧化，能夠保證擴散釬焊接頭的成形品質。

圖 6.22 Workhorse Ⅱ 型真空擴散焊設備

（2）釬料

Super-Ni/NiCr 疊層材料因其獨特的高溫性能和耐腐蝕性能在航空航天、導彈、飛行器設計等領域受到了關注。為了充分發揮疊層材料的性能優勢，可選擇具有良好高溫抗氧化性和耐腐蝕性的釬料作為填充金屬，如鎳基釬料、鈷基釬料等。

釬料的主成分與母材相同時，釬料在母材表面的潤溼性較好。釬縫在冷卻過程中，與母材同成分的初生相容易以母材晶粒為晶核生長，與母材形成牢固結合，有利於提高接頭強度。試驗中採用鎳基釬料對 Super-Ni/NiCr 疊層材料與 18-8 鋼進行對接和搭接的真空擴散釬焊。

鎳基釬料中加入 Cr 元素能提高釬料的抗氧化性和接頭結合強度；加入 Si、B、P 等元素降低熔點、提高流動性和潤溼性。但是擴散釬焊過程中降熔元素（B、Si）可能會在釬縫或近縫區形成硼化物、硅化物等脆性相，對釬焊接頭品質產生較大的影響。因此採用 Ni-Cr-P 係和 Ni-Cr-Si-B 係兩種含有不同降熔元素的鎳基釬料作為 Super-Ni/NiCr 疊層材料與 18-8 鋼真空擴散釬焊的填充材料。Ni-Cr-P 釬料和 Ni-Cr-Si-B 釬料的化學成分和熔化溫度見表 6.7。

表 6.7　釬料的化學成分和熔化溫度

釬料	化學成分/%								熔化溫度/℃
	Ni	Cr	P	Si	B	Fe	C	Ti	
Ni-Cr-P	餘量	13.0～15.0	9.7～10.5	≤0.1	≤0.02	≤0.2	≤0.06	≤0.05	890～920
Ni-Cr-Si-B	餘量	6.0～8.0	≤0.02	4.0～5.0	2.75～3.5	2.5～3.5	≤0.06	≤0.05	970～1000

Ni-Cr-P 釬料屬於共晶成分，是鎳基釬料中熔化溫度較低的釬料，具有較好的流動性和潤溼性。Ni-Cr-P 釬料中不含 B，對母材的熔蝕作用較小，適用於薄壁件的焊接；並且不吸收中子，適用於核領域。Ni-Cr-Si-B 釬料具有較好的高溫性能，釬焊接頭結合強度高，適用於在高溫下承受大應力的部件，如渦輪葉片、噴氣發動機部件等。

此外，試驗中還採用了非晶態釬料。非晶態釬料成分均勻，組織一致、厚度可控，釬料自身的精度和強韌性好。非晶釬料可按工件結構沖剪成各種形狀，簡化釬焊裝配工藝，控製釬料用量，釬焊後接頭的結構精度較好，但是對於一些較難加工的材料或釬焊配合面比較複雜的零件，要保證精確的間隙比較困難。而膏狀或粉末狀的晶態釬料對這些情況具有較好的適應性，不過當釬焊間隙超過 100μm 時，釬縫中容易形成一種或多種金屬間化合物脆性相，需要控製保溫時間或提高釬焊溫度，抑製金屬間化合物的形成。

試驗中採用 Ni-Cr-Si-B 晶態及非晶釬料對 Super-Ni/NiCr 疊層材料與 18-8 鋼進行真空擴散釬焊，晶態釬料的釬縫間隙為 100～150μm，研究接頭的擴散-凝固過程，為控製釬縫區脆性相的形成提供理論基礎。

(3) 工藝參數

採用線切割將 Super-Ni/NiCr 疊層材料和 18-8 鋼板材加工成 30mm×10mm×2.6mm 的試樣。擴散釬焊前，採用丙酮清洗除去試樣表面的油污，將 Super-Ni/NiCr 疊層材料和 18-8 鋼試樣的待連接表面用金相砂紙進行打磨，然後用酒精清洗吹干。在 Mo 板上進行試樣裝配，裝配前在待焊試樣與 Mo 板之間放置石墨紙，防止釬料在試樣與 Mo 板之間鋪展形成連接。Super-Ni/NiCr 疊層材料與 18-8 鋼擴散釬焊接頭採用對接和搭接形式，對接接頭的裝配示意如圖 6.23 所示。

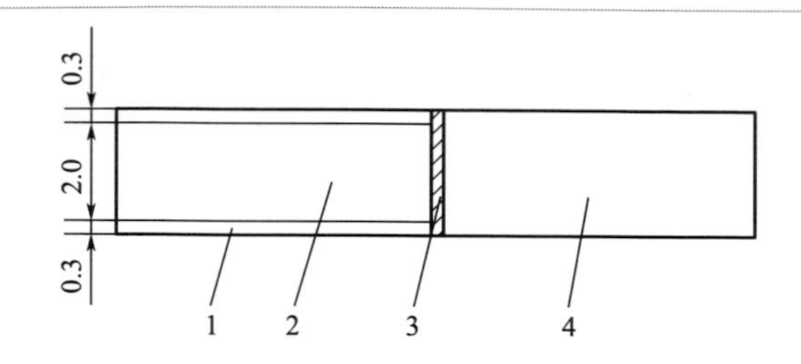

圖 6.23 對接試樣裝配示意

1—超級鎳復層；2—NiCr 基層；3—填充材料；4—18-8 鋼

採用膏狀釬料，將膏狀 Ni-Cr-P 釬料或 Ni-Cr-Si-B 釬料塗於接頭縫隙處表面，為了控製釬縫間隙的大小，用直徑約為 150μm 的 Mo 絲置於對接面之間。試樣裝配好用不銹鋼板固定後，放入真空室中。

Super-Ni/NiCr 疊層材料與 18-8 鋼真空擴散釬焊的工藝參數曲線如圖 6.24 所示。控製真空度為 $1.33\times10^{-4}\sim1.33\times10^{-5}$ Pa，採用 Ni-Cr-P 釬料時，釬焊溫度為 940～1060℃，保溫時間為 15～25min；採用 Ni-Cr-Si-B 釬料時，釬焊溫度為 1040～1120℃，保溫時間為 20～30min。將裝配好的試樣放入真空爐中，由於真空室尺寸較大，加熱過程採用分級加熱並設置幾個保溫平臺的方式使真空室內部和焊件溫度均勻；冷卻過程採用循環水冷卻至 100℃後，隨爐冷卻。循環水冷卻初期，冷卻速度約為 10℃/min。

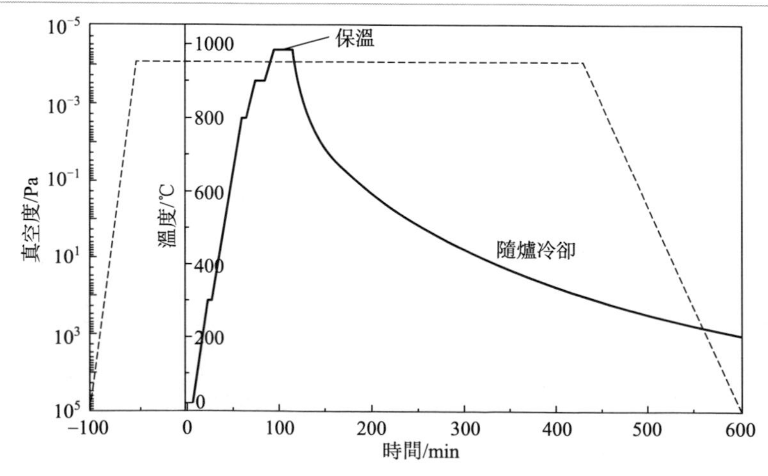

圖 6.24 Super-Ni/NiCr 疊層材料與 18-8 鋼擴散真空釬焊的工藝曲線

不同工藝參數條件下，釺料對疊層材料與 18-8 鋼擴散釺焊的接頭結合及釺料鋪展的影響見表 6.8。

表 6.8 工藝參數對疊層材料和 18-8 鋼接頭結合及釺料鋪展的影響

釺料種類	釺焊溫度/℃	保溫時間/min	接頭結合及釺料鋪展情況
Ni-Cr-P	940	20	未結合，釺料團聚在一起沒有潤溼母材
	980	20	結合良好，釺縫表面釺料流向疊層材料側
	1040	20	結合良好，釺縫外觀平整，釺料流向疊層材料側
	1060	20	結合良好，釺縫外觀平整，釺料流向疊層材料側
晶態 Ni-Cr-Si-B	1040	20	結合一般，釺縫表面存在一定厚度
	1060	20	結合良好，釺縫表面存在一定厚度
	1080	20	結合良好，釺縫表面存在一定厚度
	1100	20	結合良好，釺縫表面平整，但存在一定厚度
	1120	20	結合良好，釺料完全鋪展
非晶 Ni-Cr-Si-B	1060	20	結合良好，釺縫表面平整，但存在一定厚度
	1080	20	結合良好，釺縫表面平整，但存在一定厚度
	1100	20	結合良好，釺縫表面平整，厚度較小
	1120	20	結合良好，釺料完全鋪展

採用 Ni-Cr-P 釺料對疊層材料與 18-8 鋼進行真空擴散釺焊，釺焊溫度為 940℃時，雖然高於熔點 50℃，但沒有形成有效連接。Ni-Cr-P 釺料熔化後首先向疊層材料側鋪展，說明 Ni-Cr-P 釺料在 Super-Ni 復層表面具有較好的流動性和潤溼性。由於 Ni-Cr-P 釺料的熔點較低，相同釺焊溫度下，Ni-Cr-P 釺料比 Ni-Cr-Si-B 釺料的流動性好。

(4) 釺焊接頭試樣製備

為了對 Super-Ni/NiCr 疊層材料與 18-8 鋼真空擴散釺焊接頭的組織結構及接頭性能進行分析，採用線切割法垂直釺焊界面切取試樣，然後採用金相砂紙打磨、拋光。與 18-8 鋼相比，疊層材料復層的硬度較低，打磨拋光過程中應注意用力均勻防止試樣磨偏。Super-Ni 復層的厚度僅為 0.3mm，但是 Super-Ni 復層是整個接頭中的重點觀測區域，打磨過程中應保證復層與基層在同一平面上，防止將復層磨成弧形。採用鹽酸、氫氟酸和硝酸混合溶液（$HCl:HF:HNO_3=80:13:7$）對系列試樣進行腐蝕，金相試樣腐蝕 1～2min，掃描電鏡試樣腐蝕時間稍長些，需 2～3min。

6.3.2 疊層材料與 18-8 鋼擴散釬焊的界面狀態

(1) 接頭特徵區域劃分

採用 Ni-Cr-P 和 Ni-Cr-Si-B 鎳基釬料對 Super-Ni/NiCr 疊層材料與 18-8 鋼進行擴散釬焊，釬料與母材之間的相互作用主要包括兩個方面：①釬料組分向母材擴散；②母材元素向釬縫溶解。

根據 Super-Ni/NiCr 疊層材料與 18-8 鋼擴散釬焊接頭的擴散-凝固特點，將疊層材料釬焊接頭劃分為五個特徵區域，如圖 6.25 所示：

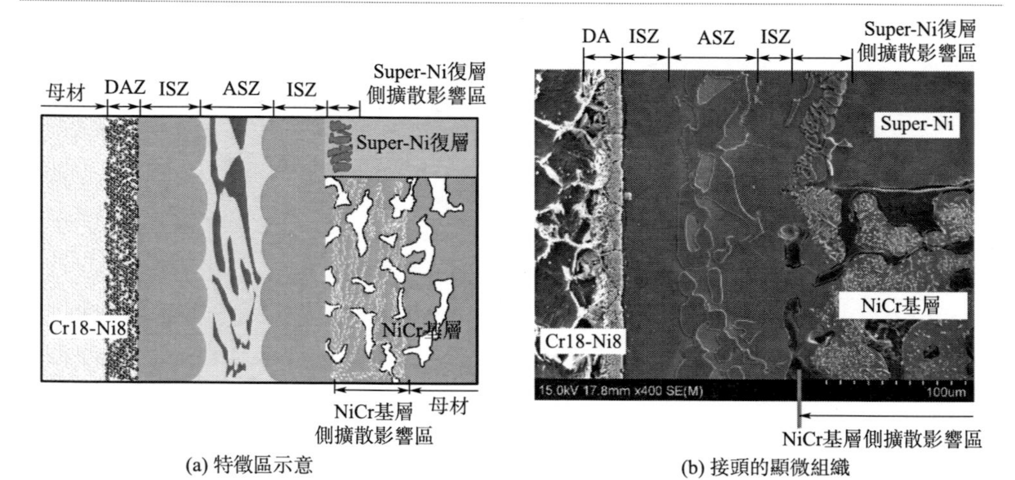

圖 6.25 Super-Ni/NiCr 疊層材料與 18-8 鋼擴散釬焊接頭特徵區劃分

① Super-Ni 復層側擴散影響區 (diffusion affected zone，DAZ)；

② NiCr 基層側擴散影響區；

③ 等溫凝固區 (isothermal solidification zone，ISZ)；

④ 非等溫凝固區 (athermal solidification zone，ASZ)；

⑤ 18-8 鋼側擴散影響區。

Ni-Cr-P 釬料和 Ni-Cr-Si-B 鎳基釬料中含有較多的 P、Si、B 等降熔元素，用以提高釬料的流動性和潤溼性。在擴散釬焊保溫階段，P、Si、B 元素向 Super-Ni/NiCr 疊層材料和 18-8 鋼母材擴散，並且母材少量溶解於熔融釬料，使靠近母材的液相熔點升高。當降熔元素含量減少到一定程度時，靠近母材的液相熔點升高至釬焊溫度，發生等溫凝固結晶，形成固溶體組織。

擴散釬焊過程中，隨著等溫凝固結晶過程的持續進行，固-液相界面向釬縫中心推移，多餘的溶質元素在剩餘液相富集。在隨後的降溫過程中，剩餘液相進行非等溫凝固形成磷化物、硼化物或硅化物等脆性相；另外，P、Si、B 元素擴散至 Super-Ni/NiCr 疊層材料母材，容易與 Ni、Cr 元素結合形成新的析出相，影響疊層材料與 18-8 鋼擴散釺焊接頭的組織與性能。

NiCr 基層中有一定數量的孔隙存在，釺料將通過毛細作用滲入到這些孔隙中，但是有三種情況需考慮。

① 如果大量釺料滲入孔隙會導致接頭區釺料不足形成孔隙、未釺合等缺陷；另外滲入孔隙的填充金屬與母材發生冶金反應引起內應力變化可能使母材膨脹產生微裂紋。

② 適當的釺料滲入孔隙可以通過擴大接觸面積提高釺料與基體的結合強度，有利於得到可靠的擴散釺焊接頭。

③ 如果沒有釺料滲入孔隙，則釺料與基體的接觸面積減小，可能是整個擴散釺焊接頭的薄弱環節。

(2) 釺縫區的顯微組織特徵

採用 Ni-Cr-P 釺料，釺焊溫度為 1040℃、保溫時間為 20min 時，Super-Ni/NiCr 疊層材料與 18-8 鋼擴散釺焊接頭的顯微組織如圖 6.26 所示。Ni-Cr-P 釺料在 Super-Ni 復層、NiCr 基層上表現出良好的潤溼性，整個擴散釺焊接頭區沒有孔隙、裂紋、未熔合等缺陷。

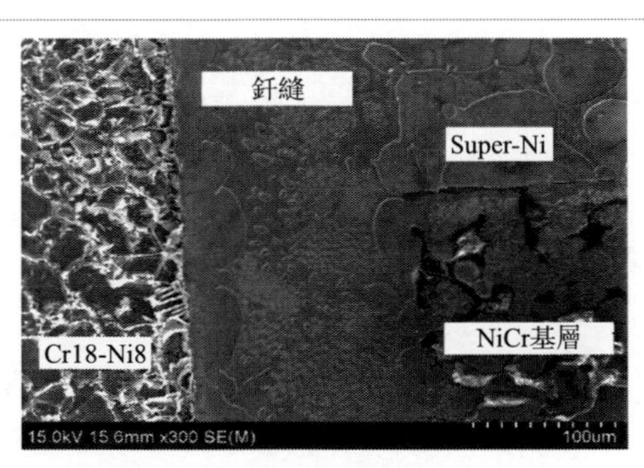

圖 6.26 疊層材料/18-8 鋼釺焊接頭的顯微組織（Ni-Cr-P 釺料，T=1040℃）

在 Super-Ni/NiCr 疊層材料與 18-8 鋼擴散釺焊接頭中，液態釺料沒有沿孔隙滲入 NiCr 基層，而是保留在釺縫中。這是由於保溫階段進行的等溫凝固，釺縫形成 γ-Ni 固溶體，抑製釺料滲入孔隙。這能夠避免釺料大量流失基層形成孔隙、未釺合等缺陷，又有利於 NiCr 基層多孔結構的穩定性。

為了進一步分析擴散釺焊接頭的組織特徵，對釺縫區進行放大（圖 6.27）並採用能譜分析儀（EDS）測定釺縫中物相的化學成分。

分析表明，釺縫中心形成的是網狀共晶相，測試點 1 的 Ni 含量為 69.66%，P 含量為 22.03%，並且 Ni、P 的原子比約為 3∶1。測試點 2 富 Ni（80.48%），

P 含量較低，約為 8.42%。根據 Ni-P 二元相圖可知，當液態 Ni 中的 P 含量（原子分數）超過 0.32%時，液相就會析出由 γ-Ni（P）固溶體和 Ni_3P 組成的 Ni-P 二元共晶。因此，測試點 1 為 Ni_3P，測試點 2 為 γ-Ni（P）固溶體。靠近母材側釺縫為 γ-Ni（Cr）固溶體。由於 18-8 鋼中的 Fe 元素也可能向釺縫擴散，靠近疊層材料側固溶體中的 Fe 含量（1.75%，測試點 3）低於 18-8 鋼側固溶體中的含量（5.58%，測試點 4）。

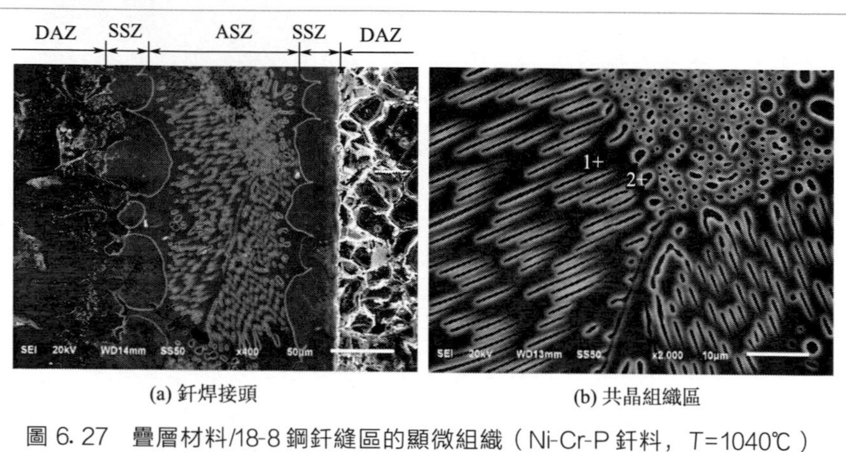

(a) 釺焊接頭　(b) 共晶組織區

圖 6.27 疊層材料/18-8 鋼釺縫區的顯微組織（Ni-Cr-P 釺料，T=1040℃）

（3）加熱溫度對釺縫區顯微組織的影響

擴散釺焊加熱溫度為 940℃時，雖然加熱溫度高於 Ni-Cr-P 釺料的熔點 50℃，但釺料在兩側母材表面的流動性、潤溼性仍較差。Ni-Cr-P 釺料在母材表面聚集成顆粒狀，疊層材料與 18-8 鋼之間未形成有效連接。

加熱溫度為 980℃、保溫時間為 20min 的條件下，Super-Ni/NiCr 疊層材料與 18-8 鋼擴散釺焊接頭的顯微組織如圖 6.28 所示。所形成的釺縫主要由 γ-Ni 固溶體、Ni-P 共晶組成，但是釺縫中仍有少量未完全熔化鋪展的釺料團（filler metal island）。由於釺料成分不均勻，組織不是單一相，當加熱溫度緩慢上升時，導致低熔點組分與高熔點組分相分離，在熔化過程中出現成分偏析現象。當焊件被加熱至液相線溫度時，低熔點相首先熔化、流動，高熔點相因流散緩慢以團狀聚集。

加熱溫度升高至 1060℃、保溫時間為 20min 時，Super-Ni/NiCr 疊層材料與 18-8 鋼擴散釺焊接頭的顯微組織如圖 6.29 所示。Ni-Cr-P 釺料在 Super-Ni/NiCr 疊層釺料與 18-8 鋼表面表現出良好的流動性和潤溼性，整個擴散釺焊接頭中未發現孔洞、空隙、裂紋、未熔合等缺陷。而且隨著擴散釺焊溫度升高，釺縫中心 Ni-P 共晶的範圍減小，靠近兩側母材的固溶體層變厚。

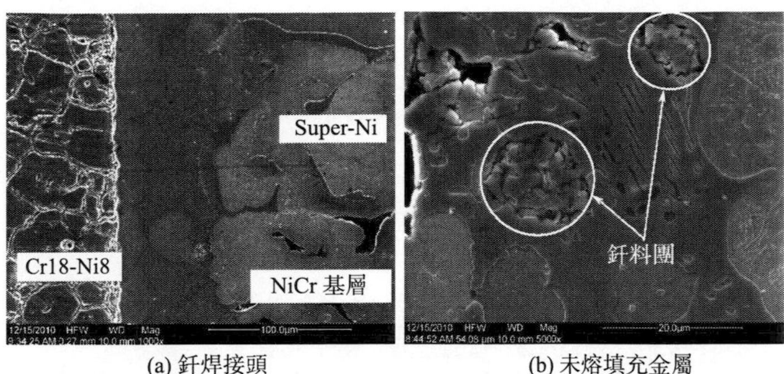

(a) 釬焊接頭　　(b) 未熔填充金屬

圖 6.28　疊層材料/18-8 鋼釬焊接頭的顯微組織（Ni-Cr-P 釬料，T=980℃）

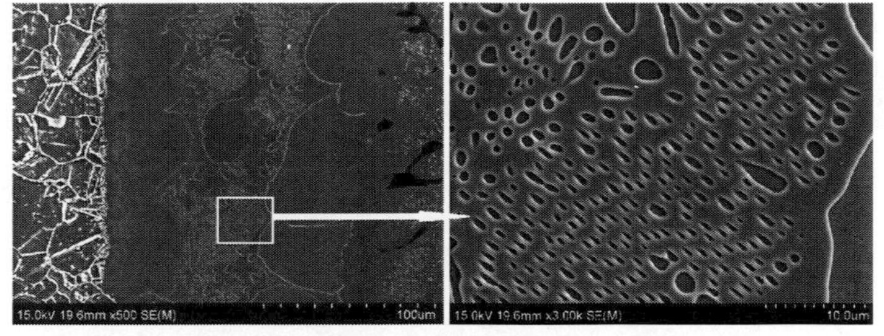

圖 6.29　疊層材料/18-8 鋼釬焊接頭的顯微組織（Ni-Cr-P 釬料，T= 1060℃）

（4）釬縫區的擴散-凝固過程

由於釬料與母材之間存在濃度梯度，液態釬料在進行毛細填縫時與母材發生相互作用。Super-Ni 復層釬縫區和 NiCr 基層釬縫區中 P、Ni、Cr、Fe 的元素分布如圖 6.30 和圖 6.31 所示。

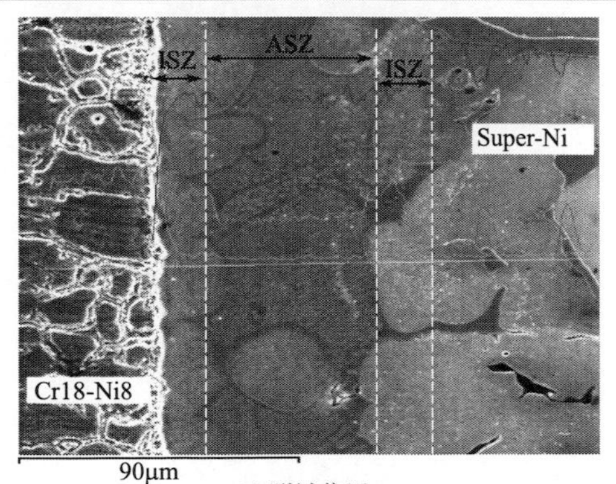

(a) 測試位置

圖 6.30

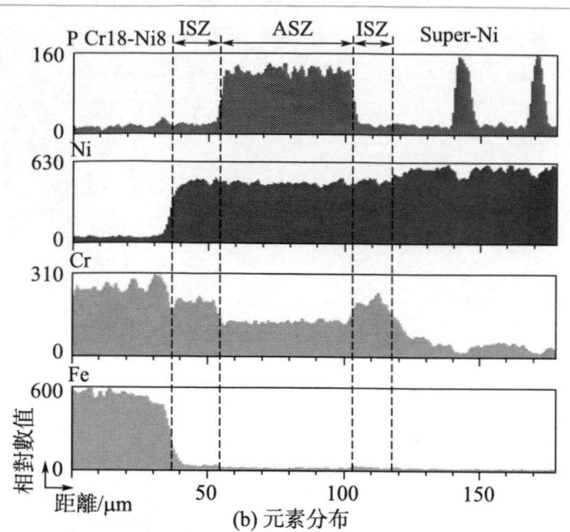

(b) 元素分布

圖 6. 30　Super-Ni 復層釺縫區的元素分布（Ni-Cr-P 釺料，T=1040℃）

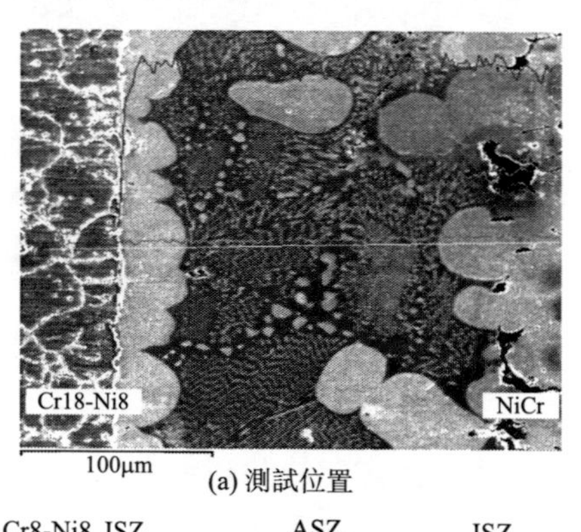

(a) 測試位置

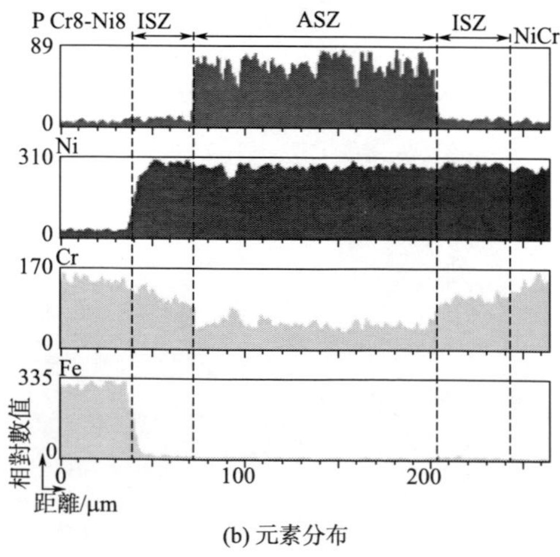

(b) 元素分布

圖 6. 31　NiCr 基層釺縫區的元素分布（Ni-Cr-P 釺料，T=1040℃）

Super-Ni/NiCr 疊層材料與 18-8 鋼時擴散釬焊接頭的形成過程分為以下幾個階段：

① 待焊表面的物理接觸階段［室溫$<t<$890℃，如圖 6.32(a) 所示］。加熱溫度低於釬料熔點時，Ni-Cr-P 釬料與母材之間的元素擴散不明顯。隨著加熱溫度提高，母材表面的氧化膜在真空氣氛中被除去，露出純净表面，提高表面潤溼性。

② 釬料與母材之間的溶解擴散階段［890℃$<t<T$，T 為釬焊溫度，如圖 6.32(b) 所示］。加熱溫度升高至 890℃以上時，Ni-Cr-P 釬料熔化並在釬縫中流動，母材與液態釬料之間進行溶解和元素擴散。Ni-Cr-P 釬料的熔點較低，僅有少量母材向釬料溶解，表層溶於釬料中，使母材以純净的表面與釬料直接接觸，可改善潤溼性，提高接頭強度。P 元素傾向於沿 Super-Ni 復層的晶界擴散。由於 NiCr 基層與釬料的 Ni、Cr 含量相似，Ni、Cr 元素的擴散不明顯。

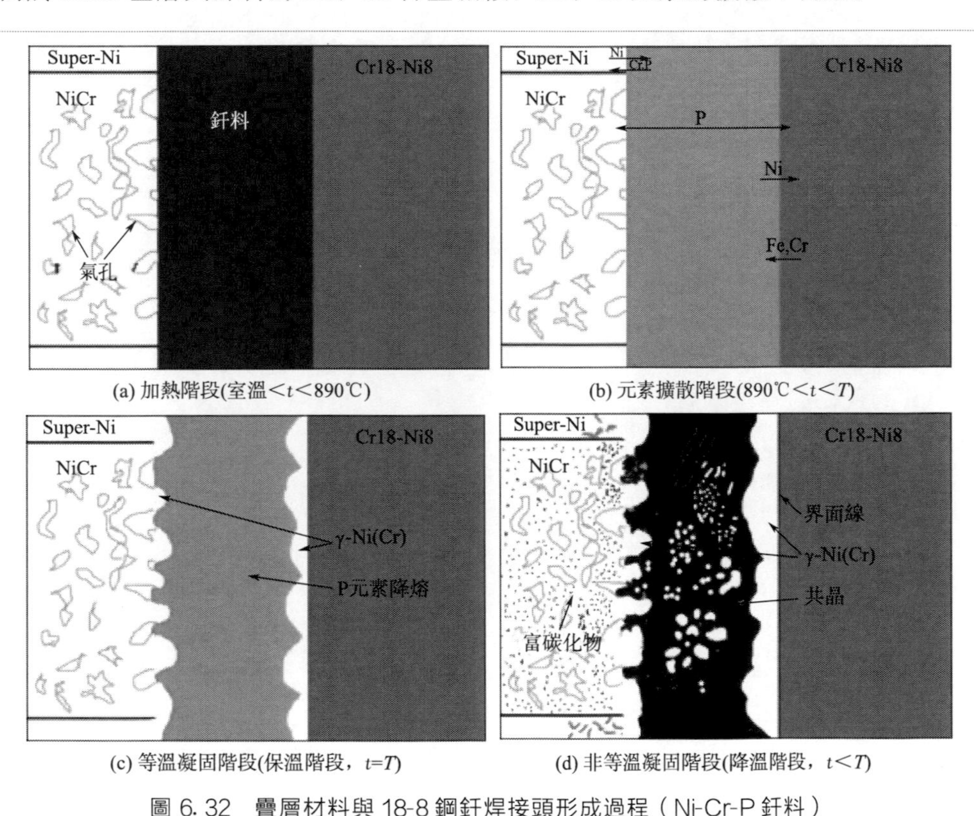

(a) 加熱階段(室溫$<t<$890℃)　(b) 元素擴散階段(890℃$<t<T$)

(c) 等溫凝固階段(保溫階段，$t=T$)　(d) 非等溫凝固階段(降溫階段，$t<T$)

圖 6.32　疊層材料與 18-8 鋼釬焊接頭形成過程（Ni-Cr-P 釬料）

③ 等溫凝固階段［保溫階段，$t=T$，如圖 6.32(c) 所示］。P 元素向 NiCr 基層擴散，沒有在 NiCr 基層與釬料之間聚集形成擴散反應層，NiCr 基層與釬縫結合良好。隨著 P 元素擴散至 NiCr 基層以及 NiCr 基層溶於液態釬料，靠近母材的液相熔點升高。當熔點升高至釬焊溫度時，發生等溫凝固形成 γ-Ni 固溶體。

γ-Ni 固溶體沿母材與熔融釺料的界面析出並向釺縫中心生長。

④ 非等溫凝固階段［降溫階段，$t<T$，如圖 6.32(d) 所示］。保溫階段結束後，隨著溫度降低，Super-Ni 復層晶界析出磷化物；P 元素擴散至 NiCr 基層使碳的溶解度降低，析出 Ni、Cr 的碳化物。剩餘液相首先凝固形成 γ-Ni，達到共晶點時，富 P 液相凝固形成 γ-Ni（P）固溶體和 Ni_3P 共晶。

在降溫過程中，靠近兩側母材的釺縫冷卻速度較快，形成一定的溫度梯度，Ni-P 共晶沿溫度梯度生長，形成針狀形態。釺縫中心的冷卻速度較慢，形成準穩態溫度場，共晶自由生長形成蜂窩狀。

6.3.3 疊層材料/18-8 鋼擴散釺焊接頭的顯微硬度

（1）Ni-Cr-P 釺料

為判斷採用 Ni-Cr-P 釺料獲得的 Super-Ni/NiCr 疊層材料與 18-8 鋼釺焊接頭的組織性能，對釺焊接頭的顯微硬度進行測定，測定位置及測試結果如圖 6.33 所示。

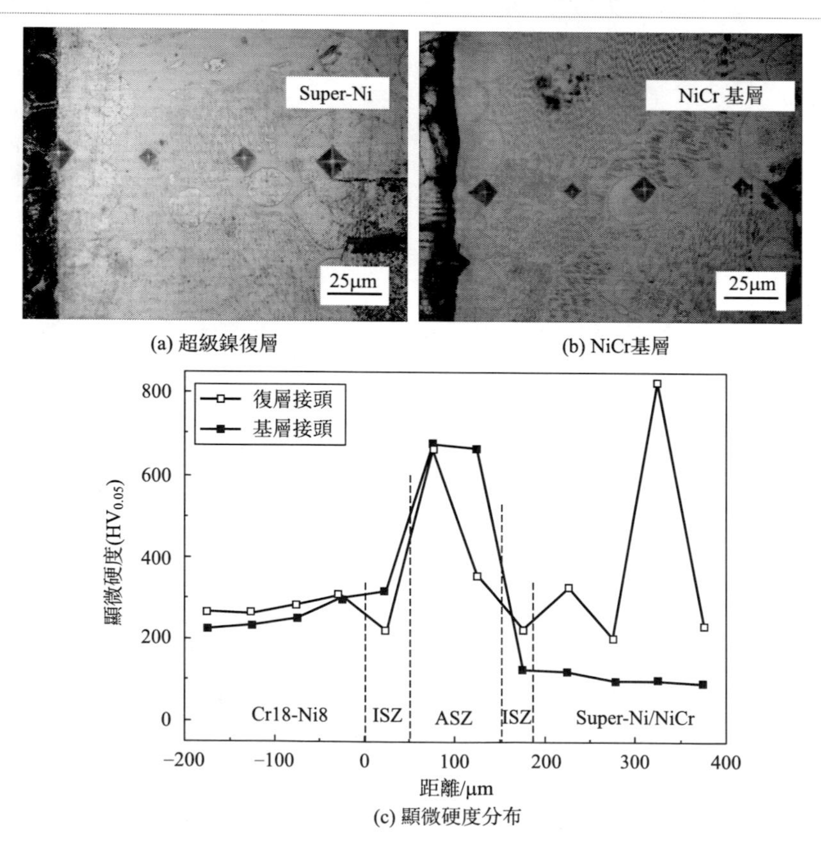

圖 6.33 疊層材料/18-8 鋼釺焊接頭的顯微硬度（Ni-Cr-P 釺料，T=1040℃）

靠近 Super-Ni/NiCr 疊層材料側 γ-Ni 固溶體的顯微硬度為 $150HV_{0.05}$，靠近 18-8 鋼側 γ-Ni 固溶體的顯微硬度為 $300HV_{0.05}$。這是由於不銹鋼中的 Fe 原子擴散至 γ-Ni 固溶體，形成間隙固溶體，使顯微硬度升高。非等溫凝固區中 Ni-P 共晶的顯微硬度最高，為 $650HV_{0.05}$。Super-Ni 復層出現顯微硬度波動，最大值為 $800HV_{0.05}$，最小值為 $200HV_{0.05}$。這是由於 P 元素沿 Super-Ni 晶界擴散形成 γ-Ni 固溶體＋Ni_3P 共晶造成的。NiCr 基層母材的顯微硬度為 $100HV_{0.05}$，焊後基層的顯微硬度升高至 $150HV_{0.05}$。這是由於 NiCr 基層擴散影響區析出 Ni、Cr 的碳化物顆粒，對基層起析出強化作用。

(2) Ni-Cr-Si-B 釬料

擴散釬焊溫度為 1040℃、保溫時間為 20min 的條件下，採用 Ni-Cr-Si-B 釬料釬焊 Super-Ni/NiCr 疊層材料與 18-8 鋼接頭的顯微組織如圖 6.34 所示。Super-Ni 復層釬縫區的顯微組織與 NiCr 基層釬縫區的顯微組織一致。釬料保留在釬縫中，整個釬焊接頭沒有出現空隙、裂紋、未釬合等缺陷。釬縫與 Super-Ni 復層和 NiCr 基層形成良好的結合，特別是在基層與復層界面也表現出良好的潤溼性。釬縫中形成以網狀分布的深灰色塊狀相，並且塊狀相邊緣有白色顆粒析出。

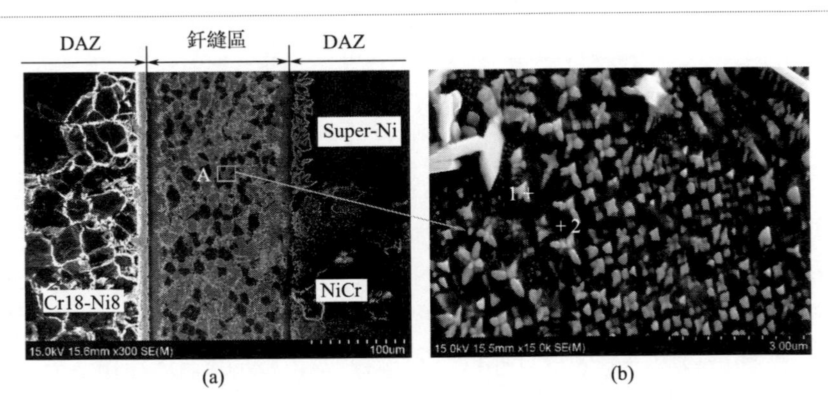

圖 6.34 疊層材料/18-8 鋼釬焊接頭的顯微組織（Ni-Cr-Si-B 釬料，T=1040℃）

釬縫中彌散分布著白色星型顆粒［圖 6.34(b)］，顆粒（測點 1）的 Si 含量為 18.77%，Ni 含量為 79.70%。而顆粒周圍基體（測點 2）的 Si 含量較低，僅為 5.16%。根據 Ni-Si 二元合金相圖可知，700℃ 下 Si 在 Ni 中的溶解度為 10.1%（原子分數）。釬料凝固過程中，Si 在 Ni 中的溶解度隨著溫度降低逐漸減小，以 Ni_3Si 的形式在 γ-Ni 固溶體中析出。因此，白色星型顆粒為 Ni_3Si。深灰色塊狀相主要含 Ni 和 B，並且 Ni、B 原子百分比約為 3∶1。根據 Ni-B 二元合金相圖可知，塊狀相為 Ni_3B。Ni_3B 塊狀相上析出不規則白色顆粒，顆粒的

Cr、B 元素含量較高，為 Cr 的硼化物。

擴散釺焊溫度為 1040℃，保溫時間為 20min 的條件下，採用 Ni-Cr-Si-B 釺料釺焊 Super-Ni/NiCr 疊層材料與 18-8 鋼接頭的顯微硬度如圖 6.35 所示。

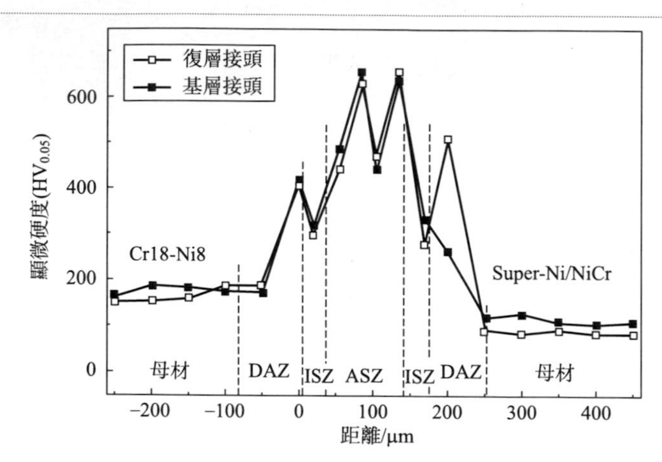

圖 6.35 疊層材料/18-8 鋼釺焊接頭的顯微硬度（Ni-Cr-Si-B 釺料，T=1040℃）

18-8 鋼母材的顯微硬度約 $180HV_{0.05}$，18-8 鋼擴散影響區（DAZ）的顯微硬度升高至 200～$430HV_{0.05}$，其中靠近釺縫側富 Cr 層的顯微硬度為 $430HV_{0.05}$。離釺縫較近的 18-8 鋼側擴散影響區為富 Cr 層，形成 Cr_2B、$Fe_{23}B_6$ 高硬度相；離釺縫較遠的 18-8 鋼側擴散影響區在晶界析出 Cr 的硼化物顆粒，使顯微硬度升高。

等溫凝固區由 γ-Ni 固溶體組成，顯微硬度較低，約為 $300HV_{0.05}$。非等溫凝固區的顯微硬度波動較大，γ-Ni 固溶體的顯微硬度為 $450HV_{0.05}$；Ni_3B 的顯微硬度為 $650HV_{0.05}$，整個釺焊接頭中 Ni_3B 的顯微硬度最高。非等溫凝固區中 γ-Ni 固溶體的顯微硬度高於等溫凝固區中 γ-Ni 的顯微硬度，這是由於非等溫凝固區的 γ-Ni 固溶體中出現彌散分布的 Ni_3Si 顆粒，起析出強化作用。

Super-Ni 復層側擴散影響區的顯微硬度為 $500HV_{0.05}$，而 Super-Ni 復層母材的顯微硬度僅為 $90HV_{0.05}$。這是由於 B 元素擴散至 Super-Ni 復層形成 Ni_3B 擴散反應層，導致顯微硬度升高。這種高硬度相會降低疊層材料/18-8 鋼釺焊接頭的韌性，高硬度相與釺縫的界面在承受複雜應力狀態時，有可能成為裂紋源。NiCr 基層擴散影響區析出的 Ni、Cr 的硼化物顆粒也使顯微硬度升高。

擴散釺焊溫度為 1100℃，保溫時間為 20min 時，疊層材料/18-8 鋼釺焊接頭的顯微硬度如圖 6.36 所示。18-8 鋼側擴散影響區的範圍約為 150μm，隨著至釺縫距離的增大，18-8 鋼側擴散影響區的顯微硬度逐漸由 $500HV_{0.05}$（富 Cr 層）降低至 $300HV_{0.05}$，最後降低至 $180HV_{0.05}$（母材）。

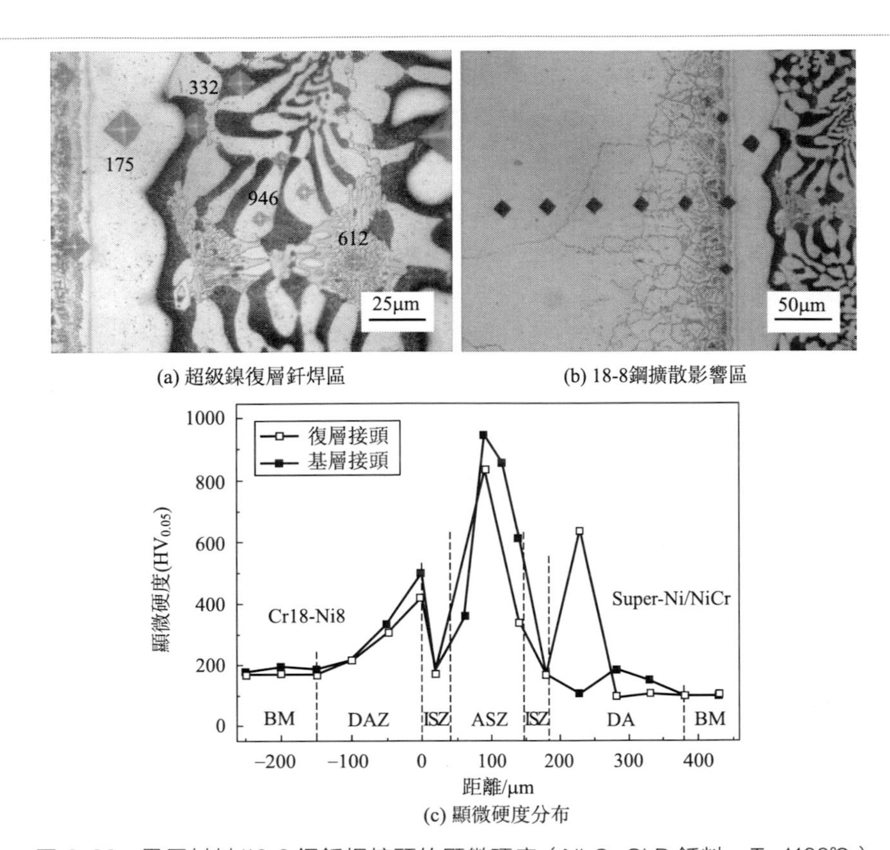

(a) 超級鎳復層釺焊區 (b) 18-8鋼擴散影響區

(c) 顯微硬度分布

圖 6.36 疊層材料/18-8 鋼釺焊接頭的顯微硬度（Ni-Cr-Si-B 釺料，T=1100℃）

非等溫凝固區的顯微硬度波動幅度增大，γ-Ni 固溶體的顯微硬度最低為 $332HV_{0.05}$；Ni_3B 的顯微硬度為 $946HV_{0.05}$；Ni-Si-B 網狀相顯微硬度為 $612HV_{0.05}$。Super-Ni 復層側擴散影響區的顯微硬度為 $640HV_{0.05}$，而 Super-Ni 復層母材的顯微硬度明顯降低。B 元素對 Super-Ni 復層的影響主要集中在靠近釺縫側 Super-Ni 復層，形成約 20～30μm 由 Ni_3B 塊狀相組成的擴散反應層。

NiCr 基層側擴散影響區的寬度增大至 100μm，隨著至釺縫距離的減小，NiCr 基層側擴散影響區的顯微硬度先增大後減小。這與釺焊溫度為 1040℃時 NiCr 基層側擴散影響區顯微硬度逐漸增大的趨勢不同。釺焊溫度為 1100℃時，NiCr 基層表面溶於液態 Ni-Cr-Si-B 釺料，基層與釺料之間的原始界面消失，但沒有硼化物相生成，使顯微硬度與 NiCr 基層母材一致，具有良好的塑、韌性。

擴散釺焊溫度為 1120℃、保溫 20min 時，18-8 鋼側擴散影響區（DAZ）的範圍擴大至 200μm。Super-Ni 復層釺縫區的顯微硬度為 $180HV_{0.05}$，由 γ-Ni 固溶體組成，沒有脆性相生成。Super-Ni 復層側擴散影響區的顯微硬度為 $300HV_{0.05}$，低於釺焊溫度降低（1040℃、1100℃）時的情況。釺焊溫度升高至

1120℃時，Super-Ni 復層側擴散影響區由 γ-Ni＋Ni_3B 共晶組成，顯微硬度低於 Ni_3B 擴散反應層。

NiCr 基層釬縫區仍有 Ni_3B 脆性相存在，顯微硬度可達 $700HV_{0.05}$。NiCr 基層側擴散影響區的顯微硬度最高值出現在距離釬縫 150μm 處。與非等溫凝固區的高硬度共晶組織相比，NiCr 基層側擴散影響區和 18-8 鋼側擴散影響區的硼化物析出相不連續，顯微硬度相對較低，對接頭的不利影響較小。

6.3.4 疊層材料/18-8 鋼擴散釬焊接頭的剪切強度

擴散釬焊參數直接影響釬焊接頭的組織特徵，進而對釬焊接頭的結合強度、斷裂位置和斷口形貌產生影響。為了研究 Super-Ni/NiCr 疊層材料與 18-8 鋼擴散釬焊接頭的力學性能，採用 CMT-5015 型電子萬能試驗機和專用夾具對不同釬料、不同工藝參數獲得的系列 Super-Ni/NiCr 疊層材料與 18-8 鋼擴散釬焊接頭進行剪切強度試驗，試驗結果見表 6.9。

表 6.9 疊層材料與 18-8 鋼擴散釬焊接頭的剪切強度

釬料	工藝參數 ($T \times t$)	剪切面尺寸 /mm	最大載荷 F_{max}/kN	剪切強度 /MPa
Ni-Cr-P	980℃×20min	9.78×2.38	0.83	37
	1040℃×20min	7.95×2.61	2.85	137
	1060℃×20min	9.25×2.53	3.35	143
Ni-Cr-Si-B 晶態	1040℃×20min	8.00×2.56	5.01	140
	1060℃×20min	10.22×2.46	4.93	150
	1080℃×20min	9.69×2.35	3.49	153
	1100℃×20min	9.47×2.43	3.52	153
	1120℃×20min	10.14×2.45	3.94	159
Ni-Cr-Si-B 非晶	1060℃×20min	8.32×2.68	3.35	150
	1080℃×20min	9.69×2.35	3.97	174
	1100℃×20min	8.69×2.42	4.02	191
	1120℃×20min	9.47×2.54	4.74	195

Ni-Cr-P 釬焊接頭的剪切應力達到最大值後迅速降低，破壞前基本沒有屈服，無塑性變形，剪切斷裂從局部缺陷或脆性相處開始，然後迅速貫穿整個接頭，導致完全斷裂。採用 Ni-Cr-Si-B 釬料的釬焊接頭及非晶 Ni-Cr-Si-B 釬焊接頭斷裂前出現屈服，接頭區表現出一定的塑性。

採用 Ni-Cr-P 釬料時，釬焊溫度對疊層材料/18-8 鋼擴散釬焊接頭剪切強度的影響如圖 6.37 所示。釬焊溫度為 980℃時，疊層材料/18-8 鋼接頭的剪切強度僅為 37MPa；隨著釬焊溫度升高至 1040℃，接頭的剪切強度升高至 137MPa；但當釬焊溫度繼續升高至 1060℃時，剪切強度僅升高為 143MPa。

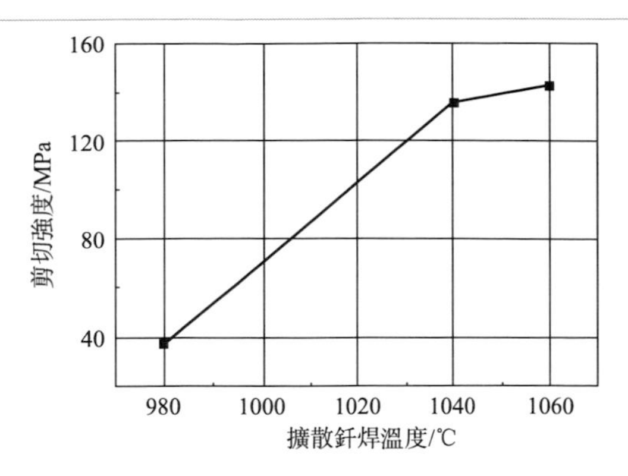

圖 6.37 釬焊溫度對疊層材料/18-8 鋼接頭剪切強度的影響（Ni-Cr-P 釬料）

釬焊溫度為 980℃時，釬縫中存在高熔點組分團聚，接頭的結合強度較弱；釬焊溫度升高至 1040℃時，Super-Ni/NiCr 疊層材料與 18-8 鋼結合良好，釬縫中以 Ni-P 共晶為主；釬焊溫度升高至 1060℃時，P 元素向兩側母材的擴散速度提高，釬縫中的 Ni-P 共晶組織含量減少，剪切強度升高。Ni-P 共晶的顯微硬度較高，可達 $650HV_{0.05}$，是裂紋起源和擴展的優先路徑。釬焊溫度為 1060℃時，釬縫中的 Ni-P 共晶並未完全消失，剪切強度升高幅度較小。

採用 Ni-Cr-Si-B 釬料時，釬焊溫度對疊層材料/18-8 鋼擴散釬焊接頭剪切強度的影響如圖 6.38 所示，隨著釬焊溫度升高，接頭的剪切強度增大。

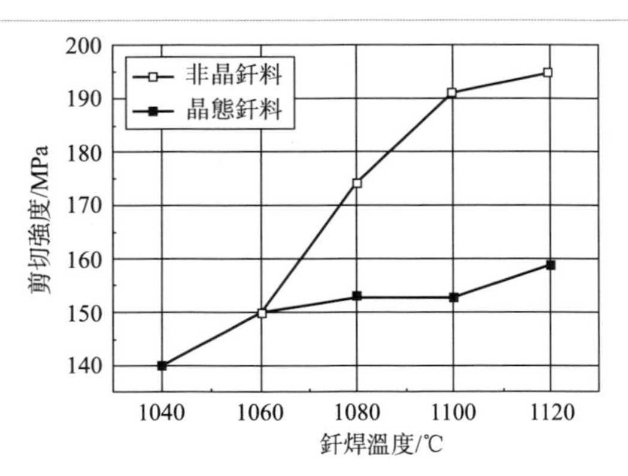

圖 6.38 釬焊溫度對疊層材料/18-8 鋼接頭剪切強度的影響（Ni-Cr-Si-B 釬料）

採用 Ni-Cr-Si-B 晶態釬料，釬焊接頭剪切強度隨釬焊溫度的升高增大緩慢：釬焊溫度為 1040℃時，釬焊接頭的剪切強度為 140MPa；釬焊溫度為 1080℃時，釬焊接頭的剪切強度為 152MPa；釬焊溫度升高至 1120℃時，釬焊接頭的剪切強度為 159MPa。採用 Ni-Cr-Si-B 非晶釬料，接頭剪切強度隨釬焊溫度的升高增大較快：釬焊溫度為1060℃時，釬焊接頭的剪切強度為150MPa；釬焊溫度為1100℃時，接頭的剪切強度可達191MPa；釬焊溫度升高至1120℃時，接頭的剪切強度為195MPa。Ni-Cr-Si-B釬料釬焊疊層材料/18-8鋼接頭的剪切強度高於Ni-Cr-P釬料釬焊接頭。

擴散釬焊溫度為1060℃時，採用Ni-Cr-Si-B晶態釬料與Ni-Cr-Si-B非晶釬料得到的疊層材料/18-8鋼接頭的剪切強度一致。由於B元素向母材擴散不充分，釬縫中析出Ni_3B脆性相。對於非晶釬料，由於釬縫間隙較小，隨著釬焊溫度升高，釬縫中的共晶組織減少；釬焊溫度升高至1100℃時，B元素充分向母材擴散，釬縫完全由γ-Ni固溶體組成，接頭的剪切強度明顯增大。對於晶態釬料，由於釬縫間隙較大，釬焊溫度升高至1100℃時，釬縫中仍有大量共晶組織存在，剪切強度增幅較小；釬焊溫度升高至1120℃時，釬縫中的共晶組織減少，接頭剪切強度增大。

參考文獻

[1] 陳亞莉. 未來航空發動機渦輪葉片用材的最新形式——微疊層複合材料. 航空工程與維修，2001(5)：10-12.

[2] 郭鑫，馬勤，季根順，等. 金屬間化合物基疊層複合材料研究進展. 材料導報，2007，21(6)：66-69.

[3] 王增強. 高性能航空發動機製造技術及其發展趨勢. 航空製造技術，2007，(1)：52-55.

[4] Jang-Kyo Kim，Tong-Xi Yu. Forming and failure behavior of coated，laminated and sandwiched sheet metals：a review. Journal of Materials Processing Technology，1997，63：33-42.

[5] 劉詠，黃伯雲，周科朝. TiAl 基合金包套鍛造工藝. 中國有色金屬學報，2000，10（增刊1）：6-9.

[6] 張俊紅，黃伯雲，周科朝，等. 包套軋製製備 TiAl 基合金板材的研究. 粉末冶金材料科學與工程，2001，6 (1)：48-53.

[7] 李亞江，夏春智，U. A. Puchkov，等. Super-Ni 疊層材料與 18-8 鋼焊接性. 焊接學報，2010，31(2)：13-16.

[8] Wu Na，Li Yajiang，Ma Qunshuang. Micro structure evolution and shear strength of vacuum brazed joint for super-Ni/NiCr laminated composite with Ni-Cr-Si-B amorphous interlayer，Materials and Design，2014 (53)：816-821.

[9] 王文先，張亞楠，崔澤琴，等. 雙面超薄不銹鋼複合板激光焊接接頭組織性能研究. 中國激光，2011，38 (5)：1-6.

[10] H. Engstroen，J. Duran，J. M. Amo，et al.Spot welding of metal laminated composites. Journal of Materials Science，1996，31(20)：5443-5449.

[11] M. Li，W. O. Soboyejo. An investigation of the effects of ductile-layer thickness on the fracture behavior of nickel aluminum microlaminates. Metallurgical and

Materials Transaction A, 2000, 31A: 1385-1399.

[12] G. S. Was, T . Foecke. Deformation and fracture in microlaminates. Thin Solid Films, 1996, 286: 1-31.

[13] K. F. Karlsson, B. T. Astrom. Manufacturing and applications of structural sandwich components. Composites Part A: Applied Science and Manufacturing, 1997, 28 (2): 97-111.

[14] 馬培燕，傅正義. 微疊層結構材料的研究現狀. 材料科學與工程，2002，20(4): 589-593.

[15] 陳燕俊，周世平，楊富陶. 層疊複合材料結構技術進展. 材料科學與工程，2002，20(1): 140-142.

[16] 夏春智，李亞江，U. A. Puchkov，等. Super-Ni 疊層複合材料與 18-8 鋼 TIG 焊接頭區顯微組織的研究. 中國有色金屬學報，2010，20(6): 1149-1154.

[17] Xia Chunzhi, Li Yajiang, U. A. Puchkov, et al. Microstructural study of super Ni laminated composite/1Cr18Ni9Ti steel dissimilar welded joint. Materials Science and Technology, 2010, 26 (11): 1358-1362.

[18] Wu Na, Li Yajiang, Wang Juan, et al. Vacuum brazing of super-Ni/NiCr laminated composite to Cr18-Ni8 steel with NiCrP filler metal. Journal of Materials Processing Technology, 2012, 212 (4): 794-800.

[19] [德]埃里希 · 福克哈德. 不銹鋼焊接冶金. 栗卓新，朱學軍，譯. 北京: 化學工業出版社，2004.

[20] Wu Na, Li Yajiang, Wang Juan. Microst ructure of Ni-NiCr Laminated Composite and Cr18-Ni8 Steel Joint by Vacuum Brazing. Vacuum, 2012, 86 (12): 2059-2064.

[21] 吳娜，李亞江，王娟. Super-Ni/NiCr 疊層材料與 Cr18-Ni8 鋼真空釬焊接頭的組織性能. 焊接學報，2013，34(3): 41-44.

[22] 吳娜，李亞江，王娟. Super-Ni/NiCr 疊層材料 Ni-Cr-Si-B 高溫釬焊接頭的組織特徵及抗剪強度，焊接學報，2014 (35) 1: 9-12.

第7章

先進複合材料的焊接

複合材料是指由兩種或兩種以上的物理和化學性質不同的物質，按一定方式、比例及分布方式合成的一種多相固體材料。通過良好的增強相/基體組配及適當的製造工藝，可以發揮各組分的長處，得到的複合材料具有單一材料無法達到的優異綜合性能。複合材料保持各組分材料的優點及相對獨立性，但卻不是各組分材料性能的簡單疊加。近代的複合材料主要是指人工製造的複合材料，而不包括天然複合材料、多相合金和陶瓷等。

7.1 複合材料的分類、特點及性能

什麼是複合材料？從廣義上講，複合材料是由兩種或兩種以上不同化學性質或不同組分（單元）構成的材料。從工程概念上講，複合材料專指用經過選擇的一定數量比的兩種或兩種以上的組分，通過人工方式將兩種或多種性質不同但性能互補的材料複合起來做成的具有特殊性能的材料。

7.1.1 複合材料的分類及特點

（1）複合材料的分類

複合材料是 1960 年代初應航天、航空發展的需要而產生的，已擴展到眾多領域。複合材料具有可設計性，即可根據人們的需要，選擇不同的基體與增強相，確定材料的組合形式、增強相的比例與分布等。複合材料主要是按基體材料類型、增強相形態和材質等進行分類，其常見的分類方法及特點見表 7.1。

表 7.1　複合材料的分類

分類依據	大類	小類或特徵
按用途分類	結構複合材料	利用其優異的力學性能
	功能複合材料	利用其力學性能以外的其他性能，如電、磁、光、熱、化學、放射屏蔽性等
	智慧複合材料	能檢知環境變化，具有自診斷、自適應、自癒合和自決策的功能

續表

分類依據	大類	小類或特徵
按基體材料類型	金屬基複合材料(MMC)	鋁基、鈦基、鎂基、金屬間化合物基等
	無機非金屬基複合材料	陶瓷基(CMC)、碳/碳基(C/C)
	樹脂基複合材料(PMC)	熱塑性樹脂基、熱固性樹脂基等
按增強相形態	連續纖維增強複合材料	纖維排布具有方向性,長纖維的兩個端點位於複合材料的邊界,複合材料具有各向異性
	非連續纖維增強複合材料	短纖維、顆粒、晶須等增強相在基體中隨機分布,複合材料具有各向同性
按增強相材質	無機非金屬增強複合材料	碳纖維、硼纖維、碳化硅晶須顆粒、Al_2O_3 顆粒與晶須等
	金屬增強複合材料	鎢絲、不銹鋼絲增強鋁基或高溫合金基複合材料,鐵絲增強樹脂基複合材料等
	有機纖維增強複合材料	芳綸纖維增強環氧樹脂複合材料,尼龍絲增強樹脂複合材料等

複合材料研究開發的重點在以下幾個方面：樹脂基複合材料、金屬基複合材料、陶瓷基複合材料、C/C 基複合材料。先進複合材料指用高性能增強體（如碳纖維、芳綸纖維等）與高性能耐熱高聚物構成的複合材料，以及金屬基、陶瓷基、碳（石墨）基和功能複合材料，性能優良，主要用於航空航天、電子資訊、精密儀器、先進武器、機器人結構件和高檔體育用品等。

① 金屬基複合材料（MMC）　金屬基複合材料是以金屬或合金為基體，並以纖維、晶須、顆粒等為增強體的複合材料。按所用基體金屬的不同，使用溫度範圍為 350～1200℃。其特點是橫向剪切強度較高，韌性及抗疲勞性等綜合力學性能較好，同時還具有導熱、導電、耐磨、線脹係數小、阻尼性好、不吸溼、不老化和無污染等優點。

金屬基複合材料的分類有多種方法。根據增強相形態，可分為連續纖維增強、非連續纖維增強和層板金屬基複合材料；根據基體材料，分為鋁基、鈦基、鎂基、銅基、鎳基、不銹鋼和金屬間化合物等複合材料。近年來正在迅速研究開發適用於 350～1200℃的各種金屬基複合材料。不同基體金屬基複合材料的使用溫度可以大致劃分為：鋁、鎂及其合金為 450℃以下，鈦合金為 450～650℃，鎳基、金屬間化合物為 650～1200℃。

金屬基複合材料增強材料可為纖維狀、顆粒狀和晶須狀的碳化硅、硼、氧化鋁及碳纖維。金屬基複合材料除了和樹脂基複合材料同樣具有高強度、高模量外，還能耐高溫，同時不燃燒、不吸潮、導熱導電性好、抗輻射。它是令人矚目的航空航天用高溫材料，可用作飛機渦輪發動機、火箭發動機熱區和超音速飛機的表面材料。不斷發展和完善的金屬基複合材料以碳化硅顆粒增強鋁基合金發展最快。這種鋁基複合材料的密度只有鋼的 1/3，為鈦合金的 2/3，與鋁合金相近。

它的強度比中碳鋼好，與鈦合金相近而又比鋁合金略高。其耐磨性也比鈦合金、鋁合金好，目前已批量應用於汽車工業和機械工業。有商業應用前景的是汽車活塞、製動機部件、連杆、機器人部件、電腦部件、運動器材等。

金屬基複合材料的焊接性不但取決於基體性能、增強相的類型，而且與雙相界面性質和增強相的幾何特徵有密切的關係。金屬基複合材料的增強體包括碳纖維（C/C）、碳化硅、硼纖維、氧化鋁纖維、陶瓷晶須、顆粒和片材等。金屬基複合材料研究開發中存在的主要問題是加工溫度高、製造工藝複雜、界面反應控製困難、成本相對較高。

② 樹脂基複合材料（PMC）　樹脂基複合材料又稱為聚合物基複合材料，分為熱固性樹脂基和熱塑性樹脂基複合材料兩類。早期由於熱塑性樹脂加工工藝存在一些問題，熱穩定性差，因此長期以來以熱固性樹脂基為主。近年來新研究開發的一些高性能熱塑性樹脂基複合材料的使用溫度有了很大提高，不僅耐熱性好，而且韌性優異、吸水率低、溼態條件下力學性能好，特別是可再生使用和焊接性好等，成為先進樹脂基複合材料發展的主流。

樹脂基複合材料通常只能在350℃以下的不同溫度範圍內使用。樹脂基複合材料由於密度小、強度高、隔熱抗蝕、吸音以及設計成形自由度大，被廣泛應用於航空航天、船舶與車輛製造、建築、電器、化工等領域。

③ C/C 複合材料　對 C/C 複合材料的研究開始於 1950 年代末。C/C 複合材料是以碳為基體，採用碳纖維或其製品（碳氈或碳布）增強碳（石墨）基體的複合材料。C/C 複合材料具有質量輕、高強度、良好的力學性能、耐熱性、耐腐蝕性、減震特性以及熱、電傳導特性等，在航空航天、核能、軍事以及許多工業領域有很好的應用前景。幾種常用碳纖維的品種和性能見表 7.2。目前 C/C 複合材料除在宇航方面用作耐燒蝕材料和熱結構材料外，還用於高超音速飛機的剎車片以及發熱元件和熱壓模等。

表 7.2　幾種常用碳纖維的品種和性能

性能	碳纖維				石墨纖維	
	通用型	T-300	T-1000	M40J	通用型	高模型
密度/(g/cm^3)	1.70	1.76	1.82	1.77	1.80	1.81～2.18
抗拉強度/MPa	1200	3530	7060	4410	1000	2100～2700
比強度/[GPa/(g/cm^3)]	7.1	20.1	38.8	24.9	5.6	9.6～14.9
拉伸模量/GPa	48	230	294	377	100	392～827
比模量/[GPa/(g/cm^3)]	2.8	13.1	16.3	21.3	5.6	21.7～37.9
伸長率/%	2.5	1.5	2.4	1.2	1.0	0.5～0.27
體積電阻率/$10^{-3}(\Omega \cdot cm)^{-1}$	—	1.87	—	1.02	—	0.89～0.22

續表

性能	碳纖維				石墨纖維	
	通用型	T-300	T-1000	M40J	通用型	高模型
熱膨脹係數/10^{-6}℃$^{-1}$	—	−0.5	—	—	—	−1.44
熱導率/[W/(m·K)]	—	8	—	38	—	84～640
含碳溶質質量分數/%	90～96				>99	

④ 陶瓷基複合材料（CMC） 陶瓷基複合材料是1960年代為了克服陶瓷材料的脆性而發展起來的，是以陶瓷為基體與各種纖維複合的一類複合材料。陶瓷具有高硬度和高強度等優異性能，但其致命的弱點是硬脆性，處於應力狀態時會產生裂紋甚至斷裂導致材料失效，限製了它的應用。克服陶瓷脆性的有效措施是限製微裂紋尖端的擴展，陶瓷基複合材料通過在陶瓷基體中添加纖維或晶須，使裂紋擴展時受阻或轉向，限製了微裂紋尖端的擴展，從而避免了脆性斷裂。採用高強度、高彈性的纖維與基體複合，是提高陶瓷韌性和可靠性的有效方法。纖維能阻止裂紋的擴展，從而得到有優良韌性的纖維增強陶瓷基複合材料。

由於陶瓷基複合材料的耐磨性、耐高溫和抗化學腐蝕的能力，使其成為一種很好的隔熱和耐燒蝕材料，可用作防熱結構，如航天飛機的隔熱瓦、火箭和導彈發動機燃燒室的隔熱內襯和高超音速飛行器的蒙皮和翼前緣等，還能用作發動機上的高速軸承、活塞及活塞環、密封環、閥座和閥門導軌等要求轉速高及耐熱耐磨的部件。陶瓷基複合材料已實用化的領域有刀具、滑動構件、發動機製件、能源構件等。將長纖維增強碳化硅複合材料應用於製造高速列車的製動件，表現出優異的摩擦磨損特性，取得了滿意的使用效果。

1980年代末，奈米複合材料受到人們的關注。奈米複合材料是由兩種或兩種以上的固相至少在一維以奈米級大小（1～100nm）複合而成的複合材料。這些固相可以是非晶質、半晶質或晶質，可以是無機物、有機物或兩者兼有。由於分散相與連續相之間界面非常大，因此界面間具有很強的相互作用，使界面模糊。奈米複合材料目前處於研究開發階段，對推進複合材料的發展將產生重要的影響。

(2) 複合材料的特點

① 比強度、比剛度高，均高於金屬材料，用作結構件時重量輕，對於航空航天、運載工具是很重要的。

② 線脹係數小、尺寸穩定性好。

③ 耐疲勞性和斷裂韌度高。破壞時不會發生突然的脆性斷裂，結構的安全性好。

④ 高溫性能好。例如鋁合金在300℃時強度就下降到100MPa；而纖維增強

鋁基複合材料在 500℃時強度仍可達到 600MPa。

⑤ 耐磨性好。例如碳化硅顆粒增強鋁基複合材料的耐磨性比鋁材高出數倍。

⑥ 減震性好。由於複合材料的震動阻尼高，因此減震性好。

總之，先進複合材料具有高比強度、高比模量、耐熱性好、抗疲勞、低膨脹等綜合性能。先進複合材料的增強體有高性能碳纖維、芳綸纖維、有機纖維等。根據材料的用途，可分為結構複合材料、功能複合材料和智慧複合材料。

結構複合材料主要用於各種機械、儀器、裝備等零部件，基本上由能承受載荷的增強體組元與能連接增強體成為整體材料同時又起傳遞力作用的基體組元構成。結構複合材料的主要特點是可根據材料在使用中工況的要求進行組分選材設計和複合結構設計，即增強體排布設計，滿足工程結構需求。

複合材料性能穩定，應用非常廣泛。表 7.3 給出金屬基複合材料應用的示例。

表 7.3　金屬基複合材料應用的示例

種類	材料	應用示例	特點
鋁基複合材料	25%(體積分數)SiC 顆粒增強 6061 鋁基複合材料	航空結構導槽、角材	代替 7075 鋁合金，密度下降 17%，彈性模量提高 65%
	17%(體積分數)SiC 顆粒增強 2014 鋁基複合材料	飛機和導彈零件用薄板	拉伸模量在 10^5MPa 以上
	40%(體積分數)SiC 晶須增強 6061 鋁基複合材料	三叉戟導彈製導元件	代替機加工鈹元件，成本低，無毒
	Al_2O_3 纖維增強鋁基複合材料	汽車連杆	強度高、發動機性能好
	15%(體積分數)TiC 顆粒增強 2219 鋁基複合材料	汽車製動器卡鉗、活塞	模量高、耐磨性好
鎂基複合材料	SiC 顆粒增強鎂基複合材料	飛機螺旋槳、導彈尾翼	耐磨性好、彈性模量高
鈦基複合材料	SiC 纖維增強 Ti-6Al-4V 鈦基複合材料	壓氣機圓盤、葉片	高溫性能好
銅基複合材料	SiC 增強的青銅基複合材料	推進器	效率高、噪聲小

複合材料的研究開發推動了焊接技術的發展。1980 年代美國航天飛機成功地採用了纖維增強鋁基複合材料（B/Al）焊接結構製造航天飛機中部機身桁架。在 B/Al 複合材料管兩端插入 Ti-6Al-4V 鈦合金製成的套管，在 B/Al 複合化的同時完成 B/Al 管與 Ti-6Al-4V 套管之間的擴散連接；最後，將套管與 Ti-6Al-4V 鈦合金構件進行電子束焊接，形成複合材料構件。在航天飛機機體中部，共用了 242 根這種複合結構材料，與先前用鋁合金相比，機體中部重量減輕了 145kg（減重約 44%）；同時由於鋁基複合材料導熱性下降，在隔熱方面比採用鋁合金結構降低了要求。因此，複合材料焊接受到世界各國的密切關注。

7.1.2 複合材料的增強體

複合材料的最大特點是具有優異的綜合性能和可設計性。根據預期的性能指標將不同材料（包括有機高分子、無機非金屬和金屬材料）通過一定的工藝複合在一起，充分發揮其優點，利用複合效應使複合後的材料具有單一材料無法達到的優異性能，如比強度和比模量高、耐高溫、耐熱衝擊、線脹係數小、耐磨和耐腐蝕等。溫度對複合材料比強度和比模量的影響如圖 7.1 所示。

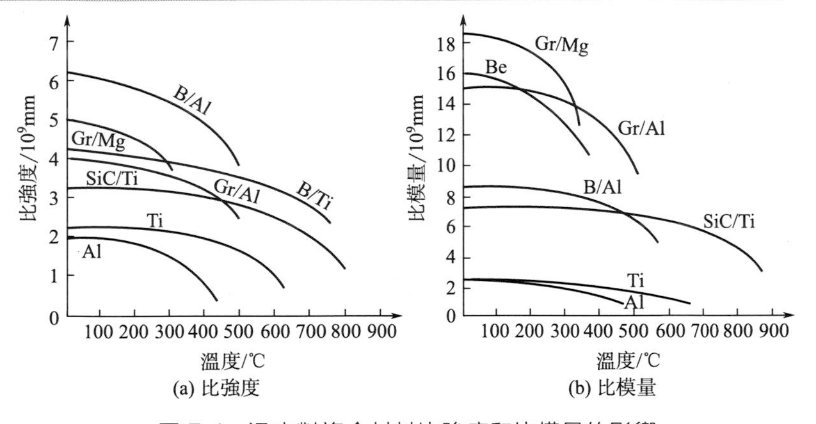

圖 7.1 溫度對複合材料比強度和比模量的影響

從 1940 年代開始到現在，複合材料的發展經歷了三個階段：第一代複合材料的代表是玻璃鋼（即玻璃纖維增強塑料），使用溫度和彈性模量較低；第二代複合材料是以碳纖維和芳酰胺纖維等高性能增強體和一些耐高溫樹脂基構成的樹脂基複合材料，如碳纖維強化樹脂以及硼纖維強化樹脂；第三代是近年來發展起來的金屬基、陶瓷基和碳/碳複合材料等。這些新型複合材料在航空航天等領域發揮了重要的作用，在能源、交通運輸、化工、機械等領域得到了應用並具有廣闊的前景。

(1) 顆粒、晶須和纖維

複合材料是人工複合的，組成多相、三維結合且各相之間有明顯界面的、具有特殊性能的材料。

複合材料一般有兩個基本相，一個是連續相，稱為基體；另一個是分散相，稱為增強相。複合材料的命名是以複合材料的相為基礎，命名的方法是將增強相（或分散相）材料放在前面，基體相（或連續相）材料放在後面，之後再綴以「複合材料」。例如，由碳纖維和環氧樹脂構成的複合材料稱為「碳纖維環氧複合材料」；為了書寫簡便，在增強相材料與基體材料之間畫一斜線（或一個半字線）

再加「複合材料」。增強相包括顆粒增強、晶須增強及纖維增強，顆粒、晶須、纖維及短纖維分別以下標 p、w、f、sf 表示。例如，碳化硅粒子增強鋁基複合材料表示為 SiC_p/Al。

複合材料的性能不但取決於各相的性能、比例，而且與兩相界面性質和增強劑的幾何特徵（包括增強劑的形狀、尺寸、在基體中的分布方式等）有著密切的關係。分散相是以獨立的形態分布在整個連續相中的，分散相可以是纖維，也可以是晶須、顆粒等彌散分布的填料。

複合材料的組分分成基體和增強體兩個部分。通常將其中連續分布的組分稱為基體，如聚合物（樹脂）基體、金屬基體、陶瓷基體；將顆粒、晶須、纖維等分散在基體中的物質稱為增強體。金屬基複合材料的增強體示例見表 7.4。

表 7.4 金屬基複合材料的增強體示例

增強體類型	直徑/μm	典型長度/直徑比	最常用材料
顆粒	0.5～100	1	Al_2O_3,SiC,WC
短纖維、晶須	0.1～20	50∶1	Al_2O_3,SiC,C
長纖維	3～140	＞1000∶1	Al_2O_3,SiC,C,B

① 晶須增強體　一類長徑比較大的單晶體，直徑由 0.1μm 至幾微米，長度一般為數十至數千微米，為缺陷少的單晶短纖維，其拉伸強度接近純晶體的理論強度。晶須主要包括金屬晶須增強體和非金屬晶須增強體。不同的晶須可採用不同的方法製取。晶須常用作複合材料的增強體。

② 顆粒增強體　用以改善基體材料性能的顆粒狀材料。有延性顆粒增強體和剛性顆粒增強體。在基體中引入第二相顆粒，使材料的力學性能得到改善，它使基體材料的斷裂功能提高。顆粒增強體的形貌、尺寸、結晶完整度和加入量等都會影響複合材料的力學性能。

③ 纖維增強體　增強體為纖維物質，包括硼纖維、碳纖維、碳化硅纖維、氧化鋁纖維等。

增強材料在複合材料中是分散相。對於結構複合材料，增強材料的主要作用是承載，纖維承受載荷的比例遠大於基體。例如，對於結構陶瓷複合材料，纖維的主要作用是增加韌性；對於多功能複合材料，纖維的主要作用是吸波、隱身、隔熱和抗熱震等其中的一種或多種，同時為材料提供基本的結構性能。

增強材料種類很多，可分為無機增強材料和有機增強材料兩大類：

① 無機增強材料　如玻璃纖維、碳纖維、硼纖維、晶須、石棉及金屬纖維等。

② 有機增強材料　如芳綸纖維、超高分子量聚乙烯纖維、聚酯纖維、棉、麻等。

增強相是黏接在基體內以改進其力學性能的高強度材料，不同基體材料中加入性能不同的增強相，目的在於獲得性能優異的複合材料。增強相在複合材料中是分散相，對於結構複合材料，增強相的主要作用是承載，能大幅度地提高複合材料的強度和彈性模量。增強相是根據對製品的性能要求（如力學性能、耐熱性能、耐腐蝕性能等）以及對製品的成形工藝和成本要求來確定的。

(2) 奈米超微粒子

1980年代，隨著高分辨電子顯微鏡等局部表徵技術的發展，促進了人們在奈米尺度上認識物質結構與性質的關係，出現了奈米技術。1990年在美國巴爾的摩召開的第一屆國際奈米會議上，正式提出了關於奈米技術的概念。

奈米粒子，又稱為超微粒子（ultrafine powers，UFP），指粒度為1～100nm的細微顆粒。奈米粒子不同於局部原子、分子團簇，也不同於總體體相材料，是一種介於總體固體和分子間的亞穩中間態物質。奈米粒子具有三個基本特性（小尺寸效應、量子尺寸效應、比表面效應），從而使奈米粒子表現出許多不同於常規固體材料的新奇特性，展現了廣闊的應用前景。

奈米技術也為複合材料的研究和應用增添了新的內容。含有奈米單元相的奈米複合材料以實際應用為目標，是奈米材料工程的重要組成部分，正成為奈米材料發展的新動向。例如，高分子奈米複合材料由於高分子基體具有易加工、耐腐蝕等優異性能，能抑製奈米單元的氧化和團聚特性，使體系具有較高的長效穩定性，能發揮奈米單元的特殊性能而受到重視。

奈米複合材料是一個內涵豐富的體系。奈米的形態也很多，包括：

① 零維的奈米粉體、奈米微粒或顆粒等；

② 一維的奈米線、絲、管及奈米晶須等；

③ 二維的層狀、片狀或帶狀結構的奈米材料。

依據奈米複合材料的屬性也可將其分類如下。

① 奈米金屬材料　目前用各種方法製備出很多奈米金屬粉體材料，如Au、Ag、Cu、Mo、Ta、W等，這些金屬奈米粉體因比表面能大，很不穩定，易被氧化或聚集。

② 氧化物奈米材料　這類奈米材料的表面易被改性，容易獲得物理和化學性能穩定的奈米微粒，具有儲存、運輸和進一步加工的穩定性特點。根據氧化物組成的不同，可進一步分為：金屬氧化物奈米材料，如TiO_2、MgO、CuO、Cr_2O_3等；非金屬氧化物奈米材料，如SiO_2；兩性金屬氧化物奈米材料，如ZnO、Al_2O_3；稀土金屬氧化物奈米材料，如La_2O_3、Y_2O_3、ZrO_2、WO_3等。

③ 碳（硅）化物奈米材料　碳化物奈米材料（如SiC）和硅化合物奈米材料（如$MoSi_2$）都屬於高硬度奈米材料，在某種程度上具有明顯的小尺寸效應和高的比表面效應。

④ 氮（磷）等化合物奈米材料　氮化物奈米材料，如 TiN、Si_3N_4；磷化合物奈米材料，如 GaP 等；鹵化物奈米材料，如 AgBr 等。

⑤ 含氧酸鹽奈米材料　硫酸鹽類、磷酸鹽類、碳酸鹽類等含氧酸鹽具有許多特殊的性能，各類含氧酸鹽奈米材料以其高溫下的化學穩定性和呈色範圍寬等優點，在新型功能複合材料中具有重要的應用價值。

應指出，並非所有的奈米材料都可以用於奈米複合材料的增強材料，只有對它相材料具有提高力學性能的奈米材料才可稱為增強增韌型奈米材料。對有機基體增強的，如 SiO_2、Al_2O_3 等；對陶瓷基體增強的，如 Si_3N_4、SiC、ZrO_2 等；對金屬基體增強的，如 MgO、CaO 等。這類奈米材料不具有所謂的量子效應和量子隧道效應，但具有的表面效應促使其具有高表面活性，有很強的表面能和表面結合能，用於有機聚合物增強時，能夠獲得明顯的增強效果。當這種奈米材料均勻分散在有機基體中時，因分散尺寸小，故在起到增強作用的同時，又不會降低有機材料的韌性。例如橡膠中使用的超細炭黑就屬於這種增強型奈米材料。

奈米複合材料的工業化始於 1990 年代，但奈米技術的研究已經遠遠超出了奈米材料本身的製備研究，可使奈米技術廣泛應用於新材料、石化、能源、光電資訊等眾多領域。

7.1.3 金屬基複合材料的性能特點

(1) 疊層複合材料

疊層複合材料是將不同性能的材料分層壓製構成的複合材料。

通過選擇不同的金屬層，可使層壓複合材料在以下幾個方面具有比各組成金屬更好的：抗腐蝕性、抗磨性、韌性、硬度、強度、導熱性、導電性以及更低的成本等。

常見的層壓複合材料是複合板材，主要有不銹鋼、鎳基合金、鈦合金、銅合金覆層板等，覆層厚度可占總厚度的 5%～30%，一般為 10%～20%。基層的作用是保證結構強度及剛度，覆層的作用是提高耐蝕性、導電性等。還有一種耐蝕層壓複合材料是純鋁覆層鋁合金板。覆層金屬板的耐蝕性主要利用了覆層的性能，而純鋁包覆鋁合金複合材料是利用兩種材料的不同陽極電位來保護內層材料的。

近年來，覆層厚度僅為 0.1～0.2mm 的 Ni/M/Ni 疊層複合板材（M 層為金屬間化合物，如 Ti_3Al、Ni_3Al 等）和 Ti/Al/Ti/Al/Ti 微疊層複合材料受到人們的關注。微疊層材料是將兩種不同材料按一定的層間距及層厚比交互重疊形成的多層材料，一般是由基體及增強材料製備而成的，材料組分可以是金屬、金屬間化合物、聚合物或陶瓷。該材料的性質取決於每一組分的結構和特性、各自體積含量、層間距、它們的互溶度以及在兩組分之間形成的金屬間化合物。

疊層複合材料在耐熱合金的基礎上複合了金屬間化合物的一些優良性能，是一種很有發展前景的新型高溫結構材料。新型疊層複合材料對於減輕構件重量、提高部件的整體性能具有重要作用，可應用於航空航天、能源動力等行業承受高溫、腐蝕等嚴苛工作條件下零部件的製造。將疊層複合材料與其他材料連接形成複合結構不但能減輕結構件的重量，而且能發揮不同材質各自的性能優勢。由於疊層材料能滿足高性能產品的結構需求，這種材料受到美國、俄羅斯等國的高度重視。

（2）連續纖維增強金屬基複合材料

與非連續（顆粒增強、短纖維或晶須）增強的金屬基複合材料相比，連續纖維增強的金屬基複合材料在纖維方向上具有很高的強度和模量。因此，它對結構設計很有利，是宇航領域中有發展前景的一種結構材料。但其製造工藝複雜、價格昂貴，而且焊接性比非連續增強的金屬基複合材料差得多。

常用的連續纖維有 B 纖維、C 纖維、SiC 纖維、Al_2O_3 纖維、B_4C 纖維和不銹鋼絲、高強鋼絲、鎢絲等，這些纖維具有很高的強度、模量及很低的密度，用於增強金屬時，可使強度顯著提高，而密度變化不大。表 7.5 給出了常用增強纖維的性能。

表 7.5　常用增強纖維及性能

纖維種類	直徑 /μm	製造方法	抗拉強度 /10^3MPa	密度 /(g/cm^3)	拉伸彈性模量 /10^5MPa
硼纖維	100～150	化學氣相沉積	3.2	2.6	4.0
復硼 SiC 纖維	100～150	化學氣相沉積	3.1	2.7	4.0
SiC 纖維	100	化學氣相沉積	2.7	3.5	4.0
碳纖維	70	熱解	2.0	1.9	1.5
B_4C 纖維	70～100	化學氣相沉積	2.4	2.7	4.0
復硼碳纖維	100	化學氣相沉積	2.4	2.2	—
高強度石墨纖維	7	熱解	2.7	1.75	2.5
高模量石墨纖維	7	熱解	2.0	1.95	4.0
Al_2O_3 纖維	250	熔體拉製	2.4	4.0	2.5
S-玻璃纖維	7	熔體噴絲	4.1	2.5	8.0
鈹纖維	100～250	拉拔絲	1.3	1.8	2.5
鎢纖維	150～250	拉拔絲	2.7	19.2	4.0
不銹鋼纖維	50～100	拉拔絲	4.1	7.9	1.8

常用的金屬基複合材料基體有 Al、Ti、Mg、Cu、Ni 及其合金和高溫合金以及金屬間化合物等。金屬基複合材料具有很高的比強度和比模量。例如，B 纖維增強鋁基複合材料含 B 纖維 45%～50%，單向增強時縱向抗拉強度可達 1250～1550MPa，模量為 200～230GPa，密度為 2.6g/cm^3，比強度可為鈦合金、合金鋼的 3～5 倍，疲勞性能優於鋁合金，在 200～400℃ 時仍能保持較高的強

度，可用來製造航空發動機的風扇、壓氣機葉片等。

纖維增強金屬基複合材料的主要製造方法包括擴散結合法、熔融金屬滲透法、鑄造法、等離子噴塗法、電鍍法及擠壓法等。表 7.6 和表 7.7 給出了幾種典型金屬基複合材料的性能。

表 7.6 SiC 纖維增強 Ti 基複合材料的性能（SiC 體積分數為 28%）

複合材料	試驗溫度/℃	纖維排列方向	抗拉強度/MPa	比例極限/MPa	斷裂應變/(μm/mm)	彈性模量/10^5MPa		熱膨脹係數/10^{-6}℃$^{-1}$
						拉伸	彎曲	
SiC 纖維增強 Ti-6Al-4V (SiC_f/Ti-6Al-4V)	室溫	0	979.2	806.1	—	2.5	—	—
		15	930.1	806.1	—	2.4	—	—
		30	779.2	716.6	—	2.2	—	—
		45	737.9	516.8	—	2.1	—	—
		90	655.1	365.2	—	1.9	—	—
塗覆 SiC 的硼纖維增強 Ti-6Al-4V ($Borsic_f$/Ti-6Al-4V)	21	0	965	—	3440	2.862	2.37	1.39
	21	15	689	—	3220	2.538	2.29	—
	21	45	454.7	—	4220	2.152	2.19	—
	21	90	289.4	—	3130	2.055	1.15	1.75
	260	0	820	—	—	—	2.28	1.55
	370	0	737	—	—	—	2.23	—
	450	0	751	—	—	—	2.17	1.75
	450	15	593	—	—	—	2.06	—
	450	45	365	—	—	—	1.90	—
	450	90	241	—	—	—	1.54	—
SiC 纖維增強 6061Al-T6 (SiC_f/6061Al)	室溫	0	585	415	—	131	—	—

表 7.7 石墨纖維增強的幾種金屬基複合材料的性能

基體	基體成分	纖維		製造工藝	抗拉強度/MPa	彈性模量/10^5MPa
		牌號	體積含量/%			
鋁基	純鋁	T-75	32 35	滲透、擠壓	680 650	1.78 1.47
	Al+7%Zn		32 38	滲透、擠壓	710 870	1.66 1.90
	Al+7%Mg		31	滲透	680	1.95
	Al+7%Si		32	滲透	550	1.65

續表

基體	基體成分	纖維		製造工藝	抗拉強度 /MPa	彈性模量 /10^5MPa
		牌號	體積含量/%			
銅基	Ni+Cu	—	30～50	纖維鍍鎳後再鍍銅，600℃熱壓	560 (400℃下測量)	—
鎂基	—	T-75	42	滲透、擠壓	450	1.80
鎳基	—	T-50 T-75	50 50	纖維鍍鎳後熱壓：溫度為700～1250℃，時間為5min～2h，壓力為10～35MPa	800 830	240 310
鉛基	—	T-75	41	纖維電沉積後滲透、擠壓	717.2	200
鋅基	—	T-75	35	滲透、擠壓	758.6	116.5
鈹基	—	Hough	45	疊片、壓合	1103.4	—

(3) 非連續增強金屬基複合材料

非連續增強金屬基複合材料既保持了連續纖維增強金屬基複合材料的優良性能，又具有價格低廉、生產工藝和設備簡單、各向同性等優點，而且可採用傳統的金屬二次加工技術和熱處理強化技術進行加工。在民用工業中比纖維增強金屬基複合材料具有更大的競爭力。目前這種材料發展迅速，應用也較為廣泛。

非連續增強金屬基複合材料包括晶須增強、顆粒增強和短纖維增強的金屬基複合材料等。增強相包括單質元素（如石墨、硼、硅等)、氧化物（如 Al_2O_3、TiO_2、SiO_2、ZrO_2 等)、碳化物（如 SiC、B_4C、TiC、VC、ZrC 等)、氮化物（如 Si_3N_4、BN、AlN 等）的顆粒、晶須及短纖維（分別以下標 p、w、sf 表示)。常用複合材料的增強顆粒及晶須的性能見表 7.8。

表 7.8 常用增強顆粒及晶須的性能

類型	材料	密度 /(g/cm³)	拉伸強度 /10^3MPa	線脹係數 /10^{-6}℃$^{-1}$	拉伸模量 /10^3MPa	蒲松比	比強度
晶須	C(石墨)	2.2	20	—	1000	—	9.09
	SiC	3.2	20	—	480	—	6.25
	Si_3N_4	3.2	7	1.44	380	—	2.19
	Al_2O_3	3.9	14～28	—	700～2400	—	3.59～7.18
顆粒	SiC	3.21	—	5.40	324	—	—
	Si_3N_4	3.18	—	1.44	207	—	—
	Al_2O_3	3.98	0.221(1090℃)	7.92	379(1090℃)	0.25	—
	B_4C	2.52	2.759(24℃)	6.08	448(24℃)	0.21	—
	NbC	7.60	—	6.84	338(24℃)	—	—

續表

類型	材料	密度 /(g/cm^3)	拉伸強度 /10^3MPa	線脹係數 /10^{-6}℃$^{-1}$	拉伸模量 /10^3MPa	蒲松比	比強度
顆粒	TiC	4.93	0.055(1090℃)	7.6	269(24℃)	—	—
	VC	5.77	—	7.16	434(24℃)	—	—
	ZrC	6.73	0.090(1090℃)	6.66	359(1090℃)	—	—

① 晶須增強金屬基複合材料　基體金屬主要有 Al、Mg、Ti 等輕金屬，Cu、Zn、Ni、Fe 等金屬及金屬間化合物、高溫合金等，用得最多的是輕金屬（主要是 Al）。這是因為輕金屬基複合材料的性能更能體現複合材料的高比強度、高比模量的性能特點。使用的晶須有：SiC、Si_3N_4、Al_2O_3、B_2O_3、$K_2O\cdot 6TiO_2$、TiB_2、TiC 和 ZnO 等。對於不同的基體，要選用不同的晶須，以保證獲得良好的浸潤性，而又不產生界面反應損傷晶須。如對鋁基複合材料，大多選用 SiC、Si_3N_4 晶須；對鈦基則選用 TiB_2、TiC 晶須。

這類複合材料具有高強度和高比模量，綜合力學性能好，還具有良好的耐高溫性、導電性、導熱性、耐磨性、尺寸穩定性等。例如，20%SiC 晶須增強鋁基材料，室溫抗拉強度可達 800MPa，彈性模量為 120GPa，比強度、比模量超過鈦合金，使用溫度為 300℃，缺點是塑性和斷裂韌性較低。晶須增強鋁基複合材料製備工藝較成熟，正向實用化發展。

② 顆粒增強金屬基複合材料　這是一類容易批量生產、成本低和研究開發比較成熟的複合材料。這類複合材料的組成範圍廣泛，可根據工作條件選擇基體金屬和增強顆粒。基體金屬主要有 Al、Mg、Ti、Cu、Fe、Co 及其合金等；常用的增強顆粒有：SiC、TiC、B_4C、WC、Al_2O_3、Si_3N_4、TiB_2、BN 和石墨等。增強顆粒尺寸一般為 3.5～10μm（也有小於 3.5μm 和大於 30μm 的），含量範圍為 5%～75%（一般為 15%～30%），視需要而定。

典型的顆粒增強金屬基複合材料有 SiC/Al、Al_2O_3/Al、TiC/Al、SiC/Mg、B_4C/Mg、TiC/Ti、WC/Ni、C/Al 等。例如，10%～20%Al_2O_3 增強鋁基複合材料可將基體鋁的彈性模量由原來的 69GPa 增加到 100GPa，屈服強度可增加 10%～30%，耐磨性、耐高溫性能也相應提高。這類材料在航空航天、汽車、電子等領域有很好的應用前景。

非連續增強金屬基複合材料的製備方法有：粉末冶金法、鑄造法（又分為半固態鑄造法、浸滲鑄造法、液態攪拌鑄造法）及噴射霧化共沉積法等。

粉末冶金法的工藝流程是：

① 將增強相顆粒與金屬粉末混合均勻後封裝除氣；

② 利用熱等靜壓或真空熱壓製造成錠坯；

③ 對錠坯進行機械熱加工。

該方法的特點是可任意改變增強相與基體的配比，所得到的複合材料基體非常緻密，增強相分布均勻，力學性能好；但是合金粉末較貴，製造成本高，因此不適合大批量生產。用這種方法生產的複合材料的含氫量較高，焊接時易產生大量的氣孔。

噴射霧化共沉積法的工藝流程是：液態金屬在高壓氣體（通常為 N_2）作用下從坩堝底部噴出並霧化，形成熔融的金屬噴射流，同時將增強顆粒從另一噴嘴中噴入金屬流中，使兩相混合均勻並共同沉積在經預處理的基板上，最終凝固得到所需要的複合材料。這種方法的工藝及設備較簡單、生產率較高，適合於大批量生產。

鑄造法是一種應用最廣的製備複合材料的方法，特別是美國開發的一種新型液態攪拌法（Dural 法），該方法是在真空或惰性氣氛保護下將增強相顆粒加入到被高速攪拌的基體金屬溶液中，使增強相與金屬溶液直接接觸，實現顆粒在金屬溶液中的均勻分布，然後進行澆注。Dural 法的特點是所製備的複合材料具有良好的重熔性，並能通過二次加工及熱處理進一步強化，其焊接性也比其他方法製備的複合材料好。表 7.9 給出了幾種非連續增強金屬基複合材料的性能。

表 7.9 幾種非連續增強金屬基複合材料的性能

材料	增強相的體積分數 /%	製造方法	密度 /(kg/m^3)	彈性模量 /GPa	屈服強度 /MPa	抗拉強度 /MPa	伸長率 /%	熱導率 /[W/(m・K)]
Al_2O_{3p}/6061Al	0	—	—	69	276	310	20.0	—
	10	Dural 法	2.80	81	297	338	7.6	—
	15		—	88	386	359	5.4	—
	20		—	99	359	379	2.1	—
Al_2O_{3p}/2024Al	0	—	—	73	414	483	13.0	—
	10	Dural 法	—	84	483	517	3.3	—
	15		—	92	476	503	2.3	—
	20		—	101	483	503	0.9	—
SiC_p/356Al	0	—	2.68	75	200	276	6.0	150.57
	10	Dural 法	—	81	283	303	0.6	—
	15		2.74	90	324	331	0.3	173.94
	20		2.76	97	331	352	0.4	—
SiC_w/6061Al	0	—	—	70	255	290	17	—
	20	粉末冶金法	—	120	440	585	14	—
	30		—	140	570	795	2	—
SiC_p/6061Al	20		—	97	415	498	6	—

續表

材料	增強相的體積分數/%	製造方法	密度/(kg/m³)	彈性模量/GPa	屈服強度/MPa	抗拉強度/MPa	伸長率/%	熱導率/[W/(m·K)]
SiC_p/2009Al	15	粉末冶金法	2.83	98.3	379.2	—	5.0	—
SiC_p/6113Al	20		2.80	104.8	379.2	—	5.0	—
SiC_p/6092Al	25		2.82	113.8	379.2	—	4.0	—
SiC_p/7475Al	15		2.85	97.9	586.1	—	3.0	—
B_4C_p/6092Al	15		2.68	95.2	379.2	—	5.0	—
B_4C_p/6061Al	12		2.69	97.9	310.3	—	5.0	—

非纖維增強金屬基複合材料中發展最早、研究最多和應用最廣的是Al基複合材料，如SiC_p/Al（SiC顆粒增強鋁）、SiC_w/Al（SiC晶須增強鋁）、Al_2O_{3sf}/Al（Al_2O_3短纖維增強鋁）、Al_2O_{3p}/Al（Al_2O_3粒子增強鋁）、B_4C_p/Al（B_4C顆粒增強鋁）。短纖維增強及晶須增強的複合材料的二次加工性能介於顆粒增強金屬基複合材料和連續纖維增強金屬基複合材料之間。晶須在操作時對健康有潛在的危險，因此目前發展的重點為顆粒增強的複合材料。

7.2 複合材料的連接性分析

7.2.1 金屬基複合材料的連接性分析

金屬基複合材料的基體是塑、韌性好的金屬，焊接性一般較好；增強相則是一些高強度、高熔點、低線脹係數的非金屬纖維或顆粒，焊接性較差。金屬基複合材料焊接時，不僅要解決金屬基體的結合，還要考慮到金屬與非金屬之間的結合。因此，金屬基複合材料的焊接問題，關鍵是非金屬增強相與金屬基體以及非金屬增強相之間的結合。

(1) 界面反應

金屬基複合材料的金屬基體與增強相之間，在較大的溫度範圍內是熱力學不穩定的狀態，焊接加熱到一定溫度時，兩者的接觸界面會發生化學反應，這種反應稱為界面反應。例如B_f/Al複合材料加熱到430℃左右時，B纖維與Al發生反應，生成AlB_2反應層，使界面強度下降。C_f/Al複合材料加熱到580℃左右時發生反應，生成脆性針狀組織Al_4C_3，使界面強度急劇下降。SiC_f/Al複合材料在固態下不發生反應，但在基體Al熔化後也會反應生成Al_4C_3。此外，Al_4C_3

還與水發生反應生成乙炔，在潮溼的環境中接頭處易發生低應力腐蝕開裂。因此，防止界面反應是這類複合材料焊接中要考慮的首要問題，可通過冶金和改善焊接工藝兩方面措施來解決。

① 冶金措施　加入一些能阻止界面反應的元素來防止界面反應。金屬基複合材料瞬時液相擴散焊時，為避免發生界面反應，應選用能與複合材料的基體金屬生成低熔點共晶或熔點低於基體金屬的合金作為中間層。例如，焊接 Al 基複合材料時，可採用 Ag、Cu、Mg、Ge 及 Ga 金屬或 Al-Si、Al-Cu、Al-Mg 及 Al-Cu-Mg 合金作為中間層。採用 Ag、Cu 等純金屬作中間層時，瞬時液相擴散焊的焊接溫度應超過 Ag、Cu 與基體金屬的共晶溫度。共晶反應時焊接界面處的基體金屬發生熔化，重新凝固時增強相被凝固界面推移，增強相聚集在結合面上，降低接頭強度。因此，應嚴格控製焊接時間及中間層的厚度。而採用合金作中間層時，只要加熱到合金的熔點以上就可形成瞬時液相。

② 改善焊接工藝　通過控製加熱溫度和焊接時間避免或限製界面反應的發生或進行。例如採用低熱量輸入（或固相焊）的方法，嚴格控製焊接熱輸入，降低熔池的溫度並縮短液態 Al 與 SiC 的接觸時間，可以控製 SiC_f/Al 複合材料的界面反應。

採用釬焊法時，由於溫度較低，基體金屬不熔化，加上釬料中的元素阻止作用，不易引起界面反應。採用 Al-Si、Al-Si-Mg 等硬釬料焊接 B_f/Al 複合材料時，釬焊溫度為 577～616℃，而 B 與 Al 在 550℃時就可能發生明顯的界面反應，生成脆性相 AlB_2，降低接頭強度。而在纖維表面塗一層厚度 0.01mmSiC 的 B 纖維增強 Al 基複合材料（$B_{sic,f}/Al$）時，由於 SiC 與 Al 之間的反應溫度較高（593～608℃），可完全避免界面反應。

採用擴散焊時，為防止發生界面反應，須嚴格控製加熱溫度、保溫時間和焊接壓力。隨著溫度的增加，界面反應越發容易發生，反應層厚度增大的速度加快，但加熱和保溫一定時間以後，反應層厚度增大速度變慢。

還可以採用一些非活性的材料作為增強相，如用 Al_2O_3 或 B_4C 取代 SiC 增強 Al 基複合材料 Al_2O_3/Al、B_4C/Al，使得界面較穩定，焊接時一般不易發生界面反應。

③ 採用中間過渡層　採用中間過渡層可以避免界面上纖維的直接接觸，使界面易於發生塑性流變，因此用過渡液相擴散焊（也稱瞬時液相擴散焊）能較容易地實現複合材料的焊接。直接擴散焊時所需的壓力仍較大，金屬基體一側變形過大；採用添加中間層的過渡液相擴散焊時，所需的焊接壓力較低，金屬基體一側變形較小。

例如，採用 Ti-6Al-4V 鈦合金中間層擴散焊接含有體積分數 30％的 SiC 纖維增強的 Ti-6Al-4V 複合材料時，當中間過渡層厚度為 80mm 時，複合材料接頭的抗拉強度達到 850MPa。再增加中間層的厚度，SiC/Ti-6Al-4V 複合材料接頭的強度不再增大。這是由於接頭的強度由基體金屬間的結合強度控製，當中間層厚度達到 80mm 後，基體金屬間的結合已達到最佳狀態，再增加厚度時基體金屬的結合情況不再發生變化，整個接頭的強度也就不再變化。

採用 Al-Cu-Mg 合金作中間層對 SiC 纖維增強鋁基複合材料與純鋁進行擴散連接，當中間層液相體積分數為 1%～5%時，接頭強度較為穩定。但局部組織分析表明，此時也只是複合材料基體與鋁合金中間層結合良好，而 SiC 纖維與中間層鋁合金未獲得良好結合，擴散焊接頭強度低於母材強度，如圖 7.2 所示。

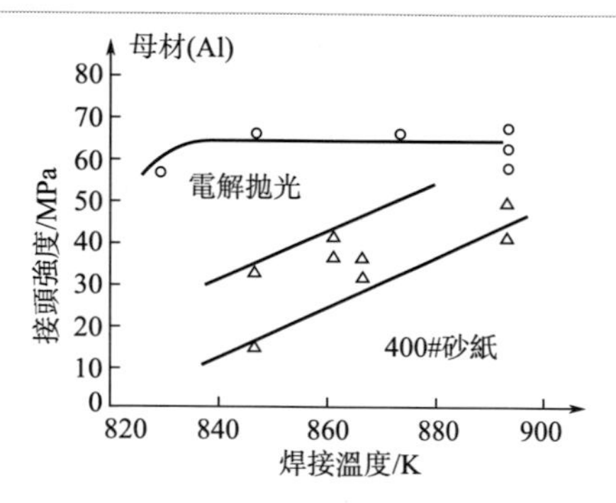

圖 7.2　$Al_{SiC,f}$/Al 擴散焊接頭的強度（2017al 中間層）

分析表明，鋁基複合材料液-固相溫度區間存在一個「臨界溫度區」，在該溫度區擴散連接時，結合界面形成液相，接頭強度可顯著提高（圖 7.3）。通過對鋁基複合材料母材和擴散焊接頭區基體與增強相的界面狀態分析可知，基體與增強相的界面有微量的界面反應物，但未明顯改變增強相形貌。

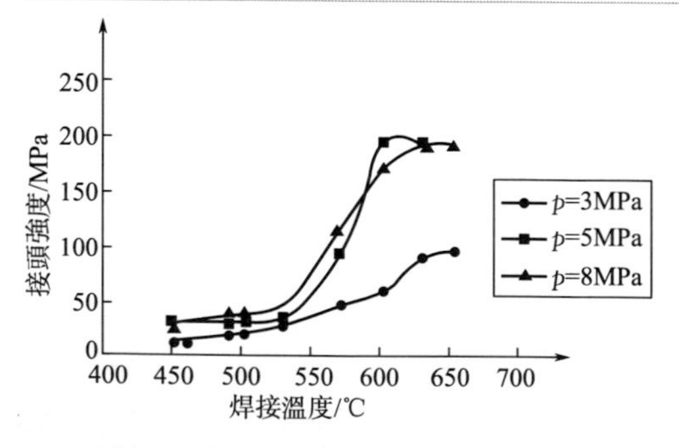

圖 7.3　連接溫度對鋁基複合材料接頭抗拉強度的影響

(2) 熔池流動性和界面潤溼性差

基體金屬與增強相的熔點相差較大，熔焊時基體金屬熔池中存在大量未熔化的增強相，這大大增加了熔池的黏度，降低了熔池金屬的流動性，不但影響了熔池的傳熱和傳質過程，還增大了氣孔、裂紋、未熔合和未焊透等缺陷的敏感性。

採用熔焊方法焊接纖維增強金屬基複合材料時，金屬與金屬之間的結合為熔焊機製，金屬與纖維之間的結合屬於釺焊機製，因此要求基體金屬對纖維具有良好的潤溼性。當潤溼性較差時，應添加能改善潤溼性的填充金屬。例如，採用高 Si 焊絲不僅可改善 SiC_f/Al 複合材料熔池的流動性，還能夠提高熔池金屬對 SiC 顆粒的潤溼性；採用高 Mg 焊絲有利於改善 Al_2O_3/Al 複合材料熔池金屬對 Al_2O_3 的潤溼作用。

採用電弧焊方法焊接非連續增強金屬基複合材料時，基體金屬不同時，複合材料焊接熔池的流動性也明顯不同。基體金屬 Si 含量較高時，熔池的流動性較好，裂紋及氣孔的敏感性較小；Si 含量較低時，熔池的流動性差，容易發生界面反應。因此，為改善焊接熔池的流動性，提高接頭強度，應選用 Si 含量較高的焊絲。

採用軟釺焊焊接金屬基複合材料時，由於釺料熔點低，熔池流動性好，可將釺焊溫度降低到纖維開始變差的溫度以下。採用 95%Zn-5%Al 和 95%Cd-5%Ag 釺料對複合材料 B_f/Al 與 6061Al 鋁合金進行氧-乙炔火焰軟釺焊的研究表明，用 95%Zn-5%Al 釺料焊接的接頭具有較高的高溫強度，適用於在 216℃ 溫度下工作，但釺焊工藝較難控製；用 95%Cd-5%Ag 釺料焊接的接頭具有較高的低溫強度（93℃以下），焊縫成形好，焊接工藝易於控製。

共晶擴散釺焊是將焊接表面鍍上中間擴散層或在焊接面之間加入中間層薄膜，加熱到適當的溫度，使母材基體與中間層之間相互擴散，形成低熔點共晶液相層，經過等溫凝固以及均勻化擴散等過程後形成成分均勻的接頭。因此，採用共晶擴散焊、形成低熔點共晶液相層也能增強熔池的流動性。適用於 Al 基複合材料共晶擴散釺焊的中間層有 Ag、Cu、Mg、Ge 及 Zn 等，中間層的厚度一般控製在 1.0mm 左右。

(3) 接頭強度低

金屬基複合材料基體與增強相的線脹係數相差較大，在焊接加熱和冷卻過程中會產生很大的內應力，易使結合界面脫開。由於焊縫中纖維的體積分數較小且不連續，致使焊縫與母材間的線脹係數也相差較大，在熔池結晶過程中易引起較大的殘餘應力，降低接頭強度。焊接過程中如果施加壓力過大，會引起增強纖維的擠壓和破壞。此外，電弧焊時，在電弧力的作用下，纖維不但會發生偏移，還可能發生斷裂。兩塊被焊接工件中的纖維幾乎是無法對接的，因此在接頭部位，增強纖維是不連續的，接頭處的強度和剛度比複合材料本身低得多。

採用 Al-Si 釺料釺焊 $SiC_w/6061Al$ 時，保溫過程中 Si 向複合材料的基體中擴散，隨著基體金屬擴散區 Si 含量的提高，液相線溫度相應降低。當降低至釺焊溫度時，母材中的擴散區發生局部熔化。在隨後的冷卻凝固過程中 SiC 顆粒或晶須被推向尚未凝固的焊縫兩側，在此形成富 SiC 層，使原來均勻分布的組織分離為由富 SiC_w 區和貧 SiC_w 區所組成的層狀組織，使接頭性能降低。

釺焊時複合材料纖維組織的變化與釺料和複合材料之間的相互作用有關。經擠壓和交替軋製的 SiC_w/6061Al 複合材料中，Si 的擴散較明顯；但在未經過二次加工的同一種複合材料的熱壓坯料中，Si 擴散程度很小，不會引起基體組織的變化。

連續纖維增強金屬基複合材料在纖維方向上具有很高的強度和模量，保證纖維的連續性是提高纖維增強金屬基複合材料焊接接頭性能的重要措施，這就要求焊接時必須合理設計接頭形式。採用對接接頭時，由於焊縫中增強纖維的不連續性，不能實現等強匹配，接頭的強度遠遠低於母材。

過渡液相擴散焊中間層類型、厚度及工藝參數影響接頭的強度。表 7.10 列出了利用不同中間層焊接的體積分數為 15％的 Al_2O_3 顆粒增強的 6061Al 複合材料接頭的強度。用 Ag 與 BAlSi-4 作中間層時能獲得較高的接頭強度。用 Cu 作中間層時對焊接溫度較敏感，接頭強度不穩定。

表 7.10 體積分數 15％的 Al_2O_3 顆粒增強的 6061Al 複合材料接頭的強度

中間層		工藝參數		強度性能		
材質	厚度 /μm	加熱溫度 /℃	保溫時間 /min	剪切強度 /MPa	屈服強度 /MPa	抗拉強度 /MPa
$(Al_2O_3)_p$-15％/6061Al(母材)		—	—	—	317	358
Ag	25	580	130	193	323	341
Cu	25	565	130	186	85	93
BAlSi-4	125	585	20	193	321	326
Sn-5Ag	125	575	70	100	—	—

焊接時間較短時，中間層來不及擴散，結合面上殘留較厚的中間層，限製接頭抗拉強度的提高。隨著焊接時間的延長，殘餘中間層減少，強度逐漸增加。當焊接時間延長到一定值時，中間層消失，接頭強度達到最大。繼續增加焊接時間時，由於熱循環對複合材料性能的不利影響，接頭強度不但不再提高，反而降低。

過渡液相擴散焊壓力對接頭強度有很大的影響。壓力太小時，塑性變形小，焊接界面與中間層不能達到緊密接觸，接頭中會產生未焊合的孔洞，降低接頭強度；壓力過高時將液態金屬自結合界面處擠出，造成增強相偏聚，液相不能充分潤溼增強相，也會導致形成顯微孔洞。例如，用厚度為 0.1mm 的 Ag 作中間層，在 580℃×120min 條件下焊接 Al_2O_3/Al 複合材料時，當焊接壓力為 0.5MPa 時接頭抗拉強度約為 90MPa；而當壓力小於 0.5MPa 時，結合界面上存在明顯的孔洞，接頭強度降低。

非連續增強金屬基複合材料焊接時，除界面反應、熔池流動性差等問題外，還存在較強的氣孔傾向、結晶裂紋敏感性和增強相偏聚的問題。由於熔池金屬黏度大，氣體難以逸出，因此焊縫及熱影響區對形成氣孔很敏感。為了防止氣孔，需在焊前對複合材料進行真空除氫處理。此外，由於基體金屬結晶前沿對顆粒的推移作用，結晶最後階段液態金屬的 SiC 顆粒含量較大，流動性很差，易產生結晶裂紋。粒子增強複合材料重熔後，增強相粒子易發生偏聚，如果隨後的冷卻速度較慢，粒子又被前進中的液/固界面所推移，致使焊縫中的粒子分布不均勻，降低了粒子的增強效果。

7.2.2 樹脂基複合材料的連接性分析

先進的樹脂基複合材料在航空航天等領域有著廣闊的應用，新一代戰機的樹脂基複合材料用量已占結構質量的 25%～30%，主要用於機身、機翼蒙皮、壁板等。樹脂基分為熱固性樹脂和熱塑性樹脂兩大類。樹脂基複合材料的焊接一般是針對熱塑性樹脂而言的。

(1) 熱固性樹脂基複合材料的連接

熱固性樹脂的成形是在一定溫度下加入固化劑後通過交聯固化反應形成三維網絡結構。由於這是一個不可逆過程，因此固化後的結構不能再溶解和熔化。熱固性樹脂基複合材料的聚合物基體為交聯結構，在高溫下不僅不能熔化，還會因碳化而被破壞，所以這類材料不能進行熔化焊接，只能採用機械固定和膠接的方法進行連接。

(2) 熱塑性樹脂基複合材料的連接

熱塑性樹脂的高分子聚合物鏈是通過二次化學鍵結合在一起的，當加熱時二次化學鍵弱化或受到破壞，於是這些聚合物鏈能自由移動和擴散，熱塑性樹脂基體變為熔融狀態。因此，這類樹脂可反覆加熱熔融和冷卻固化。這就使得這類材料可以在一定的溫度和壓力下進行熱成形加工，還可以通過熔焊方法進行連接。

1) 熱塑性樹脂基複合材料的熔化特點

熱塑性樹脂基分為兩類：一是無定形的非晶態熱塑性樹脂基，二是半結晶態的熱塑性樹脂基。這兩類樹脂基的熔化連接臨界溫度是不同的。

對於無定形的非晶態熱塑性樹脂基複合材料，非晶區內高分子鏈是無序排列的。非晶態樹脂基的熔化連接臨界溫度為其玻璃化轉變溫度（T_g）。

半結晶態的熱塑性樹脂基具有非晶區和結晶區兩部分，結晶區內高分子鏈段是緊密堆積的，原子密集到足以形成結晶的晶格。半結晶態樹脂基的熔化連接臨界溫度為晶體熔化溫度（T_m）。但是，這兩類熱塑性樹脂基的熔化連接溫度上限都不能超過其熱分解溫度。

大多數適於連接熱塑性塑料的方法也能用於連接熱塑性樹脂基複合材料，其連接過程類似於塑料的連接。一般是將樹脂基複合材料加熱到熔融的流動狀態，並加壓進行連接。樹脂基複合材料中由於有增強纖維或晶須，會影響加熱熔化連接時的熱過程、熔融樹脂的流動和凝固後的緻密性，因此連接時的加壓尤為重要，這有助於促使界面緊密接觸、高分子鏈擴散和消除顯微孔洞等。熔化連接的冷卻速度也影響接頭的性能，因為冷卻速度會影響到晶體的比例，較高的晶體比例會降低複合材料的韌性。

2）熱塑性樹脂基複合材料的連接方法

樹脂基複合材料比較常用的連接方法有熱氣焊、熱板焊（包括電阻或感應加熱焊）、紅外或激光焊、超聲波焊等。

① 熱氣焊　是採用熱氣流加熱的樹脂基複合材料的連接方法。由於採用熱氣流作為熱源，是一種靈活的連接方法，不受被連接面形狀的限製，還可以外加填充材料實現兩部件的連接，適用於低熔化溫度、變幾何形狀、小體積部件的樹脂基複合材料焊接。但這種方法的連接速度慢、焊接面積小；在連接增強的樹脂基複合材料時，難以通過增加連接面積達到補強的作用，影響接頭的承載能力。

② 熱板焊　熱板焊（包括電阻或感應加熱焊）又稱為熱工具焊，是應用較廣泛的一種樹脂基複合材料的連接方法。這種方法的加熱過程與低溫釺焊時的電烙鐵加熱類似，通過加熱的介質將熱量傳給工件，使工件熔化或熔融，然後施加壓力完成連接。熱板焊的工藝步驟如下：

a. 表面處理。對於熱塑性樹脂基複合材料，由於表面塗有脫模劑，表面處理是很重要的。一般地，髒污的連接處表面可以用機械打磨或化學方法進行處理。

b. 加熱和加壓。先將作為熱源的熱板放置在被連接的工件之間，使被連接面直接與熱板接觸，將兩個需要連接的表面加熱軟化，然後迅速移出熱板，同時對被連接工件加壓，使分子充分擴散，最終達到實現連接的目的。由於熱板與連接表面直接接觸加熱，因此焊接效率比較高，能一次很快地將整個連接表面加熱和連接。焊接加熱時須使工件適當支撐，以減小變形等不必要的影響。

c. 分子間擴散。結合表面間的分子擴散和分子鏈間的纏繞對接頭強度有明顯的影響。對於非晶態聚合物，擴散時間依賴於材料溫度和玻璃化溫度的差別；對於半晶態聚合物，分子間的擴散只有超過熔化溫度時才會發生，因此熔化溫度明顯高於玻璃化溫度，但擴散時間很短。

d. 冷卻。冷卻是焊接工藝的最後一步，這時熱塑性樹脂基重新硬化——保持工件和連接結構一體化。冷卻過程中所加載荷一定要保持到基體材料足以抵抗軟化和扭曲為止。在這一步，半晶態基體重新結晶並形成了最終的局部結構。

由於被焊工件直接與熱板接觸，容易造成工件與熱板的黏連。為了防止黏連，可在金屬熱板表面塗敷聚四氟乙烯塗層；對於高溫聚合物，可採用特製的青銅合金板以減少黏連。採用非接觸熱板加熱也可以防止黏連，但是須提高加熱板的溫度，依靠對流和輻射加熱被連接件的表面。

熱板加熱焊接對被焊工件形狀的適應性差，由於受到加熱面形狀和尺寸的限製，這種方法適合於形狀單一的小部件大量生產。這種連接方法不適於高導熱性增強相的複合材料（如碳纖維複合材料），因為熱板抽出後，被連接件在對中和加壓之前表面溫度下降很快，無法進行可靠的連接。

紅外和激光焊接用紅外光或激光直接照射熱塑性樹脂基複合材料的連接表面（由於電磁輻射被表面吸收而加熱），將其迅速加熱到熔融狀態，然後對工件快速加壓，直至凝固冷卻。這一過程類似於熱板焊，只是加熱的方式不同。

電阻加熱焊是將電阻加熱元件插入到被連接件表面之間，通電後電阻元件產生熱量而實現焊接。加熱結束後並不將電阻加熱元件抽出，而是直接加壓，連接結束後，加熱元件留在接頭內部，成為接頭的一個組成部分。因此，這種焊接方法要求植入的加熱元件與樹脂基複合材料具有良好的相容性，並且能很好地結合在一起。

感應加熱焊與電阻加熱焊的差別在於產生熱量的原理不同。電阻加熱是直接通入電流，依靠電阻熱加熱工件。感應加熱焊接時，將加熱元件嵌入被連接件表面間，根據磁場感應產生的渦流來產生熱量。感應焊接所用的加熱元件一般是金屬網或含有彌散金屬顆粒的熱塑性塑料膜，這種方法可用來連接非導電纖維複合材料。對於導電纖維複合材料，應在連接表面間放入比增強纖維導電性好的加熱元件，使界面優先加熱。

③ 超聲波焊　與金屬材料的超聲波焊相同，依靠超聲波振動時被連接件表面的凹凸不平處產生週期性的變形和摩擦，並產生熱量，導致熔融而實現連接。為了改善材料的焊接性和加速熔化，通常人為地在連接表面製造一些凸起。為了將超聲波能量施加到待焊構件上，振動聲波極和底座之間應加一定的壓力，必要時還需放大振幅。冷卻時仍需施加壓力，以保證獲得成形良好的接頭。超聲波焊接接頭的強度不僅取決於選擇的超聲波能量、壓力，還與接頭形式有關。採用超聲波焊接較小的熱塑性樹脂基複合材料時，接頭強度可達到壓縮模塑零件的強度。用斷續焊和掃描焊兩種超聲波焊工藝連接大件時，接頭強度為壓縮模塑的 80％。

超聲波焊是一種較好的連接熱塑性樹脂基複合材料的方法。這種方法便於實現機械化和自動化，並有可能通過對焊縫品質的監測實現焊接過程的閉環控製。

7.2.3 C/C 複合材料的連接性分析

（1）C/C 複合材料連接的主要問題

C/C 複合材料由於具有高比強度和優異的高溫性能而在航空航天領域成為一種很有吸引力的高溫結構材料，已用於飛機製動片、航天飛機的鼻錐和翼前緣以及渦輪引擎部件，如燃燒室和增壓器的噴嘴等。其優異的熱-力學性能、很低的中子激活以及很高的熔點和昇華溫度，也適合於核聚變反應堆中的應用。由於 C/C 複合材料主要在一些具有特殊要求的極端環境下工作，將其連接成更大的零部件或將 C/C 複合材料與其他材料連接使用具有重要的意義。C/C 複合材料連接中可能出現的主要問題如下：

① 在連接過程中如何保證 C/C 複合材料原有的優異性能不受破壞，這是連接工藝要解決的問題；

② 如何獲得與 C/C 複合材料性能相匹配的接頭區（或連接層），這是連接材料要解決的問題。

針對以上兩個問題，要實現 C/C 複合材料的連接，在目前的各種連接方法中真空擴散焊和釬焊是最有希望獲得成功的連接技術。但是，由於 C/C 複合材料的工作條件特殊，在選擇連接材料時必須考慮到 C/C 複合材料應用中的特殊要求。例如，作為宇航結構材料其主要要求為高比強度和高溫性能；而作為核聚變反應堆材料則除了熱力學性能外，還必須滿足特殊的低啟用準則。

（2）C/C 複合材料的擴散連接

一般採用加中間層的方法對 C/C 複合材料進行擴散連接，中間層材料可以採用石墨（C）、硼（B）、鈦（Ti）或 $TiSi_2$ 等。不管是哪種方式，都是通過中間層與 C 的界面反應，形成碳化物或晶體從而達到相互連接的目的。

（3）加石墨中間層的 C/C 複合材料擴散連接

採用能與碳作用生成碳化物的石墨作中間層材料。在擴散焊加熱過程中，先通過固態擴散連接或液相與 C/C 複合材料母材相互作用，生成熱穩定性較低的碳化物過渡接頭。然後，加熱到更高溫度使碳化物分解為石墨和金屬，並使金屬完全蒸發消失，最終在連接層中僅剩下石墨片晶。

從接頭的局部組成考慮，這種接頭結構的匹配較為合理，即接頭結構形式為：（C/C 複合材料）/石墨/（C/C 複合材料），其中除了 C 外沒有任何其他的外來材料。但是從實際試驗結果看，所得接頭的強度性能不令人滿意，主要原因是由於接頭中石墨晶片的強度不足。作為提高石墨晶片強度的措施，以 Mn 作為填充材料生成石墨中間層擴散連接 C/C 複合材料可獲得相對較好的效果。

採用這種形成石墨中間層擴散連接 C/C 複合材料的方法時，獲得性能良好接頭的關鍵在於：

① 所加的中間層和填充金屬要能與C/C複合材料中的C反應，形成完整的碳化物連接層。應指出，碳化物只是擴散連接過程中的中間產物，但碳化物的形成也很關鍵，沒有碳化物連接層，也就不能獲得最終的石墨連接層。

② 高溫下碳化物的分解和金屬元素（或碳化物形成元素）的蒸發，形成石墨晶片連接層。應指出，形成碳化物連接層後不一定能形成完整的石墨連接層，還取決於所形成的碳化物連接層在高溫下能否充分分解，分解後的金屬又能否徹底蒸發掉。

研究表明，那些蒸氣壓過高的金屬、易氧化的金屬、生成的碳化物在很高溫度（>2000℃）下分解的金屬以及高溫下不易蒸發的金屬，都不適合用作形成石墨中間層擴散連接C/C複合材料的填充金屬。有研究者曾用Mg、Al作為填充材料加石墨中間層擴散連接C/C複合材料，但未獲成功。

以下是用Mn作填充材料生成石墨中間層擴散連接C/C複合材料獲得成功的實例。

1）試驗材料

擴散連接C/C複合材料（C-CAT-4）的試樣尺寸：25.4mm×12.7mm×5mm，兩塊。用純度為99.9%（溶質質量分數）、粒度為100目（≤150μm）金屬錳粉做成的乙醇稀漿作為中間層填充材料，放在試樣的被連接表面間。

2）連接工藝要點

通過加熱和加壓進行擴散連接。在加熱的開始階段，即中間層開始熔化前（1250℃左右）以及在連接過程後期，金屬完全轉變為固態碳化物相後（約1700℃），在接觸面上保持最低壓力為0.69MPa，最高壓力為5.18MPa。在有液相的溫度區間為防止液相流失引起Mn元素失損，將所加壓力調整為0。

3）擴散連接過程分析

整個擴散連接過程可分為兩個階段：第一階段是碳化物形成階段，第二階段是碳化物分解和石墨晶形成階段。

① 第一階段內中間層中的填充材料Mn與C/C複合材料中的C發生反應，生成Mn的碳化物。這一階段中碳化物逐漸增加，Mn逐漸減少，直至完全消失，並形成碳化物連接層。第一階段內為了生成更多的碳化物，減少金屬Mn的蒸發損失，不應在真空條件下進行，而是在充氦（He）條件下進行，氦氣純度為99.99%（體積分數），蒸氣壓約為27.5kPa。

② Mn與C形成碳化物的反應從固態（<1100℃）就開始進行，一直到Mn熔化後。在生成的碳化物中，Mn_7C_3 的穩定性最高，可以達到1333℃。

③ 進入第二階段，當溫度進一步升高時，Mn_7C_3 會分解為石墨和Mn-C的溶液，即碳化物分解和石墨形成階段。在第二階段中為了加速Mn的蒸發，需在

真空條件下進行。Mn 的沸點為 2060℃，其蒸氣壓在 1850℃時為 28.52kPa。因此，在真空條件下，Mn 在低於 1850℃很多時能很快蒸發。

④ 加熱到 1850～2200℃之間時，真空度突然下降，這表明此時分解出來的 Mn 或一些沒有反應完的 Mn 開始大量蒸發。因此，加熱到 2200℃後，經保溫使中間層中的 Mn 完全蒸發掉，最終獲得全部由石墨晶組成的中間層。

4）接頭強度性能

中間層的石墨形成過程進行得越充分，剪切斷口石墨晶的面積百分比越高，接頭強度也越高。為了獲得完整的石墨連接層，應採用較厚的中間填充材料（約 100μm），並防止在 1246℃$\leqslant T<$1700℃溫度區間由於液相流失導致的 Mn 量不足。

(4) 提高 C/C 複合材料擴散連接強度的措施

針對加石墨中間層的 C/C 複合材料擴散焊接頭強度低的問題，為了獲得耐高溫的接頭，可採用形成碳化物的難熔金屬（如 Ti、Zr、Nb、Ta 和 Hf 等）作中間層，在 2300～3000℃時進行擴散連接。因此，用難熔的化合物（如硼化物和碳化物）作為連接 C/C 複合材料的中間層可以提高接頭的高溫強度。

用 B 或 B+C 中間層擴散連接 C/C 複合材料時，B 與 C 在高溫下發生化學反應，形成硼的碳化物。圖 7.4 所示是連接溫度對用 B 和 B+C 作中間層的 C/C 複合材料接頭抗剪強度的影響（剪切試驗溫度為 1575℃）。所用試件的尺寸為 25.4mm×12.7mm×6.3mm，三維纖維增強。

由圖 7.4 可知，擴散連接溫度低於 2095℃時，B 中間層的接頭強度比 B+C 中間層的強度高；溫度超過 2095℃以後，由於 B 的蒸發損失，導致擴散接頭強度急劇下降。擴散連接壓力對接頭抗剪強度有很大影響，在 1995℃的連接溫度下，擴散連接壓力由 3.10MPa 增加到 7.38MPa 時，擴散接頭在 1575℃下的抗剪強度由 6.94MPa 增加到 9.70MPa。這表明壓力高時接頭中間層的緻密度較高，因此接頭強度也較高。但過高的壓力會導致 C/C 複合材料的性能受損。

圖 7.5 所示為試驗溫度對用 B 作中間層的 C/C 複合材料接頭抗剪強度的影響。所有試驗都是在擴散連接條件下（加熱溫度為 1995℃，保溫時間為 15min，壓力為 7.38MPa）獲得的。由圖可見，開始時接頭的抗剪強度隨試驗溫度升高而增加，原因與高溫下 C/C 複合材料的強度較高和殘餘應力降低有關。但超過約 1600℃以後抗剪強度急劇下降，原因可能與連接中間層的強度下降有關。

(5) C/C 複合材料的釺焊連接特點

① 釺焊連接要點　C/C 複合材料在加熱過程中會釋放出大量的氣體，對釺焊工藝和接頭品質有很大的影響。因此，釺焊前應在真空或氬氣中、高於釺焊溫度 100～150℃的條件下對 C/C 複合材料進行除氣處理。由於 C/C 複合材

料存在一定的孔隙，釺料難以保持在表面，將向母材中滲入，致使釺焊接頭強度降低。

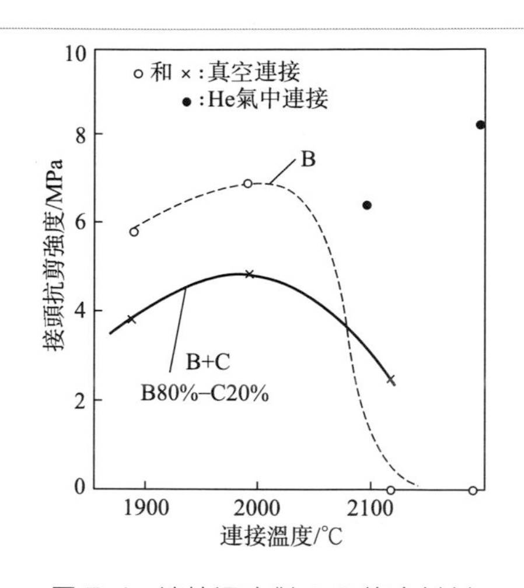

圖 7.4　連接溫度對 C/C 複合材料接頭抗剪強度的影響

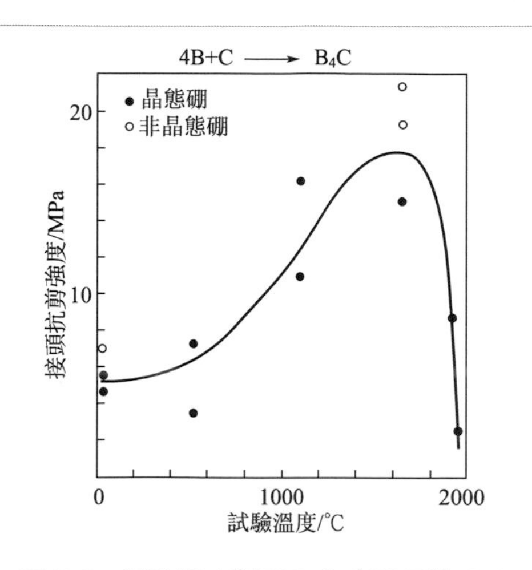

圖 7.5　試驗溫度對用 B 作中間層的 C/C 複合材料接頭抗剪強度的影響

C/C 複合材料的釺焊連接一般是在氣體保護的環境中進行，最適宜的接頭形式是搭接。可添加不同的填充材料對 C/C 複合材料進行釺焊連接，所加的填充材料可以是金屬，也可以是非金屬，主要有硅（Si）、鋁（Al）、鈦（Ti）、玻璃、化合物等。其中釺焊連接效果比較好的是用 Si 作填充材料。在 1400℃ 的釺焊溫度下，雖然 Si 與 C 發生反應生成 SiC，但是試驗結果表明這對接頭強度沒有太大的影響，接頭的力學性能良好。

② C/C 複合材料釺焊示例　用厚度為 750μm 的硅片作填充材料釺焊連接 C/C 複合材料。C/C 複合材料（3DC/C）的試樣尺寸為 5mm×10mm×3.1mm，在釺焊溫度為 1700℃、保溫時間為 90min 的條件下進行釺焊連接。釺焊時採用 Ar 氣保護。焊後對釺焊接頭進行拉伸型的剪切試驗，試樣接頭狀態如圖 7.6 所示。

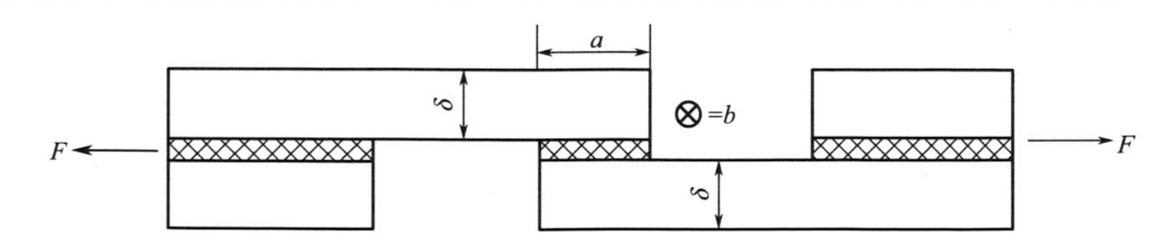

圖 7.6　C/C 複合材料釺焊接頭的拉伸型剪切試樣

a—接頭長度；*b*—接頭寬度；δ—複合材料厚度；*F*—加的力

剪切試驗結果表明，接頭的平均抗剪強度為 22MPa（C/C 複合材料的層間抗剪強度為 20～25MPa）。

對釺焊接頭剪切試樣的斷裂途徑進行分析表明，斷裂（裂紋擴展）以多平面的方式通過 Si、SiC 和 C/C 複合材料，沒有發現單純地在某一層發生斷裂，也沒有出現單純地沿著 C/C 複合材料和 SiC 的界面（或 SiC/Si 的界面）的剪切斷裂。因此，這種多層結構接頭的綜合力學性能良好，釺焊接頭的平均抗剪強度與 C/C 複合材料固有的抗剪強度相當，SiC 反應層並沒有減弱釺焊接頭的力學性能。

③ 用 Ti 作中間層的 C/C 複合材料擴散釺焊　這種方法主要是為了能用於核聚變裝置中 C/C 複合材料保護層與銅冷卻套的連接。採用厚度 0.01mm 的鈦箔（Ti）作中間層，通過形成 Ti-Cu 共晶連接 C/C 複合材料與銅冷卻套的擴散釺焊。

為了改善用 Ti 作中間層擴散釺焊 C/C 複合材料與 Cu 的結合強度，釺焊前可先對 C/C 複合材料表面進行預鍍處理，然後再插入鈦箔與 Cu 一起進行擴散釺焊。所採用的預鍍處理方法有如下兩種：

a. 在 C/C 複合材料連接表面進行 Ti、Cu 的多層離子鍍；

b. 在 C/C 複合材料表面塗敷純 Ti 粉和純 Cu 粉加有機黏結劑的膏狀物。

以上兩種預鍍方法所得的鍍層或塗敷層均需經 1100℃、5min 真空重熔處理後再進行擴散釺焊。

擴散釺焊的工藝參數為加熱溫度 1000℃、保溫時間 5min、真空中加熱釺焊，並在試件上壓具有一定質量的重物（施加一定的壓力）。C/C 複合材料的纖維垂直於無氧銅的連接表面。分析表明，用鈦箔作中間層的擴散釺焊接頭的連接界面上有很薄的反應層以及厚度約為 0.05mm 的合金化層；在與連接界面相鄰處有粒狀沉澱析出物的凝聚。

對擴散釺焊接頭的三點彎曲強度試驗表明，C/C 複合材料表面無預處理時平均彎曲強度為 50MPa，用離子鍍預處理後接頭彎曲強度為 62～63MPa，用膏狀塗敷層預處理後接頭彎曲強度約為 72MPa。由此可見，C/C 複合材料表面預鍍處理可以提高它與 Cu 擴散釺焊接頭的彎曲強度，採用預塗敷 Ti-Cu 膏劑時的效果最好。

7.2.4 陶瓷基複合材料的連接性分析

航空與航天飛行器材料的發展趨勢是耐高溫和輕質量，飛機和艦船、汽車的發動機要提高效率和功率必須要有較高的運轉溫度。金屬材料和高分子材料都難以滿足這個苛刻要求。陶瓷材料雖然具有高溫強度、抗氧化、抗高溫蠕變等耐高溫性能以及高硬度、高耐磨性和耐化學腐蝕等特點，但也存在致命的弱點，即脆性，它難以承受劇烈的機械衝擊和熱衝擊，這限製了它的進一步應用。

用粒子、晶須或纖維增韌增強的陶瓷基複合材料，則可使陶瓷的脆性大大改觀。陶瓷基複合材料（CMC）成為備受重視的新型耐高溫材料。

陶瓷基複合材料的研究開發可以航空發動機為應用背景。CMC 複合材料與其他材料相比，優勢在於耐高溫、密度小、比模量高，有較好的抗氧化性和耐摩擦性。選擇耐高溫陶瓷應使基體具有較高的熔點、較低的高溫揮發性、良好的抗蠕變性能和抗熱震性能，以及良好的抗氧化性能。

用作陶瓷基複合材料的基體材料主要有氧化鋁、氧化鋯、碳化硅、氮化硅、氮化硼等。

(1) 陶瓷基複合材料的特點

陶瓷基複合材料分為粒子增強、短纖維（晶須）增強、連續纖維增強三種增強機製。目前，顆粒和晶須增韌陶瓷的效果仍比較有限，連續纖維增韌的陶瓷基複合材料由於其獨特的增韌機製可大幅度提高陶瓷材料的斷裂韌性，增強的效果最好，特別是近年來陶瓷增韌纖維及 CMC 複合材料製備工藝的發展，使其具有廣闊的應用前景。

用於工業化的陶瓷基複合材料的增韌纖維主要有四類，見表 7.11。

氧化鋁系列纖維的高溫抗氧化性能優良，有可能用於 1400℃以上的高溫場合。但目前作為連續纖維增強 CMC 複合材料主要存在兩個問題：

① 高溫下晶體相變、粗化及玻璃相蠕變，導致纖維的高溫強度下降；

② 在高溫成形和使用過程中，氧化物纖維易與陶瓷基體（尤其是氧化物陶瓷基體）形成強結合的界面，導致複合材料的脆性破壞，從而喪失了纖維的增韌作用。

碳化硅纖維分為兩類：一是由化學氣相沉積法製備的高溫性能好的 CVD-SiC 纖維，但由於直徑太粗（>100μm）不利於成形複雜形狀的陶瓷基複合材料構件，而且價格昂貴；二是由有機聚合物製備的 SiC 纖維，但是纖維中含有氧和游離碳雜質，導致其高溫性能受到影響，溫度為 1000℃時即出現較大的強度下降。

表 7.11　陶瓷基複合材料的增韌纖維的性能

纖維類型	品種	生產廠家	纖維組成（溶質質量分數）	密度 /(g/cm^3)	直徑 /μm	彈性模量 /GPa	抗拉強度 /GPa
氧化鋁纖維	FP	杜邦	α-Al_2O_3>99%	3.9	21	380	1.38
	PRD166	杜邦	Al_2O_3，ZrO_2	4.2	21	380	2.07
	Sumitomo	住友	$85Al_2O_3$，$15SiO_2$	3.9	17	190	1.45
	Nextel312	3M	$62Al_2O_3$，$14B_2O_3$，$24SiO_2$	2.7	11	154	1.75
	Nextel440	3M	$70Al_2O_3$，$2B_2O_3$，$20SiO_2$	3.1	12	189	2.1
	Nextel480	3M	$70Al_2O_3$，$2B_2O_3$，$28SiO_2$	3.1	12	224	2.3

續表

纖維類型	品種	生產廠家	纖維組成（溶質質量分數）	密度 $/(g/cm^3)$	直徑 $/\mu m$	彈性模量 /GPa	抗拉強度 /GPa
碳化硅纖維	SCS-2	AVCO/Textron	C芯，表面C塗層	3.05	140	407	3.45
	SCS-6	AVCO/Textron	C芯，表面C、SiC塗層	3.05	142	410	3.45
	Sigma	Berghof	C芯 SiC	3.4	100	410	3.45
	Nicalon	日本炭素公司	Si-C-O	2.55	10	200	2.8
	Tyranno	日本宇部	Si-Ti-C-O	2.5	10	193	2.76
	MPS	Dow Corning /Celanese	Si-C-O	2.6	12	210	1.4
氮化硅纖維	TNSN	東亞燃料工業公司(日)	Si-N-O	2.5	10	296	3.3
	Fiberamics	Rhone-Poulene	Si-C-N-O	2.4	15	220	1.8
	MPDZ	Dow Corning	Si-C-N-O	2.3	10	210	2.1
	HPZ	Dow Corning	Si-C-N-O	2.35	10	210	2.45
碳纖維	T300R	Amoco	C	1.8	10	276	2.76
	T40R	Amoco	C	1.8	10	276	3.45

氮化硅纖維實際上是由 Si、N、C、O 組成的復相纖維，這類纖維也是由有機聚合物製備的，性能與碳化硅纖維相近，也存在著與碳化硅纖維類似的問題。

碳纖維是目前開發成熟、性能最好的纖維之一，已被廣泛用作複合材料的增韌纖維。碳纖維的高溫性能也非常突出，惰性氣氛中可在 2000℃以上溫度下保持強度不下降，是目前增強纖維中高溫性能最好的一種。但是，碳纖維的最大弱點是高溫抗氧化性能差，在空氣中 360℃以上即出現氧化失重和強度下降，採取纖維表面塗層的方法可以解決這個問題。因此，塗層碳纖維是連續纖維增強的陶瓷基複合材料的最佳候選材料。

目前應用較多的是以 Si_3N_4、SiC、ZrO_2、Al_2O_3 等陶瓷為基的複合材料。另外，新發展的高性能奈米複合陶瓷也是很有發展前景的一種複合材料。

(2) 陶瓷基複合材料的連接特點

陶瓷基複合材料的連接具有連接陶瓷材料時的難點，例如：高熔點及有些陶瓷的高溫分解使熔焊困難，陶瓷的電絕緣性使之不能用電弧或電阻焊進行連接，陶瓷的固有脆性使之無法承受焊接熱應力，陶瓷材料的塑性韌性差使之不能施加很大的壓力進行固相連接，陶瓷的化學惰性使之不易潤溼而造成釬焊困難等。

連接陶瓷複合材料還應注意以下幾個方面：

① 陶瓷複合材料連接時，在選擇連接方法與材料時，要考慮對基體材料與增強材料的適應性。

② 應考慮避免增強相與基體之間的不利界面反應，不能造成增強相（如纖維）的氧化及性能的降低等，因此連接溫度和時間不能太高和太長。例如，加熱到1425℃用Si作中間層連接SiC_f/SiC複合材料時，保溫時間為45min時SiC性能嚴重降低，而保溫時間降低到1min時，基體的性能基本上不受影響。

③ 由於纖維增強的陶瓷基複合材料的耐壓性能較差或受到限製，連接過程中不能施加較大的壓力。

陶瓷基複合材料的連接方法主要有：釬焊、無壓固相反應連接、過渡液相擴散連接、微波連接等。陶瓷基複合材料的釬焊連接與陶瓷釬焊基本相同，可採用含有Ti、Zr等元素的釬料進行活性釬焊；也可以先在陶瓷基複合材料表面進行金屬化後，再用一般的釬料進行釬焊連接。無壓固相反應連接是利用高溫下活性元素與陶瓷基體的反應，形成化合物將陶瓷複合材料連接起來，連接時不能施加很大的壓力。這種連接方法可以形成緻密的接頭並且可以耐高溫，但接頭力學性能不高，不能承受載荷。

7.3 連續纖維增強金屬基複合材料的焊接

7.3.1 連續纖維增強MMC焊接中的問題

連續纖維增強金屬基複合材料（MMC）由基體金屬及增強纖維組成，這類材料的焊接不但涉及金屬基複合材料之間的焊接，還涉及金屬與非金屬增強相之間的焊接以及增強相之間的焊接。基體通常是一些塑性、韌性好的金屬，其焊接性一般較好；而增強相是高強度、高模量、高熔點、低密度和低線脹係數的非金屬，其焊接性都很差。因此，纖維增強金屬基複合材料的焊接性也很差，焊接這類材料遇到的主要問題如下。

(1) 界面反應

金屬基複合材料基體與增強相之間通常是熱力學不穩定的狀態，在較高的溫度下兩者的接觸界面上易發生化學反應，生成對材料性能不利的脆性相。防止或減輕界面反應和生成脆性相是保證焊接品質的關鍵之一，該問題可通過冶金和工藝兩個方面來解決。

① 冶金方式　通過加入一些活性比基體金屬更強的元素或能阻止界面反應的元素來防止界面反應。例如加Ti可以取代SiC_p/Al複合材料焊接時Al與SiC反應，不僅避免了有害化合物Al_4C_3的產生，而且生成的TiC還能起強化相的作用；而提高基體Al中的Si含量或利用Si含量高的焊絲可抑製Al與SiC之間

的界面反應。

② 工藝措施　控製加熱溫度和焊接時間，限製界面反應的進行。例如採用固相焊工藝或低熱量輸入的熔焊工藝，限製 SiC_f/Al 複合材料的界面反應。

（2）熔池的流動性差、基體金屬對纖維的潤溼性

基體金屬與增強相纖維的熔點相差較大，採用熔焊方法時基體金屬熔池中存在大量的固體纖維，阻礙液態金屬流動，易導致氣孔、未焊透和未熔合等缺陷。

（3）接頭殘餘應力大

增強相纖維與基體的線脹係數相差較大，在焊接加熱和冷卻中在界面附近產生很大的內應力，易使結合界面脫開。因此這種材料的熱裂紋敏感性較大。

（4）纖維的分布狀態被破壞

擴散連接或壓力焊時，如果壓力過大，增強纖維將發生斷裂；被焊接件在界面處的纖維幾乎是無法對接的，在接頭部位增強纖維是不連續的，導致接頭的強度及剛度比母材低得多。

7.3.2　連續纖維增強 MMC 接頭設計

纖維增強金屬基複合材料接頭中纖維的不連續性影響了材料的強度和剛度。因此，為了改善接頭的性能，必須合理地設計接頭形式。

採用搭接接頭時，接頭強度可通過調整搭接面積來改善，隨搭接面積的增大而增加。當搭接面積增大到一定值時接頭可達到母材的承載能力。但搭接接頭增加了焊接結構的質量，而且接頭的形式是非連續的，因此其應用受到很大限製。理想的接頭形式是臺階式和斜坡式的對接接頭，這種接頭的特點是將不連續的纖維分散到不同的截面上。臺階的數量和斜坡的角度可根據工件受力情況進行設計。為保證增強纖維的連續性，合理的焊接接頭形式如圖 7.7（d）、（e）所示。

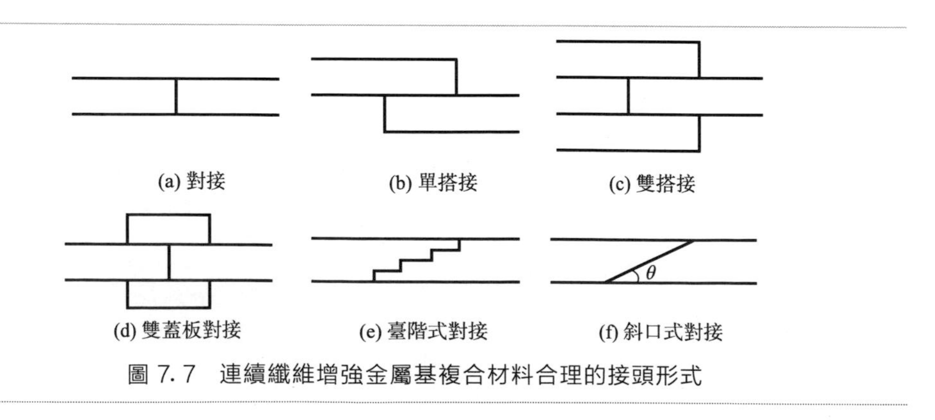

圖 7.7　連續纖維增強金屬基複合材料合理的接頭形式

7.3.3 纖維增強 MMC 的焊接工藝特點

適用於纖維增強金屬基複合材料（MMC）的焊接方法主要有電弧焊、激光焊、擴散焊、釺焊等。由於摩擦焊需要在結合界面處發生較大的塑性變形，因此這種方法不適合於纖維增強金屬基複合材料的焊接。表 7.12 給出了複合材料常用的焊接方法及接頭強度的示例。

表 7.12 複合材料常用的焊接方法及接頭強度的示例

接頭	焊接方法	接頭形式	接頭強度 /MPa	備註
B_f/Al 接頭	釺焊	搭接 雙蓋板對接 斜口對接 雙分叉蓋板對接	590 820 640 320	—
B_f/Al 與 Ti-6Al-6V-2Sn 接頭	釺焊	雙搭接	496	—
SiC_f/Al 與 Al 接頭	擴散焊	對接	60	—
SiC_f/Al 接頭	擴散焊	對接	60	—
	CO_2 激光焊	堆焊	—	—
Nicalon SiC_f/Al 接頭	擴散焊	搭接	96	剪切強度
C_f/Al 接頭	CO_2 激光焊	堆焊	—	—
	GTAW	對界	—	—
	釺焊	搭接	—	—
	電阻點焊	搭接	—	—
Nb-Ti/Cu 接頭	擴散焊	斜口對接	300	—
SiC_f/Ti 接頭	激光焊	對接	550	—
	擴散焊	對接	850	—
		12 °斜口對接	1380	—
		雙蓋板對接	1300	—
SiC_f/Ti 與 Ti-6Al-6V 接頭	激光焊	—	850～991	—

(1) 電弧焊

電弧焊在金屬基複合材料的焊接方面也受到了重視。利用電弧焊焊接時，只能採用對接接頭及搭接接頭。這種焊接方法的主要問題是易引起界面反應、易導致纖維斷裂等。為了防止界面反應，通常採用脈衝鎢極氬弧焊（P-GTAW）進行焊接，通過嚴格控製焊接熱輸入、縮短熔池存在時間來抑製界面反應。通過添加適當的填充焊絲，可降低電弧對纖維的直接作用，降低對纖維的破壞程度。

（2）激光焊

激光焊作為一種高能量密度的焊接方法，焊接纖維增強複合材料時既有優勢，也有缺點。激光焊方法焊接纖維增強複合材料的優勢是：

① 可將加熱區控製在很小的範圍內，可以將熔池存在的時間控製得很短；

② 激光束不直接照射纖維時，纖維受到的機械衝擊力很小，因此只要控製激光束的照射位置就可防止纖維斷裂及移位。

激光焊的缺點是熔池溫度很高，電阻率較高的增強相優先被加熱，容易引起增強相熔化、溶解、昇華以及界面反應，不適合於易發生界面反應的複合材料，如 C_f/Al 及 SiC_f/Al 等；這種方法只能焊接一些具有較好化學相容性的複合材料，如 SiC_f/Ti 等。

利用激光焊焊接纖維增強金屬基複合材料的關鍵是嚴格控製激光束的位置，使纖維處於激光束照射範圍之外，即熔池中的「小孔」之外。例如焊接 SiC_f/Ti-6Al-4V 複合材料與 Ti-6Al-4V 鈦合金的異種材料接頭時，應將激光束適當偏向鈦合金一側，如圖 7.8（a)所示，使 SiC 纖維處於熔池中的小孔之外。

當焊接 SiC_f/Ti-6Al-4V 接頭時，應在複合材料焊接界面之間夾一層厚度大約等於小孔孔徑兩倍（約 300μm）的 Ti-6Al-4V 鈦箔，使兩個工件中的纖維均處於小孔之外［圖 7.8（b)］，通過熱傳導將複合材料熔化並與夾層熔合在一起形成接頭。

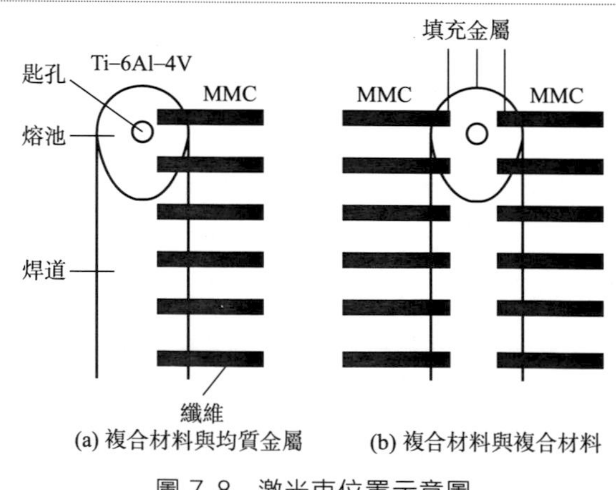

圖 7.8 激光束位置示意圖

研究表明，即使採取了這種措施，熔池中的 SiC 纖維與液態鈦仍能發生反應。但由於熔池存在的時間很短，該反應可以被限製在很低的程度上。

SiC_f/Ti-6Al-4V 複合材料與 Ti-6Al-4V 鈦合金之間的激光焊接頭強度主要取

決於焊接參數及激光束中心與複合材料邊緣之間的距離（X）。激光焊參數一定時，有一最佳距離 $X*$，在該最佳距離下，接頭抗拉強度達到最大值，如圖 7.9 所示。當 $X<X*$ 時，SiC 纖維損傷程度增大，且纖維附近產生 C 和 Si 的偏析，致使接頭強度下降。當 $X>X*$ 時，易導致未熔合且複合材料與 Ti 合金的結合面處易出現晶界，也使接頭強度降低。

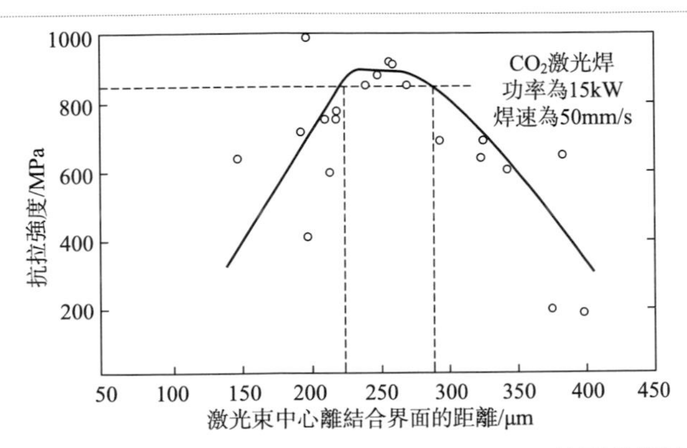

圖 7.9　激光束位置對 Ti-6Al-4V 與 SiC_f/Ti-6Al-4V 接頭性能的影響

從圖 7.9 可見，在 CO_2 激光焊的功率為 1.5kW、焊接速度為 50mm/s 的條件下，$X=250\mu m$ 時接頭的抗拉強度達到最大值，為 991MPa。當 X 在 225～280μm 的範圍內時，接頭抗拉強度高於 850MPa。對於 X 超出該範圍的焊接接頭，通過焊後熱處理（900℃保溫 60min）可提高抗拉強度，使接頭抗拉強度達到 850MPa 的激光束範圍擴大為 190～310μm。接頭強度得以改善的主要原因是：對於 X 較小的接頭，熱處理使受損纖維附近的 C 和 Si 偏析消失；對於 X 較大的接頭，熱處理使沿著結合界面的晶界發生了遷移。

當中間層厚度確定後，SiC_f/Ti-6Al-4V 複合材料接頭的強度主要取決於激光功率。當中間層金屬厚度一定時，有一最佳的激光功率，在該功率下接頭強度達到最大。在激光功率較小時，焊縫底部的中間層未完全熔化或熔合，因此強度降低。激光束功率過大時，由於纖維與基體間的界面反應程度顯著增大，生成的脆性相使接頭強度降低。

(3) 擴散焊

擴散焊過程中工件處於固態，避免了熔化金屬對纖維增強相的侵蝕作用，因此這種方法被認為是纖維增強金屬基複合材料的最佳焊接方法之一。但纖維增強金屬基複合材料擴散焊時仍存在一些問題，主要問題如下：

① 由於擴散焊加熱時間長，纖維與基體之間可能會發生相互作用；

② 兩焊接面上的高強度和高剛度纖維相互接觸時阻礙了焊接面的變形和緊

密接觸，使擴散結合難以實現；

③ 複合材料與其基體金屬擴散焊時，基體金屬一側的變形過大；

④ 纖維增強金屬基複合材料擴散焊接頭的強度主要取決於結合面上金屬基複合材料基體之間的結合強度，因此基體金屬在整個接頭的焊接界面上所占的百分比越大，接頭的強度越高；反之，纖維所占百分比越大，接頭的強度越低。也就是說，複合材料中纖維體積分數越大，其焊接性越差。

1） 擴散焊溫度及時間的選擇

所選擇的擴散焊溫度及時間應確保不會發生明顯的界面反應。下面以 SiC $(SCS\text{-}6)_f$/Ti-6Al-4V 複合材料的擴散焊為例，討論焊接參數的選擇原則。SCS-6 是一種專用於增強鈦基複合材料的 SiC 纖維，直徑約為 140μm，表面有一層厚度為 3μm 的富 C 層。

圖 7.10 所示為不同溫度下 SiC $(SCS\text{-}6)_f$/Ti-6Al-4V 複合材料界面反應層厚度與加熱時間之間的關係。可以看出，加熱溫度越高，反應層的增大速度越快，但加熱維持一定時間以後，反應層厚度增大速度變慢。由此可見，SCS-6 碳化硅纖維與鈦合金基體之間的反應分兩個階段。

根據熱力學分析，高溫下 SCS-6 碳化硅纖維與鈦合金基體之間容易發生的反應是：

$$Ti + C \longrightarrow TiC$$

這是第一階段發生的反應，該反應依賴於 Ti 或 C 的擴散。由於 C 在 TiC 中的擴散比 Ti 要快得多，因此 C 不斷地穿過生成的 TiC 層向外擴散，並與鈦基體進一步發生反應，直至表面的富 C 層完全耗盡。然後進行自由能變化較小的兩個反應：

$$9Ti + 4SiC \longrightarrow 4TiC + Ti_5Si_4$$

$$8Ti + 3SiC \longrightarrow 3TiC + Ti_5Si_3$$

這是第二階段的反應，反應物為兩種硅化物和 TiC。進行這兩個反應時，Ti 必須首先穿過一定厚度的反應層才能與 SiC 發生反應，由於反應層已較厚，而且 Ti 的擴散速度較慢，因此這兩個反應的反應速度比較慢。

當反應層的厚度超過 1.0μm 時，SiC/Ti-6Al-4V 複合材料的抗拉強度顯著下降。圖 7.11 給出不同溫度下反應層達到 1.0μm 時所需的時間。對 SiC/Ti-6Al-4V 複合材料進行擴散焊時，焊接溫度和保溫時間所構成的點應位於圖 7.11 所示的曲線下方。

2） 中間層及焊接壓力

焊接 SiC/Ti-6Al-4V 與 Ti-6Al-4V 鈦合金接頭時，兩個對接界面上不存在纖維的直接接觸，易於發生塑性流變，因此用直接擴散焊及瞬時液相擴散焊均能較容易地實現其連接。但是用直接擴散焊時所需的壓力較大，Ti 合金一側的變形過大；而採用瞬時液相擴散焊時，焊接壓力較低，Ti 合金一側的變形也較小。例如，為使接頭強度達到 850MPa，直接擴散焊所需的焊接壓力為 7MPa，焊接時間為 180min；而採用 Ti-Cu-Zr 作中間層進行瞬時液相擴散焊時，所需的焊接壓力僅為 1MPa，焊接時間為 30min。同時鈦合金一側的變形量也由固態直接擴散焊時的 5%降到瞬時液相擴散焊時的 2%。

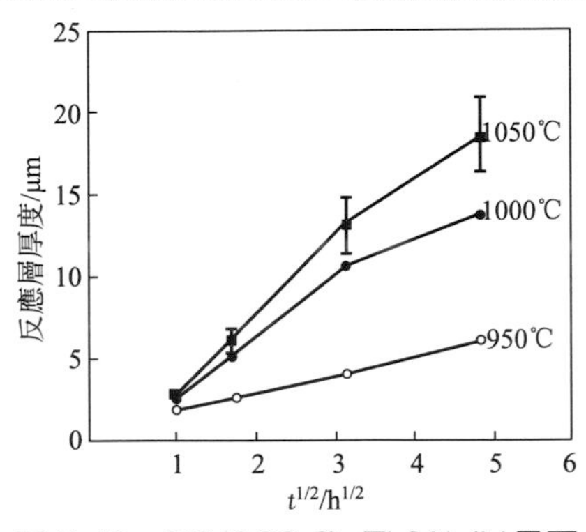

圖 7. 10　SiC(SCS-6)$_f$/Ti-6Al-4V 界面反應層厚度與保溫時間t 的關係

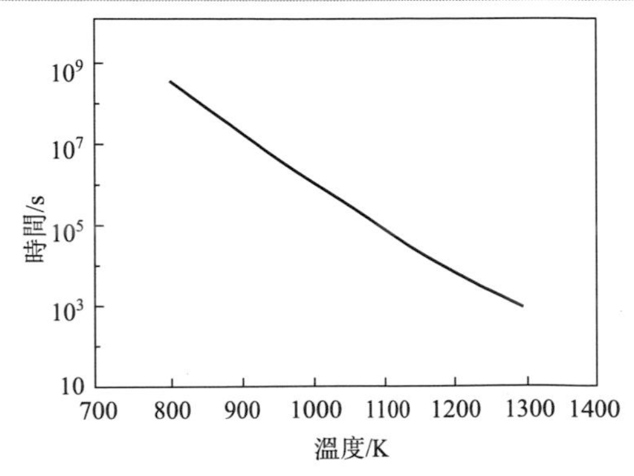

圖 7. 11　不同溫度下反應層達到 1. 0μm 時所需的時間

纖維增強金屬基複合材料的直接擴散焊是非常困難的，這是因為焊接界面上的高強度、高剛度纖維相互接觸，阻礙了焊接面的緊密接觸，並阻礙了焊接面上的塑性變形。為了克服這些問題，應在被焊接的複合材料中間插入一中間層，使焊接面上避免出現纖維與纖維的直接接觸。

採用瞬時液相擴散焊方法焊接纖維增強金屬基複合材料的接頭效果也不好。瞬時液相只能使基體金屬之間獲得良好的結合，而纖維與基體之間的結合仍然很差，因此接頭的整體強度仍很低。一般在利用瞬時液相層的同時，還要在結合界面上加入厚度適當的基體金屬作中間過渡層。

圖 7. 12 為用 Ti-6Al-4V 合金作中間層、用 Ti-Cu-Zr 作瞬時液相層時 SiC_f/Ti-6Al-4V 複合材料的瞬時液相擴散焊示意圖。圖 7. 13 所示為中間層厚度對 SiC_f-30%/Ti-6Al-4V 複合材料接頭強度的影響，可見當中間層厚度超過 80μm 時所得複合材料接頭的抗拉強度達到了 850MPa，等於 SiC_f-30%/Ti-6Al-4V 複合材料與 Ti-6Al-4V 鈦合金之間的接頭強度。事實上，Ti-6Al-4V 中間層達到一定厚度時，複合材料的焊接變成了 SiC_f/Ti-6Al-4V 複合材料與 Ti-6Al-4V 鈦合金的焊接，不同的是要同時焊接兩個這種異種材料接頭。

3）接頭的優化設計

焊接接頭形式對接頭強度有重要的影響。為了提高纖維增強金屬基複合材料的接頭強度，可將接頭形式設計成斜口接頭，圖 7. 14 (a)為加中間層的複合材料擴散焊斜口接頭示意圖。接頭強度係數大約為 80%時，斷裂起始於接頭界面 SiC 纖維不連續的位置［圖 7.14（b)中的 A 點］，起裂後裂紋沿垂直於拉伸方向擴展，穿過整個複合材料斷面。接頭強度未達到複合材料基體強度的原因是由於接頭界面層纖維的不連續性，界面處纖維的增強作用大大降低，在較低的應力下就萌生裂紋。

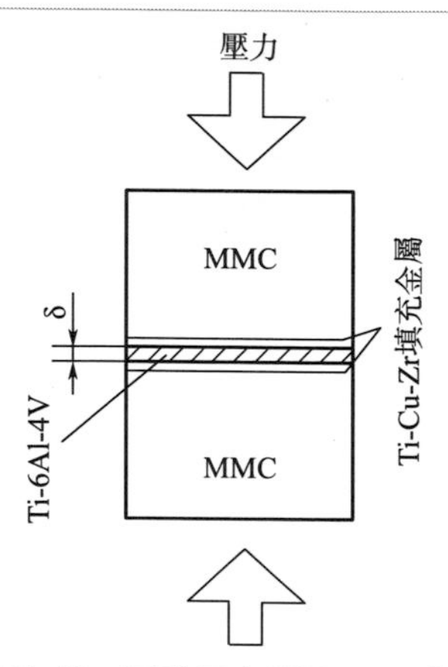

圖 7.12　同時用中間層及瞬時液相層的焊接方法

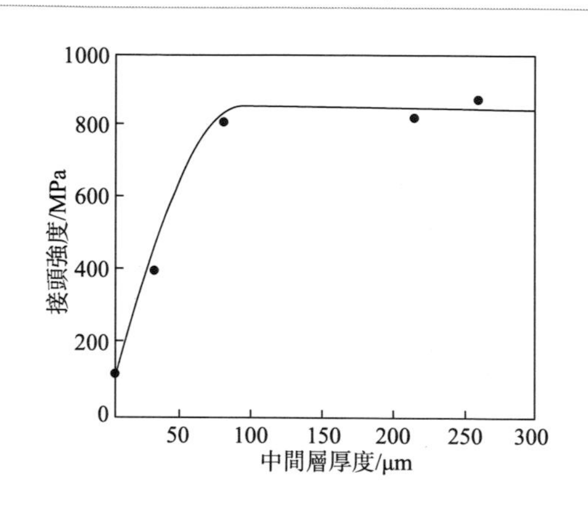

圖 7.13　中間層厚度對 SiC_f-30%/Ti-6Al-4V 複合材料接頭強度的影響

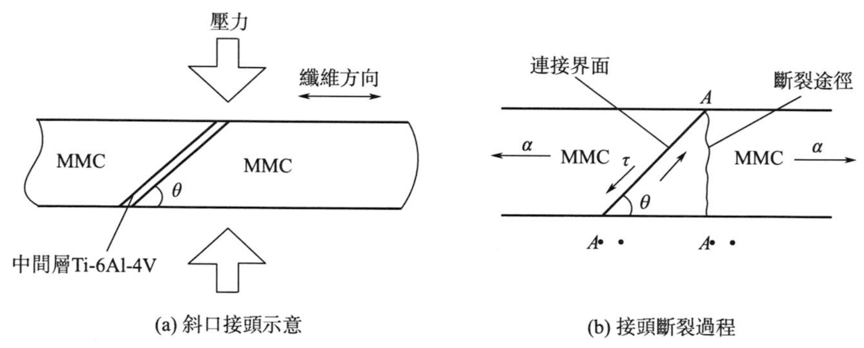

圖 7.14　加中間層的 SiC_f-30%/Ti-6Al-4V 擴散焊斜口接頭及斷裂過程

（4）釬焊

釬焊的焊接溫度較低，基體金屬不熔化，不易引起界面反應。通過選擇合適的釬料，可以將釬焊溫度降低到纖維性能開始變差的溫度以下。釬焊一般採用搭接接頭，這在很大程度上把複合材料的焊接簡化為基體自身的焊接，因此這種方法比較適合於複合材料焊接，已成為金屬基複合材料焊接的主要方法之一。

1）纖維增強鋁基複合材料的釬焊

① 硬釬焊　1970年代，國外利用釬焊技術連接了 B_f/Al 複合材料，成功地製造了航空器上的加強筋。用 Al-Si、Al-Si-Mg 等硬釬料焊接時，由於釬焊溫度為577～616℃，而 B-Al 在550℃就可能發生明顯的界面反應，生成脆性相 AlB_2，使接頭的強度大大下降，因此 B_f/Al 不適於用硬釬焊進行焊接。但用同樣的工藝釬焊纖維表面塗一層0.01mm厚度 SiC 的 B 纖維增強的 Al 基複合材料（Borsic/Al）時，可完全避免界面反應，這是由於 SiC 與 Al 之間的反應溫度較高（593～608℃），具有保護 B 纖維的作用。硬釬焊可採用真空釬焊和浸沾釬焊兩種工藝。浸沾釬焊的接頭強度較高（T 形接頭斷裂強度可達310～450MPa），但抗蝕性較差；真空釬焊的接頭強度較低（T 形接頭斷裂強度為235～280MPa），抗腐蝕性較好。

採用真空釬焊方法可將單層 Borsic/Al 複合材料帶製造成多層的平板或各種截面的型材。例如將單層的 Borsic/Al 複合材料帶之間夾上 Al-Si 釬料箔，密封在真空爐中加熱到577～616℃，施加1030～1380Pa的壓力，保溫一定時間後就可得到平板。用這種方法製造的 Borsic-45％（纖維體積分數為45％）/Al 平板複合材料的抗拉強度為978～1290MPa。截面複雜的構件更適合於在熱等靜壓容器中進行釬焊。真空釬焊所需的壓力比擴散焊時的壓力低。與擴散焊相比，B_f/Al 複合材料釬焊接頭的強度低約20％～30％，但焊接成本也較低。

利用釬焊焊接 SiC_f/Al 複合材料時，存在一個最佳的釬焊溫度，在該溫度下焊接的接頭強度最高。焊接溫度低於該最佳溫度時，斷裂發生在焊縫上；焊接溫度高於該最佳溫度時，斷裂發生在母材上。這表明，儘管在釬焊時 SiC 與 Al 不會發生界面反應，但釬焊熱循環對材料的性能還是有影響的。

② 軟釬焊　可用95％Zn-5％Al、95％Cd-5％Ag 及82.5％Cd-17.5％Zn 三種釬料對 B_f/Al 或 Borsic/Al 複合材料進行軟釬焊，這些釬料的熔化溫度分別為383℃、400℃及265℃。軟釬焊時，複合材料的表面處理對接頭強度有很大的影響，在 B_f/Al 複合材料的焊接表面上鍍一層0.05mm厚的 Ni 可顯著改善潤溼性並提高結合強度。採用化學鍍時，接頭強度比採用電鍍時的接頭強度提高10％～30％。這是因為暴露在表面的 B 纖維是不導電的，利用電鍍不能可靠地將 Ni 鍍到 B 纖維上，因此釬料對 B 纖維的潤溼性仍很差；而利用化學鍍時則不存在這個問題。

表7.13給出了利用這三種釬料焊接的 B_f/Al 複合材料與6061Al（T6）鋁合金接頭的剪切強度，釬焊工藝採用加熔劑的氧-乙炔火焰釬焊。

表 7.13 B_f/Al 軟釬焊接頭的力學性能

釬料成分	剪切強度/MPa	試驗溫度/℃	失效方式
95%Cd-5%Ag	81	294	1
	89	366	1
	69	422	1
	47	478	3
	29	533	2
	5.6	588	2
95%Zn-%Al	80	294	1
	94	366	1
	30	588	3
82.5%Cd-17.5%Zn	74	294	1
	90	366	1
	59	422	3

注：1——複合材料層間剪切；2——從釬縫處斷裂；3——1與2均會發生。

用95%Zn-5%Al釬料釬接的接頭具有較高的高溫強度，適用於316℃溫度下工作，但釬焊工藝較難控製；用95%Cd-5%Ag釬料焊接的接頭具有較高的低溫強度（93℃以下），而且焊縫成形好，焊接工藝易於控製；用82.5%Cd-17.5%Zn釬料焊接的接頭非常脆，冷卻過程中就可能發生斷裂。

③ 共晶擴散釬焊　共晶擴散釬焊的工藝過程是：將焊接表面鍍上中間擴散層或在焊接表面之間加入中間層薄膜，加熱到適當的溫度，使母材基體與中間層相互擴散，形成低熔點共晶液相層，經過等溫凝固和均勻化擴散等過程後形成一個成分均勻的接頭。適用於Al基複合材料共晶擴散釬焊的中間層有：Ag、Cu、Mg、Ge及Zn等，中間層的厚度應控製在1μm左右。

與單一金屬材料的共晶擴散釬焊相比，共晶釬焊複合材料時，由於增強纖維阻礙了中間層元素向金屬基複合材料基體中自由擴散，致使擴散均勻化速度急劇降低，因此接頭中的脆性層很難最終完全通過擴散而消除。所以控製中間層厚度是非常重要的，而且還應適當延長擴散均勻化的時間，以防止接頭性能降低得過於嚴重。

用厚度為1.0μm的Cu箔焊接B_f-45%/1100Al基複合材料，加熱溫度稍高於548℃，均勻化處理溫度為504℃，保溫時間為2h。在加熱過程中Cu和Al之間逐漸發生擴散，當溫度超過548℃時形成共晶液相（Al-Cu33.2%），然後進行保溫，隨著保溫過程的進行，Cu不斷向基體Al中擴散，當Cu的濃度降到低於5.65%時，接頭就等溫凝固。然後進行504℃×2h的均勻化處理後，接頭中的Cu濃度梯度進一步降低。採用該方法所得焊態下的接頭抗拉強度為1103MPa，接頭強度有效係數達到86%。Ag中間層比Cu中間層的均勻化容易，接頭性能更高一些。

2）纖維增強鈦基複合材料

釺焊熱循環一般不會損傷鈦基複合材料的性能。通常使用的釺料有 Ti-Cu15-Ni15 及 Ti-Cu15 非晶態釺料，還可以利用由兩片鈍鈦夾一片 50%Cu-50%Ni 合金軋合成的複合釺料。採用複合釺料時釺焊溫度較高，保溫時間較長，因此擴散層厚度較大。

用 Ti-Cu15-Ni15 釺料及由兩片鈍鈦夾一片 50%Cu-50%Ni 合金軋合成的複合釺料焊接 SCS-6/β21S 異種材料。β21S 是一種成分為 Ti-Mo15-Nb2.7-Al3-Si0.25 的鈦合金。室溫和高溫（649℃、816℃）拉伸試驗結果表明，釺焊過程並未降低 SCS-6/β21S 複合材料的拉伸性能。

通過快速紅外線釺焊工藝，用厚度為 17μm 的非晶態釺料 Ti-Cu15 對 CSC-6/β21S 鈦合金基複合材料進行共晶擴散釺焊，在通 Ar 的紅外爐中進行加熱，升溫速度為 50℃/s。在 1100℃下加熱 30s、120s 和 300s 時，反應層厚度分別為 0.19μm、0.44μm、0.62μm。但加熱 30s 時未能形成等溫凝固接頭；加熱 120s 後接頭已擴散均勻化。因此，理想的焊接溫度及時間參數為 1100℃×120s。在 650℃和 815℃下，對利用該參數焊接的接頭進行了剪切試驗。結果表明，利用該參數焊接的接頭均未斷在結合面上。

(5) 電阻焊

電阻焊加熱時間短，可控性好，能有效防止界面反應，而且通過施加壓力還可防止裂紋及氣孔。通過採用搭接接頭，可把纖維增強金屬基複合材料之間的焊接在很大程度上變為 Al 與 Al 之間的焊接，因此這種方法很適於焊接纖維增強金屬基複合材料。但增強相的存在使電流線的分布及電極壓力的分布複雜化，給焊接參數的選擇及焊接品質控製帶來了困難。

纖維增強金屬基複合材料電阻焊存在的主要問題是焊接過程中纖維的斷裂及熔核中熔化基體金屬的大量飛濺。為了防止纖維的斷裂，應盡量降低電極壓力，但電極壓力太小時結合界面處熔化的基體金屬會產生飛濺，因此要求嚴格控製電極壓力的大小。焊接時還應盡量降低熱量輸入，熱量輸入過大時不僅損傷纖維，而且結合界面處的基體金屬也會飛濺出來，使纖維露出，結合性變差。另外，纖維增強金屬基複合材料中的脫層缺陷也易導致飛濺，焊前最好進行超聲波檢查，把焊點選在無脫層處。

纖維增強金屬基複合材料與均質基體材料焊接時，由於複合材料的電阻率大、熱膨脹係數小，熔核易偏向複合材料一側，為了保證熔核居於中間位置，應對兩個電極進行正確匹配。均質金屬一側應選用接觸面積較小、電阻率較高的電極；複合材料一側應選用接觸面積較大、電阻率較低的電極。

增強纖維的體積分數對其電阻焊的焊接性影響很大，隨著纖維增強相體積分數的增大，熔核中熔化金屬的流動性變差，致使接頭強度下降。如纖維體積分數從 35%上升到 50%時，接頭強度降低約 10%。

7.4 非連續增強金屬基複合材料的焊接

連續纖維增強金屬基複合材料由於製造工藝複雜、成本高，應用僅限於航空航天、軍工等少數領域。非連續增強金屬基複合材料保持了複合材料的大部分優良性能，而且製造工藝簡單、原材料成本低、便於二次加工，近幾年來發展極為迅速。這類材料的焊接性雖然比連續纖維增強金屬基複合材料好，但與單一金屬及合金的焊接相比仍是非常困難的。非連續增強金屬基複合材料主要有 SiC_p/Al、SiC_w/Al、Al_2O_{3p}/Al、Al_2O_{3sf}/Al 及 B_4C_p/Al 等。

7.4.1 非連續增強 MMC 焊接中的問題

根據非連續增強金屬基複合材料的性能特點，焊接中可能會存在以下問題：

(1) 界面反應

大部分金屬基複合材料（MMC）的基體與界面之間在高溫下會發生界面反應，在界面上生成一些脆性化合物，降低複合材料的整體性能。Al_2O_3 顆粒或短纖維在任何溫度下均不會與 Al 發生反應，因此屬於化學相容性較好的複合材料。固態 Al 中的 SiC 不與 Al 發生反應，但在液態 Al 中，SiC 粒子與 Al 會發生如下反應：

$$4Al\text{（液）}+3SiC\text{（固）}=\!=\!=Al_4C_3\text{（固）}+3Si\text{（固）}$$

該反應的自由能為：

$$\Delta G=11390-12.06T\ln T+8.92\times10^{-3}T^2+7.53\times10^{-4}T^{-1}+2.15T+3RT\ln\alpha_{[Si]}$$

式中，$\alpha_{[Si]}$ 為 Si 在液態 Al 中的活度。

上述反應不僅消耗了複合材料中的 SiC 增強相，而且生成的脆性相 Al_4C_3 使接頭明顯脆化。因此，防止界面反應是這類複合材料焊接中要考慮的首要問題。

防止或減弱界面反應的方法有：

① 採用 Si 含量較高的 Al 合金作基體或採用含 Si 量高的焊絲作填充金屬，以提高熔池中的 Si 含量。根據反應自由能公式，Si 的活度增大時，反應的驅動力（$-\Delta G$）減小，界面反應減弱甚至被抑製。

② 採用低熱量輸入的焊接方法，嚴格控製焊接熱輸入，縮短熔池的溫度並縮短液態 Al 與 SiC 的接觸時間。

③ 增大接頭處的坡口角度（尺寸），減少從母材進入熔池中的 SiC 量。

④ 也可採用一些特殊的填充金屬，其中應含有對C的結合能力比Al強、不生成有害碳化物的活性元素，例如Ti。當熔池中含Ti時，Ti將取代Al與SiC反應生成TiC質點，這不僅對焊接性能無害而且還能起強化相的作用。

Al_2O_3/Al、B_4C/Al等複合材料的界面較穩定，一般不易發生界面反應。

(2) 熔池的黏度大、流動性差

複合材料熔池中未熔化的增強相，增加了熔池的黏度，降低了熔池金屬的流動性，增大了氣孔、裂紋、未熔合等缺陷的敏感性。通過採用高Si焊絲或加大坡口尺寸（減少熔池中SiC或Al_2O_3增強相的含量）可改善熔池的流動性。採用高Si焊絲可改善熔池金屬對SiC顆粒的潤溼性；採用高Mg焊絲有利於改善熔池金屬對Al_2O_3的潤溼作用，並能防止顆粒集聚。

(3) 氣孔、結晶裂紋的敏感性大

金屬基複合材料，特別是用粉末冶金法製造的金屬基複合材料的含氫量較高。由於熔池金屬黏度大，氣體難以逸出，因此氣孔敏感性很高。為了避免氣孔，一般焊前對材料進行真空除氫處理。

此外，焊縫與複合材料的線脹係數不同，焊縫中的殘餘應力較大，這進一步加重了結晶裂紋的敏感性。

(4) 增強相的偏聚、接頭區的不連續性

重熔後的增強相粒子易發生偏聚，致使焊縫中的粒子分布不均勻，降低了粒子的增強效果。目前還沒有複合材料專用焊絲，電弧焊時一般根據基體金屬選用焊絲，這使焊縫中增強相的含量大大下降，破壞了材料的連續性。即使是避免了上述幾個問題，也難以實現複合材料的等強性焊接。

7.4.2 非連續增強MMC的焊接工藝特點

表7.14給出了可用於焊接非連續纖維增強金屬基複合材料的三類焊接方法（熔焊、固相焊、釺焊）的優點及缺點。

表7.14 各種焊接方法用於複合材料焊接的優點及缺點

焊接方法		優點	缺點
熔焊	TIG焊	①可通過選擇適當的焊絲來抑製界面反應，改善熔池金屬對增強相的潤溼性 ②焊接成本低，操作方便，適用性強	①增強相與基體間發生界面反應的可能性較大 ②採用均質材料的焊絲焊接時，焊縫中顆粒的體積分數較小，接頭強度低 ③氣孔敏感性較大
	MIG焊	同上	同上

續表

焊接方法		優點	缺點
熔焊	電子束焊	①不易產生氣孔 ②焊縫中增強相分布極為均勻 ③焊接速度快	①焊接參數控製不好時增強相與基體間會發生界面反應 ②焊接成本較高
	激光焊	不易產生氣孔,焊接速度快	難以避免界面反應
	電阻點焊	加熱時間短,熔核小,焊接速度快	熔核中易發生增強相偏聚
固相焊	固態擴散焊	①利用中間層可優化接頭性能,基體與增強相間不會發生界面反應 ②可焊接異種材料	生產率低、成本高,參數選擇較困難
	瞬時液相擴散焊	同上	同上
	摩擦焊	①通過焊後熱處理可獲得與母材等強度的接頭 ②可焊接異種金屬 ③不會發生界面反應	只能焊接尺寸較小、形狀簡單的部件
釺焊		①加熱溫度低,界面反應的可能性小 ②可焊接異種金屬及複雜部件	需要在惰性氣氛或真空中焊接,並需要進行焊後熱處理

(1) 電弧焊

可用於焊接非連續增強金屬基複合材料(MMC)的電弧焊方法主要有非熔化極和熔化極氬弧焊(TIG、MIG)。焊接 SiC_p/Al 或 SiC_w/Al 複合材料時,熱量輸入選擇不當會引起嚴重的界面反應,生成針狀 Al_4C_3。因此,最好採用脈衝氬弧焊(GTAW、GMAW),以減小熱量輸入,減弱或抑製界面反應。脈衝電弧對熔池有一定的攪拌作用,可部分改善熔池的流動性、焊縫中的顆粒分布狀態及結晶條件。

基體金屬不同時,SiC_p/Al 或 SiC_w/Al 複合材料的焊接性有明顯的不同。基體金屬 Si 含量較高時,界面反應較輕,熔池的流動性也較好,裂紋及氣孔的敏感性較小。基體金屬 Si 含量較低時,應選用 Si 含量較高的焊絲進行焊接,以避免界面反應,提高接頭的強度。SiC_p/Al 或 SiC_w/Al 的氣孔敏感性非常大,焊縫及熱影響區中易產生大量的氫氣孔,嚴重時甚至出現層狀分布的氣孔,因此焊前必須對材料進行真空去氫處理。處理工藝是在 10^{-2}～10^{-4}Pa 的真空下加熱到 500℃,保溫 24～48h。

與 SiC_p/Al 複合材料不同,用電弧焊焊接 Al_2O_{3p}/Al 複合材料時不存在增強相與液態 Al 之間的界面反應問題,此時焊接的主要問題是熔池黏度大、流動性差以及熔池金屬對 Al_2O_3 增強相的潤溼性不好等。採用 Mg 含量較高的填充材料可增加熔池流動性並改善熔池金屬對 Al_2O_3 增強相的潤溼性。

表 7.15 所示為幾種非連續增強金屬基複合材料的焊接參數及接頭性能示例。

表 7.15　非連續增強金屬基複合材料的焊接參數及接頭性能示例

接頭	焊接參數						接頭的熱處理條件	抗拉強度/MPa
	焊接方法	焊接電流/A	電弧電壓/V	焊絲	氬氣流量/(L/min)	焊前處理方式		
SiC_p-10%/LD_2-Al	脈衝GTAW	I_p=150 I_b=50	12～14	311(Al-Si)	—	真空去氫	焊態	210
						未處理	焊態	131
				LF6(Al-Mg)	—	真空去氫	焊態	165
						未處理	焊態	122
SiC_w-18.4%/6061Al	GTAW	145～160	12～14	4043	16.5～19	真空去氫	焊態	181
						未處理	焊態	105
	GMAW	100～110	19～20	5356	5.7～7.1	真空去氫	焊態	245
						真空去氫	T6	257
SiC_p-20%/2028Al	GTAW	154	12	4047	—	—	固溶+時效	218
		145	11.5		—	—		196
		149	12		—	—		153
		147	11.5		—	—		175
		147	12.8		—	—		125

（2）釬焊

並不是所有能釬焊鋁合金的釬料均可用來釬焊鋁基複合材料，這是因為，釬焊鋁基複合材料時不但要求對基體金屬有良好的潤溼性，還要能夠潤溼增強相顆粒或晶須。而且，要求釬焊溫度盡量低，避免釬焊熱循環對增強相顆粒或晶須的不利影響。Al-Si、Al-Ge 和 Zn-Al 這幾種鋁合金用釬料對 SiC_w/6061Al、SiC_P/LD_2 等複合材料有較好的潤溼性，可釬焊鋁基複合材料。釬焊中的主要問題是熔化的 Al-Si、Al-Ge 釬料中的 Si 或 Ge 易向複合材料基體中擴散，破壞基體原有的組織結構。

在釬焊的保溫過程中，Si 或 Ge 向複合材料的基體中擴散，隨著基體金屬擴散區內含 Si 或 Ge 量的提高，液相線溫度相應降低。當液相線溫度降低至釬焊溫度時，母材中的擴散區發生局部熔化，在隨後的冷卻凝固過程中 SiC 顆粒或晶須被推向尚未凝固的焊縫兩側，在此處形成富 SiC 層，使複合材料的組織遭到破壞。原來均勻分布的組織分離為由富 SiC_w 區和貧 SiC_w 區所構成的層狀組織，而且在貧 SiC 區內含有來自共晶合金的高濃度的 Si 和 Ge，使接頭性能降低。比較而言，Zn-Al 共晶與複合材料之間的相互作用較小，Zn 向基體金屬中的擴散程度較低。

釺料與複合材料之間的相互作用與複合材料的加工狀態有關，經擠壓和交叉軋製的 SiC_w/6061Al 複合材料中，Si 和 Ge 的擴散程度較大，但在未經過二次加工的同一種複合材料的熱壓坯料中，Si 和 Ge 的擴散程度很小，不會引起復合材料組織的變化。這可能是因為複合材料經過擠壓和交叉軋製加工後，基體中的位錯密度增大，這些位錯與層錯及晶界一起為 Si 及 Ge 原子的擴散提供了快速擴散的通道。

釺焊這類複合材料時必須對釺焊工藝參數進行優化，正確匹配釺焊溫度及保溫時間。

(3) 摩擦焊

摩擦焊是利用摩擦產生的熱量及頂鍛壓力下產生的塑性流變來實現焊接的方法，整個焊接過程中母材不發生熔化，因此是一種焊接 SiC_p/Al、Al_2O_{3p}/Al 等顆粒增強型複合材料的理想方法。由於被焊接表面附近需要發生較多的塑性變形，因此用這種方法焊接纖維增強型複合材料是不合適的。

對於顆粒增強金屬基複合材料，由於顆粒的尺寸細小，摩擦焊過程中基體金屬發生塑性流動時，顆粒可隨基體金屬同時發生移動，因此焊接過程一般不會改變粒子的分布特點。焊縫中粒子分布非常均勻，體積分數與母材中粒子的體積分數相近，而且由於在摩擦焊過程中界面上的顆粒被相互劇烈碰撞所破碎，焊縫中增強相顆粒還會變細，增強效果加強。

母材的加工狀態及焊後熱處理規範對接頭的強度有很大的影響，對於經 T6 處理的 SiC_p/357Al，由於焊接過程中 β''-Mg_2Si 粒子的大量溶解，焊縫的強度及硬度明顯下降，但經焊後 T6 熱處理後，焊縫強度及硬度又恢復到母材的水準。而對於經 T3 回火處理的 SiC_p/357Al 複合材料，由於晶粒的細化及位錯密度的提高，焊縫的強度及硬度反而比母材有所提高。表 7.16 給出了兩種鋁基複合材料的力學性能。

表 7.16 兩種鋁基複合材料的力學性能

材料	接頭處理條件	屈服強度 $\sigma_{0.2}$/MPa	抗拉強度 σ_b/MPa	伸長率 δ/%
SiC_p/2618Al(母材)	時效+固溶	396	455	4.2
SiC_p/2618Al(接頭)	焊態	—	386	1.8
SiC_p/2618Al(接頭)	時效+固溶	—	432	1.0
SiC_p/357Al(母材)	時效+固溶	315	352	3.6
SiC_p/357Al(接頭)	焊態	207	268	3.0
SiC_p/357Al(接頭)	時效+固溶	313	348	3.1

對 Al_2O_{3p}/6061Al 與 6061-T6、5052-T4、2017-T4 等 Al 合金的摩擦焊進行了研究。發現焊縫中複合材料與 Al 合金發生了充分的機械混合，粒子的尺寸及基體金屬的晶粒尺寸均比母材減小。焊接過程中複合材料中的粒子向 Al 合金中推移，移動的距離按 6061、5052、2017 的順序增大。增強相粒子的體積含量較低時，Al_2O_{3p}/6061Al 熱影響區的硬度比母材明顯減小，而粒子含量較高時，Al_2O_{3p}/6061Al 熱影響區的硬度沒有明顯減小。

（4）擴散焊

由於在 Al 的表面上存在一層非常穩定而牢固的氧化膜，它嚴重地阻礙了兩焊接表面之間的擴散結合。Al 基複合材料的直接擴散焊是很困難的，需要較高的溫度、壓力及真空度，因此多採用加中間層的方法。加中間層後，不但可在較低的溫度和較小的壓力下實現擴散焊接，而且可將原來結合界面上的增強相-增強相（P-P）接觸改變為增強相-基體（P-M）接觸，如圖 7.15 所示，從而提高了接頭強度。這是由於 P-P 幾乎無法結合，而 P-M 間可形成良好的結合，使接頭強度大大提高。根據所選用的中間層，擴散焊方法有兩種：採用中間層的固態擴散焊及瞬時液相擴散焊。

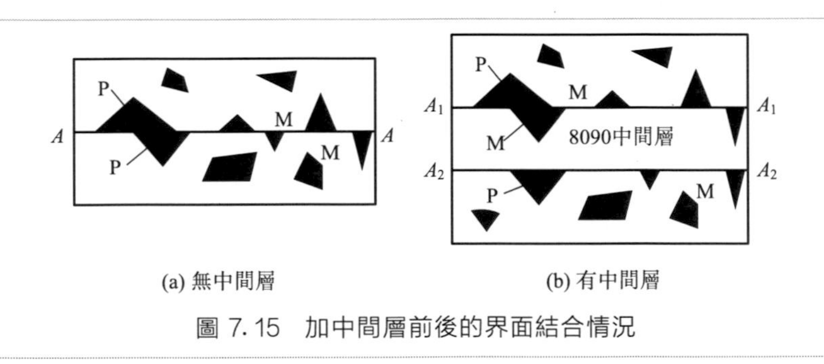

(a) 無中間層 (b) 有中間層

圖 7.15 加中間層前後的界面結合情況

1）採用中間層的固態擴散焊

這種方法的關鍵是選擇中間層，選擇中間層的原則是：中間層能夠在較小的變形下去除氧化膜，易於發生塑性流變，且與基體金屬及增強相不會發生不利的相互作用。可用作中間擴散層的金屬及合金有 Al-Li 合金、Al-Cu 合金、Al-Mg、Al-Cu-Mg 及純 Ag 等。

Li 具有較高的活性，與 Al_2O_3 能反應生成一些比 Al_2O_3 容易破碎或較易溶解的氧化物 Li_2O、$LiAlO_2$、$LiAl_3O_5$ 等，因此，Al-Li 合金具有通過化學機製破碎氧化膜的作用。所以，利用含 Li 中間層焊接 SiC_w/2124Al 時，在較低的變形量（＜20％）下就能得到強度較高（70.7MPa）的接頭。

Al-Cu 合金對基體 Al 的潤溼性較差，接頭只有在較大的變形量（＞40％）下才能獲得較高的強度。這是因為，利用這種材料作中間層時，結合界面上氧化膜的破壞完全是靠塑性流變的機械作用。在中等變形（20%～30%）的焊接條件下，氧化膜很難有效去除，所得接頭的抗剪強度是很低的。

Ag 作中間擴散層時，焊縫與母材間的界面上會形成一層穩定的金屬間化合物 δ 相，δ 相的形成有利於破碎氧化膜，促進焊接界面的結合。但 δ 相含量較大時，特別是當形成連續的 δ 層時，接頭將大大脆化，且強度降低。當中間擴散層足夠薄（2～3μm）時，可防止焊縫中形成連續的 δ 化合物，接頭的強度仍較高。例如，將焊接表面鍍上厚度為 3μm 的一層 Ag 時進行擴散焊（470～530℃，1.5～6MPa，60min），得到的接頭抗剪切強度為 30MPa。

破壞界面氧化膜實現焊接的機製有兩種：一種是機械的機製，另一種是化學的機製。僅靠機械的機製，如採用超塑性 Al-Cu 合金作中間層時，工件結合界面上的變形很大，難以用於實際製品的焊接中。化學機製太強時，可能會產生對接頭性能不利的脆性相，例如，用 Ag 作中間層時，如果厚度超過 3μm，將形成連續分布的脆性金屬間化合物，使接頭強度降低。因此，最理想的破除氧化膜方式是這兩種機製相結合的方式。

2）過渡液相擴散焊接

由於粒子增強型金屬基複合材料中存在大量的位錯、亞晶界、晶界及相界面，中間擴散層沿這些區域擴散時可大大縮短擴散時間，因此這種材料的過渡液相擴散焊要比基體金屬更容易。例如，用 Ga 作中間擴散層焊接 SiC_p/Al 時，在 150℃的溫度下進行焊接時所需的焊接時間小於時效時間，因此焊接可以與時效同時進行。

① 中間層的選擇　過渡液相擴散焊的中間層材料選擇原則是：應能與複合材料中的基體金屬生成低熔點共晶體或熔點低於基體金屬的合金，易於擴散到基體中並均勻化，且不能生成對接頭性能不利的產物。

Al 基複合材料過渡液相擴散焊時可用作中間層的金屬有 Ag、Cu、Mg、Ge、Zn 及 Ga 等，可用作中間層的合金有：Al-Si、Al-Cu、Al-Mg 及 Al-Cu-Mg 等。用 Ag、Cu 等金屬作中間層時，共晶反應時焊接界面處的基體金屬要發生熔化，重新凝固時增強相被凝固界面所推移，增強相聚集在結合面上，降低了接頭強度。因此，應嚴格控製焊接時間及中間層的厚度。而用合金作中間層時，只要加熱到合金的熔點以上就可形成瞬時液相，不需要在焊接過程中通過中間層和母材之間的相互擴散來形成瞬時液相，基體金屬熔化較輕，可避免顆粒的偏聚問題。

中間層厚度太薄時，過渡液相不能去除焊接界面上的氧化膜，不能充分潤溼焊接界面上的基體金屬，甚至無法避免 P-P 接觸界面，因此接頭強度不會很高。中間層太厚時，焊接過程中難以完全消除，也限製了接頭強度的提高，有時還會形成對接頭性能不利的金屬間化合物。

表 7.17 所示為用不同中間層焊接的 $(Al_2O_3)_{sf}$-5%/6063Al 複合材料接頭的強度及焊接參數。不加中間層時，儘管也能得到強度較高的接頭，但工藝參數的選擇範圍非常窄。而用 Cu、2027Al 或 Ag 作中間擴散層時，在寬廣的焊接參數範圍均能獲得接近母材性能的接頭。

表 7.17　加不同中間層焊接的 $(Al_2O_3)_{sf}$-15%/6063Al 複合材料接頭的強度

中間層		焊接參數			抗拉強度/MPa	斷裂位置
材質	厚度/μm	溫度/℃	壓力/MPa	時間/min		
無	—	600	2	—	98 97	—
Ag	16	600	2	30 30	188 145	焊接界面
Cu	5	610	1	30	125	焊接界面
		600	2	30 30	179 181	母材 焊接界面
			1	30	162	焊接界面
		550	1	30	119	焊接界面
Al-Cu-Mg(A2017)	75	610	1	30	161	焊接界面
		600	2	30 30	184 181	母材
			1	30	173	焊接界面
Al-Cu-Mg(A2017)	30	610	1	30	177	焊接界面
		600	2	30	187	焊接界面

② 焊接溫度和保溫時間　Ag、Cu、Mg、Ge、Zn 及 Ga 與 Al 形成共晶的溫度分別為 566℃、547℃、438℃、424℃、382℃及 147℃。用這些金屬作中間層時，過渡液相擴散焊的焊接溫度應超過其共晶溫度，否則就不是過渡液相擴散焊，而是加中間層的固態擴散焊。同樣，用 Al-Si、Al-Cu、Al-Mg 及 Al-Cu-Mg 合金作中間層時，焊接溫度應超過這些合金的熔點。焊接時溫度不宜太高，在保證出現焊接所需液相的條件下，盡量採用較低的溫度，以防止高溫對增強相的不利作用。從表 7.17 可看出，在同樣的條件下，溫度過高時，強度反而下降。

保溫時間是影響接頭性能的重要參數。時間過短時，中間層來不及擴散，結合面上殘留較厚的中間層，限製了接頭抗拉強度的提高。隨著保溫時間的增大，殘餘中間層逐漸減少，強度逐漸增加。當保溫時間增大到一定程度時，中間層基本消失，接頭強度達到最大。繼續增加保溫時間時，接頭強度不但不再提高，反而降低，這是因為保溫時間過長時，熱循環對複合材料的性能有不利的影響。

例如，用厚度為 0.1mm 的 Ag 作中間層，在 580℃的焊接溫度、0.5MPa 的壓力下焊接 Al_2O_{3sf}-30%/Al 複合材料。當保溫時間為 20min 時，接頭中間殘留較多的中間層，接頭抗拉強度的平均值為 56MPa。當保溫時間為 100min 時，抗拉強度達到最高值，約為 95MPa。當保溫時間為 240min 時，接頭的抗拉強度降到 72MPa 左右。

③ 焊接壓力　過渡液相擴散焊時，壓力對接頭性能有很大的影響。壓力太小時塑性變形小，焊接界面與中間層不能達到緊密接觸，接頭中會產生未焊合的孔洞，降低接頭強度。壓力過高時可將液態金屬自結合界面處擠出，造成增強相偏聚，液相不能充分潤溼增強相，也會形成孔洞。例如，用 0.1mm 厚的 Ag 作中間層，在 580℃的焊接溫度下焊接 Al_2O_{3sf}-30%/Al 時，壓力小於 0.5MPa 和壓力大於 1MPa 時，結合界面上均存在明顯的孔洞，接頭強度較低；在 1MPa、120min 的條件下焊接的接頭強度小於 60MPa，而在 0.5MPa、120min 的條件下焊接的接頭抗拉強度約為 90MPa。

④ 焊接表面的處理方式　焊接表面的處理方式對接頭性能有很大的影響，比較電解拋光、機械切削以及用鋼絲刷刷等三種處理方式對 Al_2O_{3sf}/Al 接頭性能的影響，發現用電解拋光處理時接頭強度最高，用鋼絲刷刷時接頭強度最低。這是因為用後兩種方法處理時，被焊接面上堆積了一些細小的 Al_2O_3 碎屑，這些碎屑阻礙了基體表面的緊密接觸，降低了接頭的強度。

電解拋光時，被焊接表面上不存在 Al_2O_3 碎屑，但纖維會露出基體表面。電解拋光時間對接頭的強度影響很大，電解拋光時間太長時，纖維露頭變長，焊接時在壓力的作用下斷裂，阻礙基體金屬接觸，降低接頭的性能。

(5) 高能束焊接

電子束和激光束等高能束焊具有加熱及冷卻速度快、熔池小且存在時間短等特點。這對金屬基複合材料的焊接有利，但是由於熔池的溫度很高，焊接 SiC_p/Al 或 SiC_w/Al 複合材料時很難避免 SiC 與 Al 基體間的反應。特別是激光焊，由於激光優先加熱電阻率較大的增強相，使增強相嚴重過熱，快速溶解並與基體發生嚴重的反應，因此激光焊很難用於焊接 SiC/Al 複合材料。在用激光焊焊接 Al_2O_3/Al 複合材料時，雖然增強相與基體之間沒有反應，但由於 Al_2O_3 的過熱熔化，形成黏渣，破壞了焊接過程的穩定性。

電子束焊和激光焊的加熱機製不同，電子束可對基體金屬及增強相均勻加熱，因此適當控製焊接參數可將界面反應控製在很小的程度上。由於電子束的衝擊作用以及熔池的快速冷卻作用，焊縫中的顆粒非常均勻。用這種方法焊接 SiC 顆粒增強的 Al-Si 基複合材料時效果較好，由於基體中的 Si 含量高，界面反應更容易抑製。用電子束焊接 Al_2O_3 顆粒增強的 Al-Mg 基或 Al-Mg-Si 基複合材料也可獲得較好的效果。

(6) 其他焊接方法

電容放電焊接用於金屬基複合材料是有利的。焊接時雖然焊接界面也發生熔化，但由於放電時間短（0.4s），熔核的冷卻速度快（10^6℃/s），且少量熔化金屬全部被擠出，因此能夠成功地避免界面反應。而且焊縫中也不會出現氣孔、裂紋、纖維斷裂等缺陷，因此用這種方法焊接的接頭強度很高。這種方法的缺點是焊接面積很小，應用範圍有限。

電阻點焊加熱時間短、熔核小、可控性好，能有效地防止界面反應。特別是通過採用搭接接頭，可把纖維增強金屬基複合材料間的焊接在很大程度上變為Al與Al之間的焊接，因此這種方法適於焊接複合材料。但焊接非連續增強金屬基複合材料時熔核中易引起增強相的嚴重偏聚，焊接時應通過減小熔核尺寸來減輕這種現象。

參考文獻

[1] 魏月貞. 複合材料. 北京：機械工業出版社，1987.

[2] 肯尼斯. G. 克雷德. 金屬基複合材料. 溫仲元，等譯. 北京：國防工業出版社，1982.

[3] I. A. Ibrahim，et al. Particle reinforced metal matrix composite-A review，Journal of Materials Science，1991 (26)：1137-1156.

[4] A. Hirose，S. Fukumoto，K. F. Kobayashi. Joining process for structure application of continuous fibre reinforced MMC. Key Engineering Material，1995 (104-107)：853-872.

[5] I. W. Hall，et al. Microstructure analysis of isothermally exposed Ti/SiC MMC，Journal of Materials Science，1992 (27)：3835-3842.

[6] 沃丁柱. 複合材料大全. 北京：化學工業出版社，2000.

[7] E. K. Hoffman，et al. Effect of braze processing on SCS-6/β21S Ti matrix composite，Welding Journal，1994 (73)，8：185-191.

[8] C. A. Blue，et al. Infrared transient-liquid-phase joining of SCS-6/β21S Ti matrix composite，Metallurgical and Material Transactions，1996 (27A)：4011-4018.

[9] 陳茂愛，吳人潔，陸皓，等. 金屬基複合材料的焊接性研究. 材料開發及應用. 1997，12 (3)：34-40.

[10] 陳茂愛，陸皓，等. SiC_P/LD2 複合材料電弧焊焊接性研究. 金屬學報，2000，36 (7)：770-774.

[11] 任家烈，吳愛萍. 先進材料的焊接，北京：機械工業出版社，2000.

[12] O. T. Midling，et al. A process model for friction welding of Al-Mg-Si alloys and Al-SiC MMC——Ⅰ. HAZ temperature and strain rate distribution. Acta metall. mater. 1994(42)，5：1595-1609.

[13] Suzumura Akio，et al. Diffusion brazing of Al_2O_{3sf}/Al MMC，Material Transaction，JIM，1976(37)，5：1109-1115.

[14] 余啓湛，史春元. 複合材料的焊接，北京：機械工業出版社，2012.

[15] 陳茂愛，陳俊華，高進強. 複合材料的焊接. 北京：化學工業出版社，2005.

第8章

功能材料的連接

功能材料是具有除力學性能以外的其他物理性能的特殊材料，例如超導材料和形狀記憶合金都是典型的功能材料。功能材料在高科技發展中具有舉足重輕的作用，已受到世界各國的高度重視。採用傳統的焊接方法難以實現超導材料或形狀記憶合金的連接，因為焊接接頭獲得與母材等同的超導性能或形狀記憶效應是非常困難的。本章僅以超導材料、形狀記憶合金為例，闡述這兩種典型功能材料的焊接。

8.1 超導材料與金屬的連接

1980 年代超導材料的發現為超導技術發展翻開了嶄新的一頁。以 Nb-Ti 超導材料製作的實用超導磁體已進入大型化階段，這不僅對超導材料的性能提出更為嚴格的要求，而且對導體的長度也要求越長越好。倒如，一些超導裝置，實用超導材料重達數十噸，導體的長度至少數千米。製造這樣長度的超導線材受到加工設備的限製，因此超導材料的焊接受到人們的重視。

8.1.1 超導材料的性能特點及應用

(1) 基本特點

超導材料是指極低溫度下電阻突然下降為 0，處於超導狀態的材料。一般金屬在極低溫度下仍具有電阻，只有超導材料到達某一臨界溫度（T_c）後，電阻驟降為 0，才具有完全導電性的特徵。

超導體有一個容許的電流密度，當電流密度超過某一臨界電流密度（J_c）後，它的完全導電性會被破壞。超導材料還具有完全抗磁性特徵，當材料處於超導狀態時，外加磁場不能進入超導體內。原來處於磁場中的正常態材料，當溫度下降到低於臨界溫度（T_c）轉變為超導狀態時，會把原來在導體內的磁場完全排除出去（這種完全抗磁性稱為邁斯納效應）。當外界磁場達到某一臨界磁場強度（H_c）後，磁場立即進入超導體內，使原來處於超導狀態的材料恢復到正常狀態，超導電性也就被破壞。

因此，超導材料從正常狀態轉變為超導狀態時受到臨界溫度（T_c）、臨界電流密度（J_c）和臨界磁場強度（H_c）三個條件的限製。超導材料只有在各個臨界點以下時才能顯示出它的超導性能。

不同的超導材料具有不同的臨界值 T_c、J_c、H_c。如何獲得具有高臨界溫度、高臨界電流密度和高臨界磁場強度的超導材料，使其能在工業中得到應用，一直是人們關注的問題和追求的目標。

(2) 超導材料的類型

超導材料的種類有純金屬（如超導臨界溫度 T_c 接近絕對零度的水銀、鉛、銦、鎢等）、合金、化合物、氧化物陶瓷以及少量的有機物超導材料。目前研究的超導材料主要有以下三種類型：合金超導體、金屬間化合物超導體（如 Nb_3Sn）和氧化物陶瓷超導體（如 Y-Ba-Cu-O、Bi-Pb-Sr-Ca-Cu-O）。

① 合金超導體（如 Nb-Ti、Nb-Ti-Ta、Nb-Zr 等）是目前應用最廣泛的具有代表性的超導線材，例如在液氦溫度（4.2K）下工作的超導材料——Nb-Ti 超導線材。

② 金屬間化合物超導材料比合金超導材料的臨界磁場強度（H_c）高，臨界轉變溫度（T_c）也高，可用作產生高磁場的超導線材。但金屬間化合物較脆，對其設計和製造需考慮採用特殊的措施。例如在液氦溫度下工作的高超導特性線材 Nb_3Sn。

③ 從超導性能看，氧化物陶瓷超導體最好，但阻礙氧化物陶瓷超導材料發展的突出問題是脆性及由此引起的成形加工困難，包括很難焊接。

目前已有實用性和工業化製造規模的超導材料主要是前兩種。其中合金超導材料的力學性能最好，加工性能也較好，在較低的磁感應強度（10T 以下）可得到高的電流密度。

(3) 應用前景

超導材料由於其獨特的完全導電性，在滿足臨界磁場強度（H_c）和臨界溫度（T_c）的條件下，臨界電流密度（J_c）以內的電流可以在無阻狀態下通過，也就是在沒有能量損耗的情況下傳輸電流。此外，由於超導材料在磁場中表現出來的、獨特的完全抗磁性，可用於超導磁懸浮系統。

超導材料的許多應用與節電、節能有關，是一種重要的節能材料。例如，超導材料可應用於交（直）流輸電、大型電磁鐵、超導加速器、電磁推進器、磁懸浮列車等。在儀器設備、儀表等方面超導材料也得到廣泛的應用，例如用於醫療器械中的核磁共振成像裝置、用於地球物理測量和生物磁學等電磁測量方面的超導量子干涉器件等。

8.1.2 超導材料的連接方法

超導材料的連接方法很多，用於大型超導磁體的連接方法有爆炸焊、擴散焊、釬焊、冷壓焊、微波焊等。表 8.1 列出了不同連接方法所得到的超導接頭低溫電阻率的量級範圍。

表 8.1 超導接頭低溫電阻率比較

焊接方法	儲能衝擊焊	爆炸焊	冷壓焊	微波焊	擴散焊	釬焊
低溫接頭電阻率 /Ω・cm	10^{-13}	$10^{-9}\sim10^{-10}$	10^{-8}	10^{-9}	$10^{-8}\sim10^{-9}$	$10^{-8}\sim10^{-9}$

超導材料焊（連）接方法的選擇，除了須滿足上述對超導材料接頭電阻率的要求外，更重要的是還須考慮工程應用的可能性與可靠性。上述幾種超導材料焊接方法，國內外都進行過試驗研究，部分方法已在工程中應用。但是，針對具體超導材料，不同焊接方法工程應用的可能性與可靠性需進行深入系統的研究。

(1) 爆炸焊

爆炸焊是利用化學炸藥的爆炸作為能源瞬間急劇地釋放出來，使被焊金屬表面產生金屬射流和純金屬間的互相接觸，實現固態金屬的結合。美國勞倫斯・利弗莫爾實驗室為製造受控核聚變反應裝置的一對陰陽型大線圈用的長超導體，採用爆炸焊方法製作了截面尺寸為 6mm×6mm 的 NbTi-Cu 多芯超導複合體接頭。該接頭樣品在 4.2K 的溫度、6T 的場強下，臨界電流為 750A，低溫電阻為 $3\times10^{-11}\Omega$。英國帝國金屬工業公司用含有爆炸焊接頭的 NbTi-Cu 超導體繞製了磁體線圈，該導體截面尺寸為 10mm×1.8mm，在 6T 的場強下，接頭的臨界電流為 1500A，低溫電阻為 $3\times10^{-9}\Omega$。中國西北有色金屬研究院也採用爆炸焊技術成功地焊接了 NbTi-Cu 多芯超導短樣，試樣尺寸分別為 7mm×3.6mm、204 芯和 3.6mm×1.8mm、174 芯。超導體接頭在 4.2K 的溫度、5T 的場強下，平均電流值為 180A，這個數值比該導體在相同條件下的臨界電流低 10%，室溫和液氮條件下的抗拉強度幾乎等同於母材。

從上述西北有色金屬研究院和美國勞倫斯・利弗莫爾實驗室的實驗結果看，都取得了較為滿意的結果，且部分研究成果已應用於中長型超導長帶的生產中。但是，從兩者的實驗方法和結果看，仍有幾個問題需進一步研究。

① 爆炸焊接頭截面的形成及生長機製問題　爆炸焊時，對於斜接頭，高速斜撞擊產生很大壓力，該處的超導體受到很大的剪切作用。塑性剪切功轉變成熱量，由熱傳導所耗散的熱量只占很小一部分，大部分熱量促使接頭處溫升。材料的剪切強度隨溫升降低，因此在界面接觸處很窄的區域產生熔化現象。爆炸焊過程中接頭界面的瞬間熔化和瞬間冷卻，產生了很薄的完全不同於超導合金的新界

面層組織。這種新組織導致接頭超導電性及力學性能發生變化。針對界面層的組織形態、形成機製與爆炸焊參數的關係，界面層的形成對超導電性的影響等仍有待探明。

② 爆炸焊接頭的適用性問題　爆炸焊技術在較大截面積的超導帶材方面顯示出優越性。美國勞倫斯・利弗莫爾實驗室和中國西北有色金屬研究院的研究結果是很好的證明。大截面超導體爆炸焊接頭配置時易於觀察對正，爆炸焊後導體損傷很小。但對於細小的或極小截面的超導體，採用爆炸焊困難極大，特別是多芯超導體，由於接頭配置時導體兩端的芯絲很難對正，稍微偏離一點對焊接效果影響很大，這也是爆炸焊連接超導細絲的不足之處。

(2) 擴散連接

擴散焊是藉助於原子間互相擴散而達到冶金結合的。超導材料擴散焊接頭也採用斜面搭接，被焊接超導體端頭做成斜面並使其成一定角度，要求斜面處清潔無氧化物。將兩導體斜面頂頭排成一線，放入特製的壓模中。在壓力下加熱超導體，達到溫度要求時保溫、緩冷以達到連接的目的。

美國加利福尼亞大學對 NbTi-Cu 多芯超導體進行擴散焊的試驗表明，可將該技術應用於製造受控核聚變用大型線圈的導體。試驗中採用的超導體規格有兩種：一是直徑為 5.4mm，芯徑為 600μm；二是直徑為 1.5mm，芯徑為 200μm。試驗最佳的焊接條件是：導體斜面角是 15°，焊接溫度為 450℃，焊接壓力為 600MPa，保溫時間為 30min。但未能給出電性能參數（臨界電流和低溫電阻）。

北方交通大學採用擴散焊方法對 2.1mm×1.54mm 的扁線（長度為 30mm）和直徑為 0.75mm、長度為 10mm 的圓線短試樣進行了擴散焊試驗，擴散焊溫度為 360～380℃。對於扁線，臨界電流退降率大於 20%，接頭在室溫和液氦溫度下的抗拉強度退降率大於 15%；對於細徑圓線，臨界電流退降率低於 12%，室溫和液氦溫度下的抗拉強度退降率低於 10%。從理論上講，擴散焊方法應用於 Nb-Ti 超導體的連接是可行的，但是從工程實際出發，還有一些問題需要進一步探明。

① 擴散連接的適用性　從已有研究結果看，擴散焊工藝應用於超導體的連接還僅局限於短試樣或實驗階段。對數千米乃至萬米長帶的生產，擴散焊方法受設備的製約，應用於工程實際中是很困難的。

② 擴散焊工藝參數的選擇

a. 擴散焊溫度。根據公式 $D=D_0\exp(-t/RT)$（D 為元素的擴散速率，$\mu m^2/s$；D_0 為與溫度有關的係數；t 為擴散激活能，J/mol；T 為加熱溫度，K；R 為氣體常數），擴散過程隨溫度升高而加快，擴散溫度應符合 $T_D=0.7T_M$ 的關係式。但 Nb-Ti 超導體擴散焊溫度受其本身熱處理製度的製約。Nb-

46.5Ti（溶質質量分數）合金在420℃下時效，樣品在5T和8T下的臨界電流密度（J_c）分別達到$3700A/mm^2$和$1560A/mm^2$。擴散焊接溫度超過其時效溫度將破壞超導組織，導致超導電性的喪失。過高的溫度易生成Cu-Ti化合物，增大接頭界面電阻率，最終導致失超。

b. 擴散焊壓力。擴散焊過程施加較大的壓力使結合面緊密接觸，這樣大的壓力在超導接頭中產生很大的應變，可能破壞由塑性變形和沿拉伸方向伸展後形成的局部亞結構，導致超導電性的破壞。

（3）釬焊連接

釬焊是在超導領域普遍應用的一種連接方法。在超導試樣的電性能測量中很多試樣都是採用釬焊連接。美國橡樹嶺國家實驗室採用釬焊方法為受控核聚變反應堆的等離子磁柱裝置焊接數千米長的大截面NbTi-Cu多芯超導複合體，對釬料的潤溼性和流動性進行了較系統的研究，並做了接頭拉伸性能試驗。釬料為Pb-1.5Ag-1Sn和95Sn-5Ag；釬劑為$ZnCl_2+NH_2Cl+HCl+H_2O$。北方交通大學也對截面尺寸為2.8mm×1.2mm、178芯的銅基Nb-Ti複合超導線進行了電阻釬焊研究。採用高鉛、高錫及含銦類釬料，釬料厚度為0.2mm，接頭性能測試結果為：3T下臨界電流退降率為12%，4T下退降率為4%；液氦溫度下釬焊接頭強度退降率小於10%。電阻釬焊方法已成功地應用於中國第一個穩定強磁場裝置（合肥20T混合磁體系統）的建造，超導線圈繞組中共有五段導體，須逐段相連。接頭形式為兩個楔形面疊焊在一起，結合面夾箔帶焊料，由電阻焊機逐段壓焊。接頭超導電性及接頭彎曲張力均達到設計要求。

釬料溫度受超導材料熱處理溫度的製約（<450℃）。此外，受釬料性能和接頭形式的限製，該接頭不能繞製在磁體裡，而是放在磁體外，置於低場區。從接頭力學性能看，高鉛釬料焊接的接頭低溫力學性能和電阻值較低；而高錫釬料由於在Cu-Sn界面層出現脆性化合物，降低了界面強度，這對於超導體的應用是極其不利的，甚至是危險的。儘管釬焊方法適用範圍廣，各種形狀和大小的導體均可焊接，但是不利於繞製磁體。

（4）冷壓焊

冷壓焊是在室溫下強壓力作用下，藉助於原子的相互擴散作用而使被焊界面連接在一起。焊接時由於溫度升高，接觸面上的氧化膜被擠出焊縫形成飛邊，焊接後須清除飛邊。北方交通大學採用冷壓焊方法對Cu/SC為2/1、芯數為55，芯徑為50～80μm和Cu/SC為1.9/1、芯數為504、芯徑為50μm兩種規格的超導線進行冷壓焊。從試驗結果看，4.2K下接頭電阻值為$10^{-8}\sim10^{-9}\Omega$量級，但臨界電流退降率高達30%。上海冶金研究所採用冷壓焊方法製作CuNi-NbTi超導開關線，超導線規格分別為：直徑為0.46mm、芯數為245和直徑為

0.25mm、芯數為 245，接頭經長時間恆流閉路運行，電阻優於 $10^{-10}\Omega$ 量級。

從試驗結果看，儘管冷壓焊方法簡便易行，但其工程可靠性較低，對於製造中長型超導帶（線）材，不是理想的首選方法。

(5) 儲能衝擊焊

儲能衝擊焊是把電網中的能量預先儲存在焊機電容器中，在很短時間內通過焊件釋放出來，在焊接處瞬時產生大量熱能，將工件加熱熔化，然後快速加壓而形成接頭。這種方法的優點是焊接時間短（在幾微秒內放電）、熱量集中、熱影響區很小、消耗電能較低、容易實現機械化和自動化焊接。西安交通大學採用儲能衝擊焊技術對直徑為 1.2mm、芯數為 3025，芯徑為 12μm 的細絲超導線進行了焊接研究，結果表明：4.2K、6T 下，接頭臨界電流退降率為 8%；4.2K、0T 下接頭電阻為 $1.13\times10^{-13}\sim7.78\times10^{-14}\Omega$；室溫下接頭拉伸強度退降率為 6.3%，液氦溫度下接頭拉伸強度退降率為 1%。

從試驗結果看，採用儲能衝擊焊方法連接超導細絲，不論是從超導電性能方面還是從力學性能方面都是令人滿意的。應利用儲能衝擊焊技術在細線、小截面超導線對接焊方面的優勢，將其推廣至大截面、扁帶的連接，而且應對致使超導電性能退降的接頭界面層形成原因、防止措施、對超導電性的影響和品質控製做深入研究。

不論採用哪種焊接方法，焊接過程中熱、力（材料的應力應變）及由此產生的與母材局部結構存在差異的接頭界面層都會對接頭處的超導電性及力學性能產生影響，甚至影響整個超導磁體的正常運行。在實際應用中，應根據不同的工程要求和焊接方法的可行性，考慮接頭的臨界電流退降率及抗拉強度退降率，綜合考慮選擇最佳的焊接方法。

8.1.3 超導材料的連接工藝特點

(1) Nb-Ti 低溫超導材料的焊接特點

Nb-Ti 超導材料在超導應用領域占有很重要的地位。但是，經過焊接之後，如何保持焊接接頭區的超導性能，不因焊接區性能的變化而影響整個超導裝置的性能，這是研究超導材料焊接的主要問題。

目前採用的 Nb-Ti 合金中的鈦含量為 44%～65%（溶質質量分數）。從合金的物理本質上看，Nb-Ti 超導體具有良好的工藝焊接性；但是從其超導電性出發，Nb-Ti 超導體又具有其特殊的焊接特點。

① 盡可能小的接頭電阻　液氦溫度下，超導體的電阻率很小，在 4.2K 時，Nb-Ti 合金的電阻率約為 $10^{-15}\Omega\cdot$cm。焊接部位能否達到這樣低的電阻率，是焊接成敗的關鍵。如果焊接接頭區的電阻大會局部發熱，由於電阻熱量的惡性循

環而引起超導磁體的失超。實驗證明，負載電流為千安級的導體，所允許的接頭電阻率上限值約為 $10^{-8}\Omega \cdot cm$。

② 焊接後超導線臨界電流的下降盡可能小　焊接的超導線接頭，有可能受到焊接時溫度上升的影響，改變接頭部位的局部組織。局部組織對 Nb-Ti 的臨界電流是一個很敏感的影響因素，因此要求超導材料的焊接溫度不能超過 350～400℃。這個溫度範圍是 Nb-Ti 合金的最佳時效處理溫度。

③ 焊接接頭應有足夠的力學強度　超導體在工作時受到多種應力的作用，例如，冷卻時產生的熱應力，勵磁時產生的洛侖茲力和纏繞磁體時產生的彎曲應力等。因此，要求焊接接頭應具有足夠的力學強度。對於搭接接頭來說，要求具有較高的低溫剪切強度和較高的界面強度；對於對接接頭，要求具有較高的抗拉強度。

④ 焊接接頭的形式應適於繞製磁體　超導體的接頭應盡可能減少占據磁體的額外空間。根據這種要求，以對接焊為好，但這種接頭的焊接工藝操作複雜。搭接接頭焊接比較簡單，但占據磁體的額外空間較多。

對於 Nb-Ti 低溫超導材料的焊接，除了保證接頭具有一定的連接強度外，更重要的是保證接頭具有與母材盡量相近的超導電性。然而，由於超導材料本身具有特殊的物理化學性質和複雜結構，實現連接並保證其超導性能是很困難的，儘管人們在 Nb-Ti 低溫超導材料的連接方面進行了大量的研究，取得了一些成果，但從整體水準和應用效果看，仍需進行深入的研究。

(2) 金屬間化合物超導的焊接特點

這類材料連接採用的方法包括軟釺焊、固相連接（如冷壓焊、擴散焊、微波焊）和電阻焊等。這類材料中研究較多、較穩定的高超導特性線材是 Nb_3Sn。由於 Nb_3Sn 化合物脆性大和加工性差的特點，目前用軟釺焊的方法進行連接較為適宜。軟釺焊是超導線材連接方法中應用最廣的方法，用於超導線材的搭接焊，也可用於加補強材料的對接焊。例如採用 Pb-Bi-Zn-Ag 釺料的搭接超導線材，但這種接頭的電阻很大。

固態連接中的冷壓焊是一種較簡便的方法，接頭區電性能良好，但這種方法難以適用於加工性能差的脆性超導材料。

8.1.4 氧化物陶瓷超導材料的焊接

(1) 連接方法

除完全導電性、完全抗磁性外，氧化物陶瓷超導材料最大的特點是具有高超導臨界溫度（T_c），是最有應用前景的超導材料，將在電力與電子、交通、能源、航天、醫療及物理化學基礎研究等領域得到應用，如用於超導輸電、電力儲存、超導發電機、磁懸浮列車、核聚變、核磁共振成像、超導量子干涉器件等。但是，由於陶瓷材料本徵脆性，用一般冷加工方法難以獲得各種形狀的元件。目前的製備技術還不能獲得足夠大和長的氧化物陶瓷超導體，限製了陶瓷超導材料的實用化進程。

通過連接形狀簡單和尺寸小的陶瓷零件來製備所需要的超導元器件，而超導材料的連接除須獲得足夠的接頭強度和完整性外，還須保證接頭的超導電性與母材相近，因此氧化物陶瓷超導材料的連接既有很大的難度又有重要意義。

在氧化物陶瓷超導材料中，有應用前途的是鉍係（Bi-Pb-Sr-Ca-Cu-O）和釔係（Y-Ba-Cu-O）兩種陶瓷超導材料。1990 年代，國內外針對高臨界溫度的陶瓷超導材料進行連接研究，採用的連接方法有熔化焊、半固態燒結連接、微波焊接和固態擴散連接，並取得了一定的成果。

① 熔化焊接　熔化焊氧化物陶瓷超導材料是非常困難的，因為其熔點高、很脆、易開裂，而且對成分很敏感、高溫時不穩定。如釔係（Y-Ba-Cu-O）超導材料在熔化時會分解，難以獲得可靠的、超導性能滿足要求的接頭，一般不建議採用熔化焊。

熔化焊對連接面沒有特殊要求，焊接過程不需施加壓力。鉍係（Bi-Pb-Sr-Ca-Cu-O）超導材料採用熔化焊可獲得較滿意的接頭。例如，採用液化石油氣和氧氣（LPG-O）焊鉍係（Bi-Pb-Sr-Ca-Cu-O）超導材料，先用高溫火焰熔化焊接面並迅速對接上，之後用低溫火焰在 900～950℃下燒結被焊部位並在空氣中冷卻，最後在空氣爐中進行 830℃×50h 退火處理。結果表明，接頭強度接近母材，臨界電流密度（J_c）約為母材的 80%，在母材的臨界溫度（T_c）下，接頭電阻雖有陡降，但還不能達到 0 電阻。

局部分析表明，導致熔焊接頭超導電性不理想的原因是熱影響區寬、有微裂紋、微氣孔和雜質相等。熔化焊時被連接的熔化部位的成分有重新均勻化的過程，為保證接頭的超導電性接近母材，熔化焊主要用於純氧化物陶瓷超導材料。為獲得更高強度和更高塑性的陶瓷超導材料，所使用的製備方法主要是 Ag 或 AgCu 合金包套法製得的截面組成不均勻的單芯或多芯超導材料。因此，熔化焊方法難以用於 Ag 或 AgCu 合金等包套陶瓷超導材料的焊接。

② 微波連接　微波連接是利用材料吸收微波後產生的熱量來加熱材料的，具有溫度分布均勻、熱應力小、不易開裂以及材料熱損傷小、晶粒不易長大等優點。微波電磁場對擴散的非熱作用也是促使連接的重要因素。因此，微波連接應是連接氧化物陶瓷超導材料的一種較合適的方法。它不僅能用於直接連接，也能用於加中間層的連接，但這方面的研究還很少。針對 Bi-Pb-Sr-Ca-Cu-O 超導材料的微波連接研究表明，微波連接接頭經空氣中 855℃×60h 退火處理後，臨界溫度 T_c 可達到 107K，與連接前超導母材的 T_c 基本一致，連接區強度高於基體。

顯微結構分析發現微波連接區組織緻密，在焊後熱處理過程中發生再結晶，導致連接區晶粒長大、連接區變寬且存在較多的雜質。針對 Y-Ba-Cu-O 超導材料的微波連接研究表明，被連接接頭經空氣中 960℃×15h 退火處理後隨爐冷卻，臨界溫度 T_c 可達到 89.7K，比連接前超導母材的 T_c 低 1.5K。分析表明，未經退火處理的微波連接區存在 Y_2BaCuO_x 相、$Ba_{2-y}Cu_yO_x$ 相和 CuO 等非超導相，這是接頭超導電性不如母材的主要原因。退火處理使 Y_2BaCuO_x 相明顯減少，$Ba_{2-y}Cu_yO_x$ 相基本消失，但 CuO 長大。總之，微波連接存在超導相分解、產生少量雜質相以及為了使接頭區有效地吸收微波而需要焊前預脫氧處理等缺點。

③ 固態擴散連接　當超導材料為 Ag 或 AgCu 合金等包套陶瓷超導材料時，焊前須用腐蝕劑將被焊部位的 Ag 或 AgCu 合金等包套材料腐蝕掉。特別是當超導材料為多芯帶材時，焊前腐蝕被焊部位包套的工藝要求很嚴格。對被焊部位處理後，通過添加 AgO 或 Ag_2O+PbO 與母材成分相近的粉末作中間層（或不加中間層），施加一定的壓力在空氣中高溫擴散連接，焊後在空氣或氧含量更高的氣氛中進行退火處理。

擴散連接接頭的強度基本能達到要求，但絕大多數接頭的臨界電流密度（J_c）只有母材的 50%～90%。因連接溫度較高，還存在超導相失氧現象。因此，為增加連接區超導相的氧含量，焊後所需的退火時間長達 50～200h。為減少擴散連接陶瓷超導材料的退火時間和提高接頭的超導電性，應減少連接過程超導相的分解和提高連接區晶粒的織構度。近年來採用焊前冷壓或焊後冷壓工藝，提高了連接區晶粒的織構度並達到了減少微裂紋、微氣孔的效果，但其穩定性需進一步提高。接頭形式、壓力、冷壓次數以及連接參數和退火參數的匹配、中間層材料及環境氣氛中的氧分壓對接頭性能的影響，以及界面局部結構等方面有必要深入研究。

降低連接溫度可減少連接區超導相的分解。而為了降低連接溫度，通過活化連接表面（如採用離子濺射技術）有望達到目的。採用多次冷壓和多次退火的工藝有可能提高連接區晶粒的織構度和減少微裂紋和微氣孔，從而大幅度提高接頭的超導電性。

④ 過渡液相擴散連接　又稱為半固態擴散連接（或固-液態擴散連接），採用熔點低於陶瓷母材但超導性能與母材相近的超導材料作中間層（中間層有冷壓成形的粉末片和膏狀兩種形式），連接溫度下中間層處於固-液狀態，其中的液相有利於對被連接面潤溼，加快連接過程。

例如，用冷壓成形的粉末片 $Ba_2Cu_3O_x$（固相線溫度為 995℃）作中間層材料連接 Y-Ba-Cu-O 陶瓷超導材料（固相線溫度為 1015℃）。將裝配好的試樣以 100℃/h 的加熱速度緩慢加熱到 1005℃，使中間層處於固-液相狀態，並保溫 2h 以確保中間層中的液相潤溼母材；然後以 76℃/h 的冷卻速度緩慢冷到 980℃，保溫 6h，可獲得良好的晶粒取向。再以 0.5℃/h 的冷卻速度緩慢地冷到 955℃，達到長時間退火的效果，以保證超導相中的氧含量恢復到高溫燒結分解前的水準；最後以 100℃/h 的冷卻速度冷卻到室溫。

通過上述長時間的擴散連接過程，可獲得超導電性能和力學性能較好的接頭。不足之處是中間層材料的選擇和連接溫度控製很嚴格，接頭易出現顯微孔洞，超導電性還是不易達到母材的超導電性。這種連接方法不適合於 Ag 或 AgCu 合金等包套陶瓷超導材料。為減少接頭中的微孔、提高接頭的超導電性，在固-液態保溫後期施加適當的壓力有可能獲得良好的效果。

（2）Y-Ba-Cu-O 超導材料的連接

氧化物高臨界溫度超導材料的連接，類似於陶瓷材料的連接。除了要求達到一定的結合強度外，還必須保持原有的超導性能。因此，超導陶瓷連接的理想方法是不加中間層材料。如果必須加中間層時，中間層的選材應滿足連接後接頭的超導性能。

① 不加中間層的擴散連接　試驗表明，直接擴散（不加中間層）連接 Y-Ba-Cu-O 超導陶瓷是可行的。擴散連接接頭的臨界溫度（T_c）和抗剪強度幾乎與母材相等。試驗所用母材為在 1223K、12h 大氣中熱壓燒結，經過氧氣氛中 673K×50h 退火處理的 $YBa_2Cu_3O_{7-y}$ 超導陶瓷。擴散連接條件為：加熱溫度為 1173～1223K，壓力為 0.5～4.7MPa，保溫時間為 4h、大氣中。擴散連接後接頭在氧氣氛中進行 673K×50h 退火處理。

圖 8.1 所示為 Y-Ba-Cu-O 超導擴散連接的加熱溫度和壓力的組合。從在 1223K、0.5MPa、4h 連接條件下的接頭試樣和超導母材的顯微組織及電子探針分析結果看，兩者沒有差別，原始界面也完全消失。兩者的 X 射線衍射圖也沒有什麼差別。

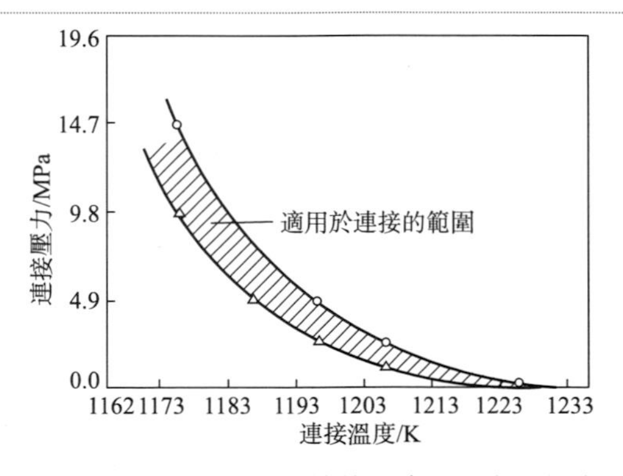

圖 8.1　適合於擴散連接的溫度和壓力的組合

從擴散連接後溫度與電阻率的關係曲線（圖 8.2）可見，超導母材的臨界溫度（T_c）為 93K，在加熱溫度 1223K 下連接試樣的臨界溫度為 88K；擴散連接界面的抗剪強度也是足夠高的，為 10MPa～15MPa，幾乎與母材相等。當擴散連接時間小於 2h 時，雖仍能保持較高的抗剪強度，但擴散接頭中保留了局部原始界面，臨界溫度低於 77K。因此，為使擴散接頭具有較高臨界溫度的超導性能，擴散連接時間應大於 4h。

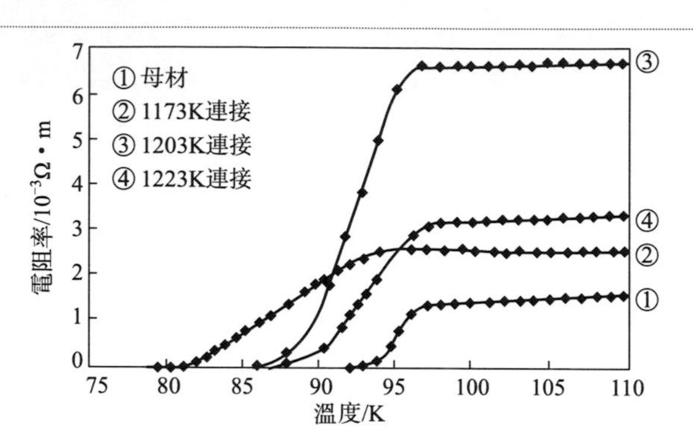

圖 8.2 擴散連接後溫度與電阻率的關係曲線

② 加中間層的擴散連接　可採用加煅燒粉末中間層擴散連接 $YBa_2Cu_3O_{7-y}$ 超導材料，連接溫度為 1000℃，連接時間為 1～2h，在流動氧氣氛中進行擴散焊接頭的後熱處理。在所採用的 4 種熱處理條件下，擴散連接試樣在 90K 左右都出現了電阻陡降，但都沒有達到零電阻（表 8.2）。這可能是由於受到接頭區局部雜質相和微孔的影響造成的。圖 8.3 所示是一個典型的擴散連接試樣（02 號）電阻和溫度的關係曲線。

表 8.2 擴散連接試樣的焊後熱處理結果

試樣號	溫度/℃	時間/h	臨界溫度 T_c/K	T_c 時的電阻/Ω
01	900	25	85	0.0025
02	930	15	90	0.0005
03	930	20	84	0.0020
04	940	20	85	0.0020

採用 Ag_2O 作中間層擴散連接 Y-Ba-Cu-O 超導材料，先將 Ag_2O 粉末用有機溶劑調成糊狀，直接塗刷在連接表面，厚度約為 50μm，擴散連接在大氣中進行，連接溫度為 970℃，連接壓力為 2.1kPa。圖 8.4 所示為不同連接時間對接頭抗剪強度的影響。開始時抗剪強度隨連接時間的延長而增大，但 75min 後抗剪強度下降。剪切斷裂主要發生在 Y-Ba-Cu-O 超導陶瓷中，而不是發生在連接界面處。但當連接時間超過 90min 時斷裂發生在連接界面。

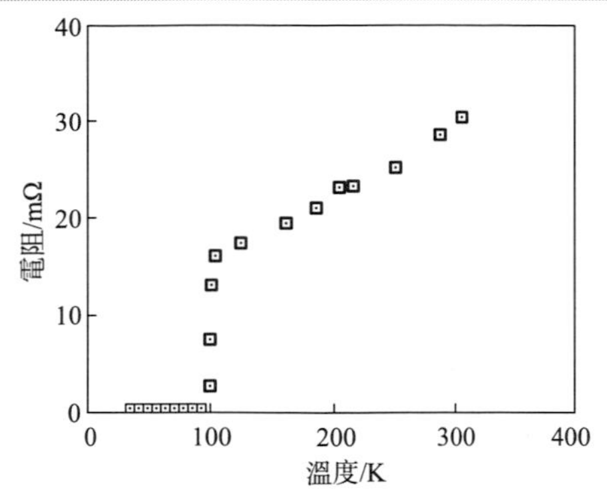

圖 8.3 擴散連接試樣（02號）電阻和溫度的關係曲線

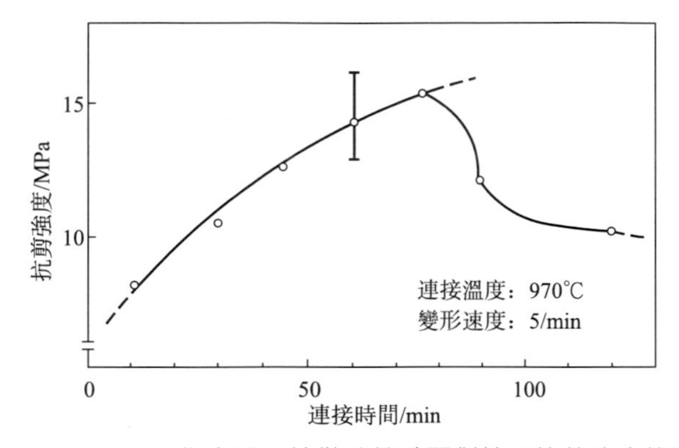

圖 8.4 用 Ag_2O 作中間層擴散連接時間對接頭抗剪強度的影響

圖 8.5 所示是在液氮沸點溫度（77.3K）測得的連接部位的電阻與連接時間的關係曲線。連接時間大於 90min 時電阻不等於 0，當繼續增加連接時間時，電阻迅速增大。顯然，擴散接頭中心的反應層對超導性能有很大影響。X 射線衍射（XRD）結果表明，該反應層是由 $YBa_2Cu_3O_{7-x}$ 和 Y_2BaCuO_5 組成的複合結構，連接部位的超導性能與其中 Y_2BaCuO_5 含量的多少有關。

用厚度 100μm 的 Ag_2O-PbO50%（摩爾分數）作中間層，在加熱溫度為 970℃、時間為 30min、壓力為 2.1kPa 的條件下的大氣中擴散連接 Y-Ba-Cu-O 超導材料，所得連接試樣的臨界溫度（T_c）為 88K，連接試樣的抗剪強度隨連接溫度的升高而增加，見圖 8.6。

採用 Ag_2O＋YBCO 作中間層連接 $YBa_2Cu_3O_{7-x}$ 超導材料取得了良好的結果。所用的中間層是由混合粉末壓製成厚度為 2mm、直徑為 10mm 和 12mm 的薄片，經過 1203K×12h 燒結而成。擴散連接參數為：加熱溫度為 1202K，保溫 1h，壓力為 2.4kPa，連接在大氣中進行。

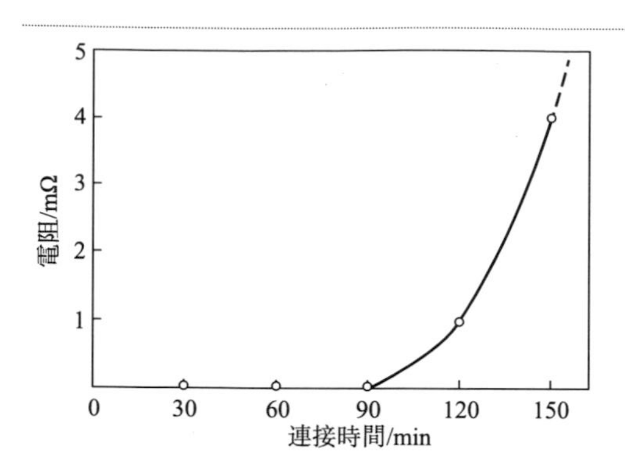

圖 8.5 液氮沸點溫度（77.3K）連接部位的電阻與連接時間的關係

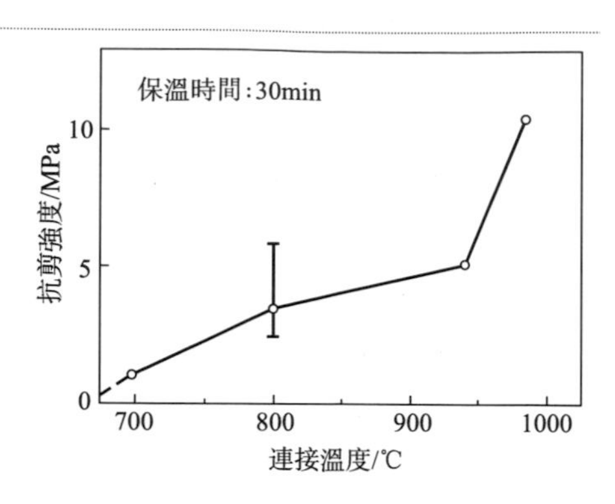

圖 8.6 用 Ag_2O-PbO50%作中間層時溫度對抗剪強度的影響

圖 8.7 所示為中間層材料中 Ag_2O 對接頭臨界溫度（T_c）的影響。可見，母材 $YBa_2Cu_3O_{7-x}$ 的臨界溫度為 87K，用溶質質量分數為 0%、25%和 50%的 Ag_2O 中間層連接所得接頭的臨界溫度分別為 88.8K、88.1K 和 88.6K。當中間層材料全部為 Ag_2O 時（溶質質量分數為 100%），直到 50K 還沒有出現超導現象。這表明，當中間層中加入過量的 Ag_2O 時，接頭區的超導組織減少得太多，因此臨界溫度受到了嚴重的影響。

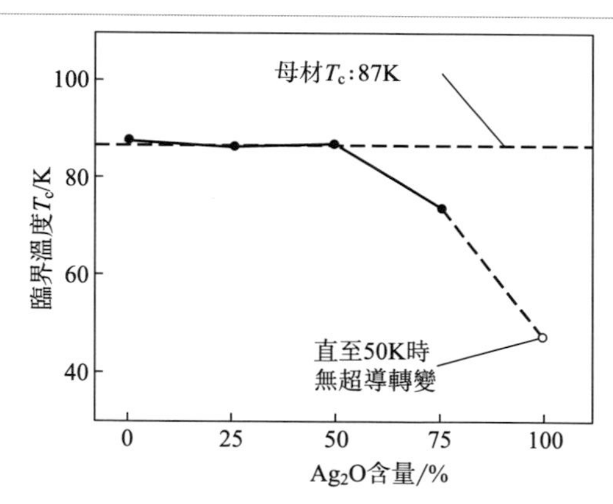

圖 8.7 中間層材料中 Ag_2O 對臨界溫度的影響

圖 8.8 所示為中間層中 Ag_2O 對接頭抗剪強度的影響。加入溶質質量分數為 25%的 Ag_2O，使平均抗剪強度由 4.95MPa 提高到 5.08MPa；加入 50% Ag_2O 時抗剪強度進一步提高到 19.8MPa。中間層中 Ag_2O 對接頭強度的影響與其對接頭緻密度的影響有關。由圖 8.9 可以看出，中間層中含 Ag_2O 增加時，擴散接頭緻密度明顯增加。

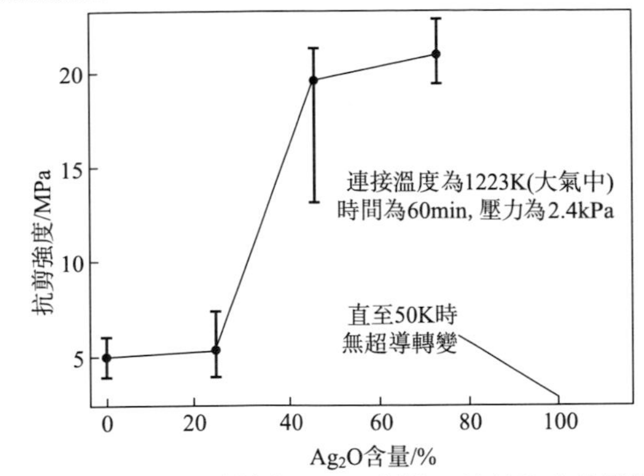

圖 8.8　中間層材料中 Ag_2O 對接頭抗剪強度的影響

（母材 YBCO 陶瓷的強度：　27.2MPa）

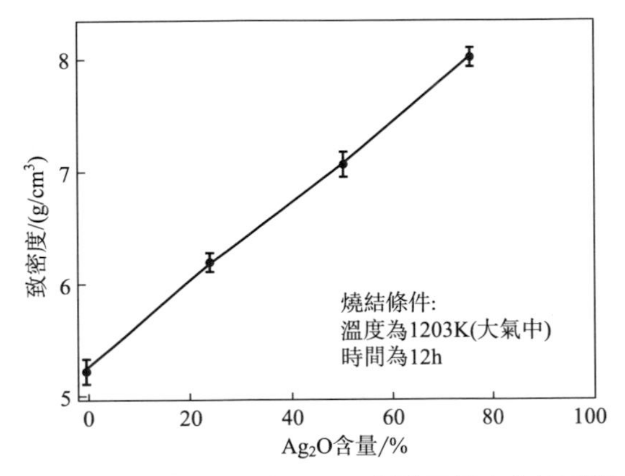

圖 8.9　中間層材料中 Ag_2O 對接頭緻密度的影響

（3）Bi-Pb-Sr-Ca-Cu-O 超導材料的擴散連接

這類材料很脆、易開裂，而且對成分變化很敏感，熔焊這類陶瓷材料極易開裂，很難得到可靠的電性能滿足要求的接頭，一般不建議採用熔焊方法。可採用擴散連接或微波連接的方法。

① 加中間層的擴散連接　用 In_2O_3 和 Ag_2O 的混合物作為中間層擴散連接 Bi-Sr-Ca-Cu-O 超導材料可獲得具有超導性能的接頭。中間層材料為物質的量相同的 In_2O_3 和 Ag_2O 粉末，用有機溶劑混合後塗刷在兩個連接表面。母材為加 Pb 和 Sb 燒結的 Bi-Sr-Ca-Cu-O 超導材料。

當連接壓力為 2.4kPa、連接時間為 30min 時，連接溫度對擴散接頭抗剪強度的影響如圖 8.10 所示。接頭抗剪強度隨溫度的升高而增加，在 870℃ 時達到 6MPa。

連接溫度為 850℃時，連接時間對接頭抗剪強度的影響如圖 8.11 所示，接頭的抗剪強度與連接時間幾乎呈直線關係。雖然接頭的抗剪強度低於母材(12MPa～15MPa)，斷於連接界面，但這種接頭強度已能滿足實際應用。

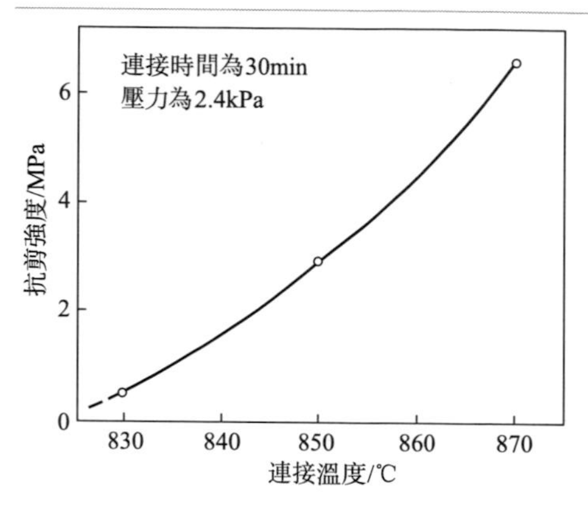

圖 8.10　連接溫度對接頭抗剪強度的影響

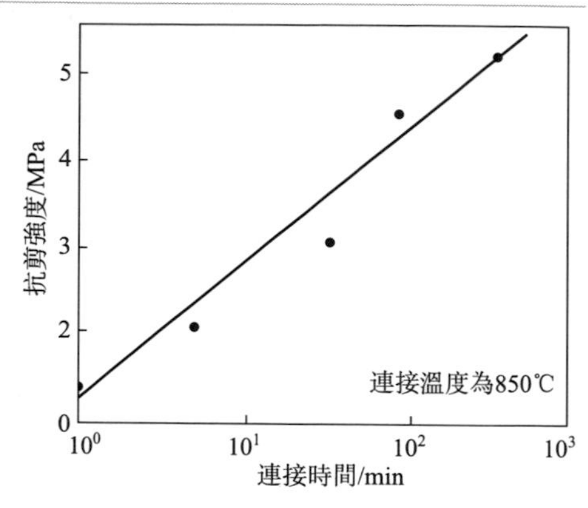

圖 8.11　連接時間對接頭抗剪強度的影響

擴散連接接頭的超導性能如圖 8.12 和圖 8.13 所示。圖 8.12 所示為連接溫度 850℃，連接時間對接頭電阻的影響。連接時間很短時，電阻值很高；但連接時間由 5min 增加到 15min 時，電阻陡降；當連接時間超過 90min 時，接頭出現超導行為。圖 8.13 所示為對試樣表面逐層磨掉時測得的臨界溫度 T_c 變化曲線，雖然在離連接界面約 0.04mm 處的臨界溫度 T_c 下降到 88K，在接頭界面處 T_c 又提高到 92K。這些試驗數據也表明擴散接頭處顯示出了超導性。

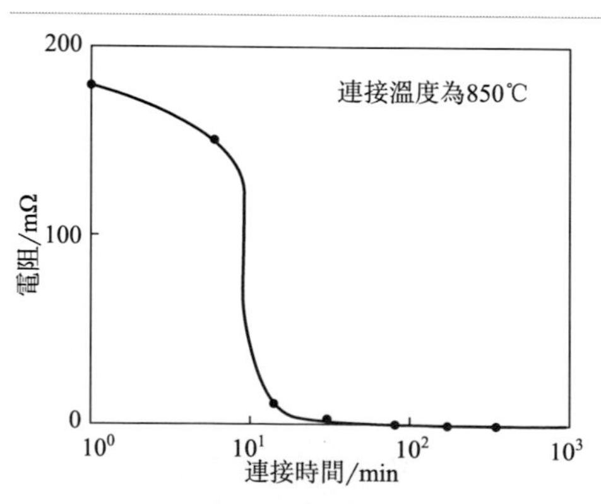

圖 8.12　連接時間對接頭電阻的影響（所測電阻為 77K 時通過連接界面的電阻）

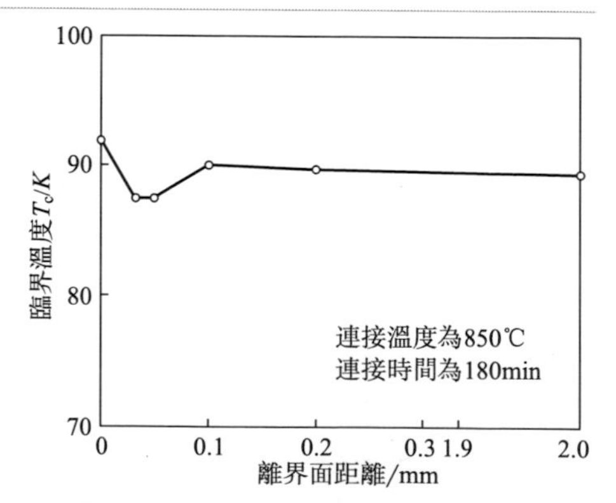

圖 8.13　離界面距離對臨界溫度 T_c 的影響（所測電阻為 77K 時平行於連接界面的電阻）

② 不加中間層的擴散連接　針對母材為熱壓 $Bi_{0.85}Pb_{0.15}Sr_{0.8}CaCu_{1.4}O_y$ 超導陶瓷，可不加中間層直接擴散連接。連接溫度為 780℃，連接時間為 30min，連接壓力為 2.5MPa。連接界面結合良好，界面附近沒有發現明顯的顯微孔洞。對擴散連接後的試樣進行 830℃×40h 退火處理，在接頭界面處沒有形成明顯的二次相。經測定，接頭試樣的電阻率和臨界溫度 T_c 幾乎與母材相等，但在液氮溫度（77K）和零磁場下測得接頭的臨界電流密度 J_c 低於母材的臨界電流密度（分別為 241A/cm^2 和 375A/cm^2）。擴散接頭處臨界電流密度 J_c 的降低可能是在連接界面上有結合不充分之處，在連接工藝上有待進一步優化。

氧化物陶瓷超導材料在未來高科技領域具有廣闊的應用前景，而其應用的前提是成熟的連接技術。目前存在的主要問題是接頭超導電性與母材相比還有一定的差距，主要原因是在連接過程中超導相存在不同程度的分解、接頭區有少量微裂紋和微孔、連接區晶粒的織構度比母材差等。

8.2 形狀記憶合金與金屬的連接

8.2.1 形狀記憶合金的特點及應用

什麼是形狀記憶合金？一般金屬材料受到外力作用後，首先發生彈性變形，達到屈服點就產生塑性變形，應力消除後留下永久變形。但有些材料，在發生了塑性變形後，經過合適的熱過程，能夠恢復到變形前的形狀，這種現象叫做形狀記憶效應。具有形狀記憶效應的金屬一般是兩種以上金屬元素組成的合金，稱為形狀記憶合金（shape memory alloy，SMA）。

（1）形狀記憶合金的發現

自 1950 年代在 Au-Cd 合金和 In-Ti 合金中發現熱彈性馬氏體之後，1963 年發現 TiNi 合金元件的聲阻尼性能與溫度有關。1961 年，美國海軍研究所的一個研究小組，花了不少精力將一批使用不便的亂如麻絲的鎳鈦（Ni-Ti）合金絲一根根地拉直，並在試驗中發現，當溫度升到一定值的時候，這些已被拉直的鎳鈦合金絲，突然「記憶」起自己原來的模樣又恢復到彎彎曲曲的狀態，而且絲毫不差。經過反覆試驗，結果這一「變形-恢復」的現象可重復進行。

進一步研究發現，近等原子比的 TiNi 合金具有良好的形狀記憶效應。記憶合金較早的典型應用之一是 1970 年美國將 TiNi 記憶合金絲製成宇宙飛船天線。1970 年代先後在 CuAlNi 及 CuZnAl 等合金中發現了形狀記憶效應。80 年代開發出 FeMnSi、不銹鋼等鐵基形狀記憶合金，由於其成本低廉、加工簡便而引起材料工作者的興趣。1990 年代高溫形狀記憶合金（金屬間化合物型）、寬滯後記憶合金以及記憶合金薄膜等相繼被開發出來。

（2）形狀記憶合金的分類及性能特點

這類合金，包括 Ni-Ti 合金、Cu-Zn 合金、Cu-Al-Ni 合金以及 Cu-Au-Zn 合金等，它們在外力作用下改變形狀以後，通過加熱又能夠恢復原來的形狀。這就是所謂的形狀記憶合金，簡稱記憶合金。現在鐵基合金以及不銹鋼合金也有了記憶合金。

按照記憶效應形狀記憶合金可以分為三種：

① 單程記憶效應　形狀記憶合金在較低的溫度下變形，加熱後可恢復變形前的形狀，這種只在加熱過程存在的形狀記憶現象稱為單程記憶效應。

② 雙程記憶效應　某些合金加熱時恢復高溫相形狀，冷卻時又能恢復低溫相形狀，稱為雙程記憶效應。

③ 全程記憶效應　加熱時恢復高溫相形狀，冷卻時變為形狀相同而取向相反的低溫相形狀，稱為全程記憶效應。

形狀記憶合金材料的應用領域相當廣泛，包括電子、機械、能源、宇航、醫療及日常生活等多方面。具有形狀記憶效應的合金係已達 20 多種，主要材料包括：Au-Cd 合金、In-Ti 合金、NiTiNb 合金、鐵基形狀記憶合金、銅基形狀記憶合金、TiNi 係合金（如 TiNiFe、TiNiCu、TiNiV、TiNiCuR、TiNiPd）等（表 8.3），其中得到實際應用的集中在 TiNi 係合金與 CuZnAl 等合金。TiNi 形狀記憶合金的物理性能、力學性能和形狀記憶性能見表 8.4～表 8.6。

表 8.3　一些形狀記憶合金的成分和特點

合金	成分(摩爾分數)/%	馬氏體相變溫度(M_s)/K	逆轉變開始溫度(A_s)/K	有序(無序)	體積變化/%
Ag-Cd	Cd44～49	83～223	≈15	有序	−0.16
Au-Cd	Cd46.5～50	243～373	≈15	有序	−0.41
Cu-Al-Ni	Al14～14.5 Ni3～4.5	133～373	≈35	有序	−0.30
Cu-Au-Zn	Au23～28 Zn45～47	83～233	≈6	有序	−0.25
Cu-Sn	Sn≈15	153～213	—	有序	—
Cu-Zn	Zn38.5～41.5	93～263	≈10	有序	−0.50
Cu-Zn-X	(X=Si,Sn,Al,Ga)	93～263	≈10	有序	—
In-Tl	Tl18～23	333～373	≈4		−0.20
Ni-Al	Al36～38	93～373	≈10	有序	−0.42

續表

合金	成分(摩爾分數)/%	馬氏體相變溫度(M_s)/K	逆轉變開始溫度(A_s)/K	有序(無序)	體積變化/%
Ti-Ni-Cu	Ni20,Cu30	353	≈5	有序	—
Ti-Ni-Fe	Ni47,Fe3	183	≈18	有序	—
Ti-Ni	Ni≈51	223～373	≈10	有序	－0.34
Fe-Pt	Pd≈25	～143	≈30	有序	－0.8～－0.5
Fe-Pd	Pd≈30	～173	≈4	無序	—
Mn-Cu	Cu5～35	23～453	≈25	無序	—
Fe-Ni-Ti-Co	Ni33 Ti4,Co10	～133	≈20	部分有序	0.4～2.0

形狀記憶合金除了具有形狀記憶效應外，還有另一個特性，即超彈性。在應力作用下它的可恢復應變為普通金屬的幾十倍。普通金屬彈性應變量一般不超過0.5%，而具有超彈性的形狀記憶合金可達5%～20%。形狀記憶效應是由熱彈性馬氏體的逆轉變產生的，而超彈性是由應力誘發的馬氏體逆轉變引起的。

表 8.4　TiNi 形狀記憶合金的物理性能

密度/(g/cm³)	熔點/℃	比熱容/[J/(kg・K)]	線脹係數/10^{-6}℃$^{-1}$	熱導率/[W/(m・K)]	電阻率/$10^{-6}\Omega\cdot$cm
6～6.5	1240～1310	25～33	10	0.21	50～110

表 8.5　TiNi 形狀記憶合金的力學性能

硬度(HV)	抗拉強度/MPa	形狀記憶合金屈服強度/MPa	超彈性合金屈服強度/MPa	伸長率/%
(馬氏體相)180～200	(奧氏體相)200～350	(熱處理後)686～1073	(未熱處理)1274～1960	(馬氏體相)49～196
(奧氏體相)98～588	(加載時)98～588	(卸載時)0～294	20～60	—

表 8.6　TiNi 合金的形狀記憶性能

相變溫度(M_s點)/℃	溫度滯後/℃	形狀回復量(循環次數 N)			最大回復應力/MPa	熱循環壽命/次	耐熱性/℃
		$N<<10^5$	$N=10^5$	$N=10^7$			
－50～100	2～30	6%以下	2%以下	0.5%以下	588	10^5～10^7	≈250

熱彈性馬氏體相變是由溫度變化引起的馬氏體相變；應力誘發馬氏體相變是在母相穩定的溫度區內（$T>A_f$），由應力變化引起的馬氏體相變。當所加載荷超過了誘發馬氏體相變的臨界應力 σ_M 時，在變形的同時就誘發了馬氏體的產

生。當應力去除後，隨著馬氏體的逆轉變，應變也消失了，恢復到了母相原來的狀態。超彈性形狀恢復的現象，本質上與形狀記憶效應相同，都是馬氏體的逆轉變引起的，但這種馬氏體是很不穩定的，一旦卸去載荷，相應的變形即可得到恢復。

(3) 形狀記憶合金的應用

TiNi 形狀記憶合金具有優異的形狀記憶效應和超彈性、比強度高、抗腐蝕、抗磨損和生物相容性好等特點，在航空航天、海洋開發、儀器儀表和醫療器械等領域有廣闊的應用前景。

1) 在航空航天中的應用

形狀記憶合金已應用到航空和太空裝置。美國國家航空和航天局在「阿波羅」登月活動中用 NiTi 記憶合金製造的半球形展開式天線，其本身的體積相當龐大，為便於火箭或航天飛機運載，科學家先將這種天線進行「壓縮」，待運送到月球表面以後，再利用陽光加熱而使其恢復到原來的形狀。例如，先在正常溫度下按預定要求做好半球形天線，然後降低溫度，把它壓成一團，裝入登月艙的低溫容器中，送到月球後取出，在太陽光照射下，溫度升高到約 40℃時，天線便「記憶」起原來的形狀，自動展開成半球形。

荷蘭科學家採用 NiTi 記憶合金製造的人造衛星天線，也是通過「壓縮」技術把它卷放於衛星本體內，當衛星進入運行軌道以後，再利用太陽光加熱，使其恢復「記憶」而在太空中自動展開。

在太空方面，俄羅斯製作的形狀記憶合金裝置已達到了實用化水準，如用於空間計劃的大型天線和 MIR 空間站天線杆的連接與裝配。在美國，太空計劃應用形狀記憶合金的驅動插銷釋放發射後的有效載荷，也已證實是成功的。脆性插銷用在預壓氣缸中，當形狀恢復時引起有凹口的插銷斷裂，它比常規的爆炸釋放裝置要安全得多。另外，在衛星中使用一種可打開容器的形狀記憶釋放裝置，用於保護靈敏的鍺探測器免受裝配和發射期間的污染。

1970 年美國用形狀記憶合金製作 F-14 戰鬥機上的低溫配合連接器，隨後在數百萬的連接件上應用。

2) 在工業自動控製中的應用

在自動控製技術中，形狀記憶合金用得很多。例如，用於住宅供暖系統的「恆溫閥」，就是藉助於形狀記憶合金進行工作的。當室內溫度上升到一定數值後，記憶合金彈簧伸長，使閥門關閉；而當溫度降低到一定數值後，記憶合金彈簧縮短，閥門又被打開，以此來保持室內的恆溫。透過調整旋鈕改變彈簧的壓力，即可使室溫升高或降低。

使用形狀記憶合金製作的驅動器，可以在低電壓、小電流的條件下工作，既安全又省電，有些國家已經將這種小巧玲瓏的部件用在微型機器人上。由於形狀記憶合金的結構簡單、控製靈活，在輕型機器人及小型化系統中有獨特的技術優勢。幾個應用示例如下：

① 利用單程形狀記憶效應的單向形狀恢復，如管接頭、天線、套環等。例如，Ti-Ni 形狀記憶合金管接頭可用於密封連接各類液、氣高壓或低壓管件，也可用於異質器件的密封連接與緊固，性能穩定。

② 外因性雙向記憶恢復，即利用單程形狀記憶效應並藉助外力隨溫度升降做反覆動作，如熱敏元件、機器人、接線柱等。以記憶合金製成的彈簧為例，把這種彈簧放在熱水中它的長度伸長，再放到冷水中它會恢復原狀。利用形狀記憶合金彈簧可控製浴室水管的水溫，在熱水溫度過高時通過「記憶」功能調節或關閉供水管道。也可製作成消防報警裝置及電器設備的保安裝置。當發生火災時，記憶合金製成的彈簧發生形變，啓動消防報警裝置，達到報警的目的。

③ 內因性雙向記憶恢復，即利用雙程記憶效應隨溫度升降做反覆動作，如熱機、熱敏元件等。但這類應用記憶衰減快、可靠性差，不常用。

④ 超彈性的應用，如彈簧、接線柱、眼鏡架等。例如用記憶合金製作的眼鏡架，如果被碰彎曲了，將其放在熱水中加熱就可以恢復原狀。

形狀記憶合金作為低溫配合連接件可在飛機的液壓系統中及石化、電力系統中應用。寬熱滯 NiTiNb 合金的出現使形狀記憶合金連接件和連接裝置更有吸引力。

另一種連接件的形狀是焊接的網狀金屬絲，可用於製造導體的金屬絲編織層的安全接頭。這種連接件已用於密封裝置、電氣連接裝置、電子工程和機械裝置，並能在－65～300℃下可靠地工作。開發出的密封裝置可在嚴酷環境中用作電氣件連接。電腦連接電路板的互連電纜需要一個接頭，該接頭在接觸電阻降至最低時關閉，可防止電器件損壞。

3）在醫學中的應用

用於醫學領域的記憶合金，除了具備形狀記憶或超彈性特性外，還應滿足化學和生物學等方面可靠性的要求（具有生物相容性）。在實用中，只有與生物體接觸後會形成穩定性很強的鈍化膜的合金才可以植入生物體內，其中僅 TiNi 合金滿足使用條件，是目前醫學上主要使用的記憶合金。

TiNi 合金的生物相容性很好，在醫學上 TiNi 合金應用較廣的有口腔牙齒矯形絲，外科中用的各種矯形棒、骨連接器、血管夾、凝血濾器等。例如：

① 牙齒矯形絲　用超彈性 TiNi 合金絲和不銹鋼絲做的牙齒矯正絲。通常牙齒矯形用不銹鋼絲和 CoCr 合金絲，但這些材料有彈性模量高、彈性應變小的缺點。用 TiNi 記憶合金作牙齒矯形絲，即使應變高達 10％也不會產生塑性變形，而且應力誘發馬氏體相變使彈性模量呈現非線性特性，即應變增大時矯正力波動很小，這樣可減輕患者的不適感。

② 脊柱側彎矯形　採用形狀記憶合金製作的矯形棒只需一次安放固定。如果矯形棒的矯正力有變化，可通過體外加熱形狀記憶合金，溫度升高到比體溫約高 5℃就能恢復足夠的矯正力。

4）在法蘭密封連接中的應用

法蘭密封連接是壓力容器、動力機器和連接管道等工業裝置中常見的可拆連接形式，它的失效有可能帶來災難性後果。螺栓在長期拉伸狀態下也表現出蠕變鬆弛。在核電站、宇航設施等特定工況下要滿足法蘭連接的密封要求，須保證在長週期工作狀態下密封元件上仍能維持足夠的壓緊力。形狀記憶合金製成的管接頭在工程中已得到應用，特別是在航空用液壓管路的連接中。

① 法蘭密封合金的性能　法蘭密封連接的蠕變鬆弛是墊片、螺栓與法蘭相互作用的結果。當螺栓法蘭連接進入工作狀態後，在介質壓力的作用下，螺栓變形伸長，墊片變形減薄，起密封作用的壓緊力下降。隨著時間推移和溫度作用，各元件逐漸增大的蠕變使得墊片上的壓緊力越來越小，導致密封失效。特別是高溫狀態下的法蘭連接，蠕變鬆弛現象更為明顯。

形狀記憶合金具有形狀記憶效應，具熱彈性馬氏體相變的合金還呈現出超彈性。記憶合金在高於奥氏體轉變結束溫度（A_f）時是穩定的母相，而在低於馬氏體轉變結束溫度（M_f）後變為馬氏體相，在 M_f 和 A_f 之間兩相共存。當一定形狀的母相樣品由 A_f 以上冷卻至 M_f 以下形成馬氏體後，將在 M_f 以下變形，加熱至 A_f 以上伴隨逆相變，材料會自動恢復其在母相時的形狀。當記憶合金在形狀恢復過程中受到約束時，會產生很大的應力予以反抗。例如，TiNi 合金的記憶效應受到阻止時，可產生 700MPa 的抗力。這種反抗應力可直接或間接應用在螺栓法蘭連接密封中，彌補蠕變鬆弛造成的壓緊力下降。

② 形狀記憶合金密封元件　在螺栓法蘭連接中，已經取得進展的有形狀記憶合金製成的螺栓（或組合螺栓）和墊片。預緊後的螺栓法蘭連接進入工作狀態時，隨著工作溫度和內壓的升高，螺栓和墊片表現出形狀記憶效應，產生逆變形，阻止螺栓的伸長，使加載在墊片上的壓緊力維持在較為恆定的範圍；形狀記憶效應和超彈性性能在隨後的長期工作中，對蠕變鬆弛、內壓和溫度場波動引起的壓緊力減小起主動補償，獲得優異的密封效果。

圖 8.14 所示為一種新的組合螺栓，該螺栓用兩種材料製成，同軸組合後製成一體，利用記憶效應來抑製螺栓應力鬆弛行為。對形狀記憶合金製成的雙頭螺栓進行的低周反覆載荷試驗表明，在同樣的應力狀態下（鋼製螺栓低於屈服強度，記憶合金螺栓高於馬氏體轉變強度且低於屈服強度），相對於鋼製螺栓，形狀記憶螺栓有更高的耗能能力。這對特殊場合下的螺栓法蘭連接體提高抗疲勞性能和延長密封壽命有應用價值。

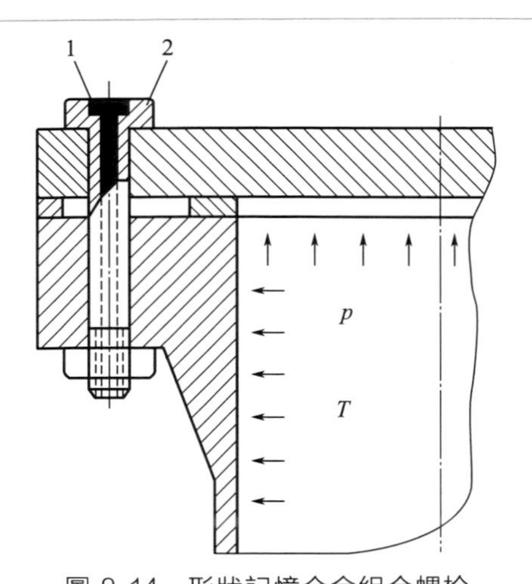

圖 8.14 形狀記憶合金組合螺栓

1—形狀記憶合金；2—普通合金鋼製螺栓；p—工作內壓；T—工作溫度

圖 8.15 (a)中所示的記憶合金墊片由波紋狀記憶材料和一層保護膜組成，圖 8.15 (b)中所示的墊片採用記憶合金製成的 V 形帶與填充材料螺旋相間纏繞而成，都是利用形狀記憶效應來彌補密封壓緊力的下降。試驗表明，TiNi 合金平墊片的密封性能優於鋁製平墊片，在軸向壓緊力出現下降 20%波動時，處於母相狀態的記憶合金墊片仍能通過其超彈性性能來維持密封效果。

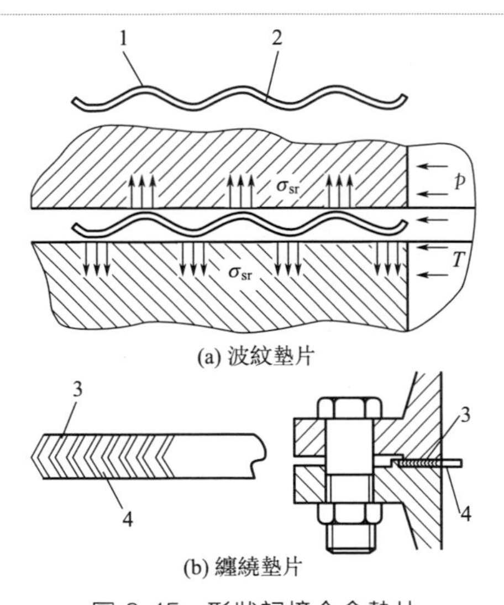

圖 8.15 形狀記憶合金墊片

1—保護膜；2, 3—形狀記憶合金；4—填充材料；p—工作內壓；T—工作溫度；σ_{sr}—形狀記憶效應恢復力形狀記憶合金墊片的優勢很明顯，但要求預緊時處於低溫馬氏體相，工作狀態時處於高溫母相狀態，這樣記憶效應才能產生所需抗力；記憶效應超彈性性能也要求墊片工作溫度處於 A_f 點與 M_d（應力誘發馬氏體的最高溫度）點之間，應針對不同工作環境開發適用的記憶合金墊片。

③ 幾種記憶合金在密封連接中的應用　按馬氏體逆相變開始溫度（A_s），可將記憶合金劃分為高溫形狀記憶合金（HTSMA）和低溫形狀記憶合金（LTSMA）。經過後續熱-機械處理的合金，在無約束應力條件下，A_s＞120℃歸為 HTSMA，反之歸為 LTSMA。從延長密封壽命、減少維護和提高密封可靠性方面來講，HTSMA 和 LTSMA 適用於不同場合。HTSMA 的開發應用價值更大，能解決核反應堆、汽輪機熱區、地熱等情況下管路的密封連接。開發適合於螺栓法蘭連接要求的密封元件，除了要考慮材料適用溫度、密封設計外，還需要考慮合金材料的可加工性、相穩定性、機械穩定性和經濟性。

a. Ti-Ni 合金。Ti-Ni 合金是研究最早的記憶合金之一，加入第 3 係元素形成 Ti-Ni-X 合金可改變性能滿足不同場合的要求。對於開發法蘭連接密封組件而言，LTSMA 中具有應用價值的有 Ti-Ni、Ti-Ni-Nb 和 Ti-Ni-Cu；HTSMA 中具有應用價值的是 Ti-Ni-Hf 和 Ti-Ni-Pd。

b. Cu 基合金。Cu 基記憶合金某些特性不如 Ti-Ni 合金，但由於加工容易、成本低，在工程應用中受到青睞。Cu 基記憶合金包括 Cu-Zn 和 Cu-Al 兩大合金係，Cu-Zn 係合金的 M_s 點一般低於 100℃，熱穩定性較差，而 Cu-Al 係合金有望開發成為 HTSMA。

c. Fe 基合金。Fe 基合金具有強度高、塑性好、易成形加工和價格便宜等優點，雖然記憶效應比不上 Ti-Ni 合金，但有很大的應用潛力。其中 Fe-Mn-Si 合金可用來開發螺栓或螺栓組件，其合金逆相變發生在 100～200℃，添加 Cr、Ni、Co 可防止生銹，提高耐腐蝕性，添加稀土元素 Re 可以改善記憶效應和提高 M_s 點。

d. Ni-Al 合金。Ni-Al 合金的馬氏體相變溫度（M_s）隨 Ni 含量不同由 －196℃變化到 950℃左右，由於合金中含有大量 Al，呈現良好的高溫抗氧化性能和導熱性能，適合於開發高溫形狀記憶合金，是目前被認為發展潛力最大的高溫形狀記憶合金之一。在螺栓法蘭連接密封中，可進一步研究開發的有 Ni-Al-Fe 和 Ni-Al-Mn 合金。

8.2.2 形狀記憶合金的焊接進展

當前實用化的 TiNi 形狀記憶合金主要是製造成簡單的工業製件（如彈簧、絲和片等），將 TiNi 形狀記憶合金焊接成更複雜的形狀是擴大其應用的重要途徑。對 TiNi 形狀記憶合金焊接的研究開發主要集中在焊接方法、焊接工藝以及對接頭組織性能的影響等方面。目前的研究多為探索性研究，但對推進其應用有現實意義。

眾多研究者在 TiNi 形狀記憶合金連接的研究開發方面做了很多的工作，包括氬弧焊、電子束焊、激光焊、電阻焊、摩擦焊、釬焊等。TiNi 形狀記憶合金焊接時，除了要求保證具有一定的力學性能外，還須保證形狀記憶功能達到所需要求。因此，它比一般結構材料更難焊接，焊接工藝所受限製也更多，這給其焊接帶來很大的困難。

(1) TiNi 形狀記憶合金的熔化焊

由於 TiNi 形狀記憶合金組織和力學性能對溫度變化極為敏感，高溫下 Ti 對 N、O、H 的親和力特強，在熔焊過程中 TiNi 記憶合金很容易吸收這些氣體，在接頭處形成脆性化合物。熔焊時接頭形成粗大的鑄態組織並在凝固過程中形成 Ti_2Ni、$TiNi_3$ 等化合物，對接頭力學性能和形狀記憶效應有不利影響。故連接這類合金時要防止 N、O、H 等的侵入並盡可能不產生液相。針對 TiNi 形狀記憶合金的特點，釬焊、摩擦焊及電阻焊等固相連接方法應有利於 TiNi 形狀記憶合金的連接。

焊接生產中熔化焊應用最為廣泛。1960 年代就開始採用鎢極氬弧焊連接 TiNi 形狀記憶合金，但沒有獲得滿意的結果。採用氬弧焊、電子束焊和激光焊等熔焊方法焊接 TiNi 係形狀記憶合金的焊接效果仍不能令人滿意。

形狀記憶合金熔焊中存在的主要問題是：

① 由於 N、O、H 等的溶入使焊接接頭變脆；

② 焊縫中產生的鑄態結晶組織阻礙馬氏體相變而影響其形狀記憶效應；

③ 焊接熱影響區晶粒長大破壞母材的有序點陣結構而影響其形狀記憶效應；

④ 易形成金屬間化合物（如 Ti_2Ni、$TiNi_3$），對接頭強度和形狀記憶效應有不利影響。

1) 鎢極氬弧焊

通過研究 N、O 對 TiNi 形狀記憶合金鎢極氬弧焊接頭組織、形狀記憶效應和力學性能的影響規律，結果表明：N、O 對 TiNi 形狀記憶合金氬弧焊接頭組織和性能有不利影響，隨著接頭中 N、O 含量增加，接頭區出現第二相粒子（如 TiN、Ti_4Ni_2O 等），相變溫度下降、形狀記憶效應和接頭抗拉強度降低。

採用 He 氣保護鎢極電弧焊來連接 TiNi 記憶合金時，焊縫呈細的樹枝狀組織，但接頭的形狀記憶效應和力學性能仍不佳。

2) 電子束焊

用電子束焊針對厚度為 1.16mm 的 TiNi 形狀記憶合金板材焊接接頭的力學性能試驗表明，記憶合金壓延後經 973K×60min 熱處理，室溫時母相狀態下的斷裂應力為 740MPa，伸長率為 26%。

TiNi 記憶合金電子束焊接頭的力學性能見表 8.7。焊接接頭在馬氏體狀態下的斷裂應力為 410MPa，原始母相狀態下斷裂應力為 560MPa；斷裂發生於焊縫中或焊趾部位半熔化區，焊趾部位有縱、橫小裂紋存在。通過研磨可去除裂紋，斷裂應力上升為 710MPa。焊接接頭經過焊後熱處理（973K×120min）後晶粒明顯細化，伸長率上升為 16%，斷裂應力為 660MPa。但電子束焊對其形狀記憶效應仍有不利影響。

表 8.7 TiNi 記憶合金電子束焊接頭的力學性能

材料	狀態	試驗條件	斷裂應力 /MPa	伸長率 /%
母材	973K×60min,水淬	$T<M_f$	860	31
	973K×60min,水淬	$T>A_f$	740	26
焊接接頭	無熱處理,無研磨	$T<M_f$	410	9.8
	無熱處理,無研磨	$T>A_f$	560	11
	無熱處理,進行研磨	$T>A_f$	710	7.2
	973K×120min,水淬和研磨	$T>A_f$	660	16

3）激光焊

激光焊可實現形狀記憶合金薄板件的焊接，並能獲得與母材相近的形狀記憶效應和超彈性，但焊縫強度較低，且在焊縫中心易產生裂紋，這主要是由於接頭熔化區產生了粗大的鑄態組織而使焊縫變脆的緣故。日本學者用 10kW 的 CO_2 激光器焊接厚度為 3mm 的 NiTi 記憶合金薄板，也證實了這一結論。

例如，針對 Ti-Ni50.7%記憶合金，母材固溶處理條件為 973K×30min，時效處理條件為 673K×60min，Ar 氣中。CO_2 激光焊的工藝參數為：功率為 6kW，焊接速度為 3.4m/min，焊後在 Ar 氣中進行 673K×60min 時效處理。表 8.8 列出了 Ti-Ni50.7%合金、母材時效處理後以及激光焊焊縫金屬的轉變溫度，表中數據表明母材與焊縫金屬的相變點基本相同。

表 8.8 Ti-Ni50.7%合金和激光焊焊縫金屬的轉變溫度

材料	轉變溫度/K			
	A_f	A_s	M_s	M_f
Ti-Ni50.7%合金	296	251	248	194
母材 673K×60min 時效處理	296	271	245	200
激光焊焊縫金屬	296	236	250	185

形狀記憶效應的評定在不同的試驗溫度（從 M_s 點以下到 A_f 點以上）下進行，以 1.6×10^{-4}/s 應變速度加載，到達 4%應變率後去除載荷，加熱到母相狀

態，試驗其形狀恢復情況和評定其形狀記憶效應。試驗結果表明，激光焊接頭與母材具有相同的形狀記憶效應，但焊接試樣的抗拉強度和斷裂應變均低於母材(表 8.9)。斷裂發生於焊縫中心柱狀晶的晶界，這是因為柱狀晶的晶界垂直於載荷，而且晶界上存在有氧化物夾雜。儘管如此，焊接試樣斷裂應變仍超過 6%，這是多晶體 TiNi 金屬中的最大可恢復伸長率。因此，針對 Ti-Ni50.7%形狀記憶合金，激光焊是可行的。

表 8.9 Ti-Ni50.7%合金及其激光焊接頭的力學性能

材料	狀態	試驗溫度 /K	抗拉強度 /MPa	伸長率 /%
Ti-Ni50.7%合金	973K×30min 固溶處理	233	957	37
		313	840	18
	673K×60min 時效處理	233	1224	15
		313	1155	18
激光焊接頭	焊態	233	417	7.9
		313	740	7.7
	673K×60min 時效處理	233	492	6.5
		313	656	6.0

採用 Nd：YAG 激光焊機對 Ni-49.6%Ti 形狀記憶合金焊接接頭功能特性進行了研究。拉伸試驗結果表明，經 900℃×1h 退火處理，試樣焊接區對其形狀記憶效應影響較小；而經 400℃×20min 退火處理，試樣的超彈性性能較未焊接試樣變化較大。

採用 CO_2 激光器對厚度為 2mm 的 $Ti_{50}Ni_{50}$ 和 $Ti_{49.5}Ni_{50.5}$ 形狀記憶合金板材進行焊接，研究接頭的形狀記憶效應和抗腐蝕性，結果表明，焊接接頭馬氏體相變點略有下降，其形狀記憶效應與母材相近。$Ti_{50}Ni_{50}$ 合金焊縫 B2 相增多，接頭強度較高，而伸長率較低。焊接接頭在 H_2SO_4（1.5mol/L）和 HNO_3（1.5mol/L）溶液中表現出良好的耐腐蝕性。對 $Ti_{49.5}Ni_{50.5}$ 合金的超彈性試驗結果表明，焊接接頭經循環應力變形後殘餘應變較大，這是由於焊縫組織不均勻造成的。

採用 500W 脈衝激光焊機對直徑為 0.5mm 的 Ti-50.6%Ni 合金絲進行激光點焊，研究接頭的組織和性能，結果表明：激光點焊接頭熔化區由樹枝晶組成，熱影響區靠近焊縫部分為粗大等軸晶，靠近母材部分為細小等軸晶；激光焊造成 Ni 的蒸發，使接頭中 Ni 含量降低，使接頭相變溫度升高；接頭抗拉強度可達母材的 70%，可恢復應變達母材的 92%。當 TiNi 合金作為形狀記憶效應功能材料使用時，激光點焊方法是可取的。

以上研究結果表明，採用熔化焊方法來焊接 TiNi 形狀記憶合金，由於 N、O、H 的溶解及 Ti_2Ni、$TiNi_3$ 脆性化合物的生成而使接頭變脆；熱影響區金屬受熱使其組織粗大、組織結構發生變化，導致 TiNi 形狀記憶合金的形狀記憶效應和超彈性下降。因此，從保證接頭區的功能特性來說，除激光焊外，採用常規熔化焊方法焊接 TiNi 形狀記憶合金是比較困難的。

(2) TiNi 形狀記憶合金的固態焊接

固態焊接方法（如電阻焊、摩擦焊和擴散焊）具有接頭區金屬局部結構變化小、能在較低的溫度下獲得接頭（相對於熔化焊）及沒有熔融金屬等優點，對 TiNi 形狀記憶合金的焊接和保證接頭區性能十分有利。

1）電阻焊

① 電阻點焊　針對直徑為 0.5mm 的 Ti-55.2%Ni 形狀記憶合金絲網結構中十字搭接頭的點焊試驗，對比精密時間控製的交流點焊和儲能點焊兩種工藝方法，並研究氬氣保護的影響。結果表明，點焊 TiNi 合金時容易吸收 N、O、H，使接頭的力學性能和形狀記憶效應下降。所以，焊接過程中採用氬氣保護是非常必要的。兩種工藝方法所獲得的焊接接頭的形狀記憶恢復率均可達到 98%以上。力學性能方面交流點焊方法優於儲能脈衝點焊，交流點焊接頭和儲能脈衝點焊接頭的最大抗剪強度分別為 700MPa 和 500MPa，其最大抗拉強度分別為 1200MPa 和 1000MPa。

對 TiNi 合金母材、焊點和焊後熱處理組織性能的分析表明，TiNi 形狀記憶合金經點焊後，焊點各區域和母材成分基本上是均勻的。焊後未經熱處理的焊縫組織以高溫相為主，焊點經與母材相同的熱處理後，焊縫組織與熱處理後的母材基本一致，由高溫相與馬氏體相組成。通過對焊點的變溫動態分析，證明焊點具有熱彈性馬氏體相變的功能和形狀記憶效應的特性。

② 電阻對焊　針對直徑為 0.73mm 的 TiNi 形狀記憶合金絲的電阻對焊，研究焊接頂鍛力和焊接電流對接頭力學性能和形狀記憶效應的影響，可給出適合於焊接條件與形狀恢復率的區域圖。可採用彎曲試驗方法評定焊接部位的形狀記憶特性。

針對 TiNi 形狀記憶合金的精密脈衝電阻對焊，分析焊接電流、焊接壓力、頂鍛壓力和保護氣體等參數對焊接接頭力學性能和形狀記憶效應的影響。試驗得出的獲得最高形狀恢復率焊接接頭的參數為：焊接熱量為 75%，激磁電流為 2A，調伸長度為 5.0mm，焊接留量為 2.5mm，後熱處理量為 10%，後熱處理時間為 40～60cycles。

電阻焊是連接 TiNi 合金的有利方法，但該方法的靈活性受到限製，如對工件形狀和接頭的複雜程度以及尺寸大小等限製較大。

2）摩擦焊

採用摩擦焊和焊後熱處理，可成功連接直徑為 6mm（長度為 100mm）的 Ti50-Ni50（摩爾分數,%）金屬棒，獲得良好的結果。摩擦焊時所用的頂鍛壓力為 39.2～196.1MPa，焊後熱處理條件為：773K×30min、冰水焠火。焊接接頭經熱處理後的力學性能和形狀記憶效應均很好，不同工藝條件下摩擦焊焊縫的轉變溫度見表 8.10，可見熱處理後的焊接接頭具有與 TiNi 母材幾乎相同的轉變溫度。應力-應變測定表明熱處理後的摩擦焊接頭的形狀記憶效應優於母材。

表 8.10　不同工藝條件下摩擦焊焊縫的轉變溫度

母材及接頭狀態	轉變溫度/K			
	M_s	M_f	A_s	A_f
Ti50-Ni50 記憶合金	309.0	277.5	314.2	331.0
頂鍛壓力為 39.2MPa,焊後熱處理	309.5	279.0	316.3	332.0
頂鍛壓力為 196.1MPa,焊後熱處理	309.2	276.3	316.3	334.5
頂鍛壓力為 39.2MPa,焊態	245.0	216.4	287.4	310.0
頂鍛壓力為 196.1MPa,焊態	267.6	216.7	286.9	309.8

摩擦焊時在焊接區產生了嚴重的熱擠壓變形，可獲得較細小的顯微組織，這對形狀記憶效應是有利的。但摩擦焊不能保證接頭結合面的幾何精度。因此，工件接頭的幾何精度是 TiNi 形狀記憶合金摩擦焊中難以避免的問題。

儲能摩擦焊能夠連接非軸對稱的部件，但在焊接時需要施加快速的熱循環和高軸向力，使受熱變形的塑性金屬擠出結合面，得到緻密的接頭，但這對 TiNi 合金的形狀記憶效應會造成不利的影響。

3）擴散焊

擴散焊通過在高溫下施加一定的壓力實現材料的連接，被連接工件沒有明顯的總體變形。可在結合面處填加中間合金，這是在連接形狀記憶合金方面非常有潛力的方法。但擴散焊的溫度一般高於 TiNi 形狀記憶合金的退火溫度，這對母材的形狀記憶效應是不利的。

通過對 NiTi 合金的瞬間液相擴散焊（TLP）研究，發現在接頭界面處形成一層 Ni_2AlTi 化合物。焊接過程中 NiTi 合金中 Ti 向接頭擴散，導致 NiTi 合金固相線溫度下降，從而使其在焊接過程中部分熔化。NiAl 合金中元素 Cr 向接頭及 NiTi 基體擴散，導致 NiTi 基體中形成 α-Cr 相，通過焊後熱處理能夠消除該相，減小對 NiTi 合金記憶效應的影響。

研究表明採用瞬間液相擴散焊方法連接 TiNi 形狀記憶合金，通過長時間的擴散或焊後熱處理可使焊接接頭的化學成分和顯微組織與母材接近，這在連接 TiNi 形狀記憶合金方面具有極大的潛能，它的成功應用依賴於給定合金系統的參數優化。

(3) TiNi 形狀記憶合金的釬焊

1）同質接頭釬焊

日本學者研製出能在大氣中釬焊 Ti-55.75%Ni 形狀記憶合金的釬料和釬劑。

以 BAg7 為基礎研製成的釺料 A-1 成分（溶質質量分數）為 Ag59%，Cu23%，Zn15%，Sn1%，Ni2%。釺劑成分（溶質質量分數）為 AgCl25%、KF25%、LiCl50%，它能使 Ag 基釺料在 TiNi 形狀記憶合金上很好地潤溼。

釺焊工藝分兩步進行：第一步為預熔敷釺料，將研製的釺劑塗於試件的連接部位，使釺料熔化後熔敷在試件的連接部位；第二步為連接，在預置有熔敷釺料層的試樣連接部位塗上通用的銀釺料用釺劑，然後將兩塊需要連接的試件裝配在一起，壓上 100g 質量，在爐中進行釺焊。試驗結果表明，與常規釺料 BAg7 相比，加有 2% Ni 的 A-1 釺料顯著地提高了接頭的強度，最大抗剪強度約為 300MPa，與其對比的 BAg7 釺料的最高抗剪強度約為 200MPa。

在紅外線加熱爐中於氬氣流中以純 Cu 和 Ti-15Cu-15Ni 箔片為釺料，對 $Ti_{50}Ni_{50}$ 形狀記憶合金進行釺焊，研究釺縫的組織及接頭的形狀記憶特性。結果表明，採用純 Cu 釺料時，釺縫由富 Cu 相、CuNiTi 相和 Ti（Ni，Cu）相組成，其中富 Cu 相在釺焊最初 10s 內就迅速消失，接頭由 CuNiTi 和 Ti（Ni，Cu）共晶組織組成。隨釺焊時間的延長，CuNiTi 相逐漸減少；釺焊溫度為 1150℃、釺焊時間為 300s 時，釺焊接頭在 130℃下形狀回復率達 99.9%，與母材相當，延長釺焊時間有助於提高接頭形狀回復率。而採用 Ti-15Cu-15Ni 釺料時，接頭形成 Ti_2（Ni，Cu）脆性化合物相，使彎曲試驗不能順利進行，提高釺焊溫度或延長釺焊時間不能消除該脆性化合物。

2）異質接頭釺焊

採用 Ag-Cu 共晶釺料 BAg28、添加 0.5%和 3%Ni 的 BAg28（成分分別為：Ag72.6%、71.5%和 77%，Cu27.4%、28%和 20%，Ni0%、0.5%和 3%），可實現 TiNi 形狀記憶合金與 304 奧氏體不銹鋼的釺焊連接。連接部位的釺焊層保持固定，在紅外線加熱爐中於氬氣流中以 0.5MPa 的壓力進行焊接。結果表明：

① 採用 BAg28 釺料釺焊時，較低溫度或較短的保溫時間，在接合面上可形成均勻的反應層，接合強度為 200MPa～250MPa，最高強度可達 270MPa。焊接件的斷裂發生在釺料與界面上所形成的 FeTi 化合物層附近。

② 採用加 Ni 的釺料釺焊時，能抑製 Fe 和 Ti 的溶解，不會形成 FeTi 化合物層，在 304 不銹鋼一側形成了富 Fe 和 Ni 的固溶體層，而在形狀記憶合金一側形成了 Ni_3Ti 層。

③ 加 Ni 釺料的釺焊件，破斷發生在界面上所形成的 Ni_3Ti 層和 NiTi 層，因為不形成 FeTi 化合物，焊件的最高斷裂強度可提高到 400MPa 左右。

採用 Ag-Cu（BAg-8）和 Cu-Ti-Zr（MBF5004）釺料可實現 TiNi 形狀記憶合金與純 Ti 的釺焊連接。試驗結果表明，採用 BAg-8 釺料，釺焊溫度低於 1153K 時，接頭形成 4 層化合物層，抗拉強度最高達 330MPa，斷裂發生在純 Ti

和釺料間的 Ti-Cu 金屬間化合物層；當釺焊溫度高於 1193K 時，接頭形成兩層化合物層，抗拉強度最高達 350MPa，斷裂發生在釺縫中的 α-Ti 和 Ti_2（Ni，Cu）層。此時擴散層厚度是釺料厚度的 3 倍，表明釺焊過程中靠近界面的 TiNi 記憶合金母材部分熔化。

採用 MBF5004 釺料，釺焊接頭組織和斷裂部位與採用 BAg-8 釺料類似，但接頭強度更高，接近純 Ti 母材強度。採用微束等離子弧焊、儲能焊和激光釺焊對 TiNi 形狀記憶合金與不銹鋼接頭局部組織和性能進行對比，結果表明，採用微束等離子弧焊和儲能焊，由於不銹鋼與 TiNi 形狀記憶合金熔化，在接頭處形成鑄態組織及脆性化合物，改變了 TiNi 形狀記憶合金成分和組織，焊接接頭極脆，抗拉強度低且不能承受彎曲載荷，熱影響區硬度增加，接頭呈脆性斷裂。因此要提高異質接頭的性能，焊接時應避免 TiNi 形狀記憶合金過熱和盡量減少兩種母材的熔化或焊接時將焊縫中多餘熔化金屬擠出。

可採用適合於 TiNi 形狀記憶合金與不銹鋼釺焊的新型 AgCuZnSn 銀基釺料，這種釺料可應用於醫學領域，該銀基釺料成分（溶質質量分數）為：Ag51%～53%，Cu21%～23%，Zn17%～19%，Sn7%～9%。固相線溫度為 590℃，液相線溫度為 635℃，該釺料主要由 α-Ag 固溶體、α-（Cu，Zn）固溶體和 Ag-Cu 共晶相組成。採用該釺料釺焊 TiNi 形狀記憶合金與不銹鋼，釺焊接頭界面冶金結合平直、緻密。選取適當的激光釺焊工藝參數，接頭強度可達 360MPa，同時 TiNi 形狀記憶合金的形狀記憶效應和超彈性性能損失較小。將 TiNi 形狀記憶合金矯齒絲與不銹鋼矯齒絲採用激光釺焊連接而成的複合正畸矯齒弓絲應用於口腔正畸臨床，取得了良好的矯治效果。

對 TiNi 形狀記憶合金異質材料連接，採用釺焊及瞬間液相擴散焊可以在低於 TiNi 形狀記憶合金退火溫度下獲得性能較好的焊接接頭，對母材的形狀記憶效應和超彈性能影響較小，應引起關注。

8.2.3 TiNi 形狀記憶合金的電阻釺焊

針對 TiNi 形狀記憶合金，薛松柏等採用附有氬氣保護的電阻釺焊方法進行了試驗研究。因為 TiNi 合金導熱性差、電阻大，而電阻釺焊方法時間短、焊接熱量低、加熱集中、熱影響小，釺料對母材有良好的浸潤性，這些特點不但有利於釺縫強度的提高，而且可以減小接頭形狀記憶效應的喪失。

（1）試驗材料與焊接方法

試驗所用 TiNi 記憶合金的規格為 2.5mm×1.2mm 扁絲，主要化學成分見表 8.11。釺料為 1.0mm×0.24mm 的 CuNi 薄帶，其化學成分見表 8.12。採用釺劑為現有釺劑（溶質質量分數，%）AgCl25-KF25-LiCl50 的改進型，加入一定

量的 A_xB_y。

表 8.11 TiNi 形狀記憶合金的化學成分 %

Ti	Ni	Mn	Si	Fe
43.58	餘量	0.01	0.005	0.005

表 8.12 釺料的化學成分(溶質質量分數) %

Cu	Ni	Mn	Fe	Al	Si
55.65	42.20	1.47	0.50	0.10	0.084

焊接前，母材及釺料先用丙酮進行清洗除油，然後將母材置於氫氟酸、硝酸水溶液中浸泡 10～15min(室溫)，去除表面的氧化膜，最後將母材及釺料用酒精清洗乾凈，自然晾乾備用。

試驗用焊接設備是自行研製的 DN25 型數控交流電阻焊機，額定初級電流為 66.8A，額定功率為 25kW，次級空載電壓為 4V。可實現焊接過程中多參數的同步精確控製，能控製焊接熱量大小和焊接時間長短，焊接壓力通過電磁氣閥根據焊接要求準確控製。採用內部水冷電極和與焊接同步的氬氣保護。

焊接接頭採用搭接形式，在釺料薄帶與母材之間的接觸面上塗以一定量釺劑(預先將釺劑攪拌成膏狀)，分別採用加氬氣保護和不加氬氣保護，經過預壓階段、通電焊接階段及維持加壓階段完成一個焊接過程。基於試驗分析選定的焊接工藝參數見表 8.13。針對 2.5mm×1.2mm 的 TiNi 絲材的最佳工藝參數為：焊接熱量調節為 1，焊接壓力為 0.14MPa，焊接時間為 5cycles。焊後利用 Zwick Ⅰ 型微機控製電子拉伸試驗機測定接頭抗剪強度。

表 8.13 焊接工藝參數

焊接熱量調節	0	1	2	3	4
焊接時間 t/cycles	—	—	5	—	—
焊接壓力 p/MPa	—	—	0.14	—	—

(2) 焊接熱量對接頭力學性能的影響

由於焊接熱量調節直接影響接頭的熱輸入(當焊接熱量調節為 0 時，可控硅的導通角為 30°；當焊接熱量調節為 10 時，可控硅的導通角為 90°)，很大程度上決定著接頭的品質。圖 8.16 所示為焊接熱量調節與接頭抗剪強度的關係。

可以看出，隨著焊接熱量調節的增大，接頭的強度隨之升高，在焊接熱量調節為 1 時達到峰值，焊接熱量調節進一步增大，強度開始下降。採用 CuNi 釺料薄帶配合改進型釺劑，TiNi 形狀記憶合金的電阻釺焊接頭的抗剪強度最高可達到 577MPa。

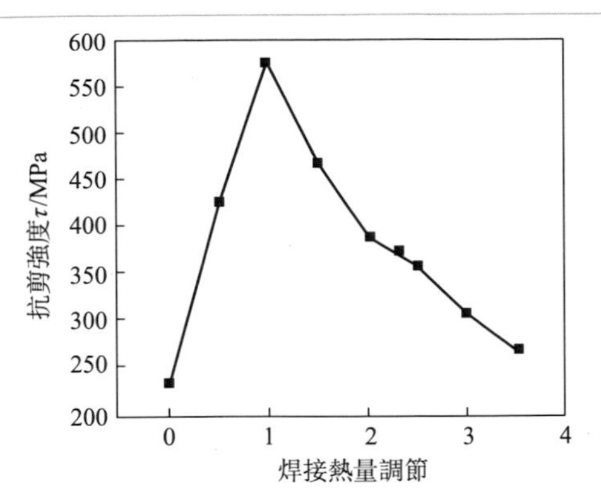

圖 8.16 焊接熱量調節與抗剪強度的關係

分析認為，當焊接熱量調節小時，釬縫接合區所獲得的熱量小，接合區的溫度較低，釬劑的活性降低。接合面的熱塑性變形較小，不足以使接合面的氧化膜破裂。這影響了氧化膜的去除，妨礙了釬料對母材的潤溼，接頭釬著率低。當承受剪切力時，接頭接合面處受力面積小，容易在搭接部位斷開，所以強度較低。從接頭斷面的總體形貌也證明了這一點，試件接合區母材的原貌清晰可見，未發現有釬料潤溼的痕跡。

焊接熱量調節大時，雖然釬劑與釬縫接合面熱塑性變形的共同作用使母材表面氧化膜得以很好地去除，但由於溫度過高，導致釬料與母材發生劇烈的反應，形成了新的化合物相。同時較大的熱輸入對母材的熱影響較大，母材晶粒粗化，原有的 $TiNi_3$ 化合物相會急劇長大，接頭的脆性相較多，使位錯密度增大，在接頭及熱影響區形成了潛在的裂紋源，接頭的塑性較差，受力時很容易在釬縫及熱影響區斷裂。只有當焊接熱量調節適當時，才能獲得強度和塑性都較高的釬焊接頭。

(3) 焊接參數對接頭力學性能的影響

根據電阻焊熱量計算公式：

$$Q=I^2Rt \tag{8.1}$$

式中，I 為電流強度，A；R 為接觸電阻，Ω；t 為焊接時間，s。

可以看出，當焊接熱量調節一定、母材採用相同的焊前處理時，熱量 Q 與焊接時間 t 成線性關係。圖 8.17 所示為焊接時間與抗剪強度的關係。表明焊接時間短時，熱量小，釬劑活性不夠，接合界面處的氧化膜不能充分被去除。同時熔化的釬料與母材的相互作用時間短，釬料不能夠完全熔化，致使釬著率低，不能形成緻密的釬縫。而焊接時間過長時，過大的熱量使釬料與母材的作用劇烈，釬縫處形成脆性化合物。同時母材晶粒由於過多的熱輸入而粗化，這會造成接頭強度的降低。用氬氣保護的釬焊接頭的強度比不採用氬氣保護的高 25%左右。

沒有氬氣保護的條件下，釬焊時間短時，界面接合程度對母材的力學性能起著決定性的作用。隨著釬焊時間的延長，熱量逐步加大，氬氣的保護作用效果明顯。由於熱輸入較大時，如果沒有氬氣保護，接頭高溫區受氮、氫、氧等侵入而生成的各種氧化物或氮化物等夾雜物影響釬料填縫，使接頭嚴重脆化，接頭強度降低。焊接時間不是一個獨立的參數，它依賴於焊接熱量調節的大小，共同決定著焊接溫度的高低。

圖 8.18 所示為焊接壓力與接頭力學性能的關係。接頭的強度隨著壓力的增大而提高，並在 0.14MPa 時達到最大值。焊接壓力對接頭強度的影響沒有焊接熱量顯著，隨著焊接壓力的變化，接頭強度的變化範圍較小。

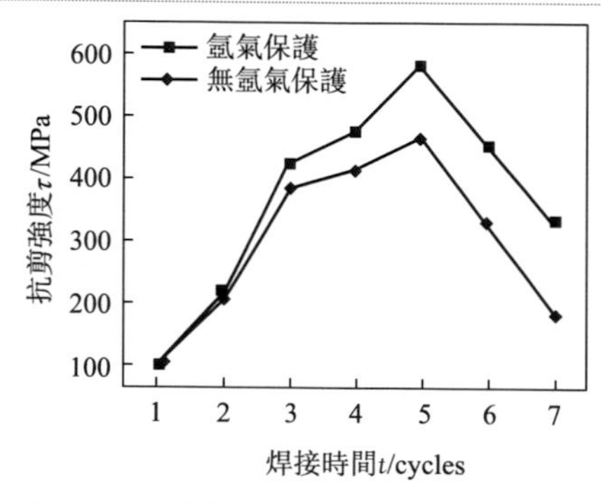

圖 8.17 焊接時間與抗剪強度的關係

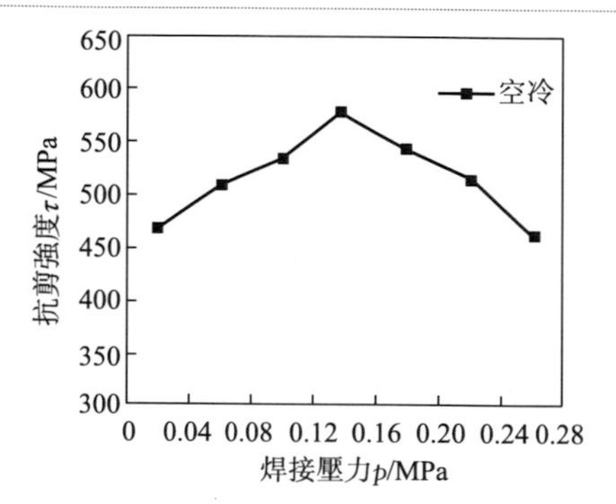

圖 8.18 焊接壓力與抗剪強度的關係

電阻釬焊技術對焊接壓力的要求較寬鬆，壓力的調節範圍較大，加大壓力使接頭金屬的熱變形增加，導致釬縫結合區晶粒細化，提高接頭的強度。但過大的焊接壓力將使焊件發生明顯的總體變形，使接頭的強度降低。

電阻釬焊過程中，由於母材表面粗糙度不同，在適中的焊接壓力作用下，使釬料薄帶及母材接合面產生一定量的熱塑性變形，界面之間達到局部上的全接觸，避免了由於接合面局部局部接觸使瞬態焊接電流陡增而產生飛濺。焊接壓力能夠在熱作用下使接合面處的氧化膜破裂，釬劑能夠通過氧化膜破裂處深入母材與氧化膜之間，通過氧化膜的剝離和溶解達到去膜的目的。但過大的壓力使接合面的熱塑性變形較大，熔化的釬料被擠出接合面，會導致接合面與母材的直接接觸，由於溫度較低難以實現原子的充分擴散，不利於釬縫結晶過程的進行，從而降低接頭的強度。

(4) 母材及釬縫組織分析

用光學顯微鏡對母材及電阻釬焊接頭金相進行分析表明，接頭處沒有明顯的熱影響區，且釬縫連續、緻密，釬焊過程對母材熱影響很小，熔化的釬料能夠充分填縫。釬縫主要是由 β 相和 Ni_3Ti_2 相組成，這是由於釬縫區直接由熔化的釬料快速冷卻，保留了較多的高溫相，這對 TiNi 形狀記憶效應及力學性能是有利的。

焊接接頭的形狀記憶性能與超彈性受焊接時間、焊接溫度的影響，也受母材自身幾何尺寸的影響，也與釺縫所需熱容量的大小有關。

與電阻點焊相比，電阻釺焊無需使焊接溫度達到母材熔點，只需使低熔點的釺料熔化即可，這樣可減小對母材的熱影響。電阻釺焊熱源產生於焊件內部，與熔化焊時的外部熱源相比，對焊接區加熱更為迅速集中，內部熱源使整個焊接區發熱。為了獲得合理的溫度分布，可採用水冷電極對焊接區急冷來實現散熱。同時熔化的釺料相對較少，排除了釺接過程中釺料大量熔化所形成的脆性相對強度的不利影響，也能減小對母材的熱影響，從而使接頭的形狀記憶效應損失減小到最低限度。

與常規的釺焊方法相比，電阻釺焊彌補了由於長時間的加熱保溫所引起的新化合物相形成、母材晶粒粗化以及釺縫強度低等不足。研究結果表明，採用電阻釺焊接頭的抗剪強度比電阻點焊接頭的抗剪強度提高了 1 倍，比爐中釺焊接頭的抗剪強度提高了約 70%。由於對母材熱影響相對較小，基本上保證了接頭的形狀記憶效應。因此 TiNi 合金絲採用電阻釺焊技術具有良好的應用前景。

8.2.4 TiNi 合金與不銹鋼的過渡液相擴散焊

TiNi 形狀記憶合金價格較貴，在實際應用中將其與性能優異、價格低廉的不銹鋼連接起來是降低成本、擴大其應用的重要途徑。TiNi 合金和不銹鋼的物理化學性質（如熔點、導熱係數、線脹係數、晶體結構等）相差很大，採用熔焊方法時接頭易產生應力集中而開裂，且結合界面易形成 TiFe、$TiFe_2$、TiC 等脆性化合物，嚴重影響接頭的性能。採用 AgCu 金屬箔作中間過渡層，針對 TiNi/不銹鋼開展過渡液相擴散焊（TLP-DB）試驗研究，可擴大 TiNi 形狀記憶合金的應用範圍。

（1）材料及焊接方法

試驗材料為 Ti50.2Ni49.8（溶質質量分數，%）和 304 不銹鋼（18-8 鋼），物理性能見表 8.14。採用厚度為 50μm 的 AgCu28 金屬箔作中間層，熔點為 779℃，室溫的抗拉強度為 343MPa。採用搭接接頭，試樣尺寸為 30mm×10mm×2mm，搭接長度為 10mm。待焊接面先用砂紙磨光，用丙酮超聲波清洗 10min，烘干。將準備好的材料按 TiNi/AgCu/304 不銹鋼的順序裝配。工藝參數為：連接溫度 T 為 820～900℃，保溫時間 t 為 20～100min，連接壓力 p 為 0～0.1MPa，真空度為 1.0×10^{-2}～1.0×10^{-3}Pa。

表 8.14 試驗母材的物理性能

母材	密度 /(g/cm³)	熔點 /℃	線脹係數 /10^{-6}℃$^{-1}$	熱導率 /[W/(cm·℃)]	抗拉強度 /MPa	屈服強度 /MPa	斷面伸長率 /%
TiNi	6.4～6.5	1310	10	0.21	940	444	9
304 不銹鋼	7.9～8.0	1440	17	0.16	726	379	59

採用掃描電鏡和 X 射線衍射儀分析連接界面組織結構。採用剪切強度評價各工藝參數下接頭強度，至少取 3 個試樣剪切強度的平均值。焊後接頭在 MTS810 材料實驗機上進行剪切實驗，加載速度為 0.5mm/min。

(2) 工藝參數對接頭強度的影響

① 加熱溫度的影響 $t=60$min，$p=0.05$MPa 時，接頭的剪切強度隨連接溫度的變化如圖 8.19 所示。隨著連接溫度的升高，接頭剪切強度先增加後減小。加熱溫度為 820℃時，AgCu 中間層僅與母材 TiNi 形成寬度約為 2μm 的擴散層，與不銹鋼的連接界面反應不充分，分界線明顯。斷口形貌為大的層片狀上分布少量的韌窩，以脆性斷裂為主。這表明只有少量的反應產物在界面上形成和生長，未形成連續擴散層，界面冶金結合率較低。當溫度升高到 860℃時，擴散接頭剪切強度最大為 239.4MPa。

溫度升高到 900℃時，中間層與兩側母材的連接界面消失，焊縫相對較窄，但擴散層的厚度顯著增加。斷口形貌顯示晶粒粗大，中間層低熔點共晶熔化填充晶粒間隙，晶粒形貌不明顯。這表明接頭已由韌性斷裂轉向脆性斷裂。因此，TiNi/不銹鋼過渡液相擴散焊接頭的剪切強度與界面擴散反應程度和晶粒大小有關。

② 保溫時間的影響 $T=860$℃，$p=0.05$MPa 時，接頭的剪切強度隨保溫時間的變化如圖 8.20 所示。在此溫度下，中間過渡層生成低熔共晶，在較低的溫度下得到液態金屬。隨焊接時間的延長，熔化的液態中間層逐漸鋪展到基體金屬的表面。同時基體 TiNi 和不銹鋼界面處部分溶解，並擴散到液態金屬中，使液態金屬不斷增多。隨擴散反應的進行，中間層成分發生變化，液態金屬的熔點升高，最後沉積在基體表面。隨保溫時間的延長，焊縫中富集的固態 Ag 不斷向母材中擴散，使焊縫組織逐漸均勻化，得到性能良好的焊接接頭。

保溫時間較短時，中間層元素來不及向母材中擴散，界面尚未形成冶金結合層或結合率較低，尤其是不銹鋼一側，還存在大量的孔隙。斷口形貌呈層狀撕裂，表明界面冶金結合較差。保溫時間超過 60min 後，由於界面反應層增厚，增大了界面結合區因物理性能不匹配而產生的應力，在接頭 TiNi 一側產生裂紋，導致接頭強度大幅下降。接頭呈脆性和韌性混合斷裂，這是因為反應過程中界面析出第二相硬質點，並長大連成片狀。保溫時間決定了過渡液相擴散焊界面元素擴散的程度，是接頭形成均勻反應層的重要參數。

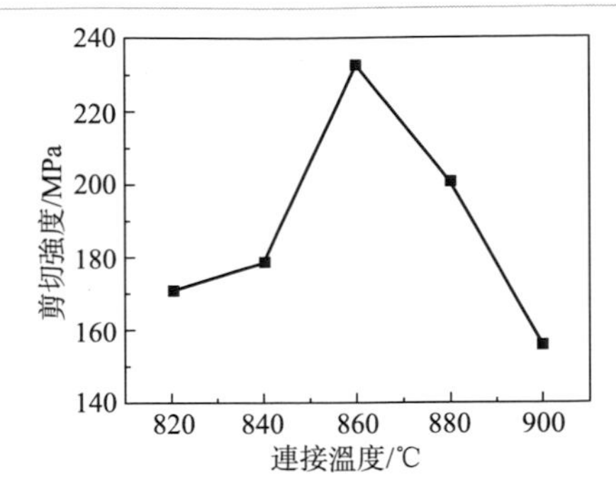

圖 8.19 連接溫度對接頭剪切強度的影響

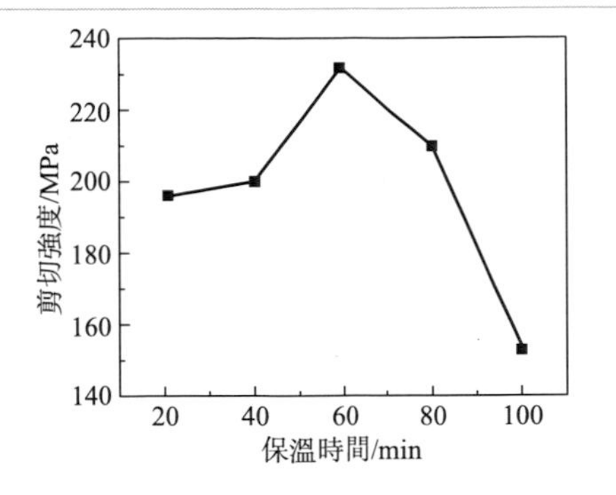

圖 8.20 保溫時間對接頭剪切強度的影響

③ 壓力對接頭強度的影響 從圖 8.21 可見，連接壓力較小時（$T=860$℃，$t=60$min），被焊材料表面只有少量局部凸起發生物理接觸，且塑性變形小，提供的變形能很少，焊合率較小，接頭強度不高。

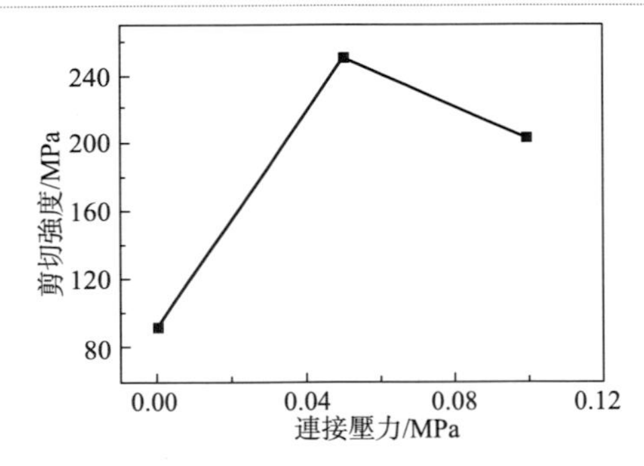

圖 8.21 連接壓力對接頭剪切強度的影響（T= 860℃， t= 60min）

當壓力增加到 0.05MPa 時，有效接觸面積和變形能增加，中間層與母材間隙減小，界面元素擴散加快，接頭強度較高。但當壓力過大時，連接過程中可能擠出液態中間層，減少了界面元素的反應與擴散，接頭強度反而降低。接頭的剪切強度隨連接壓力的變化也呈先增加後減小的趨勢，但是減小的幅度不大。連接壓力為 0.05MPa 時，接頭的剪切強度最高。

(3) 接頭組織及界面反應層

$T=860$℃，$t=60$min，$p=0.05$MPa 時，TiNi/304 不銹鋼過渡液相擴散焊接頭各點成分的能譜分析結果見表 8.15。根據能譜分析，連接過程中不銹鋼中的 Fe 和 TiNi 中的 Ti 穿過中間過渡層，參與中間層發生的界面反應，TiNi 一側的反應層主要由 Ti、Ni、Fe 元素和少量的 Ag、Cu、Cr 元素組成，界面反應產物以 Ti（Ni，Fe）為主。860℃時，Ag 在 Fe 中的有效擴散係數比 Cu 在 Fe 中的有效擴散係數大，不銹鋼一側界面結合區 Ag 的含量比 Cu 多。

表 8.15 過渡液相擴散焊接頭各點成分的能譜分析 %

測定點	Ti	Ni	Ag	Cu	Fe	Cr	Si	Mn	可能相
1	47.78	51.05	—	—	1.17	—	—	—	—
2	32.23	16.79	7.63	3.06	33.07	7.22	—	—	TiFe
3	1.67	0.11	58.35	37.62	1.36	0.89	—	—	AgCu
4	23.95	7.87	14.72	3.15	40.39	7.88	2.04	—	$TiFe_2$
5	—	7.73	—	—	70.29	18.88	1.63	1.48	—

斷裂發生在 TiNi 與中間層的反應界面上。X 射線衍射結果顯示，界面除了擴散的 α-Ag 及 $TiNi_2$、TiFe 等脆性相外，還發現一種與基體 TiNi 具有共格關係的 Ti_3Ni_4 化合物相。Ti_3Ni_4 相是 TiNi 形狀記憶合金產生雙程及全程記憶效應的主要因素，接頭具有一定的形狀記憶效應。

參考文獻

[1] 任家烈，吳愛萍. 先進材料的連接，北京：機械工業出版社，2000.

[2] 魏巍，馮勇，吳曉祖，等. 鈮-鈦低溫超導材料焊接技術的研究狀況述評. 鈦工業進展，1991，(1)：12-16.

[3] 鄒貴生 吴愛萍 任家烈，等. 高 Tc 氧化物陶瓷超導材料的連接研究狀況與展望. 材料導報，2001，15(12)：27-28.

[4] 王輝，陳再良. 形狀記憶合金材料的應用. 機械工程材料，2002，26(3)：5-8.

[5] 李明高，孫大謙，邱小明，等. TiNi 形狀記憶合金連接技術的研究進展. 材料導報，2006，20(2)：121-125.

[6] 薛松柏，呂曉春，張匯文. TiNi 形狀記憶合金電阻釺焊技術. 焊接學報，2004，25(1)：1-4.

[7] 汪應玲，李 紅，栗卓新，等. TiNi 形狀記憶合金與不銹鋼瞬間液相擴散焊工藝研究. 材料工程，2008，9：48-51.

[8] 諸士春，陸曉峰. 形狀記憶合金在法蘭密封連接中的應用. 核動力工程，2009，30(3)：136-140.

先進材料連接技術及應用

作　　著：李亞江 等
發 行 人：黃振庭
出 版 者：崧燁文化事業有限公司
發 行 者：崧燁文化事業有限公司

E-mail：sonbookservice@gmail.com
粉 絲 頁：https://www.facebook.com/sonbookss/
網　　址：https://sonbook.net/
地　　址：台北市中正區重慶南路一段六十一號八樓 815 室
Rm. 815, 8F., No.61, Sec. 1, Chongqing S. Rd., Zhongzheng Dist., Taipei City 100, Taiwan
電　　話：(02) 2370-3310
傳　　真：(02) 2388-1990

印　　刷：京峯彩色印刷有限公司（京峰數位）
律師顧問：廣華律師事務所 張珮琦律師

定　　價：720 元
發行日期：2022 年 03 月第一版
◎本書以 POD 印製

國家圖書館出版品預行編目資料

先進材料連接技術及應用 / 李亞江等著 . -- 第一版 . -- 臺北市：崧燁文化事業有限公司 , 2022.03
面；　公分
POD 版
ISBN 978-626-332-105-2(平裝)
1.CST: 材料科學
440.2　　111001423

電子書購買

臉書